装备科技译著出版基金

空间任务飞行器的空气动力学和热力学分析

Aerodynamic and Aerothermodynamic Analysis of Space Mission Vehicles

［意］Antonio Viviani　Giuseppe Pezzella　著

黄伟　颜力　李洁　李世斌　译

国防工业出版社

·北京·

著作权合同登记　图字:军 2016 – 149 号

图书在版编目(CIP)数据

空间任务飞行器的空气动力学和热力学分析 /（意）
安东尼奥·薇薇安尼（Antonio Viviani），（意）朱塞佩·
佩泽拉（Giuseppe Pezzella）著；黄伟等译. —北京：
国防工业出版社，2018.8
书名原文：Aerodynamic and Aerothermodynamic
Analysis of Space Mission Vehicles
ISBN 978 – 7 – 118 – 11543 – 7

Ⅰ. ①空… Ⅱ. ①安… ②朱… ③黄… Ⅲ. ①航天器
– 空气动力学②航天器 – 热力学 Ⅳ. ①V411.4

中国版本图书馆 CIP 数据核字(2018)第 115973 号

Translation from the English language edition:
Aerodynamic and Aerothermodynamic Analysis of Space Mission Vehicles
by Antonio Viviani and Giuseppe Pezzella
Copyright © Springer International Publishing Switzerland 2015
This Springer imprint is published by Springer Nature
The registered company is Springer International Publishing AG
All Rights Reserved
本书简体中文版由 Springer International Publishing AG 授权国防工业出版社独
家出版发行。

※

国防工业出版社出版发行
（北京市海淀区紫竹院南路23号　邮政编码100048）
三河市腾飞印务有限公司印刷
新华书店经售
*
开本 710×1000　1/16　印张 50　字数 902 千字
2018 年 9 月第 1 版第 1 次印刷　印数 1—2000 册　　定价 298.00 元

（本书如有印装错误,我社负责调换）

国防书店：(010)88540777　　发行邮购：(010)88540776
发行传真：(010)88540755　　发行业务：(010)88540717

译者序

高超声速飞行技术是 20 世纪以来航空、航天领域最受关注的关键技术之一，被视为人类继发明飞机、突破声障和进入太空之后的又一个具有划时代意义的里程碑，具有前瞻性、战略性和带动性，主要包括总体技术、推进技术、气动力/气动热技术、轻质结构与热防护技术、导航/制导/控制技术、地面试验技术及飞行试验技术等 7 大方面。气动力/气动热技术是高超声速飞行器亟待解决的核心关键技术之一，也是高超声速飞行器面向工程实际应用时无法回避且必须突破的技术，直接关系到飞行器的飞行安全，它的突破对于提升其长航时远程打击能力具有重要战略意义。

本书译者具有计算流体力学、实验空气动力学、飞行器总体设计、多学科设计优化、试验统计学、数据挖掘等多方面的知识，且长期从事飞行器总体设计方面的研究，发表学术论文 100 多篇，其中 SCI 检索近 90 篇，出版学术专著 1 部，参与出版英文专著 1 部，对高超声速飞行器的气动力/气动热环境具有较为深入的认识。

本书理论联系工程实际，通过考虑适应不同空间任务需求的空间飞行器对高超声速空气动力学和热力学不同主题进行了详细阐述，这些飞行器包括乘员返回飞行器(CRV)、乘员探索飞行器(CEV)、取样返回飞行器(SRV)和飞行试验平台(FTB)，反映了意大利航空航天中心在航天器空气动力学与热力学领域近十年的研究进展，值得我国科研技术人员学习。译者希望本书能为学习、探讨、研究空间任务飞行器气动力/气动热设计问题的广大读者提供借鉴和帮助。本书适于具有一定空气动力学和热力学理论基础知识的研究生和相关领域的科研技术人员参考。

在本书的翻译和校对过程中，课题组的许多同事和学生付出了宝贵的时间和辛勤的汗水，参与翻译校对的人员有孙喜万、张天天、李垠全、廖磊、赵振涛。

本书的出版得到了装备科技译著出版基金、国家自然科学基金项目(批准号：11502291)以及高等学校全国优秀博士学位论文作者专项资金(批准号：201460)的资助。国防工业出版社对本译著的出版提供了大力支持和帮助，在此表示衷心感谢！同时，感谢浙江大学航空航天学院陈伟芳教授和大连理工大学航空航天学院刘君教授对本译著出版的大力支持！由于译者水平有限，不妥甚至错误之处在所难免，敬请广大读者和同行专家学者批评指正，不胜感激。

黄伟，颜力，李洁，李世斌
2017 年 2 月于湖南长沙

前　言

在过去的 40 年里,人们努力进入太空深处,完成更复杂任务的能力快速提升。人们几乎每天都会发射地球轨道卫星,且每年都会向太阳系内其他行星发射星际探测器。航天器相当频繁地发往国际空间站(ISS),空间飞行器的成功返回也变得司空见惯。

在轨运行阶段结束时,航天器进入地球/行星大气层,然后飞向着陆点完成其使命。因此,航天器以一预定速度在大气层安全下降并着陆在地球/行星表面时,必须从高速状态(相对地球为 $8 \sim 12 km/s$)充分减速。

这个问题对返回飞行器是一个巨大挑战。在大气滞止条件下,航天器的速度是高超声速。因此,航天器速度的锐减导致其前缘产生一道强激波,并伴随空间飞行器周围气体的剧烈加热和压强激增。结果,一旦进入大气环境,航天器将遭遇一个非常复杂的热化学流动环境,在这个环境中,由于流体温度接近上千开尔文,所以向航天器的热对流和辐射就十分值得关注。此外,在超级轨道速度下,辐射热流量超过对流热流量,防热瓦发生烧蚀。这就需要对几个学科进行详细研究,例如气动载荷、气动加热、飞行器稳定性、导航、制导与控制以及着陆特性。

在此思想下,本书通过考虑适应不同空间任务需求的空间飞行器对高超声速空气动力学和热力学的不同主题进行详细阐述,这些飞行器包括乘员返回飞行器(CRV)、乘员探索飞行器(CEV)、取样返回飞行器(SRV)和飞行试验平台(FTB)。

第一章介绍了高超声速空气动力学和热力学的基本知识,详细讨论了高超声速流场的几个关键特征。例如,这一章展示了再入飞行器的大部分能量需要以热能的形式耗散。但是以现有材料制成的飞行器,没有能在吸收了其中一小部分热量后还可以幸存的。这一关键设计问题在第二章做了详细介绍,解释了一个成功着陆如何让绝大部分的能量损失加热机体周围的气体而不是机体本身,并且揭示了高超声速条件下的传热机制对设计理想的安全着陆方案十分关键的原因。第一章也指出,航天器进入一个行星大气层所产生的几乎所有关键热传递问题都发生在连续流中。事实上,在返回轨道的决定性部分,流过一个钝头体的流场(回转体或者机翼前缘)都有一道明显的弓形激波,机身表面和激波之间有一个被离解和电离热气体充斥着的激波层,还有一个使气体温度急剧下降到飞行器表面温度值的边界层。之后,仔细讨论了气动系数符号和约定。最终,介绍了高超声速空气动力学和热力学的流体动态特征数。

第二章给出了用以评估航天器返回过程中下降飞行轨迹和需要承受的相应的气动热载荷环境的数学模型。热能通过边界层内化学成分的传导和扩散以及鼻区附近激波层内热气体的辐射传递到飞行器上,其中辐射的光谱范围大部分在近红外与紫外之间;同时热量也会从飞行器表面以红外到远红外的光谱范围辐射出去,这使得激波层内的气体近乎透明(如壁面辐射冷却)。本章讨论了保护航天器从大气层返回时强烈气动加热的热防护系统(TPS)概念,给出了飞行器驻点处几个颇为简单的用以评估辐射和传导(从流体到表面)热流密度的工程关系式,这些热流估算公式对于在早期设计阶段开展必要的快速评估是非常基础的。

第三章集中确定航天器的气动外形,给出并强调了一些气动外形设计指导原则,一旦知道具体需求和约束,这些原则可以很好地帮助研究者和工程师评估能成功完成空间任务的最好飞行器气动外形。因此,本章详细讨论和研究了弹道体和升力体构型的优点。

从第四章开始(到第七章),本书集中于空间任务飞行器的 A 阶段设计实践,包含几种飞行器概念的现实可行的载荷方案,从返回舱、升力体、翼身融合体发展到飞行试验平台。用计算流体力学方法分析了一个流过 CRV 的流场,该计划提出用于指导国际空间站(ISS)中宇航员的返回。同时,本章也开展了大量基于工程经验的设计分析,用来展示一个飞行器的初步设计流程。采用数值方法分析评估了设计一个从近地轨道(LEO)再入的 CRV 时,热化学模型和表面催化的影响;研究了当前的化学模型复杂性、反应动力学、振动松弛和壁面反应机制对飞行器空气动力学和热力学以及一些流场特征的影响。尤为重要的是,本章通过对比理想气体模型和反应气体模型对飞行器气动性能及一些流场特征的评估结果,突出了有限速率化学反应的影响。在这一构架下,采用欧拉和 NS 计算方法基于弹道和空间的设计方法进行研究。对比研究了模型对空气动力学(升力、阻力、俯仰力矩和配平攻角)和热力学(飞行器前体防热瓦上对流热流分布)性能的影响。进一步指出了表面催化对飞行器热载荷的影响。因此,对于在大气层降落的返回舱式飞行器,通过考虑真实气体效应,分析了伴随复杂气动加热环境的可能地球返回方案。最后,强调了数值计算结果以及与飞行试验数据和风洞数据的对比。

第五章主要分析了采用化学非平衡 CFD 方法发展从 LEO 返回的无人升力

体飞行器气动数据库,同时强调了几个设计问题,例如激波－边界层干扰(SWIBLI)和激波－激波干扰(SSI)。讨论了用于整个飞行方案的 IXV 气动分析。这个气动分析称为 AEDB 工具,依靠于方案阶段采用计算流体力学、风洞试验和基于工程经验的设计数据,可研究包括稀薄流条件到高超声速连续流,一直到亚声速流动区域。特别地,基于此逐步建立了方法发展数据库。这就意味着,所有气动力和力矩系数是通过对一定数量起积极作用的效应线性求和获取,如侧滑角和气动控制面有效性的影响等。AEDB 工具提供了飞行速度从亚声速、跨声速、超声速到高超声速以及高海拔下的带控制效应的 IXV 气动,也包含稀薄大气效应。此外,详细介绍了气动外形演化历史中任务需求和约束的影响。

第六章的焦点是适用于来往 LEO 的载人和无人有翼再入飞行器,并提出了一种亚轨道任务方案。该章讨论了几个有翼飞行器的空气动力学和热力学分析,包括可重复使用飞行试验平台;给出了包括基于工程经验到 CFD 分析的几种设计方法,用以评估飞行器的气动热性能;结尾提供并比较了包括反应与无反应来流以及不同飞行攻角的大范围自由来流条件下的空气动力学结果,也强调了采用逐步建立方法搭建飞行器气动数据库。

第七章是关于 SRV 的空气动力学和热力学设计。作为探索太阳系的下一步,样品返回任务将扮演重要角色,因为实验室内精确的土壤样品研究让我们对行星、小行星、彗星等有了更深的了解。为了简化航天器系统本身以及减少任务成本,迫切需要建立超轨道的再入技术,其可以将一个携带目标天体样本的小型再入返回舱,直接从星际轨道以超轨道速度进入地球大气。本章主要综述了 SRV 设计和其分析方法,为准备雄心勃勃的样品返回计划提供一个系统的归纳总结。事实上,一些关于用于设计星际探索飞行器的设计主题已得到公认。例如,数值模拟方法已被应用于超轨道再入返回舱流场计算来确定整个被动式地球返回飞行器框架下的空气动力学和热力学性能。这个返回舱直接采用双曲型的入地返回弹道进入大气层。因此返回舱进入大气的速度超过 12km/s,以至于其周围相应产生了一道很强的弓形激波,激波层内的气体加热比正常的地球轨道再入的情况强很多。因此据预测,超轨道再入会比地球轨道再入产生更加强烈的辐射热流。为了在重量严格受限的情况下设计有效的 TPS,更加精确的气动热评估和揭示热辐射热流的贡献显得十分关键。无可避免要进行化学非平衡流建模。事实上,辐射强度强烈依赖于电离、电子和电子温度。本章评估了SRV 沿着整个再入轨迹的气动力性能和稳定性,以及返回舱气动热环境和防热瓦烧蚀。本章展示的设计结果,均基于数值分析和工程经验关系式。应用工程经验关系式评估流动区域和返回舱空气动力学特性,使用 NS 方程分析绕返回舱流场、防热瓦烧蚀质量流量影响和离子辐射分析。最后给出并讨论了设计结果。

第八章将重点转移到空间任务的早期发射阶段需求,描述了 A 阶段层面运载火箭的空气动力学和热力学设计过程,目的是介绍如何基于早期一次性和半重复使用的运载火箭飞行器给出最初的空气动力学和热力学数据。为此,详细介绍了不同设计方法,如工程方法和 CFD 方法,且对一些可重复使用运载火箭助推器的相应载荷环境飞行方案进行了定义和分析。风洞试验和 CFD 计算的结合是一个很强大的工具,能提供高质量的数据,用于性能评估、运载火箭控制及尺寸定义的输入。事实上,建立详细的空气动力学和热力学数据库需要对运载火箭上升阶段经历的每个飞行区域进行大量的计算和试验测试,故本章提供了数值和试验算例。

最后,附录 A 处理全新 CEV 概念飞行器的气动分析,适用于载人登陆火星,用于为行星登陆系统的设计研究提供支持。在此框架下,研究了两个升力体构型。展示了几个完全的三维 CFD 分析,既包括理想气体模型也包括非平衡反应气体混合模型。给出了指定火星登陆方案中探险飞行器周围的流场环境。研究了大量流动条件,包括不同攻角、不同马赫数和雷诺数。针对提出的火星登陆载荷环境的一些自由来流条件,采用全三维 NS 方程和欧拉 CFD 方法对两种升力体飞行器周围高超声速流场进行了研究。本章结尾为进一步了解火星探索升力体飞行器设计中涉及的流动动力学过程,以及高焓流动和飞行器构型影响提供了数值计算依据。

Antonio Viviani

Giuseppe Pezzella

2014 年 10 月

意大利那不勒斯

目　　录

第一章　高超声速空气动力学和热力学基本理论

1.1　引　言

一般来说,钝头体的再入飞行,不管是弹道式还是升力体,都是在一个极端而又不完全清楚的环境中进行的,这个领域称为高超声速流态。

"高超声速"一词用于区分飞行速度远大于常规超声速情况下出现的流场现象和问题。高超声速流场中新流动特征的出现证明这个新词的使用是恰当的,而且它不同于已经建立的超声速领域。

高超声速流场的特征将在后续章节中介绍,它们可以被粗略区分到因为飞行马赫数较高而出现的流体动力学领域,以及因为流场总能量巨大而产生的物理或化学领域[1]。不管怎样,根据图 1.1 中总结的流动分类机制,可以采用传统的经验法则将高超声速气体动力学定义在马赫数大于 5 的流场之下。

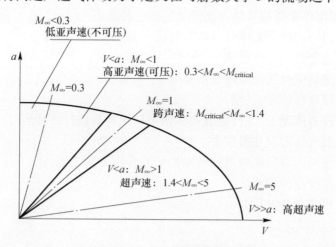

图 1.1　运动机制椭圆

但是,这仅仅是一个经验法则,真正的高超声速流最好的定义为:当马赫数增加到较高数值时,特定物理流动现象逐渐变得更加重要时的流动机制。

在一些情况下，一个或者多个这种现象将会在马赫数大于 3 时变得显著，而在其他情况下可能直到马赫数达到 7 或更高时才会引人注目[2]。

高超声速流动的基础，尤其是涉及飞行器在如此高的速度下运行所产生的气动力和气动热问题将在下文中详细介绍。

1.2 高超声速流动基本特点

由于本书的目标是研究飞行器在非常高速的流场条件即高超声速流态下的工作特性①，因此本节将对高超声速流态中一些关键特征进行讨论和分析。

目前，高超声速飞行器已不再罕见。它们包括导弹、运载火箭以及再入体。然而，并没有一个精确的阐述来定义高超声速流态的开始。在气体动力学中，传统地认为当流动马赫数大于 5 时即进入了高超声速流态[2]。

但是这只是一个简单的定义。更加详细地可以在流动满足以下条件时认为达到高超声速流态：

（1）达到使超声速线性理论失效的马赫数。

（2）当比热比不再是常数，必须在流体属性中考虑温度效应时。

（3）当马赫数在 3~5 之间时，且马赫数 3 要求为钝头体且对流场产生大的扰动，而马赫数 5 是以超燃冲压发动机为动力的更规则流线体为起点。

因此，对于高超声速更加精确的定义应该是：高超声速流是随着马赫数的增加，特定物理现象变得越来越占支配地位的一种流态。

事实上，共有 10 个关键点可以对其进行描述：

（1）普遍存在强弓形激波。

（2）温度效应及气动加热变得重要。

（3）普遍存在钝形。

（4）在许多情况下，飞行器表面压强可以很容易进行估计。

（5）高温气体效应变得重要。

（6）外流与边界层区域之间的黏性相互作用变得关键。

（7）熵梯度变得重要。

（8）将形成薄激波层。

---

① 20 世纪 50 年代以来，随着导弹和运载器的出现，人们便探索并利用超高速飞行。例如 60 年代马赫数 25 的水星号、双子星号和东方号载人轨道运载器，1969 年开始的能够以马赫数 35 飞行并将人类带上月球并返回的著名阿波罗号运载器，以及最后自 1981 年以来的航天飞机再入飞行。诸如这些从空间以极高速度返回的飞行器所进行的飞行都称为高超声速飞行，而这些飞行所带来的空气动力学和气体动力学特征都归类于高超声速气体动力学。

（9）发动机－机身一体化可能很重要。

（10）控制和稳定问题将导致不同气动外形的产生。

下面将按顺序介绍并评述这些关键点。

1.2.1　强烈的弓形激波

高超声速飞行器在足够高的速度以及足够大的迎角下飞行将导致在飞行器前方形成强弓形激波，这是因为流场中的扰动不能向上游方向传播①；当然，在距离机体有限的距离上，扰动波积累、合并，从而在机体前方形成一道强激波。

1.2.2　温度/气动加热的重要性

如果遵循超声速气体动力学形成的趋势，则典型的高超声速体应该是一个具有尖锐前缘的极端细长体。尖锐前缘无疑可以达到减阻效果，但是在高超声速流动中，传进机体的热流不可被忽视[3]。

通过考虑总温 T_0 和静温 T_∞ 之间的关系就很容易解释这一点：

$$\frac{T_0}{T_\infty} = 1 + \frac{\gamma - 1}{2}M_\infty^2 \tag{1.1}$$

由于壁面处的无滑移边界条件引起的黏性耗散（如相邻流体层间摩擦），边界层内部也是一个具有很高温度的区域。因此，边界层内的高温流体将向机体传热直至壁面温度梯度为0（如绝热壁，壁面温度为 T_{aw}）：

$$T_{aw} = T_e\left(1 + r\frac{\gamma - 1}{2}M_\infty^2\right) \tag{1.2}$$

式中：r 为恢复因子。

式(1.1)和式(1.2)突出表明，随着马赫数的增大，飞行器壁面温度值将达到难以接受的程度。例如，铝结构所能承受的马赫数为 2 左右，大约为"协和"号超声速客机的巡航马赫数。SR－71 为钛材料制作，由于温度的限制要求最高速度稍微高于马赫数 3。因此，这意味着在高超声速构型设计中必须慎重考虑气动加热以及黏性影响。除此之外，不同于常规飞机的气体动力学，高超声速飞行器飞行海拔较高，雷诺数可能很低以至于流场条件为层流，因此我们对层流更感兴趣。这一点很重要，因为当流动为层流时，热传递会低很多。事实上，在高超声速飞行器设计阶段必须要求设计者能够估算出层流向湍流的转捩位置[3]。

---

①　注意机体出现的信息可以通过分子碰撞传向周围，意味着信息以近似当地声速的速度向上游传播。然而飞行器一般是以高超声速飞行的。

1.2.3 钝化气动外形减少热传递

既然钝头外形阻力很大,那么为什么还要研究它呢? 原因就是热传递。采用相似技术,Van Driest 认为驻点区域壁面加热率 $\dot{q}_0$ 正比于边缘温度梯度 $\left(\dfrac{\mathrm{d}u_e}{\mathrm{d}x}\right)_{sp}$ 的平方根[4]。De Jarnette 等人认为速度梯度和驻点半径 R 的关系如式 (1.3) 所示[5]:

$$\left(\frac{\mathrm{d}u_e}{\mathrm{d}x}\right)_{sp} = \frac{V_\infty}{R}\sqrt{1.85\frac{\rho_\infty}{\rho_e}} \tag{1.3}$$

且

$$\dot{q}_0 \propto \sqrt{\left(\frac{\mathrm{d}u_e}{\mathrm{d}x}\right)_{sp}} \propto \frac{1}{\sqrt{R}} \tag{1.4}$$

从以上方程可以明显看出,尖头体($R\rightarrow0$)不可能承受得住如此高的驻点加热。因此,所有高超声速飞行器必须要求前缘钝化。事实上,为了使气动加热率最小,根据式(1.4),所有载人飞行器都有一个几乎为平面的前缘($R\rightarrow\infty$)以确保飞行器内部保持一个可供生存的大气环境;与此同时,较大的阻力也可以帮助减速来实现软着陆。

综上所述,我们需要一个头部或前缘半径足够大的外形以避免尖端熔化。美国 NASA 埃姆斯的 H. Julian Allen 和 A. J. Eggers, Jr. 通过分析知道,为保证飞行器从轨道再入时得以生存,必须使用钝化的飞行器[6]。

1.2.4 表面压强估计

在很多情况下,高超声速条件下表面压强相对容易进行估算[3]。超声速条件下二维流场曲面倾角与压强之间的局部关系式为

$$C_p = \frac{2\theta}{\sqrt{M^2 - 1}} \tag{1.5}$$

而对于实际飞行器构型,这个关系式大多数情况下都不是特别有用。

相比之下,高超声速定律更加有用。最著名的关系式是基于牛顿法的概念。牛顿法尽管在低速条件下是错误的,但是在高超声速下却很适用。

这种思想将来流看作一束粒子,当其与表面发生碰撞时将失去所有法向动量。

因此,导出了著名的牛顿关系式

$$C_p = 2\sin^2\theta \tag{1.6}$$

式中：θ 为来流矢量与表面之间的夹角。

因此，只需知道机体的局部几何外形就能预测局部表面压强。另外，粒子仅仅影响机体的迎风区域，如图1.2所示。

机体其余部分在阴影处，此处 C_p 值为0[3]。

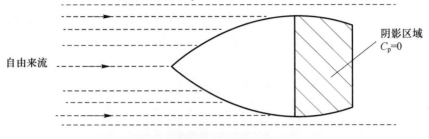

图1.2　阴影图，阴影区域 $C_p = 0$

从牛顿公式可以看出两个关键点：第一，公式中未出现马赫数；第二，压强与迎角的平方相关，而非像在超声速条件下那样呈线性关系（式（1.5））。这阐明了高超声速流动下的情形与低速条件下的线性模型有巨大不同。图1.3也显示了从低速到高速改变过程中流场情况的变化。

此外，从图1.3中的极限升力曲线可以看出：下表面压强取值等于滞止值，而上表面取值等于真空度；且低速下升力产生于上表面，而高速下升力几乎完全由下表面产生。

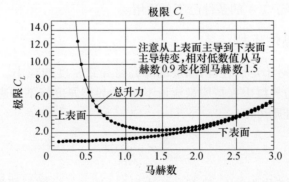

图1.3　"极限 C_L"图（展示高超声速下下表面的支配作用）

1.2.5　高温效应

马赫数达到高超声速后，强激波后的空气不能再近似为完全气体，这是因为温度将超过临界值。例如，图1.4绘制了飞行器飞行高度在标准海拔52km处时正激波后的温度随自由来流速度的变化趋势［见方程（1.1）］[3]。

图 1.4 中给出了两条曲线。上面一条曲线假设的是无化学反应的热完全气体,且比热比为 $\gamma = 1.4$,可以看出图中所呈现的温度值将高到不切实际的程度。下面一条曲线假设为化学反应平衡气体,这种情形通常更加接近实际情况。

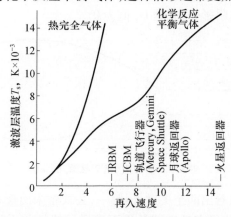

图 1.4　标准海拔 52km 处正激波后温度随自由来流速度的变化趋势

因此,可以得到以下两个结论:

(1) 从任何考虑上来说,高超声速头部区域温度都能达到很高数值,例如,Ma 等于 36 时(如"阿波罗"飞船的再入)温度高达近 11000K。

(2) 精确计算激波层温度时,适当引入化学反应影响非常重要,假设比热比 γ 为常数且恒等于 1.4 的条件已不再适用。

1.2.6　黏性干扰

众所周知,对于定压过程,温度的升高将导致密度的减小。因此,在超声速气流较高温度边界层中保持质量流量不变,边界层厚度将不可避免地增加[3]。

使用相似准则可得

$$\frac{\delta}{x} \propto \frac{M_\infty^2}{\sqrt{Re_x}} \tag{1.7}$$

因此,在给定雷诺数条件下,高超声速边界层($M_\infty \gg 1$)将远远厚于超声速边界层,因此将影响到流过飞行器外部的无黏流场。

边界层与外部流场区域之间的相互影响被称为黏性干扰。

1.2.7　熵梯度

如图 1.5 所示,以钝头斜劈为研究对象[3]。在高超声速马赫数条件下,钝头处的激波层较薄,且存在较小的脱体距离 d。在头部区域激波高度弯曲。由于

6

跨过激波层后流场发生熵增,且激波越强熵增越大。经过靠近流场中心线附近弯曲激波中接近正激波部分的流线将比附近其他远离中心线流经弱激波区域的流线要经历更强的熵增过程。

因此从头部开始,将产生一个从上游流向下游的"熵层",沿着机身从头部开始占据很长一段距离,如图 1.5 所示。在这个层内形成了一个强熵梯度。沿着机身表面的边界层在熵层内部增长并受其影响。根据 Crocco 的经典可压缩流理论,熵层又具有较强的涡量,因此这种相互间的影响有时又称为涡相互干扰。

$$T\ \nabla s - (\ \nabla \times V) \times V = \nabla H \tag{1.8}$$

式中:T 为温度;s 为熵;V 为流速;H 为总焓。

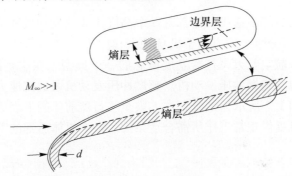

图 1.5 熵层示意图

在期望对表面进行标准边界层计算时,又必须兼顾熵层带来的分析问题,因为这关系到如何给边界层外缘设定合适的条件。

1.2.8 薄激波层

激波与机体之间的流场称为激波层,且在高超声速下激波层较薄。以半倾角为 15°的斜劈为例,来流马赫数为 36。采用标准斜激波理论,对于理想气体 $\gamma = 1.4$,激波角仅为 18°,如图 1.6 所示。如果考虑化学反应影响,应用真实气体假设,激波角将更小。高超声速下,激波贴近壁面且激波层较薄是高超声速流动的基础特征。在高雷诺数下,激波层内流动本来就可认为是无黏的,该特征具有较大的理论优势,从而产生了一个分析高超声速流动的一般性方法,即薄激波层理论。牛顿于 1687 年假设产生了处理流体动力学模型的薄激波层理论。该牛顿理论简单直接且在高超声速气动力近似计算中频繁使用,且主要用于估算高超声速飞行器表面压强分布。

薄激波层的缺点是产生一些复杂物理现象,如激波本身与边界层产生合并,

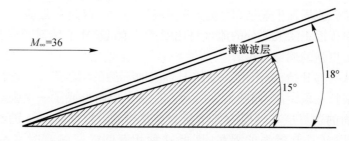

图 1.6　高超声速薄激波层

这种现象在低雷诺数下尤为严重[3]。

1.2.9　发动机 - 机身一体化

任何吸气式高超声速飞行器都有一个高度集成的发动机和机身。在这种情况下,很难精确区分哪个地方属于机身,哪个地方属于推进系统。

这是近年来航空航天飞行器发展概念的一个典型。在这些概念中,推进系统至少一部分包含超燃冲压发动机。超燃冲压发动机通过流速为超声速的燃烧室获得推力。图 1.7 所示为该概念[2]。整个飞行器前体的下表面作为进气道外压段来为发动机提供正常工作所需合适条件。整个机体后部的下壁面都用作尾喷管。

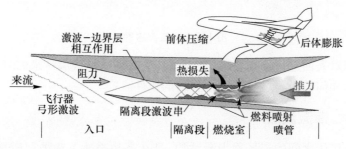

图 1.7　高超声速飞行器中发动机 - 机身一体化示例

1.2.10　控制与稳定性

高超声速飞行对机身和控制系统设计者提出巨大挑战。高速导致高超声速飞行器对飞行条件(如马赫数和攻角)的变化非常敏感,以至于导致机体失稳或弱阻尼振荡。由于地面试验或理论计算方法预测的高超声速气动参数往往不能反映真实飞行条件,因此给设计问题带来更大的困难。机身和控制系统设计所需的参数值具有严重的不确定性。

因此,传统手段难以设计出稳定且对参数不确定性鲁棒性较好的产物。

高超声速条件下不稳定的关键因素是压心(C_pP)在没有主动控制的情况下不随攻角、马赫数以及高度的变化而发生改变。因此,通常在亚声速或低超声速条件下,C_pP位置的被动转变产生力矩臂效应从而增加稳定性的方式在高超声速条件下并不适用。因此,在没有主动控制的情况下,高超声速飞行器很有可能轻微振荡甚至失稳。主动控制可以在发生扰动之后通过控制的方法主动改变C_pP位置提供瞬态快速阻尼从而提供稳定性。事实上,主动控制甚至可以在飞行器处于稳定边缘将要失稳的情况下使其恢复稳定。

为了使高超声速飞行器在持续飞行下维持稳定,在气动力情况未知且压心位置保持不变的情况下,显然需要对高超声速飞行器进行主动和鲁棒控制,使其对参数不确定性不敏感。而且,如果希望高超声速飞行器在较大飞行包线(对于马赫数和飞行海拔高度)内展现出期望的飞行品质,则需要采用一套适应性控制机制。

由于高超声速飞行器的工程困难以及与传统气动控制相关的性能损失,人们提出了一些基于独立内部系统的替代方法。其中之一就是采用一个质量滑块,通过控制其重心的轴向和横向位置来影响控制。但是,滑块的运动范围、速度以及精度可能难以有效地保持稳定,而且难以使攻角维持在一个能提供期望升力的数值。除此之外,为了使一些高速吸气式推进系统达到令人满意的效果,攻角的精确控制非常必要。

1.3　轨　道　再　入

航天器从近地轨道(LEO)返回地球时的典型下降轨迹与图1.8中的高度-速度关系图相近[7]。

因此,在下降阶段,再入飞行器将遭遇一些流动区域,使得其气动性能、惯性以及气动热过载条件随之发生变化。这要求人们对这些流动区域进行研究。

根据图1.8,下面讨论轨道再入飞行器返回时头部区域遇到的不同流动机制以及热化学现象[7]。正如图所示,大气层再入阶段刚开始时,航天器在大约120km高度遇到"自由分子流"条件。之后,飞行器经过渡流区到达约70km处的连续流区,此时航天器的飞行速度为$5 \sim 7$km/s。

在研究亚声速或超声速飞行器时,常将流体看作连续流,但是对于高超声速区域,该假设并不一直适用。高层稀薄大气不能这样近似,且必须考虑单个分子对飞行器的影响。的确,在粒子数量密度较高的流场,分子间的碰撞频率也较高,粒子流经该流场时的松弛时间将较短,与之相关的松弛距离也将较短。如果松弛距离小于流场的特征尺寸,流场宏观特征可以看作为连续变化,故而可将气

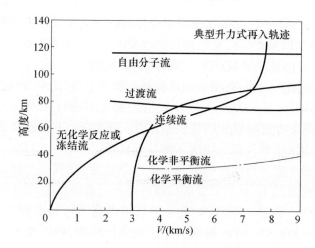

图 1.8　再入飞行器驻点流动区域

体看作连续流。

相比之下,稀薄流场的松弛时间以及与之相关的松弛距离较长。如果松弛距离相比流场特征尺寸较大,则必须考虑单个粒子状态以及粒子间和粒子与边界间的相互影响[①]。

测量气体内部松弛距离的一种方法为计算分子平均自由程 λ $[m]$,其定义为[8]

$$\lambda = \frac{1}{\sqrt{2}\pi\sigma^2 n}\qquad(1.9)$$

式中:n 为气体数量密度(mol/m^3);σ 为气体分子有效直径(m)。

平均自由程只与气体分子数密度 n 有关,而 n 又是高度的函数。尽管气体粒子的有效直径 σ 受气体温度的影响,但相比于密度来说,σ 的变化并非一个重要因素。

为了量化将流体看作连续粒子积累的相对重要性,引入一个名为克努森数 Kn 的无量纲参数,其定义为

$$Kn = \frac{\lambda}{L_{ref}} = \frac{平均自由程}{特征流动尺寸}\qquad(1.10)$$

因此,当克努森数远大于1,即 $\lambda \gg L_{ref}$ 时,出现自由分子流。

当密度较小,即高海拔条件下时,平均自由程较大(克努森数较大),流体不

---

① 这种情况下分子平均自由程(即分子在发生碰撞之前所经过的距离)可以达到飞行器自身尺寸的量级。

能再看作连续流。尽管如此,特征尺寸较小的情况下克努森数仍然可以很高,例如通过激波的流场,此时特征尺寸是激波的厚度。

因此,不仅 λ 很重要,特定条件下的 L_{ref} 也很重要。

特征长度可以取流场特征或者机体的一个尺度。事实上,对于钝头锥,底部半径就可作为特征长度。而对于升力体,则可以选择升力面的平均气动弦长。另外,对于流经平板的流动,边界层厚度或者距离前缘的距离可以作为合适的特征尺寸。

基于空气独特性质的相对重要性,通过克努森数进行量化,可以得到三个主要区域[8]:

(1) 自由分子流($Kn \gg 1$):$\dfrac{M}{Re} > 3$。

(2) 过渡区域(从自由分子流到连续流):$3 > \dfrac{M}{Re}$ 和 $\dfrac{M}{\sqrt{Re}} > 0.01$($Re \gg 1$)。

(3) 连续流($Kn \ll 1$):$0.01 > \dfrac{M}{\sqrt{Re}}$。

自由分子流受分子–表面相互作用以及可以忽略的入射与反射粒子之间相互作用支配。相比之下,连续流则主要受到分子间相互碰撞的影响。在两种极端区域间的过渡区域内,分子间以及分子与表面之间的相互作用都很重要(图1.9 和图 1.10)[8]。

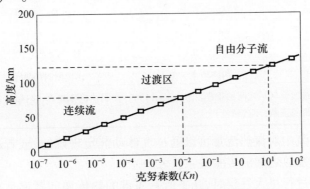

图 1.9 克努森数 – 高度图

根据马赫数与雷诺数,当 $Ma/(Re)^{1/2} < 0.01$ 时出现连续流,而当 $Ma/Re > 3$ 时出现自由分子流(表 1.1),正如图 1.10 中马赫数 – 雷诺数关系图所示[8]。

在自由分子流条件下,钝头体前不会产生明显的激波,而在略低于自由分子流极限的高度下,飞行器表面附近的分子可能具有一个不同于表面本身的平均速度。这是参考了所谓的"速度滑移"条件。如果流体分子不能获得与飞行器

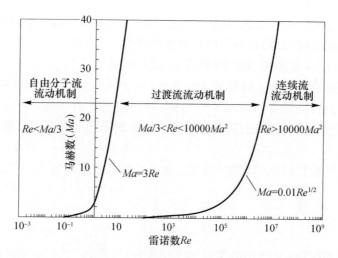

图 1.10　基于马赫数与雷诺数的自由分子流和连续流流动区域

表面碰撞后的相当能量,则产生动量调整损失。如果飞行器表面存在温度不连续性,则产生热能调整损失。在自由分子流和接近自由分子流中,可以通过实验确定热能与动量的调整系数,并预测温度突越以及飞行器表面速度滑移。

表 1.1　自由分子和连续流区域边界[8]

流动区域	Anderson (1989)[①]	Regan and Anandakrishnan (1993)
自由分子流	$Kn \gg 1$	$Re < Ma/3$
接近自由分子流	$Kn > 1.0$	—
过渡区	$1.0 > Kn > 0.03$	$Ma/3 < Re < 10^3 Ma^2$
连续流	$Kn < 0.2$	$Re > 10^3 Ma^2$

①注意连续流与过渡流区域之间的重叠。Anderson(1989)说明在机体表面,该区域($0.03 < Kn < 0.2$)受到温度与速度滑移影响(不连续性)

　　自由分子流中对流热流量可以通过气体动能定理确定,或者通过斯坦顿数(St)与热调整系数之间的实验关系获取。

　　飞行器穿过行星大气层时,几乎所有关键的热传递问题都是在连续流区域发生的。

　　因此,目前研究工作主要对连续流区域最感兴趣($Kn \ll 1$)。

　　回到图 1.8,在飞行条件低于 90km 高度,高度 – 速度图反映了飞行平面分为两个区域。在左边区域(飞行速度低于 3km/s),高度 – 速度图反映了无化学反应或冻结流平面。

　　相反,飞行速度高于 3km/s 的飞行器将经历大气电离和热化学反应效应。

特别地,图 1.8 强调了只有在低于 30km 的高度,流体才能看作化学平衡。热化学非平衡流条件将在以后详细介绍,到时将重点考虑高温真实气体效应。

图 1.11 显示单位雷诺数 Re/l 随着高度减小而增大[3]。

Re/l 在很高的高度下将达到 $10^3 l/m$ 以至于流动可以看作为纯层流。而在较低高度下(低于 50km), $Re/l \approx 10^6$,因此确定流动为湍流①。因此,飞行器随着飞行阶段的改变将遭遇的流动区域涵盖了完全层流到完全湍流以及自由分子流到完全连续流。但是,高度 – 速度图中各种边界位置依赖于具体的再入航天飞行器类型(如特征长度),这些内容将在本书的后面进行介绍。

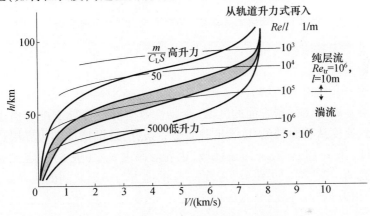

图 1.11 带有雷诺数等值线的典型再入轨迹

1.4 连续流区飞行器周围典型高超声速流场特征

该区域中,飞行器将经历最大惯性和气动热过载,它驱动了高超声速飞行器设计中的大部分方面。图 1.12 展示了典型高超声速飞行器周围流场。

因此,在详细讨论之前,检查一个发生在典型高超声速飞行器周围的一般流场具有很大用处,正如图 1.12 所示[8]。

基于局部特征,高超声速飞行器周围流场可分为三个区域:

(1)边界层区域②;

---

① 图 1.11 中的黑色带代表美国航天飞机轨道飞行器再入包线,用作参考。

② 气动边界层最早是由 Ludwig Prantl 于 1904 年 8 月 12 日在德国海德堡国际机械工程大会上发表的一篇论文中定义的。它使得空气动力学研究人员在处理流动问题时通过将流场分为两部分来简化流动方程,其中一部分在边界层内部,黏性占支配作用,并成为流体内部机体受到的主要阻力,另一部分在边界层外部,这部分区域可以忽略黏性影响,并且不会产生太大影响。

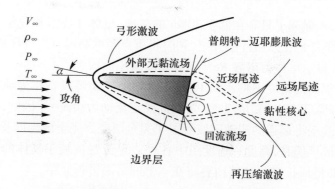

图 1.12　连续流区域典型高超声速飞行器周围流场

（2）外部无黏流场区域；

（3）尾迹区域。

下面逐一介绍以上区域。

边界层是毗邻飞行器表面的区域，受黏性效应和热传导支配。由于黏性剪切效应导致速度从壁面处的 0（满足壁面边界条件）逐渐增加到边界层边缘的外部流场速度（图 1.13）。在亚声速区域，边界层厚度 $\delta_{99\%}$（或 δ）被定义为当地速度为自由流场（或边界层边缘）处速度 99% 的地方与壁面之间的法向距离，该值与 Re 密切相关：

$$\delta \propto \frac{1}{\sqrt{Re}} \tag{1.11}$$

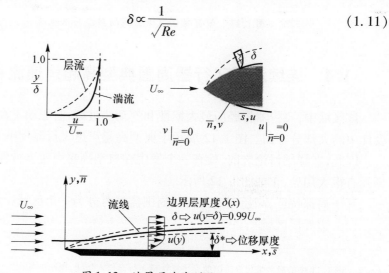

图 1.13　边界层速度剖面

特别地，由图 1.13 所示，边界层的速度剖面从层流到湍流边界层各不相同，因此意味着湍流流场中的剪切应力与热流量预计都要相对大一些[8]。

14

为了满足连续性方程,流线将偏离壁面,这是由于壁面附近低速流体累积导致的。边界层外流线转向总量称为位移厚度 δ^*:

$$\delta^* = \int_0^\delta \left(1 - \frac{\rho}{\rho_e}\frac{u}{u_e}\right)\mathrm{d}y \tag{1.12}$$

式中:下标 e 为边界层边缘处条件。

δ^* 是速度剖面到边界层前缘处距离的函数,该厚度能够在边界层外无黏流场区域发挥很大的距离影响,使得产生一个形似已知机体但又比原始机体更厚的外形,就像是流场绕过了一个"表观机体"。

边界层速度剖面决定了作用于机体上的黏性力。壁面剪切应力 τ_w($\mathrm{kg/ms^2}$)由下式获得:

$$\tau_w = \mu\left(\frac{\partial u}{\partial y}\right)_w \tag{1.13}$$

局部表面摩擦系数 $C_f(x)$ 的无量纲表达式为

$$C_f(x) = \frac{\tau_w}{\frac{1}{2}\rho_e V_e^2} \tag{1.14}$$

相似地,为了满足边界层条件以及顾及由动能变化(绝热)以及摩擦导致的温度升高,边界层内温度也必然从壁面到边缘都有所不同。

壁面热传递率由热传导的傅里叶定律表示。壁面热传递率 $\dot{q}_w$($\mathrm{W/m^2}$),以及斯坦顿数 St 的无量纲表达式分别为

$$\dot{q}_w = -k\left(\frac{\partial T}{\partial y}\right)_w \tag{1.15}$$

$$St = \frac{\dot{q}_w}{\rho_e u_e(h_{aw} - h_w)} \tag{1.16}$$

式中:k 为热传导系数 $\mathrm{W/mK}$;h_{aw} 与 h_w 分别为绝热壁面焓($\dot{q}_w = 0$ 时的焓)与实际壁面焓($\mathrm{J/kg}$)。

再考虑到方程(1.11),很明显,对于高雷诺数流场,边界层通常很薄。因此,黏性影响可以假设限制在边界层内部。对于薄边界层,压力在表面法向上为定值且假设被外流强加在边界层外缘上(普朗特条件)。

相比之下,由方程(1.8)可知,边界层厚度以及温度在高马赫数和雷诺数下急剧增加。这点在图 1.14 中可以清楚看到,该图所示为不同马赫数下绝热平板上穿过层流边界层的温度与速度分布。可以看到,马赫数越高,低垂直距离参数 $\frac{y}{x}\sqrt{Re_\infty}$ 条件下的温度比值 T/T_∞ 越大[8]。

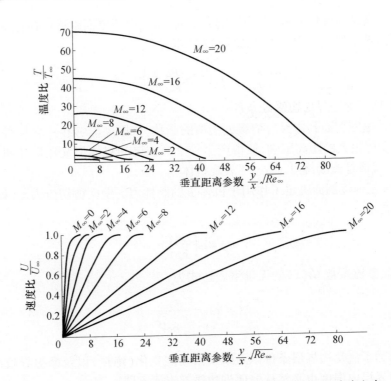

图 1.14　不同马赫数下绝热平板上穿过层流边界层的温度与速度分布

把绝热条件(图 1.14)与非绝热条件(图 1.15)下壁面流场的结果进行比较,可以阐明能量方程与动量方程之间的耦合①。

图 1.15 所示为马赫数 =16 时,不同壁面/自由流温度比条件下穿过层流边界层的温度与速度分布[8]。

由图 1.15 可知,对于绝热壁,边界层厚度远大于冷壁下的边界层。从式(1.13)与式(1.15)可见,由于剪切应力与热传递率分别正比于速度与温度梯度,所以更厚的边界层将产生更小的剪切应力与壁面热传递率。

外部流场区域假设为无黏(即黏性只限制于边界层区域)且无热传导,该区域决定了作用于机体表面的压力。外流场不受边界层控制,在黏性模型下可看作由非黏性模型加上外部叠加一层位移厚度 δ^* 组成。举例而言,该方法曾用于航天飞机引入 HALIS 构型(图 1.16)以及仅使用欧拉方程对人造卫星气动特性进行 CFD 计算研究。

---

① 当声速远大于自由来流速度时($U \ll a$),密度可以认为是一个常数(即不可压流)。另外,如果黏性系数与热传导系数也是定值,能量方程将与动量方程解耦,使该问题极大简化。但是,这种好事在高速流条件下并不适用,这里密度将不再是常数。

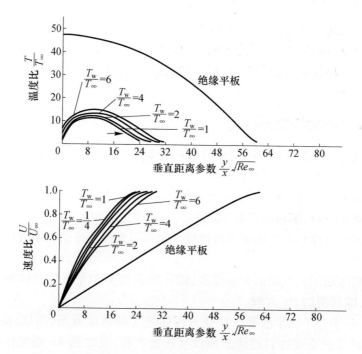

图 1.15　马赫数 = 16 时，不同壁面/自由流温度比条件下
穿过层流边界层的温度与速度分布

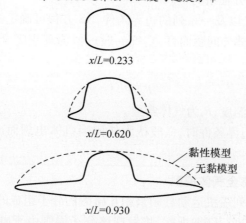

x/L=0.233

x/L=0.620

黏性模型
无黏模型

x/L=0.930

图 1.16　简化人造卫星不同横截面处外形(黏性模型为 HALIS 构型)

欧拉方程式(1.25)，决定的无黏压强与速度场在这样的虚构外形下为边界层外缘提供边界条件[2,3]。

尾迹区域非常复杂且受到分离点后方的回流区支配(图 1.12)。另外，涡从边界层扩散，直至与外部流动融合。尾迹流决定了底部压强以及由此产生的底

17

部阻力。在高超声速分离流下的底部流场，$p_\text{base} = p_\infty$ 是一个很好的近似条件。如果流场没有发生分离，则尾迹区域可以看作边界层与外部无黏流场的组合。

通过对流场控制方程积分可以获得连续流条件下绕高超声速飞行器周围流场的详细描述。

1.4.1 流动控制方程

所有流体流场都受到三个守恒方程的控制：

（1）质量守恒，即连续方程。

（2）动量守恒，即牛顿第二运动定律。

（3）能量守恒，即热力学第一定律。

这些守恒定律结合流场定义将提供一组可以通过给定边界条件确定流场信息的方程组。

如果机体周围大气近似为连续流，则守恒方程基于空气的整体特性产生一组方程组，即所谓的 NS 方程。

另外，基于分子力学的玻尔兹曼方程描述了稀薄流流场，所以，高 Kn 表明特定流体属性的重要性且必须采用玻耳兹曼方程，反之低 Kn 则允许将流场看作连续流，且需要使用 NS 方程进行求解。对于 Kn 趋于无穷大时，玻耳兹曼方程组渐进收敛于 NS 方程组的解。

结合气体的定义以及一系列的边界条件，NS 方程可确定机体周围的流场信息。事实上，对于大部分问题而言，空气一般近似为理想完全气体。因此，压强 $p(\text{Pa})$，可以表示为

$$p = \rho RT \tag{1.17}$$

式中：ρ 为密度；T 为温度；R 为气体常数。

当考虑远场处边界条件时，一般认为任何因机体出现而产生的扰动都是有限的。

注释框：理想完全气体模型

空气是由一系列随机运动且频繁相互碰撞的分子组成的。想象从周围这些分子中取出一颗进行仔细观察，将发现该分子周围由于电子和原子核的电磁活动而产生的力场。一般来说，该力场将从给定分子开始伸出，与周边分子力场粘连，反之亦然。因此该力场称为分子间作用力，见图 1.17。

在图 1.17 中，分子间作用力被描绘为与粒子之间距离的函数关系。在较小距离下，该力表现为相互排斥，欲将两个粒子相互推开。但是，当将两分子继续分开时，分子间作用力迅速下降且变为微弱的吸引力，趋于将两分子吸引

到一起。在大约 10 个分子直径的距离外,分子间作用力的量级可以忽略不计。下面在该条件下讨论理想完全气体。

理想完全气体一般为热完全气体和量热完全气体[9]。

热完全气体遵循理想气体状态方程

$$p = \rho R T$$

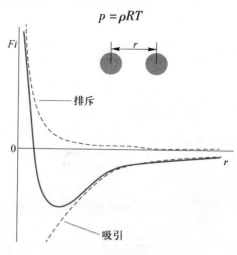

图 1.17　分子间作用力图解

对于量热完全气体,内部能量取决于温度,即

$$e = c_v T \tag{1.18}$$

式中:c_v 为常数,称为定容比热。

然而,高温真实气体效应迫使流场脱离完全气体模型。事实上,电离后的气体可以认为是热完全气体的混合物,这些分子种类为量热不完全气体。

以后将会进一步介绍,热完全气体混合物内能平衡方程为

$$e = \sum_{i=1}^{n} Y_i e_i \tag{1.19}$$

式中:Y_i 为组分 i 的质量分数,组分 i 的内能为其平动、转动、振动以及电子能量的总和,即

$$e_i = e_{\text{trans}_i} + e_{\text{rot}_i} + e_{\text{vibr}_i} + e_{\text{el}_i} \tag{1.20}$$

在机体表面,一般来说,垂直于壁面(固体,不可穿透表面)的流场速度必须为 0。对于切向速度则应用边界层区域的概念。在该区域中,黏性效应为首要影响,切向速度在壁面处为 0(图 1.13)。因此

$$V\big|_{w} = 0 \tag{1.21}$$

另外,机体表面的气体温度必须与特定壁面温度 T_w 匹配。由于壁面温度依赖于穿过飞行器表面的热传导,因此其一般不可先验得知。当壁面温度给定(即固定壁面温度条件 T_w),流动问题与机体内热传导问题解耦(图 1.18)[8]。如果机体壁面不存在热传导问题,则该条件被称为绝热壁条件。该指定壁面温度表示为

$$T(x) = T_w(x) \tag{1.22}$$

而绝热壁面条件表示为

$$\left(\frac{\partial T}{\partial y}\right)_w = 0 \tag{1.23}$$

对于可压非定常流,NS 方程表示为

$$\begin{cases} \dfrac{\partial \rho}{\partial t} + \nabla \cdot (\rho \boldsymbol{u}) = 0 \\[2mm] \dfrac{\partial (\rho \boldsymbol{u})}{\partial t} + \nabla \cdot (\rho \boldsymbol{u} \times \boldsymbol{u}) = \nabla \cdot \boldsymbol{T} + \rho \boldsymbol{f} \\[2mm] \dfrac{\partial (\rho E)}{\partial t} + \nabla \cdot (\rho E \boldsymbol{u}) = \nabla \cdot (\boldsymbol{T} \cdot \boldsymbol{u}) - \nabla \cdot \boldsymbol{q} + \rho \boldsymbol{f} \cdot \boldsymbol{u} + \rho r \end{cases} \tag{1.24}$$

式中:$\boldsymbol{T}$ 为应力张量;$\boldsymbol{q}$ 为热通量矢量;$\boldsymbol{f}$ 和 r 分别为单位质量的外力场和单位质量单位时间的热产量。

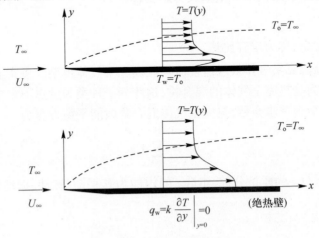

图 1.18　边界层温度剖面图

NS 方程是一系列耦合的、非线性的偏微分方程。对于定常流该方程组是一系列椭圆 – 抛物形方程的混合,而当非定常项保留时则为双曲 – 抛物形方程。

忽略 NS 方程中的黏性与热传递项，将获得一个简化的方程组，也称为欧拉方程：

$$\begin{cases} \dfrac{\partial \rho}{\partial t} + \nabla \cdot (\rho \boldsymbol{u}) = 0 \\[2mm] \dfrac{\partial (\rho \boldsymbol{u})}{\partial t} + \nabla \cdot (\rho \boldsymbol{u} \times \boldsymbol{u}) + \nabla p = 0 \\[2mm] \dfrac{\partial (\rho E)}{\partial t} + \nabla \cdot (\rho E \boldsymbol{u}) + p \nabla \cdot \boldsymbol{u} = 0 \end{cases} \qquad (1.25)$$

尽管欧拉方程也是耦合的、非线性偏微分方程，它们要比 NS 方程阶数低。非定常欧拉方程为双曲形方程，但定常状态方程将它们的状态由亚声速条件($M_\infty < 1$)下的椭圆形改变到超声速条件下($M_\infty > 1$)的双曲形。

1.4.2　M_∞ 变化引起的流场特征

本节从物理角度分析改变马赫数时流场特性发生变化的原因和影响。

流场中的一个扰动(点源)产生声波(即无穷小压强脉冲)且以声速 a 球状传播，将扰动信息传向流场。图 1.19 展示了移动源声波的传递[8]。当扰动源速度 U 小于 a 时，声波将向扰动源附近的流场传递。

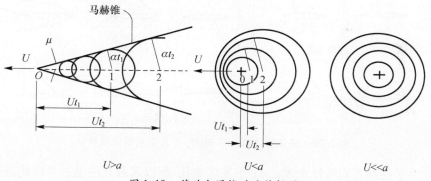

图 1.19　移动点源扰动波传播图

当扰动源移动速度大于 a 时，扰动信息无法传播到扰动源之前，从而形成一个扰动锥，称为马赫锥。在一个固定参考扰动源条件下，流体以均匀速度 U 经过扰动源，对于亚声速流动($U < a$)，扰动影响整个流场区域，而对于超声速流场($U > a$)，扰动被限制在一个由马赫线隔开的区域内。马赫线以马赫角 μ 向当地流场倾斜，马赫角为一个与马赫数相关的特征角：

$$\mu = \arcsin\left(\frac{1}{M_\infty}\right) \qquad (1.26)$$

因此，对于亚声速问题所需边界条件必须包含整个流场外部边界且被称为边界值问题。然而对于超声速问题，则是一个初值问题，只要求初始阶段的边界条件而通过匹配计算下游结果获得流场的解。

对于只对自由流场产生微小扰动的机体，欧拉方程可以对其进行进一步简化。除了 $M_\infty \to 1$（跨声速）或 $M_\infty \gg 1$（高超声速）的情况，结果产生的小扰动方程均为线性。

既包含亚声速区域又有超声速区域的流场可以参考跨声速流场。

基于控制方程的特征以及一些近似条件的精度，连续流区域可以进一步细化为：

（1）不可压亚声速流 $M_\infty \leqslant 0.3$（ρ 为定值）。

（2）可压亚声速流 $0.3 < M_\infty < 1$。

（3）跨声速流 $0.8 < M_\infty < 1.2$。

（4）超声速流 $M_\infty > 1$。

（5）高超声速流 $M_\infty > 5$。

图 1.20 展示了翼型周围流场在不同马赫数 M_∞ 下的显著流场特征[8]。

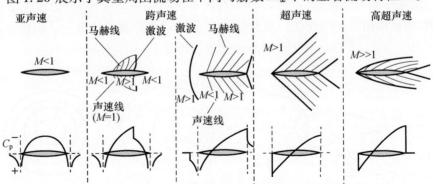

图 1.20　连续流区域。不同 M_∞ 下翼型周围流场特征

由于控制方程特征在 $M_\infty = 1$ 下发生变化，所以求解方法也必须据此进行改变。另外，跨声速流场中边界层与激波之间的强相互作用使得任何求解过程进一步复杂化。

1.4.3　激波关系式

为了展示高超声速理论，本节从不可压亚声速流开始讨论。众所周知，不可压流场中的定密度介质使得动量与能量方程解耦。考虑无黏流场中欧拉方程（动量方程）通过积分得到伯努利方程（对无旋流有效，即 $\omega = \nabla \times V = 0$）：

$$\frac{1}{2}\rho V^2 + p = 常数（沿流线） \tag{1.27}$$

增大 M_∞，密度将不再能继续看作定值，完全气体绝热流的能量方程可以写为

$$c_p T + \frac{1}{2}V^2 = c_p T_0 \equiv h_0 = 常数 \tag{1.28}$$

式中

$$c_p = \frac{f+2}{2}R \quad 且 \quad \frac{c_p}{R} = \frac{\gamma}{\gamma-1} \tag{1.29}$$

$$c_p - c_v = R \tag{1.30}$$

式中：c_p 与 c_v 分别为定压比热与定容比热（J/kgK）；f 为分子自由度（dof）。

因此，可压流动量方程（有时参考可压流伯努利方程）按密度 ρ 划分，代替式（1.29）和式（1.30），有

$$\frac{V^2}{2} + \frac{\gamma}{\gamma-1}\frac{p}{\rho} = 常数（沿流线） \tag{1.31}$$

从式（1.31）中看出，对于等熵流（绝热、无黏、无热传导），滞止条件与当地流体属性之间的关系为

$$\begin{cases} \dfrac{a_0^2}{a^2} = \dfrac{T_0}{T} = 1 + \dfrac{\gamma-1}{2}M^2 \\[2mm] \dfrac{p_0}{p} = \left(1 + \dfrac{\gamma-1}{2}M^2\right)^{\gamma/(\gamma-1)} \\[2mm] \dfrac{\rho_0}{\rho} = \left(1 + \dfrac{\gamma-1}{2}M^2\right)^{1/(\gamma-1)} \end{cases} \tag{1.32}$$

式中：下标 0 代表滞止条件。

式（1.32）仅对等熵流有效。但是，当超声速流经激波压缩后，该过程便不再是等熵的了。激波很薄（分子平均自由程量级）且从宏观角度来看可以认为是流动中的不连续。

不考虑论证细节，正激波后的流场特性（图 1.21）可以利用兰金 - 雨贡关系式得到[8]：

$$\begin{cases} \dfrac{p_2}{p_1} = 1 + \dfrac{2\gamma}{\gamma+1}(M_1^2 - 1) \\[2mm] \dfrac{\rho_2}{\rho_1} = \dfrac{u_2}{u_1} = \dfrac{(\gamma+1)M_1^2}{(\gamma-1)M_1^2 + 2} \\[2mm] \dfrac{T_2}{T_1} = 1 + \dfrac{2(\gamma-1)}{(\gamma+1)^2}\dfrac{\gamma M_1^2 + 1}{M_1^2}(M_1^2 - 1) \\[2mm] M_2^2 = \left(1 + \dfrac{\gamma-1}{2}M_1^2\right) \bigg/ \left(\gamma M_1^2 - \dfrac{\gamma-1}{2}\right) \end{cases} \tag{1.33}$$

从式（1.33）的最后一个方程可以看出，流动经过正激波后一定为亚声速。

图 1.21　跨正激波流动

斜激波条件下,式(1.33)必须进行修改来考虑转折角 θ 和激波角 β。当流动方向不垂直于激波,垂直于激波的流场速度分量经修正仍视为穿过正激波,而平行于激波的速度分量必须在激波两侧保持相等以满足连续性方程。

由于斜激波对于垂直于它的速度分量相当于正激波,所以式(1.33)可以应用于斜激波问题(图 1.22)[8]。M_1 与 M_2 由它们垂直于激波上的分量 $M_1\sin\beta$ 与 $M_2\sin(\beta-\theta)$ 替代,此处 β 为激波角,θ 为流动转折角。激波角、转折角以及跨斜激波特征之间的关系为

$$
\begin{cases}
\dfrac{p_2}{p_1} = 1 + \dfrac{2\gamma}{\gamma+1}(M_1^2\sin^2\beta - 1) \\[3mm]
\dfrac{\rho_2}{\rho_1} = \dfrac{u_2}{u_1} = \dfrac{(\gamma+1)M_1^2\sin^2\beta}{(\gamma-1)M_1^2\sin^2\beta + 2} \\[3mm]
\dfrac{T_2}{T_1} = 1 + \dfrac{2(\gamma-1)}{(\gamma+1)^2}\dfrac{\gamma M_1^2\sin^2\beta + 1}{M_1^2\sin^2\beta}(M_1^2\sin^2\beta - 1) \\[3mm]
\tan\theta = 2\cot\beta\,\dfrac{M_1^2\sin^2\beta - 1}{M_1^2(\gamma + \cos(2\beta)) + 2}
\end{cases}
\tag{1.34}
$$

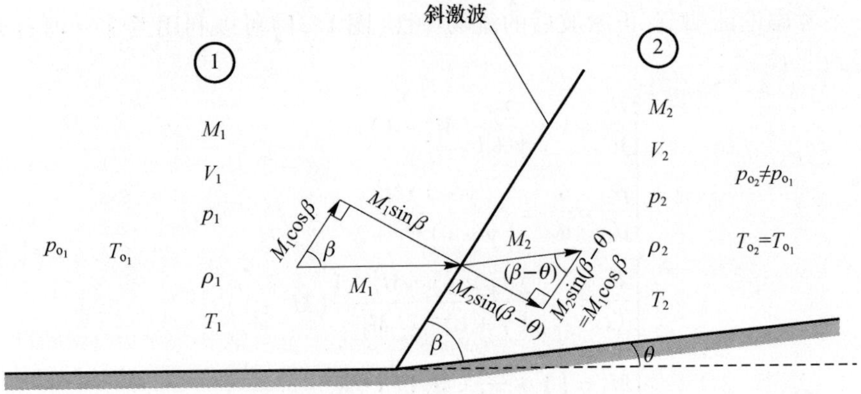

图 1.22　跨斜激波流动

方程组(1.34)为二维条件下方程。在三维条件下流动流经圆锥,确定激波后流场特性并不像二维那么简单。不同于斜劈流动,锥形激波后的流场特性沿着任一条从圆锥顶点出发的流线都保持不变(图1.23)[8]。

马赫数 M_∞、圆锥角 θ_c、辐射角 ω、圆锥激波角 β_c 以及激波后的流场特性之间的关系已制成了图表。

对于二维和三维流动,如果流动转折角太大,将不存在斜激波解,而将在转折前缘产生一条脱体的曲线形的激波(图1.24)[8]。由于曲线激波中正激波部分后面的流动为亚声速,曲线激波的形状以及脱体距离依赖于机体的几何形状且必须沿着整个流场进行计算。与曲线激波相关联的另一个问题为跨激波后的熵增随激波角而变化。因此,即使对于定熵自由来流,激波后的流场也将有一个熵梯度,从而增加了问题的复杂性。

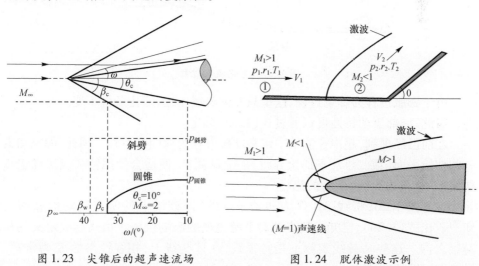

图1.23　尖锥后的超声速流场　　　　图1.24　脱体激波示例

1.4.4　特征线法

当超声速流动经凸表面膨胀时(图1.25),流场将整体保持等熵[8]。流动方向的改变与马赫数相关,且可由普朗特 – 迈耶方程表示,即

$$v(M) = \sqrt{\frac{\gamma+1}{\gamma-1}} \arctan \sqrt{\frac{\gamma-1}{\gamma+1}(M^2-1)} - \arctan \sqrt{(M^2-1)} \quad (1.35)$$

因此 $v=0$ 相当于 $M=1$。通过一个光滑凹形转折也可能实现流动的等熵压缩而不产生激波。对于压缩,初始马赫数、转折角 θ 以及最终马赫数之间的关系为

$$v(M_2) = v(M_1) - |\theta| \quad (1.36)$$

而对于膨胀,则有

$$v(M_2) = v(M_1) + |\theta| \qquad (1.37)$$

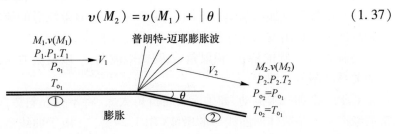

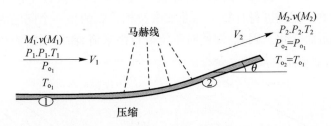

图 1.25 等熵流动过程

由于膨胀过程为等熵过程,这里只考虑等熵压缩,滞止条件不变。

因此,局部流动特性可以通过式(1.32)确定。

之前已经提到,超声速流动中定常欧拉方程为双曲型方程。因此,如果知道一些初始平面(或二维流场的边界线)的流动属性,便适合使用特征线法确定该初始平面(或边界线)下游的流场[8]。

参考图 1.26,将线 AB 作为初始条件线,即该线上的所有流动信息均已知[8]。由式(1.26),已知一般点源对下游流动的影响仅限于由马赫线定义的马赫锥之内。这些马赫线实际上是特征线,在这些线上,相容性参数 K 为常数。沿着右行特征线,有

$$K_- = 常数 = \theta - v(M) \qquad (1.38)$$

而沿着左行特征线,有

$$K_+ = 常数 = \theta + v(M) \qquad (1.39)$$

式中:θ 为流动方向;v 为普朗特 – 迈耶方程[式(1.35)]。

如图 1.26 所示,在 AB 上可以通过将问题离散化并考虑两个相邻的点,代号 1 和 2。从这些点发出的由直线段表示的特征线在点 3 处相交。因此,点 3 受到点 1 和点 2 的影响。由于 K 必须沿特征线保持定值,$K_{-1} = K_{-3}$ 且 $K_{+2} = K_{+3}$,我们可以计算出 θ_3 与 v_3。通过同样的方式处理 AB 上的其他点并在边界处进行特别处理即可描绘出整个流场信息。

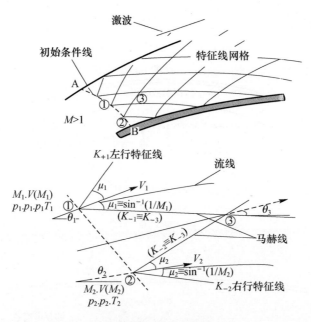

图 1.26　特征线法

在三维流场中,马赫线与特征线将由特征面替代。此处使用几何方法相当复杂,一般选择使用其他数值方法[8]。

1.4.5　高温效应

在气动热力学与可压流的介绍中,气体比热视为定值,因此比热比 $\gamma = c_p/c_v$ 也是定值。这导致在不同压强、密度、温度与马赫数下获得一些理想结果。

然而当温度高于一定界限时将不能再把空气近似为完全气体。事实上,让我们回到之前 1.2 节中介绍高温效应问题时讨论的例子。考虑类阿波罗飞船头部区域在马赫数为 36 条件下的状态,可参考图 1.27[3]。弓形激波在头部区域为正激波或近似于正激波。因此该弓形激波后的温度达到近 11000K。

在如此高温下,流体通过化学反应发生裂解和电离。因此,气体中包含单原子粒子、双原子粒子以及离子和电子,因此进化成一种非理想状态。

(1) 流体分子的振动能量被激发,这导致比热 c_p 与 c_v 变成温度的函数。相应地,比热比 $\gamma = c_p/c_v$ 也变成温度的函数。对于空气,这种效应在温度高于800K 时变得重要。

(2) 当气体温度进一步增高时,开始出现化学反应。对于化学反应平衡气体,c_p 与 c_v 既是温度的函数,又是压强的函数,即 $\gamma = f(T, p)$。

而且,高海拔下化学反应特征时间以及能量交换时间的量级与流动的特征

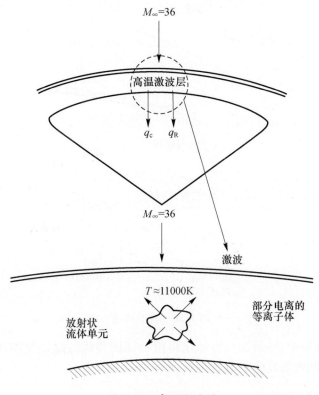

图 1.27　高温激波层

时间相当或更长,空气密度较低。在这种条件下,平动、振动与转动电子温度本质上并不相等。

　　结果,为了分析这样的再入流场,难免要考虑热化学非平衡模型。为了理解非平衡流的特点,考虑类似于氧气或氮气的双原子气体,这样气体混合物将包含只有一个种类的原子和分子,即 N_2 或 O_2。在这个假设下,可以从图 1.28 中观察到,在 1 个大气压和空气温度约 800K 时,分子振动能量变得重要[3]。这不是化学反应,但却对气体属性有一定影响。当温度接近 2000K 时,氧气开始裂解。在 4000K 下,氧气几乎完全裂解,绝大多数氧都以氧原子 O 的状态存在。而且,巧的是在 4000K 下氮气开始发生裂解。当温度达到 9000K 时,大部分氮气都裂解完毕,而且该温度正好是氧气和氮气开始发生电离的温度。高于 9000K 时,局部电离的等离子体中主要包含 O、O^+、N、N^+ 以及电子 e^-。当温度在 4000 ~ 6000K 时,电离过程较为温和,此时形成小部分 NO 并有一部分发生电离生成 NO^+ 和自由电子 e^-。在气体的整个化学组成方面有一些小的关注点,但是再入过程中由于 NO 电离产生的电子数密度足以使飞行器发生通信中断。除了振动的激发不受压强影响外,当空气压强较低时,其他临界温度降低;相反如果空气压强增加,则这些临界温度增高[3]。

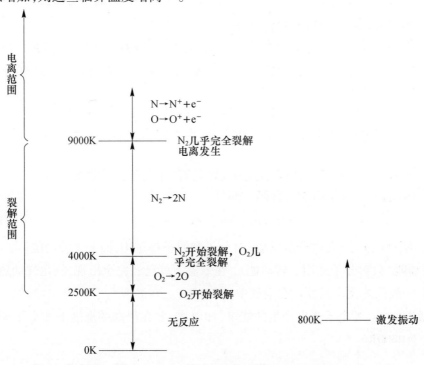

图 1.28 空气在 1atm 下的振动、裂解与电离范围

所有这些现象都称为高温真实气体效应。事实上,激波层里反应混合物中的单原子气体如原子氧与原子氮展现出更少的自由度(f),且拥有与像 O_2 和 N_2 双原子分子气体不同的气动热力学特征(见式(1.29)和式(1.30))。混合物的比焓 $h(J/kg)$、比内能 $e(J/kg)$以及气体常数 R 都依赖成分的浓度 Y_i(如 Y_{O_2}、Y_O、Y_{N_2}、Y_{NO}、Y_{e^-}):

$$\begin{cases} h = h(T, Y_i) = h(T, p) \\ e = e(T, Y_i) = e(T, p) \end{cases} \tag{1.40}$$

因此,如果相比于流体单元在流场中移动的时间(即流动滞留时间 τ_f),振动激发和化学反应进行得更加迅速,则气体便不能再近似为热完全气体,从而得到振动和化学平衡流。在这种情况下,由于浓度与温度和压强都有关,则式(1.40)变为

$$\begin{cases} h = h(T, p) \\ e = e(T, p) \end{cases} \tag{1.41}$$

这种情况一般发生在密度大以及分子平均自由程小从而反应时间短的低海拔处。如果相反(即 $\tau_f \gg \tau_c$),则得到非平衡流,该情况分析起来更加复杂。

注释框:流体组分内能与自由度

内能可以通过考虑原子和分子的自由度 f 来阐述。我们通过图 1.29 中简单的哑铃型分子模型作为例子进行阐述[10]。这些分子(和原子)具有:

(1) 三个平动自由度;

(2) 两个转动自由度(绕粒子间第三轴的转动能量可以忽略);

(3) 两个振动自由度,即一个与内部平移相关联,一个与弹性能量相关联。

最后,一部分内能与电激发有关,如电离,称为电子激发能。

因此,一个分子内能包含四个部分:

$$e = e_{\text{trans}} + e_{\text{rot}} + e_{\text{vibr}} + e_{\text{el}} \tag{1.42}$$

e_{trans}(平动能)与 e_{el}(电子激发能)对分子和原子都适用,而 e_{rot}(转动能)与 e_{vibr}(振动能)只对分子适用。转动能 e_{rot} 在低温下就已经完全出现,故在气动热力学上一般认为完全激发。在空气中,振动能 e_{vibr} 在温度高于 800K 时激发。电子激发能 e_{el},即电子激发产生的能量,如电离,要在很高的温度下才会被激发(大于 9000K)。

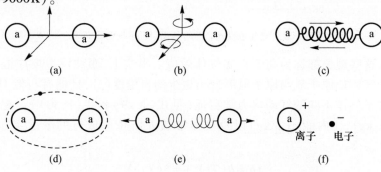

图 1.29 哑铃型分子自由度简图与高温现象阐述
(a)平动 $f=3$;(b)旋转 $f=2$;(c)振动 $f=2$;(d)电子激发;(e)裂解;(f)电离。

能量守恒定律允许我们用公式表示原子与分子的内能 e、比热 c_v 与 c_p 以及比热比 $\gamma = c_p/c_v$ 与自由度(f)之间的关系,这使得我们能够进一步认识一些基础的高温现象。假设激发原子和分子的所有自由度(平动、转动与振动),忽略电子激发能 e_{el},从而获得摩尔质量为 m 的组分的普适关系:

$$e = \frac{f}{2}\frac{r_0}{m}T; c_v = \frac{f}{2}\frac{R_0}{m}; c_p = \frac{f+2}{2}\frac{R_0}{m}; \gamma = \frac{f+2}{f} \tag{1.43}$$

式中:R_0 为普适气体常量,$R = R_0/m$。

下面把式(1.43)应用于空气组分。

1) 原子(N,O)

对于原子,$f = 3$,则

$$e_{\text{atom}_i} = \frac{3}{2}\frac{R_0}{m_i}T; c_{\text{V atom}_i} = \frac{3}{2}\frac{R_0}{m_i}; c_{\text{p atom}_i} = \frac{5}{2}\frac{R_0}{m_i}; \gamma_{\text{atom}_i} = 1.666 \tag{1.44}$$

2) 分子(N_2, O_2, NO)

(1) 只有平动与旋转激发的分子($f = 5$),即

$$e_{\text{molec}_i} = \frac{5}{2}\frac{R_0}{m_i}T; c_{\text{V molec}_i} = \frac{5}{2}\frac{R_0}{m_i}; c_{\text{p molec}_i} = \frac{7}{2}\frac{R_0}{m_i}; \gamma_{\text{molec}_i} = 1.4 \tag{1.45}$$

(2) 平动、转动与部分振动激发的分子。

双原子分子振动能为

$$e_{\text{vibr}} = \frac{R\vartheta_{\text{vibr}}}{e^{\frac{\vartheta_{\text{vibr}}}{T}} - 1} \tag{1.46}$$

比热为

$$c_{\text{vibr}} = R\left(\frac{\vartheta_{\text{vibr}}}{T}\right)^2 \frac{e^{V_{\text{vibr}}/T}}{(e^{V_{\text{vibr}}/T} - 1)^2} \tag{1.47}$$

因此可得

$$e_{\text{molec}_i} = \frac{5}{2}\frac{R_0}{m_i}T + e_{\text{vibr}_i}; c_{\text{V molec}_i} = \frac{5}{2}\frac{R_0}{m_i} + c_{\text{V vibr}_i} \tag{1.48}$$

$$c_{\text{p mole}_i} = \frac{7}{2}\frac{R_0}{m_i} + c_{\text{V vibr}_i}; \gamma_{\text{mole}_i} = \gamma_{\text{molec}_i}(T) \leqslant (1.4) \tag{1.49}$$

(3) 全部振动能激发的分子($f = 7$)。一个分子的全部振动能激发是假想的一种情形,这是由于分子在到达该状态之前就已经开始发生裂解了。尽管如此,方程(1.46)与方程(1.47)在温度较大时的极限情况:

$$e_{\text{vibr}} = RT; c_{\text{V vibr}} = R \tag{1.50}$$

因此得到

$$e_{\text{molec}_i} = \frac{7}{2}\frac{R_0}{m_i}T; c_{\text{V molec}_i} = \frac{7}{2}\frac{R_0}{m_i}; c_{\text{p molec}_i} = \frac{9}{2}\frac{R_0}{m_i}; \gamma_{\text{molec}_i} = 1.285 \tag{1.51}$$

（4）振动能激发一半的分子（莱特希尔气体），$f=6$。这种情况的气体热容量是原子的 2 倍，它最早由莱特希尔在裂解气体动力学研究中提出，是应用在高温和大压强/密度范围内时的良好近似：

$$e_{\text{molec}_i} = \frac{6}{2}\frac{R_0}{m_i}T; c_{V_{\text{molec}_i}} = \frac{7}{2}\frac{R_0}{m_i}; c_{P_{\text{molec}_i}} = \frac{8}{2}\frac{R_0}{m_i}; \gamma_{\text{molec}_i} = 1.333\bar{3} \quad (1.52)$$

（5）无穷大自由度的分子，f。这是一个极限状态，意味着

$$e_{\text{molec}_i} = \infty; c_{V_{\text{molec}_i}} = \infty; c_{P_{\text{molec}_i}} = \infty; \gamma_{\text{molec}_i} = 1 \quad (1.53)$$

下面用高度－速度图来验证高温气体效应，见图 1.30[3]。可以看到，高度－速度图上的再入弹道穿过了振动激发、氧气与氮气裂解、电离以及热化学非平衡状态的区域。

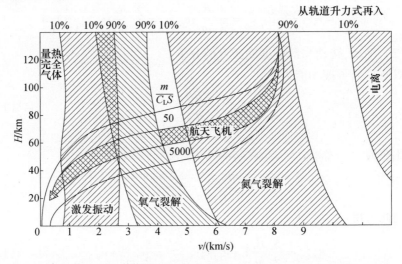

图 1.30　高度－速度图中振动激发、裂解与电离的重叠区域

根据参考文献[3]，图 1.30% 顶部的 10% 与 90% 标签表示不同区域的有效开端与结尾，在这些地方，这些影响都很重要。因此，当速度增大至大约 1km/s 时，流场中首先发生振动激发。当速度进一步增大达到约 2.5km/s 时，振动模态基本完全激发，氧气开始裂解。O_2 大约在 5km/s 时完全裂解，此时 N_2 裂解开始。该效应覆盖了名为"氮气裂解"的阴影区域。最后，在高于 10km/s 的速度下，N_2 裂解完毕，电离开始。最有趣的是不同裂解和电离的区域在高度－速度图上都相互分开，重叠很少。从某种意义上来说，这是大自然帮助我们把问题简化了[3]。

结果，图 1.30 突出展现了再入飞行轨迹斜跨高度－速度图的主要区域，该

区域包含了化学反应与振动激发。这阐明了为什么高温效应对于再入飞行器流场是如此重要[2, 3, 7, 9, 10]。图1.30也表明,随着下降轨迹穿过不同区域,粒子种类的数目都在不断增加。

事实上,流体的化学组成是随着空间和时间变化的。而且,流体分子的过渡自由度与内自由度之间的能量连续交换导致了高度 – 速度图中不同区域下的热非平衡或化学非平衡,这在图1.31中可以看出[2, 3]。

图1.31是对图1.8之前讨论的回顾和说明。特别的是,图1.31展示了有关化学与热非平衡流的三个不同区域,即A,B和C。区域A为化学平衡与热平衡流区域,区域B表示化学非平衡和热平衡流区域,区域C为化学非平衡与热非平衡流。因此,通过该图表,人们可以在已知自由流条件下快速评定运用于CFD仿真中的热化学模型。

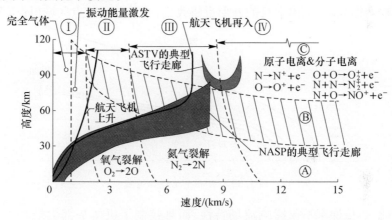

图1.31　半径为30.5cm的球飞行滞止区空气化学反应过程

但是要注意的是,图1.31所示为半径为30.5cm的球飞行驻点区域空气的化学反应过程。因此,A、B和C区域的边界必须根据特定的再入轨迹按照二元比例原则进行调整[3]。

以上讨论说明高温化学反应流对高超声速飞行器的气动升力、阻力以及力矩特性都有影响。例如,该效应在航天飞机高速再入时预估其体襟翼偏转度来配平具有重要意义。但是,迄今为止,高温气体效应在高超声速飞行时最主要的影响是导致机体表面很高的热传递。气动加热制约了所有高超声速机械的设计,不管设计对象是飞行器、为该飞行器提供动力的冲压发动机还是测试该飞行器的风洞。气动加热以从热边界层传递到冷壁面的热传递方式为对流换热,由图1.27中 q_c 表示。而且,如果气动热激波层温度足够高,气体本身的热辐射将变得重要,从而增加对壁面的辐射量称为辐射传热,由图1.27中的 q_R 表示。例如,对于阿波罗飞船的再入,辐射热传递占总换热量的 30% 以上。对于空间探测器再入木星大气层来说,辐射热传递将占到总换热量的 95% 以上。

高温流体流经高超声速飞行器的另一个结果是"黑障",它发生在大气再入时的特定高度和速度条件下,出现黑障现象时,无线电波无法传入飞行器也无法从飞行器内传出。这是由于化学反应流体电离时产生能够吸收无线电波频率的自由电子导致的。因此,迫切需要准确预测流场中的电子密度。

最后,高温真实气体效应不仅对于流体特性非常重要,而且对于高超声速飞行器所使用的材料特性也有很大影响。必须注意的是,驻点处区域达到的温度值将高于绝大多数材料的熔点,除了提供一些主动冷却的方法,驻点区域将发生烧蚀。事实上,控制烧蚀是对于该类型机体的一种常见的热管理办法。

烧蚀率取决于整流罩的热力学特性。不仅流场中烧蚀材料的出现会使化学反应过程变得复杂,机体本身的外形也将改变,尤其是在驻点区域(图 1.32)[8]。

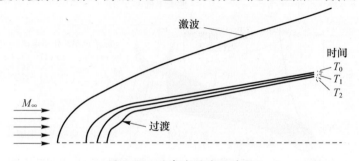

图 1.32　头部尖端烧蚀过程

因此,热传递率不仅影响流场特性,而且控制了机体头部尖端外形的变化率。而且,随着整流罩的蒸发或气化,气体以有限速度离开机体表面的过程改变了边界条件,从而也改变了流场[8]。

1.4.5.1　压缩因子,z

随着能量被进入激波层的气体分子吸收,守恒定律以及热物理现象决定了机体前端处流场的变化。事实上,理想气体假设大量的能量将进入激波层从而增加弓形激波后的静温而不是激发振动能量或使气体分子发生裂解,因此流动不能再单纯认为是量热完全气体。值得注意的是裂解和电离反应依赖于压强大小,这是因为每个粒子产生两个粒子,这种反应在高压下是受到抑制的。因此,在海平面上模拟高空气体的反应,由于压强更大而必须提供更高的温度和更快的速度。

多组分气体不能再当作完全气体,因此必须采用新的热力学关系,而裂解后的气体又可以看作完全气体的混合物:

$$p_i = \frac{M_i}{V} \frac{R_0}{m_i} T \qquad (1.54)$$

式中：M_i 和 m_i 分别为组分 i 的质量和摩尔质量。

根据道尔顿定律

$$p = \sum_i p_i = \frac{R_0 T}{V} \sum_i \frac{M_i}{m_i} \qquad (1.55)$$

混合物的总质量为

$$M = \sum_i M_i \qquad (1.56)$$

定义组分 i 的质量分数（又称为质量浓度），即

$$Y_i = \frac{M_i}{M} \qquad (1.57)$$

则

$$\sum_i Y_i = 1 \qquad (1.58)$$

另外，已知

$$Y_i = \frac{M_i}{V} \cdot \frac{V}{M} = \frac{\rho_i}{\rho} \qquad (1.59)$$

结果，加上气体组分的变化，状态方程变为

$$p = \frac{R_0 T}{V} \sum_i \frac{M_i}{m_i} = \frac{R_0 M T}{V} \sum_i \frac{Y_i}{m_i} = \rho R_0 T \times \sum_i \frac{Y_i}{m_i} = \rho R_0 T \frac{z}{m_0} = \rho z T \frac{R_0}{m_0} = \rho z R T \qquad (1.60)$$

因此，考虑到与热完全气体状态方程的偏离，有

$$p = \rho R T = \rho \frac{R_0}{m_0} T \qquad (1.61)$$

由于空气中的化学反应，引入压缩因子

$$z = \frac{m_0}{\overline{m}} \qquad (1.62)$$

式中：R_0 为普适气体常量；m_0 为气体在完全气体状态（或参考状态）下的摩尔质量；$\overline{m}$ 为研究条件下气体混合物的平均分子质量。

注释框：两组分和四组分混合物的压缩因子

在以下情况下评价压缩因子 z：

（1）双组元混合物 O_2 和 O。

（2）O_2，N_2，O 和 N 的混合物。

情况（1）是一个氧气混合物裂解的情况，即

$$O_2 \leftrightarrow O + O$$

质量守恒方程为

$$\sum_i Y_i = Y_O + Y_{O_2} = 1$$

另外

$$\sum_i \frac{Y_i}{m_i} = \frac{Y_O}{m_O} + \frac{Y_{O_2}}{m_{O_2}} = \frac{2Y_O}{m_{O_2}} + \frac{Y_{O_2}}{m_{O_2}} = \frac{2Y_O}{m_{O_2}} + \frac{1 - Y_O}{m_{O_2}} = \frac{1 + Y_O}{m_{O_2}}$$

因此，状态方程变为

$$p = \frac{R_0 MT}{V} \sum_i \frac{Y_i}{m_i} = \rho R_0 T \frac{1 + Y_O}{m_{O_2}} = \rho \frac{R_0}{m_{O_2}} T(1 + Y_O) = \rho RT(1 + Y_O) = \rho RTz$$

因此

$$z = 1 + Y_O$$

注意：z 的取值由混合物中氧气分子的分裂量决定，故

$$1 < z < 2$$

情况（2）考虑初始混合物中 O_2 和 N_2 的比例为 21% 和 79%，且正在进行以下反应：

$$O_2 \leftrightarrow O + O \Rightarrow Y_O + Y_{O_2} = 0.21$$

$$N_2 \leftrightarrow N + N \Rightarrow Y_N + Y_{N_2} = 0.79$$

因此

$$\sum_i \frac{Y_i}{m_i} = \frac{Y_O}{m_O} + \frac{Y_{O_2}}{m_{O_2}} + \frac{Y_N}{m_N} + \frac{Y_{N_2}}{m_{N_2}} = \frac{2Y_O}{m_{O_2}} + \frac{Y_{O_2}}{m_{O_2}} + \frac{2Y_N}{m_{N_2}} + \frac{Y_{N_2}}{m_{N_2}}$$

$$= \frac{2Y_O}{m_{O_2}} + \frac{0.21 - Y_O}{m_{O_2}} + \frac{2Y_N}{m_{N_2}} + \frac{0.79 - Y_N}{m_{N_2}} = \frac{0.21 + Y_N}{m_{N_2}} + \frac{0.79 + Y_N}{m_{N_2}}$$

$$\sum_i \frac{Y_i}{m_i} = \frac{0.21}{32} + \frac{0.79}{28} + \frac{Y_O}{32} + \frac{Y_N}{28}$$

但是

$$\frac{1}{m_0} = \frac{0.21}{32} + \frac{0.79}{28}$$

因此

$$m_O \sum_i \frac{Y_i}{m_i} = 1 + \frac{m_O}{32}Y_O + \frac{m_O}{28}Y_N = 1 + 0.898Y_O + 1.027Y_N = z$$

这里

$$\left.\begin{array}{l} 1 < Y_O < 0.21 \\ 0 < Y_N < 0.79 \end{array}\right\} \Rightarrow 1 < z < 2$$

因此知道流体中每个组分的裂解量,便可以评估状态方程

$$p = z(Y_O, Y_N)\rho RT$$

空气压缩性因子随着温度和压强的变化趋势见图 1.33[9]。

图 1.33 中的曲线表明压缩因子并不是受振动激发的影响,因此在氧气裂解开始前一直等于 1[9]。由于空气包含大约 20% 的氧气,因此当氧气接近完全裂解时 z 的值趋近于 1.2。相似地,随着氮气接近完全裂解,所有分子都裂解成原子,z 的值趋于 2.0。电离过程将进一步增加 z 的值。

注意到电离反应发生在几乎相同温度和相同能量变化下,因此为了近似起见,将它们分类到一起作为单个反应。

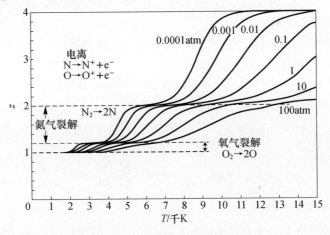

图 1.33　空气压缩性随温度的变化

注释框:质量分数与摩尔分数关系

质量分数 Y_i 到摩尔分数 χ_i 的变化关系为

$$Y_i = \chi_i \frac{m_i}{m}$$

式中:m_i 与 m 分别为组分 i 的摩尔质量以及混合物摩尔质量。

事实上,摩尔分数 χ_i 为

$$\chi_i = \frac{\text{组分 } i \text{ 的物质的量}}{\text{混合物物质的量}} = \frac{N_i}{N} = \frac{M_i}{m_i} \cdot \frac{m}{M} = \frac{M_i}{M} \cdot \frac{m}{m_i} = Y_i \cdot \frac{m}{m_i}$$

这里,混合物摩尔质量为

$$m = \sum_i \chi_i m_i$$

例如,假设上个注释框中情况(2)下的气体混合物的成分为

$$\chi_N = 0.55$$

$$\chi_{N_2} = 0.20$$

$$\chi_O = 0.25$$

$$\chi_{O_2} \cong 10^{-6}$$

因此

$$m = \sum_i \chi_i m_i = \chi_N \cdot m_N + \chi_{N_2} \cdot m_{N_2} + \chi_O \cdot m_O + \chi_{O_2} \cdot m_{O_2}$$

$$= 0.55 \cdot 14 + 0.20 \cdot 28 + 0.25 \cdot 16 + 10^{-6} \cdot 32 = 17.30$$

$$Y_N = \chi_N \frac{m_N}{m} = 0.55 \frac{14.00}{17.30} = 0.45$$

$$Y_{N_2} = \chi_{N_2} \frac{m_{N_2}}{m} = 0.20 \frac{28.00}{17.30} = 0.32$$

$$Y_O = \chi_O \frac{m_O}{m} = 0.25 \frac{16.00}{17.30} = 0.23$$

$$Y_{O_2} = \chi_{O_2} \frac{m_{O_2}}{m} = 10^{-6} \frac{32.00}{17.30} \cong 0$$

因此,压缩性因子 z 表示为

$$z = 1 + 0.898 \cdot Y_O + 1.027 \cdot Y_N = 1 + 0.898 \cdot 0.23 + 1.027 \cdot 0.45 = 1.669$$

因此,正如预期那样,$1 < z < 2$。

1.4.6　黏性干扰

回想之前边界层的影响,使用相似方法可以得到

$$\frac{\delta}{x} \propto \frac{M_\infty^2}{\sqrt{Re_x}} \tag{1.63}$$

现在假设一股超声速气流流经一个具有尖前缘的攻角为 0 度的平板(图 1.34)[8]。

正如之前所说,外部无粘流场可以认为是无粘流动流经一个假想机体,该机体在原始机体基础上附加一个边界层位移厚度 δ^*。超声速流场中,δ^* 可以忽略不计,边界层边缘处压强 $p_e(x)$ 与自由来流压强 p_∞ 相同。

但是,在高超声速流场中,从方程(1.63)中可以看出,δ 比超声速流场中更大一些,由 δ^* 造成的流动偏转导致产生了前缘激波。因为这个边界层产生的激波,使得 $p_e(x)$ 在前缘附近增大。由于已经知道压强的增加必然伴随着温度的增加,因此这个结果是可以预见的。这个诱发的激波改变了外部流场区域,从而影响边界层,使得产生较大的表面摩擦以及热传递率。这个边界层和外部无粘区域之间的相互作用称为黏性干扰;这两个区域不再能够独立确定。黏性干扰在前缘附近更加显著,此处 $d\delta^*/dx$ 以及流动的偏转最大。黏性干扰参数 χ 的引入可以评估黏性区域和无粘区域之间相互作用的相对重要性:

$$\chi = M_\infty^3 \sqrt{\frac{C_w}{Re_{x\infty}}} \tag{1.64}$$

其中

$$C_w = \frac{\rho_w \mu_w}{\rho_\infty \mu_\infty} \tag{1.65}$$

式中:下标 w 代表壁面;C_w 为 Chapman – Rubesin 无量纲参数;$Re_{x\infty}$ 为基于自由来流条件下距离前缘位移 x 的雷诺数。

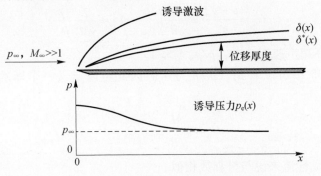

图 1.34　平板上边界层诱导激波和壁面压强分布

在强黏性干扰($\chi \gg 1$)区域,外部无粘流和边界层流动必须同时进行求解。

如果假设边界层像细长斜劈作用,且该斜劈具有一个等于位移厚度梯度的前缘角,可以发现在强黏性干扰下($\chi > 3$)诱导压强与自由来流压强之比 p_i/p_∞ 正比于黏性干扰参数 χ。从 Hayes 和 Probstein 的杰出工作中摘录的空气中绝缘平板上诱导压强与黏性参数之间的关系见图 1.35[8]。

在亚声速区域,无量纲参数 C_p(压强系数)定义为

$$C_p \equiv \frac{p - p_\infty}{q_\infty} \tag{1.66}$$

式中:q_∞ 为动压, $q_\infty = \frac{1}{2}\rho_\infty V^2$。

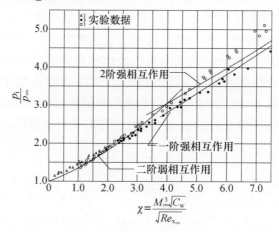

图 1.35　弱相互作用和强相互作用的相互关系

在高超声速区域,该方程又可写为

$$C_p \equiv \frac{p - p_\infty}{q_\infty} = \frac{2}{\gamma M^2}\left(\frac{p}{p_\infty} - 1\right) \approx \frac{2}{\gamma M^2} \frac{p}{p_\infty} \tag{1.67}$$

这是由于在高超声速流动中,$(p/p_\infty) \gg 1$。

从图 1.35 中可以看到,$(p_i/p_\infty) \propto \chi$,因此可以定义一个新的黏性干扰参数 $\bar{V}$:

$$C_p \propto \frac{M_\infty}{\sqrt{Re_{x\infty}}}\sqrt{C_w} \equiv \bar{V} \tag{1.68}$$

因此,$\bar{V}$ 对于黏性流来说与努森数相似。

另一个黏性 – 无粘相互作用形式发生在当激波撞击到壁面并与边界层发生相互作用时。

入射激波引起的流动偏转导致局部流动分离,且压强的增大导致边界层再

附。边界层的再附产生激波并与反射激波合并(图 1.36)[8]。

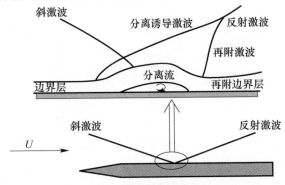

图 1.36　激波/边界层相互作用

由于相互干扰产生更薄边界层使得这个黏性－无粘相互作用区域成为一个具有很高热传递率的区域,如果不能充分的予以关注将可能产生灾难性失败[8]。

1.5　航天器气动力系数

移动空间飞行器的动力学主要受到某些天体引力场力的支配,这些天体可以是恒星、行星、月球等。其他力和力矩由推进和反应控制系统提供,这些力和力矩在飞行器入轨或者脱离天体引力场甚至是空间中任何轨道机动都是必要的。最后,空间飞行器再入天体大气层时受到大气产生的力和力矩,这是因为它的飞行将穿过此大气层。

气动特性关心的是飞行器的升力、阻力以及它的飞行能力(配平、静稳定性和动稳定性)和机动性。气动学科一方面陈述了空间飞行器的气动外形,另一方面传递了沿整个飞行轨迹飞行器受到的整套气动力和气动热负载(壁面温度、热流、压强和表面摩擦)。

1.5.1　参考坐标系

气动力数据经常以体坐标系的形式提供,如图 1.37 所示。其中,下标 b 表示体坐标系(BRF),下标 w 代表来流坐标系(WRF),下标 s 代表稳定性坐标系(SRF)。计算力矩系数的极点一般设为飞行器的重心(CoG),这常常是在设计参考系中定义的(图 1.37 中没有标识)。

体坐标系的原点在重心处。X 轴平行于机身参考线(FRL),正方向指向飞行器头部。Y_b 轴正方向指向右侧机翼,Z_b 轴遵循右手定律。

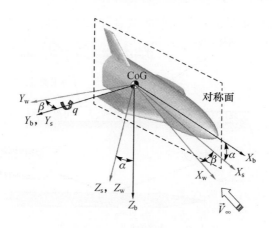

图 1.37　气动参考坐标系

气动参考坐标轴系统为一系列传统右手正交系，X 和 Z 轴在机身对称面上且 X 轴正方向指向机头（在体轴系中）或者指向风向（在稳定性坐标系中），坐标轴均在对称面内。这意味着 X_w 轴平行于来流速度且与速度方向相反；Z_w 轴正交于 X_w 轴且在飞行器对称面内指向飞行器底部；Y_w 遵循右手定律。最后 SRF 通过将 WRF 按照一定的角度旋转得到，该角度等于绕 Z_w 轴的侧滑角 β。作为另外一种方案，SRF 可以通过将 BRF 以 Y_b 为轴旋转一个等于攻角 α 的角度得到。

用来将 BRF 坐标系转换到 SRF 的旋转矩阵表示为

$$\begin{bmatrix} X \\ Y \\ Z \end{bmatrix}_S = \begin{bmatrix} \cos\alpha & 0 & \sin\alpha \\ 0 & 1 & 0 \\ -\sin\alpha & 0 & \cos\alpha \end{bmatrix} \begin{bmatrix} X \\ Y \\ Z \end{bmatrix}_B \tag{1.69}$$

将 SRF 坐标系转换到 WRF 的旋转矩阵表示为

$$\begin{bmatrix} X \\ Y \\ Z \end{bmatrix}_W = \begin{bmatrix} \cos\beta & \sin\beta & 0 \\ -\sin\beta & \cos\beta & 0 \\ 0 & 0 & 1 \end{bmatrix} \begin{bmatrix} X \\ Y \\ Z \end{bmatrix}_S \tag{1.70}$$

因此，将 BRF 坐标系转换到 WRF 的旋转矩阵可表示为

$$\begin{bmatrix} X \\ Y \\ Z \end{bmatrix}_W = \begin{bmatrix} \cos\alpha\cos\beta & \sin\beta & \sin\alpha\cos\beta \\ -\cos\alpha\sin\beta & \cos\beta & -\sin\alpha\sin\beta \\ -\sin\alpha & 0 & \cos\beta \end{bmatrix} \begin{bmatrix} X \\ Y \\ Z \end{bmatrix}_B \tag{1.71}$$

最后，为了展示相反的转换方式，有效的方式为将以上旋转矩阵求转置，根据定

义,这两个矩阵正交。

在建立飞行器气动力数据库时需要考虑两组气动力。第一组是在 BRF 中定义的:

(1) N:法向力,指向 Z_b 轴反方向。

(2) A:轴向力,指向 X_b 轴反方向。

(3) Y:侧向力,指向 Y_b 轴方向。

第二组定义在 SRF 坐标系中:

(1) L:升力,指向 Z_S 轴反方向。

(2) D:阻力,指向 X_S 轴反方向。

(3) Y:侧向力,指向 Y_S 轴方向(与之前定义的一致)。

气动力矩始终定义在 BRF 坐标系中[1]:

(1) l:旋转力矩,指向 X_B 轴方向。

(2) m:俯仰力矩,指向 Y_B 轴方向。

(3) n:偏航力矩,指向 Z_B 轴方向。

但是,在流体动力学中我们习惯使用无量纲参数,如马赫数、雷诺数以及努森数,因此引入无量纲力和无量纲力矩系数[2]。

气动力系数定义为

$$力系数 = \frac{力}{动压 \times 参考面积} \tag{1.72}$$

力矩系数定义为

$$力矩系数 = \frac{力矩}{动压 \times 参考面积 \times 参考长度} \tag{1.73}$$

式中

$$\begin{cases} 动压 = q_\infty = \dfrac{1}{2}\rho_\infty V_\infty^2 \\ \rho_\infty = 自由来流质量密度 \\ V_\infty = 自由来流速度 \end{cases} \tag{1.74}$$

因此,飞行器气动参数用以下气动力系数和力矩系数进行表达[3]:

---

① 值得注意的是,一些作者也用 M_x,M_y 和 M_z 来分别表示滚转、俯仰和偏航力矩。

② 经常在风洞中使用飞行器的缩比模型并测量模型的力与力矩系数。如果测量马赫数和雷诺数都与实际飞行中保持一致,则力和力矩可以缩放到标准飞行条件(如果飞行中考虑自由分子流,则地面努森数必须与飞行努森数保持一致)。

③ 在风洞试验中,使用标准应力天平测量力和力矩。

$$\text{轴向力系数} = C_\text{A} = \frac{A}{q_\infty S_\text{ref}} \tag{1.75}$$

$$\text{法向力系数} = C_\text{N} = \frac{N}{q_\infty S_\text{ref}} \tag{1.76}$$

$$\text{侧向力系数} = C_\text{Y} = \frac{Y}{q_\infty S_\text{ref}} \tag{1.77}$$

$$\text{滚转力矩系数} = C_\text{l} = C_{m_x} = \frac{l}{q_\infty S_\text{ref} L_\text{ref}} \tag{1.78}$$

$$\text{俯仰力矩系数} = C_\text{m} = C_{m_y} = \frac{m}{q_\infty S_\text{ref} L_\text{ref}} \tag{1.79}$$

$$\text{偏航力矩系数} = C_\text{n} = C_{m_z} = \frac{n}{q_\infty S_\text{ref} L_\text{ref}} \tag{1.80}$$

翼身一体化飞行器的参考长度通常为平均气动弦长,定义为

$$\bar{c} = \frac{2}{S_\text{W}} \int_0^{\frac{b}{2}} c^2(y)\,\mathrm{d}y \tag{1.81}$$

式中:$c(y)$ 为机翼弦长的变化,沿着机翼展向一直延伸到对称面。

注释框:气动力分析

当流体与流体内的机体发生相对运动时便会产生气动力。

直觉告诉我们,作用在机体上的气动力 A 取决于机体外形、高度、速度和姿态,而姿态是在流体中与来流之间的相对位置。因此,对于给定的形状和姿态,假设 A 依赖自由来流的密度(即高度)、速度、机体尺寸、粘度[①]以及流场中的声速来强调空气流场压缩性的影响[②]:

$$A = f(\rho_\infty, V_\infty, S, \mu_\infty, a_\infty) \tag{1.82}$$

简单的量纲分析将导出气动力 A 的函数形式。

记

$$A \approx \rho_\infty^\alpha, V_\infty^\beta, l^\gamma, \mu_\infty^\delta, a_\infty^\varepsilon \tag{1.83}$$

式中:$\alpha, \beta, \gamma, \delta$ 和 ε 为无量纲常数。

无论这些常数等于多少,物理现实是方程左右两边的量纲必须一致,即如

---

① 由于气动力一部分是由机体表面摩擦分布产生的,因此 A 也与黏性相关。
② 众所周知,流体压缩效应是由自由来流马赫数 $M_\infty = V_\infty / a_\infty$ 控制的。

果 A 是力(单位为牛顿),则式(1.83)右侧所有幂和乘法所得的最终结果都必须为一个量纲为牛顿的量。

这个约束最终将提供一个有关 $\alpha,\beta,\gamma,\delta$ 和 ε 的信息。

事实上,在量纲中,M 为质量,L 为长度,T 为时间,可将该平衡表示为:

$$MLT^{-2} \approx (ML^{-3})^{\alpha}(LT^{-1})^{\beta}L^{\gamma}(ML^{-1}T^{-1})^{\delta}(LT^{-1})^{\varepsilon}$$

根据每个组分的守恒,可获得以下系统:

$$\begin{cases} M)\ 1 = \alpha + \delta \\ L)\ 1 = -3\alpha + \beta + \gamma - \delta + \varepsilon \\ T)\ -2 = -\beta - \delta - \varepsilon \end{cases}$$

考虑 δ 和 ε,可得

$$\begin{cases} \alpha = 1 - \delta \\ \beta = 2 - \delta - \varepsilon \\ \gamma = 2 - \delta \end{cases}$$

如果忽略黏性 μ 和压缩性 α 产生的影响,令 $\delta = \varepsilon = 0$,则得到 $A = C\rho_{\infty} l^2 V_{\infty}^2$。因此,机体尺寸可以通过参考面积 S_{ref} 表示,因此气动力方程可表示为

$$A = \frac{1}{2}\rho_{\infty} V_{\infty}^2 S_{ref} C_A \tag{1.84}$$

式中:C_A 为特定无量纲系数,它是机体形状和姿态的函数,姿态相对流体的相对速度而言。

本书中所考虑的飞行器有一个对称面,是在对称条件下工作。

换句话说,传统地把速度矢量用攻角 α 来表示,这是一个相对速度矢量与飞行器参考线之间的角度(注释图1)。

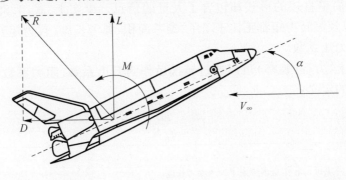

导出运动方程的时候,很方便地将气动力分解为两个力,即与运动方向相反的阻力以及与它垂直的升力。因此可得

$$D = \frac{1}{2}\rho_\infty V_\infty^2 S_{ref} C_D = q_\infty S_{ref} C_D$$

$$L = \frac{1}{2}\rho_\infty V_\infty^2 S_{ref} C_L = q_\infty S_{ref} C_L$$

$$M = \frac{1}{2}\rho_\infty V_\infty^2 S_{ref} L_{ref} C_m = q_\infty S_{ref} L_{ref} C_m \tag{1.85}$$

式中:q_∞ 为动压;C_L、C_D 以及 C_m 分别为升力、阻力和俯仰力矩[①]系数,它们都是攻角的函数。

如果保留黏性和压缩性的影响,即 $\delta \neq 0$ 且 $\varepsilon \neq 0$,那么方程(1.83)变为

$$A \approx \rho_\infty S V_\infty^2 \left(\frac{\mu_\infty}{\rho_\infty V_\infty l} \right)^\delta \left(\frac{a_\infty}{V_\infty} \right)^\varepsilon \tag{1.86}$$

式中:V_∞ / a_∞ 为马赫数 M_∞;$\rho_\infty V_\infty l / \mu_\infty$ 为雷诺数 Re。

通过比较式(1.84)和式(1.86)可得,方程(1.85)求解气动力和气动力矩仍然有效,但是升力、阻力以及力矩[②]系数则成了攻角、马赫数以及雷诺数的函数:

$$\begin{cases} C_D = C_D(\alpha, M_\infty, Re_\infty) \\ C_L = C_L(\alpha, M_\infty, Re_\infty) \\ C_m = C_m(\alpha, M_\infty, Re_\infty) \end{cases} \tag{1.87}$$

当然,其他气动力和气动力矩系数(如 C_Y,C_l 及 C_n)同样是 α,M_∞ 和 Re_∞ 的函数。

结果,通过直觉所写的式(1.82)并不是很有用,已经传递到式(1.85)和式(1.87)简单直接的形式却包含了大量的信息。事实上,式(1.85)表明升力、阻力以及滚转力矩都正比于动压、参考面积、参考长度(仅力矩)、升力、阻力和俯仰力矩系数。

事实上,方程(1.85)可以通过转换后作为升力系数、阻力系数以及俯仰力矩系数的定义:

$$C_D = \frac{D}{q_\infty S_{ref}}$$

---

① 注意:力矩可以看作是多考虑了一个参考长度。

② 力矩系数在力矩计算时依赖于矩心的选择,通常将矩心放在重心处。

$$C_L = \frac{L}{q_\infty S_{ref}}$$

$$C_m = \frac{M}{q_\infty L_{ref} S_{ref}} \tag{1.88}$$

这意味着升力系数、阻力系数以及俯仰力矩系数都定义为升力、阻力以及力矩除以动压、参考面积以及参考长度(仅对于力矩系数)。

为了使方程(1.87)中所得关系的数值更加精确,可假设一个特定的气动外形,通过方程(1.82)测量它的阻力以及阻力如何随着不同的参数(ρ_∞, V_∞, S_{ref}, μ_∞ 及 α_∞)发生变化。

这意味着需要进行一系列风洞试验,每次固定实验中四个参数,测量另一个变量对阻力的影响。

因此,当实验结束后,可得到 5 个独立的风洞试验数据库,从中可以精确得到 D 与 ρ_∞, V_∞, S_{ref}, μ_∞ 及 α_∞ 之间的关系。

当然,这也同时意味着要投入大量的人力进行大量的风洞试验,同时耗费大量的资金。

相反,通过处理方程(1.87),即用阻力系数代替阻力,采用马赫数和雷诺数代替 ρ_∞, V_∞, S_{ref}, μ_∞ 及 α_∞,最终只需获得两组风洞试验数据库,而不是之前所需的 5 组。

很明显,通过使用无量纲量 C_D、M_∞ 和 Re_∞,节省了大量的人力和风洞运行时间。

最后要指出的是,M_∞ 和 Re_∞ 都是空气动力学中非常重要的量,称为相似参数。

假设有红色和绿色两个不同的流场,分别流经具有相似外形却不同尺寸的几何体。

假设两种流体具有不同的 ρ_∞, V_∞, μ_∞, α_∞,却有相同的 M_∞ 和 Re_∞。则根据式(1.87),尽管两个流场并不相同,在红色流场中测量得到的 C_L, C_D 和 C_m 将与绿色流场中测得的 C_L, C_D 和 C_m 数值相同。这种情况下,两种流场称为动态相似流场,M_∞ 和 Re_∞ 称为相似参数 。

值得注意的正是因为动态相似的概念使得在风洞中通过测量飞行器的缩比模型来获得实际自由飞行中飞行器的真实受力情况成为可能。在风洞试验中(即红色流场),如果 M_∞ 和 Re_∞ 的数值与实际飞行器飞行时(即绿色流场)相同,则风洞试验中测得的 C_L, C_D 和 C_m 数值将与实际飞行中相同。动态相似的概念在风洞测试中非常重要。

在大多数实际飞行器缩比模型的风洞试验中，都要努力使相似参数 M_∞ 和 Re_∞ 的数值调整到实际飞行状态的数值。

不幸的是，由于实际风洞设计和操作的原因，以上努力一般都不可能实现（即不能同时保证马赫数和雷诺数都与实际飞行一致）。在这种情况下，风洞数据必须外推得到实际飞行数据。这种外推的方法往往也都是近似，使得采用风洞数据描述真实全尺寸飞行状态时产生一定程度的误差。尽管风洞测试实验已经有近150年的历史，不能在一个风洞中同时模拟雷诺数和马赫数的问题至今依然困扰着我们。这也正是为什么世界上不同实验室中会存在各种各样风洞的原因。

气动外形的法向力、轴向力、升力、阻力及力矩系数可以通过机体表面从头到尾的压强和表面摩擦系数积分获得。对二维机体，有

$$
\begin{cases}
C_N = \dfrac{1}{c}\Big[\int_0^c (C_{p,l} - C_{p,u})\,\mathrm{d}x + \int_0^c \Big(C_{f,u}\dfrac{\mathrm{d}y_u}{\mathrm{d}x} + C_{f,l}\dfrac{\mathrm{d}y_1}{\mathrm{d}x}\Big)\mathrm{d}x\Big] \\[3mm]
C_A = \dfrac{1}{c}\Big[\int_0^c \Big(C_{p,u}\dfrac{\mathrm{d}y_u}{\mathrm{d}x} - C_{p,l}\dfrac{\mathrm{d}y_1}{\mathrm{d}x}\Big)\mathrm{d}x + \int_0^c (C_{f,u} + C_{f,l})\,\mathrm{d}x\Big] \\[3mm]
C_{mLE} = \dfrac{1}{c^2}\Big[\int_0^c (C_{p,u} - C_{p,l})x\,\mathrm{d}x - \int_0^c \Big(C_{f,u}\dfrac{\mathrm{d}y_u}{\mathrm{d}x} + C_{f,l}\dfrac{\mathrm{d}y_1}{\mathrm{d}x}\Big)x\,\mathrm{d}x\Big] \\[3mm]
\qquad + \dfrac{1}{c^2}\Big[\int_0^c \Big(C_{p,u}\dfrac{\mathrm{d}y_u}{\mathrm{d}x} + C_{f,u}\Big)y_u\,\mathrm{d}x + \int_0^c \Big(-C_{p,l}\dfrac{\mathrm{d}y_1}{\mathrm{d}x} + C_{f,l}y_1\,\mathrm{d}x\Big)\Big]
\end{cases}
$$

$$(1.89)$$

且

$$
\begin{cases}
C_L = C_N\cos\alpha - C_A\sin\alpha \\
C_D = C_N\sin\alpha + C_A\cos\alpha
\end{cases}
$$

$$(1.90)$$

方程(1.89)强调气动外形的升力、阻力和力矩起源于飞行器表面的详细压强和应力分布，因此测量或者计算这些分布尤其对于复杂构型来说是非常重要的事。另外，方程(1.88)说明升力、阻力和力矩可以通过简单的方程快速得到。因此联系这两方面之间关系的自然是升力系数、阻力系数以及力矩系数。因此，气动外形周围流场的所有复杂物理问题都简单隐藏于 C_L，C_D 和 C_m 中。

1.5.2 气动热力学数据约定

表示力、力矩、速度及加速度时，常采用以下空气动力学惯用符号（图1.37和图1.38，在稳定轴系中，图中方向均为正方向）：

（1）自由来流流向飞行器底面时攻角（α）为正。

（2）自由来流流向飞行器右侧时侧滑角（β）为正。

（3）副翼后缘向下时副翼偏转角（δ_{a}）为正。

（4）底部朝下时升降舵偏转角（δ_{e}）为正。

（5）底部朝下时体襟翼偏转角（δ_{bf}）为正。

（6）旋转方向向下时方向舵偏转角（δ_{r}）为正。

（7）力的方向从机头指向机尾时轴向力系数（C_{A}）为正。

（8）力的方向从机腹指向机体上方时法向力系数（C_{N}）为正。

（9）力的方向从机体左方指向右方时侧向力系数（C_{Y}）为正。

（10）右翼倾斜向下方时滚转力矩系数（C_{l}）为正。

（11）飞行器抬头时俯仰力矩系数（C_{m}）为正。

（12）右翼斜向后方时偏航力矩系数（C_{n}）为正。

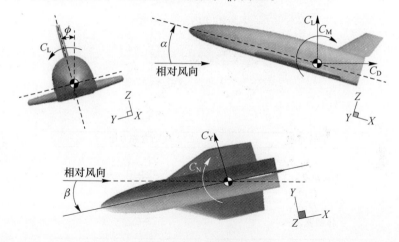

图 1.38　气动符号约定

以上是根据 ISO 标准 1151 号（1988），同时也是飞行力学中经常采用的约定符号。因此，飞行器的静稳定条件如下所示：

纵向静稳定性：$C_{m\alpha} < 0$。

侧向静稳定性：$C_{n\beta} > 0$；$C_{l\beta} < 0$。

飞行器气动控制面偏转、力和铰链力矩都总结并展示在图 1.39 中。

一般来说，控制面偏转角是在一个正交于控制面铰链轴的平面内测量的。唯一例外的是方向舵控制面偏转角是在平行于机身参考面的平面内测量的。

最后值得注意的是，这些系数依赖：攻角 α；侧滑角 β；α 和 β 的变化率 $\dot{\alpha}$，$\dot{\beta}$；空间飞行器的滚转、俯仰及偏航角速度（通常由 p、q、r 表示）；以及气动控制面的偏转[1]。

如果在考虑的区间内参数 α、β、p、q、r、$\dot{\alpha}$、$\dot{\beta}$ 成线性分布,则气动力系数的依赖性通常以线性形式给出[2],即泰勒展开式中的第一项。

一般来说,对于俯仰力矩系数,可得到

$$C_{\mathrm{m}} = C_{\mathrm{m},\alpha=0} + \frac{\partial C_{\mathrm{m}}}{\partial \alpha}\alpha + \frac{\partial C_{\mathrm{m}}}{\partial \beta}\beta + \frac{\partial C_{\mathrm{m}}}{\partial \delta_{\mathrm{e}}}\delta_{\mathrm{e}} + \frac{\partial C_{\mathrm{m}}}{\partial \delta_{\mathrm{a}}}\delta_{\mathrm{a}} + \frac{\partial C_{\mathrm{m}}}{\partial \delta_{\mathrm{sb}}}\delta_{\mathrm{sb}}$$

$$+ \frac{\partial C_{\mathrm{m}}}{\partial \delta_{\mathrm{bf}}}\delta_{\mathrm{bf}} + \frac{\partial C_{\mathrm{m}}}{\partial p^*}p^* + \frac{\partial C_{\mathrm{m}}}{\partial q^*}q^* + \frac{\partial C_{\mathrm{m}}}{\partial r^*}r^* + \frac{\partial C_{\mathrm{m}}}{\partial \dot{\alpha}^*}\dot{\alpha}^* + \frac{\partial C_{\mathrm{m}}}{\partial \dot{\beta}^*}\dot{\beta}^* + \text{高阶项}$$

$$(1.91)$$

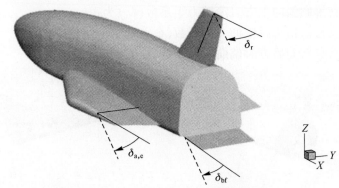

偏转方向	气动力和力矩
舵,δ_{r}	$+C_{\mathrm{Y}} - C_{\mathrm{n}}$
升降副翼,δ_{e}	$-C_{\mathrm{m}}$
右,$\delta_{\mathrm{e,R}}$	$-C_{\mathrm{l}}$
左,$\delta_{\mathrm{e,L}}$	$+C_{\mathrm{l}}$
体襟翼,δ_{bf}	$-C_{\mathrm{m}}$

图 1.39　气动控制面偏转、力和力矩

此处

$$p^* = \frac{pL_{\mathrm{ref}}}{V_\infty}, q^* = \frac{qL_{\mathrm{ref}}}{V_\infty}, r^* = \frac{rL_{\mathrm{ref}}}{V_\infty} \qquad (1.92)$$

---

① 在高海拔条件下,由于低密度条件,气动控制面将失效。在这个区域,飞行控制则要由反应控制系统(RCS)的推力器提供。

② 这里 C_{m} 依赖性的线性展开在经典飞行力学中经常使用。一般来说,这些附属项依赖于飞行器的外形和任务。当然,民用和战斗飞行器相比带翼再入飞行器或返回舱都还有其他的展开项。为了作为展示,我们在此写出典型的力和力矩系数的线性表达式,包括通过合适的调整气动控制面(如副翼、减速器和体襟翼)偏转角来实现飞行器的制导与控制能力。

分别为简化的滚转、俯仰和偏航率。

$$\dot{\alpha}^* = \frac{\dot{\alpha}L_{ref}}{V_\infty}, \dot{\beta}^* = \frac{\dot{\beta}L_{ref}}{V_\infty} \tag{1.93}$$

分别为简化的攻角和侧滑角变化率。

$$\delta_e = \frac{\delta_{e,L} + \delta_{e,R}}{2} \tag{1.94}$$

为升降舵偏转角。

$$\delta_a = \frac{\delta_{e,L} - \delta_{e,R}}{2} \tag{1.95}$$

为副翼偏转。其中下标 L 和 R 分别代表左、右副翼，δ_{bf} 和 δ_{sb} 分别为体襟翼和减速器偏转角。

尽管如此，飞行数据表明，在定义静稳定性时，除了 $\frac{\partial C_m}{\partial \alpha}$ 外，其他大多数的一阶项都可以忽略，相似的是在定义纵向动稳定性时主要考虑 $\frac{\partial C_m}{\partial \dot{\alpha}^*}$ 和 $\frac{\partial C_m}{\partial q^*}$。因此方程(1.91)缩减为

$$C_m = C_{m,\alpha=0} + \frac{\partial C_m}{\partial \alpha}\alpha + \frac{\partial C_m}{\partial \delta_e}\delta_e + \frac{\partial C_m}{\partial \delta_a}\delta_a + \frac{\partial C_m}{\partial \delta_{sb}}\delta_{sb} + \frac{\partial C_m}{\partial \delta_{bf}}\delta_{bf} + \frac{\partial C_m}{\partial q^*}q^* + \frac{\partial C_m}{\partial \dot{\alpha}^*}\dot{\alpha}^*$$

$$= C_{m,\alpha=0} + C_{m,\alpha}\alpha + C_{m,\delta_e}\delta_e + C_{m,\delta_a}\delta_a + C_{m,\delta_{sb}}\delta_{sb} + C_{m,\delta_{bf}}\delta_{bf} + C_{m,q^*}q^* + C_{m,\dot{\alpha}^*}\dot{\alpha}^* \tag{1.96}$$

式中：$(C_{m,\dot{\alpha}^*} + C_{m,q^*})$ 为折合率偏导数项[①]。

所有其他的气动力系数均可以用相似的方式定义，各自依赖于特定的项。

例如，对于升力系数和阻力系数，可得

$$C_L = C_{L,\alpha=0} + \frac{\partial C_L}{\partial \alpha}\alpha + \frac{\partial C_L}{\partial \beta}\beta + \frac{\partial C_L}{\partial \delta_e}\delta_e + \frac{\partial C_L}{\partial \delta_a}\delta_a + \frac{\partial C_L}{\partial \delta_{bf}}\delta_{bf} + \frac{\partial C_L}{\partial q^*}q^* + \frac{\partial C_L}{\partial \dot{\alpha}^*}\dot{\alpha}^* \tag{1.97}$$

$$C_D = C_{D,\alpha=0} + \frac{\partial C_D}{\partial \alpha}\alpha + \frac{\partial C_D}{\partial \beta}\beta + \frac{\partial C_D}{\partial \delta_e}\delta_e + \frac{\partial C_D}{\partial \delta_a}\delta_a + \frac{\partial C_D}{\partial \delta_{sb}}\delta_{sb} + \frac{\partial C_D}{\partial \delta_{bf}}\delta_{bf} + \frac{\partial C_D}{\partial q^*}q^* + \frac{\partial C_D}{\partial \dot{\alpha}^*}\dot{\alpha}^* \tag{1.98}$$

---

① 该导数提供了空间再入飞行器的动稳定信息。从经验上来讲，众所周知再入飞行器的动力学行为在跨声速流场附近即 $0.5 \leqslant M_\infty \leqslant 1.5$ 条件下是非常重要的。这与高马赫数条件下的动力学特征形成对比：超声速和高超声速马赫数条件下，动态导数项只扮演很小的角色。

1.6 简化气动分析

在 20 世纪 60 年代晚期和 20 世纪 70 年代早期,由于没有高性能计算机系统,高超声速飞行器的气动设计都基于牛顿流理论的低阶设计方法。

这些早期的工作聚焦于飞行器气动性能分析,并与实验数据进行比较,因此所得的飞行器气动数据库都是通过传统离散的手算环境得到的,这在概念设计阶段尤为明显。

事实上,低阶方法非常适合于在早期的设计阶段(即 A 阶段),尽管会牺牲一部分精度,但是能够提高计算速度。例如,在处理高超声速飞行器的气动特性时,将面元法与牛顿流理论相结合相对于计算流体力学方法(CFD)能够大大减小计算成本的数量级。而且,在考虑一些常见且实用的高超声速飞行器外形(或外形的一部分)时,牛顿流理论的重要性能够进一步得到彰显,如球头外形、钝化双锥体以及球状前体部分,都可以得到解析解,这为飞行器的气动性能提供了一个封闭求解途径。这意味着快速的高超声速气动仿真和轨迹优化在概念设计阶段是可能的。

而且,这使得飞行器外形参数能够直接合并到运动方程之中,从而形成统一的飞行器轨迹与外形的数学框架,使得轨道优化过程进一步包含飞行器外形的优化。这种轨道优化的方法代替了传统的相互隔离的设计环境中使用的常规缓慢的优化方法,这将解决大多可能存在的设计问题以及贡献分析之间的相互关系。

在近几十年里,大多基于牛顿流的低阶设计方法已经被航天界遗忘。高性能计算机的普及使得工程师们在设计初期高度依赖 CFD 仿真。而该方法则代表了一种不可行的选择。事实上,当考虑到飞行器概念设计阶段需要大量的试验与误差分析,CFD 分析所带来的计算成本、计算耗时以及大量的数值结果将变得难以接受。

因此,牛顿流理论在一般和复杂外形上的建模能力仍然需要,并且是一个有效的设计工具。

1.6.1 低阶空气动力学方法

高超声速流是非线性流。如前文介绍的重要的高超声速物理现象,如高温化学反应流、黏性干扰、熵层等。难以想象,如此复杂的现象可以用如此简单的线性关系来表示。即使不考虑这些问题,马赫数较高情况下的无粘可压流的基础理论也并不会产生数学上线性的气动理论。这与超声速流形成鲜明对比,超声速流中细长体在小攻角情况下可以通过线性偏微分方程来描述,从而产生了常见的表面压强系数与当地偏转角 θ 之间的超声速表达式:

$$C_p = \frac{2\theta}{\sqrt{M_\infty^2 - 1}} \qquad\qquad (1.99)$$

方程(1.99)为无粘、线性、二维超声速流理论中的经典方程。但该方程并不能推广至高超声速。

在特定自由来流马赫数条件下,方程(1.99)给出机体表面压强系数与当地表面偏转角之间严格的关系。因此, C_p 是当地变量的函数而并非全场函数,因此不需要整个流场的详细解。

本质上,方程(1.99)只是为二维超声速机体提供了一个采用当地表面倾角预测压强分布的方法(假设对象为小攻角下的细长体)。

这种简化备受设计飞行器的实践气动专家青睐。然而问题是,尽管高超声速空气动力学是非线性的,且方程(1.99)并不适用,是否还有别的方法或者近似方法能够在仅仅依靠当地表面倾角的情况下快速估算高超声速飞行器表面压强分布,即能否找到另外可行的应用于高超声速的当地表面倾角方法? 答案是肯定的。事实上,自从牛顿流理论问世以来产生了很多能够应用于高超声速机体的方法[2,3,9]。

1.6.2　牛顿撞击流理论

三个世纪前,牛顿建立了一种流体动力学理论,后来被用于计算流场中倾斜平面的受力。该理论指出力正比于倾斜角正弦的平方,即著名的牛顿正弦平方定律。半个多世纪以后,D′Alembert 进行的实验表明牛顿的正弦平方律在亚声速区域并不精确,事实上,直至今天,大多数流体动力学经验都验证了这个发现。

而该发现的例外就是现代高超声速空气动力学领域。讽刺的是,原本应用于亚声速条件下的牛顿流理论在其提出 300 年之后竟然可以直接应用于高超声速飞行器表面压强预测。

1687 年,牛顿在自然科学原理的第 34 和 35 部分建立了一个流动模型,将流动介质看作由一系列均布的、彼此无关的运动质点组成,就像枪口中飞出的子弹,撞击平面后法向动量消失,而切向动量不变,从而继续沿着壁面飞行。

因此,假设流体以速度 $V\infty$ 撞击与相对于来流倾角为 θ、面积为 A 的平面,如图 1.40 所示[3]。

通过这个想法,他通过近似和简化分析计算得到了所谓的牛顿正弦平方率用以计算压强系数:

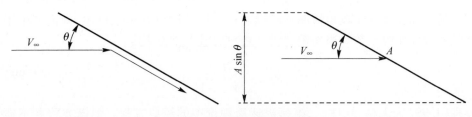

图 1.40　牛顿撞击理论示意图

$$C_p = 2\sin^2\theta \qquad\qquad (1.100)$$

式中：2 为驻点处的压强系数。

注释框：牛顿正弦平方律的来源

自由来流速度中垂直于表面的法向速度部分为

$$V_\infty \sin\theta$$

因此，面积为 A 的表面区域的质量流率为

$$\rho_\infty (V_\infty \sin\theta) A$$

因此，该质量流率单位时间动量的变化率为法向速度的质量流变化率：

$$(\rho_\infty V_\infty \sin\theta A)(V_\infty \sin\theta) = (\rho_\infty V_\infty^2 A \sin^2\theta)$$

根据牛顿第二定律，单位时间动量变化率等于表面受力 F：

$$F = \rho_\infty V_\infty^2 A \sin^2\theta$$

或

$$\frac{F}{A} = \rho_\infty V_\infty^2 \sin^2\theta$$

力的方向与动量变化率的方向一致，即垂直于表面。

牛顿假设粒子流线为直线，即粒子间不发生相互作用，且不会随意移动。正是由于不存在随机运动，所以 F 只与粒子的定向线性运动有关。另外，气体或液体的静压只与粒子的随机运动有关。因此，具有压强量纲的 F/A 必然解读为压差：

$$\frac{F}{A} = p - p_\infty$$

式中：p 为表面压强；p_∞ 为自由来流静压。替代简化后可得

$$p - p_\infty = \rho_\infty V_\infty^2 \sin^2\theta$$

或

$$\frac{p - p_\infty}{\frac{1}{2}\rho_\infty V_\infty^2} = \frac{p - p_\infty}{q_\infty} = 2\sin^2\theta$$

或

$$C_p = 2\sin^2\theta$$

该方程即为压强系数著名的牛顿正弦平方律。它表明压强系数正比于来流与平面切线之间夹角正弦值的平方。

那么,牛顿压强系数与高超声速流具有什么关系呢? 为了回答这个问题,考虑马赫数为 36 条件下 15°斜劈产生的激波和薄激波层,如图 1.41 所示[3]。该图也展现了斜劈上的流线图。

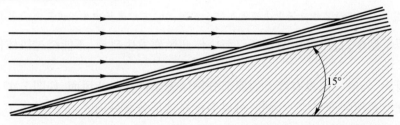

图 1.41 马赫数 36 的流体流经斜劈产生的薄高超声速激波层中的流线

这里,激波上游流线为直线且平行于自由来流方向;激波下游流线仍为直线但平行于斜劈表面,倾斜角为 15°。当激波在高超声速下贴近于壁面时,表现出来如同来流直接撞击上斜劈表面,然后沿平行于下游表面的方向前进,即牛顿于 1687 年提出的想法。因此,高超声速流场几何图案的一些特征与牛顿流高度相似。方程(1.100)因此可以很好地近似计算高超声速流中的表面压强系数,此时 θ 取为当地倾斜角,即倾斜表面与自由流之间的夹角。显然,牛顿理论为局部表面倾斜方法,C_p 只与当地倾角有关,不依赖于任何周围流场。例如图 1.42 (a)中任意形状的二维机体[3]。

图 1.42 中任意点 P 处的 C_p 值通过 $C_p = 2\sin^2\theta$ 得到,其中 θ 为自由来流与 P 处切线方向之间的夹角。现考虑图 1.42(b)[3]中的三维机体,这种情况下 θ 取为图中 ϕ 角的余角,这里 ϕ 为 P 处法向 $\boldsymbol{n}$ 与 $\boldsymbol{V}_\infty$(速度矢量)之间的夹角:

$$V_\infty \cdot \boldsymbol{n} = |V_\infty|\cos\phi = |V_\infty|\sin\left(\frac{\pi}{2} - \phi\right) \tag{1.101}$$

矢量 $\boldsymbol{n}$ 与 $\boldsymbol{V}_\infty$ 确定一个平面,该平面中 $\theta = \pi/2 - \phi$ 为自由来流与平面切线之间

的夹角,因此从式(1.101)可得 $V_\infty \cdot \boldsymbol{n} = |V_\infty|\sin\theta$,或

$$\sin\theta = \frac{V_\infty}{|V_\infty|} \cdot \boldsymbol{n} \tag{1.102}$$

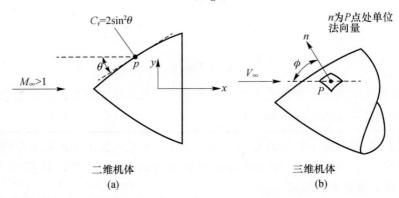

二维机体
(a)

三维机体
(b)

图1.42 (a)二维流场中牛顿流几何示意图;(b)三维流场中牛顿流几何示意图

在牛顿模型中,自由流中的粒子仅与机体迎风面发生碰撞,不能绕过机体作用于背风区域。

因此,入射气流没有覆盖的那部分物体表面被称为背风面,如图1.43所示,该部分没有压强变化[3]。因此,可以假设在这部分区域内 $p=p_\infty$,因此,$C_p=0$。

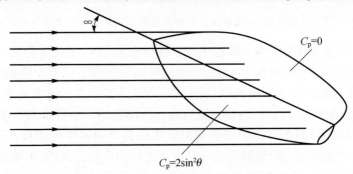

图1.43 根据牛顿理论,机体迎风面区域

现在考虑图1.44中的钝头。显然最大压力以及最大的压力系数出现在驻点处,这里 $\theta = \pi/2(\varphi = 0)$。按照方程(1.100),该处 $C_p = 2$。

这个结果显然与我们在不可压流理论中所得的驻点处 $C_p = 1$ 的结论相冲突。事实上,驻点压强系数在马赫数从0到1的过程中会从1.0连续变化到1.28,当马赫数趋于无穷大,且 $\gamma = 1.4$ 时压强系数将增加至1.84。

注意最大压强系数在马赫数趋于无穷大时能接近2的结果可以独立地从一

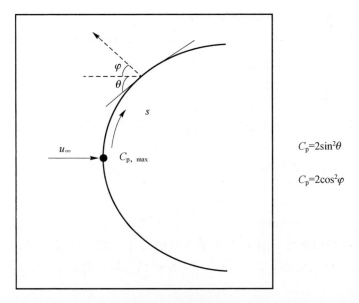

$$C_p = 2\sin^2\theta$$

$$C_p = 2\cos^2\varphi$$

图 1.44 钝头外形

维动量方程中得到。

为了这个目的,我们研究高超声速条件下的正激波,如图 1.45 所示。

对于这个流动,可以得到一维动量方程:

$$p_\infty + \rho_\infty V_\infty^2 = p_2 + \rho_2 V_2^2 \quad (1.103)$$

我们已经知道,正激波后的速度减小,故 $V_2 < V_\infty$(因为正激波后的流动变为亚声速)。

速度的变化量随着自由来流马赫数的增加而增加。

因此,在高超声速条件下可以假设:

$$(\rho_\infty V_\infty^2) \gg (\rho_2 V_2^2) \quad (1.104)$$

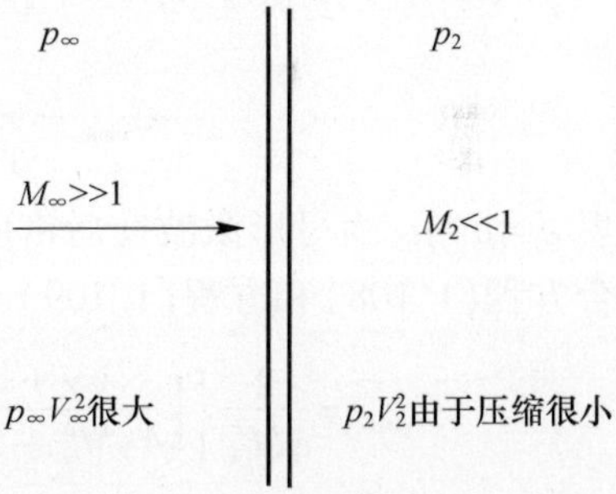

因此忽略方程(1.103)中的最后一项,结果,方程(1.103)在高超声速条件且 $M_\infty \to \infty$ 时变为

$$p_2 - p_\infty = \rho_\infty V_\infty^2$$

或

$$C_p = \frac{p_2 - p_\infty}{\dfrac{1}{2}\rho_\infty V_\infty^2} = 2 \quad (1.105)$$

图 1.45 跨正激波的高超声速流动

57

因此验证了方程(1.100)中的牛顿流结果。

最后,值得注意的是,在有限的马赫数下即使马赫数很大,驻点处的 C_p 也小于2,之后会在修正牛顿流理论中介绍。

1.6.3 改进牛顿流理论

Lester Lees 提出一种修正的牛顿流理论,将方程(1.100)变化为

$$C_p = C_{pmax}\sin^2\theta \tag{1.106}$$

式中:C_{pmax} 为压强系数的最大值,产生于正激波后的驻点处,即

$$C_{pmax} = \frac{p_{02} - p_\infty}{\frac{1}{2}\rho_\infty V_\infty^2} \tag{1.107}$$

这里,p_{02} 为在自由来流马赫数下正激波后的总压。值得注意的是,在本书中驻点流动状态也可能会用下标 t2 来表示。根据精确的正激波理论,瑞利皮托管公式给出:

$$\frac{p_{02}}{p_\infty} = \left[\frac{(\gamma+1)^2 M_\infty^2}{4\gamma M_\infty^2 - 2(\gamma-1)}\right]^{\frac{\gamma}{(\gamma-1)}}\left[\frac{1-\gamma+2\gamma M_\infty^2}{\gamma+1}\right] \tag{1.108}$$

注意 $\frac{1}{2}\rho_\infty V_\infty^2 = \left(\frac{\gamma}{2}\right)p_\infty M_\infty^2$,则方程(1.107)变为:

$$C_{pmax} = \frac{2}{\gamma M_\infty^2}\left[\frac{p_{02}}{p_\infty} - 1\right] \cong 2 - \varepsilon \tag{1.109}$$

这里 $\varepsilon = \rho_1/\rho_2$ 为弓形激波前后密度比。

结合方程(1.108)和方程(1.109),可以得到以下公式:

$$C_{pmax} = \frac{2}{\gamma M_\infty^2}\left\{\left[\frac{(\gamma+1)^2 M_\infty^2}{4\gamma M_\infty^2 - 2(\gamma-1)}\right]^{\frac{\gamma}{(\gamma-1)}}\left[\frac{1-\gamma+2\gamma M_\infty^2}{\gamma+1}\right] - 1\right\} \tag{1.110}$$

图1.46 给出了该关系[3]。

注意,在 $M_\infty \to \infty$ 时,

有

$$C_{pmax} \to \left[\frac{(\gamma+1)^2}{4\gamma}\right]^{\frac{\gamma}{(\gamma-1)}}\left[\frac{4}{\gamma+1}\right]$$

$$\to 1.84 \text{ for } \gamma = 1.4$$

$$\to 2.0 \text{ for } \gamma = 1.0$$

方程(1.106)中的 C_{pmax} 通过方程(1.110)获得,称为修正牛顿定律。这使得修正的牛顿定律能够比正弦平方律更精确的对驻点处进行分析,随之是正弦平方律对所有其他飞行器区域。

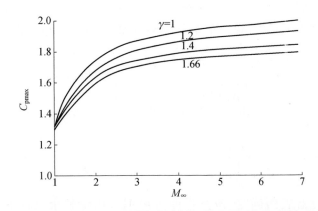

图 1.46　驻点压强系数随自由来流马赫数 M_∞ 及 γ 的变化趋势

值得注意的是,修正的牛顿流理论不再是马赫无关的,从方程(1.110)可以看出有限马赫数的影响。

当 $M_\infty \to \infty$ 且 $\gamma \to 1$ 时,由方程(1.106)和方程(1.110)将得到 $C_p = 2\sin^2\theta$。也就是说,当 $M_\infty \to \infty$ 且 $\gamma \to 1$ 时,修正的牛顿理论将变成直接牛顿理论。

在预测钝头体表面压强分布方面,方程(1.106)显示的修正牛顿理论要比方程(1.100)中的直接牛顿理论更加精确。

图 1.47 中展示了抛物体在马赫数为 8 的条件下压强的分布[3]。

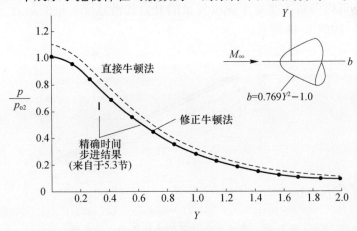

图 1.47　抛物体表面在 $M_\infty = 8.0$ 下的压强分布(p_{o2} 为 $M_\infty = 8.0$ 时正激波后总压)

实线源于钝头体流场的有限差分解,实点为通过式(1.106)和式(1.110)得到的修正牛顿理论解。可以看出两者吻合得很好,尤其是在头部区域的前部。图中虚线为通过方程(1.100)得到的直接牛顿流结果,相比于精确解,该虚线位于其上方9%的位置。

最后,值得注意的是,联合方程(1.106)和方程(1.107),给出气动外形的撞击压强方程时,有

$$C_\mathrm{p} = \frac{p - p_\infty}{\frac{1}{2}\rho_\infty V_\infty^2} = C_\mathrm{pmax}\sin^2\theta = \frac{p_{O2} - p_\infty}{\frac{1}{2}\rho_\infty V_\infty^2}\sin^2\theta \qquad (1.111)$$

所以

$$\frac{p - p_\infty}{\frac{1}{2}\rho_\infty V_\infty^2} = \frac{p_{O2} - p_\infty}{\frac{1}{2}\rho_\infty V_\infty^2}\sin^2\theta \rightarrow \frac{p}{p_\infty} = 1 + \left(\frac{p_{O2}}{p_\infty} - 1\right)\sin^2\theta \qquad (1.112)$$

因此,一旦飞行器表面确定,该方程即可以用来确定整个飞行器表面的压强分布①。

1.6.4 平板高超声速空气动力学

牛顿流理论使得我们可以快速评估平板的高超声速空气动力学特性,如图1.48所示[3]。这里,一个弦长为 c 的二维平板相对于自由来流攻角为 α。由于不考虑摩擦,且表面压强一直垂直于表面,则最终气动力 N 垂直于平板,如图1.48所示。

对于无限薄平板,该结果并不局限于牛顿流理论或其修正理论,而是一个普适结果。N 可以分解为垂直于速度矢量的升力和沿速度矢量的阻力,且分别用 L 和 D 表示,如图1.48所示。

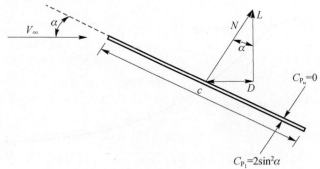

图1.48　有攻角条件下的平板气动力示意图

根据牛顿流理论,下表面的压强系数为:

---

① 见第四章中类阿波罗飞行器俯仰面的压强分布评估。

$$C_{\mathrm{pl}} = 2\sin^2\alpha \tag{1.113}$$

而上表面在阴影区域,于是:

$$C_{\mathrm{pl}} = 0 \tag{1.114}$$

定义法向力系数为 $C_{\mathrm{N}} = N/q_\infty S$,$C_{\mathrm{N}}$ 通过对上下表面压强系数的积分获得:

$$C_{\mathrm{N}} = \frac{1}{c}\int_0^c (C_{\mathrm{pl}} - C_{\mathrm{pu}})\,\mathrm{d}x \tag{1.115}$$

式中:x 为从前缘开始的弦长,将方程(1.113)和方程(1.114)代入方程(1.115),则:

$$C_{\mathrm{N}} = (2\sin^2\alpha) \tag{1.116}$$

从图1.48中的几何关系可以看出,升力系数和阻力系数可以通过以下方程获得:

$$C_{\mathrm{L}} = L/q_\infty S = C_{\mathrm{N}}\cos\alpha \tag{1.117}$$

$$C_{\mathrm{D}} = D/q_\infty S = C_{\mathrm{N}}\sin\alpha \tag{1.118}$$

即:

$$C_{\mathrm{L}} = 2\sin^2\alpha\cos\alpha \tag{1.119}$$

且

$$C_{\mathrm{L}} = 2\sin^2\alpha\cos\alpha \tag{1.120}$$

$$C_{\mathrm{D}} = 2\sin^3\alpha \tag{1.121}$$

最后,升阻比[①] L/D 为:

$$L/D = \cot\alpha \tag{1.122}$$

应用牛顿流理论对无限薄平板求解的结果展现在图1.49中,该图展现了 L/D、C_{L} 和 C_{D} 随攻角的变化[3]。

因此,需要注意以下几点事项:

(1) 当 α 在从0°到15°的范围内,C_{L} 随 α 的变化为非线性,这与我们熟知的亚声速和超声速流场中的结果形成了鲜明对比,在亚声速和超声速流场中,对于细长体而言在攻角较小的条件下,升力曲线随 α 线性变化(例如,对于不可压薄翼理论,小攻角下的理论升力斜率为 2π/弧度)。这也与平板的线性超声速理论,即 $C_{\mathrm{L}} = \dfrac{4\alpha}{\sqrt{M_\infty^2 - 1}}$,形成鲜明对比。图1.49中的非线性升力曲线以图像的形

---

① L/D 是飞行器气动性能最重要的特征之一。事实上,它对跨区域飞行和缓解气动热过载具有直接影响。

式展现了高超声速流的非线性特性。

（2）C_L 曲线在 $\alpha = 54.7°$ 时达到最大值。值得注意的是，许多实用的高超声速飞行器最大升力系数出现在攻角 $\alpha \approx 55°$ 附近，然后降低，在 $\alpha \approx 90°$ 时变为 0。但是，图 1.49 中点 A 处 C_{Lmax} 的获取并未考虑与发生在亚声速流动中类似的任何黏性、分离流动现象。另外，在图 1.49 中，C_L 的获取靠的是纯几何关系。不管怎样，C_{Lmax} 出现的角度可以通过对方程(1.120)中的 α 求微分，并令微分项等于 0 即可：

$$\frac{dC_L}{d\alpha} = \frac{d}{d\alpha}(2\sin^2\alpha\cos\alpha) = 2\sin^2\alpha(-\sin\alpha) + 4\cos^2\alpha\sin\alpha = 0$$

或

$$\sin^2\alpha = 2\cos^2\alpha = 2(1 - \sin^2\alpha)$$

或

$$\sin^2\alpha = \frac{2}{3}$$

因此

$$\bar{\alpha} = 54.7°$$

这时

$$C_{Lmax} = 2\sin^2\bar{\alpha}\cos^2\bar{\alpha} = 0.77$$

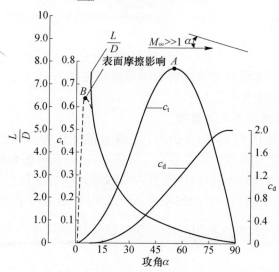

图 1.49 平板高超声速空气动力学的牛顿流结果

（3）C_D 从攻角等于 0 时的 0 单调增加至攻角等于 $90°$ 时的 2。由于我们考虑的是无粘流场，没有摩擦阻力的影响，因此高超声速下的阻力大部分来自波阻。C_D 随 α 的变化为立方关系，这一点不同于超声速条件下线性理论中的：

$$C_D = \frac{4\alpha^2}{\sqrt{M_\infty^2 - 1}}$$

也就是说，超声速下 C_D 随攻角平方的不同而不同。

值得注意的是，从方程（1.121）可以看出，小攻角条件下，C_D 随 α^3 的变化而变化。即：

$$C_D = 2\alpha^3$$

（4）L/D 的值随 α 的减小而单调递增。事实上，$\alpha \to 0$ 时 $(L/D) \to \infty$。这在无粘假设条件下是有效的，而如果考虑摩擦，则在 $\alpha = 0$ 时，D 变成有限值，故 $\alpha \to 0$ 时，$(L/D) \to 0$。

图 1.49 中的实线为纯牛顿结果，它展现出当 $\alpha = 0$ 时 L/D 趋于无穷大，且随攻角增加到 $90°$ 的过程而单调减小。这里的 L/D 在 $\alpha = 0°$ 时趋于无穷只是单纯的虚构情况，这正是由于忽略了表面摩擦导致的。当该图中考虑到表面摩擦，即图 1.49 中的虚线部分，升阻比将在一个小的攻角下达到最大值（点 B），且在攻角为 0 时升阻比也等于 0（在 $\alpha = 0$ 时将不产生升力，但是会存在一个由摩擦导致的有限阻力值，因此 $\alpha = 0$ 时 $(L/D) = 0$）。

最后值得注意的是，$(L/D)_{\max}$ 的值以及达到该值时的攻角为零升阻力系数 C_{D_0} 的函数。

C_{D_0} 是在 0 攻角时表面摩擦在平板表面的积分效应引起的。事实上，在小攻角下，作用于平板的表面摩擦应该约等于 0 攻角下的表面摩擦；因此可以将总的阻力写为：

$$C_D = C_{D_0} + 2\sin^3\alpha$$

这个关系凸显出 $(L/D)_{\max} \propto \dfrac{1}{\sqrt{C_{D_0}}}$，因此随着 C_{D_0} 的增加，$(L/D)_{\max}$ 将会减小：因此摩擦阻力越大，气动效率越低。因此，最大 (L/D) 出现时的攻角随 C_{D_0} 的增加而增加。

（5）另一个在 $(L/D)_{\max}$ 出现的有趣气动条件源于以下方程：

$$C_D = 2\alpha^3 + C_{D_0} = 2C_{D_0} + C_{D_0} = 3C_{D_0}$$

由于总的阻力系数为波阻系数 C_{D_w} 和摩阻系数 C_{D_0} 的和，因此可以在 $(L/D)_{\max}$ 飞行条件下写出以下方程：

$$C_D = C_{D_w} + C_{D_0} = 3C_{D_0}$$

或

$$C_{D_w} = 2C_{D_0}$$

这清楚地展现了根据牛顿流理论,高超声速平板在$(L/D)_{max}$飞行条件下波阻为摩阻的两倍。

因此,跨声速流与高超声速流都不能用线性理论来描述。这些流动机制中的流动现象随攻角的变化都是非线性的。

1.6.5 球体高超声速空气动力学

牛顿流理论可以应用于预测高超声速下球体的阻力系数,当然这里不考虑升力。

下面研究在高超声速流场中半径为R的球体。

作用于机体表面面积为dA的气动力$d\boldsymbol{F}$可用下式进行计算(图1.50):

$$d\boldsymbol{F} = -q_\infty C_p dA \, \hat{n} \tag{1.123}$$

因此,dA产生的气动阻力为:

$$dD = d\boldsymbol{F} \cdot \boldsymbol{u}_\infty \tag{1.124}$$

或者

$$dD = -q_\infty C_p dA\hat{n} \cdot \boldsymbol{u}_\infty \tag{1.125}$$

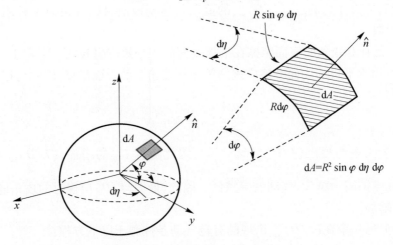

图 1.50　球面上的无穷小单元

因此,评估高超声速条件下的形状阻力需要确定方程(1.125)中的每一项。为此需要考虑将球面上的无穷小面元的面积计为dA,如图1.50所示。该图强调：

$$\mathrm{d}A = R^2 \sin\varphi \mathrm{d}\eta \mathrm{d}\varphi \qquad (1.126)$$

对于修正的牛顿理论，有：

$$C_\mathrm{p} = C_\mathrm{pmax} \cos^2\varphi \qquad (1.127)$$

进一步，图 1.51 表示：

$$\begin{cases} \hat{n} = -\cos\varphi\hat{i} + \sin\varphi\hat{j} \\ \hat{u}_\infty = \hat{i} \end{cases} \qquad (1.128)$$

因此

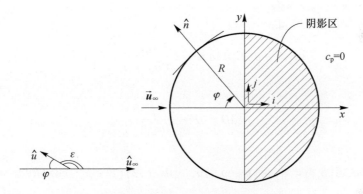

图 1.51 高超声速流中球体(圆柱)的截面

$$\hat{n} \cdot \boldsymbol{u}_\infty = \cos\varepsilon = \cos(180 - \varphi) = -\cos\varphi \qquad (1.129)$$

因此

$$\mathrm{d}D = C_\mathrm{pmax} \cos^3\varphi q_\infty \mathrm{d}A \qquad (1.130)$$

在球表面上对这些单元进行积分，结果得到：

$$D = \iint_A \mathrm{d}D = C_\mathrm{pmax} q_\infty \iint_A \cos^3\varphi \mathrm{d}A = 2C_\mathrm{pmax} q_\infty \int_0^\pi \cos^3\varphi \int_0^{\frac{\pi}{2}} R^2 \sin\varphi \mathrm{d}\varphi \mathrm{d}\eta$$

$$= 2\pi R^2 C_\mathrm{pmax} q_\infty \int_0^\pi \cos^3\varphi \sin\varphi \mathrm{d}\varphi = -2\pi R^2 C_\mathrm{pmax} q_\infty \int_0^\pi \cos^3\varphi \mathrm{d}\cos\varphi$$

$$= -\left[2S_\mathrm{ref} C_\mathrm{pmax} q_\infty \frac{\cos^4\varphi}{4} \right]_0^{\frac{\pi}{2}} = \left[S_\mathrm{ref} C_\mathrm{pmax} q_\infty \frac{\cos^4\varphi}{2} \right]_{\frac{\pi}{2}}^0 = \frac{S_\mathrm{ref} C_\mathrm{pmax} q_\infty}{2}$$

因此：

$$C_D = \frac{D}{q_\infty S_{ref}} = \frac{C_{pmax}}{2} = \begin{cases} 1, & \text{牛顿理论}(C_{pmax} = 2) \\ \dfrac{2 - \varepsilon}{2}, & \text{修正牛顿理论} \end{cases} \qquad (1.131)$$

式中,S_{ref}为参考面积,对于球来说$S_{ref} = \pi R^2$。

1.6.6　圆柱高超声速空气动力学

牛顿流理论可以用于处理高超声速下圆柱的气动特性。当然这里不考虑升力(即因为我们是在研究对称飞行条件下的对称构型)。

下面研究一个高超声速流场中半径为 R 的圆柱。

参考表面为 $S_{ref} = 2R$。

通过方程(1.123)可得:

$$d\boldsymbol{F} = -q_\infty C_p dA\hat{n} = -2 \frac{(\hat{u}_\infty \cdot \hat{n})^2}{(\hat{u}_\infty \cdot \hat{u}_\infty)} C_p dA\hat{n} \qquad (1.132)$$

因此:

$$dD = d\boldsymbol{F} \cdot \frac{\hat{u}_\infty}{|\boldsymbol{u}_\infty|} \qquad (1.133)$$

$$q_\infty C_D S_{ref} = \iint_S -(p - p_\infty)\hat{u}_\infty \cdot d\boldsymbol{s} = 2\int_0^{\frac{\pi}{2}} (p - p_\infty)\cos\phi R d\phi \qquad (1.134)$$

$$\frac{p - p_\infty}{q_\infty} = C_p = 2\cos^2\phi \rightarrow p - p_\infty = 2q_\infty \cos^2\phi \qquad (1.135)$$

结合方程(1.134)和方程(1.135)可得:

$$q_\infty C_D S_{ref} = -2\int_{\frac{\pi}{2}}^0 2q_\infty \cos^3\phi R d\phi = -4Rq_\infty \int_{\frac{\pi}{2}}^0 \cos^3\phi d\phi \qquad (1.136)$$

因此

$$q_\infty C_D 2R = -4Rq_\infty \int_{\frac{\pi}{2}}^0 \cos^3\phi d\phi \qquad (1.137)$$

故

$$C_D = -2\int_{\frac{\pi}{2}}^0 \cos^3\phi d\phi = -2\int_{\frac{\pi}{2}}^0 \cos^2\phi \cos\phi d\phi$$

$$= -2\int_{\frac{\pi}{2}}^0 (1 - \sin^2\phi) d\sin\phi = -2\left[(\sin\phi)\Big|_{\frac{\pi}{2}}^0 - \frac{1}{3}(\sin^3\phi)\Big|_{\frac{\pi}{2}}^0 \right]$$

$$\qquad (1.138)$$

最后根据牛顿流理论可得:

$$C_D = -2\left[-1 - \frac{1}{3}(-1)\right] = \frac{4}{3} \tag{1.139}$$

有趣的是以上由牛顿流理论得到的结果都与马赫数没有明确的关系。当然,这含蓄地说明了高超声速流场的马赫数已经足够大,除此之外,马赫数的精确值不参与计算。这与马赫无关原理相一致。简而言之,该定理表明,在来流马赫数足够大的情况下,特定的空气动力学特性将与马赫数的大小相独立。牛顿结果就是该原理的缩影。

1.6.7 尖/钝锥体空气动力学

对于半锥角为 θ_c 的尖锥,有

$$C_D = 2\sin^2\theta_c \tag{1.140}$$

对于半锥角为 θ_c 的钝头锥,头部半径为 R_N,底部半径为 R_B,有

$$C_D = 2\sin^2\theta_c + \left(\frac{R_N}{R_B}\right)^2 \cos^4\theta_c \tag{1.141}$$

在 $\gamma = 1.4$ 的条件下,如图 1.52 所示,C_D 表现为钝化比 R_N/R_B 和半锥角的函数[2,17]。

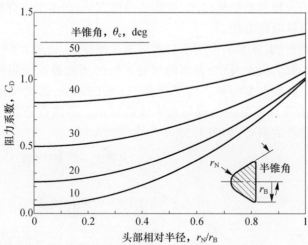

图 1.52　球头锥的高超声速阻力系数

因此,通过利用修正的牛顿理论,钝头锥的完整零升阻力系数为:

$$C_D = (2-\varepsilon)\left[\frac{1}{2}\left(\frac{R_N}{R_B}\right)^2(1-\sin^4\theta_c) + \sin^2\theta_c + -\left(\frac{R_N}{R_B}\sin\theta_c\cos\theta_c\right)^2\right]$$

$$\tag{1.142}$$

注意：当 $R_{\mathrm{N}} = R_{\mathrm{B}}$（因此 $\theta_{\mathrm{c}} = 0$）时，机体变为半球，则方程（1.142）变为

$$C_{\mathrm{D}} = \frac{2 - \varepsilon}{2} \qquad (1.143)$$

与球体相同。当 $R_{\mathrm{N}} = 0$ 时，该构型变为尖锥，其阻力系数为：

$$C_{\mathrm{D}} = (2 - \varepsilon)\sin^2\theta_{\mathrm{c}} \qquad (1.144)$$

方程（1.144）与方程（1.140）相比时使用了方程（1.109）。

可以看出小的头部半径不会带来大量的阻力增量，由于驻点热流反比于头部半径的平方根，因此通过钝化头部来进行热防护不会带来很大的阻力。

最后，值得注意的是气体气动热力学状态的影响单独包含在最开始项与方程（1.142）中方括弧乘积中，回顾到高超声速限制中：

$$\varepsilon = \frac{\gamma - 1}{\gamma + 1} \qquad (1.145)$$

则在高温下 $\gamma < 1.4$ 时，阻力系数将大于图 1.52 中的完全气体值。

1.6.8 切楔/切锥法

牛顿理论是一种数值简化技术，被称为碰撞方法；而本节中介绍的切楔法和切锥法是另外两种简化方法。

首先考虑切楔法，该方法应用于二维高超声速外形，如图 1.53 所示[3]。

假设机体头部为尖头，且沿表面的所有点处的当地表面倾斜角 θ 都小于自由来流马赫数下的最大偏转角。为了计算点 i 处的压强，需要知道当地转折角 θ_i，该角度定义为当地表面的切线与水平线的夹角。将该点处的切线进行延长可以得到一个等价的斜劈，如图 1.53 中的虚线所示。

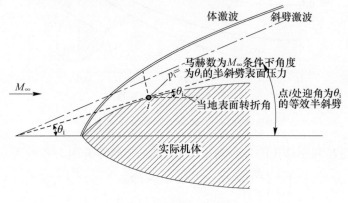

图 1.53 切劈法示意图

切劈近似假设点 i 处的压强与等价斜劈上的表面压强相等。这样,p_i 可以直接通过精确的斜激波关系式(马赫数为 M_∞ 和偏转角为 θ_i)得到。

切锥法应用于高超声速下的旋转体,与切劈法近似,如图 1.54 所示[3]。

该情况下,切线可以想象为等价圆锥的表面,半锥角为 θ_i。切锥近似假设点 i 处的压强与马赫数为 M_∞ 条件下的等价圆锥所受到的表面压强相同,即为 p_i。

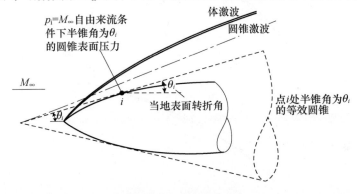

图 1.54　切锥法示意图

切锥法与切劈法都是很直接的方法。但是,它们都是近似方法,相比于牛顿流理论,它们不基于任何理论基础。无论如何,切锥法与切劈法一般都能得到合理的高超声速解。下文将努力解释为何这种方法得到的结果会与真实解吻合较好。参考图 1.53,考虑等价斜劈及其激波。为了解释清楚,图 1.55 展示了点 i 附近区域的详细信息[3]。

在点 i 处绘制一条垂直于斜劈表面的线,可以看出斜劈激波早于机体激波与该线相交。

细长体周围的高超声速流跨过斜激波后,流动速度在 y 方向上的分量 v 变化远大于 x 方向上的速度 u 的变化。因此,参考图 1.56 中的激波几何构型,在来流马赫数 M_∞ 的限制下可得[3]:

$$\frac{\Delta u}{V_\infty} = \frac{V_\infty - u_2}{V_\infty} \rightarrow \frac{\gamma + 1}{2} \theta^2 \tag{1.146}$$

$$\frac{\Delta v}{V_\infty} = \frac{v_2}{V_\infty} \rightarrow \theta \tag{1.147}$$

从式(1.146)和式(1.147)来看,速度 u 的变化量(θ^2 量级)要小于速度 v 的变化量(θ 量级,记住 θ 是一个小的弧度角)。从欧拉方程 $\mathrm{d}p = -\rho V \mathrm{d}V$ 开始,之前的结果说明主要的压强梯度方向垂直于来流。参考图 1.55,压强的主要变化沿法向 i_a,且流动方向的变化为二阶。因此,点 i 处的机体表面压强受点 a 处激波后

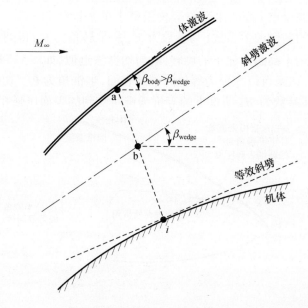

图 1.55　高超声速激波层的一部分,用于切劈法的局部辩解

在高超声速极限下

$$\frac{p_2}{p_1} \rightarrow \frac{2r}{\gamma+1} M_1^2 \sin^2\beta$$

$$\frac{\rho_2}{\rho_1} \rightarrow \frac{\gamma+1}{\gamma-1}$$

$$\frac{T_2}{T_1} \rightarrow \frac{2\gamma(\gamma-1)}{(\gamma+1)^2} M_1^2 \sin^2\beta$$

$$\frac{u_2}{V_1} \rightarrow 1 - \frac{2\sin^2\beta}{\gamma+1}$$

$$\frac{v_2}{V_1} \rightarrow \frac{\sin(2\beta)}{\gamma+1}$$

$$C_p \rightarrow \left(\frac{4}{\gamma+1}\right)\sin^2\beta$$

在高超声速极限下,
当 θ 很小时

$$\beta \rightarrow \frac{\gamma+1}{2}\theta$$

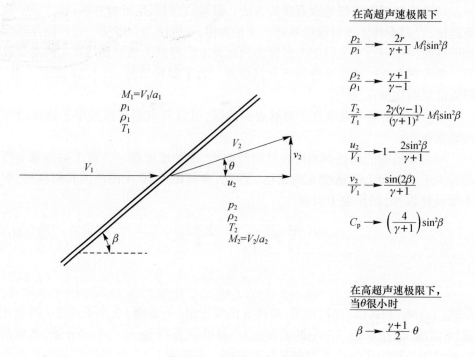

图 1.56　斜激波几何示意图

的压强控制。由于离心力的影响,点 i 处的压强 p_i 将会小于 p_a。现在,在切劈法中 $p_i = p_b$,其中 p_b 为想象的斜劈激波后的压强(如图 1.55 中的点 b 处)。由于点 b 处想象的斜劈激波角小于点 a 处实际的机体激波角($\beta_{body} > \beta_{wedge}$),故 p_b 小于 p_a。因此斜劈压强 p_a 是对表面压强 p_i 的一个合理近似,因为在实际状态下机体激波后的高压 p_a 将通过与点 i 之间的离心力作用而得到缓和。切锥法中有着相同的情况与解释。

通过将切锥法应用于尖顶拱所得到的结果如图 1.57 所示[3]。这里给出了尖顶拱表面压强分布随尖顶拱长度的变化趋势。这里给出了四组结果,分别代表不同的高超声速相似参数值 $K = M_\infty (d/l)$,这里 d/l 为尖顶拱的细长比。实线代表通过有旋特征线法所得的精确结果,而虚线为切锥法结果。

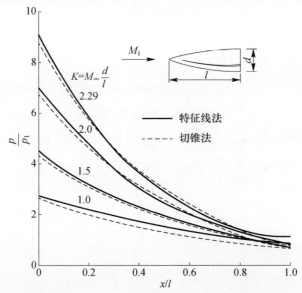

图 1.57　不同细长比下 d/l 尖顶拱的表面压强分布

可以看出两者吻合得很好,因此证明了切锥法的好处。切劈法也同样可以展现出与特征线法所得结果的一致性[3]。

1.6.9　平板理论和航天器高超声速空气动力学特征

尽管实际上并不存在无限薄平板,但是其高超声速下的气动特性却与其他一些典型高超声速外形的基本特征一致。换句话说,基于牛顿流理论的平板空气动力学理论使得人们可以评估空间飞行器在高超声速条件下飞行时的气动性能。

为实现该目的,考虑方程(1.121):

$$C_D = 2\sin^3\alpha$$

该方程只考虑激波引起的损失而忽略了摩擦,而实际上阻力系数的完整表达式如之前所得:

$$C_D = C_{D_0} + 2\sin^3\alpha$$

这里 C_{D_0} 通过已知飞行器的实验数据计算所得。例如,最大升阻比 $\left(\dfrac{L}{D}\right)_{\max}$ 取自较小的攻角条件(即 $0° \leqslant \alpha \leqslant 20°$)。正是由于这个原因(即 α 较小),因此可以假设:

$$\begin{cases} \sin\alpha \approx \alpha \\ \cos\alpha \approx 1 \end{cases}$$

故方程(1.120)和方程(1.121)变为:

$$C_L = 2\alpha^2$$

$$C_D = C_{D_0} + 2\alpha^3$$

因此,问题转为求取 C_{D0}。为此考虑到最大升阻比出现时有:

$$\frac{d}{d\alpha}\left(\frac{C_L}{C_D}\right) = 0 \to \frac{d}{d\alpha}\left(\frac{2\alpha^2}{C_{D_0} + 2\alpha^3}\right) = 0$$

则:

$$\alpha = \sqrt[3]{C_{D_0}}$$

因此最大升阻比为:

$$\left(\frac{C_L}{C_D}\right)_{\max} = \frac{2}{3}\frac{1}{\sqrt[3]{C_{D_0}}}$$

为此在已知最大升阻比时可以求出 C_{D_0}。

目前介绍的理论可以通过适当修正后考虑运载器的翼展不是常数而是增加的情况。

一种翼展的建模方法为直线法。这样,一般运载器的俯视图则可以采用一系列线条来表示。在此框架下考虑航天飞机与 X - 34 的高超声速空气动力学特性。

1.6.9.1　航天飞机空气动力学

图1.58所示为航天飞机轨道飞行器的俯视图。由于其外形的对称性,可以只考虑几何外形的一半,见图1.58(b)。该图中,轨道飞行器的一半几何外形通

过直线进行建模,图中$(x_1,y_1)=(0,0)$;$(x_2,y_2)=(19.67,4.64)$;$(x_3,y_3)=(26.26,11.2)$;$(x_4,y_4)=(31.18,11.2)$;$(x_5,y_5)=(32.82,0)$。

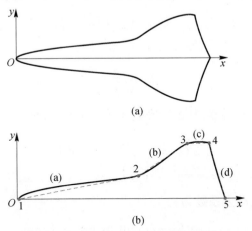

图 1.58　(a)航天飞机轨道飞行器的俯视图外形;(b)直线建模的一半几何外形。

两点之间直线的数学方程为:

$$y-y_i=\frac{y_{i+1}-y_i}{x_{i+1}-x_i}(x-x_i)$$

因此,可以得到法向力系数 C_N 为:

$$C_N=\frac{2}{S_{ref}}\int_0^c(C_{p,l}-C_{p,u})y\mathrm{d}x$$

这里根据牛顿流理论得知 $C_{p,u}=0,C_{p,l}=2\sin^2\alpha$。

因此可得:

$$C_N=\frac{1}{S_{ref}}\int_0^c(2\sin^2\alpha)y\mathrm{d}x=\frac{674.22}{S_{ref}}\sin^2\alpha$$

对于该轨道飞行器来说 $S_{ref}=250\mathrm{m}^2$。

因此:

$$C_N=2.7\sin^2\alpha$$

然后可得:

$$C_L=k\sin^2\alpha\cos\alpha$$

$$C_D=C_{D_0}+k\sin^3\alpha$$

这里 $k=2.7$。

假设在小攻角(AoA)条件下,有:

$$C_L = k\alpha^2$$

$$C_D = C_{D_0} + k\alpha^3$$

因此,可以得到使得升阻比最大的攻角取值,即:

$$\alpha = \sqrt[3]{\frac{2}{k}C_{D_0}}$$

对于航天飞机轨道飞行器,其最大升阻比等于 1.9,因此

$$C_{D_0} = \frac{\sqrt[3]{4k}}{3\left(\dfrac{L}{D}\right)_{max}} = 0.057$$

可得轨道飞行器气动力系数为:

$$\begin{cases} C_L = 2.7\sin^2\alpha\cos\alpha \\ C_D = 0.057 + 2.7\sin^3\alpha \end{cases}$$

图 1.59 中比较了该方法得到的气动力系数与实验值。可以看出,平板气动结果与实验值吻合较好。

1.6.9.2　X-34 运载火箭空气动力学

图 1.60 给出了 X-34 飞行器的俯视图和直线拟合半几何模型。

各点坐标为

$$(x_1, y_1) = (0,0); (x_3, y_3) = (5.72, 1.05);$$

$$(x_2, y_2) = (2.92, 1.05); (x_4, y_4) = (9.25, 1.85);$$

因此:

$$C_N = \frac{116.13}{S_{ref}}\sin^2\alpha$$

这里 $S_{ref} = 33.21\mathrm{m}^2$。

因此

$$C_N = 3.49\sin^2\alpha$$

因此

$$\begin{cases} C_L = k\sin^2\alpha\cos\alpha \\ C_D = C_{D_0} + k\sin^3\alpha \end{cases}$$

这里 $k = 3.49$。考虑到 X-34 飞行器的最大升阻比为 2.237,则:

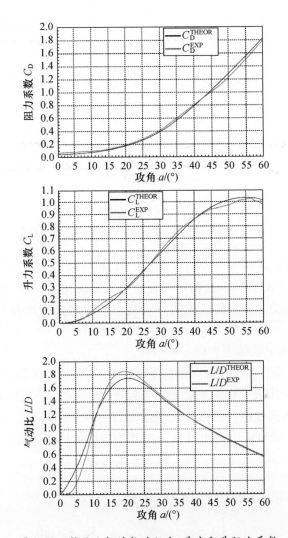

图 1.59 航天飞机的气动阻力、升力和升阻比系数

$$\begin{cases} C_L = 3.49\sin^2\alpha\cos\alpha \\ C_D = 0.046 + 3.49\sin^3\alpha \end{cases}$$

图 1.61 对 X-34 气动力计算值与实验值进行对比。

可见,X-34 的气动计算值与实验数据两者吻合相当好。

1.6.10 面元法空气动力学

牛顿理论基于激波层薄到激波与机体表面几乎重合的思想,该方法可以局

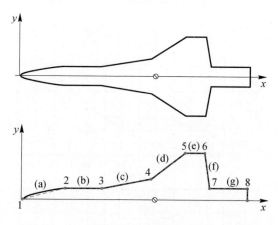

图 1.60　X－34 俯视图和直线拟合半几何模型

部地应用到光滑机体的每个表面点上。结果,机体表面可以划分为一系列独立的面元,且每一个面元都单独确定其表面的压强情况,如图 1.62 所示。整个飞行器表面的总的受力和力矩情况可以通过之后对机体表面每个面元进行求和得到。

图 1.63 给出了机体表面的一般面元。

下标 i 代表垂直于飞行器 x 轴的平面,$i+1$ 则代表沿 x 轴的下一个平面(图 1.62)。j 和 $j+1$ 代表了机体表面纵向坐标点,从而确定了飞行器的外形。在这个坐标系中,x 的测量沿飞行器轴线,起点在头部尖端($x=0$)。$x-z$ 平面取为飞行器的对称面,z 垂直向上为正方向,y 的正方向朝向机体的右侧。

回顾方程(1.106),每一个面元的压强系数为:

$$C_p = \begin{cases} (2-\varepsilon)\dfrac{(V_\infty \cdot n)^2}{V_\infty \cdot V_\infty} & V_\infty \cdot n < 0 \\[2mm] 0 & V_\infty \cdot n \geqslant 0 \end{cases} \tag{1.148}$$

因此,一旦单位法向量已知,便能很容易地计算出飞行器表面压强分布。

为达到此目的,如图 1.63 所示,可以通过 $\boldsymbol{P}$ 和 $\boldsymbol{Q}$ 两个矢量确定的平面的法向矢量来表示外法向矢量 $\boldsymbol{n}$。因此:

$$\hat{N} = \boldsymbol{P} \times \boldsymbol{Q} = \left[(x_{i+1,j}-x_{i,j+1})\hat{i} + (y_{i+1,j}-y_{i,j+1})\hat{j} + (z_{i+1,j}-z_{i,j+1})\hat{k} \right]$$

$$\times \left[(x_{i+1,j+1}-x_{i,j})\hat{i} + (y_{i+1,j+1}-y_{i,j})\hat{j} + (z_{i+1,j+1}-z_{i,j})\hat{k} \right] \tag{1.149}$$

因此,其一般形式为:

$$\hat{N} = \left[(y_{i+1,j}-y_{i,j+1})(z_{i+1,j+1}-z_{i,j}) - (y_{i+1,j+1}-y_{i,j})(z_{i+1,j}-z_{i,j+1}) \right]\hat{i} +$$

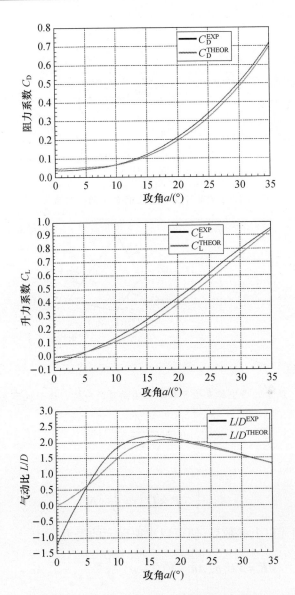

图 1.61 X-34 气动阻力、升力与升阻比系数

$$\left[\,(x_{i+1,j+1}-x_{i,j})(z_{i+1,j}-z_{i,j+1})-(x_{i+1,j}-x_{i,j+1})(z_{i+1,j+1}-z_{i,j})\,\right]\hat{j}\,+$$

$$\left[\,(x_{i+1,j}-x_{i,j+1})(y_{i+1,j+1}-y_{i,j})-(x_{i+1,j+1}-x_{i,j})(y_{i+1,j}-y_{i,j+1})\,\right]\hat{k}$$

$$\tag{1.150}$$

单位法向量可以通过将法向量除以其数值得到:

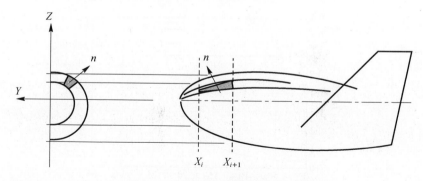

图 1.62 飞行器典型表面单元的一般表示

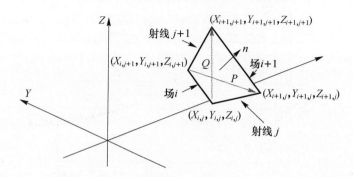

图 1.63 展示四个坐标点位置和单位法向量的一般四边形机体表面单元

$$\hat{n} = \frac{\hat{N}}{\sqrt{N \cdot N}} \quad (1.151)$$

面元的面积为：

$$A = \frac{1}{2} |P \times Q| = \frac{1}{2} |N| \quad (1.152)$$

得到每个表面面元以上参数后，便可以求取面元的受力：

$$\mathrm{d}F = VC_p q_\infty A\hat{n} = V(2 - \varepsilon) \frac{(V_\infty \cdot \hat{n})^2}{V_\infty \cdot V_\infty} q_\infty A\hat{n} \quad (1.153)$$

这里对于 $\gamma = 1.4$，有 $\varepsilon = (\gamma - 1)/(\gamma + 1) = 0.16$。然后确定速度矢量与 i 方向之间的角度为攻角 α，这样则可以获得面元受到的升力和阻力：

$$\mathrm{d}D = \mathrm{d}F \cdot \frac{V_\infty}{|V_\infty|} \quad (1.154)$$

$$\mathrm{d}L = \sqrt{\mathrm{d}F \cdot \mathrm{d}F - (\mathrm{d}D)^2}$$

相对于参考点，即原点，由于微分形式的力作用到一个特定机体表面单元的微分

形式力矩表示如下:

$$\mathrm{d}\boldsymbol{M}_0 = \boldsymbol{r} \times \mathrm{d}\boldsymbol{F} = \left[(x - x_0)\hat{i} + (y - y_0)\hat{j} + (z - z_0)\hat{k} \right] \times \mathrm{d}\hat{F} \qquad (1.155)$$

该方程中的半径矢量为参考点到表面面元质心之间的矢量。力矩在 x、y 和 z 轴方向上的分量分别定义为飞行器的滚转、俯仰和偏航力矩,即 l、m 和 n。因此:

$$\mathrm{d}\boldsymbol{M}_0 = \mathrm{d}l\hat{i} + \mathrm{d}m\hat{j} + \mathrm{d}n\hat{k} \qquad (1.156)$$

因此对所有面元进行求和便可以得到指定飞行条件下的飞行器整机气动力和力矩情况。

可以通过对飞行器进行一定攻角的旋转来计算其特定马赫数和高度下的升阻极曲线以及相关的力矩情况(即飞行器气动数据库,AEDB)。

之前对力和力矩的分析都是在单独考虑法向应力的基础上得到的(即只考虑压强的贡献来确定无粘的 AEDB)。但是,在对大气层再入飞行器进行气动设计时必须同时考虑由于摩擦导致的切向应力(以及相应产生的气动热)。合理分析飞行器高超声速再入时所受到的表面摩擦(以及热载荷),需要确定机体表面面元的几何布局、每个面元上受到的压强以及垂直于机体表面面元方向上速度分量。分析过程中需要考虑的主要参数是基于当地切向速度、温度及与驻点之间距离的雷诺数,即:

$$Re_x = \frac{\rho_e u_e x}{\mu_e} \qquad (1.157)$$

式中,变量 x 代表沿飞行器表面测量得到的与相关驻点(对于机体)或驻点线(对于机翼)之间的距离;u 代表自由来流速度的切向分量。下标 e 表示以上条件均是在边界层外边界上得到的。

为了计算密度和速度,需要获得压强和温度。面元上的压强可以通过压强系数获得。面元速度的切向分量即无粘值可以通过之前的牛顿理论获得,即:

$$\boldsymbol{u} = \boldsymbol{V}_\infty - (\boldsymbol{V}_\infty \cdot \hat{n})\hat{n} \qquad (1.158)$$

相似地,Rasmussen 指出,可以采用已知压强系数来反推机体表面上的无粘马赫数,或者更精确地说,是黏性边界层外边缘处的马赫数[11]:

$$M_e^2 = \frac{2}{\gamma - 1} \left[\left(\frac{1 + \gamma M_\infty^2}{1 + \frac{\gamma}{2} c_p M_\infty^2} \right)^{\frac{\gamma - 1}{\gamma}} - 1 \right] \qquad (1.159)$$

边界层外边界的温度可以首先通过求解机体流线上的无粘绝热能量方程得到,该方程为:

$$h_\infty + \frac{1}{2} V_\infty^2 = h_e + \frac{1}{2} u_e^2 \qquad (1.160)$$

该方程中的隐含假设为由速度垂直分量产生的动能转化为热能,正如基本牛顿流近似中动量的垂直分量被转化为压强的上升一样。为了从焓 h_e 中获得温度 T_e,则需要查阅高温空气气动热属性表或通过气动热模型计算得到。

只要考虑了层流和湍流条件下的表面摩擦便可以对定压条件下细长体和二维机体(面元)使用平板 Eckert 参考温度法和雷诺类比近似方法。该方法在初步设计阶段非常合适。

雷诺类比近似给出当地表面摩擦系数:

$$C_f(x) = \frac{2\mathrm{Nu}_x}{\sqrt[3]{\mathrm{Pr}Re_x}} = \frac{2A}{\sqrt[3]{\mathrm{Pr}}}\left(\frac{\rho^*}{\rho_e}\right)^a\left(\frac{\mu^*}{\mu_e}\right)^b Re_x^{c-1}\sqrt{3^j} \tag{1.161}$$

由于 Nuseelt 数的表达式为:

$$\mathrm{Nu}_x = A\left(\frac{\rho^*}{\rho_e}\right)^a\left(\frac{\mu^*}{\mu_e}\right)^b Re_x^c\sqrt{3^j} \tag{1.162}$$

且 ρ^* 和 μ^* 依赖于参考温度 T^*,即 $\rho^* = \rho(T^*)$,$\mu^* = \mu(T^*)$。

表 1.2 对所有系数进行了阐释。

为了预测密度和黏性关系,考虑边界层内压强为定值(普朗特条件),故:

$$\frac{\rho^*}{\rho_e} = \frac{T_e z^*}{T^* z_e} \tag{1.163}$$

表 1.2　努赛尔评估中的系数,见方程(1.162)

流动类型	A	a	b	c	j
层流	$0.332\mathrm{Pr}^{1/3}$	0.5	0.5	0.5	—
湍流	$0.0296\mathrm{Pr}^{1/3}$	0.8	0.2	0.8	—
平板	—	—	—	—	0
轴对称	—	—	—	—	1

这里 z 为评价真实气体效应的压缩因子,鉴于黏性的适应值表示为[①]:

$$\frac{\mu^*}{\mu_e} = \left(\frac{T^*}{T_e}\right)^{\frac{2}{3}} \tag{1.164}$$

因此:

$$\left(\frac{\rho^*}{\rho_e}\right)^a\left(\frac{\mu^*}{\mu_e}\right)^b = \left(\frac{z^*}{z_e}\right)^a\left(\frac{T^*}{T_e}\right)^{\frac{2}{3}b-a} \tag{1.165}$$

---

① 这里所考虑的温度和压强的取值范围为:$300\mathrm{K} < T < 3000\mathrm{K}$,$10^{-4}\mathrm{atm} < P < 10^2\mathrm{atm}$。

在绝热壁的定压流动条件下[①],层流和湍流情况下沿表面 x 方向特定长度下积分所得的表面摩擦系数为:

$$
\begin{cases}
C_{f,层流} = 1.328\left[1 - 0.72\mathrm{Pr}^{1/2}\left(\dfrac{\gamma_e - 1}{2}\right)M_e^2\right]^{-0.1835}\sqrt{3^j}Re_c^{-1/2} \\[3mm]
C_{f,湍流} = 0.0592\left[1 - 0.72\mathrm{Pr}^{1/3}\left(\dfrac{\gamma_e - 1}{2}\right)M_e^2\right]^{-0.6734}\sqrt{3^j}Re_c^{-1/5}
\end{cases}
\tag{1.166}
$$

1.6.11　表面倾斜法和气动外形设计:压力法选择原理

表面撞击法(SIM),如牛顿法和修正牛顿理论,切劈法和切锥法,可以用于确定高超声速流动中复杂三维机体的压强分布。

这些方法都是简单却实用的能够求解非线性高超声速流动问题的关系式。SIM 能快速预测高超声速飞行器表面压强分布,仅依靠当地表面倾角来进行计算。尽管技术简单,它们在飞行器初步设计(概念设计)阶段非常有用,这主要归功于其高效的计算速率。如果需要精确计算高超声速飞行器周围流场情况,则必须使用更加复杂的 CFD 方法,然而该方法的计算消耗要比牛顿分析高出 3 或 4 个数量级。

因此,CFD 方法能够提供最详细的气动现象,该方法一般用于实际设计中研究详细特定气动问题。

但是该方法计算消耗较大,因此设计者更欢迎使用低阶的表面撞击法来降低气动设计分析成本。

由于 SIM 的计算成本较低,因此其适合于封装在基于计算方法的设计循环当中。由于测试尺寸、性能以及成本的限制使得很难进行地面试验,因此高超声速飞行器气动设计框架基于 SIM 的设计循环非常有用。事实上,在气动设计与分析阶段有很多计算技术,适用于特定的设计、分析和成本需求。例如,系统稳定性和控制性能并不为人所知,为对其进行研究需要进行在名义设计工况周围进行大量的气动性能评估,尤其是在多学科设计优化(MDO)问题中。事实上,飞行器设计是一个求系统最优解的过程,该过程中基于一定的限制条件建立飞行器优化模型。因此,为了求解该问题,需要将学科模型或贡献分析(如飞行器气动模型)与庞大的迭代设计过程联系在一起,该过程一般用设计结构框架(DSM)表示,如图 1.64 所示。

DSM 映射了不同贡献分析之间的相互作用,并为高超声速飞行器多学科设

---

① 由于高超声速巡航飞行器很难进行主动冷却,因此该工况或许可以说是一种最保守的情况了。

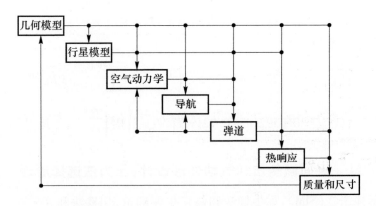

图 1.64　行星再入飞行器设计结构模型(DSM)

计优化提供了一个最终框架。因此,为了支撑这个设计环境,必须使用像 SIM 一样有效的贡献分析工具。因此,需要在计算技术上进行妥协,从而简化系统中的模型。

就 SIM 的执行而言,飞行器表面则需要一系列平面面元(即面元网格)来定义,每个面元可以单独作为撞击流或背风流区域进行分析,从而获得整个飞行器的压强分布。

由此可以积分得到气动力和力矩。通过牛顿理论获得表面压强唯一需要的几何参数是自由来流撞击网格单元时的角度。

为了计算气动力和力矩,还需要知道面元面积和质心。

撞击区域的表面压强通过采用相对自由来流的当地表面倾角计算得到。而背风面区域通过设定压强系数等于 0 来处理,即背风面表面压强等于自由来流压强。

总之,计算撞击区域和背风区域压强的方法可以单独指定,设计者可以根据具体情况进行选择。表 1.3 提供了一些常用的方法,其中一部分在之前已经进行过介绍[12]。

表 1.3　无粘分析的可行方法

撞击流	背风流
修正牛顿法	牛顿理论
修正牛顿法 + 普朗特 – 迈耶法	修正牛顿法 + 普朗特 – 迈耶法
切劈法(斜激波)	普朗特 – 迈耶膨胀波法
经验切劈法	倾斜锥
切锥法	Van Dyke 统一理论
倾斜锥	$C_p = -1/M_\infty^2$

（续）

撞击流	背风流
Van Dyke 统一理论	激波膨胀（条带理论）
钝体应力	输入压强系数
激波膨胀（条带理论）	自由分子流
自由分子流	Dahlem – Buck 经验理论
输入压强系数	ACM 经验理论
Hankey 平面经验理论	—
三角翼经验理论	—
Dahlem – Buck 经验理论	—
冲击波压强增量理论	—

　　牛顿法、修正牛顿法、切劈法和切锥法使得设计者能够以相对简单方式设计飞行器气动外形。

　　然而,并不能确定在给定条件下以上哪种方法效果最好。所有方法都各有优劣,往往对于给定的问题,从这些方法中进行选择需要直觉和经验。例如,图1.65 表明在预测典型高超声速飞机表面压强分布时,机身上任何可辨别的部分都可以用切锥法来对待,而机翼最好使用切劈法进行计算。

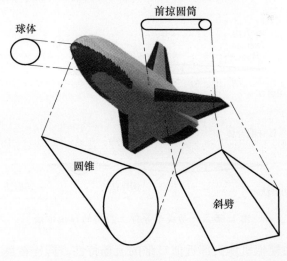

图 1.65　设计方法,典型高超声速飞机代表性流动模型

　　因此,一般飞行器外形可以拆分为一系列简单外形的组合,即圆锥、圆柱、平板、球以及斜劈,这些简单外形具有已知的解析解。对于具有较大倾角(大于给定马赫数 M_∞ 下斜激波的最大偏转角)的表面适合使用牛顿法。在牛顿法可以

解决的边界范围内,对于钝表面,最好使用修正的牛顿法,即 $C_p = C_{pmax} \sin^2 \theta$,而经典牛顿法 $C_p = 2\sin^2 \theta$ 一般能够为细长体预测出准确结果。

因此,设计者必须为特定构型和飞行区域选择最合适的 SIM 方法。

研究过程中也发展了一种压力法选择原理,该方法能使设计者在先进巡航和机动飞行器的初步设计阶段高效精确地预测气动力和力矩。气动成形导弹(ACM)研究阶段的工作表明可以通过将外形划分为三个基本部分来提高气动预估精度,这三部分包括头部、机身和气动面[13,14]。头部和机体的分界线是最大直径处。人们进一步发现在三维流场效应占支配地位时需要选择偏向低估压强值的方法。切锥法用于精确预测飞行器迎风面流场现象。非圆形以及升力体构型背风面的压强测量表明在负撞击角条件下需要一种新的压强预测方法。该方法是一种名为 ACM 的基于实验数据的经验方法。通过结合切锥法和 ACM 经验方法,机体上的压强预测值将与实际测量值更加一致。ACM 压强预测原理如图 1.66 中所示[13]。

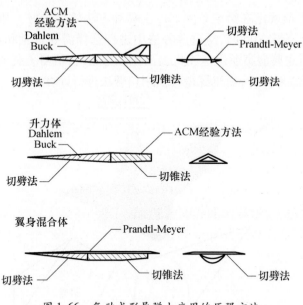

图 1.66　气动成形导弹上应用的压强方法

利用切劈法模拟机体头部近似二维的流场特性。同样在翼身混合体的头部使用切劈法来模拟机翼升力的遗留效应。而 Dahlem – Buck 方法应用于头部的圆形部分(迎风和背风面)。尾部迎风面使用切劈法而背风面采用普朗特 – 迈耶方法,从而产生足够的高压来解决机身遗留效应。

ACM 研究中发展出的方法选择原理能够应用于更加常规的导弹外形。图

1.67 所示为典型的超声速导弹,并以压力选择法进行了评估[14]。

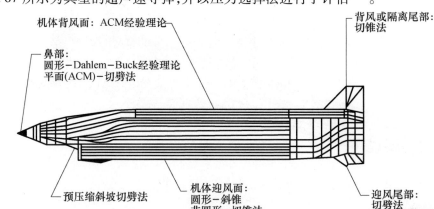

图 1.67　压强预测方法选择原理

　　Dahlem – Buck 方法同时应用于拱形头部的迎风面和背风面。如果机身横截面不是圆形的,则可在迎风面使用切锥法,背风面使用 ACM 经验法。圆形体的迎风面使用倾斜锥法,背风面仍然使用 ACM 经验法。非被机体部分遮蔽的尾翼采用切劈法,遮蔽的尾翼采用切锥法。以上描述的方法形成了导弹构型研究中气动预测原理基础。ACM 研究中最感兴趣的飞行区域为马赫数 3 ~ 5 的高超声速条件。该原理也可以进一步扩展至高超声速区域。

　　例如,Moore 和 Williams 为不同飞行器部位提供了一套求解原理,包括头部、机身和气动面[14]。对于马赫数大于 8 的高超声速流场,建议在所有撞击面上使用修正牛顿法,所有背风面上使用普朗特 – 迈耶法。

　　Moore 和 Williams 在他们的工作中发现,通过使用有效比热比 γ 来考虑真实气体效应并不能对预测精度起到明显的改善作用(见方程(1.110))。当引入黏性影响后飞行器整体压强分布也只发生了轻微的改变,但是在预测飞行器阻力时考虑黏性影响非常关键。

　　在考虑侧向气动力时,其预测精度并不如同样的方法所预测的纵向气动力精度。

　　而且,在 Maughmer 等人的研究中考虑了三种高超声速外形:北美的 X – 15、高超声速验证机(以超燃冲压发动机为动力的)和航天飞机轨道飞行器(分别如图 1.68 ~ 图 1.70 所示)[13]。

　　将每个飞行器根据头部、机身和气动升力面指定压强分析方法,并将结果与实验值和飞行试验数据进行对比。修正牛顿法用于所有钝形表面,如前缘和后缘。其他在无粘部分占主导地位的方法包括切劈法、切锥法和普朗特 – 面元法

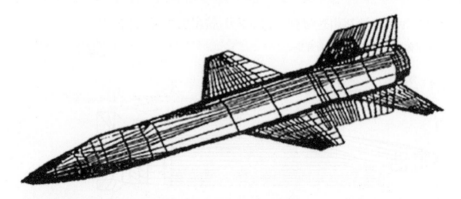

图 1.68　北美 X–15 外形

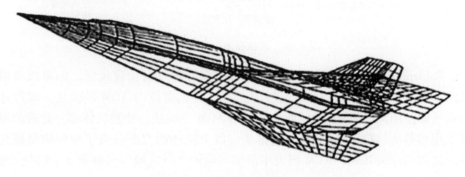

图 1.69　高超声速验证机外形

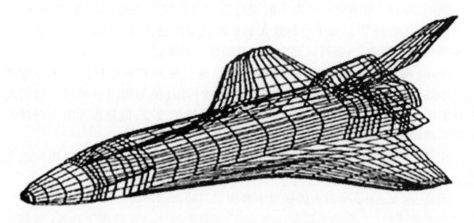

图 1.70　航天飞机轨道飞行器外形

（阴影区域）。

　　所以，飞行器的所有纵向性能衍生物在概念设计阶段有一些用处。涉及到流动分离的区域需要认真关注。侧向的主要控制量也可以提供较好的结果。

Chavez 和 Schmidt 曾报告了 X-30(NASP,国家空天飞机)外形的动力学分析中采用的分析流程,见图 1.71[2]。

X-30 NASP

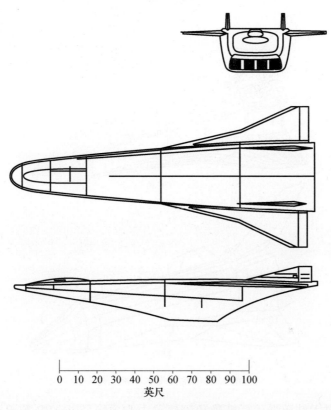

图 1.71　X-30 外形

牛顿理论用于确定飞行器前体压强分布,并耦合一个一维超燃冲压发动机模型。X-30 的后体/喷管部分的压强分布由二维激波-膨胀波理论给出。

在过去,所有局部表面倾斜法都包含在一个标准工业计算机程序当中,该程序名为"高超声速任意机体程序"(HABP)。自 20 世纪 70 年代早期,该程序被广泛应用于工业和政府部门。HABP 以及修订版本 S/HABP 是目前应用最为广泛的高超声速飞行器初步设计和分析工具[14]。

最后,值得注意的是,该设计方法在飞行器气动热分析过程中仍然可行。

因此,飞行器表面用一系列面元近似;分析过程中几何的最低层次为四边形单元。每个面元上的压强通过用户自定义的压缩-膨胀以及近似边界层方法获得。

一个基于 S/HABP 的气动分析需要两类几何模型——无粘和有粘,如图 1.72～图 1.74 所示的航天飞机轨道飞行器、FDLD – 7 和 X – 24C – 10D 飞行器[13]。

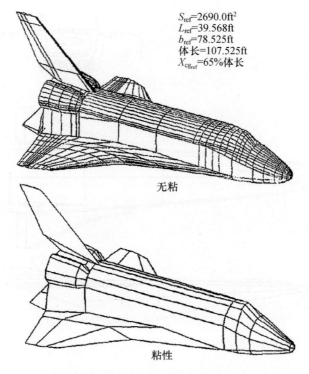

S_{ref}=2690.0ft^2
L_{ref}=39.568ft
b_{ref}=78.525ft
体长=107.525ft
$X_{cg_{ref}}$=65%体长

无粘

粘性

图 1.72　航天飞机分析几何

为了通过无粘压强计算精确预测气动力和力矩,S/HABP 需要对飞行器进行详细的几何表示。对于黏性分析,程序包含一系列的计算黏性压强的经验方法。为了合理的执行程序,该方法需要获取雷诺数、表面压强以及温度。一个典型的黏性几何模型包括一系列表面切应力已知的平面。通过对黏性和无粘程序计算得到的力进行求和后得到整个飞行器的受力情况。

无粘和黏性分析需要两种不同网格,图 1.72～图 1.74 展示了一些实例[13]。为了对压强进行精确计算,无粘几何模型需要更多有关具有较大轮廓变化(头部或翼前缘)的表面细节信息。平坦的飞行器表面,如侧面,可以用较大的面元建模。在表面摩擦计算方面,将复杂飞行器表面分为大量简单平面并不会影响预测精度。当建立黏性几何模型时,对飞行器湿面积的合理建模非常重要。总之,黏性分析的网格是对飞行器的近似表示,而无粘网格是一个更加准确的表示[13]。

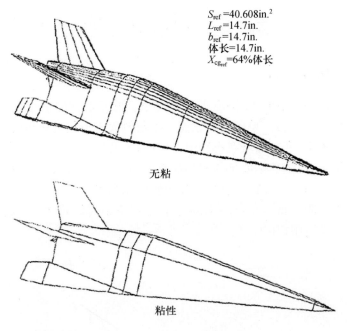

S_{ref} =40.608in.²
L_{ref} =14.7in.
b_{ref} =14.7in.
体长=14.7in.
$X_{cg_{ref}}$=64%体长

无粘

粘性

图 1.73　FDLD-7 分析几何

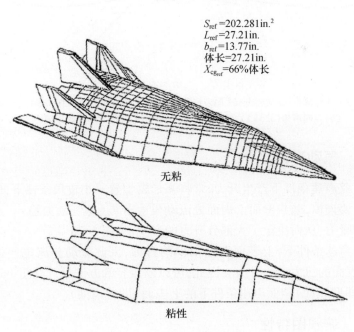

S_{ref} =202.281in.²
L_{ref} =27.21in.
b_{ref} =13.77in.
体长=27.21in.
$X_{cg_{ref}}$=66%体长

无粘

粘性

图 1.74　X-24C-10D 分析几何

89

1.7 高超声速与亚声速空气动力学

1.7.1 气动阻力

在亚声速流中,尾迹大小决定了阻力大小。低速设计的重点是通过整流装置的补偿作用减小阻力。单条金属丝能产生与较大整流装置相当的阻力。

在高超声速下,底部区域在真空中,且其中的几何细节对阻力影响很小。驻点处的压强最大,且随着倾斜角的减小快速减小(即 $C_p = 2\sin^2\delta$)。所以,驻点区的大小决定了阻力。小圆柱可以具有与大斜劈相当的阻力。

将高超声速阻力特征与亚声速相比,在亚声速中人们通过尾部减阻,而高超声速中通过头部减阻(图 1.75)[18]。

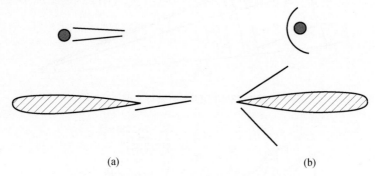

(a)   (b)

图 1.75 气动阻力对比

(a)亚声速($M \ll 1$),等阻力构型,尾部整流,尾迹大小决定阻力;
(b)高超声速($M \gg 1$),等阻力构型,前端整流,驻点区大小决定阻力。

1.7.2 气动升力

为了在亚声速条件下产生升力,常将弧形翼型置于小攻角条件下,但是在设计过程中需要谨慎,防止壁面上表面处流动发生分离(即气动失稳)。上表面处产生较大的吸力,从而决定了大部分升力的产生,见图 1.76[18]。

在高超声速条件下,上表面产生很少的升力,因此流动分离也产生很小影响,仅有下表面的压力产生升力。因此,可以以兼容的方法设计高超声速条件下的下表面(即迎风面)和亚声速条件下的上表面(即背风面)。

1.7.3 俯视图特性

众所周知,亚声速下无后掠机翼在较大展弦比下能减小诱导阻力(或尾部

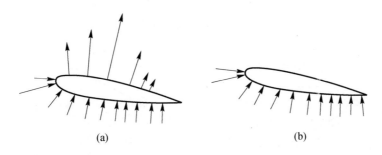

图 1.76　气动升力

(a)亚声速($M \ll 1$),上表面产生升力;(b)高超声速($M \gg 1$),下表面产生升力。

效应)并增大 L/D。在高速下,较大的后掠角减小前缘阻力,因此决定了高 L/D 下的小展弦比(图 1.77)[18]。因此,在设计过程中出现了较大的不兼容性问题, 即需要在后掠角设计上进行让步,或使用非常复杂的变后掠角设计(见 Tornado 战斗机)。

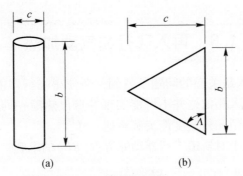

图 1.77　俯视图对比

(a)亚声速($M \ll 1$),$AR = b^2/bc = b/c \gg 1$;

(b)高超声速($M \gg 1$),$AR = b^2/0.5bc = 2b/c = 4\cot\Lambda$。

俯视图的另一个特征是超声速到亚声速转变过程中压心的转变。

定量的说,高速条件下气动中心在平面的几何质心处(因为当 δ 一定时, $C_p = 2\sin^2\delta$ 也为定值)。

而在亚声速下,气动中心转为四分之一弦长处,且与位势流理论一致(见图 1.78)[18]。三角翼和顶部安装的机身能够通过设计使该转变降低到最小(即航 天飞机)[18]。

机体越是细长和尖锐,附体激波越弱,因此波阻也越小。

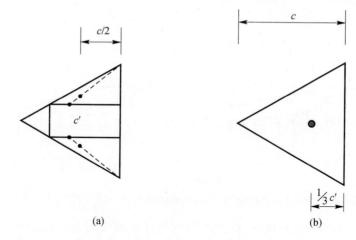

图 1.78　压心对比

（a）亚声速($M \ll 1$)，上表面，压心位于 $c'/2$ 处；

（b）高超声速($M \gg 1$)，下表面，压心位于 $\frac{1}{3}c$ 处。

1.8　再入飞行和气动加热

一开始，有关再入最关心的问题是找到一条使得飞行器能在气动加热环境中生存的途径。一些人相信这并不可能实现并造出热障一词，类似之前提出声障一词时科学家不相信飞行速度能突破声速一样[18]。

这些人的担忧源于对轨道飞行器动能方程(KE)的求解：

$$KE = \frac{1}{2}mV_c^2 \tag{1.167}$$

式中，m 和 V_c 分别为飞行器质量和速度。

在再入过程中，所有动能耗散并转化为热能(Q)从而使飞行器减速到着陆速度。因此，能量守恒表达为：

$$Q = KE = \frac{m}{2g}V_c^2 \rightarrow \frac{Q}{m} = \frac{V_c^2}{2g} \tag{1.168}$$

式中，m 为运载器质量；g 为重力加速度。

> **注释框：能量与热**
>
> 单位质量物体的动能以抛物速度撞击地球大气层的加热量为 $Q/w = 6.371 \times 10^6 m = 1.49 \times 10^4 \mathrm{kcal/kg}$。
>
> 一个大气压且温度 0℃ 的条件下使冰融化，需要传递 80.4kcal/kg 的能量。

> 将 0℃的水转化为 100℃的水蒸气需要 100kcal 的热量加热水,499kcal 用于内部加热,40.5kcal 用于外部蒸汽加热,或者说总共需要 720kcal/kg。

以上注释框表明一点,仅有很小一部分制动能量被飞行器吸收,或飞行器自身毁坏。

用于检测的指标为再入飞行器头部的驻点温度 T_0,见图 1.79。

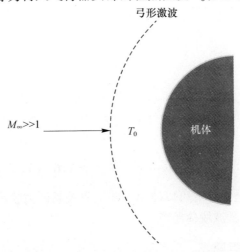

图 1.79　再入飞行器头部处的驻点温度

该情况下的能量方程为:

$$c_p T_0 = c_p T_\infty + \frac{V_\infty^2}{2} \tag{1.169}$$

式中,c_p 为定压比热。

方程(1.169)的高超声速近似形式($T_0 \gg T$)为:

$$T_0 = \frac{V_\infty^2}{2c_p} \tag{1.170}$$

即如图 1.80 所示。可见再入时飞行器周围最高温度大于任何材料的熔点。

该情况下,人们总结的"热障"确实存在。但是该结论并不正确。因为该情况是建立在所有热能都传向飞行器的假设下。

第三章将会介绍,气动外形设计研究结果表明,最好使用钝头外形,因为它们可以使热量最大程度地传递给运载器周围的空气而非飞行器本身。在这种情况下,飞行器前缘产生一道强的脱体弓形激波,因而提高了激波层内温度,尤其是在飞行器头部区域。

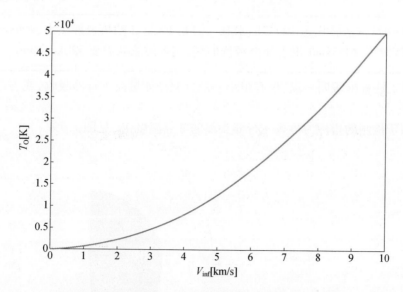

图 1.80　$c_p = 1000.6 (\mathrm{m}^2/\mathrm{s}^2 \mathrm{K})$ 条件下 T_0 与 V_∞ 关系图

最后要指出的是设计者可以使用一些工程关系评估脱体弓形激波与飞行器头部之间的距离,即激波脱体距离。

1.8.1　脱体距离

考虑超声速流动中一个钝头体。当马赫数增加,由于不能满足附体激波平衡方程,因此激波脱体。因此头部周围,当地激波垂直于驻点流线(图 1.81),在该区域可以发现最严重的热流体动力学性质变化[15]。

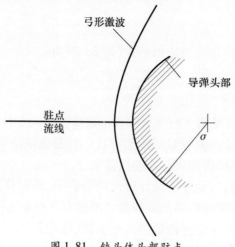

图 1.81　钝头体头部驻点

驻点处测量得到的脱体激波与机体之间的距离即所谓的脱体距离(Δ)。为了满足连续性方程,Δ 主要决定于以下变量:
- 驻点处机体头部半径(R_N);
- 马赫数(M);
- 比热比(γ)。

Δ 的值影响驻点热流和飞行器压强分布,因此非常重要。

目前存在很多估算 Δ 的近似表达式。

例如,Hayes 和 Probstein[15] 提出了第一个近似表达式。该表达式给出了球体与其前缘曲率半径为 R_s 的弓形激波之间的脱体距离:

$$\frac{\Delta}{R_s} = \frac{\dfrac{\rho_\infty}{\rho_2}}{1 + \sqrt{\dfrac{8}{3}\dfrac{\rho_\infty}{\rho_2}}} \tag{1.171}$$

因此 Δ 随着 ρ_2/ρ_∞ 的增加而减小,且随着 $M \to \infty$ 而接近常值,如方程(1.172)和图 1.82 所示[3]:

$$\lim_{M \to \infty} \frac{\rho_\infty}{\rho_2} = \frac{\gamma + 1}{\gamma - 1} \tag{1.172}$$

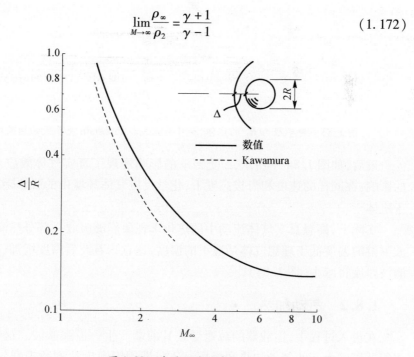

图 1.82 球的脱体距离

另一个用以计算脱体距离的关系式由 Seiff 提出（这比第一个更加实用，这是因为 Δ 通过机体头部半径进行了无量纲化）[3,15,16]。

它是一个脱体距离与密度比之间的简单线性表达式：

$$\frac{\Delta}{R_N} = 0.78\left(\frac{\rho_\infty}{\rho_2}\right) \tag{1.173}$$

图 1.83 所示为对半径为 R_N 的球，Seiff 关系式与 Probstain 关系式的结果与一些实验值之间的差别[3]。

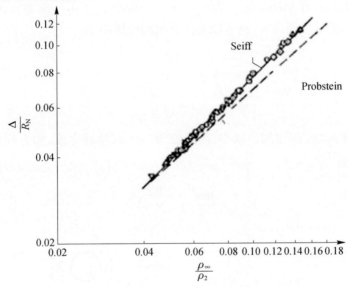

图 1.83　对半径为 R_N 的球体，Seiff 关系式与 Probstain 关系式的结果对比

最后，如图 1.84 中所示，Δ 受到 γ 的影响展现了真实气体效应对脱体距离的影响：在同样的速度和海拔高度下，化学反应气体环境中的脱体距离更加贴近于机体[3]。

实际上，高温真实气体流动中的热化学现象能够吸收一部分热流量，从而激波下游的温度低于理想气体情况下的温度，这意味着波后密度增加（图 1.85）而激波厚度将减小（图 1.84）[3]。

1.8.2　气动加热

在再入过程中，运载器的减速导致其前端产生一道强激波。这导致了空天飞行器周围大气的气动加热和增压。飞行器周围温度达到数千开尔文，使得对运载器的对流和辐射传热变得非常重要。

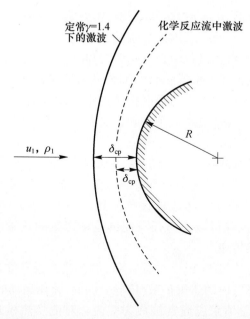

图 1.84　量热完全气体和化学反应气体中钝头体前弓形激波的相对位置

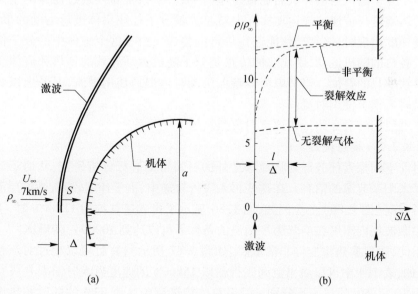

图 1.85　钝头体流

(a) 脱体距离；(b) 裂解气体密度的驻点剖面。

钝头外形的气动升力性能较差,且其再入轨迹原则上按照无升弹道式考虑。结果,换热率峰值很高,因此需要覆盖烧蚀热防护系统。

对于细长体飞行器,由于激波强度较弱,边界层内损失的很大一部分总能量传向结构。而这并非一个缺点,因为复杂的气动构型能够用于生成有效的升力体外形,它们能在大气再入过程中长时间滑翔和减速,从而相比于钝头体外形减少热流峰值。对于携带较小机翼载荷的细长升力体飞行器,加热率可能被减少得足够小,这样对流换热的输入与辐射换热的损失之间的平衡能够保持温度足够低,从而使得不携带烧蚀热防护系统的金属表面构架能够承受。

1.8.2.1 对流换热

对流换热是由于流体移动造成的从一个地方转移到另一个地方中造成的热量传递。流体的整体迁移增强了固体表面与流体之间的热量传递。对流换热实际上描述了热传导(热扩散)与流体迁移换热(一个技术上命名为热对流的过程)的综合效果。对流项可以参考任意流体运动产生的热量传递,但对流是仅由整体流动引起的热传递。

固体到流体的传热过程,或反过程,不仅需要流体的整体运动导致的换热,也需要固体表面边界层内的热量扩散/传导。因此,流体运动的过程同时需要热量扩散和热流对流,总体来说通常被称为对流。对流换热模式包含两种机制。除了由于分子随机运动导致的能量传递(扩散)之外,能量还通过流体的整体或宏观的运动进行传递。该运动实际上就是大量分子往往集体进行运动的事实。当温度梯度出现时,该运动就能进行热量的传递。由于这个集体中的分子仍然保持了各自的随机运动,因此总的传热是分子随机运动导致的传热和流体总体运动导致换热的叠加。当考虑流体整体运动时习惯地使用平流,而考虑以上累积运动时习惯上使用对流。

本书后面将会介绍一些评定对流换热的工程关系。

1.8.2.2 辐射换热

目前空间探索任务计划将地球之外的材料带回进行分析研究,从而了解更多关于太阳系起源的信息。在这些再入飞行轨迹中,由于速度较高,激波层温度将变得极高(图 1.86)[3]。例如,图 1.86 显示了再入速度约为 11km/s 时,下降过程中激波层内温度在空气为平衡流的条件下可以达到 10000 ~ 14000K。

因此,辐射换热将变得非常重要(如图 1.87 所示),并且可以超过对流换热量(例如,表 1.4 中可以看出空间飞行器以 15km/s 的速度再入时需要在飞行轨迹角为 10°和 50°的情况下分别承受占总体传热量 61% 和 83% 的辐射换热量)。辐射流场的出现在预测运载器前体加热时具有两个主要影响。①辐射增加了一项对机体表面传热的方式。与对流换热一起,为了精确预测加热量必须考虑辐射换热的影响。②激波层内辐射效应的第二个影响就是所谓的辐射冷却效应。一部分辐射能量脱离激波层从而降低流场的能量。激波层内温度的降低进一步

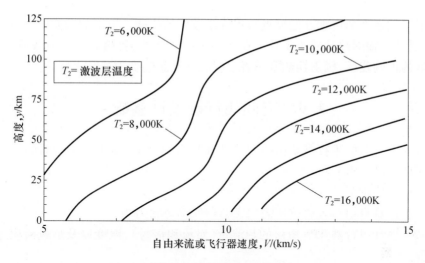

图 1.86　空气平衡流激波层温度

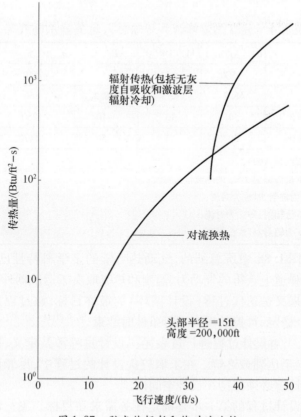

图 1.87　驻点热辐射和热对流比较

导致了平均密度的增加。这反过来造成激波层的变薄。更薄的激波层辐射量更少,所以最终辐射冷却减小了辐射换热的影响。显然,要精确预测热载荷,对流体物理的正确建模、辐射换热及两者之间的相互影响变得非常重要。

1.9 空间飞行器设计基础

空间飞行器的生存需要精确的气动和热力学分析,即再入飞行器的气动 – 热 – 流体 – 动力学分析[17,18,19]。

该分析提供了:

(1)计算自由再入轨迹所需的飞行器气动力和力矩。

(2)设计飞行器 TPS 所需的热流量(对流和辐射)、温度以及热载荷积分变化历程。

(3)评定结构载荷和出口环境所需的动压、惯性过载和表面摩擦系数的变化历程。

表 1.4 驻点热流峰值和地球再入运载器总热载荷

再入飞行器	$BP/(\mathrm{kg/m^2})$	$V_E/(\mathrm{km/s})$	$\gamma E/(°)$	$q_{max}t/(\mathrm{W/cm^2})$	$Q/(\mathrm{J/cm^2})$
阿波罗 CM,$L/D \approx 0.3$	≈500	≈11	—	≈510②	—
Stardust①	68.2	12.9	-8.2	856	23730③
再入体,①$L/D=0$	50	15	-10	1750	19340④
再入体,①$L/D=0$	50	15	-50	11170	20300⑤

① NASA TRAJ 仿真结果,1999;

② 约34% 的总热流量为辐射,66% 的热流量为对流;

③ 总热载荷的9% 为辐射,91% 为对流;

④ 总热载荷的61% 为辐射,39% 为对流;

⑤ 总热载荷的83% 为辐射,17% 为对流。

至此,正如图 1.88 中所总结的,气动热力学的多学科特性已经很明白了。例如,沿着标准弹道上获得的气动力、温度和热流取决于运载器外形以及重心位置;而它们反过来又是迭代过程(设计循环)的最终目标,该过程只有在设计弹道能够提供一个稳定、可控的再入飞行条件时结束[19,20,21,22]。

Gnoffo 等人[2]对设计过程进行过表述:"设计过程涉及定义、精炼以及压缩设计空间边界直至达到最终解。在求取较优设计的过程中,尽管设计空间不断被压缩,优化设计解必须保持在设计空间内。"

一般来说,设计过程的第一步是确定任务需求和目标。飞行器的最初外形是着陆精度需求、有效载荷质量、体积以及运载助推器载荷等许多参数的函数。

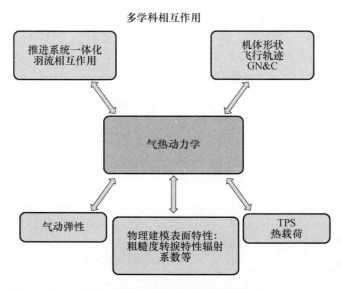

图 1.88　气动热力学的多学科特性

气动外形的质量、气动热力学性能(即 气动热力学数据库)以及飞行初始条件决定了可行再入轨迹的包线。最初的气动热力学数据库是通过低精度方法获得的,如估算气动力性能的修正牛顿法以及计算驻点加热的工程关系。采用三自由度(dof)弹道分析,最初设计弹道的生成用来满足任务需求并满足子系统限制,如最大加速度载荷或 TPS 的最高温度以及加热率。下一阶段,不同学科和子系统分析之间高度耦合,设计过程变成反复迭代过程,如图 1.89 所示的返回舱减速伞的设计过程。在这一阶段,设计 TPS 和进行 6 自由度轨迹分析时需要精确预测气动力特性和再入加热量[23,24]。

在该框架下,最有用的设计工具之一为计算流体力学(CFD)。事实上,在地面试验设备上,如等离子风洞(PWT),很难获取能够代表实际飞行的气动热力学实验数据[25,26]①。因此必须进行高精度的数值模拟技术,如 CFD 方法。这些方法数值上很精细,并且需要相关的精确物理模型来求取好的结果;进一步地,随着计算精度需求的提高,所需的计算资源也进一步提高[27]。因此,为了限制成本,只需在设计过程的最后阶段,设计结果已经得到很大的完善之后,使用高精度的气动热力学仿真。

然而,CFD 结果只有经过风洞试验和飞行测试验证之后才能认为是可接受和可靠的,正如图 1.90 里设计循环中所强调的一样[2]。

---

①　例如,在马赫数 - 雷诺数图上再入轨迹完整复制实验。

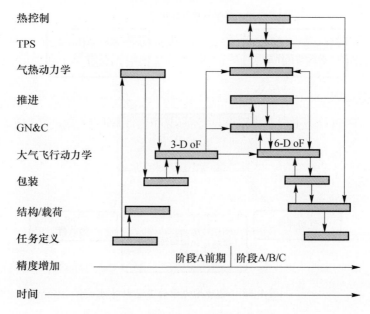

图 1.89　返回舱减速伞的设计过程

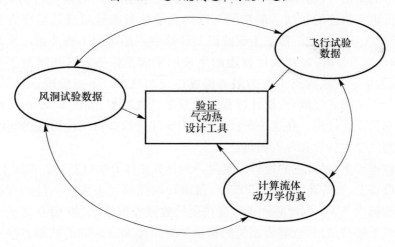

图 1.90　精确气动热力学设计循环

以上强调的所有设计考虑都依赖于运载器在大气层中下降时遇到的流场区域。

1.10　量 纲 分 析

目前为止的讨论告诉我们,高超声速流场流经再入飞行器决定了一个相当复杂的流场环境[28,29]。该环境中将出现一些物理现象,且将对运载器的生存可能带来严重影响。因此,有必要通过将这些关键物理现象的重大相关性进行相互比较来了解其重要性。因此,可以通过建立一组无量纲参数来推断这些有用信息[29]。

该技术被称为"量纲分析",这是一种非常强大的工程方法。它是作出工程设计决定评判过程中的重要部分,并且能够预估所研究物理现象数学模型的误差。

以下是这些无量纲比值,它们在流场力学中很重要,并被冠名为早期研究者的名字:

$$\text{马赫数 } M = \frac{V}{a} \tag{1.174}$$

$$\text{雷诺数 } Re = \frac{\rho V L}{\mu} \tag{1.175}$$

$$\text{普朗特数 } Pr = \frac{\mu c_p}{k} \tag{1.176}$$

$$\text{里维斯数 } Le = \frac{\rho D c_p}{k} \tag{1.177}$$

$$\text{努赛特数 } Nu = \frac{hL}{k} \tag{1.178}$$

$$\text{斯坦顿数 } St = \frac{h}{\rho V c_p} \tag{1.179}$$

$$\text{克努森数 } Kn = \frac{\lambda}{L} \tag{1.180}$$

以下顺序给出这些无量纲数的物理解释:

$$\frac{\text{有序能量}}{\text{随机能量}} = \frac{\frac{1}{2}mu^2}{\frac{1}{2}mv} = \frac{u^2}{3RT} = \frac{\gamma}{3}\frac{u^2}{a^2} = \frac{\gamma}{3}M^2$$

因此马赫数 M 为通过声速 a 标准化的流场速度,也是流场可压缩性的一种度量,即:

$$M = \frac{V}{a} = \frac{\text{宏观流场速度}}{\text{流场中的声速}} \tag{1.181}$$

式中,$a = \sqrt{\gamma RT}$(对于完全气体),其中,T 为温度[K],γ 为比热比 c_p/c_v,这里 c_p 与 c_v 分别为定压比热和定容比热,R 为气体常数。

在亚声速流场中,$a^2 \gg u^2$,因此随机能量占支配地位;在高超声速条件下,

$u^2 \gg a^2$，有序能量占支配地位。这就是为何撞击牛顿理论作为一个简单模型却可以求解高超声速流场的原因。马赫无量纲数能够阐释图 1.1 中的速度椭圆是如何获取的。

注释框：速度椭圆

定常、绝热无粘流场的总焓方程为：

$$H = h + \frac{V^2}{2} = c_p T_0$$

但是

$$h = c_p T = \frac{a^2}{\gamma - 1}$$

因此

$$\frac{a_0^2}{\gamma - 1} = \frac{a^2}{\gamma - 1} + \frac{V^2}{2}$$

或

$$\frac{a^2}{a_0^2} + \left(\frac{\gamma - 1}{2}\right)\frac{V^2}{a_0^2} = 1$$

这就是图 1.1 中所示的椭圆方程，并再次展示如下：

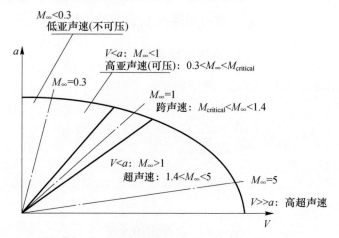

如图所示，该椭圆中一个有限的区域包含了高超声速流动。该区域中：

$$\frac{a}{a_0} \ll 1$$

且在能量方程中可以不予考虑。

因此，马赫数是流动问题中的一个重要参数。自由来流中只有 V_1 和 ρ_1 才是有用的描述参数。T_1 和 P_1 都是小量，且对数值结果影响很小。例如，在驻点处：

$$p_2 = \rho_1 V_1^2$$

$$T_2 = \frac{V_1^2}{2c_p}$$

$$\rho_2 = \frac{p_2}{RT_2} = \frac{\rho_1 V_1^2}{\dfrac{R}{2c_p} V_1^2} = \frac{2\gamma}{\gamma - 1} \rho_1$$

基于该简单模型，可以推断有关高超声速流场特征信息，并与亚声速进行对比。

在图中给出了临界马赫数。该马赫数为使当地流场变为超声速的自由流马赫数最小值。

雷诺数是流场惯性力与黏性力之间的比值，即

$$\frac{惯性力}{黏性力} = \frac{\dot{m}v}{\tau A} = \frac{\rho A V^2}{\mu \dfrac{V}{L_{ref}} A} = \frac{\rho V L_{ref}}{\mu} = Re \qquad (1.182)$$

式中：μ 为流场黏性系数，单位为（kg/m/s）；ρ 为密度，单位为 kg/m^3；L_{ref} 为流场特征尺寸，单位为 m，且

$$\frac{黏性耗散能量}{传导能量} = \frac{\tau A V}{\dot{q} A} = \frac{\mu \dfrac{V^2}{L}}{k \dfrac{T}{L}} = \frac{\mu c_p}{k} \frac{V^2}{c_p T} = \mathrm{Pr} \frac{M^2}{\gamma - 1} \qquad (1.183)$$

$$\frac{热扩散}{热传导} = \frac{\dot{m}_i H}{\dot{q} A} = \frac{\rho D \dfrac{\partial C_i}{\partial z} A H}{k \dfrac{\partial T}{\partial z} A} = \frac{\rho D H}{kT} = \frac{\rho D c_p}{k} \frac{H}{c_p T} = \mathrm{Le} \left(\frac{H}{c_p T} \right) \qquad (1.184)$$

$$\frac{热对流}{热传导} = \frac{hT}{k \dfrac{T}{L}} = \frac{hL}{k} = \mathrm{Nu} \qquad (1.185)$$

斯坦顿数为表面对流换热与气体热容传热的比值：

$$\mathrm{St} = \frac{对流换热系数}{\rho c_p V} = \frac{\dot{q}}{\rho c_p V (T_f - T_w)} \qquad (1.186)$$

$$\frac{\text{与机体碰撞次数}}{\text{分子间碰撞次数}} = \frac{f_L}{f_\lambda} = \frac{\dfrac{\bar{v}}{L}}{\dfrac{\bar{v}}{\lambda}} = \frac{\lambda}{L} = \mathrm{Kn} \tag{1.187}$$

参 考 文 献

［1］Kuchemann D（1978）The aerodynamic design of aircraft. Pergamon, Oxford.

［2］Bertin JJ, Cummings RM（2003）Fifty years of hypersonics: where we've been, where we're going. Prog Aerosp Sci 39:511 – 536.

［3］Anderson JD Jr（1989）Hypersonic high temperature gas dynamics. McGraw – Hill Book Company, New York.

［4］Van Driest ER（1952）Investigation of laminar boundary layer in compressible fluids using the Crocco method, NACA – TN – 2597. NACA Report, Washington, DC.

［5］De Jarnette FR, Hamilton HH, Weilmuenster KJ（1987）A review of some approximate methods used in aerodynamic heating analyses. J Thermophys Heat Transf 1(1):5 – 12.

［6］Julian Allen H, Eggers AJ Jr（1958）A study of the motion and aerodynamic heating of ballistic missiles entering the earth's atmosphere at high supersonic speeds, NACA report 1381, Moffett Field, California.

［7］Advisory Group for Aerospace Research and Development（North Atlantic Treaty Organization）（1997）Capsule aerothermodynamics. AGARD – R – 808, AGARD, Neuilly sur Seine.

［8］Regan FJ, Anandakrishnan SM（1993）Dynamics of atmospheric re – entry. American Institute of Aeronautics and Astronautics, Washington, DC.

［9］Bertin JJ Hypersonic aerothermodynamics, AIAA education series. American Institute of Aeronautics and Astronautics, Inc. , Washington, DC.

［10］Hirschel E, Weiland C（2009）Selected aerothermodynamic design problems of hypersonic flight vehicles. AIAA – Springer, Berlin.

［11］Rasmussen M（1994）Hypersonic flow. Wiley, New York.

［12］Viviani A, Pezzella G（2012）Next generation launchers aerodynamics, Research Signpost, Trivandrum – 695 023, Kerala, India.

［13］Maughmer M, Ozoroski L, Straussfogel D, Long L（1993）Validation of engineering methods for predicting hypersonic vehicle control forces and moments. J Guidance Control Dyn 16(4):762 – 769.

［14］Moore M, Williams J（1989）Aerodynamic prediction rationale for analyses of hypersonic configurations, AIAA paper 89 – 0525. McDonnell Douglas Astronautics Company, St. Louis.

［15］Hayes WD, Probstein RF（1959）Hypersonic flow theory. Academic Press, New York.

［16］Howe J（1989）Hypervelocity atmospheric flight: real gas flow fields, NASA TM 101055, Moffett Field, California.

[17] Serraglia F, Valorani M (2011) An optimization tool for the design of SSTO vehicles with combined air – breathing/rocket propulsion. In: Proceedings of the 4th European Conference for Aerospace Sciences (EUCASS) held in Saint Petersburg, Russia, July 4 – 8, 2011.

[18] Park C (1997) Evaluation of real – gas phenomena in high enthalpy impulse test facilities: a review. J Thermophys Heat Transf 11(1), 10 – 18. doi: 10. 2514/2. 6217.

[19] Livier PA, Habchi SD, Burnell SI, Lingard JS (2003) Computational fluid dynamics prediction of the Beagle 2 aerodynamic database. J Spacecr Rockets 40(5):632 – 638.

[20] Viviani A, Pezzella G, Cinquegrana D (2006) Aerothermodynamic analysis of an apollo – like reentry vehicle. In: Proceedings of the 14th AIAA/AHI Space Planes and Hypersonic Systems and Technologies Conferences, 6 – 9 November 2006, Canberra, paper AIAA – 2006 – 8082.

[21] Viviani A, Pezzella G, Borrelli S (2008) Effect of finite rate chemical models on the aerothermodynamics of Reentry Capsules. In: Proceedings of 15th AIAA International Space Planes and Hypersonic Systems and Technologies Conference, 28 April – 1 May 2008, Dayton, OH, paper AIAA – 2008 – 2668.

[22] Park C (1991) Review of chemical – kinetic problems of future NASA missions. In: Proceedings of AIAA 29th Aerospace science meeting, Reno, NV, 7 – 10 January 1991, AIAA – 91 – 0464.

[23] Gupta RN, Yos JM, Thompson RA, Lee KP (1990) A review of reaction rates and thermodynamic and transport proprieties for an 11 – species air model for chemical and thermal non – equilibrium calculations up to 30000 K, NASA RP 1232, NASA, Washington DC.

[24] Sagnier P, Maraffa L (1991) Parametric study of thermal and chemical non – equilibrium nozzle flow. AIAA J 29(3):334 – 343. doi: 10. 2514/3. 59921.

[25] Wray K (1962) Chemical kinetics of high temperature. In Riddell FRR (ed) Hypersonic flow research. Progress in astronautics and rocketry, vol 7. Academic Press, New York, pp 182 – 204.

[26] Yamauchi M, Fujii K, Higashino F (1995) Numerical investigation of supersonic flows around a spiked blunt body. J Spacecr Rockets 32(1):32 – 42.

[27] Sharma SP, Gillispie WD, Meyer SA (1991) Shock front radiation measurements in air, Paper AIAA – 91 – 0573. In: Proceedings of AIAA 29th Aerospace science meeting, Reno, NV, 7 – 10 January 1991, AIAA – 91 – 0464.

[28] White FM (1974) Viscous fluid flow. McGraw – Hill, New York.

[29] Rivell T (2006) Notes on earth atmospheric entry for Mars sample return missions, NASA/TP – 2006 – 213486. Ames Research Center, Moffett Field.

[30] Hankey WL (1988) Re – entry aerodynamics. American Institute of Aeronautics & Astronautics, Washington, DC.

第二章 大气再入基本理论

2.1 前 言

运载器气动力和气动热进行详细的 CFD 计算,先尽可能的获悉再入飞行器下降过程中所面临的重要流场现象是十分有用的。采用简单的工程计算技术和经验性关系进行这些初步任务权衡研究,这些会在本章详细讨论。

在此框架中,我们应该关注运载器在接近并进入大气层过程中的基本运动方程,并重点研究弹道、飞行器参数、结构和热负载之间的一些关系,以知晓运载器气动力和气动热设计过程中哪些因素相对重要。

在进行上述工作时,应尽可能使用分析、简化的方法。事实上,本书会反复强调一个主题:在设计过程中,所有合理的工程方法或简化分析都是可取的,甚至在一些基础的、需要优先考虑的关键设计和发展中也是如此。而且,如果不使用这些精确度较低但是更简便的技术,初步设计和系统可行性评估实际上无法进行。

大气层再入技术是空间飞行器设计中一个高度跨学科领域。这是因为大气层再入过程中飞行器需要具备许多不同的功能、一个大范围的飞行区域以及一个典型再入过程面临的条件。

基本上,大气层再入系统在入口处需提供可控的与飞行速度和高度相关的动势能组合耗散。通过可控耗散,说明再入过程中动力学载荷和热载荷都在可接受的范围内[①]。

以上要求需要一个精心设计的飞行弹道并且提供精确的导航系统以达到预期结果。对飞行器的控制意味着对其飞行途中的升力和阻力进行控制。对于从地球轨道再入的飞行器,这是一项艰巨的任务,因为飞行过程中飞行速度会在亚

---

① 值得注意的是,在四十多年来的几百次载人飞行任务中,只有一次严重的发射事故——挑战者51-L号飞行任务。很多发射中止程序有着设计好的处理步骤,而且多种(发射台上、飞行过程中、在轨紧急中止)已经在特定情境下演练过。与此相反,再入失败的案例有三个(联盟号1、联盟号11和哥伦比亚 STS-107),还有一些在此过程中失去联系。即使大气层再入技术相对成熟,它仍然要求精确无比,这有部分原因是一个主要系统失效后缺乏可靠的后续处理环节。

声速到马赫25范围(即从地球轨道再入)内跨越,双曲弹道再入时面临的甚至更高速度(即从行星际轨道再入)。

与我们的方法一致,准备了最简单的分析给那些对飞行器再入问题有着特别兴趣的设计者。

2.2　再入任务的初始比内能

为了能直接进入行星大气层或者在其表面着陆,飞行器需要从再入速度下降到一个较低的速度。在此过程中,飞行器制动操作会损失大量的能量,而这些损失的能量只能以热量的形式耗散掉。耗散的能量一部分传给了飞行器,但是大部分会逸散到大气层中,而且这部分逸散能量对总的高比内能非常有必要。表2.1给出了一些行星任务的总比内能[1]。

表2.1　一些大气层再入任务中的初始比内能

行星/月球	典型再入速度范围 V_e/(km/s)	再入高度 h_e/km	比内能/(MJ/kg)
金星	先锋号:11.5	120	66
	水星轨道飞行器:16	120	128
地球	亚轨道飞行器:6	120	18
	轨道飞行器:8	120	32
	探月返回舱	—	—
	阿波罗号:11	120	61
	火星/彗星返回舱: 13 - 16.5	120	85 - 136
火星	海盗号:4.5	120	10
	火星网号:6	120	18
	火星环境探测卫星:达8	120	32
木星	伽利略号:48		1152
土星	25		313
土卫6	惠更斯号:6	1000	18
	大气捕获器:8	—	32
天王星	25 ~ 26	500	313 - 338
海王星	24 ~ 27	450	288 - 365

2.3　平面飞行方程

图 2.1 为在无旋、球状行星[1][2]上作平面飞行大气层再入时的几何示意图。

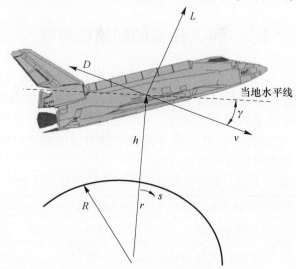

图 2.1　大气层再入几何示意图

如下最简单模型来描述该过程中的重要现象：

$$\frac{\mathrm{d}V}{\mathrm{d}t} = -\frac{D}{m} - g\sin\gamma \tag{2.1}$$

$$V\frac{\mathrm{d}\gamma}{\mathrm{d}t} = \frac{L}{m} - \left(g - \frac{V^2}{r}\right)\cos\gamma \tag{2.2}$$

$$\frac{\mathrm{d}s}{\mathrm{d}t} = \left(\frac{R}{r}\right)V\cos\gamma \tag{2.3}$$

$$\frac{\mathrm{d}r}{\mathrm{d}t} = \frac{\mathrm{d}h}{\mathrm{d}t} = V\sin\gamma \tag{2.4}$$

$$L = \frac{1}{2}\rho V'^2 SC_{\mathrm{L}} \tag{2.5}$$

$$D = \frac{1}{2}\rho V'^2 SC_{\mathrm{D}} \tag{2.6}$$

① 除了再入飞行过程中推力基本为 0 外，飞行力学与运载飞行器性能一致。

$$g = g_s \left(\frac{R}{R+h} \right)^2 \tag{2.7}$$

式中:V 为惯性速度数值;V' 为相对行星大气层速度;R 为行星半径;h 为距离行星表面高度;r 为 $R+h=$ 距离行星中心的半径;s 为相对无旋行星的顺导弹发射方向的距离;γ 为飞行航道倾角,在当地地平线上方为正;m 为飞行器质量;L 为升力,与飞行路径垂直;D 为阻力,与飞行路径平行;C_L 为升力系数;C_D 为阻力系数;ρ 为 大气密度;S 为飞行器升力和阻力的参考面积;g 为重力加速度;g_s 为地表重力加速度。

以上是在无旋球状行星表面进行平面飞行时的方程。它们可能与时间联系起来以预测再入界面条件(r_e, V_e, γ_e)、大气密度模型 $\rho(h)$,以及飞行器控制参数 C_L 和 C_D。事实上,这在确定飞行器外形和再入轨道时是需要优先考虑的。然而,直接数值积分程序将获取更为准确结果(这恰好可以解释为何需要使用更为复杂的数学和物理模型),但是代价是会丢失掉整个过程的可视性。

而且,无旋行星假设有三个基本误差。首先,其运动方程仅在惯性参考系中有效;在转动系中忽略行星转动效应就会忽略时间导数项转换时产生的离心力和科氏力。因此,如果转动效应被忽略,对位置和相对行星表面速度的预测就会有小幅度的误差。

其次,大气层会随着行星转动,这样大气层也有带着飞行器随其转动的趋势,随之改变再入轨迹。同时,如果没有使用相对大气层速度 V',则飞行器的气动力模型也会产生误差。

最后,由于行星转动减小了转动方向上的初始速度,客观上也在"帮助"飞行器完成再入任务。

为了更好的观察到是否能够得到解析解,这里采用了三个简化假设:

(1)大气密度①采用等温大气层模型近似;

(2)重力加速度假设为常数;

(3)在方程(2.2)中采用如下近似:

$$\frac{V^2}{r} \approx \frac{V^2}{R} \approx \frac{V^2}{r_e} \tag{2.8}$$

下面按顺序给出这些假设的一些评论。

关于第一条假设,值得注意的是,在包括再入大气层在内的任何航天任务之前,我们都必须先了解或预估出足够的细节以建立大气层的工程模型。这个模

---

① 虽然一些数值计算中会采用更为详细的大气模型,如美国标准大气表,但这个模型对于这种希望得到封闭解的分析工作并不适用。

型必须考虑可能面临的极端情况,因为这会影响到再入飞行器性能。虽然地球大气层变化很大,并且在高空中有很多特殊的未知情况。但大气模型的获取建立一个包含各种极端变化工程模型的第一步。事实上,它遵循理想气体定律:

$$p = \rho R_{gas} T \tag{2.9}$$

式中:R_{gas} 为气体常数;$R_{gas} = 288.28 \text{J/Kg/K}$。

流体静力学方程为:

$$dp = -\rho g dr \tag{2.10}$$

可以获得其微分关系式为:

$$\frac{d\rho}{\rho} = -\left(\frac{g}{R_{gas}} + \frac{dT}{dr} \right) \frac{dr}{T} = -\beta dr \tag{2.11}$$

式中:T 为绝对温度。

所以,通过积分可以得到大气层剖面:

$$\rho(h) = \rho_s e^{-\beta h} \tag{2.12}$$

式中:$h = r - R$;β^{-1} 为均质大气高度,方程(2.12)表明均质大气高度是大气密度以因子 e 下降的区间内测量。ρ_s 为表面大气密度。

根据等温大气层假设①(假设(1))以及定常重力加速度(假设2),比例因子 β 是常数:

$$\beta = -\frac{1}{T} \left(\frac{g}{R_{gas}} + \frac{dT}{dr} \right) \tag{2.13}$$

所以,每个行星大气层的均质大气高度是一个特殊的特征。事实上,太阳系中至少有8个天体有足够厚的大气层来供返回舱减速。表2.2为各天体的近似大气组成[1]。地球、火星以及金星的大气组分已经通过大气探测任务②很精确的测出来了。而对其他行星模型仍有很大的不确定性。在进行气动设计时,对这些不确定进行估计是十分重要的,因为再入过程中发生的化学反应和随之而来的辐射、对流热量都会随大气成分的不同而变化。

第二条假设基于以下考虑:对于地球来说,再入界面高度按照惯例一般为120km,在这个高度上,再入过程中重力加速度 g 的变化不会超过4%,在这类研究中是可接受的误差范围。

---

① 地球大气层存在区域性的大温度梯度,这会导致大气标高内大气物理特性有大量变化。对于此处的再入分析,根据某些标准,习惯上认为标高 β^{-1} 是最适合此处分析需要的。建议值范围为6.7~7.165km。
② 对这些行星大气的成分估测是通过远程光谱测量和地质年龄模型得出的。

剩下的假设里面,在方程(2.2)中(1/r)的变化非常微小,在地球的再入高度范围内,这个误差只有约2%。对比起应用更多的其他近似方法,这个误差并不重要。在方程(2.2)及据此得出的其他关系式中,将始终用(1/r_e)替代(1/r)。

因此,为了利用分析方法解决再入质点动力学问题,值得注意的是,两个独立变量转换通常与前面所讨论的假设一起使用。

习惯上,我们常通过运动关系式忽略时间和高度影响来计算密度:

$$\frac{d}{dt} = \frac{dr}{dt}\frac{d}{dr} = V\sin\gamma\frac{d}{dr} \tag{2.14}$$

密度模型为:

$$d\rho = -\rho_s e^{-\beta h}dh \tag{2.15}$$

或

$$\frac{d}{dr} = -\beta\rho\frac{d}{d\rho} \tag{2.16}$$

所以,经过一些额外的处理,式(2.1)和式(2.2)就转变为如下形式:

$$\frac{d}{d\rho}\left(\frac{V^2}{gr_e}\right) = \left(\frac{SC_D}{m}\right)\left(\frac{1}{\beta}\sin\gamma\right)\left(\frac{V^2}{gr_e}\right) + \frac{2}{\rho\beta r_e} \tag{2.17}$$

$$\frac{d}{d\rho}(\cos\gamma) = \left(\frac{1}{2\beta}\right)\left(\frac{SC_D}{m}\right)\left(\frac{L}{D}\right) - \left(\frac{gr_e}{V^2} - 1\right)\frac{\cos\gamma}{\rho\beta r_e} \tag{2.18}$$

以上就是绕无旋球状行星飞行的简化平面方程。

表2.2　太阳系中天体大气层一些特征

行星/月球	质量(地球为1)	直径/km	表面重力(地球为1)	表面压强/Atm	均质大气高度 β^{-1}/km	近似标准大气层
金星	0.815	12104	0.9	95.0	5.3	96% CO_2 4% N_2
地球	1.0	12756	1.0	1.0	7.1	78% N_2 21% O_2 1% Ar
火星	0.11	6786	0.38	0.0078	7.6	97% CO_2 3% N_2
木星	317.8	142800				11% He 89% H_2
土星	95.2	120000				80% He 20% H_2

（续）

行星 /月球	质量 （地球为1）	直径/km	表面重力 （地球为1）	表面压强 /Atm	均质大气高度 β^{-1}/km	近似标准 大气层
土卫6	0.023	5150	0.138	0.0015	38	87% N_2 3% CH_4 10% Ar
天王星	14.6	50800				15% He 85% H_2
海王星	17.2	48600				19% He 81% H_2

简化的方程仍然无法直接积分，还需要进一步近似才可以得到闭合形式的结果。然而，在这一点上它们值得做一些研究。

在简化形式里面，非独立的变量是无量纲能量（V^2/gr_e）和 γ，以及独立变量 ρ。因为在再入高度上有：

$$gr_e = \frac{\mu}{r_e} = \frac{GM}{r_e} = (V_{circ}^2)_e \qquad (2.19)$$

可见再入能量与再入高度上的圆周速度有关。

根据式（2.17）和式（2.18）中的固定参数，可以很方便地用再入界面条件（V_e, γ_e, ρ_e）确定出一条特殊轨迹。

轨迹解的形式为以速度和飞行轨迹倾角作为独立变量的大气密度函数。如果需要，位置可以由式（2.3）和式（2.4）、式（2.8）中大气密度与海拔的关系求解得出。

四个参数控制式（2.17）和式（2.18）的解：两个定义飞行器，另外两个定义相关行星特征。

飞行器的参数包括其升阻比 L/D 和弹道系数[①]，即飞行器质量除以阻力面积，$m/S_{ref}C_D$。

行星再入环境由其半径 r_e 和大气层均质大气高度 β^{-1} 所确定。

参数变化既能是自然界引起的也能是人为改变的。也就是说，根据流场动力学的不同，再入过程中升阻比 L/D 和弹道系数在马赫数25到0之间变化时会有相当大的改变。然而，飞行器的升阻比 L/D 在再入时飞行器弹道设计中是要首先考虑的控制参数。通过适当的 L/D 调整可以提供真实任务机动性。这在由式（2.17）和式（2.18）得出的封闭解中是无法预测到的，同时这也给出了在进行精确弹道设计时需要使用数值方法的另一个原因。

---

① 弹道系数是衡量物体克服流体阻力能力的一个参数。对于运载器而言，其典型值范围一般为 $10 \sim 100\text{kg/m}^2$。这对弹道式再入来说是主要的再入飞行器参数。

接下来我们会逐一对这些简化方程中各项物理重要性进行一些讨论,因为在后面的章节,我们会基于一个平坦地球、无重力和小飞行轨迹倾角等假设来获取近似解。

式(2.1)~式(2.7)很清晰地展现出不同项的影响,如升力、阻力和离心力。而在方程(2.17)和(2.18)的简化形式中,不同项的物理特性则不那么明朗。

式(2.17)右边第一项为简化阻力,第二项$(2/\rho\beta r_e)$是式(2.1)中切向重力分量的简化形式,$g\sin\gamma$。根据不同的飞行器外形和飞行条件,这二者中有一项可能为主导项。

式(2.18)右边第一项是简化升力项。式(2.2)中项$(g-V^2/r)$为重力的法向净分量和离心加速度。式(2.18)右边的相应项很明显;然而,需要注意的是,gr_e/V^2是重力项,而"1"是简化的离心项。

表面密度ρ_s只在式(2.8)中出现,该项将大气密度与海拔高度联系起来。

这些简化方式获取了几个可能的一阶再入弹道解,传统地表示为:

(1) 弹道式再入;

(2) 平衡滑翔式再入;

(3) 跳跃式再入。

这些解在有限范围条件下可能够用,但是大多数结果仅是近似的,主要适应于初始概念设计。尽管如此,他们在论证可能存在的弹道类型以及参数重要性方面非常有用。

2.3.1　弹道式再入

迄今使用的一阶弹道式再入分析包含两个假设。根据弹道再入的定义,有零升力假设。我们还采取如下近似:

$$\frac{1}{\beta r_e} \cong 0 \tag{2.20}$$

这会导致式(2.17)和式(2.18)中βr_e为分母的项变小。

对于这些假设的探讨如下:

零升力近似通常是十分精确的,并且可以在需要的时候修正得更为精确。具有轴对称结构的再入飞行器在进行零攻角飞行时通常会采用标准弹道轨迹[①]。第二条假设则并不那么有效。虽然βr_e的确相当大(对于地球而言这个值

---

① 在实际飞行器中,小的不对称性将会产生一个质心与压心之间的偏移量。这会使得飞行器在一定攻角下配平气动飞行,并产生升力,除非这个飞行器是球形的。尽管如此,这会通过在再入过程中缓慢滚转飞行器来抵偿垂直于速度矢量的任何力。例如,水星运载器在再入过程中以标准$15°/s$滚转。

大约为900），它在式（2.17）和式（2.18）中作为分母出现时并不足以使所有项完全被忽略。尤其是 $2/\rho\beta r_e$ 代表沿弹道的简化重力。通过忽略它，我们假设阻力占主要地位，然而事实并非总是如此。

在再入界面，阻力通常很小，且与重力的切向分量可比拟。而在再入的最后阶段，当速度变得足够小时，$(2/\rho\beta r_e)$ 会重新占主要地位，这时忽略它就会产生明显误差。

由前面的论述可以看出，弹道再入的第二条假设意味着在式（2.1）中，与阻力相比忽略重力，并在式（2.2）中忽略重力与离心力之间的差异。因此，一阶弹道再入可以近似看作零重力、平坦地球解。

在任何情况下，如果忽略包含 $1/\beta r_e$ 的项，且有零升力假设，方程（2.18）可立即积分得到：

$$\cos\gamma = \cos\gamma_e \tag{2.21}$$

也就是说，下降过程中的飞行航迹倾角保持不变，仍与再入值一致。

这一结果的有效性显然有待商榷。直觉和经验表明，对于较小的再入角，如在载人飞行任务中，飞行器需要进行长时间的高空减速，以耗尽其能量，翻身进入一个几乎垂直的飞行轨迹。此外，小再入角将会使再入过程较为漫长，因此飞行路径更容易在重力影响下变得弯曲。但是，当以合理的陡角度再入时，飞行路径几乎是笔直的。

根据我们的假设，对方程（2.17）积分可得：

$$V = V_e \exp\left[\left(\frac{1}{2\beta}\right)\left(\frac{\rho_s}{\sin\gamma_e}\right)\left(\frac{SC_D}{m}\right)\exp(-\beta h)\right] \tag{2.22}$$

可见，速度是海拔高度和再入飞行航迹倾角的函数。

我们更感兴趣的是速度的衍生物，加速度，其峰值为：

$$a_{\max} = -\frac{\beta V_e^2}{2e}\sin\gamma_e \tag{2.23}$$

很明显，最大加速度与再入飞行器自身的物理特征无关，而只取决于再入速度 V_e 和飞行航迹倾角 γ_e。

产生最大加速度处的海拔高度为：

$$H_{\text{cirt}} = \frac{1}{\beta}\ln\left[\left(-\frac{1}{\beta}\right)\left(\frac{\rho_s}{\sin\gamma_e}\right)\left(\frac{SC_D}{m}\right)\right] \tag{2.24}$$

速度为：

$$V_{\text{crit}} = \frac{V_e}{e} \tag{2.25}$$

飞行器的最大负加速度与再入速度成固定比例关系（-61%），而相应的海拔高度则与飞行器自身物理特征和飞行轨迹倾角有关，与再入速度无关。

如果最大负加速度处的海拔高度为正值，那么方程（2.24）中对数项的值将远大于1。假设要避免再入时对地面的高速撞击，可用的再入角应遵循如下定义：

$$0 < -\sin\gamma_e < \left(\frac{\rho_s}{\beta}\right)\left(\frac{SC_D}{m}\right) \qquad (2.26)$$

使用以上所得的弹道再入结果时需要仔细斟酌。例如，由方程（2.23），对于$\gamma_e = 0$的情况，最高负加速度为0，即一个平直性再入。在这种情况下，一阶分析显得尤为不足。如图2.2所示，Chapman总结了二阶分析的结果，即从圆形地球低轨再入时会有一个不能消减的负加速度载荷，其值约为$8g$，这会在0°到-1°飞行航迹倾角再入时发生[2]。

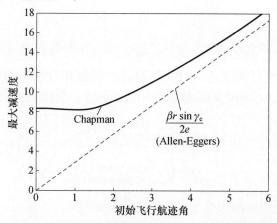

图 2.2　从地球圆形轨道弹道再入时的负加速度载荷

因此，以双曲速度再入时，如果要避免被弹出大气层，飞行器只能以相当陡的倾角，因此承受极大的负加速度。

对于飞行轨迹倾角大于5°的飞行任务，该理论对飞行过程整体趋势的判断较为合理，虽然一阶理论对于负加速度的判断少了$1g$左右。

因此，根据人类所能承受的负载极限，载人弹道再入任务不可能以大于4°的再入角再入。然而，合适的L/D值可以显著减小再入过程中的动力学负载。例如，图2.3展示了一些具有小到中L/D值外形的加速度g值随再入角度变化的情况[1]。对于零度再入角，可以获得可接受的加速度g值来实现准确着陆和完整的热负载。有意思的是，加速度g值即便对于具有小L/D值的飞行器仍然下降得很快。在L/D值为0.25，再入角度小于3°的情况下，g值极限为3（阿波罗飞船的 L/D 值为 0.25 ~ 0.35）。事实上,升力也被用来降低再入过程中的负加速度值和加热率。

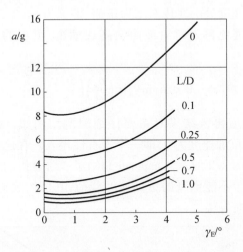

图 2.3　不同 L/D 值下减速力随再入角的变化情况

图 2.4 展示了由式(2.1) ~ 式(2.7)进行数值积分所得出的典型小角度弹道再入解[2]。再入减速中的尖峰值和相当高的峰值数值是弹道再入的特征。

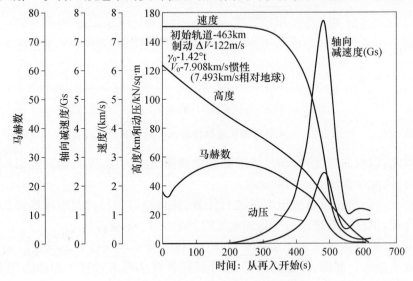

图 2.4　从地球轨道的典型弹道再入

如前所预料的,此情况下采用方程(2.23)计算的峰值小了很多,其估计最大负加速度只有 3.6g。

图 2.4 中惯性再入速度和相对地球再入速度的区别也值得注意。V_e 应当使用相对地球速度（与大气层有关）；然而，在一个一阶解的固有近似中采取相对大气层的速度修正可能并不重要。如果需要使用，则近似修正为：

$$V_e' = \left[1 - \left(\frac{\omega r_e}{V_e} \right) \cos i \right] V_e \qquad (2.27)$$

式中：ω 为地球角速度，$\omega = 7.292 \times 10^{-5} \, \text{rad/s}$；$V_e$ 为惯性再入速度；V_e 为相对地球再入速度；i 为轨道倾角；r_e 为再入界面半径。

纯粹弹道再入的应用范围有限；然而，在这个范围里，弹道再入非常有用并且被广泛使用。它的机械操作简单，对于超过脱轨燃烧稳定性的任务，只需很少或者根本不需要导航指挥，如果有的话。再入和着陆的准确度由 V_e 和 γ_e 的控制精度、弹道系数和大气层特征的变化所决定。尽管如此，如果不发生事故，在控制参数中相对大散布甫　常是可以接受的。这项技术在其应用范围内是相当稳定的。

弹道再入技术已经被用于许多飞行器上，包括美国载人水星运载器和俄罗斯东方号/上升号系列，以及无人运载器，包括探索者，先锋号金星探测器和伽利略号。

2.3.2　平衡滑翔式再入

与弹道式再入相反，一阶滑翔再入分析假设飞行器能产生足够的升力来保持足够长小飞行航迹倾角的高超声速滑行。很明显这是一种理想化的情况。实际上，在高超声速下升力很容易获得，并且可能达到再入弹道主要部分中的小角度滑行飞行。然而，实际应用中为高超声速滑行而特别设计的飞行器在亚音速和超音速（较低）情况的表现也不容乐观。在其飞行结束时，这样一个飞行器必须以较陡的角度飞行保证以足够速度接近和着陆的控制。

这很容易由航天飞机的再入过程得出。再入导航阶段通常始于再入界面高度 120km，且典型飞行航迹倾角约为 $-1.2°$。当航天飞机的相对地球速度约为 760m/s（马赫数 = 2.5）时，其海拔高度约为 24km，且与目标着陆点相距约 110km 时结束。这个阶段的飞行总共约 8500km，平均飞行航迹倾角约为 $-1°$。航天飞机的高超声速滑行阶段要比前面所述的载人飞行器要长很多。一旦再入导航阶段完成，终点区域的能量管理阶段就要开始。这一步骤的目的是使轨道器在接近和着陆时以期望高度和速度进入跑道入口。

这阶段的飞行会在下降 24km 高度的同时飞过 110km 路程，平均飞行航迹倾角约为 $-12°$，这个角度比高超声速阶段更陡一些。

这部分结果尽管在终端飞行区域不充足，但对于滑翔再入的主要部分可能是适当的。

根据前面提及的小角度假设，假设 $\sin\gamma \cong \gamma$，$\cos\gamma \approx 1$，以及 $\mathrm{d}(\cos\gamma)/\mathrm{d}\rho \approx 0$。根据这些近似，方程(2.18)可以简化为能量随密度变化的代数方程：

$$\frac{V^2}{gr_e} = \frac{1}{\left[1 + \left(\dfrac{r_e}{2}\right)\left(\dfrac{SC_D}{m}\right)\dfrac{L}{D}\rho\right]} = \frac{1}{\left[1 + \left(\dfrac{r_e}{2}\right)\left(\dfrac{SC_D}{m}\right)\dfrac{L}{D}\rho_s e^{-\beta h}\right]} \quad (2.28)$$

将方程(2.28)对 ρ 微分，并代入方程(2.17)可以求出飞行航迹倾角。与小 γ 假设一致，我们忽略重力加速度的切向分量，可以得出：

$$\sin\gamma \approx \gamma \approx -\frac{2}{\left[(\beta r_e)\left(\dfrac{L}{D}\right)\left(\dfrac{V^2}{gr_e}\right)\right]} \quad (2.29)$$

需要注意的是，虽然飞行航迹倾角 γ 被假设为很小且其余弦值为常数，但 γ 本身并没有被假设为常数。

方程(2.28)是一个平衡滑翔解，其中重力抵消了离心力和升力的总和。通过观察方程(2.18)中各项的物理特征便可以很容易地得出该结果。当然，这个过程中的平衡状态并不十分准确，因为方程(2.18)中的衍生项并不都为0。出于这个原因，方程(2.28)给出的弹道有时更准确地说是一个准平衡滑翔。

为了得到沿弹道的加速度，由方程(2.1)可得：

$$a = \frac{\mathrm{d}V}{\mathrm{d}t} \cong -\frac{D}{m} = -\left(\frac{V^2}{2}\right)\left(\frac{SC_D}{m}\right)\rho \quad (2.30)$$

这里我们再次忽略了沿飞行轨迹的重力加速度。

求解方程(2.28)中的 ρ，并替换上面给出飞行器在平衡滑翔飞行过程中的切向加速度：

$$\frac{a}{g} = \left(\frac{V^2}{gr_e} - 1\right)\bigg/\left(\frac{L}{D}\right) \quad (2.31)$$

需要注意的是，最大负加速度值在飞行器减速到最小速度时出现。这里，我们可以看出即使小的 L/D 值在适度的再入减速负载中的优势(见图2.3)。

可以看出，负加速度随着速度的减少而增加，即使中等的 L/D 值也可以显著减小负加速度。例如，L/D 值大约为0.2的双子座返回舱能把峰值负载降低到大约 $5g$，而水星弹道再入以同样初始飞行路径时为 $8g$。

对于航天飞机来说，它需要以约1.1的高超声速 L/D 值完成再入剖面的主要部分，方程(2.31)表明它可能需要经历一个 $1g$ 的再入过程。这与飞行经验是一致的。

通过对再入弹道中的速度进行积分,可以得到平衡滑翔再入的总路程为:

$$s = \frac{r_e}{2} \left(\frac{L}{D} \right) \ln \left[\frac{1}{\left(1 - \frac{V^2}{g r_e} \right)} \right] \qquad (2.32)$$

很明显,当飞行器最大 L/D 值再入时会得到最长的再入航程。

例如,当一个航天飞机以相对大气层 7.5km/s 的速度再入大气层时,假设其高超声速 L/D 值为 1.1。由这些代表性的数据,用方程(2.32)可以算出行程约为 8000km,这与飞行经验一致。当然这具有一定的偶然性,因为事实上航天飞机会在再入过程中采用基本升力调节来实现对着陆点的控制。图 2.5 显示了 STS – 2 的再入情况[2]。虽然如此,1.1 的 L/D 值与再入段中的高海拔、高速度部分非常接近,并且这部分很明显是对整个再入航程影响最大的。

当再入速度接近参考圆周速度时,方程(2.32)的有效性就会受到限制。在这种情况下,对数参数几乎是唯一的,因此其对再入速度值极其敏感。这反映了一阶理论的局限性而不是任何真实物理效应。方程(2.32)对于超临界再入也是无效的,因为其对数在这种情况下变成了虚数。

图 2.6 所示为英国水平起飞和着陆(HOTOL)概念飞行器的一个再入弹道仿真解[2]。HOTOL 是 20 世纪 80 年代中期设计用于跑道发射和着陆的的无人可重复使用单级入轨飞行器。

因为它非常轻,所以它需要以小角度从较高处滑翔再入,以减小动力学负载和热负载峰值。如图所示,在飞行中的高速部分,其结果为一个很接近于准平衡滑翔再入轨迹的再入剖面。

最后,需要注意的是,平衡滑翔再入适于从轨道再入因为 $V_{circ}^2 = (gr)_e$。因此,超轨道再入意味着负升力,也就是说,该过程中会有反方向的飞行。平衡滑翔式再入并不是唯一感兴趣的升力再入方式,因为超轨道速度时,在以亚轨道速度离开大气层,然后以第二次亚轨道速度再入之前,足够的能量已经损失,则可以使用跳跃式再入。这是一种大气捕获方式,曾经在阿波罗号上面进行研究。另外,飞行器的升力可以用于使飞行器一直在大气层中飞行,直至其速度降为亚轨道速度,这个时候飞行器可能会有 180° 的翻转。阿波罗号曾采用了这种方式,而且也在针对 Rosetta 升力返回舱的 EAS 研究中应用了这种方式。

2.3.3　跳跃式再入

在前面的讨论中,滑翔式再入飞行并不会严格遵守平衡滑翔条件。特别是

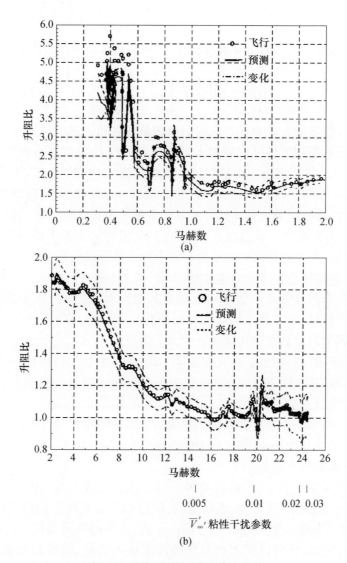

图 2.5　STS - 2 再入时的升力调节

超临界再入的情况,这种再入有足够的升力来支配重力和离心力。这实质上是一阶弹道再入模型再加上升力的情况。通过选择适当的再入参数,我们就可以实现所谓的跳跃或跳跃 - 滑翔式再入。

　　考虑到升力体飞行器高速再入时刚开始会有负的飞行航迹倾角。一如既往的,我们认为飞行器自身参数和大气层参数是常量。由于升力远大于重力,飞行路径会被转变为向前($d\gamma/dt > 0$)以使飞行器再入大气层,然后到达预计的最低海拔高度处并拉起,最后减速离开大气层。如图 2.7 所示,通过恰当控制离开时

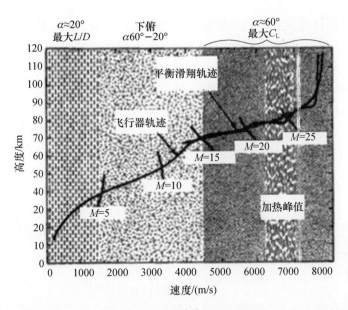

图 2.6 HOTOL 再入弹道

的速度和飞行航迹倾角,飞行器会进行短暂的开普勒曲线飞行并在第一次离开后进行第二次再入[2]。

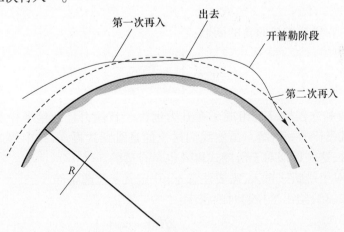

图 2.7 跳跃再入轨迹

这种类型的再入轨迹使得高速再入的控制具有相当大的机动性。例如,探月飞行器以约 11km/s 的速度再入时,再入过程中需要耗散掉的动能是典型地球低轨再入(即大约 60MJ/kg)的 2 倍左右。其结果是一个极具挑战性的热控制问题,特别是要求再入必须一次性完成时。而通过跳跃式再入,飞行器在第一次再入时可以使自身速度降到足够低来被地球引力所捕获。短暂的亚轨道抛离飞行得以进行辐射散热并以较低的速度进行第二段再入阶段。

跳跃式再入也可用于对需要进行落点范围控制的飞行任务,并且使得飞行可以在仅通过一次再入无法到达的区域着陆。

由前面提到的一阶模型假设($0g$,平坦地球),式(2.17)和式(2.18)可以简化为:

$$\frac{\mathrm{d}}{\mathrm{d}\rho}\left(\frac{V^2}{gr_e}\right) = \left(\frac{SC_D}{m}\right)\left(\frac{1}{\beta\sin\gamma}\right)\left(\frac{V^2}{gr_e}\right) \tag{2.33}$$

$$\frac{\mathrm{d}}{\mathrm{d}\rho}(\cos\gamma) = \left(\frac{1}{2\beta}\right)\left(\frac{SC_D}{m}\right)\left(\frac{L}{D}\right) \tag{2.34}$$

和前面一样,假设弹道系数和 L/D 值为常数,对方程(2.34)积分就可以得到飞行航迹倾角关于密度(与海拔有关)的关系式:

$$\cos\gamma = \cos\gamma_e + \left(\frac{1}{2\beta}\right)\left(\frac{SC_D}{m}\right)\left(\frac{L}{D}\right)\rho \tag{2.35}$$

再根据近似 $\rho_e \approx 0$。因为

$$\frac{\mathrm{d}V}{\mathrm{d}\gamma} = \frac{\mathrm{d}V}{\mathrm{d}\rho}\frac{\mathrm{d}\rho}{\mathrm{d}(\cos\gamma)}\frac{\mathrm{d}(\cos\gamma)}{\mathrm{d}\gamma} = -\frac{\frac{V^2}{gr_e}}{\left(\frac{L}{D}\right)} \tag{2.36}$$

将速度表示为飞行航迹倾角的函数:

$$V = V_e\exp\left[-\frac{(\gamma - \gamma_e)}{\frac{L}{D}}\right] \tag{2.37}$$

方程(2.35)和方程(2.37)组成了在升力远大于其他力且行星半径变化不大情况下滑翔式飞行的一阶解。虽然我们讨论的是跳跃式再入,在中等或者大飞行航迹倾角时,这些近似对于滑翔式再入也是合适的。

然而,对于跳跃式再入,需要注意 $\gamma = 0$ 定义了拉起条件。

方程(2.35)给出了拉起时的密度:

$$\rho_{pullup} = \rho_{max} = \frac{2\beta(1 - \cos\gamma_e)}{\left(\frac{SC_D}{m}\right)\left(\frac{L}{D}\right)} \tag{2.38}$$

而方程(2.37)给出了相对应的速度:

$$V_{pullup} = V_e\exp\left(\frac{\gamma_e}{\frac{L}{D}}\right) \tag{2.39}$$

需要注意的是,必须保证拉起时的密度对应着正的海拔高度。虽然这对于地球来说不是一个典型问题,但对于在其他带有稀薄大气层的行星,如火星来说,这可能是一个限制条件。

可以观察到,进入和离开都发生在同样的海拔高度上(因此都具有相同大气密度,通常假设为0),离开时的飞行航迹倾角很简单:

$$\gamma_{\text{exit}} = -\gamma_e \tag{2.40}$$

根据方程(2.37),离开时的速度为:

$$V_{\text{exit}} = V_e \exp\left[\frac{(2\gamma_e)}{\frac{L}{D}}\right] \tag{2.41}$$

沿轨迹的加速度为:

$$a = \frac{1}{2}\sqrt{1 + \left(\frac{L}{D}\right)^2}\left(\frac{SC_D}{m}\right)\rho V^2 \tag{2.42}$$

最大负加速度出现在一个负的小飞行航迹倾角处,即刚好在拉起之前。然而,拉起时的 γ 值($\gamma = 0$)几乎是一样的,而且更容易得到,因此有:

$$a_{\text{max}} \cong a_{\text{pullup}} = \sqrt{1 + \left(\frac{1}{\frac{L}{D}}\right)^2}(1 - \cos\gamma_e)\beta V_e^2 \exp\left(\frac{2\gamma_e}{\frac{L}{D}}\right) \tag{2.43}$$

将它们一起考虑,可以看到方程(2.41)和方程(2.43)一起给出了一个再入走廊(见2.7节),对于超临界跳跃式再入,这是飞行航迹倾角的一个可接受范围。由可接受的负加速度载荷确定给定 L/D 的 γ_e(大角度再入)下限。对于载人飞行器来说,能承受的最大加速度值大约是 $12g$,这也是阿波罗任务的设计极限值。超临界再入 γ_e(小角度再入)的上限由需求确定,这个需求就是离开速度降到一个足够低的层面使得第二阶段的再入能够发生在一个合理的时间内。比如,在抛掉服务模块后,阿波罗指挥舱的电池供应仅能维持数个小时,因此不允许有过长的亚轨道抛行。

注释框:阿波罗再入

作为一个再入飞行的典型实例,阿波罗探月返回舱需要以 11km/s 的速度被大气捕获,其 L/D 值约为 0.3,再入过程中的最大负加速度设计极限为 $12g$。

假设阿波罗再入必须以超临界跳跃式再入方式完成。因此,现在我们来设计其再入走廊。我们预计使其加速度为 $12g$,并且大气层均质大气高度为

7.1km,由方程(2.43),最大的再入角为 −4.8°。假设圆周离开速度为最大可接受值(飞行器不会进入轨道,因为出口界面的飞行航迹倾角不为 0°,其自身高度也不足以形成稳定的轨道),由方程(2.41)可得可能的最小的再入角为 −2.9°。

这里给出了对于其一阶跳跃式再入分析的准确性和局限性预测,需要注意的是阿波罗 11 号是以 11km/s 的速度和 −6.5°的飞行航迹倾角进行再入的。

12g 的失调度(大角度再入)边界为 −7°,超调度(小角度再入)边界为 −5°。这个相对较高的飞行航迹倾角下的相对较小负加速度要归功于阿波罗气动效率(见图 2.3)。事实上,图 2.8 显示了阿波罗预计的和实际的 L/D 值。

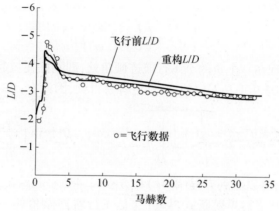

图 2.8　阿波罗运载器的升阻比

不管怎么说,之前所讨论的再入走廊限制虽然相关联,但还是过于简单了。再加上由一阶模型所带来的误差,我们必须考虑其他的限制。如果再入角度过小,飞行器总的再入热负载会加重,而飞行器热负载率(但与总热负载不总是相同)是随着飞行航迹倾角增加而增加的。对于特定的飞行器来说,这两种情况都是不允许出现的,这可能会改变再入走廊的宽度,而再入走廊宽度通常只受加速度和出口速度需求影响。

对于运动方程的分析积分,L/D 值为常数的假设是一个不必要的人为限定。如果飞行器以较小的初始角度再入,并通过自身的翻转使升力变为负,则飞行器会有更温和,也因此更为安全的再入过程。一旦飞行器以这种方式进入大气层,它可能会被翻转过来并以正的升力飞行以影响其跳跃过程。这种方式被用于阿波罗号探月返回舱的再入。

如前面所得,阿波罗指挥舱很可能使用一系列的跳跃来进行再入,并且这种再入方式在最开始就作为标准再入模式存在(见注释表1)。

注释表1

飞行	再入过程中最大的 g 值
阿波罗 7 号	3.33
阿波罗 8 号	6.84
阿波罗 9 号	3.35
阿波罗 10 号	6.78
阿波罗 11 号	6.56
阿波罗 12 号	6.57
阿波罗 13 号	5.56
阿波罗 14 号	6.76
阿波罗 15 号	6.23
阿波罗 16 号	7.19
阿波罗 17 号	6.49

再入导航和制导体系的改进最终导致升力调节再入的使用,这是为了避免飞行器被完全弹出,协助飞行器沿仍受气动控制的标准弹道飞行并进行预设的再入。然而,如果发生远离标准的再入,整个跳跃阶段对弹道控制仍然有用。由于阿波罗号飞行器保守的气动热力学设计,在再入走廊的定义中热负载并不是一个因素。回到航天员在任务中所需要承受的加速度负载上来,值得注意的是阿波罗飞行的最大加速度值通常少于 $8g$。下表给出了阿波罗 7 号至阿波罗 11 号在再入过程中的最大负加速度。

这就阐明了实用的载人再入飞行器弹道系数数值需要低于 400 或 500kg/m^2 的原因。

作为补充,图2.9~图2.11给出了在一些任务中助推和再入过程中的加速度历程。图2.9提供了土星5号典型发射剖面的 g 值水平。

可见,在上升飞行的最开始两分钟中,航天员会经历一个加速度迅速上升的过程,其峰值约为 $5g$,在第一级抛离(即土星 $1C$)之后,g 值突然降至0。在此之后,$t\approx580\text{s}$ 进入轨道之前(即发射结束)其最大加速度约为 $3g$。

最后,图2.10和图2.11分别给出了阿波罗7号和阿波罗10号再入时的 g 值负载时间历程。

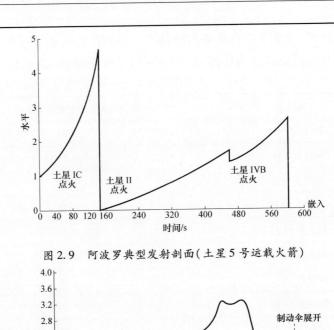

图 2.9　阿波罗典型发射剖面(土星 5 号运载火箭)

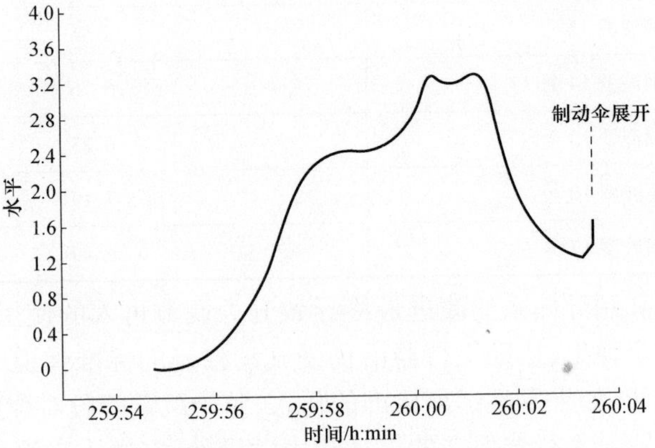

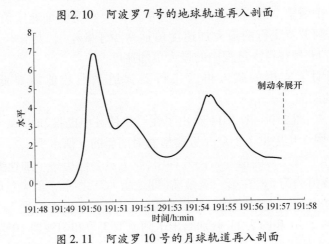

图 2.10　阿波罗 7 号的地球轨道再入剖面

图 2.11　阿波罗 10 号的月球轨道再入剖面

2.3.4 横向机动

迄今为止,我们假设再入弹道在最开始轨道的平面内。尽管如此,如果一个升力体再入飞行器是倾斜的(升力矢量旋转出 r, V 定义的垂直面),产生一个垂直于初始轨道面的力(即 L_n),飞行器以三维弹道飞行(图 2.12)。

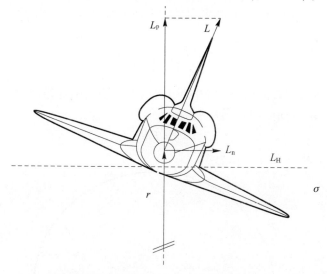

图 2.12 由于滚转角 σ 引起的升力分解

这将会采用前期讨论的滑翔式和跳跃式再入剖面进行。尽管如此,就像采用前期讨论的平面弹道一样,一阶结果可以在倾斜机动影响上获得相当大的见识。因为横向控制在再入飞行器和弹道设计的初始阶段就经常引起兴趣,在这儿我们将考虑一阶三维再入分析的一些结果。

研究最大着陆区域,或一个再入飞行器能操纵的可能着陆点包络,通常非常有意义。

升力体飞行器的平面内或下靶场控制通过升阻比的调节来获取。如方程(2.32)所示,以最大可行 L/D 飞行时能获取最大射程。通过再入平面上下或初始平面来回能量耗散飞行实现较少射程的着陆。不能取消的横向机动会在着陆点上产生侧向偏移量,以牺牲下行轨迹射程为代价。

如图 2.12 所示,为了实现横向机动,升力体再入飞行器必须倾斜来获取一个垂直于初始平面的转向力,当达到预计的前进方向转变后,飞行器需要再次将转向角减小至 0。对于最大横向射程,飞行器必须以这种方式进行转向控制以使飞行器下行轨迹范围不会过度减少,否则横向机动就不会有足够时间来实现其效果了。这样就会有一个最佳的倾斜角度,以使在给定下靶场降落点时达到可能的最大横向机动范围。

出于分析目的,最佳随时间变化的转向角必须被替换为会产生相似效果的等价常值,同时这个常值也能够实现运动方程的积分。虽然这个步骤以积分中值定理来看是可行的,但是实际上考虑所经历轨迹的具体情况是不合理的,因为我们只会保留信息中的最大值。如果我们进一步假设在进行平衡滑翔时在航向改变角上有一个小改变,就可能得到最大横向射程结果了。对于一阶分析,角度的横向变化范围为:

$$\phi = \frac{\pi^2}{48}\left(\frac{L}{D}\right)^2 \sin 2\sigma \qquad (2.44)$$

式中,σ 为最佳恒定转向角;ϕ 为相对初始再入轨迹大圆赤道面的纬度角。

按照距行星表面的距离,有:

$$s_\perp = R\phi \qquad (2.45)$$

图 2.13 是横向机动的几何示意图[2]。

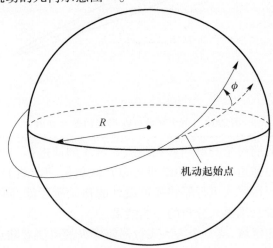

图 2.13　横向机动再入几何示意图

方程(2.44)中对$(L/D)_{\max}$的使用表明,在进行平面平衡滑翔过程中,L/D 值最大时飞行可以达到最大的横向机动范围。需要注意的是,最佳恒定转向角的 Eggers 解为 $\sigma = 45°$。

这在直观上是合理的,因为这意味着飞行器升力矢量的使用会被分解为两部分:用于转向($\sigma = 90°$)和用于在空中停留足够长时间($\sigma = 0°$)以实现转向。然而,方程(2.44)高估了在给定的飞行器 L/D 值下可以达到的横向机动范围。这从图 2.14 可以看出,其中对比了 Eggers 解,Vinh 的二阶解和以真实最佳转向角实现的横向机动[2]。

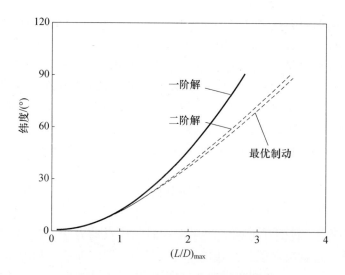

图 2.14　不同升阻比下的横向机动能力

可以看到,对于飞行器的 L/D 值为 1.5 或更小(足够小以至于其最大可能横向机动角度也相对很小),这个理论会比较合理。

例如,考虑双子座号运载器,其 L/D 值根据此前声明为 0.2。由方程(2.44)和方程(2.45)可得其最大横向机动范围为 52.4km。这与实际的双子座号飞行器着陆区域数据相当一致,如图 2.15 所示[2]。

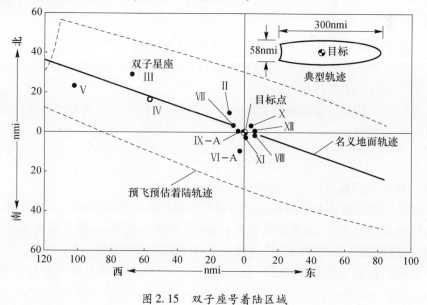

图 2.15　双子座号着陆区域

131

有着更高 L/D 值的航天飞机也会相应呈现出更强的横向机动能力。这使得航天飞机可以在 28.5°倾斜轨道外的爱德华兹空军基地(34°N 纬度)日常着陆。这对于低 L/D 值的飞行器是不可能的。数据显示航天飞机所能具有的最大横向机动范围为 1465km,这与方程(2.45)所预测的飞行器(其高超声速 L/D 值为 1.1)最大值很接近。

2.4 理想气体和化学反应流的传热

在本节,我们关注行星再入热传导分析中使用的基本原理和一些基本关系式的推导。

在这一点上,我们只考虑大气层再入时的质点动力学,其只受 L/D 值和弹道参数影响。这就决定了飞行轨迹并可以对飞行器的加速度和动压负载进行估计,也可以估计其下行范围和横向机动距离,以及这些数值对再入条件和飞行器参数的灵敏度。

另外,飞行器再入过程中的热负载分析同样重要。热负载有两种类型:热流率 $\dot{q}$,和总热负载 Q。

对于局部的和整体平均允许的热流率,我们都需要考虑,因为根据傅里叶导热定律[①],热流率与热梯度有关:

$$\dot{q} = -k\nabla T \qquad (2.46)$$

式中:

$\dot{q}$ 为单位面积的功率(W/m^2);k 为导热率(W/mK);∇T 为温度梯度(K/m)。

对于热膨胀系数不为 0(即 $\alpha \neq 0$)的材料,温度梯度会导致飞行器壁面材料上产生不均匀膨胀和机械应力。

飞行器平均温度会随着能量的传入而升高,我们显然需要考虑总的热负载。它可以被表示为:

$$Q = \int_{t_i}^{t_f} \dot{q} \mathrm{d}t \qquad (2.47)$$

式中:t_i 和 t_f 分别是再入飞行的初始和结束时间。

在允许的热流率和总热负载之间进行权衡往往十分有必要。在高海拔上进行持续的高能量飞行(即滑翔式再入)会减少瞬间热流率,但是会延长飞行持续时间,而这可能会使吸收的总热负载以不可接受的幅度增长。

如我们在第三章所述,更快、更大阻力的再入通常会减少流入的总热量,但

---

① 需要注意的是,负号表示热流的方向为温度下降的方向。

是代价是非常高的局部热流率以及导致无法接受的动载荷。

再入飞行器的加热来源于初始总能量(动能加上势能)的消耗,这些热量通过两种机制进行传导,热传导和热辐射。

当通过飞行器前缘强烈弓形激波加热的空气形成一股热气流流过飞行器壁面时,这个时候就会产生对流加热。

如果空气足够热,那么也会产生明显的热辐射。当再入飞行器的速度大于10km/s时,辐射传热会变得十分重要,在速度比较小的时候辐射传热也可能较为显著。

气动加热峰值通常产生于飞行器的滞止点区域,如钝头体或机翼/机尾的前缘。尽管如此,流过飞行器后体的湍流在某些情况下可能产生与前者相当甚至更甚的热流量。相反地,如果湍流延后发生(即在比预期的雷诺数要高的条件下发生湍流转捩),那么就会在机身后半部分产生比预期温度低很多的气流。

热控制是再入飞行器设计中所面临的主要挑战。例如,从低地球轨道上进行再入时需要耗散掉的比动能大约为 $3 \times 10^7 \text{J/kg}$。这足以蒸发掉一块由纯碳($h_v = 6 \times 10^7 \text{J/kg}$)组成的热屏蔽罩,而这块热屏蔽罩的质量为飞行器初始质量的一半。如果要防止这种情况发生,那么就需要将要耗散的大部分再入动能和势能排入大气而非吸收进飞行器。一个好的气动热设计会使得只有小部分耗散能量可以为飞行器所吸收,这会在第三章进行讨论。

2.4.1 傅里叶定律及对流和扩散传热

由黏性流体力学理论可知,飞行器再入时的流场中会形成一层紧贴飞行器壁面的薄边界层,而主要的黏性影响,包括摩擦和热传导都会被局限在这个边界层内。在理想气体[①]的情况下,对壁面的热流率只与局部的温度梯度成正比:

$$\dot{q}_w = \left(k \frac{\partial T}{\partial y} \right)_w = \left(\rho \alpha c_p \frac{\partial T}{\partial y} \right)_w \tag{2.48}$$

式中:y 为垂直于壁面的坐标轴;α 为热扩散率。

---

① 理想气体状态方程的使用条件为压强小于 100bar(1bar = 0.1MPa),且当分子间作用力可以忽略时温度低于 30K。对于大多数的再入条件,我们可以使用理想气体假设,$p = \rho RT$。对于理想气体,其内能只是温度的函数。因此,c_p 和 c_v 也只是温度的函数。对于量热完全气体,c_p 和 c_v 都是常数,意即 $\gamma = c_p/c_v$ 为常数。在高速气流,即高温真实气体中,理想气体假设可能会失效。在这种情况下,状态方程中必须加入压缩因子 z:$p = \rho z RT$,z 是温度和压强的函数,且在广义压缩图表中都是可用的。

另外,在化学反应情况下的热传递是采用冻结热传导(即,该混合物在不发生化学反应时,其温度梯度导致的导热)的傅里叶导热项之和。也就是说,热量对流加上对壁面扩散流所带来的化学反应热(扩散热流):

$$\dot{q}_w = \left(k\,\frac{\partial T}{\partial y} \right)_w + \left(\sum \rho Y_i V_i h_i \right)_w = \left(k\,\frac{\partial T}{\partial y} \right)_w + \left(D_i \rho \sum h_i\,\frac{\partial Y_i}{\partial y} \right)_w$$

(2.49)

式中,Y_i为第i个组分的质量分数,V_i为扩散速度,h_i为分解焓,D_i为扩散参数。

温度和质量分数梯度可以由边界层流场解得到,其取决于边界层边缘特性和壁面条件。而这些边界条件反过来又是由流过再入飞行器流体的无粘解得出的。因此飞行器的热传递由整个流场的性质所决定。

要得到再入飞行器周围高速流场的精确解是一个难题,也几乎不可能解决。这些流体是会发生化学反应的气体,可能并不处于平衡态,也可能发生电离,也很可能产生显著的辐射热传递。飞行器的表面性质如粗糙度和表面催化能力也会影响流场和热传递分析。

顺便指出,我们需要注意的是在再入飞行的主要部分,部分电离流场会形成阻碍空地通信的电离层,这就是著名的通信黑障产生的原因。

数据跟踪卫星中继系统(TDRSS)已经在某种程度上缓解了这个问题;航天器背风区的天线一般可以链接到一个 TDRSS 卫星上去。然而,仍然有必要让航天器作滚转机动,以使其着陆点更好控制,并且这个机动需要周期反复进行,以使在通信中断时仍能进行控制。

再入飞行区域同样要求有严格的试验方法。目前来说还不可能在风洞中同时对其马赫数和雷诺数进行模拟[①]。因此,航天器只有在其首飞过程中才会得到一个真实的测试结果,这是一个潜在的危险情况,因为这些航天器不像它以前的那些飞行器那样会有一个无人的飞行测试。

2.4.2 理想气体流动的传热

在本书中会反复出现的一点是:在关键的设计和发展之前,求助所有可用的复杂分析是可取的,甚至是必需的。然而,如果不使用简化,低精度技术,那么初始设计和和任务可行性评估本质上就不可能完成。据此,我们采用首先由 Allen 和 Eggers 给出方法来进行再入过程热分析。这个方法假设能量输入的主要来源为再入飞行器上的层流边界层对流加热(也就是仅在理想气体条件下)。在

[①] 有时,再入弹道和飞行器的尺寸允许在风洞中进行全 $Ma-Re$ 数试验,如接下来要展示的 IXV 试验飞行器。

这种情况下,由方程(2.48)给出的局部加热率可能与跨过边界层的总焓差有关[1]:

$$\dot{q}_w = \left(k\,\frac{\partial T}{\partial y}\right)_w = \left(\frac{k}{c_p}\right)\left(\frac{Nu_L}{L}\right)(H_{oe} - H_w) = \left(\frac{Nu_L}{Pr}\right)\left(\frac{\mu}{L}\right)H_{oe}\left(1 - \frac{H_w}{H_{oe}}\right) \quad (2.50)$$

式中:Nu_L 为努赛尔数;Pr 为普朗特数,表征黏性扩散能力和热传导能力的比值,$Pr = \mu c_p / k$;k 为热传导率;μ 为流体黏性系数;c_p 为常压下流体比热容;H 为总焓,$H = \dfrac{V^2}{2} + c_p T$;$V$ 为自由来流速度。

努赛尔数 Nu_L 是一个与流体性质和特定流场环境都有关的参数。其下标 L 表示努赛尔数是基于一个合适的长度尺度,这一长度尺度对于某一问题中的特定边界层类型。对于长度尺度的选取很明显与流场的几何形状有关;我们应当看到,这通常是一个特征参数,如飞行器的前缘或者机翼/机尾前缘半径。

注释框:努赛尔数和傅里叶导热定律

在流体力学问题中使用无量纲参数是习惯性的,也是对开展工作很有利的。在传热分析中会用到许多无量纲数,我们应当通过观察对流换热系数 h_c 的实质来挖掘它们之间的一些联系。在对流分析中,适用的参数是努赛尔数,其定义为在可比较的条件下对流换热与热传导的比值。例如,在一维条件下,假设壁面被厚度为 L、质量平均温度 T_f 的流体所加热。如果流体是停滞的,那么根据傅里叶导热定律,向壁面导入的热流为:

$$\dot{q}_{cond} = -k\left(\frac{dT}{dx}\right) = (T_f - T_w)\frac{k}{L} \quad (2.51)$$

而如果流体流动,就会发生对流,那么根据牛顿冷却定律其热流就为:

$$\dot{q}_{conv} = h_c(T_f - T_w) \quad (2.52)$$

式中,h_c 为对流换热系数或者对流传热膜系数。对于流体来说,它不是一个定值,而是包含流体对流和热传导的共同作用。h_c 是很多变量的函数,如流体的输运性质,密度和速度。

那么对流换热与热传导的比值就为:

---

[1]　傅里叶导热定律在流体层的 y 向上都成立,因此对于靠近等温壁面的静止气体也适用,但是由于实际中接近壁面处的梯度难以测量,比较方便的方法是表示出从壁面到流体的热流,其形式为 $\dot{q}_{conv} = h_c(T_f - T_w)$

$$Nu_L = \frac{\dot{q}_{conv}}{\dot{q}_{cond}} = \frac{h_c L}{k} \tag{2.53}$$

因此,在低努赛尔数下的热传递实际上是热传导。

由方程(2.53),我们可以用努赛尔数和导热系数对牛顿冷却定律,方程(2.52),进行修正

$$\dot{q}_{conv} = \frac{Nu_L k}{L}(T_f - T_w) \tag{2.54}$$

在这个例子中,L 是流体层的厚度。在更为一般的情况下,L 是特定情境下的特征长度尺度。

普朗特数 Pr 是流体的一个特征参数,对于温度在 9000K 以下的空气,其值为 0.71 至 0.73,但是在近似计算中通常会取一个恒定值。其下标 oe 和 w 表示流体所处位置,是在边界层的外缘(oe)还是在壁面(w)处。

对于跨过弓形激波正激波部分的无粘流体,其总焓守恒。由于机体周围就是这种流体(也就是 $V \gg 1$),有:

$$H_{oe} = H = h + \frac{V^2}{2} = c_p T + \frac{V^2}{2} \cong \frac{V^2}{2} \tag{2.55}$$

有些参数没有下标,这通常表示自由流或者近似的情况。右边的约等号在上游流动为高速,低温的情况下成立[①]。

用方程(2.50)乘以 $(\rho V)_{oe}$ 可得等价结果:

$$\dot{q}_w = (\rho V)_{oe}\left(\frac{Nu_L}{Pr Re_L}\right)H_{oe}\left(1 - \frac{H_w}{H_{oe}}\right) = (\rho V)_{oe} St H_{oe}\left(1 - \frac{H_w}{H_{oe}}\right) \tag{2.56}$$

其中

$$St = \frac{Nu_L}{Pr Re_L} = \frac{h_c}{c_p (\rho V)_{oe}} \tag{2.57}$$

是斯坦顿数,表示局部热传导系数,即实际热传导率与可用能量通量的比值,而 $Re = \rho V L / \mu$ 是雷诺数,表示流体质量通量与流体黏性的比值。

由方程(2.56)的推导可以清楚看到雷诺数 Re 与努塞尔数一样与相同的长度尺度(尽管没有指定)有关,还与边界层密度和速度有关。

由方程(2.55),方程(2.56)变为:

---

① 例如,假设再入飞行器在海拔 80km 高度上,其参数为 $T = 200$K,$V = 6000$m/s,$C_p = 1005$J/kgK。那么 $V^2/C_p T = 90$,那么空气的热能对于其总焓来说可以忽略不计。

$$\dot{q}_{\mathrm{w}} = \frac{St}{2}(\rho V)_{\mathrm{oe}} V_{\mathrm{oe}}^2 \left(1 - \frac{H_{\mathrm{w}}}{H_{\mathrm{oe}}}\right) \tag{2.58}$$

方程(2.58)表示对机身的加热率取决于局部壁面温度,其影响形式为$(1 - H_{\mathrm{w}}/H_{\mathrm{oe}})$。由于壁面处流体停滞,由$H_{\mathrm{w}} \approx c_{\mathrm{p}} T_{\mathrm{w}}$,当$T_{\mathrm{w}}$足够低(低于600K)时,可以假设气体为热完全气体。这是一个相对保守的假设,这个假设与其他这里采用的近似一起形成另一个假设,即壁面可以被高效的冷却以使$H_{\mathrm{w}}/H_{\mathrm{oe}}$很小。然后可得其加热率为:

$$\dot{q}_{\mathrm{w}} = \frac{St}{2}(\rho V^3)_{\mathrm{oe}} \tag{2.59}$$

可见在高超声速气流中,热通量正比于速度的三次方(ρV^3),也就是作为对比,阻力正比于速度的平方(ρV^2)。这就在高超声速飞行中热传递分析如此重要的根本原因。

注释框:壁面绝热温度 T_{aw}

由于非光滑边界条件(即$\boldsymbol{V} \cdot \boldsymbol{n} = 0$)导致的黏性耗散(即相邻流体层之间的摩擦),边界层也是一个具有极高温度的区域。因此,边界层内的高温流体也会向机身传热(热通量)直至壁面处的温度梯度为0(即绝热壁面T_{aw})。

所以,实际中常规方式表示从壁面到流体的热流,类似于方程(2.52),其表达形式为:

$$\dot{q}_{\mathrm{conv}} = h_{\mathrm{c}}(T_{\mathrm{aw}} - T_{\mathrm{w}}) \tag{2.60}$$

T_{aw}可以求解边界层方程得出,但是在工程分析中,我们使用恢复系数r来表示气流被流经边界层的摩擦力减速后所恢复的能量:

$$T_{\mathrm{aw}} = T_{\mathrm{e}} + r\frac{V_{\mathrm{e}}^2}{2c_{\mathrm{p}}} \tag{2.61}$$

而在边界层的外缘:

$$T_0 = T_{\mathrm{e}} + \frac{V_{\mathrm{e}}^2}{2c_{\mathrm{p}}} \tag{2.62}$$

因此有:

$$r = \frac{T_{\mathrm{aw}} - T_{\mathrm{e}}}{T_0 - T_{\mathrm{e}}} \tag{2.63}$$

对于不可压平板层流,$r = \sqrt{Pr}$,对于不可压平板湍流,$r \cong \sqrt[3]{Pr}$。这些参数很适合在高超声速区域使用,而且与简化工程分析的精度很匹配。此时在称T_{aw}为恢复温度T_{r}。

如果我们将方程(2.60)中的温度转变为焓值,则该方程为:

$$\dot{q}_{\mathrm{w}} = (\rho V)_{\mathrm{oe}} St (H_{\mathrm{r}} - H_{\mathrm{w}}) \qquad (2.64)$$

值得注意的是,流过绝热壁面的高速气体流动边界层的温度剖面如注释图2-1的曲线1所示。

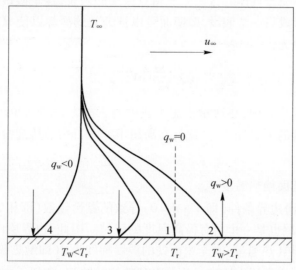

注释图2-1

曲线2表示通过表面进行加热时的典型温度分布,而曲线3和曲线4则是热量通过表面从流体移出时的典型情况。很明显 $T_{\mathrm{r}} > T_{\infty}$,也就是说对绝热壁面的加热与流体的热力学温度有关,或者,换句话说,浸入在流动中的表面气动加热出现。

需要注意的是(注释图2-2):

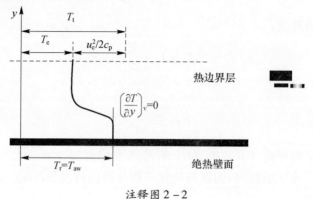

注释图2-2

$$\frac{T_r}{T_e} = 1 + r\frac{\gamma - 1}{2}M_e^2$$

$$\frac{T_{te}}{T_e} = 1 + \frac{\gamma - 1}{2}M_e^2 \rightarrow$$

$$\rightarrow T_{te} - T_e = \frac{\gamma - 1}{2}T_e M_e^2 = \frac{\gamma - 1}{2}T_e\frac{u_e^2}{\gamma R T_e} = \frac{u_e^2}{2c_p}$$

并且

$$T_r = T_e + r(T_{te} - T_e)$$

同时

$$\frac{T_r}{T_{te}} = \frac{T_r}{T_e} \cdot \frac{T_e}{T_{te}} = \left(1 + r\frac{\gamma - 1}{2}M_e^2\right) \cdot \left(\frac{1}{1 + \frac{\gamma - 1}{2}M_e^2}\right)$$

$$= \left(1 + r\frac{\gamma - 1}{2}M_e^2 + r - r\right) \cdot \left(\frac{1}{1 + \frac{\gamma - 1}{2}M_e^2}\right) = r + \frac{1 - r}{1 + \frac{\gamma - 1}{2}M_e^2}$$

2.4.3 表面摩擦系数和雷诺比拟

让我们回顾一下飞行器气体动力学和气体热力学的重要性,很明显空气与壁面的摩擦扮演着基本的角色。实际上,壁面上的压强和剪切力决定了作用在飞行器上的气动力和力矩,而边界层内的空气摩擦则将流体的能量转化为热(即飞行器气动加热)。

在这个框架中,考虑平板上的流动,其层流边界层因流体黏性而增长。根据牛顿黏性定律,流体任意一点处的切应力正比于该处的速度梯度。比例常数 μ 称为流体动态粘滞度[①]。因此壁面处的切应力为:

$$\tau_w = \left(\mu\frac{\mathrm{d}V}{\mathrm{d}y}\right)_w = \left(\rho\nu\frac{\mathrm{d}V}{\mathrm{d}y}\right)_w \qquad (2.65)$$

由于在传热分析中壁面渐近梯度难以测量,壁面处的切应力 τ_w 通常通过引进局部表面摩擦系数 C_f 表示成该处动压的函数[②],

$$\tau_w = \frac{1}{2}\rho_e V_e^2 C_f \qquad (2.66)$$

[①] 和运动粘度形成对比,$\nu = \mu/\rho$。
[②] 流体在流经平板时的动量传递可以用其表面摩擦系数 C_f 来表示。

式中:C_f 与雷诺数有关,$C_f = C_f(Re)$。

现在观察方程(2.48)和方程(2.65),很明显这两个方程对于飞行器壁面热流和切应力的表达有相似之处。实际上,如果流体的运动粘度 ν 等于其热扩散率 α(即普朗特数为1),那么用 $\dot{q}_w$ 除 τ_w 可得:

$$\frac{\tau_w}{\dot{q}_w} = \frac{(1/2)\,C_f\rho_e V_e^2}{St\rho_e V_e(H_r - H_w)} = \frac{\left(\mu\dfrac{dV}{dy}\right)_w}{\left(k\dfrac{dT}{dy}\right)_w} = \frac{\mu\dfrac{V_e}{\delta}}{\dfrac{k}{c_p}\left(\dfrac{H_r - H_w}{\delta}\right)} \tag{2.67}$$

前提为厚度 δ 的边界层速度和温度剖面都是线性变化的。

整理该方程可得:

$$\frac{\tau_w}{\dot{q}_w} = \frac{C_f}{2} = \frac{\mu c_p}{k}St = St \tag{2.68}$$

因此我们假设 $Pr = 1$。

结果,在层流边界层流动中采用雷诺比拟,我们注意到

$$St \cong \frac{C_f}{2} \tag{2.69}$$

因此,通过雷诺比拟,我们可以将流动参数与热传递参数联系起来。这是简单的雷诺比拟平均。这个近似在大约 20% 以内是有效的。例如,对于平板上的层流,在亚声速到马赫 16 范围内,其雷诺比拟因子 $2St/C_f$ 值为 1.24 ~ 1.27。

雷诺比拟的用处在于它给出了这样一个简单的关系式,使得包含热传导的许多黏性流体问题得以进行一阶工程分析。例如,我们可能使用这个结论来考察大气层、飞行器参数以及简单轨迹分析中加热之间的关系。

例如,通过雷诺比拟,方程(2.59)可以写为:

$$\dot{q}_w = \frac{C_f}{4}(\rho V^3)_{oe} \tag{2.70}$$

而且我们可以看到对于有合理冷却的壁面,其总的热流量不依赖于机体温度。

在机身壁面面积 S_w 上对热流量进行积分可以得到对机身总的热耗(输入功率):

$$Q \approx \frac{1}{4}\rho V^3 S_w C_F \tag{2.71}$$

式中,C_F 为机体平均表面摩擦系数,其定义为对机体局部摩擦系数 C_f 进行的积分:

$$C_F = \frac{1}{S_w}\int_{机体} C_f \frac{(\rho V)_{oe}}{\rho V}\mathrm{d}s \tag{2.72}$$

式中：下标 oe 表示局部边界层外缘值。

由此可见，对于再入飞行器的热耗和总的热负载来说，机体平均表面摩擦系数 C_F 都是一个关键的参数。通常，由弹道解可见上游或者接近上游的速度 V 是密度 ρ 的函数。

到现在为止，我们的讨论是基于普朗特数为 1 这一假设的。不过，对雷诺比拟进行修正可以使其适用于更为普遍的情况，也就是普朗特数不为 1 的情况。

实际上，对于普朗特数不为 1 的情况，通过对比平板不可压边界层中表面摩擦和热传递的 Blasius 解，我们可以得出如下关系：

$$St = \frac{C_f}{2 \sqrt[3]{Pr^2}} \qquad (2.73)$$

在高超声速平板层流边界层以及低压梯度①区域，如果谨慎一些，这个结果也是可以应用的。

因此，如果用雷诺比拟可以通过 C_f 估算斯坦顿数，那么问题就回到了如何确定表面摩擦系数上。

很明显，我们必须得到边界层的流场解以估算壁面处切应力和表面摩擦系数。由于表面摩擦系数的引入就是为了避免这种麻烦，所以我们需要进行进一步的近似。为此，文献提供了一些由边界层理论得出的结果，也就是，当在进行可行性判断时，允许飞行器初步设计中对 C_f 进行估计。

实际上，对于平板上的低速层流流动，根据 Blasius 解，切应力为：

$$\tau_w = \left(\mu \frac{\partial u}{\partial y} \right)_{y=0} = 0.332 u_\infty \sqrt{\frac{\rho \mu u_\infty}{x}} \qquad (2.74)$$

所以，该处的摩擦系数为：

$$C_f = \frac{\tau_w}{\frac{1}{2} \rho u_\infty} = \frac{0.664}{\sqrt{\frac{\rho u_\infty x}{\mu}}} = \frac{0.664}{\sqrt{Re_x}} \qquad (2.75)$$

式中：Re_x 为相对边界层条件的雷诺数，该数由 x 方向或者是从平板前缘往流向方向得出。

注释框：平板层流的机体平均摩擦系数

考虑层流条件下单位宽度、长为 L 的平板。

求其与机体平均表面摩擦系数，C_F。

---

① 需要注意的是，在大梯度区域，雷诺比拟是不适用的。不过，雷诺比拟可以用于湍流中压强梯度不为 0 的情况。

这个问题就是求解方程(2.72)中的积分。为此,考虑边界层外缘的流线服从定常流动的连续性有:

$$(\rho V)_{oe} = \rho V \tag{2.76}$$

因此,联立方程(2.72),方程(2.75)和方程(2.76),并在平板上积分可以得到低速下的结果:

$$
\begin{aligned}
C_F &= \frac{1}{S_w} \int_{机体} C_f \frac{(\rho V)_{oe}}{\rho V} ds = \frac{1}{L} \int_0^L C_f dx \\
&= \frac{1}{L} \int_0^L \frac{0.664}{\sqrt{\dfrac{\rho V x}{\mu}}} dx = \frac{1}{L} \frac{0.664}{\sqrt{\dfrac{\rho V}{\mu}}} \int_0^L \frac{dx}{\sqrt{x}} = \frac{1.328}{\sqrt{Re_L}}
\end{aligned} \tag{2.77}
$$

结果,方程(2.73)就变成如下形式:

$$St = \frac{C_f}{2 \sqrt[3]{Pr^2}} = \frac{0.332}{\sqrt[3]{Pr^2}\sqrt{Re_x}} \tag{2.78}$$

另外,对于湍流条件有:

$$C_f = \frac{\tau_w}{\dfrac{1}{2}\rho u_\infty} = \frac{0.0594}{(Re_x)^{\frac{1}{5}}} \tag{2.79}$$

因此有:

$$St = \frac{C_f}{2 \sqrt[3]{Pr^2}} = \frac{0.0297}{\sqrt[3]{Pr^2} \cdot \sqrt[5]{Re_x}} \tag{2.80}$$

最后,值得注意的是,从方程(2.57)可看出,热传递结果经常与热传递参数 $\dfrac{Nu}{\sqrt{Re}}$ 的函数有关,于是,对于层流流动有

$$St = \frac{Nu_x}{Re_x Pr} = \frac{0.332}{\sqrt[3]{Pr^2} \cdot \sqrt{Re_x}} \rightarrow Nu_x = 0.332 \sqrt[3]{Pr}\sqrt{Re_x} \tag{2.81}$$

对于湍流为:

$$St = \frac{Nu_x}{Re_x Pr} = \frac{0.0297}{\sqrt[3]{Pr^2} \cdot \sqrt[5]{Re_x}} \rightarrow Nu_x = 0.0297 \sqrt[3]{Pr}\sqrt[5]{Re_x^4} \tag{2.82}$$

值得注意的是,平板边界层理论在气体动力学中非常有用,因为飞行过程的大部分时间里,其局部曲率半径相比边界层厚度而言大多了。因此,飞行器大部分可以在局部上视为平板,而且这样可以很好地近似出表面摩擦的结果,当然近似过程中需要忽略一些根据定义比较小而不影响的部分。

然而,这个假设对于非常高海拔的飞行来说并不合理,因为高海拔处空气稀薄而使得雷诺数变低,进而使边界层变厚。

通过总结,值得注意的是,通过 Eckert 参考温度法,方程(2.78)和方程(2.80)可以延伸应用于高速、可压的流体(详见第三章)。可以发现,在最坏的情况下(绝热壁面),$C_f(Re_x)^{0.5}$的变化范围为 0.664(低速时)至 0.325(马赫数 20 时)。因此,可压缩性对于摩擦系数来说有着重要的影响,但这个影响并非是凌驾于其他因素之上的,并且对于这里的再入气动加热计算,经过一些推导它可以忽略或是添加到一些特殊形式中。

不管怎么说,从再入加热来看,采用低速值是较为保守的做法。

注释框:表面摩擦系数和热传递估算

由于表面摩擦系数 C_f 经验关系式的发展,如:

$$\frac{C_f}{2} = \frac{A}{Re^n}$$

其中:

- 对于层流 $A = 0.332$ 且 $n = 0.5$。
- 对于湍流 $A = 0.0296$ 且 $n = 0.2$。

我们可以推出热传递估算式,即

$$\dot{q}_w = St\rho_e V_e (H_r - H_w) = \frac{A}{Re^n}\rho_e V_e (H_r - H_w) = \frac{A}{\left(\dfrac{\rho_e V_e x}{\mu_e}\right)^n}\rho_e V_e (H_r - H_w)$$

因此

$$\dot{q}_w = A(\rho_e V_e)^{1-n}\left(\frac{\mu_e}{x}\right)^n (H_r - H_w)$$

2.4.4 总再入热载荷

由方程(2.71)可得再入过程中飞行器的总热负载(能量):

$$\frac{\mathrm{d}E}{\mathrm{d}V} = \frac{\mathrm{d}E}{\mathrm{d}t}\frac{\mathrm{d}t}{\mathrm{d}V} = Q\frac{\mathrm{d}t}{\mathrm{d}V} = 2Q\left(\frac{m}{SC_D}\right)\left(\frac{1}{\rho V^2}\right) = \frac{1}{2}\left(\frac{m}{SC_D}\right)VS_w C_F \tag{2.83}$$

和以往一样,我们在其中略去了方程(2.1)中的重力切向分量。

从再入速度至最终速度对上式积分:

$$E = \frac{1}{4}m(V_e^2 - V_f^2)\frac{S_w C_F}{SC_D} \tag{2.84}$$

通常其最终速度为0,那么总的热负载就是如下的简单形式:

$$\frac{E}{\frac{1}{2}mV_e^2} = \frac{1}{2}\frac{S_w C_F}{SC_D} \tag{2.85}$$

这就为典型钝体再入飞行器设计提供了理论基础。实际上,当表面摩擦阻力 C_F 与总阻力 C_D 相比很小,而湿面积 S_w 相比参考投影面积 S 尽可能小时,总的热负载就会达到最小。同时满足这两个条件的飞行器只能是圆形的或是钝头的(详见第三章)。

方程(2.85)对于任何再入剖面(弹道、滑翔或者跳跃),任何足够轻以至于能够在撞击地面之前减速的飞行器都是有效的。这个要求与弹道再入中的负加速度峰值是一致的,因此方程(2.26)可以用于定义一个轻飞行器。而密度较大且弹道轨迹角度较大的飞行器可能无法满足这一标准。在这种情况下,由方程(2.22)给出的一阶弹道再入速度剖面会十分准确,并且可以代入方程(2.84)中得到:

$$\frac{E}{\frac{1}{2}mV_e^2} = \frac{1}{2}\frac{S_w C_F}{SC_D}\left\{1 - \exp\left[\left(\frac{\rho_s}{\beta\sin\gamma_e}\right)\left(\frac{SC_D}{m}\right)\right]\right\} \tag{2.86}$$

由于不满足方程(2.26)中轻飞行器的标准,其指数要小于1,因此展开式 $e^\alpha \approx 1+\alpha$ 可以用于括号中得出重飞行器的解:

$$\frac{E}{\frac{1}{2}mV_e^2} \approx \frac{1}{2m}\rho_s \frac{S_w C_F}{\beta\sin\gamma_e} \tag{2.87}$$

最终,方程(2.87)显示稠密的弹道再入飞行器应当具有更细长的剖面以减小总的表面摩擦和热负载。

2.4.5 再入加热率

飞行器的机体平均加热率也十分重要,由方程(2.71)可得:

$$\dot{q}_{avg} = \frac{Q}{S_w} = \frac{1}{4}\rho V^3 C_F \tag{2.88}$$

一旦在再入轨迹剖面中以大气层密度(也就是海拔高度)函数形式给出了速度,那么平均加热率就可以确定了。这可以作为数值解的一种辅助方式,或者代替之前在弹道、平衡滑翔、跳跃弹道中获取的一阶解。使用后一种方法,有:

$$\dot{q}_{avg} = \frac{1}{4}\rho C_F V_e^2 \exp\left[\frac{3}{2}\left(\frac{\rho}{\beta\sin\gamma_e}\right)\left(\frac{SC_D}{m}\right)\right] \tag{2.89}$$

对于弹道再入,其加热率为大气密度的函数。类似地,

$$\dot{q}_{avg} = \frac{1}{2}\left(\frac{m}{SC_D}\right)\left(1 - \frac{V^2}{gr_e}\right)gC_F\frac{V}{(L/D)} \tag{2.90}$$

给出了滑翔再入中加热率与速度的关系。最后,

$$\dot{q}_{avg} = \left(\frac{m}{SC_D}\right)\beta V_e^3\exp\left[-3\frac{(\gamma - \gamma_e)}{(L/D)}\right]\frac{(\cos\gamma - \cos\gamma_e)}{2(L/D)} \tag{2.91}$$

是跳跃再入中加热率为飞行航迹倾角的函数。

找出飞行器上的机体平均最大加热率是很重要的,而找到产生最大加热率处的海拔高度(或者大气密度)和速度也同样重要。这个最大加热率经常会限制再入弹道。对于弹道再入,其最大加热率和关键弹道条件为:

$$(\dot{q}_{avg})_{max} = -\left(\frac{C_F}{6e}\right)\left(\frac{m}{SC_D}\right)\beta V_e^3\sin\gamma_e \tag{2.92}$$

$$\rho_{crit} = \left(-\frac{2}{3}\right)\left(\frac{m}{SC_D}\right)\beta\sin\gamma_e \tag{2.93}$$

$$V_{crit} = \frac{V_e}{\sqrt[3]{e}} \tag{2.94}$$

对于平衡滑翔再入,有

$$(\dot{q}_{avg})_{max} = \sqrt{\frac{g^3r_e}{27}}\left(\frac{m}{SC_D}\right)\left(\frac{1}{L/D}\right) \tag{2.95}$$

$$\rho_{crit} = \left(\frac{4}{r_e}\right)\left(\frac{m}{SC_D}\right)\left(\frac{1}{L/D}\right) \tag{2.96}$$

$$V_{crit} = \sqrt{\frac{gr_e}{3}} \tag{2.97}$$

对于跳跃式再入,相应的参数略为更难获取一些。

为了得到明确的代数解,假设一个较小的 γ_e 是很有必要的。这个假设几乎通常可以满足,其结果为:

$$(\dot{q}_{avg})_{max} \approx \frac{\beta}{4}\left(\frac{m}{SC_D}\right)\gamma_e^2 V_e^3\exp\left[\frac{3\gamma_e}{L/D}\right]\left(\frac{1}{L/D}\right) \tag{2.98}$$

$$\rho_{crit} \approx 2\beta\gamma_e\left(\frac{m}{SC_D}\right)\left(\frac{1}{L/D}\right) \tag{2.99}$$

$$V_{crit} \approx V_e \exp\left[\frac{\gamma_e}{\dfrac{L}{D}}\right] \qquad\qquad (2.100)$$

$$\gamma_{crit} \approx \frac{-3\gamma_e^2}{L/D} \qquad\qquad (2.101)$$

我们希望在应用这里给出的结果时一定要保持谨慎。本节的热载荷计算结果隐含了在弹道、滑翔或跳跃式再入的轨迹解中应用近似解。例如,我们已经发现一阶弹道再入分析低估了小角度再入的加速度负载。由于方程(2.84)和方程(2.89)中也应用了这一结果,因此小角度再入时预计的弹道再入加热率会偏低而总的热负载会偏高。图2.16描述了这一情况,并将一阶理论与 Chapman 解进行了比较[2]。

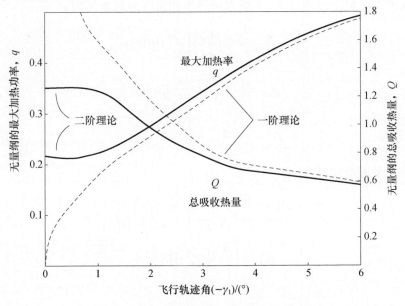

图 2.16　一阶与二阶再入加热分析的比较

而且,再入加热分析本身是一种近似,因为它假设该过程是层流边界层加热,使用雷诺比拟来消除斯坦顿数,并忽略了辐射能量输入以及气体中的振动激励和化学激励(真实气体效应)。在较低速度,即低于约2km/s时,这些假设是较为合理的,但是在飞行器逐渐接近典型大气层再入速度时,这个合理性会越来越少。有一些减轻影响;例如,忽略辐射加热可以部分抵消量热完全气体假设。在高海拔处再入飞行会有较低的雷诺数,因此其表面气体流动更倾向于层流,特别是对于较短、钝的飞行器。

对于滑翔式再入飞行器,其情况可能有所不同。当在高海拔处时,飞行器表面流动很可能是层流。然而随着大气层密度的增加,可以预见的是在一些点其边界层内的流动会变为湍流,这就会产生更大的阻力,由雷诺比拟可知,也会产生更高的加热率。很明显这是要尽可能避免的,这也要求滑翔再入飞行器的湿面积尽可能光滑且形状规则,以避免层流过早转化为湍流。必须指出的是,太频繁的计算——即使是最复杂的计算——会难以得出精确的结果。Prabhu 和 Tannehill 将航天飞机的飞行数据与理论传热分析的结果进行了对比,该分析采用先进的流场程序和平衡气体以及量热完全气体模型进行计算。结果发现,在有合适的 γ 值(比热比)时(作者建议 $\gamma = 1.2$),量热完全气体模型与平衡气体模型一致。在一些情况下,事实上采用较简单模型分析的结果与实际飞行数据更为契合。

其他航天飞机经验进一步证实了前面讨论的观点。对于 STS 1–5 任务,Williams 和其他研究者发现飞行前的分析与飞行数据都相当吻合,特别是在高温区域。在温度较低,背风区域(其流场一般更为复杂)的加热会显著低于飞行前的预测,即便这些预测是基于风洞的数据。Throckmorton 和 Zoby 将其归因于与亚尺度风洞试验数据相比,实际飞行中的湍流转变点来的更迟。

超过一百次的航天飞机飞行获取的数据揭示一些十分复杂的行为。一般航天飞机在马赫数 8 左右其湿下侧的边界层流动会转变为湍流,但是它在大约 20% 的飞行中就提前进行了转捩,这个时候其马赫数为 11,并且一些情况(STS–73)下早到了马赫数还在 19 时。湍流转捩的过早发生被归因于表面过于粗糙,特别是部分脱落的"缝隙填充物"材料,这些材料位于航天飞机热防护罩间的缝隙中以防止热气流从缝隙中流过。这些填充物显然会在飞行途中脱落并掉入边界层中,导致转捩的提早发生,并且在一些情况下还会导致对热防护系统的意外损坏。

在这些过早发生转捩的飞行中,有 60% 已经被证实为非对称转捩,即一边的机翼在湍流中,而另一边仍在层流中,这就导致两边的阻力有显著的差异,并在飞行器上产生一个侧向力矩。

这对于航天飞机以及今后的高超声速再入飞行器设计都有着显著的飞行控制影响。我们在设计时有必要保证反应控制推进器与气动面的组合有着足够的控制能力,而且在足够长的时间内,需要克服横向的扰动力矩以保证另外一边的机翼也能进行转捩。当然,也有必要保证这些不利条件下的全部加热率都保持在热防护系统设计的极限之内。

最后,航天飞机热传递飞行经验随时间而变化。Scott 讨论了壁面催化效应对于轨道器热传递的影响并强调,当航天飞机热防护罩特性随时间和使用情况变化时,飞行中的热流会增加。

对于模型有效性的不确定性累积要求我们在解释所有传热分析结果时必须谨慎。我们认为这里的再入传热分析只能作为一种对于数量级的理论分析,可以应用于初步设计中而不适合在具体的工作中使用。即使最详尽的计算,我们认为其精确度也不会好于 10%。

2.4.6　化学反应流动传热

在化学反应流动中,从边界层外缘到壁面处,通过边界层的化学组分可能会发生变化,因为在边界层内会有温度梯度,即使对于绝热壁面。如果气体处于化学平衡状态,则边界层内的化学组分只取决于该处的条件(即压强和温度)。现在的组分梯度引起了边界层内的组分扩散通量。这些扩散通量提供了有效的质量(和能量)传输,局部平衡依赖于这些通量的一个平衡。当典型再入情形下壁面温度大于 2000K 时,局部平衡发生。当壁面温度较低时,相比边界层内的滞止时间,反应速率低,边界层内气体处于非平衡态。在极限情况下,边界层内气体一点也不反应,边界层边缘组分维持在壁面。

结果,方程(2.49)应用

$$\dot{q}_w = \left(k \frac{\partial T}{\partial y} \right)_w + \left(\sum \rho Y_i V_i h_i \right)_w = \left(k \frac{\partial T}{\partial y} \right)_w + \left(D_i \rho \sum h_i \frac{\partial Y_i}{\partial y} \right)_w$$

当在工程分析中考虑组分扩散项时,很方便地引入两个其他的无量纲量,Lewis 数为

$$Le = \frac{\rho c_p D_i}{k} \tag{2.102}$$

它是质量扩散与热扩散的比值,施密特数为

$$Sc = \frac{\mu}{\rho D_i} \tag{2.103}$$

它是黏性与质量扩散的比值。所以,Lewis 数 Le 是普朗特数与施密特数之比

$$Le = \frac{Pr}{Sc} \tag{2.104}$$

2.4.7　薄膜系数方法

不可压定常特性低速流边界层的能量方程为

$$u \frac{\partial T}{\partial x} + v \frac{\partial T}{\partial y} = \alpha \frac{\partial^2 T}{\partial y^2} \tag{2.105}$$

结果一般以方程(2.52)或方程(2.60)的形式相关联,就像上面讨论的一样。

对于高速化学反应流,如果扩散系数相等,普朗特数和 Lewis 数一致,那么边界层能量方程变为

$$\rho u \frac{\partial H}{\partial x} + \rho v \frac{\partial H}{\partial y} = \frac{\partial}{\partial y}\left(\mu \frac{\partial T}{\partial y}\right) \qquad (2.106)$$

式中,H 为总焓(显焓 + 化学焓 + $V^2/2$)。

通过类推到上面提及的低速情况,结果以下面的形式相关联

$$\dot{q}_w = St(\rho V)_{oe}(H_e - H_w) \qquad (2.107)$$

根据焓项把传热方程重新分配到冻结化学傅里叶部分和化学部分:

$$\dot{q}_w = St(\rho V)_{oe}(H_r - H_w)_e + St(\rho V)_{oe}(h_e - H_w)_{\tau_w} \qquad (2.108)$$

在第一项中,采用边界层边缘合成物来评价对流项。在第二项中,在壁面温度处评价化学通量,化学通量由边缘化学合成物和壁面温度处壁面气体的不同来驱动[如方程(2.49)所示]。在分割单一 Lewis 数能被弛豫的假设之后,在化学通量项中使用的质量传递系数 C_m,使式(2.108)转化为

$$\dot{q}_w = St(\rho V)_{oe}(H_r - H_w)_e + C_m(\rho V)_{oe}(h_e - H_w)_{\tau_w} \qquad (2.109)$$

如果扩散系数不是近似相等的,也就是说,当不同分子量的混合物存在于边界层中时,直接化学焓无法使用而可能使用等效焓 h^*,即分子量加权和质量加权平均扩散系数

$$\dot{q}_w = St(\rho V)_{oe}(H_r - H_w)_e + C_m(\rho V)_{oe}(h_e^* - H_w^*)_{\tau_w} \qquad (2.110)$$

由频繁使用的 Chilton – Coburn 关系,质量传递系数与热传递系数有关,即

$$\frac{C_m}{St} = Le^\varepsilon \qquad (2.111)$$

式中,$\varepsilon = 2/3$ 为一个常用的值。

对于离解气体,$Pr = 0.71$,$Sc = 0.5$,则 $Le = 1.4$(见方程(2.104)),则 $C_m = 1.26St$。在工程估算中,普朗特数和斯密特数可能是在边界层参考条件中算出的,如 Eckert 定义的边界层参考条件。

2.5　驻点加热

在再入分析中,总热负载和机体平均加热率都很重要,因为它们都可能会限制弹道。而这两者的相对重要性取决于再入剖面和飞行器参数,并且,如我们之前所提到的,减少其中一个的重要性通常会增加另外一个的重要性。

同样重要的是再入飞行器任何部分的最大局部加热率,这决定了最严峻的局部热防护需求。除了由于湍流效应和激波－边界层干扰引起的可能局部后体热点,机体加热率在驻点处最大。

任何实际的飞行器设计都会有一个钝头体或者机翼/机尾前缘,而这就会是滞止流区域,如图 2.17 所示[2]。

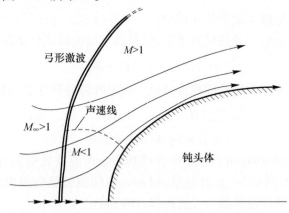

图 2.17　滞止点流动

注释框:滞止区域流场特征

图 2.18 所示为高超声速流动中飞行器滞止点附近流动的术语。气流流过激波的正激波部分到达状态 2 后等熵减速到状态 t_2,这就形成了滞止点①处热边界层的外缘条件[3]。这一流体状态也会以下标 oe 或当能与我们讨论的滞止点条件区分开来时简化为 e 来进行标识。

与理想气体相比,平衡实际气体的静温 T_2,声速 a_2 和激波层内速度 v_2 要小。实际计算所得的热力学平衡状态下空气静压要比理想气体值稍微大一些。其密度会显著增加,因此,激波层的厚度会明显减少。

在自由来流密度足够高的低海拔高度处,这些化学状态可以达到平衡。而在自由来流密度相对较低的更高海拔处,气体没有足够的碰撞来达到平衡状态。

在计算穿过正激波层的条件时,我们使用定常面积流管中稳定、一维、无粘、绝热流体来进行计算:

---

① 需要注意的是,对于非对称流场,从激波到滞止点的流线可能会弯曲。

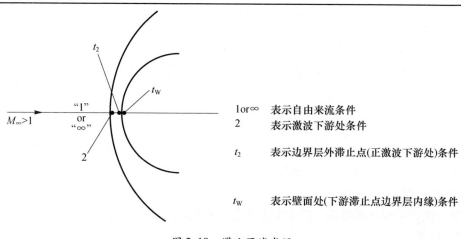

1or∞　表示自由来流条件

2　表示激波下游处条件

t_2　表示边界层外滞止点(正激波下游处)条件

t_W　表示壁面处(下游滞止点边界层内缘)条件

图 2.18　滞止区域术语

$$\rho_1 u_1 = \rho_2 u_2 \qquad (2.112)$$

$$p_0 = p_1 + \rho_1 u_1^2 = p_2 + \rho_2 u_2^2 \qquad (2.113)$$

$$H_t = h_1 + \frac{1}{2} u_1^2 = h_2 + \frac{1}{2} u_2^2 \qquad (2.114)$$

式中:H_t为流体的总焓(或滞止焓)。

　　假设气体为热完全气体,则

$$p = \rho R T = \rho \frac{R_0}{m_0} T \qquad (2.115)$$

这也是理想气体,它是量热完全气体(即比热为常数)

$$h = c_p T \qquad (2.116)$$

如果气体既是热完全气体也是量热完全气体(或者简言之,就是理想气体),穿过激波层后流动参数数值之比可以写作 M_1 和 γ(比热比)的唯一函数:

$$\frac{p_2}{p_1} = \frac{2\gamma M_1^2 - (\gamma - 1)}{\gamma + 1} \qquad (2.117)$$

$$\frac{\rho_2}{\rho_1} = \frac{u_1}{u_2} = \frac{(\gamma + 1) M_1^2}{(\gamma - 1) M_1^2 + 2} \qquad (2.118)$$

$$\frac{T_2}{T_1} = \frac{[2\gamma M_1^2 - (\gamma - 1)][(\gamma - 1) M_1^2 + 2]}{(\gamma + 1)^2 M_1^2} \qquad (2.119)$$

如果假设流动从点 2(紧接激波的正激波部分后的下游)的状态等熵减速到热边界层外滞止点(点 t_2),则

$$\frac{p_{t2}}{p_1} = \left[\frac{(\gamma + 1) M_1^2}{2}\right]^{\left(\frac{\gamma}{\gamma-1}\right)} \left[\frac{(\gamma + 1)}{2\gamma M_1^2 - (\gamma - 1)}\right]^{\left(\frac{1}{\gamma-1}\right)} \quad (2.120)$$

$$\frac{T_{t2}}{T_1} = \frac{T_{t1}}{T_1} = 1 + \frac{(\gamma - 1)}{2}M_1^2 \quad (2.121)$$

需要注意的是,绝热气流穿过正激波后其滞止焓为常数,方程(2.114)也阐述了这一点,而仅对于理想气体绝热流动,滞止温度才会在穿过正激波后不变,如方程(2.121)所示。

读者需要注意的是,气体可以是热完全而量热非完全气体,但反过来就不可以。

实际上,有

$$h = u + pv = c_p T \quad (2.122)$$

但是

$$\rho v = RT \rightarrow u + RT = c_p T \rightarrow u = (c_p - R) T = c_v T \quad (2.123)$$

我们应当用术语理想气体来描述同时具有热完全和量热完全性质的气体。

方程(2.112)~方程(2.114)并不受制于理想气体假设,其可以应用于高超声速高温流动。我们可以使用《美国标准大气表》来定义任意海拔高度处的自由来流特征,即 p_1,ρ_1,和 h_1。由于在方程(2.112)~方程(2.114)中有四个未知数,即 p_2,ρ_2,h_2 和 u_2,但是只有三个方程,因此需要额外的关系式来求解方程,如

$$\begin{cases} \rho(p,h) \\ s(p,h) \\ T(s,h) \end{cases} \quad (2.124)$$

强正激波后的滞止区是一个特殊的剧烈加热地方。例如,再入速度为马赫 25 时,由理想气体激波关系表可得 $T_{t2}/T_1 = 126$,其中 T_1 为自由来流的静温,T_{t2} 为激波后的滞止温度。假设 80km 海拔处的标准大气层温度 $T_1 = 166K$,那么激波后的总温[①]将达到 20.900K。相比之下,太阳表面的温度约为 5780K。

[①] 这样的极端温度显然无法达到。之前的计算假设大气为量热完全气体,即其焓值与温度有关系 $h = c_p T$,而比热容 c_p 为常数,对空气为 1005J/kgK。实际上,绝大部分的可用热能都被用于空气分子裂解或电离,有效增加气体的比热容并降低驻点温度。对于航天飞机再入,其头部防护罩所能达到的温度峰值约为 1650K。

前面关于高速高能流动的单独流场特性预测十分有趣,且提供了很多信息。然而,必须加以注意的是,在再入飞行器设计中,壁面热通量 $\dot{q}_w$ 是很重要的参数,且其取决于边界层外缘与壁面之间的总焓差 $(H_{oe} - H_w)$。而温度差则并非与之相关的参数,不管方程(2.48)意味着什么。对于量热完全气体,当应用 $h = c_p T$ 时,其温度和焓值之间没有什么区别。在化学反应气体中,裂解和电离将会改变比热容和温度之间的平衡并因此显著影响整个流场。

结果,在逐步递进的方法中,我们应首先着眼于理想气体滞止点的气动加热,然后再考虑化学反应流动。

2.5.1 理想气体流动的驻点传热

关于滞止热的近似分析依赖方程(2.50),在这里将其复述如下:

$$\dot{q}_0 = \left(\frac{Nu_L}{Pr}\right)\left(\frac{\mu}{L}\right)H_{oe}\left(1 - \frac{H_w}{H_{oe}}\right)$$

此前采用斯坦特数代替努赛尔数重新整理该方程,然后用雷诺比拟来计算以表面摩擦系数为形式的结果。这样做是因为当完整的流场解无法获得时,如果仅是经验性地,表面摩擦数据比传热数据更加容易获取和一般化。但是,图2.17中的滞止区域边界层流动充分表明一个更为直接的方法是可能的。

在强弓形激波后的低速滞止区,可以使用不可压流理论。对于这样一股流过圆形头部或机翼前缘的流动,其努塞尔数为:

$$Nu_L = \eta Pr^{\frac{2}{5}}\sqrt{\frac{K\rho}{\mu}}L \qquad (2.125)$$

其中对于轴对称流动 $\eta = 0.763$,而对二维流动,如机翼前缘的流动,$\eta = 0.570$。而且,K 是边界层边缘上沿 x 或流向方向上的滞止点速度梯度

$$K = \left(\frac{dV_{oe}}{dx}\right)_{sp} \qquad (2.126)$$

式中,下标 sp(或简写为 s)代表在滞止点条件。

因此,η 值指出了三维流动条件下的热通量要比二维大约30%(即 0.763/0.570 = 1.33)。

三维情况下的热通量更高是由流体本身的性质所决定的。实际上,在二维条件下,流体只能向两个方向流动(即向上或者向下),而在三维条件下,流体也可以横向流动(向左和向右)。这就导致其边界层更薄并因此在方程(2.48)中有更大的 dT/dy)。在高超声速流动中,其激波脱体距离也减少了。

高速流中的滞止点速度梯度 $(dV_{oe}/dx)_{sp}$ 是通过联立牛顿壁面压强分布和边

界层动量方程以及滞止点无粘解评估的。可得

$$K = \left(\frac{\mathrm{d}V_{\mathrm{oe}}}{\mathrm{d}x}\right)_{\mathrm{sp}} = \frac{V}{R_{\mathrm{N}}}\sqrt{\frac{2\rho}{\rho_{\mathrm{oe}}}} = \frac{1}{R_{\mathrm{N}}}\sqrt{\frac{2(p_{\mathrm{oe}} - p_{\infty})}{\rho_{\mathrm{oe}}}} \qquad (2.127)$$

式中,R_{N} 为前缘曲率半径[①];$(\rho/\rho_{\mathrm{oe}})$ 为无粘流以上游马赫数 M 穿过正激波后的密度之比,且

$$\frac{\rho}{\rho_{\mathrm{oe}}} = \frac{(\gamma - 1)M^2 + 2}{(\gamma + 1)M^2} \qquad (2.128)$$

这个比值的变化范围为 $1(M = 1)$ 至 $(\gamma - 1)/(\gamma + 1)$(马赫数无穷大)。

注释框:滞止点速度梯度评估

为了得到滞止点无粘流速度梯度值 $\left(\dfrac{\mathrm{d}u_e}{\mathrm{d}x}\right)_{\mathrm{sp}}$,我们使用欧拉动量方程:

$$\left(\frac{\mathrm{d}p_e}{\mathrm{d}x}\right)_{\mathrm{sp}} = -\left(\frac{\mathrm{d}u_e}{\mathrm{d}x}\right)_{\mathrm{sp}} \rho_e u_e \approx -\rho_{\mathrm{t2}}\left(\frac{\mathrm{d}u_e}{\mathrm{d}x}\right)_{\mathrm{sp}} x$$

实际上,其 x 方向动量方程为:

$$\rho u\left(\frac{\partial u}{\partial x}\right) + \rho v\left(\frac{\partial v}{\partial y}\right) = -\frac{\partial p}{\partial x} + \frac{\partial}{\partial y}\left(\mu\frac{\partial u}{\partial y}\right) \xrightarrow{\text{欧拉}} -\frac{\partial p}{\partial x}$$

而且,由通常的薄边界层近似(根据普朗特边界层理论)有

$$\frac{\partial p}{\partial y} \approx 0$$

也就是说,边界层中某点压强与边界层边缘压强 p_e 相等,而其可以由无粘流场解得出。

由于该无粘解只是 x 的函数,因此

$$\frac{\partial p}{\partial x} = \frac{\mathrm{d}p_e}{\mathrm{d}x} = -\rho_e u_e \frac{\mathrm{d}u_e}{\mathrm{d}x}$$

但是速度近似为 x 的线性函数(这在之前滞止区流场的计算和测试中证明),即,

$$u_e \approx \left(\frac{\mathrm{d}u_e}{\mathrm{d}x}\right)_{\mathrm{sp}} x$$

---

① 这个方程提供了一个广为人知的结论,即滞止点热量与头部半径的平方根成反比,即 $\dot{q}_0 \propto \dfrac{1}{\sqrt{R_{\mathrm{N}}}}$。这并不意味着平头部可以消除滞止点加热;在这种极限情况下,模型中所采用的各种近似都是无效的。

因此

$$\left(\frac{\mathrm{d}p_e}{\mathrm{d}x}\right)_{sp} = -\rho_e u_e \left(\frac{\mathrm{d}u_e}{\mathrm{d}x}\right)_{sp} \approx -\rho_{t2}\left(\frac{\mathrm{d}u_e}{\mathrm{d}x}\right)_{sp}^2 R_N$$

由于处于滞止点附近,可以近似认为 $x \approx R_N$。

因此,问题就变成了如何求解滞止点的压强梯度 $(\mathrm{d}p_e / \mathrm{d}_x)_{sp}$。

1)牛顿滞止点速度梯度

滞止点的压强梯度可以通过修正牛顿理论计算出来,该理论为:

$$C_{pt2} = \frac{p_{t2} - p_\infty}{\frac{1}{2}\rho_\infty u_\infty^2} = 2\cos^2\phi = \frac{p_e}{\frac{1}{2}\rho_\infty u_\infty^2}$$

因此

$$p_e = \rho_\infty u_\infty^2 \cos^2\phi = (p_{t2} - p_\infty)\cos^2\phi$$

所以

$$\frac{\mathrm{d}p_e}{\mathrm{d}x} = \frac{\mathrm{d}}{\mathrm{d}x}\left[(p_{t2} - p_\infty)\cdot\cos^2\phi\right] = (p_{t2} - p_\infty)\frac{\mathrm{d}(\cos^2\phi)}{\mathrm{d}x}$$

$$= -2(p_{t2} - p_\infty)\cdot\cos\phi\cdot\sin\phi\frac{\mathrm{d}\phi}{\mathrm{d}x}$$

在滞止点,$\phi \ll 1$,因此 $\cos\phi \approx 1$,$\sin\phi \approx \phi$。

进而

$$\phi = \frac{x}{R_N} \rightarrow \frac{\mathrm{d}\phi}{\mathrm{d}x} = \frac{1}{R_N}$$

因此

$$\left(\frac{\mathrm{d}p_e}{\mathrm{d}x}\right)_{sp} = \frac{-2}{R_N}\cdot(p_{t2} - p_\infty) = -\rho_{t2}\left(\frac{\mathrm{d}u_e}{\mathrm{d}x}\right)_{sp}^2 R_N$$

最终有

$$\left(\frac{\mathrm{d}u_e}{\mathrm{d}x}\right)_{sp} = \frac{1}{R_N}\cdot\sqrt{\frac{2(p_{t2} - p_\infty)}{\rho_{t2}}}$$

值得注意的是,这个关系式的应用条件为球形防护罩上(即轴对称流动)或轴线与自由来流方向垂直的圆柱上(即二维流动)的修正牛顿流动。

2)非牛顿滞止点速度梯度

通过修正的牛顿近似,真实情况下半球相当大部分的压强分布都可以很好的得出。然而,如果头部在 $\phi = 45°$ 之前就被截断,如图所示,那么声速点就会移动到拐角处。在无粘流场中,这个变化会传递至亚声速区域。结果,压强就会随距离滞止点的距离更快地下降(注释图2-3)。

在这种情况下,我们必须使用更加有效的头部半径[3]。

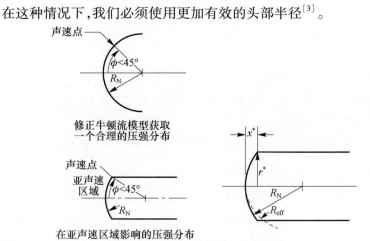

注释图 2 – 3　与速度梯度相关的术语

因此,所得的压强梯度(或者等价的速度梯度)可以通过选取有效的球形防护罩半径 R_{eff} 来计算。

图 2.19 再现了基于 Boison 和 Curtiss 在 $M_\infty = 4.76$ 情况下所得数据得到的头部半径之间的关系[3]。

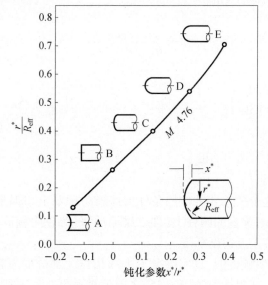

图 2.19　有效头部半径与钝化参数之间函数关系,
所用数据为 $M_\infty = 4.76$ 条件下

弓形激波的具体形状和滞止点速度梯度与马赫数有关。不过,马赫数 4.76 下的值给出了高超声速流动一个合理的相互关系。

3) 阿波罗返回舱有效半径计算

阿波罗指挥舱是一个带截短球状头部的实例。其近似参数为:

$$r^* = 1.956\text{m}$$
$$R_N = 4.694\text{m}$$

需要注意的是,由于阿波罗指挥舱有圆角,上述所用都为近似值。

首先给出拐角的角度 ϕ_c,即

$$\phi_c = \sin^{-1}\frac{r^*}{R_N} = 24.62°$$

因此

$$x^* = R_N(1 - \cos\phi_c) = 0.09 \cdot R_N$$
$$r^* = 0.42 \cdot R_N$$

因此

$$\frac{x^*}{r^*} = 0.21$$

由图 2.19 可知

$$\frac{r^*}{R_{\text{eff}}} = 0.47$$

因此

$$R_{\text{eff}} = 0.88 \cdot R_N = 4.13\text{m}$$

因此,相对基于头部半径 R_N 的真实滞止点速度梯度为

$$\frac{\left(\dfrac{\mathrm{d}u_e}{\mathrm{d}x}\right)_{\text{eff}}}{\left(\dfrac{\mathrm{d}u_e}{\mathrm{d}x}\right)_{R_N}} = \frac{R_N}{R_{\text{eff}}} = 1.13$$

所以,阿波罗指挥舱的截短球形头部带来一个缩小的有效头部半径,进而引起滞止点对流热通量的增加。

因此,应用方程(2.55),方程(2.50)变为

$$\dot{q}_0 = \left(\frac{\eta}{2}\right)\text{Pr}^{-0.6}\sqrt{(\rho_{oe}\mu_{oe})_{sp}}V^2\left(1 - \frac{H_w}{H_{oe}}\right)\sqrt{\left(\frac{\mathrm{d}V_{oe}}{\mathrm{d}x}\right)_{sp}} \tag{2.129}$$

注释框：滞止区域传热估计

如果已知 ρ_e，V_e，μ_e 以及 H_e 的值，则可以对滞止点传热进行计算。

进而，滞止点以外采用的流动模型假设边界层外流线是等熵的。需要注意的是，对于黏性流动区域外部的任何流线，这显然是对的。虽然大的熵值梯度是垂直于流线的（因为气流流过一个弯曲的激波），在无粘流中沿流线方向上的熵值仍是守恒的。

因此

$$p_s \approx \rho_\infty V_\infty^2$$

$$H_s \approx \frac{V_\infty^2}{2}$$

$$\rho_s = \frac{p_s}{RT_s} = \frac{\rho_\infty V_\infty^2}{R \dfrac{H_s}{c_p}} = \frac{2c_p}{R}\rho_\infty = \frac{2\gamma}{\gamma-1}\rho_\infty$$

$$\frac{\rho_e}{\rho_s} = \left(\frac{p_e}{p_s}\right)^{\frac{1}{\gamma}} \rho_e = \rho_s \left(\frac{p_e}{p_s}\right)^{\frac{1}{\gamma}} = \frac{2\gamma}{\gamma-1}\rho_\infty \left(\frac{p_e}{p_s}\right)^{\frac{1}{\gamma}}$$

$$\frac{h_e}{H_s} = \left(\frac{p_e}{p_s}\right)^{\frac{\gamma-1}{\gamma}}$$

并且

$$H_s = h_e + \frac{V_e^2}{2} \rightarrow \frac{V_e^2}{2} = H_s - h_e = H_s\left(1 - \frac{h_e}{H_s}\right) = \left[1 - \left(\frac{p_e}{p_s}\right)^{\frac{\gamma-1}{\gamma}}\right]H_s$$

因此

$$\frac{V_e^2}{2} = \frac{V_\infty^2}{2}\left[1 - \left(\frac{p_e}{p_s}\right)^{\frac{\gamma-1}{\gamma}}\right] \rightarrow$$

$$\frac{V_e}{V_\infty} = \sqrt{1 - \left(\frac{p_e}{p_s}\right)^{\frac{\gamma-1}{\gamma}}} \rightarrow V_e = V_\infty \sqrt{1 - \left(\frac{p_e}{p_s}\right)^{\frac{\gamma-1}{\gamma}}}$$

沿流线的所有特征都可以与压强比和滞止点特征值有关。

在考虑黏性的情况下，我们可以在高超声速极限条件下使用 Sutherland 定律：

$$\mu \approx \mu_0 \sqrt{T} = \frac{\mu_0}{c_p}\sqrt{h} = C_\mu \sqrt{h}$$

因此

$$\mu_e = C_\mu \sqrt{h_e} = C_\mu \sqrt{H_s \left(\frac{p_e}{p_s}\right)^{\frac{\gamma-1}{\gamma}}} = \frac{C_\mu}{\sqrt{2}} V_\infty \sqrt{\left(\frac{p_e}{p_s}\right)^{\frac{\gamma-1}{\gamma}}}$$

我们现在可以将这些值代入加热率公式并得出在冷壁面条件下（即 $H_w \approx 0$）滞
止点传热的关系式：

$$\dot{q}_0 = A(\rho_e V_e)^{1-n} \left(\frac{\mu_e}{x}\right)^n (H_r - H_w) = A(\rho_e V_e)^{1-n} \left(\frac{\mu_e}{x}\right)^n H_r =$$

$$= A\left[\frac{2\gamma}{\gamma-1}\rho_\infty \left(\frac{p_e}{p_s}\right)^{\frac{1}{\gamma}} V_\infty \sqrt{1-\left(\frac{p_e}{p_s}\right)^{\frac{\gamma-1}{\gamma}}}\right]^{1-n} \left[\frac{C_\mu}{\sqrt{2}} \frac{V_\infty}{x} \sqrt{\left(\frac{p_e}{p_s}\right)^{\frac{\gamma-1}{\gamma}}}\right]^n \frac{V_\infty^2}{2} =$$

$$= A\left(\frac{2\gamma}{\gamma-1}\right)^{1-n} \left(\frac{C_\mu}{\sqrt{R_N}}\right)^n \frac{1}{2^{\frac{n}{2}+1}}\rho_\infty^{1-n} \left(\frac{p_e}{p_s}\right)^{\frac{1-n}{\gamma}+\frac{\gamma-1}{2\gamma}n} \left[1-\left(\frac{p_e}{p_s}\right)^{\frac{\gamma-1}{\gamma}}\right]^{\frac{1-n}{2}} \left(\frac{R_N}{x}\right)^n V_\infty^3$$

因此有

$$\dot{q}_0 = K \frac{1}{R_N^n}\rho_\infty^{1-n} V_\infty^3 F(x)$$

其中

$$K = A\left(\frac{2\gamma}{\gamma-1}\right)^{1-n} (C_\mu)^n \frac{1}{2^{\frac{n}{2}+1}}$$

$$F(x) = \left(\frac{R_N}{x}\right)^n \left(\frac{p_e}{p_s}\right)^{\frac{1-n}{\gamma}+\frac{\gamma-1}{2\gamma}n} \left[1-\left(\frac{p_e}{p_s}\right)^{\frac{\gamma-1}{\gamma}}\right]^{\frac{1-n}{2}}$$

$$= \left(\frac{R_N}{x}\right)^n \left(\frac{p_e}{p_s}\right)^{\frac{2-3n+\gamma n}{2\gamma}} \left[1-\left(\frac{p_e}{p_s}\right)^{\frac{\gamma-1}{\gamma}}\right]^{\frac{1-n}{2}}$$

其结果为

对于层流，$A = 0.332$ 且 $n = 0.5$，因此

$$\dot{q}_0 = K\sqrt{\frac{\rho_\infty}{R_N}} V_\infty^3 F(x)$$

对于湍流，$A = 0.0296$ 且 $n = 0.2$，因此

$$\dot{q}_0 = K\frac{\rho_\infty^{0.8}}{R_N^{0.2}} V_\infty^3 F(x)$$

因此,只要给出了 $F(x)$,即压强分布,就可以得到滞止区传热情况。

其结果为,在远离滞止点时,可以通过低阶方法来计算简单外形的气动加热,如球状头部和球锥形防护罩。

1)球状头部

如注释图 2 – 4 所示为球状头部的圆形横截面。

图中

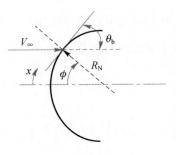

注释图 2 – 4

$$\frac{R_N}{x} = \varphi^{-1}$$

$$\frac{p_e}{p_s} = \frac{p_e}{p_{t2}} = \sin^2\theta_b + \frac{p_\infty}{p_{t2}}\cos^2\theta_b \approx \sin^2\theta_b = \cos^2\varphi$$

由修正的牛顿理论以及 $\phi + \theta_b = 90°$,有

$$(\dot{q}_0)_{lam} = K\sqrt{\frac{\rho_\infty}{R_N}}V_\infty^3 F(x)$$

其中

$$K = A\left(\frac{2\gamma}{\gamma-1}\right)^{0.5}\sqrt{C_\mu}\frac{1}{2^{\frac{5}{4}}}$$

$$F(x) = \left(\frac{R_N}{x}\right)^{0.5}\left(\frac{p_e}{p_s}\right)^{\frac{\gamma+1}{4\gamma}}\left[1-\left(\frac{p_e}{p_s}\right)^{\frac{\gamma-1}{\gamma}}\right]^{\frac{1}{4}}$$

$$= \frac{1}{\sqrt{\phi}}(\cos\phi)^{\frac{\gamma+1}{2\gamma}}\left[1-(\cos\phi)^{\frac{2(\gamma-1)}{\gamma}}\right]^{\frac{1}{4}}$$

2)球锥状防护罩

例如,在文献[6]中 Lees 提出了一种球锥状防护罩表面传热变化的推导方法,这对于其气动加热情况的初步估计很有用处。在零攻角情况下,该防护罩在高马赫数时附着激波层的表面压强是恒定的。当马赫数增加时,在机身的尖端处会产生极高的传热率,这样就很难保证该处不会融化或者发生结构损坏。为了减少这种隐患,高速飞行器的圆锥部分通常会在前端做成一个球状,因为有 $q_0 \propto \sqrt{\frac{1}{R_b}}$。

气流流经球锥钝头体后不会恢复为恒定压强流,除非其已经到了离头部相当远的地方,这就与等效尖头圆锥的传热分布有所不同。Lees 考虑过这个问题,如注释图 2 – 5。

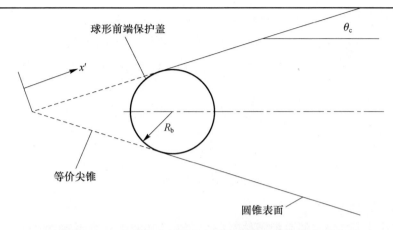

注释图 2-5　球锥体防护罩和与其具有相同半顶角尖锥体的
相比会多出一个坐标测量距离

Lees 的方法表明,对于头部半径为 R_b,半顶角为 θ 的钝锥体,在锥体表面的任意一点,壁面传热与滞止区传热之比 $\dfrac{\dot{q}_w(\theta)}{\dot{q}_{co}}$ 为

$$\text{鼻部}: \frac{\dot{q}_w(\theta)}{\dot{q}_{co}} = \frac{2\theta\sin\theta\left(1 - \dfrac{1}{\gamma_\infty M_\infty^2}\right)\cos^2\theta + \dfrac{1}{\gamma_\infty M_\infty^2}}{\sqrt{D(\theta)}} \tag{2.130}$$

$$\text{锥裙}: \frac{\dot{q}_w(x')}{\dot{q}_{co}} = \frac{A(\theta_c)\dfrac{x'}{R_b}}{\sqrt{B(\theta_c) + \left(\dfrac{x'}{R_b}\right)^3}} \tag{2.131}$$

对于 $\dfrac{x'}{R_b} \geqslant \cot\theta_c$ 的情况,方程(2.131)是合理的,其中 x' 为沿有效尖锥体的圆锥表面测得的曲线长度(见注示图 2-5)。这个长度与沿球锥体防护罩表面长度的关系为

$$\frac{x'}{R_b} = \cot\theta_c + \left[\frac{x}{R_b} - \left(\frac{\pi}{2} - \theta_c\right)\right] \tag{2.132}$$

最后,对于高马赫数条件下的简化表达式为:

$$A(\theta_c) \approx \frac{\sqrt{3}}{2}\left[\left(1 - \frac{1}{\gamma_\infty M_\infty^2}\right)\sin^2\theta_c + \frac{1}{\gamma_\infty M_\infty^2}\right]^{\frac{1}{2}}\sqrt{\frac{\pi}{2} - \theta_c} \tag{2.133}$$

$$B(\theta_c) \approx \frac{3}{16} \frac{D\left(\frac{\pi}{2} - \theta_c\right)}{\left[\left(1 - \frac{1}{\gamma_\infty M_\infty^2}\right)\sin^4\theta_c + \frac{1}{\gamma_\infty M_\infty^2}\right]\theta_c} - \cot^3\theta_c \quad (2.134)$$

$$D(\theta) \approx \left(1 - \frac{1}{\gamma_\infty M_\infty^2}\right)\theta^2 - \frac{1}{2}\theta\sin4\theta + \frac{1}{8}(1 - \cos4\theta)$$

$$+ \frac{4}{\left(1 - \frac{1}{\gamma_\infty M_\infty^2}\right)}\left[\theta^2 - \theta\sin2\theta + \frac{1}{2}(1 - \cos2\theta)\right] \quad (2.135)$$

后掠圆柱

前缘半径为 R_{cyl} 的后掠圆柱有一个广为人知的工程关系式,即

$$\dot{q}_{0cyl} = 1.29 \times 10^{-4} \sqrt{\frac{\rho_\infty}{R_{cyl}}}(1 - 0.18\sin^2\Lambda_{eff})v_\infty^3\left(1 - \frac{h_w}{h_{aw}}\right)\cos\Lambda_{eff} \quad (2.136)$$

其中

$$h_{aw} \approx h_\infty + \frac{1}{2}v_\infty^2(1 - 0.18\sin^2\Lambda_{eff})$$

$$\sin\Lambda_{eff} = \sin\Lambda\cos\alpha$$

$$\cos\Lambda_{eff} = \sqrt{1 - \sin^2\Lambda_{eff}}$$

Λ 为后掠前缘角,Λ_{eff} 为有效后掠前缘角。

另一个过去在航天飞机上使用的关系式为

$$\dot{q}_{0wing-Shuttle} = \frac{1}{\sqrt{2}}\frac{1}{\sqrt{R_{cyl}}}\dot{q}_{R_N} = \cos^{1.2}\Lambda_{eff} \quad (2.137)$$

式(2.137)即 Gomg 关系式。

最后,方程(2.129)是在理想气体条件下得出的,它忽略了振动激励和化学激励的影响。

结果,对于理想气体和化学反应气体,这都要求评估滞止区流场特征。

2.5.2 化学反应气体的驻点传热

Fay 和 Riddel 对有化学反应离解气体的滞止点加热分析做出了标志性贡献,随后 Hoshizaki 以及 Fay 和 Kemp 对其进行了拓展,包含了电离的影响。Rose 以及 Stark 和 Kemp 等人做了实验性工作来支持上述理论[3,4,5]。

Fay 和 Riddell 发现对于普朗特数和刘易斯数为常数的包含原子(O 或 N)和分子(N_2 或 O_2)的无辐射双组分气体滞止点热流具有 $T^{\frac{1}{2}}$ 黏性定律

$$\dot{q}_0 = \left(\frac{\eta}{2}\right) Pr^{-0.6} (\rho_{oe}\mu_{oe})_{sp}^{0.4} (\rho_w\mu_w)_{sp}^{0.1} V^2 \left(1 - \frac{H_w}{H_{oe}}\right) \sqrt{\left(\frac{dV_{oe}}{dx}\right)_{sp}} \cdot \left[1 + (Le^{\varepsilon} - 1)\frac{h_d}{H_{oe}}\right]$$

(2.138)

式中:$\varepsilon = 0.52$ 适用于边界层平衡流动;$\varepsilon = 0.63$ 适用于完全催化壁面的冻结流动;$\varepsilon = -\infty$ 适用于无催化壁面的冻结流动;h_d 为平均离解能,即气体混合物的离解焓,$h_d = \sum Y_i (\Delta h_f^0)_i$;$Y_i$ 为第 i 种组分的浓度;Δh_f^0 为第 i 种组分的生成热。

Fay 和 Riddell 的分析与典型地球轨道速度的试验数据相当契合,并以离解导致的因子对方程(2.129)进行了修正[①]。

$$D = \left(\frac{\rho_w\mu_w}{\rho_{oe}\mu_{oe}}\right)_{sp}^{0.1} \left[1 + (Le^{\varepsilon} - 1)\frac{h_d}{H_{oe}}\right]$$

(2.139)

这一化学反应项,正如分离的结果所预期,给出了刘易斯数 ε 即传质系数与传热系数之比的指数。

需要注意的是,壁面完全催化情况下,气体平衡流动和冻结流动之间的区别很小,这是因为壁面附近的气体由两种气体原子和气体分子的混合物构成,因此如果壁面条件相同,则两种情况下的扩散通量几乎是相等的,因此其与化学反应动力学无关。

在高速情况下($V > 9km/s$),当电离作用变得重要时,电子 - 离子对的扩散会加剧,并导致刘易斯数变小。这个时候就必须要考虑电离能。最终这会导致预测热流的增大。

这种情况下很重要的是,电离增加时,双原子气体在壁面完全催化情况下其冻结边界层热通量要比平衡边界层解大得多。这是因为在平衡流动情况下,混合物实质上是三元的,且大的电荷交换横截面使得形成原子层来阻止电子 - 离子对向壁面的扩散,因此它们的复合能在壁面处是不可用的。壁面完全催化时,在边界层为冻结流动情况下,直接在壁面发生由电离态到分子态的重组,并因此无法形成绝缘原子层。

---

① 在大气层再入过程中,高动能自由来流气体通过强机体激波的正激波和斜激波时会在弓形激波和机身之间的激波层产生极高的温度,特别是在滞止点附近。在滞止区域之外,激波层气体会通过膨胀过程冷却下来。如此高的温度会导致激波层内不同组分之间发生化学反应以及电离和多原子气体的离解。

在单原子电离气体中则没有这一影响,如 Ar 或 He,气体双原子与否并不会显著影响其通量,但是多组分电离状态时会产生影响。

Kemp 和 Riddell 表明这一因素使得从地球低轨再入时,滞止热通量比由量热完全气体得出的结果增加了 20% [1]。

关于方程(2.138)使用的一些解释依次如下。

这个方程是由前往后算的,即要先知道壁面温度,然后才能计算热流。如果已知的是 $\dot{q}_w$ 而非 T_w,那么必须通过迭代计算壁面温度。

由弹道解可以知道自由来流的密度 ρ 和速度 D。在已知海拔高度时,可以根据标准大气模型得知自由来流的密度、压强和温度。给定壁面温度(可能给的是设计上限)和构成化学反应边界层气体的状态关系后,ρ_w,μ_w,h_d 和 H_w 就可以计算出来了。气体的性质可以由基本原理得出,或者少费一点力气,可以直接查表。适当精度的经验关系式如 Sutherland 黏性定律也是很有帮助的。

注释框:球体滞止点热流

考虑一个球形头部半径为 $R_N = 0.3\text{m}$ 的再入飞行器,以 7300m/s 的速度在海拔 70km 处飞行。假设壁面温度为 1400K,需计算滞止点的传热率,假设气体为

(1)理想气体。

(2)热化学平衡气体。

由 1976 年美国标准大气模型,$H = 70\text{km}$ 处,自由来流的温度、压强、密度和声速为:

$$T_\infty = 219.59\text{K}, P_\infty = 5.22\text{Pa}, \rho_\infty = 8.28 \times 10^{-5}\text{kg/m}^3, a_\infty = 297.1\text{m/s}$$

因此有

$$M_\infty = \frac{u_\infty}{a_\infty} = \frac{7300}{297.1} = 24.57$$

情况(1),在理想气体情况下,$h_d = 0$,且包含刘易斯数的项为 1。因此,又根据方程(2.138),则滞止点的传热率为

$$\dot{q}_0 = 0.763 \cdot (Pr)^{-0.6} \cdot (\rho_w\mu_w)^{0.1} \cdot (\rho_e\mu_e)_s^{0.4} \cdot (h_e - h_w) \cdot \left(\frac{du_e}{dx}\right)_s^{0.5}$$

---

[1] 工程师先使用方程(2.138)得到一个初步的结果,再加上 20% 得到一个保守的结果,这样做是合理的。

因此,问题就简化为评估上式中的每一项。

对于理想气体,我们假设普朗特数为 0.71(全流场)。进一步有

$$T_{t2} = T_{t1} = T_\infty \left[1 + \frac{(\gamma - 1)}{2} M_\infty^2 \right] = T_\infty (1 + 0.2 M_\infty^2) = 26732.22 \text{K}$$

$$\frac{p_{t2}}{p_1} = \left[\frac{(\gamma + 1) M_1^2}{2} \right]^{\left(\frac{\gamma}{\gamma - 1} \right)} \left[\frac{(\gamma + 1)}{2\gamma M_1^2 - (\gamma - 1)} \right]^{\left(\frac{1}{\gamma - 1} \right)}$$

$$= (1.2 M_1^2)^{3.5} \left(\frac{2.4}{2.8 M_1^2 - 0.4} \right)^{2.5} = 777.74$$

因此

$$p_{t2} = 777.74 \cdot p_1 = 4060.58 \text{Pa}$$

继续采用理想气体关系式:

(1)滞止点密度 ρ_{t2} 为

$$\rho_{t2} = \frac{p_{t2}}{RT_{t2}} = \frac{4060.58}{288.28 \cdot 26732.22} = 5.26 \times 10^{-4} \text{kg/m}^3$$

为计算空气气体常数 R,假设 $Y_{N_2} = 0.79$,$Y_{O_2} = 0.21$。因此有

$$R = \frac{R_0}{m_0} = \frac{R_0}{Y_{N_2} m_{N_2} + Y_{O_2} m_{O_2}} = \frac{8314.47}{0.79 \times 28 + 0.21 \times 32} = 288.28 \frac{\text{J}}{\text{kgK}}$$

式中,m_0 是理想状态(或参考)下空气的分子量。

(2)滞止点黏性系数 μ_{t2}。由 Sutherland 定律可得

$$\mu = 1.458 \times 10^{-6} \frac{T_w^{\frac{3}{2}}}{T_w + 110.4}$$

$$\mu_{t2} = 1.458 \times 10^{-6} \frac{T_{t2}^{\frac{3}{2}}}{T_{t2} + 110.4} = 1.458 \times 10^{-6} \frac{(26732.22)^{1.5}}{26732.22 + 110.4}$$

$$= 2.37 \times 10^{-4} \text{Pa} \cdot \text{s}$$

(3)壁面处密度 ρ_w。由于穿过薄边界层时静压为常数,$p_{t2} = p_{w,t}$。因此

$$\rho_{w,t} = \frac{p_{t2}}{RT_w} = \frac{4060.58}{288.28 \cdot 1400} = 1.01 \times 10^{-2} \frac{\text{kg}}{\text{m}^3}$$

(4)壁面处黏性系数 μ_w 为

$$\mu_w = 1.458 \times 10^{-6} \frac{T_w^{\frac{3}{2}}}{T_w + 110.4} = 1.458 \times 10^{-6} \frac{(1400)^{1.5}}{1400 + 110.4}$$

$$= 5.06 \times 10^{-5} \text{Pa} \cdot \text{s}$$

然后,得

$$H_{t2} = c_p T_{t2} = 1009.\,10 \times 26732.\,22 = 26.\,97 \times 10^6 \text{J/kg}$$

$$h_{w,t} = c_p T_w = 1009.\,10 \times 1400 = 1.\,41 \times 10^6 \text{J/kg}$$

速度梯度为

$$\left(\frac{\mathrm{d}u_e}{\mathrm{d}x}\right)_{t2} = \frac{1}{R_N}\sqrt{\frac{2(p_{t2} - p_1)}{\rho_{t2}}} = \frac{1}{0.\,3}\sqrt{\frac{2 \times (4060.\,58 - 5.\,22)}{5.\,26 \times 10^{-4}}} = 13089.\,27(\text{s}^{-1})$$

因此,滞止点热流为

$$\dot{q}_0 = 1.\,11\,\frac{\text{MW}}{\text{m}^2}$$

情况(2)需要计算当地正激波下游的流场条件。在这种情况下,由于能量被进入激波层的气体分子所吸收,在前体流动中一些守恒定律和热物理规律会发生变化。因此,由方程(2.49),热量会通过热传导和扩散来进行输运。结果,我们会使用一个递归的方法,如注释图2-6所示。

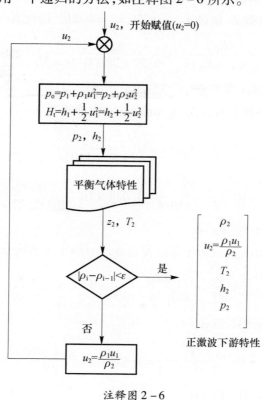

注释图 2-6

因此

$$h_1 = c_p T_2 = 1009.10 \times 219.59 = 2.21 \times 10^5 \, \text{J/kg}$$

$$p_0 = p_1 + \rho_1 u_1^2 = 5.22 + 8.28 \times 10^{-5} \times (7300)^2 = 4417.63 \, \text{Pa} =$$

$$= 4417.63 \times (9.869 \times 10^{-6} \, \text{atm}) = 4.36 \times 10^{-2} \, \text{atm}$$

$$H_t = h_1 + \frac{1}{2} u_1^2 = 26.97 \times 10^6 \, \text{J/kg}$$

迭代 1:假设 $u_2 = 0 \, \text{m/s}$。因此

$$p_2 = p_1 + \rho_1 u_1^2 - \rho_2 u_2^2 = p_0 - \rho_2 u_2^2 = p_0 = 4.36 \times 10^{-2} \, \text{atm}$$

$$h_2 = h_1 + \frac{1}{2} u_1^2 - \frac{1}{2} u_2^2 = H_t - \frac{1}{2} u_2^2 = H_t = 26.97 \times 10^6 \, \text{J/kg}$$

引用文献[3]中图 1.17(d),得

$$T_2 = 6057 \, \text{K}$$

$$z_2 = 1.666$$

因此

$$\rho_2 = \frac{p_2}{z_2 R T_2} = \frac{4417.63}{1.666 \times 288.28 \times 6057} = 1.52 \times 10^{-3} \, \text{kg/m}^3$$

$$u_2 = \frac{\rho_1 u_1}{\rho_2} = \frac{8.28 \times 10^{-5} \times 7300}{1.52 \times 10^{-3}} = 397.66 \, \text{m/s}$$

迭代 2:假设 $u_2 = 397.66 \, \text{m/s}$。则

$$p_2 = p_0 - \rho_2 u_2^2 = 4417.63 - 1.52 \times 10^{-3} \times (397.66)^2 = 4177.27 \, \text{Pa}$$

$$= 4.11 \times 10^{-2} \, \text{atm}$$

$$h_2 = H_t - \frac{1}{2} u_2^2 = 26.97 \times 10^6 - \frac{1}{2} \times (397.66)^2 = 26.89 \times 10^6 \, \text{J/kg}$$

使用文献[3]中的图 1.17(d),得

$$T_2 = 5950 \, \text{K}$$

$$z_2 = 1.664$$

所以

$$\rho_2 = \frac{p_2}{z_2 R T_2} = \frac{4177.27}{1.664 \times 288.28 \times 5950} = 1.46 \times 10^{-3} \, \text{kg/m}^3$$

$$u_2 = \frac{\rho_1 u_1}{\rho_2} = \frac{8.28 \times 10^{-5} \times 7300}{1.46 \times 10^{-3}} = 414.01 \mathrm{m/s}$$

迭代 3：假设 $u_2 = 414.01 \mathrm{m/s}$。则

$$p_2 = p_0 - \rho_2 u_2^2 = 4417.63 - 1.46 \times 10^{-3} \times (414.01)^2 = 4167.38 \mathrm{Pa}$$

$$= 4.11 \times 10^{-2} \mathrm{atm}$$

$$h_2 = H_t - \frac{1}{2} u_2^2 = 26.97 \times 10^6 - \frac{1}{2} \times (414.01)^2 = 26.88 \times 10^6 \mathrm{J/kg}$$

引用文献[3]中的图 1.17(d)，得

$$T_2 = 5950 \mathrm{K}$$

$$z_2 = 1.664$$

通过连续迭代，有些值在文献[3]中图 1.17(d)的精度范围内没有变化。因此

$$\rho_2 = \frac{p_2}{z_2 R T_2} = \frac{4177.27}{1.664 \times 288.28 \times 5950} = 1.46 \times 10^{-3} \mathrm{kg/m^3}$$

为了计算滞止点特性，需要注意的是流体从刚到达正激波下游条件，即图 2.18 中所定义的 2 点，等熵减速到滞止点，即图 2.18 中所定义的点 t_2。

由于 t_2 是滞止点，则

$$h_{t2} = H_{t2} = H_t = 26.97 \times 10^6 \mathrm{J/kg}$$

引用文献[3]中图 1.17(d)，以及迭代 3 中的空气特性，熵值（S_2/R）等于 54.0。

$$\frac{s_{t2}}{R} = \frac{s_2}{R} = 54.0$$

沿着上面条件中熵守恒的路线到总焓 H_{t2}，可以发现

$$p_{t2} = 4180.26 \mathrm{Pa} = 4.12 \times 10^{-2} \mathrm{atm}$$

$$T_{t2} = 6037 \mathrm{K}$$

$$z_{t2} = 1.666$$

（需要注意的是，这些计算是在平衡流动假设下进行的，即条件为无穷大的反应速率。这些参数在反应速率并非无穷大的非平衡流动问题中不适用。）

我们可以将这里 z_{t2} 的值（1.666）与在第一章给的值（图 1.33）相比较。

实际上,对于 $p_{t2} = 0.0412\mathrm{atm}$ 以及 $T_{t2} = 6037\mathrm{K}$ 的情况,$z_{t2} \approx 1.7$,在这种情况下氮气会离解。其密度为

$$\rho_{t2} = \frac{p_{t2}}{z_{t2}RT_{t2}} = \frac{4180.26}{1.666 \times 288.28 \times 6037} = 1.44 \times 10^{-3}\,\mathrm{kg/m^3}$$

引用文献[3]中图 2.4 以及 Sutherland 定律,滞止点的黏性系数为:

$$\mu_{t2} = 1.1\left[1.458 \times 10^{-6}\frac{T_{t2}^{\frac{3}{2}}}{T_{t2} + 110.4}\right]$$

$$= 1.1\left[1.458 \times 10^{-6}\frac{(6037)^{1.5}}{6037 + 110.4}\right] = 1.22 \times 10^{-4}\,\mathrm{Pa \cdot s}$$

为了确定壁面处的密度和黏性系数,我们观察到

$$p_{w,t} = p_{t2} = 4180.26\,\mathrm{Pa}$$

$$T_w = 1400\mathrm{K}$$

$$z_{w,t} = 1.00$$

最后的值 $z_{w,t}$ 是基于如果壁面温度更低,流体中的一些组分就会在壁面处重组的事实给出的。因此

$$\rho_{w,t} = \frac{p_{t2}}{z_{w,t}RT_w} = \frac{4180.26}{1.00 \times 288.28 \times 1400} = 1.03 \times 10^{-2}\,\mathrm{kg/m^3}$$

$$\mu_w = 1.458 \times 10^{-6}\frac{T_w^{\frac{3}{2}}}{T_w + 110.4} = 1.458 \times 10^{-6}\frac{(1400)^{1.5}}{1400 + 110.4}$$

$$= 5.06 \times 10^{-5}\,\mathrm{Pa \cdot s}$$

其速度梯度为

$$\left(\frac{\mathrm{d}u_e}{\mathrm{d}x}\right)_{t2} = \frac{1}{R_N}\sqrt{\frac{2(p_{t2} - p_1)}{\rho_{t2}}} = \frac{1}{0.3}\sqrt{\frac{2(4180.26 - 5.22)}{1.44 \times 10^{-3}}} = 8026.81\,\frac{1}{s}$$

考虑到前面的假设,包含刘易斯数的项近似为 1。由这个假设以及上面的计算结果,滞止点的传热系数为

$$\dot{q}_0 = 1.00\,\frac{\mathrm{MW}}{\mathrm{m^2}}$$

在决定传热率上,外部流动特性要比壁面的参数更为重要。热传递的不确定性只有外部黏性系数不确定性的约 40%。外部黏性系数重要性的物理原因是边界层的增长以及因此导致的对壁面热传递主要取决于其外部性质。

刘易斯项的贡献：
$$\left[1 + (Le^{\varepsilon} - 1) \frac{h_{\mathrm{d}}}{H_{\mathrm{e}}} \right]$$

Fay 和 Riddell 注意到随着温度变化(在 9000K 以下)刘易斯数的变化并不明显,尽管其具体数值并不确定,其近似值大约为 1.4。

而且,$\varepsilon = 0.52$ 适用于平衡边界层流动的情况,但当气体并非处于化学平衡流动状态时,对流换热能力依赖于表面催化能力,即在这种边界层化学冻结流动的情况下,对于完全催化壁面(FCW)$\varepsilon = 0.63$,而对于无催化壁面(NCW)$\varepsilon = -\infty$。

因此,问题就是如何计算离解焓 h_{d}。

实际上,有

$$h_{\mathrm{d}} = \sum Y_i h_{\mathrm{R}i} = Y_{\mathrm{O}} \cdot h_{\mathrm{RO}_2} + Y_{\mathrm{N}} h_{\mathrm{RN}_2}$$

其中,Y_{O} 和 Y_{N} 分别为激波后氧原子和氮原子的浓度,而 h_{RO_2} 和 h_{RN_2} 分别为氧气和氮气的离解焓。

$$h_{\mathrm{RO}_2} = \frac{R_{\mathrm{O}}}{m_{\mathrm{O}_2}} \Theta_{\mathrm{dO}_2} = \frac{8314.47}{32} \times 59500 = 15.46 \times 10^6 \mathrm{J/kg}$$

$$h_{\mathrm{RN}_2} = \frac{R_{\mathrm{O}}}{m_{\mathrm{N}_2}} \Theta_{\mathrm{dN}_2} = \frac{8314.47}{28} \times 113000 = 33.55 \times 10^6 \mathrm{J/kg}$$

式中,Θ_{dO_2} 和 Θ_{dN_2} 分别是氮气和氧气的离解温度。

在 70km 海拔高度处,气流以 $M_{\infty} = 24.57$ 穿过正激波层后状态为化学平衡流动时各组分的质量分数为:

$$Y_{\mathrm{O}} = 2.09 \times 10^{-1}$$

$$Y_{\mathrm{O}_2} = 9.68 \times 10^{-6}$$

$$Y_{\mathrm{N}} = 4.53 \times 10^{-1}$$

$$Y_{\mathrm{N}_2} = 3.37 \times 10^{-1}$$

$$Y_{\mathrm{NO}} = 1.28 \times 10^{-3}$$

因此

$$h_{\mathrm{d}} = 2.09 \times 10^{-1} \times 15.46 \times 10^6 + 4.53 \times 10^{-1} \times 33.53 \times 10^6$$
$$= 18.43 \times 10^6 \mathrm{J/kg}$$

以及

$$1 + (Le^{\varepsilon} - 1) \cdot \frac{h_d}{H_e} = 1 + (1.4^{0.52} - 1) \cdot \frac{18.43 \times 10^6}{26.97 \times 10^6} = 1.13$$

结果

$$\dot{q}_0 = 1.13 \, \frac{\mathrm{MW}}{\mathrm{m}^2}$$

对于真实气体修正数值的评估如下。

平衡流动：　　$1 + (Le^{\varepsilon} - 1) \cdot \dfrac{h_d}{H_e} = 1 + (1.4^{0.52} - 1) \cdot 0.5 = 1.095$

冻结流动：　　$1 + (Le^{\varepsilon} - 1) \cdot \dfrac{h_d}{H_e} = 1 + (1.4^{0.63} - 1) \cdot 0.5 = 1.118$

在平衡流动和冻结流动的情况下,据观察其差别最多只有 2%（在最极端的情况下）。

进一步地,由注释框里面的计算,我们强调理想气体在滞止点处的传热率与处于平衡流动状态的空气很接近。

因此,真实气体效应十分小[1]。

这意味着忽略真实气体效应,尽管使得气体物理学家很震惊,可能对于初步设计阶段相当合理。当化学平衡流动存在于边界层流场时,这尤其正确,在钝头体滞止区采用近似是合理的。基于完全催化壁面的非平衡边界层流动假设也可以得到相似结果,所以由定义可知表面平衡流动是存在的。

2.5.3　工程方法和驻点加热预估

虽然使用方程(2.138)动手计算是可行的,但这有时候会过于繁琐,因此我们会尽量避免这样计算。

对于行星再入评估,可以从滞止区流动的简化分析（即 Fay 和 Riddell 的一些工作）中发展出一些热流的简单关系式。

事实上,理想气体和化学反应气体的热流估计相对一致,这就意味着存在一些决定滞止点传热率的基本参数,并且这些参数与空气化学模型是独立的。因此,忽略刘易斯数项也能识别可以用于与滞止点传热率相关联的参数：

---

[1]　尽管如此,有一种情况下真实气体影响是可评估的,这是在无催化壁面(NCW)影响下所产生的。对于表面上的重组热,壁面可以假设为催化的。如果表面变为无催化壁面,在表面就不会发生重组。所以,就会产生热量的显著减少。航天飞机数据表明无催化壁面影响可能把下表面热量峰值降低约 40%。

$$\dot{q}_0 = \eta \cdot (Pr)^{-0.6} \cdot (\rho_w \mu_w)^{+0.1} \cdot (\rho_e \mu_e)_s^{0.4} \cdot (h_e - h_w) \cdot \left(\frac{\mathrm{d}u_e}{\mathrm{d}x}\right)_s^{0.5}$$

$$(2.140)$$

但是

$$\rho_{t2} \propto \frac{p_{t2}}{z_{t2} T_{t2}} \qquad \rho_{w,t} \propto \frac{p_{t2}}{z_{w,t} T_w}$$

$$\mu_{t2} \propto (T_{t2})^E \qquad \mu_{w,t} \propto (T_{w,t})^E$$

其中,根据 Sutherland 定律,指数 E 约为 0.5,对于高温高速流动

$$(h_e - h_w) \approx h_e \approx \frac{V_\infty^2}{2}$$

进一步,有

$$\left(\frac{\mathrm{d}u_e}{\mathrm{d}x}\right)_{t2} = \frac{1}{R_N}\sqrt{\frac{2(p_{t2} - p_1)}{\rho_{t2}}} \approx \frac{1}{R_N}\sqrt{\frac{2p_{t2}}{\rho_{t2}}} \approx \frac{1}{R_N}\sqrt{2z_{t2} T_{t2}}$$

因为 $(p_{t2} = z_{t2}\rho_{t2} R T_{t2}) \gg p_2$。

因此

$$\dot{q}_0 = \eta \cdot (Pr)^{-0.6} \cdot (\rho_w \mu_w)^{+0.1} \cdot (\rho_e \mu_e)_s^{0.4} \cdot (h_e - h_w) \cdot \left(\frac{\mathrm{d}u_e}{\mathrm{d}x}\right)_s^{0.5}$$

$$= \eta \cdot (Pr)^{-0.6} \cdot \left(\frac{p_{t2}}{z_{w,t} T_w} \cdot T_w^E\right)^{0.1} \cdot \left(\frac{p_{t2}}{z_{t2} T_{t2}} \cdot T_{t2}^E\right)^{0.4} \cdot \left(\frac{V_\infty^2}{2}\right) \cdot \left(\frac{1}{R_N}\sqrt{2z_{t2} T_{t2}}\right)^{0.5}$$

$$= \eta \cdot (Pr)^{-0.6} \cdot \left(\frac{p_{t2}}{R_N}\right)^{0.5} \cdot \left[\frac{T_w^{0.1E} \cdot T_{t2}^{0.4E}}{(z_{w,t} T_{w,t})^{0.1} \cdot (z_{t2} T_{t2})^{0.4}}\right] \cdot \left(\frac{V_\infty^2}{2}\right) \cdot (2z_{t2} T_{t2})^{0.25}$$

$$= \eta \cdot (2)^{0.25} \cdot (Pr)^{-0.6} \cdot \left(\frac{p_{t2}}{R_N}\right)^{0.5} \cdot \left[\frac{T_w^{0.1E} \cdot T_{t2}^{0.4E}}{(z_{w,t} T_{w,t})^{0.1} \cdot (z_{t2} T_{t2})^{0.15}}\right] \cdot \left(\frac{V_\infty^2}{2}\right)$$

$$= K' \cdot \left(\frac{p_{t2}}{R_N}\right)^{0.5} \cdot \left[\frac{T_w^{0.1E} \cdot T_{t2}^{0.4E}}{(z_{w,t} T_{w,t})^{0.1} \cdot (z_{t2} T_{t2})^{0.15}}\right] \cdot V_\infty^2$$

$$\cong K' \cdot \left(\frac{\rho_\infty}{R_N}\right)^{0.5} \cdot \left[\frac{T_w^{0.1E} \cdot T_{t2}^{0.4E}}{(z_{w,t} T_{w,t})^{0.1} \cdot (z_{t2} T_{t2})^{0.15}}\right] \cdot V_\infty^3$$

因为 $p_{t2} \approx \rho_\infty V_\infty^2$,所以有

$$\dot{q}_0 = K \cdot \left(\frac{\rho_\infty}{R_N}\right)^{0.5} V_\infty^3$$

$$(2.141)$$

这就是所得的关系式。

特别地，需要注意的是，传热率只取决于自由来流参数和滞止点半径 R_N。这是一个很有趣的结果，因为一旦在海拔—速度图上知道了再入轨迹，我们就可以直接得到再入过程中飞行器滞止点的热流。

提出了几个工程关系式：

Scott 等人提出的关系式为

$$\dot{q}_0 = 18300 \cdot \sqrt{\frac{\rho_\infty}{R_N}} \cdot \left(\frac{V_\infty}{10^4}\right)^{3.05} \mathrm{W/cm^2} \qquad (2.142)$$

Detra 等人提出的关系式为

$$\dot{q}_0 = \frac{11030}{\sqrt{R_N}} \cdot \sqrt{\frac{\rho_\infty}{\rho_{SL}}} \cdot \left(\frac{V_\infty}{V_{circ}}\right)^{3.15} \mathrm{W/cm^2} \qquad (2.143)$$

式中：ρ_{SL} 为海平面处的密度，$\rho_{SL} = 1.23\mathrm{kg/m^3}$；$V_{circ}$ 为圆轨道速度，$V_{cric} = 7950\mathrm{m/s}$。

Zoby 提出的关系式为

$$\dot{q}_0 = 3.88 \times 10^{-4} \cdot \sqrt{\frac{P_{t2}}{R_N}} \cdot (H_e - H_w) \mathrm{W/m^2} \qquad (2.144)$$

Anderson 提出的关系式为

$$\dot{q}_0 = 1.83 \times 10^{-4} \cdot \sqrt{\frac{\rho_\infty}{R_N}} \cdot \left(1 - \frac{H_w}{H_e}\right) \cdot V_\infty^3 \mathrm{W/m^2} \qquad (2.145)$$

值得注意的是，Zoby 和 Anderson 关系式都允许考虑壁面的焓 H_w。当 H_e 和 H_w 为差不多大小时这很重要，例如低能量再入（即亚轨道飞行）或必须考虑飞行器壁面辐射散热的情况。

注释框：滞止点热流的不同关系式

再次考虑球形头部半径 R_N 为 0.3m 的再入飞行器，飞行高度为海拔 70km，速度为 7300m/s。假设壁面温度为 1400K，需要通过现有的所有关系式计算滞止点传热率，假设空气为理想气体。

根据 1976 年美国标准大气表，在海拔 70km 处，自由来流的温度，压强，密度和声速为

$$T_\infty = 219.59\mathrm{K}, P_\infty = 5.22\mathrm{Pa}, \rho_\infty = 8.28 \times 10^{-5}\mathrm{kg/m^3}, a_\infty = 297.1\mathrm{m/s}$$

Fay – Riddell 的关系式为

$$\dot{q}_0 = 0.763 \cdot (Pr)^{-0.6} \cdot (\rho_w \mu_w)^{0.1} \cdot (\rho_e \mu_e)_s^{0.4} \cdot (h_e - h_w) \cdot \left(\frac{du_e}{dx}\right)_s^{0.5}$$

$$= 1.11\mathrm{MW/m^2}$$

Scott 等人的关系式为

$$\dot{q}_0 = 18300 \cdot \sqrt{\frac{\rho_\infty}{R_N}} \cdot \left(\frac{V_\infty}{10^4}\right)^{3.05} = 1.16 \text{MW/m}^2$$

Detra 等人的关系式为

$$\dot{q}_0 = \frac{11030}{\sqrt{R_N}} \cdot \sqrt{\frac{\rho_\infty}{\rho_{SL}}} \cdot \left(\frac{V_\infty}{V_{circ}}\right)^{3.15} = 1.26 \text{MW/m}^2$$

Zoby 的关系式为

$$\dot{q}_0 = 3.88 \times 10^{-4} \cdot \sqrt{\frac{P_{t2}}{R_N}} \cdot (H_e - H_w) = 1.15 \text{MW/m}^2$$

Anderson 的关系式为

$$\dot{q}_0 = 1.83 \times 10^{-4} \cdot \sqrt{\frac{\rho_\infty}{R_N}} \cdot \left(1 - \frac{H_w}{H_e}\right) \cdot V_\infty^3 = 1.12 \text{MW/m}^3$$

需要注意的是,在这种情况下,壁面的焓值并不会显著影响热流,因为

$$\frac{H_w}{H_e} = 0.05$$

另外一个常用的传热率关系式的形式为

$$\dot{q}_0 = k\rho^a (R_n)^b \left(\frac{V}{10^4}\right)^c \frac{(H_r - H_w)}{(H_r - H_{300})} \qquad (2.146)$$

这可以被用于辐射换热以及对流换热中。表 2.3 和表 2.4 给出了各种极限情况下各常数的典型值[1]。

表 2.3　滞止点对流换热相关系数

	k①	a	b	c	范围/(km/s)
金星和火星	19513	0.5	−0.5	3.04	0~16
地球和土卫六	20668	0.5	−0.5	3.15	0~8

①:相关热流单位为 W/cm²

表 2.4　滞止点辐射换热相关系数

	k①	a	b	c	范围/(km/s)
金星	7.7×10^5	0.52	0.48	9.0	~11
地球	6.54×10^6	1.6	1.0	8.5	0~8
火星	3.84	1.16	0.56	21.5	0~7
土卫六	8.83×10^8	1.65	1.0	5.6	4~7

①:相关热流单位为 W/cm²

表 2.5　进入火星和金星的 CO_2 大气层时滞止点热流比较

	Marsnet	Pioneer large	ESA Venus
$V_e/(\text{m/s})$	5563	11660	15500
$V(q_{c\,max})/(\text{m/s})$	4780	9920	13560
$q_c/(\text{W/cm}^2)$（估算值）	32	2794	12400
$q_c/(\text{W/cm}^2)$（积分值）	28	2771	13600
$q_c/(\text{W/cm}^2)$（N－S 方程）	34	2210	
$q_c/(\text{W/cm}^2)$（风洞实验）		250	184
$V(q_{rmax})/(\text{m/s})$	5305	10633	13887
$q_r/(\text{W/cm}^2)$（估算值）	0.21	3635	22170
$q_r/(\text{W/cm}^2)$（耦合计算）		2915	

　　其他的常数在文献中可以找到很多,而且其不仅是滞止区域内的,还包括后掠圆柱、层流及湍流表面等。与更具有决定性,提供更有效范围的方法相比,这些估算方法的误差在 5% 以内。

　　实际中会对边界层矩阵结果,全激波层计算结果以及耦合辐射场结果(通常为一维平面)进行曲线拟合来得上述常数。通过这种方式,非平衡效应就能被考虑进来。这可能会导致这些常数与海拔高度(密度)和速度有关。

　　下面这个例子有助于阐明这些关系式的有效性。表 2.5 展示了对于进入金星和火星时的滞止点对流和辐射热流[1]。

　　预计达到峰值对流热流时的速度约为再入速度的 85% 。对于火星再入的对流关系式与 Navier－Stokes 和边界层程序契合得很好,但是由于在边界层程序输运特质中考虑了电离影响,所以在高速情况下小于边界层程序计算值。这也是在预料之中的。我们可以看到来流对对流热通量的影响,而在高速再入中,对流换热通量可以忽略,而材料的烧蚀情况由辐射所决定。

　　速度为 11km/s 时的辐射换热通量与由一维平面平衡辐射解发展的关系式相当符合。流场在 14km/s 时的辐射散热会使辐射热通量比所示的值下降 1/3 左右。

　　Kemp 和 Riddell 使用 Fay 和 Riddell 的结果得出了从地球轨道再入时滞止点加热与自由来流密度以及速度之间的关系

$$\dot{q}_0 = 1.304 \times 10^8 \frac{1}{\sqrt{R_n}} \left(\frac{\rho}{\rho_s}\right)^{\frac{1}{2}} \left(\frac{V}{V_{circ}}\right)^{3.25} \left(1 - \frac{H_w}{H_{oe}}\right) \text{W/m}^2 \qquad (2.147)$$

式中,假设轨道速度为 $V_{circ} = 7.924\text{km/s}$;表面密度为 $\rho_s = 1.225\text{kg/m}^3$。

　　式(2.14)的误差在 5% 以内。需要注意的是,其假设壁面为冷壁面,$H_w = 0$,

这样给出的结果相对保守。

最终,辐射热流关系式为

$$\dot{q}_{0,\mathrm{rad}} = 1134R_{\mathrm{n}}\left(\frac{\rho_\infty}{\rho_{\mathrm{s}}}\right)^{1.6}\left(\frac{V_\infty}{10^4}\right)^{8.5}\ \mathrm{W/m^2} \tag{2.148}$$

2.6　自由分子加热

到现在为止,我们讨论的都是连续流结果。然而在高海拔处,分子间的碰撞不是那么频繁:分子平均自由程(即分子在两次碰撞之间行进的距离)会变得和飞行器自身的尺度一样大。

因此,就有了这种自由分子流的环境,而稀薄流中的气动加热也可能很重要。例如,自由分子加热(FMH)在运载火箭上升段和大气层减速段很有意义。实际上,通常是 FMH 限制确定运载火箭抛罩(例如,一般在 100km 左右)并采取气动辅助机动的最低海拔高度。

事实上,对于 $Kn \gg 1$ 的情况,让我们来计算飞行器表面与空气分子碰撞的情况,如图 2.20 所示。

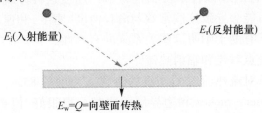

E_{i}(入射能量)　　　　　E_{r}(反射能量)

$E_{\mathrm{w}} = Q =$ 向壁面传热

图 2.20　空气分子与理想表面的碰撞

碰撞过程中的能量平衡关系式为

$$Q = E_{\mathrm{i}} - E_{\mathrm{r}} \equiv \sigma(E_{\mathrm{i}} - E_{\mathrm{w}}) \tag{2.149}$$

其中

$$\sigma = \frac{E_{\mathrm{i}} - E_{\mathrm{r}}}{E_{\mathrm{i}} - E_{\mathrm{w}}} \tag{2.150}$$

为热适应系数,表征大气层粒子在撞击飞行器时的能量传递效率,其可以通过实验测定。如方程(2.150)所示,这个系数与气体温度 T,表面温度 T_{w},气体组分和表面材料有关。因此,其上限为 1,但是通常其值范围为 $0.6 \sim 0.8$。

因此,在稀薄流中,一个直接影响表面力和表面热的重要因素是气体 – 表面相互作用的本质。对于大多数飞行器表面的低熔流动,在流体与壁面的相互作用中使用漫散射模型是很合适的。不过,有迹象表明在轨道速度下,完全非弹性碰撞模型并不正确。

航天飞机再入的数值模拟中提及了一个表面受热和温度跃升灵敏度的例子。对于海拔110km高度,假设一半气体分子与壁面的相互作用为完全非弹性碰撞,而另一半为完全弹性碰撞。那么热适应系数为0.5。将这种计算方式结果与漫散射计算方式结果相比较。滞止点的热量只有完全非弹性碰撞的60%。在滞止点下游的其他位置,这个热量的减少也很显著。改变气体-表面的作用模型会从本质上改变表面附近气体的状态。其对于靠近壁面处整体温度的影响是会导致完全非弹性碰撞区域相对完全弹性碰撞区域表面有约4.5倍的温度跃升。尽管如此,两种计算方式所得的靠近表面的温度剖面斜率很相似。

注释框:非理想表面的热适应系数

如注释图2-7所示,如果

$$E_r \approx E_w$$

则

$$\sigma \approx 1$$

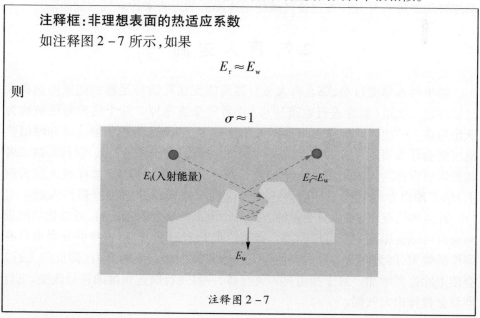

注释图2-7

因此,传热率为:

$$\dot{Q} = \sigma(\dot{E}_i - \dot{E}_w) = \sigma(\dot{m}H_s - \dot{m}H_w) = \sigma\rho VA(H_s - H_w) \rightarrow$$

$$\dot{q}_{w\,|\,FM} = \sigma\rho V(H_s - H_w) \equiv St\rho V(H_s - H_w) \tag{2.151}$$

所以,对于$H_w \approx 0$的情况,自由分子耗热率的形式为

$$\dot{q}_{w\,|\,FM} = \alpha\sigma\rho V^3 \tag{2.152}$$

式中,α为待定常数;ρ为大气层密度。

结果,自由分子流的对流热通量可以由气体动力学理论或由斯坦顿数(St)和热适应系数的实验关系得出。例如,Kemp和Riddell整合了一系列自由分子

流区域滞止点加热的实验结果,得到

$$\dot{q}_{0\,|\,FM} = 2.69 \times 10^7 \sigma\left(\frac{\rho}{\rho_s}\right)\left(\frac{V}{V_{circ}}\right)^3\left(\frac{Btu}{sft^2}\right) \tag{2.153}$$

所以,联立所需常数,低地球轨道速度的自由分子滞止点耗热率为[①]

$$\dot{q}_{0\,|\,FM} = \frac{1}{2}\sigma\rho V^3 \,(W/m^2) \tag{2.154}$$

最终,在 $Kn \sim 1$ 的过渡区,可以使用如下的插值法来计算热流:

$$\dot{q}_{0,\,transitional} = \frac{\dot{q}_{w,continuum} + Knq_{w,FM}}{1 + Kn} \tag{2.155}$$

这个简单的关系式保证可以同时满足两个极限情况(即连续流动和自由分子流动的气动加热),并允许在过渡区域使用连续流的方法来计算气动加热。

2.7 再 入 走 廊

如果再入角度过小,那么再入飞行器可能无法耗散掉足够的能量而逃离大气层并进入轨道(就像进行轨道转移)或者完全逃逸掉。这个临界角度被称为跃出角或上冲边界。如果飞行器再入角度过大,那么过大的负加速度和峰值热流可能会导致再入任务失败,这被称为下冲边界。对于弹道再入飞行器,这二者间的区域就称为再入走廊。对于高能量再入,限制负加速度(如在载人航天器上)的下冲边界可能比上冲边界还要大;因此,这样的弹道飞行器再入就不可行。在这种情况下,需要有更多的方式来增大上冲边界。很明显,通过化学推进减速后可能会得到一个可用的再入走廊。但是,使用飞行器本身的升力也具有同样的效果,因为向上的升力会使得下冲边界降低而向下的升力(即反向飞行)会使上冲边界增加。对于弹道再入飞行器,一旦飞行航迹角度的符号改变,飞行器就会被弹出大气层。

2.7.1 速度－飞行轨迹角度图

对于弹道再入,通常会以 (V_e, γ_e) 图的形式来表示性能包络,各种飞行器的设计极限都可以放置在这个图里。如图 2.21 所示为 ESA 彗星碰撞任务所发展的图和试样返回飞行器 Caesar[1]。

最开始的想法是要将再入负加速度限制在 $50g$ 以内以避免试样损坏。图 2.22 所示为负加速度与返回速度的关系图[1]。

---

① 需要考虑的是 $V_{circ} = 7.924\,km/s$,地表密度 $\rho_s = 1.225\,kg/m^3$,$(Btu/s/ft^2) = 11340\,(W/m^2)$。

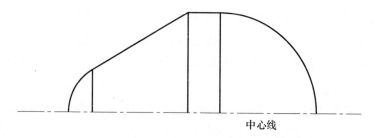

中心线

图 2.21　Caesar 地球返回舱

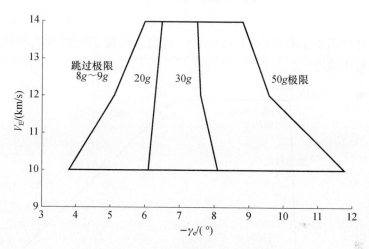

图 2.22　最初的 Caesar(V_e, γ_e) 图

左边界为跃出边界,右边界为最大负加速度。如图 2.23 所示,该图补全到了 $-90°$[1]。在该次试验中,再入最大加速度负载达到了 $200g$。

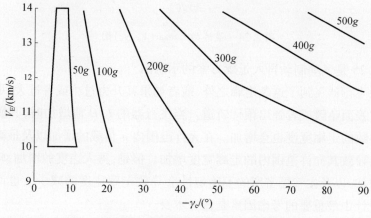

图 2.23　完整的 Caesar(V_e, γ_e) 图

最终的设计图为图 2.24。右边界仍然为最大的加速度(现在是 $200g$),但是考虑到向热防护罩和后面的 TPS 以及隔热层厚度的热渗透,这些都会导致包括跳跃再入在内的再入最小角度不复存在。因此,其左边界现在为热渗透极限。对于一个给定的速度,对飞行器表面的热渗透首先取决于再入时间,因此以最小角度和最低速度再入就是其设计极限,这就给出了左极限下限(图 2.24 中的LL)[1]。当再入速度增加时,总的热负载会随之增加,且以最快速度,最小再入角再入时会达到最大值,即左极限的上限(UL)。最后,最大的传热率发生于以最快速度最大角度再入时,即右极限上限(UR)。这些就是在弹道再入飞行器气动热设计中需要主要考虑的几种情况,这也会决定 TPS 的种类和质量,以及主要结构长度强度。

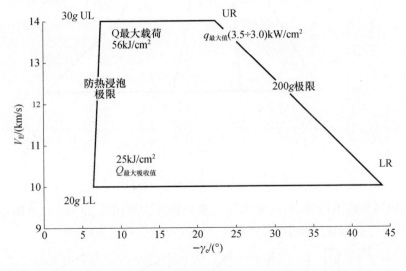

图 2.24 最终的 Caesar(V_e, γ_e)图

图 2.25 是气动制动再入走廊方案的示意图[1]。

如果飞行器飞到了这条走廊之外,或者如果其升力过小或者过大,那么飞行器就会在表面坠毁或者弹出预计轨道。当飞行器的 L/D 值增加时,其操控性以及因此导致的走廊宽度也会增加。在允许范围内 g 负载的增加以及最高温度的增加也会导致其允许范围内的走廊宽度增加。但是,再入速度的增加,轨道捕获能量的增加,以及大气层密度的不确定性会导致走廊宽度的减少。也许在气动热环境设计中最重要的考虑因素是任务本身。

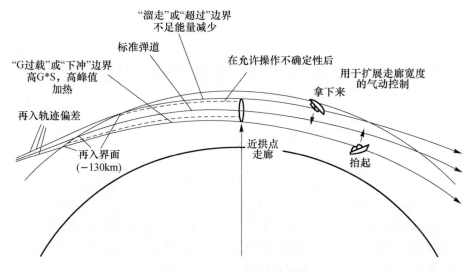

图 2.25 气动制动走廊方案

参 考 文 献

[1] Advisory Group for Aerospace Research and Development (North Atlantic Treaty Organization) (1997) Capsule aerothermodynamics. AGARD – R – 808, AGARD, Neuilly sur Seine.

[2] Griffin MD, French JR (2004) Space vehicle design. American Institute of Aeronautics &Astronautics, Reston, VA.

[3] Bertin JJ (1994) Hypersonic aerothermodynamics. AIAA education series, American Institute of Aeronautics and Astronautics, Inc., Washington, DC.

[4] Regan FJ, Anandakrishnan SM (1993) Dynamics of atmospheric re – entry. American Institute of Aeronautics and Astronautics, Washington, DC.

[5] Anderson JD Jr (1989) Hypersonic high temperature gas dynamics. McGraw – Hill Book Company, New York.

[6] Lees L (1956) Laminar heat transfer over blunt – nosed bodies at hypersonic flight speeds. J Jet Propuls 26: 259 – 269.

第三章　再入飞行器设计的几点最初考虑

3.1　前　　言

本章主要讲解高超声速再入飞行器构型的设计参数和系统属性,详细讨论关于返回舱、升力体、翼身融合体和行星探测器构型的气动力和气动热性能。

目前,已经有多种多样的飞行器以高超声速飞行,如运载火箭、巡航飞行器、空间再入运载器等。飞行器整体系统属性主要包括飞行性能、安全性、成本、操纵性、可靠性和与大气环境的兼容性等。

飞行器的属性决定了设计方案,而属性本身又取决于其应用。例如,军用飞行器重点关注其飞行性能,载人航天飞行器主要关注安全性和可靠性,向空间输运商业载荷的飞行器则主要关注操纵性、可靠性和成本。

然而,对于所有飞行系统来说,与环境的兼容性变得越来越重要。

为了完成飞行任务,飞行器不仅要展示出期望性能,而且其设计要满足气动力与气动热的约束。气动加热不仅约束了飞行器操控的临界范围,而且影响热防护系统(TPS)的设计,进而影响飞行器重量。例如,航天飞机机身副翼的偏转受间隙处热防护极限的约束。因为在给定速度条件下,升力允许飞行器在更高的飞行高度进行减速,从而减少气动加热量。

升阻比不仅影响对流加热,而且影响飞行器的横向射程性能并降低轨道飞行器的再入时间。飞行器控制和满足任务需求的能力也受飞行器气动特性的影响。

最后,本部分介绍了不同类型飞行器在稀薄气体环境下进行高超声速、超声速、跨声速和亚声速飞行时发生的临界现象。同时也讨论了真实气体和稀薄气体对返回舱,尤其是对前体和尾流区域,气动热力学特性的影响。

3.2　高超声速构型演化综述

1903 年 12 月 17 日,莱特兄弟首架飞机的起飞;1926 年 3 月 16 日,Robert H. Goddard 首架液体燃料火箭的发射,逐步开启了航空航天发展的时代。以更快的速度和更高的高度飞行一直驱动着航空航天技术的发展。

20 世纪以来,飞行器在速度和高度方面的发展呈指数型增长,图 3.1 展示了民用和军用航空器的变革[1]。该图展现了 100 年间飞行器的演变过程,尤其是航空器从跨声速、超声速到高超声速时代的演变过程。最早的超声速飞行器的飞行速度边界为马赫数 2 ~ 3。

开启
亚声速时代

开启
跨声速时代
开启
超声速时代
开启
高超声速时代

图 3.1　航空飞行器的发展(Springer, 2003)

在如今这个特殊时代,推进系统能够使得飞行器以马赫 5 ~ 25 的速度飞行,或称为高超声速飞行。

发展高超声速飞行器的重要用途之一是进行更快速的洲际旅行,例如一小时内从纽约飞到东京。

发展高超声速飞行器的另一个重要用途是能够顺利飞行并进入近地空间。然而实现这些用途的关键在于,随着高超声速气动技术的发展,这些高超声速飞行器需要采用机身与冲压发动机/超燃冲压发动机一体化技术,同时需要对吸气式高超声速飞行器的设计工具进行验证。

在此框架下,关注高超声速气动性能非常重要,而且高超声速气动特性不同于常规飞行器和超声速飞行器的气动特性。通过对比高超声速飞行器的构型与传统飞行器的构型即可发现此差别。图 3.2 展示了洛克希德 F - 104 战机的构型,这是第一款以超声速($Ma = 2$)条件设计和飞行的战斗机。

此飞行器使用了具有良好超声速气动性能的设计准则,具有尖头和细长机身以及超薄机翼和尾舵面(厚度仅为弦长的 3.36%),且机翼具有尖前缘。所有

图 3.2　20 世纪 50 年代早期设计的超声速飞行器(Lockheed F - 104)

设计均是为了实现超声速飞行条件下波阻最小的目的。

　　为了设计一款能够在更高马赫数条件下飞行的飞行器,人们更倾向于采用相同的设计准则。实际上,1953 年,来自 NACA(现在是 NASA)的 Robert Carman 和 Hubert Drake 便遵循此概念够想了早期的高超声速飞行器构型[2]。图 3.3 展示了他们设计的高超声速飞行器示意图,此方案来自 NACA 内部文件。展示了高超声速飞行器及轨道飞行器组合的早期概念设计,每个飞行器均具有尖头部和细长机身,同时具有低展弦比的超薄机翼。除了图 3.3 中设计马赫数为 25 的飞行器外,其他外形均具有与 F - 104 相同的设计特征。然而,在 1953 年,高超声速气动性能仍处于研究初期。

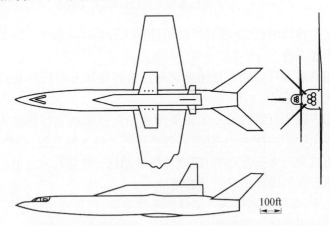

图 3.3　1953 年提出的高超声速飞行器/轨道飞行器

　　20 世纪 60 年底,NASA 设计了 X - 15 研究型飞行器(采用三角翼)和 X - 20 高超声速飞行器,如图 3.4 所示。对比图 3.3 中的飞行器和此两种高超声速飞行器,可以发现它们的构型设计完全不同,后者的设计理念包含了新的高超声速设计准则,而这些准则在 1953 年仍不能被完全理解[1]。

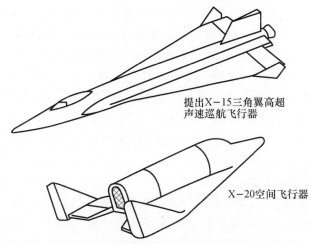

提出X-15三角翼高超
声速巡航飞行器

X-20空间飞行器

图 3.4 由 NASA 设计的 X-15 飞行器(上)和由波音公司于 1963 年
设计的 X-20A 高超声速轨道飞行器(下)

图 3.5 所示的 X-15 战机,是目前为止仅有的有人驾驶的高超声速飞机,它是通过 B-52 战机携带投放,采用火箭发动机提供推力,因此它是纯研究型飞机。1959 年 6 月由 Scott Crossfield 完成首次飞行。截止到 1962 年 7 月,X-15 飞行距离达到 96km。在 1967 年 10 月,X-15 的改进版由 Pete Knight 操控,并在 31.12km 高空创造了马赫数为 6.7 的飞行记录。X-15 共飞行 199 次,最后一次飞行是在 1968 年 10 月。

图 3.5 X-15 飞行器构型

在高超声速飞行过程中会遇到诸多问题。

首先,在前体大角度倾斜条件下产生的激波与机身周围的边界层相互干扰。大多数情况下,这些边界层是高度湍流化的。

其次,穿过强激波后,空气温度将激增,前体的气动加热是一个需要解决的主要问题。在持续的高超声速飞行条件下,用在现有航天飞机上的大部分常规金属材料将快速熔化。因而,当前急需能够承受高温影响的新型材料和方法。例如,可以通过采用大后掠角设计来降低飞行器机翼前缘的温度。

另外,为了获得好的升阻比特性,有必要进行平板机翼设计。例如,图 3.4 中所示的 X - 20 的设计采用了具有钝化前缘的尖后掠三角翼构型和具有圆钝头的厚机身。机身位于机翼的上部,以至于飞行器的整个下表面是平面。X - 20 被期望用作以火箭基为动力在马赫数为 20 状态下飞行的试验飞行器。受 Mercury、Gemini 和 Apollo 等有人操控空天飞行器项目的影响,X - 20 项目于 1963 年被取消,没有实物飞行器生成。然而,X - 20A 飞行器的设计展现出了高超声速设计的独特特点,这些设计特点被后续的航天飞机项目所采用。

从 20 世纪 50 年代后期开始,NASA 开始设计升力远大于阻力的航空器,甚至是类航天器。此类飞行器被称之为升力体飞行器,如图 3.6 所示[1]。升力体外形的特点是没有机翼,而升力主要靠机身独特的外形产生。图 3.6 给出了四类气动外形,用来评估这种非常规概念飞行器的操控特性和飞行质量。由 NASA Ames 研究中心设计的 M2 类飞行器是扁平体,且在顶端安装了圆形顶针,此类飞行器不仅具有高超声速条件下稳定性好的特性,而且具有亚声速条件下的高升阻比特性。由 NASA 兰利研究中心设计的 HL - 10 升力体飞行器在马赫数 10 状态下拥有最佳气动性能。与 M2 飞行器相比,HL - 10 外形具有一个圆形顶部和平板腹部。而由 Martin Marietta 设计的 X - 24A 飞行器构型与前两种构型具有很大不同,尽管它的构型与 HL - 10 类似,但是它的构型更圆且具有一个扁平底面。重新设计的构型,比如 X - 24B,具有双三角翼平面和更细的前端。

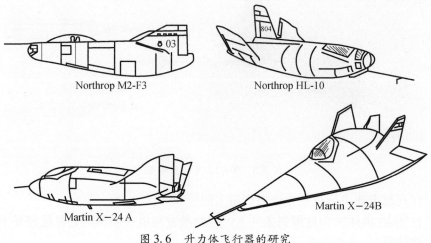

Northrop M2-F3

Northrop HL-10

Martin X - 24 A

Martin X - 24B

图 3.6　升力体飞行器的研究

图 3.7 展示了 Apollo 飞船的构型,此设计用于将人类从月球带回地球,并适应以马赫数 36 再入的极高超声速进入大气层的环境。对比超声速飞行器构型与极高超声速飞行器构型可以发现,其构型设计发生了戏剧性地改变。Apollo 再入飞船不仅没有机翼而且具有大钝头体构型。

图 3.7 Apollo 太空船

继 Apollo 时代之后,下一个发展的空间飞行器是航天飞机,如图 3.8 所示。正如图中所看到的,轨道飞行器的设计向前迈了一大步,进一步提高了宇航员的舒适度和满意度。

图 3.8 航天飞机

通过 NASA 的研究获得了商用高超声速飞行器设计所需要的基础理论知识。图 3.9 给出了设想的高超声速运输(HST)飞行器示意图。

总结发现,在图 3.2 ~ 图 3.9 所示的各种飞行器设计过程中,客观上除了考虑高速气动性能外还有许多其他需要考虑的因素。例如,图 3.9 中飞行器的设计重点强调了高超声速飞行器外形不同于超声速飞行器设计外形,尤其是对于

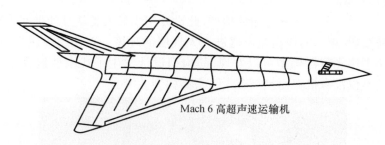

Mach 6 高超声速运输机

图 3.9　设想的高超声速运输机

与高超声速气动相关的流场现象在超声速流场中是不存在的。

以超燃冲压发动机为动力的飞行器气动外形设计具有很大的挑战,而且将是未来高超声速飞行器发展的方向。

3.2.1　以超燃冲压发动机为动力的高超声速飞行器

虽然有人驾驶与无人驾驶的高超声速飞行已经取得了大量的成功,但是这个过程并不简单。实用的高超声速飞行时代仍离我们较远,这也给空气动力学家带来了许多挑战。例如,针对高超声速运输机的设计就有许多不同的方案,此类运输机具有马赫数 7~12 的巡航速度,且能实现在两个小时以内将人从纽约运送到东京。图 3.10 给出了一个现代的高超声速飞行器设计概念。广义上来说,提出了关于新型航天飞机的设计概念,从跑道水平起飞然后加速进入轨道。在轨道或大气层以外的区域完成特定任务,然后以马赫数 25 的速度重新进入大气层,最终着陆在常规跑道上。

图 3.10　高超声速运输机的新概念构型

　　20世纪60年代,美国空军实施了这一想法,将吸气式发动机与火箭发动机结合(即组合循环推进)来助推飞行器。由于在那个时代设计需求超过了技术能力,因此早期航天飞机的项目于1963年10月被取消。

　　20世纪80年代,NASA和美国国防部重新启动了航天飞机的项目,代号为X–30 NASP,如图3.11所示。

图 3.11　X–30 NASP 飞行器概念

　　这些航天飞机主要靠吸气式超燃冲压发动机提供动力。如何系统有效地将高超声速运输机、航天飞机的设计原理与常规亚声速和超声速飞行器的设计原理进行区分是比较重要的。亚声速和超声速飞行器主要靠机翼提供升力,推进系统靠发动机和引擎来提供动力,机身来提供有效容积。这些部件之间是相互独立的,没有明显的相互耦合,通过观察飞机很容易进行分辨和确认。而且各个部件可以作为单独的气动构型来分析其性能,当组合起来使用时,相互之间的影响也较小。

　　事实上,现代的高超声速气动设计是相互对立的,图3.12给出了高超声速飞机的机身/推进一体化设计概念的例子。其中,整个飞行器的下表面是超燃冲压发动机的一部分[3,4]。来流气体在飞行器前体处通过弓形激波进行一级压缩,在飞行器的后部附近的一系列模块内发生二级压缩和超声速燃烧。燃烧后的气体一部分通过发动机尾喷管进行膨胀,而主要的膨胀则发生在整个飞行器的尾部下表面,该部分构型被设计成类似喷管的形状。因此,推进系统与机身是高度一体化的。此外,大部分升力主要是由弓形激波后的高压区以及相对平滑的机身下表面产生,在这种情况下,将不再需要使用常规机翼来产生升力。

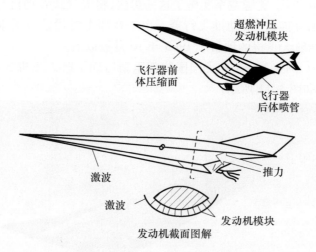

图 3.12 机身/超燃冲压发动机一体化的高超声速飞行器

图 3.10 ~ 图 3.12 给出的吸气式高超声速飞机主要以液氢为燃料,而液氢一般要占用较大的体积,这正是吸气式飞行器具有长机身外形特点的原因。

在高超声速飞行器设计过程中所考虑的设计方案主要为了各个部件产生升力、推力和有效容积,而这些考虑相互影响、密不可分。将这些设计集成于升力体外形设计中,这与传统的亚声速和超声速飞行器设计形成了鲜明的对比。

在最近 40 至 50 年,为了实现吸气式高超声速飞行器实用化的目标,出现了一系列的飞行器设计方案,即著名的乘波体设计方案。乘波飞行器是通过自身激波压缩产生的升力来提高飞行器的整体气动性能。由于高超声速条件下激波贴体,因此这类飞行器在高马赫数飞行条件下非常实用。设计乘波飞行器的基准流场包括楔形流场和圆锥流场等,如图 3.13 和图 3.14 所示[3, 5]。

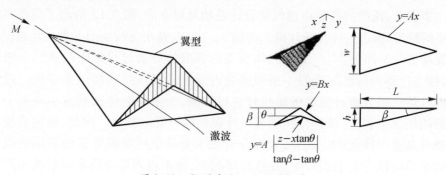

图 3.13 楔型乘波飞行器的概念

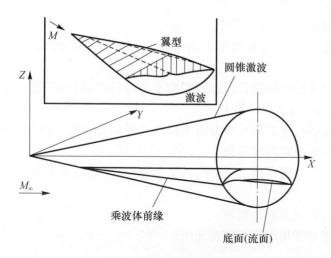

图 3.14　锥导乘波飞行器的概念

3.3　再入飞行器设计理论综述

再入飞行器的设计需要满足飞行任务的设计需求,这些设计需求通常由飞行状态及空间技术来决定。飞行任务的环境可能包括以下所有或部分阶段:

(1) 装配和测试;

(2) 运输和一体化;

(3) 起飞;

(4) 星际巡航(部分需要);

(5) 高超声速再入;

(6) 超声速/亚声速降落;

(7) 着陆/碰撞;

(8) 地面性能(部分需要)。

环境条件有效地将工程约束加入到飞行器的整体设计中,最需要注意的是,飞行器再入只有短短几分钟,但却决定了大部分飞行器的气动构型设计和航天飞机质量预算的比例。除了环境因素,时间尺度形成了剩余的工程约束,包括发射窗口和任务长度,而这些时间中最需要考虑的是成本问题。

在设计过程中,由于预算的要求,成本成为设计主要考虑的因素,而且影响整个设计过程。例如,对于深空探测任务,早期的项目花费已经成为主要考虑的影响因素。因此在最早时候,采用以下准则来开展高超声速飞行器的设计与研究,这些准则对于预研阶段非常重要。

（1）采用弹道再入（无导航）；

（2）简化外形从而尽可能大的利用现有气动数据的优势并且进行简化分析；

（3）将存在的数据进行内插处理而不是进行外推处理，这可能导致非最佳设计，但是能确保更大的可信性；

（4）在设计任务之间尽可能使用简单外形以至于建立性能上的可信性，而且更容易发现一些常见的问题。

空间任务设计需求规定了一般的飞行器外形，而且决定设计任务更加直接的部分因素有：

（1）有人驾驶或无人驾驶；

（2）可重复使用或不可重复使用；

（3）载荷大小；

（4）大气环境；

（5）导航控制与机动性（升阻比）；

（6）再入速度范围。

首先要决定所设计的飞行器是载人飞船还是货运飞船，载人飞船的设计对重力加速度和最小设计周期有更加严格的要求。因此，载人飞行的设计任务需要确保足够的设计容差，对飞行最高速度和安全系数等有更高的要求。另一个重要因素是可重复使用性。一次性的单用途飞行器可以使用烧蚀材料作为隔热层。与设计可重复使用的长生命周期飞行器相比，不可重复使用的飞行器将承受相当不同的气动加热环境，如 Apollo 飞船。而诸如航天飞机此类可重复使用飞行器将需要将隔热层进行精密设计。还需要考虑的问题是飞行器尺寸和可用载荷空间结构上的约束。小型太空船可以完整发射，而大型货运飞行器则需要考虑一些空间构型设计。

导航、制导与控制方面将需要考虑飞行器的升阻比要求。

当需要使飞行器气动操纵性能最大化时，需要设计具有高升阻比的飞行器。当以减速最大化为目的时，则需要设计大阻力及低升阻比外形，例如直接再入过程的气动减速和机动等。这类低升阻比构型一般为返回舱。

返回舱应用过程的本质为产生巨大的气动热过载，因为返回舱能够将自身的动能转化为周边介质的热能。

升阻比决定了高超声速飞行器再入大气层的角度，进而决定弓形激波角度。

飞行器的弹道系数决定了其最大加热量和动压载荷，气动热载荷决定了热防护系统的设计和飞行器的结构设计。直接再入的返回舱利用了弹道式再入轨道方式，对导航、制导与控制特性要求较低，因此可以采用最大阻力构型设计。

另一方面,在某种程度上气动减速和机动需要更多的控制,需要考虑多方面的因素来平衡和设计最优气动构型。

因此,需要重视两类再入飞行器的设计,分别是无控的纯弹道式再入飞行器和需要控制来确定轨道的升力体特性飞行器。

在决定选择是用弹道飞行器还是用升力体飞行器再入的过程中,需要考虑以下几个基本需求来折中选择:

(1) 减速限度(有效载荷敏感性,例如设备、人类或标本等);

(2) 大气环境的不确定性;

(3) 着陆点火目标点与回收;

(4) 重量和花费限度;

(5) 低弹道系数限制。

考虑以上所有约束,再入大气层时采用直接气动减阻是可能实现的。尤其是对火星探测器来说,弹道系数必须足够低来保证着陆前减速到规定速度范围。实际上,由于材料和复杂性的约束,可以实现的最小弹道系数约为 $20 kg/m^2$。因而,在首次进入火星时,在特定高度,Viking 采用降落伞的方式来实现降速,这种方式具有最适度的升力特性。对于早期的地球轨道载人飞行器,由于减速等级能承受 8g 的重力加速度,同时回收时着陆偏差是可以接受的,因此主要采用弹道再入(Mercury 号、Vostok 号和 Voshkod 号)。需要注意的是,Mercury 号采用了控制系统来实现滚转、俯仰和偏航,进而控制偏差和横向载荷。针对后续航天任务(Gemini 号和 Apollo 号),从月球返回地面过程中需要采用具有滚转控制系统的升力体太空舱来实现再入过程中的最小减速。由于大气和飞行器性能的不确定性,这种方式也提供了一种可以降低坠落偏差和后期返回舱回收时间的方法。

在整个飞行器构型的设计过程中,以上飞行任务与折中的需求反映在气动热的需求中。

作为研究成果,高超声速飞行器主要分为四类:

(1) 带翼再入飞行器(RV),例如航天飞机,Buran 号和 Hermes 号;

(2) 高超声速巡航飞行器(CV),例如 Saenger 号空间运输系统的一级飞行器;

(3) 上升与再入飞行器(ARV),例如 Saenger 系统的上级 Horus;

(4) 大气助推的轨道运输飞行器(AOTV),也称为大气助推的空间运输飞行器。

这些飞行器主要的气动热影响如图 3.15 所示[6]。

影响太空船的飞行热载荷的因素有:

(1) 大气特性,如密度和温度;

(2) 飞行器的气动参数,如几何构型、质量、气动系数;

（3）飞行状态，例如下落方式和速度。

实际上，在再入过程中，最重要的飞行器参数如下所述：

（1）升力系数，$m/C_L S_{ref}$。

（2）弹道系数，$m/C_D S_{ref}$。

（3）升阻比，L/D。

（4）头部、机翼和尾部前缘线的曲率半径。

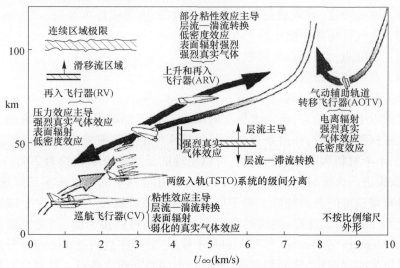

图 3.15 四类主要的高超声速空天运输飞行器和主要的气动热效应

再入飞行器气动外形设计的主题是获得以上参数的最佳组合。

下面将按顺序介绍以上再入飞行器的关键参数。

图 3.16 在高度—速度图上[2]，给出了升力系数和弹道系数对再入飞行器弹道的影响。因此，再入过程中，在减速前，具有大升力参数和/或弹道系数的飞行器能够穿透更深的大气层。对于 $W/C_L S_{ref} = 100 lb/ft^2$ 的上升段轨迹更加近似于航天飞机的飞行轨迹；对于以 $W/C_D S_{ref} = 100 lb/ft^2$ 的逃离速度开始的轨迹更加近似于 Apollo 再入太空舱。

与升力为零的弹道飞行器相对，具有高气动效率的飞行器构型能够降低减速等级且具有机动能力①优势，因此，提高了下降和横向机动能力，并能增加着

---

① 应当注意的是，随着升阻比的增加，能够更好地控制飞行器的减速力（见第二章），此减速力依据飞行任务是否为载人来决定。当然，对于载人飞行任务，采用保守设计的方案是必须的。对于无载人飞行任务，低花费、小质量的精确设计方案是主要考虑的，这种设计将具有较小的裕度和一定程度的高风险。

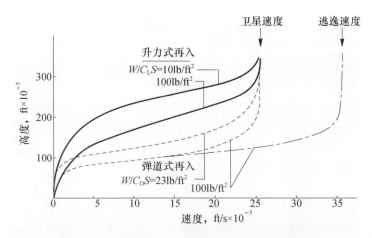

图 3.16　大气再入飞行路径的速度—高度图

陆范围,如图 3.17 所示[7]。

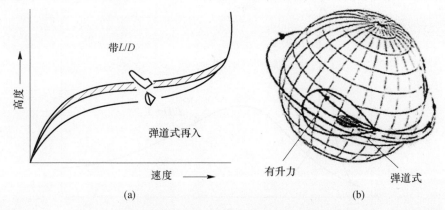

图 3.17　升阻比对不同构型与在地球上着落区域的影响

　　因为高超声速飞行器具有包括飞行任务/性能/花费等多方面的设计准则,并且受多种气动加热环境的影响,因此具有更宽的升阻比变化范围。图 3.18 给出了若干飞行器构型和它们相应的气动防热效率[7]。此图也指出了,对于首要考虑的因素,飞行器设计的花费随升阻比的增加而增加,而且流场也随升阻比的增加而变得越来越复杂。

　　此外,升阻比对于驻点处热传导率的影响如图 3.19 所示[7]。

　　当然,升力能够使得飞行器构型在更高的高度实现减速(图 3.17(a))。在此高度,密度较小,这意味着在给定速度下,气动加热较弱。但尽管热流有所降低,由于飞行时间的增加,整个热载荷也不断增加(图 3.19 中的 $L/D \sim 1$ 曲线)。

　　热载荷的计算公式为

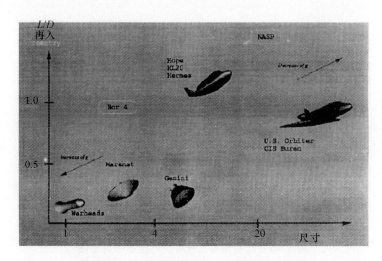

图 3.18　多种飞行器构型与其升阻比一览图

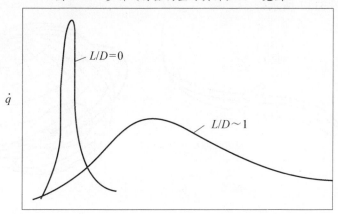

时间

图 3.19　升阻比对基准加热率的影响

$$Q = \int_{t_i}^{t_f} \dot{q} dt$$

　　精确预测热流峰值和总热流量对于热防护(TPS)材料的选择和制定来说是非常重要的。进而,在相对小攻角的飞行状态下,能够获得相对高升阻比的构型会比较细长且外形复杂。因而,这类构型的热载荷相对较高。简单来说,通过增加升力来降低气动加热需要确定所研究飞行器的几何构型。具有较高气动效率的飞行器具有从轨道任意召回的能力,如图 3.20 所示,同时,在再入飞行过程中也具有较高的横向机动能力[8]。图 3.21 给出了若干飞行器构型的横向机动能力。同样地,通过将推进系统与气动力组合使用,大升阻比能够使轨道飞行器有效地变形。

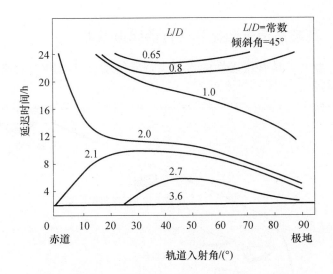

图 3.20　返回爱德华兹空军基地需要的最长时间

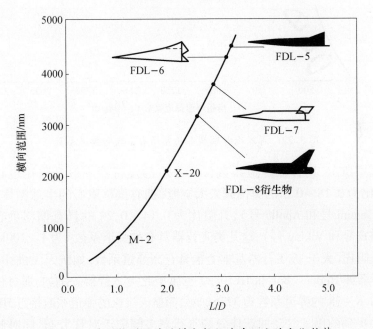

图 3.21　典型构型设计的横向射程随升阻比的变化趋势

　　通过将气动力与推进系统两者结合起来实现了飞行器变形策略,此策略与获得轨道飞行器更大范围改变的需要是相互关联的。

　　最后,正如第二章所讨论的,飞行器驻点处的热传导率与头部处的有效曲率半径成反比。

3.3.1 高超声速升阻比和飞行器弹道系数

图 3.22 给出了具有代表性的再入飞行器气动设计范围内的典型升阻比和弹道系数关系[7]。

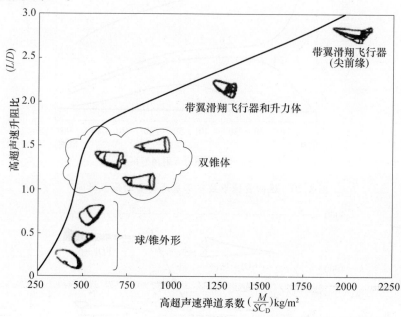

图 3.22 再入飞行器构型的气动力系数和弹道系数

如图中所示,具有低弹道系数($m/C_D S$)的飞行器一般升阻比也较低。例如,升阻比为 0.18 ~ 0.3 的美国载人太空舱(拥有偏移重心的半球型体,如 Mercury 号、Gemini 号和 Apollo 号)、升阻比为 0.14 ~ 0.28 的具有偏移重心的圆锥体(如 AFE 号和 Viking 号),这几类飞行器具有的弹道系数①为 1 ~ 100kg/m²。

高升阻比(大于 1)飞行器基本上也具有高弹道系数,如航天飞机、Buran。升力体飞行器如 Hermes、Bor 和 HL10/20 也属于此类飞行器。例如,通过快速评估方法可知,X – 38 的弹道系数为 377kg/m²,而航天飞机的弹道系数接近 500kg/m²。

经常提到的用于气动捕获任务的飞行器多倾向于对称分布,同时假设几何构型中,前体/后体的圆锥角与后体长度/前体长度的比值为 2:1,此种构型的最大升阻比为 1 ~ 1.5。

---

① 铁陨石的弹道系数为 8000d kg/m²,合金陨石的弹道系数为 4000d kg/m²,其中 d 是陨石的直径(单位 m)。

最后,升阻比高于 1.5 的构型一般要采用升力体构型和翼身融合体构型,此种构型容积率相对较低,而弹道系数较高(基于横向区域)。

3.3.2　弹道系数、飞行器体积因子和细度比

在初步设计方案框架中,折中的再入弹道设计的飞行器弹道系数可以通过飞行器容积因子(ld^2)和长细比(l/d)之间的相互关系来评估,其中,d 和 l 分别表示航天器的横向特征尺度和纵向特征尺度(单位为 m)。

例如,载人航天器合理的质量(单位为 kg)关系如下:

$$m \approx 470 (d^2 l)^{\frac{2}{3}} \tag{3.1}$$

弹道系数(B_c)可以简化为飞行器长细比(l/d)的函数(单位为 kg/m^2):

$$B_c \approx \frac{587}{C_D} \left(\frac{l}{d} \right)^{\frac{2}{3}} \tag{3.2}$$

此处阻力系数计算的参考面积取飞行器的最大横截面面积。

因而,对于类似太空舱的航天器来说,正如最近和当前服役的飞行器一样,弹道系数约为 500。

注释框:飞行器的质量特性和弹道系数特性

10 个载人航天飞行器的全部质量和主要尺寸数据如表 3.1 所示,该表同时展示了其他部分相关数据。

表 3.1　10 个有人驾驶航天器的特性

代号	载人数	长度/m	最大直径/m	质量/kg	Mg/A/(kPa)	B_c/kPa	$(l/d)^{2/3}$
Mercury	1	2.70	1.9	1300	4.50	2.812	1.264
Gemini	1	3.40	2.3	3200	7.56	4.723	1.298
Vostok	1	4.30	2.42	4258	9.08	5.677	1.467
Voshkod	2 或 3	5.00	2.42	4802	10.24	6.402	1.623
Apollo	3	3.20	3.9	5900	4.85	3.029	0.876
Soyuz	1 ~ 3	7.40	2.7	6251	10.71	6.695	1.959
Shenzhou	≥1	8.65	2.8	7800	12.43	7.768	2.122
Shttle	6 ~ 8	8.82	6.14	24251	8.04	5.023	1.273
Kliper	6	12.00	3.9	15000	12.32	7.700	2.116
CEV[①]	4 ~ 6	8.83	5	17170	8.58	5.363	1.461

① 注意:数据基于当前数据评估得到

空间飞行器的质量应该正比于容积因子(ld^2)的 2/3 次方,飞船与航空器

的质量主要是由飞行器外壳的质量组成的。因此,飞行器的质量应该是与外壳的面积成比例。分析表3.1中给出的10个空间飞行器的参数特性,可以得到如公式(3.1)所示的关系式。例如,对于空间飞行器来说,式(3.1)的关系式与真实数据之间的对比如图3.23和图3.24所示,两图分别给出了较小容积因子和较大容积因子对应的数据关系。

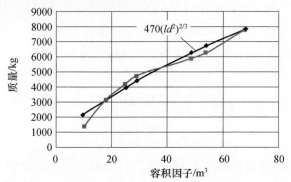

图3.23 空天飞行器的质量随容积参数的变化曲线
(此图的尺度是对于相对较小的容积因子)

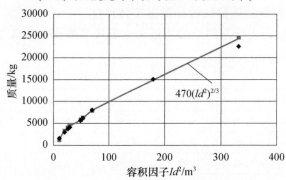

图3.24 空天飞行器的质量随容积因子的变化曲线
(此图的尺度是对于相对较大的容积因子)

图3.25进一步展示了载人数量和质量之间存在的相关性。此相关性具有合理性,并且图中给出了由NASA提出的载人探测飞行器质量的可变区间范围。

同样,在表3.1中给出了每个飞行器的弹道系数,此结果是基于给定质量和尺度,假设 $C_{D0}=1.6$(基于类Apollo飞船外形估算)的条件下计算得到的。弹道系数的评估如式(3.2)所示。

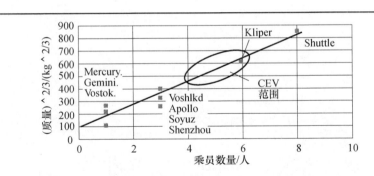

图 3.25 空间飞行器质量与机载人数之间的关系

弹道系数的计算值可表示成 $\left(\dfrac{l}{d}\right)^{\frac{2}{3}}$ 的函数,如图 3.26 所示。数据表明式(3.2)是正确的,且呈线性关系,单位为 kPa:

$$B_c \approx 3.6\left(\frac{l}{d}\right)^{\frac{2}{3}} \tag{3.3}$$

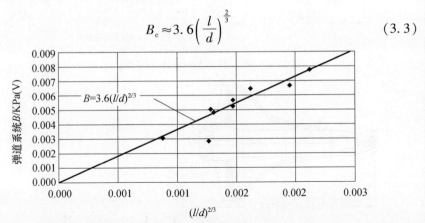

图 3.26 10 个空天飞行器的弹道系数与飞行器长细比之间的关系

该系数很接近 $587/C_D$,C_D 近似等于估测值 1.6。

唯一偏离此关系式的飞行器是 Apollo 太空舱。此偏差可能是由于 Apollo 太空舱的长度被高估的原因,因为太空舱的后体延伸扩展像一个完全的圆锥体,而其他类似于返回舱的航天器具有被截断的平头后体。

与之相反的是航天飞机更适合给出的关系式。

最终,最知名的航天器构型是 Apollo 号返回舱,其具体构型细节如图 3.27 所示。

另一个著名的空间飞行器是航天飞机轨道飞行器,如图 3.28 所示。

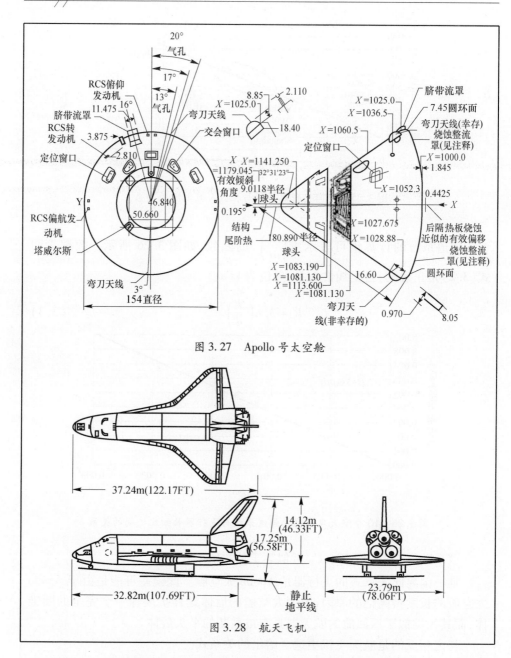

图 3.27　Apollo 号太空舱

图 3.28　航天飞机

3.3.3　高超声速飞行器修正升阻比和飞行器容积率

现在的再入大气飞行器的基本原理与人类刚开始探索航天飞行时是一样的。图 3.29 给出了航天飞行器构型设计过程中所要考虑的初始因素[8]。

　　图中假设进入大气的速度为 7km/s(相对于从 LEO 再入),图中展示了容积率($V^{0.667}/S_w$)与高超声速配平升阻比(L/D)之间近似为线性关系。在左上角的圆球具有最大容积率但升阻比为 0,而具有机翼的飞行器,像航天飞机,牺牲了部分可用的体积而提供了有意义的气动效率。图中左侧外形设计简单且具有高容积,此类飞行器仅需更少的花费就可以得到。具有较低升阻比的飞行器减速更快,从而使机载人员感到更大的重力过载。在图 3.29 右侧可以看到升阻比对各类构型飞行器再入时重力过载的影响。低升阻比构型具有更大的重力过载和更短的再入时间,而高升阻比构型具有较小的重力过载。

　　NASA 给出了人类能够承受的最大重力过载标准,数据表明,人类仅能在高重力过载条件下承受很短一段时间(可以在 10g 的重力过载下承受最长时间为 40s),但在承受中等尺度的重力过载时,耐受时间大大增加(在 7g 的重力过载下坚持 5min,即使受伤的航天员也能够任意承受 4g 的重力过载)。如图 3.29 中所示,很小的升力也能够显著降低再入时的重力过载,并使升阻比保持在 0.5 以上。当然,着陆范围的精度也是要考虑的因素。

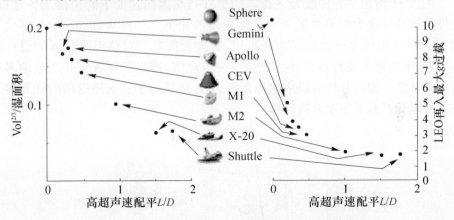

图 3.29　升阻比对容积率和过载的影响

　　升阻比也是飞行器所遭受的再入气动加热类型的一个很好的指示。由零升力(弹道式)再入产生的极值重力过载是由于飞行器快速下降至更低的高度和更薄的大气层导致的。此弹道将在很短的时间里产生很高的全局气动加热率。高升阻比飞行器具有更长的再入时间,也因而具有更低的气动加热率。但是,为了获得较高升力,前缘部位外形将承受更高的局部气动加热。图 3.30 清晰地给出了再入时航天飞机的局部气动加热红外图[8]。

　　轨道飞行器的下表面温度相对一致,但是在机头和机翼前沿线区域温度非常高。研究结果发现,与低升阻比飞行器相比,高升阻比飞行器一般要承受更高

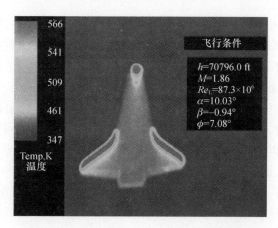

图 3.30 航天飞机再入过程中的红外成像图

的总气动热载荷,因为它们要在较低的加热率下承受更长的时间。为了适应和克服局部高气动加热率,设计者必须考虑更为复杂的热防护系统(TPS)。

图 3.31 给出了各种航天飞行器构型在行星返回速度下的预估 TPS 性能。此性能被特征化为与整个航天飞行器质量的比值[8]。自从 20 世纪 60 年代后期,Apollo 飞船的飞行数据即公开可用,这大大提高了对航天飞行器的设计能力,也由于对航天飞行器设计性能的进一步理解,产生了对 Apollo 飞船的多种不同的评估。通过分析可以清楚地发现,TPS 重量对于从火星返回的任意再入飞行器设计都起了很重要的作用。

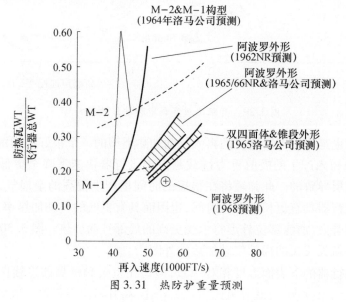

图 3.31 热防护重量预测

对于 LEO 任务的飞行器来说,诸如 ApolloCM 号的太空舱构型具有很强的竞争性,而且具有明确的气动热力学优势。此外形的有效容积特性将导致重量降低,这对于这些 LEO 任务来说非常苛刻。航天员的重力过载与局部气动加热需要被控制在可管理的范围内,这使得飞行器外形必须便于分析和加工。此外形的另一个优势是,加工过程中飞行器重心的正确放置将使得飞行器处于静稳定状态(比如,仅有一个方位使得气动稳定)。此种设计使从 LEO 轨道返回的飞行器即使在控制系统完全失效的情况下也能使安全的弹道式再入成为可能,然而对于升力体构型的飞行器来说,要想实现这些目的是非常困难的。

3.4　高压阻构型飞行器

在文献[4]中,Allen 和 Eggers 指出在采用高压阻构型时,对流换热是最小的。在减速过程中,此种设计构型使得传递给大气的热量最大化,从而使得传递给飞行器机身的热量最小。

早期的载人再入飞行器(如 Mercury 号、Gemini 号和 Apollo Command Module 号)和以大攻角再入的带翼飞行器(如航天飞机和 Hermes 号)均是此类飞行器的设计范例①。

众所周知,在再入过程中,飞行器和其周围的空气温度极高。随之而来的问题是:在再入过程中,有多少能量传入飞行器内部,又有多少能量传递给周围的空气?

为了回答这个问题,我们假设高超声速飞行器在较高的高度和较高的速度下运行,因而飞行器具有较高的势能和动能。假设飞行器返回地面时速度为 0,因此可认为在地面上的势能和动能均为 0。遵循能量守恒定律,所有能量被空气和飞行器所消耗。

空气加热机理是,在激波后空气的温度急剧增加。

如图 3.32 所示,一方面,如果机身是细长体,具有尖头部,激波则比较弱,因

---

①　一方面,如果飞行器比较重或有一个相对小的阻力时,气动阻力将使其轻微减速,这里不考虑阻力的大小,例如高弹道系数构型,然后通过最小化作用在机身总的剪切力来使得对流换热降低。Allen 和 Eggers 定义它为小圆锥角算例。实质上,大倾角弹道导弹的小圆锥角是这类构型的例子。由吸气式推进系统提供动力的高超声速飞行器的算例也是如此,如 NASP。吸气式高超声速飞行器必须飞行在一定的高度,以保证能够提供足够的氧化剂,例如,相对高的密度为推进系统提供更可能的操纵效率。然而,随着密度的增加,对流传热和阻力增加,而高度逐渐降低。因而,吸气式高超声速飞行器的弹道需要在推进需求与热传递/阻力需求之间取折中。因为在此环境中,两类飞行器的操纵性能是很不同的,因此设计者需要评估不同参数的重要性,如边界层转捩、化学反应和黏性/非黏性等因素。

而较少的能量将被转化成热量来加热空气,大部分能量转化成热量来加热机身;另一方面,如果机身头部是钝头体,那么弓形激波将非常强,因而更多的能量转化成热量来加热空气,而只有少量来加热钝头体[2]。

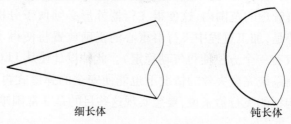

细长体　　　　　　　　　　　　钝长体

图 3.32　细长体和钝头体的气动外形

为了实现较低的气动加热,则必须使用钝头体构型。20 世纪 50 年代,Allen 和 Eggers 等人对其进行了理论分析,他们在文献[4]中写到:"较之细长体外形,钝头体构型的优势在于在驻点处的最大对流热传递率较低,在头部……基本上,具有巨大压阻的钝头体外形能够为导弹热传递最小化提供相当大的保证,也能为导弹设计中通常感兴趣的尺寸、重量和速度等提供保证。"

文献[4]中也给出了这些概念的定义和推导方法,如下所述。

对于具有大钝化曲率半径的再入飞行器,质量为 m,表面积为 S,忽略向壁面上的热传导,根据能量平衡可知

$$\frac{\mathrm{d}}{\mathrm{d}t}(c_{\mathrm{p}}mT) = S\dot{q} \tag{3.4}$$

式中,c_{p} 为定压比热容;$\dot{q}$ 为对流热流。

因而,式(3.4)可转化为:

$$\frac{\mathrm{d}T}{\mathrm{d}t} = \frac{S}{c_{\mathrm{p}}m}\dot{q} \tag{3.5}$$

这意味着,表面积与质量的比值越高(即尖头体),飞行器表面所经受的温度越高。所以,钝头体构型是高超声速再入飞行器的最佳选择,能够使得气动加热最小。

此外,热载荷计算公式如下:

$$Q = \frac{1}{4}B_{\mathrm{C}}V_{\mathrm{e}}^2 SC_{\mathrm{f}}\left[1 - e^{\left(-\rho_{\mathrm{s}}\frac{1}{wB_{\mathrm{C}}\sin\gamma_{\mathrm{e}}}\right)}\right] \tag{3.6}$$

对于一个相对较重的飞行器来说,弹道系数 $B_{\mathrm{C}} \gg 1$,则 $\left[1 - e^{\left(-\rho_{\mathrm{s}}\frac{1}{wB_{\mathrm{C}}\sin\gamma_{\mathrm{e}}}\right)}\right]$ 项远小于 1。因而,热流计算公式(3.6)转化为:

$$Q = \frac{C_f S \rho_s V_e^2}{4 w \sin \gamma_e} \qquad (3.7)$$

因此,当 $C_f S$ 最小时,热传递量最少。如果注意到 $B_C \gg 1$ 是等价于需要飞行器较大的质量,那么正如我们所期望的算例那样,在通过大气层的运动过程中,气动力仅能使其轻微地减速,所以说,对飞行器的热输入与剪切力是成比例的。

相反,对于相对较轻的飞行器来说,飞行器的弹道系数 $B_C \ll 1$, $\left[1 - e^{\left(-\rho_{sw} \frac{1}{B_C \sin \gamma_e} \right)} \right]$ 项约为 1,所以式(3.6)变为:

$$Q = \frac{1}{4} B_C V_e^2 S C_f \qquad (3.8)$$

这样,飞行器在大气层的上层区域即可减速为 0,所以,初始的能量将传递给飞行器本身而不是大气层。

对于忽略重量相比气动力的贡献、沿着垂直弹道下降的飞行器来说,热传递效率可以表达为:

$$m \frac{dV_\infty}{dt} = -\frac{1}{2} \rho_\infty V_\infty^2 C_D S_{ref} \qquad (3.9)$$

所以,忽略辐射换热,$\overline{St}$ 为飞行器表面的平均斯坦顿数,则传入机身的热量 (dQ) 在时间方向 (dt) 的导数为:

$$dQ = S_{ref} \overline{St} \rho_\infty V_\infty \left[\frac{V_\infty^2}{2} + c_p T_\infty - T_w \right] dt \qquad (3.10)$$

忽略关于动能的热贡献,根据再入过程中的关系式得到 $S_{ref} dt$,式(3.10)可转化成:

$$dQ_{reads} \approx \frac{\overline{St}}{C_D} m V dV \qquad (3.11)$$

分别对再入速度 V_e 和速度 V 进行积分可得到热转换效率为:

$$\eta_q = \frac{\Delta Q}{m \left(\frac{V_e^2 - V^2}{2} \right)} = \frac{\overline{St}}{C_D} \qquad (3.12)$$

式(3.12)清楚地表明,要想获得较小的热转换效率,需要增加阻力系数 C_D,即飞行器的气动阻力。这表明,当再入飞行器采用平钝头构型在大攻角条件下飞行时可以获得最佳的传热状态,此状态下,飞行器的能量主要传递给大气。A. J. Eggers 在文献 NACA TN4046(1953)中对此重要发现进行了介绍,因此对于飞行器头部(机身防热蒙皮)和前缘线(机翼)需要进行钝化处理。

特别地,也可以对热传导效率进行评估。为此,可以采用 Hankey 和 Ruppe[9] 所提出的方法进行推导。

首先,根据 Hankey 提出的方法,可得到

$$\dot{Q}_B = A\left(k\,\frac{\partial T}{\partial y}\right)_w = St\rho VA(H_S - H_W) \tag{3.13}$$

式中,A 为面积;k 为热传导率;ρ 为密度;V 为空气速度;H_S 为来流的总焓;H_W 为壁面的焓值;St 为斯坦顿数。来流的热流率 $\dot{Q}_A$ 为:

$$\dot{Q}_A = \dot{m}H_S = \rho VAH_S \tag{3.14}$$

所以,这两个热传递率的比值为:

$$\frac{\dot{Q}_B}{\dot{Q}_A} = \frac{St\rho VA(H_S - H_W)}{\rho VAH_S} \approx St \tag{3.15}$$

进一步,根据雷诺比拟,有

$$St = \frac{C_f}{2} \approx 10^{-3} \tag{3.16}$$

因此

$$\dot{Q}_B = 10^{-3}\dot{Q}_A \tag{3.17}$$

另外,根据式(2.85),Ruppe 指出:

$$Q \approx \frac{1}{2}\,\frac{C_F}{C_D}\,\frac{S}{A}E \tag{3.18}$$

其中,特殊值为:

$$C_F \approx \frac{1}{300}C_D \approx 1\,\frac{S}{A} \approx 4 \tag{3.19}$$

所以

$$Q \approx 10^{-2}E \tag{3.20}$$

这两个方法均说明,由于大部分能量被大气所吸收,因此只有小部分热量进入机身。但是这并不意味着不存在气动加热的问题,因为大量气动加热中小比例的部分仍是比较严重的。但是,研究表明这部分热量是再入飞行器所能承受的,可以通过设计一种热防护系统,如采用新材料等方法使得再入飞行器成功通过大气层。

虽然没有热阻碍,但具有热障。

然而,主要的问题不是传入飞行器本身的总体热量,而是存在于再入飞行器上面的局部热区域,如激波与激波相互作用,层流到湍流的转换,激波与边界层的相互干扰等。

最终,能量转换效率与飞行器构型和飞行高度相关联。特别地,图 3.33 给出了 η_q 随高度的变化规律。实际上,η_q 也依赖飞行器的再入轨道[9,10]。

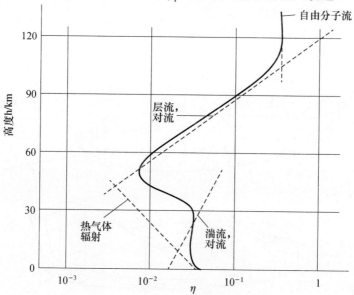

图 3.33 η_q 随高度的变化趋势

由于 $C_F \approx C_f \approx \sqrt{\rho_s / \rho}$,可得

$$Q \approx \frac{E}{\sqrt{\dfrac{\rho}{\rho_s}}} \tag{3.21}$$

在最大热传递条件下,为了使热量 Q 尽可能小,需要使得 $\dfrac{\rho}{\rho_s}$ 尽可能大,这即意味着以最低高度飞行且存在层流边界层,因为湍流边界层将使 Q 增加一个数量级。由于使用升力能够使得最大加热的飞行高度增加,同样情况下,最大减速的高度也增加。通常结论是,升力增加了总的传热量。虽然对于升力体飞行器和非升力体飞行器以相同再入角度来说,该结论都是成立的,但是考虑到给定最大减速量时,升力体飞行器能够沿着更倾斜的弹道再入。那么,升力体飞行器就能够使总加热量降低约 20%,但是最大热传导速率将会加倍。

因此,高压阻飞行器外形能够最大限度地将热量传递给大气。此外,当升阻比的需要满足时,Eggers 得出结论:"对于亚轨道卫星的应用,我们对高升力、高阻力的构型更感兴趣。"Eggers 指出,上部扁平、钝头锥构型正好能够满足高升力、高阻力构型的需求,如图 3.34 所示。

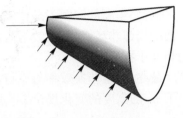

图 3.34 高升力、高阻力构型简图

在 20 世纪 60 ~ 70 年代迅速发展了一大批钝头、升力体构型飞行器[8],如图 3.35 所示。

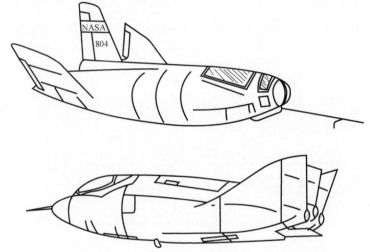

图 3.35 在 20 世纪 60 ~ 70 年代发展的钝头、升力体构型实例

为了满足具有从空间站载人返回地球能力需求的飞行器(ACRC),候选设计方案之一如图 3.36 所示[8]。

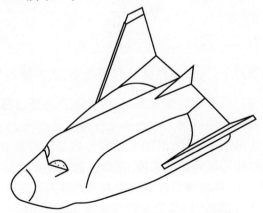

图 3.36 载人返回飞行器(ACRV)概念

此发展的概念是由 NASA 兰利中心提出的,研究项目源于 20 世纪 60 年代的 HL - 10 和 X - 24 项目,当时设计了高度在 8 ~ 80km 范围内,最大升阻比达到 1.4 的飞行器外形。采用此升阻比,飞行器在再入过程中具有较低的重力过载,这对于解决突发事件是非常重要的。而且升力体飞行器具有足够的横向机动能力,与弹道飞行器相比,能够增加其在特定位置着陆的成功率,如图 3.20 所示。

总之,在总结设计空间飞行器过程中的需求时,形成了一些一致性的工程实践基础,需要考虑多个方面因素和约束,并对它们进行分析、设计迭代、测试和发展等。而且很明显的是,在任意空间飞行器构型设计过程中,必须进行折中的设计与分析。再入飞行器的折中研究简略汇总在图 3.37 中。

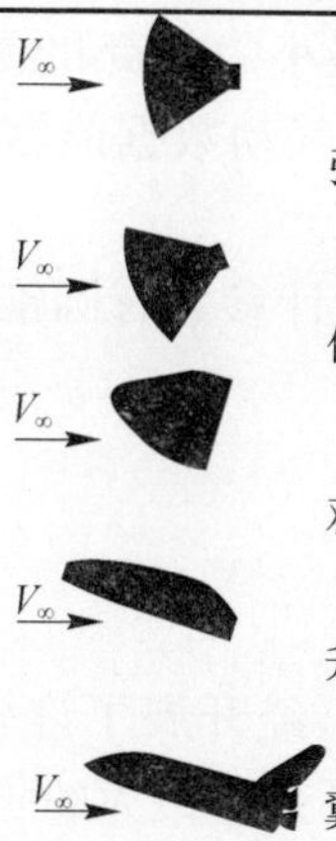

	飞行器	升阻比	重力过载	热负载	横向距离
$V_\infty \rightarrow$	弹道式返回舱	0	高	低	低
$V_\infty \rightarrow$	低升力返回舱	低	中	低	低
$V_\infty \rightarrow$	双锥段	中	低	高	中
$V_\infty \rightarrow$	升力体	高	中	很高	高
$V_\infty \rightarrow$	翼身融合体	高	低	很高	很高

图 3.37 轨道飞行器介绍

对于四类主要的轨道飞行器来说(钝头体飞行器、细长体飞行器、升力体飞行器和有翼飞行器),构型设计过程中需要进行折中设计。他们相互之间对比时,主要考虑四个方面:气动系数、重力过载、热载荷和横向机动范围。

3.5 弹道再入飞行器设计

驱动弹道式再入飞行器外形发展的首要任务需求是实现在最高的高度下减速。因此,气动减速采用低弹道系数飞行器直接再入,目标是在大气层上端消耗足够的能量,以获得想要的速度和高度条件来实现后续的飞行任务。例如,对于 Huygens 来说,大气实验能够在最大可行高度处展开(目标是 170km),而对于火星来说,大气密度很低以至于需要最大的减速量来为降落伞展开提供充足的,比指定位置更高的高度余量。对 Rosetta 来说,设计需求是提供最小的质量,以至于能够在足够陡的再入角度下提供可以接受的降落偏差,以便于回收,因此,需要考虑热流与热防护系统的厚度和面积之间的折中问题。

对于弹道再入飞行器而言,如果落点范围可以接受,则无需导航或控制系统。因此气动减速的概念是强调一种以可以接受的低弹道系数稳定返回的返回舱设计,这比气动捕获更加节约成本。为了实现低弹道系数,需要设计大面积、高阻力系数和小质量的飞行器。通常,质量要求相当苛刻,在预算允许的条件下,质量减少的范围是很小的。因此,设计者的目标是设计大面积和高阻力系数再入飞行器。大阻力系数飞行器通常是在牺牲稳定性的基础上获得的,因为质量和预算限制不能提供机载的稳定系统和控制系统,因此所设计的气动构型必须满足在自由飞行阶段充分稳定的要求。

基本上,空间探测任务,设计准则是尽可能以最小的花费和最简单的球锥外型,并采用大的半锥角和足够的稳定性来使现有的气动数据能够得到充分的利用,而且这也是比较自然的选择。

对于球头—圆锥构型来说,气动外形的主要设计参数有圆锥角、基准直径、头部半径和拐角半径。

关于以上设计参数的分析如下所述。

3.5.1　减速伞锥角

关于 $30°$、$45°$ 和 $56°\sim75°$ 之间的半锥角构型已经开展了许多研究。例如,Viking 号飞行器采用了 $70°$ 的圆锥角,此方法产生了几乎最大的阻力系数。圆锥角的进一步增大对阻力系数的影响较小。然而,大圆锥角的稳定性较低,因而,为了使得再入过程中通过峰值热流和峰值动压实现名义 $0°$ 攻角,Huygens 号飞行器选择了 $60°$ 的半锥角。此构型虽然阻力系数较大(仅比 $70°$ 锥角构型低4%),但是可以接受,而且其静稳定性更高。同时,其低超声速/跨声速动稳定性也被大大提高。例如,图 3.38 给出了实验获得的驻点处俯仰力矩系数和阻力系数随圆锥角的变化趋势[7]。

3.5.2　减速伞底部面积

对于一类名为展开式气动减速器的再入飞行器来说,气动基底直径是一个关键设计参数。再入过程中,允许基底直径增加,进而提供较小的弹道系数,产生最小的热流。

以前,火星探测采用了最大基准直径的飞行器用来三次着陆和单次 Huygens 探测,这与飞船所利用的空间外壳一致。

对于 Rosetta 号,由于高的热流分布使得情况比较复杂,需要采用厚的碳化

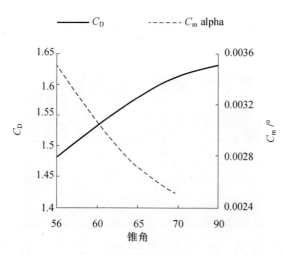

图 3.38 典型飞行器阻力和俯仰力矩系数随圆锥角的变化规律(实验马赫数为 9.5)

烧蚀材料。厚重的热防护外壳占了飞行器的大部分质量,而且增加了表面积,由于烧蚀材料厚度仅能在边缘处减薄,最终使得飞行器的重量成比例地增加。选取低密度的热防护材料能使该问题得到缓解。然而,当基底直径达到空间包层允许的最大值(3m)时,即便改变热防护材料也难以产生更低的质量。因此,对于给定的高阻力外形,为了得到最小热流,可以通过降低负载所需要的最小体积来减小总质量,而减小负载体积是通过减小直径来实现的,这种方式增加了弹道系数,但降低了总的热载荷。所以,设计过程中需要从各方面来考虑折中设计。

3.5.3　减速伞鼻尖半径

为了获得最小的防热瓦质量、简化太空舱安装和发射条件的选取以及使阻力系数和可接受的驻点热流(对流传热和辐射传热)最大化,需要选择最适宜的头部半径。

虽然头部半径对阻力系数的影响很小,但较大的半径使得阻力系数更大且单位面积质量更小。

注释框:**Huygens**、**Marsnet** 和 **Rosetta** 号太空舱的部分设计要点

(1)Huygens 号。Huygens 采用了碳材料的热防护系统,减速器和前置防热瓦具有大量热冗余,因而,飞行器重量主要由结构载荷和绝热需求所决定。由于绝缘材料的质量是次要考虑的,因此最小的面积将使得飞行器的质量最小。覆盖在头部上面的装置的质量由弹道分离需求所确定,且与头部半径无关。因此,为了使辐射性防热瓦具有较低的热辐射环境,与气动稳定性和现存

可利用的数据相一致的最大头部半径应该为防热层提供最小的绝缘厚度。使减速器成圆锥形的最大头部半径尺寸是 1.5m（注释图 3 - 1）。

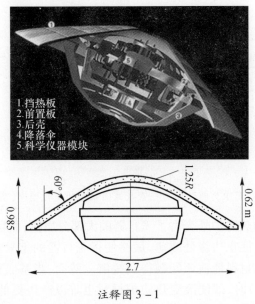

1. 挡热板
2. 前置板
3. 后壳
4. 降落伞
5. 科学仪器模块

注释图 3 - 1

由于受热极限的不足,热防护系统前缘不使用铍材料,同样由于额外质量的限制使得低密度烧蚀设计不能够被采用。

选用半径为 1.25m,这与钝化率的极限一致,此时,对于无探针减速器的探测飞行器来说,很容易利用跨声速气动数据。这也很好地确保了采用数值计算方法来对试验数据之间的数据进行插值处理,而不是依赖于可利用的数据对范围外的数据进行外插得到。

（2）Marsnet 号。在早期的研究中没有最优的结果,初始几何外型和 Huygens 号相同,从而能够利用与其相同的气动特性。对三个着陆器,通过降低基准直径来实现航天器包层的适用性,从而减小了其总体质量。然而,最大头部半径使得对流系数最低且阻力最大,头部半径保持在 1.25m。由于低再入速度和相对较低的激波层温度,可以忽略辐射热流。头部半径与基准半径的当前比率仍在存在的钝化率的气动数据范围内,因此,在后续的研究中还有优化的空间。

（3）Rosetta 号。对于 Rosetta 号来说,辐射热流是很严重的,通过优化头部半径可以减少总辐射量和对流热载荷。设计分两个阶段进行:阶段 1 以接近载荷承受极限的 100g 过载急剧减速下降。阶段 2 以 45g ~ 55g 的过载缓慢再入,同时保证航向误差在可接受的范围内。阶段 1 的再入即使热流更高,但具有较短的持续热脉冲,这将使得所需的隔热外壳更薄。该情况下,头部半径为 0.5m。阶段 2 中,因为所有结构负载和载荷负载都是最小且可行的,因此更受项目组的青睐。这种情况下头部半径增加到 1.0m。由于对流热流与头部半径的平方根成反比,而辐射热流与头部半径成正比,因此通过头部半径的选择来实现对流热流和辐射热流组合最小的目的。在头部半径的选择中,由于非平衡效应的影响,热流的量级具有不确定性,尤其是对于辐射热流。

3.5.4　减速伞角半径

由于当地流动的加速,减速器膨胀角区域的半径需要一个新的参数进行描述,从而限制该区域的气动加热。对于 Huygens 号和 Marsnet 号航天器来说,再入飞行器的减速器当前采用的 C – C 和 C – SiC 材料具有较大的热极限。然而,与头部对流加热相似的是,拐角加热也随拐角半径的减少而增加。

对于尖锐拐角来说,传热量非常大。当有攻角时,拐角加热进一步增强,甚至局部超过 TPS 的耐高温能力。对于减速器背面的拐角半径,采用逐渐增大的拐角半径,当攻角为 0° 时,在拐角处产生更小的热流,其热流值低于驻点处的热流。采用此准则,对于 Huygens 号,选择 5cm 的拐角半径来表征拐角,基准半径比为 0.03。分析表明,即使在大攻角条件下(20°),热流应该是低于 0° 攻角条件下驻点热流的两倍。

热流的增加仅仅将壁面平衡温度增加约 20%,而这是很容易控制在 TPS 耐热范围之内。

拐角半径的次要影响是增加转角的环向硬度,这个特点不应该促使质量的增加。引入合适的转角半径能降低阻力系数,使压力中心向前移动;通过修正法向力的增长,静稳定性增加,同时力矩系数也增加。与尖锐拐角相比,Huygens 号飞行器选择 5cm 的拐角半径使阻力系数降低了约 2.5%。应该将拐角半径降低到最小来使得阻力系数最大。现已证明,采用一种椭圆形拐角外形效率更高,但是超出了现存的数据库。Marsnet 号当前选择了同样的拐角半径。对于 Rosetta 号,即使采用了不同的 TPS,所得结论也是相似的,这里要指出的是 TPS 采用的是烧蚀热防护系统。然而,随着拐角半径的增加,阻力系数降低变得严重。为了减少加工的复杂性,保持 TPS 前部的厚度近似为常数更加重要。对于拥有较小的半径而厚度较厚的 TPS 来说,可能具有更小的质量,但是形状的改变和随之带来的气动影响将更大。因而,拐角半径尺度的选择使得总的热流与 0° 攻角条件下的驻点处热流相同。辐射热流的不确定性也被考虑进计算过程中。对于 Huygens 号和 Marsnet 号的辐射 TPS 来说,最终的拐角半径更大,对于阶段 2 计算的外形来说,拐角半径为 8cm,而对于阶段 1 来说,其值为 16cm。

总结来说,再入飞行器构型特性主要由以下参数决定:

➤ 最小的弹道系数。

➤ 现存气动数据的实用性。

➤ 与稳定性约束和现存数据相匹配的高阻力外形,这导致选择了大角度的球形锥。

➤ 基于最小质量和最大阻力的头部半径。对于大受热极限的 C－C 和 C－SiC 材料的 TPS 来说,这导致最大半径仅仅受限于在气动数据方面的钝化率。对于具有均等的辐射和对流成分的烧蚀热防护材料来说,最小的热破坏是设计准则。

➤ 对于 C－C 和 C－SiC 材料的辐射体和采用定常厚度的烧蚀材料来说,基于热结构限制的具有最大阻力的最小拐角半径。

➤ 最大基准直径,为了达到最大飞行高度任务的最小弹道系数。

➤ 可展开的减速器,具有低弹道系数,但需要高花费和高复杂性。

其他重要的设计方面是:

1) 边界层转捩

迄今为止,对于所有发展的钝头体飞行器来说,边界层转捩都是基于 Viking 评估方法对边界层动量厚度的评估,雷诺数 140 转捩分界。采用此数值,Huygens 号和 Marsnet 号在再入过程中具有层流边界层,而对于 Rosetta 号来说,在峰值对流热流后,边界层变成湍流流动,以至于总的热载荷不被大量影响。这种情况对于所有飞行器来说都是幸运的,因为在峰值热流之前或靠近峰值热流附近,转捩的不确定性将明显影响热防护系统的尺度。对于其他飞行器或流动类型来说,没有尝试去采用一个更复杂的转捩准则,因为在考虑较小的数据库时,对于此类飞行器的线性外推是不确定的。

无论如何,对于此类飞行器缺乏适当的转捩数据导致了悲观的假设。

2) 基准流场

弹道式再入飞行器的基准流场效应需要两个主要方面的分析:

(1) 剪切层对飞行器后体的冲击能够导致热流的增加,加上流场再附,再附点动态变化将导致稳定性问题。

(2) 基本的对流换热将决定后体 TPS 的设计和质量。

对于 Huygens 号,后体不受任何再附影响,因此设计者只对回流区域加热感兴趣。使用薄的 C－C 减速器 TPS 会对后方产生辐射传热。对于 Rosetta,后方锥形防热瓦设计在剪切层以内。该设计是基于完全气体(冻结流)中采用 $k-\varepsilon$ 湍流模型对平板进行数值计算得到的。引入前体边界层对剪切层的影响,发现边界层状态对基准流场的影响很小。对于 Marsnet,后体也设计在剪切层以内。

从早期概念阶段获取的飞行关系能够预测基本的对流传热。

对于钝化飞行器,不同区域和大气环境下宜使用不同的基准流场传热关系。无论如何,现在仍需进一步的分析。基本的碰撞和再附需要使用 N-S 程序进行评估。精确预测基本对流换热量比较困难。

3）催化壁面效应

在考虑非平衡流场时需要引入催化壁面效应。

一般情况下,在早期分析中需要充分考虑催化壁面,但是 N-S 方程的解表明,无催化 TPS 表面的对流换热量有很大的降低。但是,在利用该优势之前,大气在 TPS 壁面上的催化反应必须充分确定,尤其是在星际航行中 TPS 表面裸露在空间环境的情况之下。例如,辐射、碎片撞击、推进剂羽流撞击以及热循环都对评估防热瓦性能产生重要影响。

对于一些地球再入 TPS,研究了氧气和氮气反应的结合,但是结果呈现出较大的分散性。对于火星再入,评估中还要考虑与 CO_2 的反应结合。

相似地,对于 Huygens 号,考虑 N_2 和 CH_X 的几何显得很重要。

4）烧蚀效应

烧蚀对于热流量很大的再入来说非常重要,一般使用高密度碳烧蚀材料做防热瓦,如碳酚醛树脂。为了减少防热瓦质量,目前为这种类型的 TPS 发展了一种热结构热连接概念的新技术。由于激波层在热脉冲下接近热化学平衡,使用化学平衡烧蚀程序可以预测进一步的反应。烧蚀程序还为 N-S 方程和边界层代码提供了流动边界条件。由于流动减小壁面梯度,因此该条件非常重要,同时也降低了对流换热量。冷态带碳吹动气体能够吸收一些流向壁面的辐射热流,结果使得边界层气体受到加热,反过来再次增加对流换热量。对流和辐射拥塞能够在早期阶段通过工程关系预测,在后期利用 N-S 方程进行评估。雍塞的影响可以很大。

烧蚀反应与流场以及 TPS 尺寸完全耦合。

5）污染

当大气气体分解形成潜在的冷凝物或吸收剂时将会发生 TPS 污染。这正是 Huygens 号再入时 CH4 裂解生成碳,所类似的情况。分析和实验已经表明碳元素通过扩散和浓缩,朝着冷壁面方向积聚。由于壁面温度低于碳的升华温度,可以预测碳在壁面发生过冷凝并释放出热量。通过对 Huygens 的分析和实验,发现壁面将产生 $0.3mg/cm^2$ 的积炭速度。在沉积物或 TPS 表面将形成或吸收其他碳氢化合物。

吸收剂在下降过程中吸收气体,如果 TPS 存在,粉尘也将去除。如今还不能区分粉尘和去除的气态材料,但是研究表明,在 TPS 存在的条件下,防热瓦上脱离产生的污染物将可能进入内部仪器。

3.5.5　钝头体动态不稳定性

飞行器机身的动态响应与飞行器设计准则和任务目标是强耦合的关系,因此,在整个飞行器系统中,精确地定量预测和有效地实现沿着飞行弹道过程中机身的振动幅度最小化是非常重要的。然而,在返回舱设计发展的结构框架中,不得不研究机身的动态响应问题,因为其对飞行任务的完成有较强的影响,同时对下降段的设计和反应控制系统(RCS)也影响明显。

非常钝化的外形,诸如 Apollo 号或行星进入探测飞行器(如 Huygens 号),在不同飞行阶段已经表现出了动不稳定性,例如亚声速、跨声速和超声速区间内。实质上,引起动态不稳定性的可能原因如下:

◇ 滚转共振。如果转动频率转变成与气动俯仰频率相同,然后出现共振后锁死的现象。这可能导致俯仰角大幅增加和出现大的横向负载,更严重的话可能导致飞行任务失败。锁死现象能够发生两次:第一次是随着俯仰频率在峰值动压前增加,进而超过转动频率;第二次是在峰值动压后,随着俯仰频率降低或飞行器滚转频率因其非对称性而增加。通常情况下,第一次共振出现在较高的飞行高度,在此高度气动力比较低,也不会出现问题。然而,尤其在较低高度处,如果飞行器因其非对称性而使其滚转频率增加,那么将出现一定的问题。如果飞行器的滚转轴是其主要的惯性轴,那么共振现象将可以完全避免。这也是所有再入飞行器设计的主要目标。

◇ 俯仰衰减。如果存在正的俯仰衰减,那么将出现非稳定性。这种现象通常出现在钝平飞行器的低超声速和跨声速阶段。轴对称飞行器在零度或小攻角条件下具有此特性。飞行器越钝平,此问题越严重。可通过以下方法避免此问题的发生:

(1)通过此飞行区域时停止飞行。超声速降落伞展开是一种可行性方法,但会额外带来降落伞设计方面的问题。

(2)调整外形成为不钝平的外形。这是通常采用的方法,也是性能方面的折中。

(3)在影响最小的攻角下飞行。升力体再入飞行器的外形需要导航系统,而大大增加设计的复杂性和花费。根据减速/高度条件,采用气动减速弹道再入,如果在减速/高方面能够性能足够,将不用采用此种方式。

在 Apollo 号飞行器上,由于流动分离区的自然特性,动不稳现象将出现。在诸如 Huygens 号或 Viking 号类似的行星探测器上,由于在近尾部回流区流场的不稳定特性,也将导致动不稳现象。当然,在分离区内的非稳定流动能够与飞行器的运动锁定在一起。

注释框:动稳定性和钝头体尾流

在机身后体的非稳态压力是动不稳现象出现的主要源头。由于之前的研究中细长体后的流场相对收敛,因此该问题不如之前对弹道导弹动稳定性研究得那样清楚。随着空间竞赛的发展,研究重心从弹道导弹外形向钝头体返回舱外形转变,显然,对机体后方流场结构的深入理解对理解动稳定性现象至关重要。

钝头体在超声速流中,飞行器前端产生弓形激波。弓形激波下游的流动停滞,并且在飞行器前体加速。在飞行器肩部的大转折角诱导形成膨胀激波和分离流动。在靠近机身尾部处形成一个非稳定回流区域,在此区域内形成一个低压区。进一步的下游流动,尾流会聚在一起,停滞并且形成拖尾的再压缩激波,进而再次加热流体。注释图 3-2 形象地表述了这些流动特性。尾部的中心流动为粘流,部分区域通常为亚声速,而尾部外侧的流动为无粘流动和超声速流动。即使在零攻角条件下为稳定飞行状态,这些因素结合在一起导致形成一种特定流场,其流场特性是随时间改变的压力场,此压力场是关于相对于机身轴向和法向位置的函数。

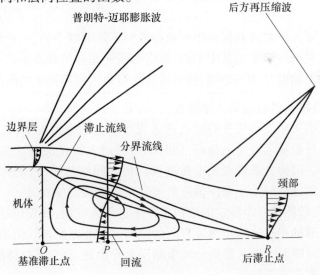

注释图 3-2

在该情况下加入俯仰振动的影响,由于流动中有限的对流速度,尾迹的特征"滞后于"机身前体的运动。这会对俯仰力矩和后体的压力场产生滞后的影响,进一步增加了尾迹流动结构的复杂性。目前,没有试验和数值方法能够精确地捕获受俯仰振动影响情况下的钝头体随时间改变的动态尾迹结构。在机身后体流场中表现出较大的不确定性,此不确定性不利于对动稳定现象进行清晰的认识。

同样地,再附点能够随飞行器的运动而移动,再次出现共振现象。关注此处飞行器展现的基本流动,通过确保在最大期望攻角内,基准气动外壳处于剪切层内,进而避免再附现象出现。以烧蚀吹风为例,前体的气动特性反过来会被影响。由于材料的热包裹时间恒定,因而在烧蚀产物中形成停滞现象,进而发生反应和产生高温分解气体。如果存在重要的锥形运动,将出现以上现象。在此锥形流动中,迎风流的中心线在机体坐标系内发生旋转。此种现象能够通过采用小初始攻角和低锥形流运动来避免。

最终,前体的声学激励能够通过层流边界层、迭代步长最小化和设定的鲁棒性准则来避免。

3.5.5.1 问题描述

当进入大气层时,钝头体的迎角变化规律像一个振荡器的响应一样,此响应影响静态和动态力及力矩特性,即气动特性。

对于具有静稳定性的构型来说,静态气动力矩导致通过正弦运动来实现配平迎角。

因此,如果入射方式的振动幅度随高度的下降而减小的话,此构型属于动稳定的。进而,迎角逐渐实现其配平值,这将抑制迎角振荡现象的进一步发生。

相反,如果构型是动不稳的,摆动运动的迎角振幅随高度的降低而增加。

注释框:再入过程的动力学特性

考虑探测火星飞行任务的弹道进入飞行器。通常情况下,在直接弹道登陆行星的登月舱从运载器上分离,同时保持其进入行星的设计高度在分离点处慢慢旋转。因为分离现象发生在进入行星之间的几天前,避免了飞行器机动的章动现象,同样地,主惯性轴应当被安置在旋转轴位置。

然后,飞行器在一个特定的攻角条件下进入大气层,此攻角是外大气层锥形运动和锥形轴相对于弹道速度方向的倾斜运动相互组合的结果。锥形运动是由来自旋转喷射时航天器的分离泄漏误差导致的,结合了机体的质量特性,即主要是动态非平衡特性。

注意到在进入大气的过程中,能将旋转轴与速度方向放置在一起。

这样设计有以下几个原因:

- 在相对高的迎角条件下,飞行器的气动特性可能无法被很好地表征。
- 对于外大气层的锥形机动包括了修正量。

- 避免产生大的横向力。
- 避免产生循环的热流变化。
- 对于基于弹道数据的大气分析来说,避免大的俯仰角。

然而,小攻角是允许的。

在进入大气的过程中,由于机身要经历大气力的作用,如果飞行器是稳定的话,此时产生一个气动力矩用以减小攻角。机动逐渐地越来越受气动力的控制,而受转动的影响减弱。再入飞行器开始出现倾斜现象。随着气动刚性的增加,攻角的边界范围降低。动力学诱导产生的气动力称为倾斜衰减力,此作用力使飞行器的机动特性减弱。在峰值动压之后,攻角的边界范围将再次增加。然而,由于俯仰机动的不断衰减,攻角继续降低,同时逐渐转变成与静态配平攻角相同。

在跨声速到低超声速阶段,钝头锥表现出俯仰增强衰减的力,而这种现象不影响高超声速再入阶段。注意到失稳系数对于更加钝化的构型来说是最大的是比较重要的;对于超声速－跨声速机动阶段,必须考虑这方面的影响,此阶段可能包括降落伞的展开或气动外壳/减速器投掷顺序。也要注意的是,随着攻角的增加,失稳系数逐渐降低,诸如由于 20° 入射角的作用,衰减系数再次起作用来降低俯仰机动。

此外,为了避免任何气动弹性的耦合,结构模块应该对俯仰或滚转频率有很清楚的料架。对高高度的大气减速而言,需要低滚转速率,频率是 Hz 量级,对于当前的设计来说,主要的机构模块是很好地处于这些情况之上。

尽管不是严格的动态不稳定性,结构－流场的耦合现象也将发生。例如,操控板的振动。因此,在返回舱的设计中,气动弹性的分析是必须的。更进一步说,固有的结构模态必须通过气动频率的检测,例如,探针的俯仰和滚转频率和基准流压力的振荡等。

在该结构框架中,飞行器的非对称性也可能影响其再入过程中的动态特性。

典型飞行器的非对称性有:

1) 重心的横向偏移

重心(cg)的横向偏移来自于几何构型重心轴,通常是由于静态平衡的精度导致的。这导致来自几何中心线的主要旋转轴的偏差和再入大气过程中配平攻角的产生。

对于超静稳定再入飞行器来说,重心的偏离量对弹道的影响比较小,同时初始攻角很快减弱到配平攻角。

例如,图 3.39 给出了 Huygens 号在其横向重心每偏移 1cm,必然会引起静态配平攻角小于 4°的改变,以至于重心偏移在 5mm 以内应该获得非常小的配平攻角。

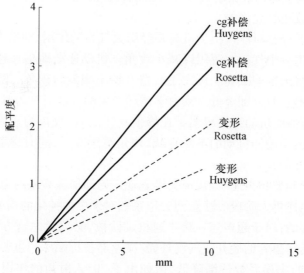

图 3.39　来自非对称外形的静态配平

当采用蒙特卡罗方法对 6 自由度弹道的稳定性研究时,采用了非常大的重心偏移方式,以至于探测号能够在再入过程中均保持静稳和动稳特性。

对于 Rosetta 号来说,图 3.39 展示了样本密度①和负载非对称性对配平攻角的整体影响较小。

2)气动外壳的非对称性

在加工过程中,组装的和飞行将导致外形存在一定程度的变形,从而使飞行器外形处于非对称状态。此种变形能够带来重要的配平力矩。这些因素再次产生一个配平攻角,此配平攻角的作用同前面讨论的重心偏移的影响一样。轴对称变形对于弹道或再入飞行器几乎没有影响,其影响将很好地位于弹道系数的预测精度之内。图 3.39 给出了在 Huygens 号探测器上减速器因辐射状变形产生的静态配平攻角的变化[7]。也包括了 Rosetta 号的部分结果。

假设在减速器/探测器连接位置处的变形为零,并在减速器末端线性增加到最大值。

---

　　①　2014 年 11 月 12 日,Rosetta 号着陆于彗星 67P/Churyumov – Gerasimenko。起初,其计划返回地球时带回彗星的样本。

另外,由于烧蚀作用,表面处存在大量的变形,出现非对称现象。对于 Rosetta 号再入飞行器来说,尽管实际上不可能预测剪切力,但可以通过移除飞行器一面燃烧后的碳酚基边界层来评估烧蚀的影响。

3）组合的非对称性—旋转速率限制

组合过程中会导致质量和几何的非对称性,且依靠它们之间的角度关系能够产生重大的滚转力矩,此力矩可能使再入飞行器上/下旋转。这种角度关系是决定性的,但对于低滚转速率来说,脱离平面(90°)关系是最坏的情况。6 自由度再入仿真,采用了可变的非对称性,能够产生滚转速率历史记录。图 3.40 给出了典型的 Huygens 号再入时,滚转速率从偏离再入的初始状态到 Mach 1 过程中的滚转速率的变化[7]。这些将随弹道的变化而变化,同时,此图为几何外形和质量偏差的设计提供了准则。由于表面摩擦的作用,热防护罩的滚转抑制不包含在内。对于这些类再入飞行器,影响可能很小,但总是扮演着减少滚转速率的角色。对于 Huygens 号来说,一个足够低初始滚转速率的选择(60°/s)确保了在下降阶段的初始滚转速率在期望的范围内,同时对于 Rosetta 号和火星再入时的降落伞展开来说,也可以考虑此选择。

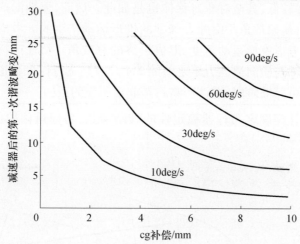

图 3.40　Huygens 号探测器滚转到 Mach 1 情况下的变化情况

为了确保较低的外大气层摆动,仅仅需要足够的滚转。当与初始弹道固有误差和大气密度变化相比较时,飞行器的再入稳定性不需要采用滚转,甚至通过零滚转速率的滚转偏离对地面散布也没有重要影响。

4）惯性力矩

为了避免滑行过程中的章动和俯冲、再入过程中的俯仰/滚转响应问题以及为了放宽预留旋转速率的末端误差,滚转或绕极轴的惯性力矩 I_{xx} 应该比横向惯性力矩 I_{yy} 和 I_{zz} 大。由于探测器的俯仰频率在抛弃减速器后很低,因此,对于没有减速器的 Huygens 号探测器来说,也应该考虑惯性力矩,同时在再入过程中,探测器滚转速率也应该增加,然后出现共振现象。如果 I_{xx} 始终比 I_{yy} 和 I_{zz} 大,将消除共振的可能性。例如,Huygens 号探测器拥有可接受的惯性率,约为 1.4:1。在再入过程中,I_{yy} 和 I_{zz} 的非对称性几乎没有影响,在锥型运动过程中,在滚转率方面仅仅会导致正弦均方根的变化。对于所考虑的飞行任务来说,测量滚转加速度来测量气动性能是可行的,然而 I_{yy} 和 I_{zz} 应该很接近。滚转力矩 I_{xz} 和 I_{xy} 的非零产物引起主要的极轴作为对几何轴的一个倾斜。在外大气层飞行过程中,在向上滚转和从空天飞机分离过程中,即使在不存在俯仰和偏航推动力情况下,将导致一个圆锥机动。在再入阶段过程中,只要再入飞行器滚转,然后将诱发一个附加的配平攻角,此配平攻角依赖于滚转速率和气动俯仰频率。与重心偏差一起的影响和非对称性配平可能增加或降低滚转速率。然而,当再入飞行器接近峰值动压时,影响很小,同时气动俯仰频率最高,滚转频率较低,甚至对非对称体也是如此。然而,惯性的产物仅仅受初始攻角的限制,初始攻角是由外大气中的锥形运动产生的。考虑锥形轴对弹道的倾斜必须考虑锥形运动角度,形成最终的总攻角。惯性产物的实际限制是建议小于极轴与横向惯性力矩之差的 2%。一旦飞行任务弹道坚定地建立在项目的后期可行性阶段,惯性产物将是非常不受约束的。

因此,为了评定确定飞行器稳定性的气动参数,考虑返回舱的自由下落状态,如图 3.41 所示[7]。

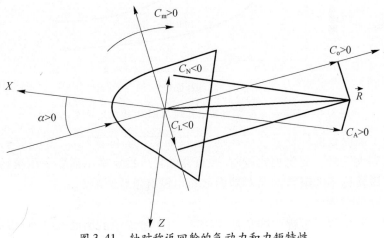

图 3.41 轴对称返回舱的气动力和力矩特性

如图 3.41 所示,气动力可以表述为:

➤ 力矢量 $\boldsymbol{R}$ 是所有气动力的合作用力,作用于机身;

➤ 在特定位置的力矩为 $\boldsymbol{M}$,例如,在重心处的力矩为 $\boldsymbol{M}_{cg}$。

在机身位置固定参考位置,可以得到,

$$\boldsymbol{R} = (-C_A \hat{i} + C_Y \hat{j} - C_N \hat{k}) \cdot q_\infty S_{ref} \tag{3.22}$$

$$\boldsymbol{M}_{cg} = (C_l \hat{i} + C_m \hat{j} + C_n \hat{k}) \cdot q_\infty L_{ref} S_{ref} \tag{3.23}$$

其中,q_∞ 为来流动压,L_{ref} 和 S_{ref} 分别为参考长度和参考面积。$C_{A,Y,N}$ 和 $C_{l,m,n}$ 分别是关于 x,y,z 轴的力系数和力矩系数(见第一章)。

注意:对于轴对称外形的算例,如 Huygens 号,再入阶段在 α_0 攻角下飞行,法向力和侧向力系数是相同的,即

$$C_N(\alpha = \alpha_0, \beta = 0) = C_Y(\alpha = 0, \beta = \alpha_0) \tag{3.24}$$

俯仰力矩系数和偏航力矩系数也是如此:

$$C_m(\alpha = \alpha_0, \beta = 0) = C_n(\alpha = 0, \beta = \alpha_0) \tag{3.25}$$

作为结果,飞行器的稳定性依赖于俯仰力矩的作用。因而基于线性假设的俯仰力矩系数可表示为:

$$C_m = \frac{\partial C_m}{\partial \alpha} \cdot \alpha + \frac{\partial C_m}{\partial \left(\dfrac{\dot{\alpha} L_{ref}}{V_\infty}\right)} \cdot \frac{\dot{\alpha} L_{ref}}{V_\infty} + \frac{\partial C_m}{\partial \left(\dfrac{q L_{ref}}{V_\infty}\right)} \cdot \frac{q L_{ref}}{V_\infty}$$

$$= C_{m\alpha} \cdot \alpha + C_{m\dot{\alpha}*} \cdot \frac{\dot{\alpha} L_{ref}}{V_\infty} + C_{mq*} \cdot \frac{q L_{ref}}{V_\infty} \tag{3.26}$$

因而,返回舱的俯仰力矩系数表征为一个静态分量和动态分量。前者与 $C_{m\alpha}$ 有关,而后者与 $C_{m\dot{\alpha}*}$ 和 C_{mq*} 相关。

这正是 $C_{m\alpha}$ 被称为飞行器的静稳定参数,而 $(C_{m\dot{\alpha}*} + C_{mq*})$ 被称为飞行器的动稳定参数的原因。实质上,如果气动力矩驱使 α 减小,即 $C_{m\alpha} < 0$,外形属于静稳定的,因为攻角的增加导致力矩增加,此力矩反过来促使攻角减小。

另外,可以得出,在如下条件下,飞行器外形是动稳定的:

$$\xi = C_D - C_{L\alpha} + \left(\frac{L_{ref}^2}{r}\right) \cdot (C_{m\dot{\alpha}*} + C_{mq*}) < 0 \tag{3.27}$$

式中,ξ 为动稳定参数;$C_{L\alpha} = \partial C_L / \partial \alpha$ 和 $r^2 = I_t / m$ 是横向旋转半径,即 I_t 为反向的惯性,m 为飞行器质量。

注释框:动稳定性和飞行器设计所要考虑的方面

飞行器设计中,影响动稳定特性的最重要的方面是飞行器的整体外形和质量特性。飞行器前体构型、后体构型、肩部半径、重心位置和其他参数均能

影响飞行器的动态稳定特性。如果飞行器采用反应控制系统抵消动态振荡，此系统的设计必须满足预估动态响应的需要。另外，机身经受的加热环境将随攻角改变而改变，因而，飞行器的热防护系统大小必须考虑在再入过程中所承受的振动幅度。

只要涉及任务设计中所要考虑的情况，注意到影响飞行器本身的系统和子系统的设计是很有价值的，动态稳定性问题在飞行任务设计的许多方面都扮演着重要的角色。对于任何采用降落伞方式的飞行器来说，降落伞展开时间的振动幅度小于10°来确保适当的充气膨胀。

再入弹道设计是飞行器动态响应的一个重要驱动因素，此响应是与马赫数、雷诺数、斯德鲁哈尔数和动压紧密相关的。另外，弹道偏差、着陆点的范围、再入过程中的大气环境和机载信息交互能力可能对攻角的振动是非常敏感的。

在此框架中，考虑描述飞行器动态振动的运动方程，以至于后续关于各种参数在系统中影响的讨论被表达在控制方程中。

注释图 3-3 中描述了再入问题的平面表达形式的坐标系。这里给出了描述飞行器动态振动的数学模型的推导，采用 4 个平面公式来描述再入飞行器的机动，描述其高度、速度、飞行轨迹角度和俯仰角随时间的变化率：

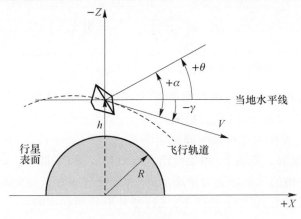

注释图 3-3

$$\frac{\mathrm{d}h}{\mathrm{d}t} = \dot{h} = V\sin\gamma$$

$$\frac{\mathrm{d}V}{\mathrm{d}t} = \dot{V} = -\frac{\rho V^2 C_{\mathrm{D}} S_{\mathrm{ref}}}{2m} - g\sin\gamma$$

$$\frac{\mathrm{d}\gamma}{\mathrm{d}t} = \dot{\gamma} = \frac{\rho V C_{\mathrm{L}} S_{\mathrm{ref}}}{2m} - \left(\frac{g}{V} - \frac{V}{R}\right)\cos\gamma$$

$$\frac{\mathrm{d}^2\theta}{\mathrm{d}t^2} = \dot{\theta} = \frac{\rho V^2 S_{\mathrm{ref}} L_{\mathrm{ref}}}{2I}\left(C_{\mathrm{mq}*}\frac{\dot{\theta}L_{\mathrm{ref}}}{2V} + C_{\mathrm{m\dot\alpha}*}\frac{\dot{\alpha}L_{\mathrm{ref}}}{2V} + C_{\mathrm{m\alpha}}\alpha \right)$$

这些运动方程的描述基于若干简化假设：

（1）在一个平面内机动；

（2）气动导数与马赫数无关,随攻角线性变化；

（3）小 L/D；

（4）小攻角（$\alpha < 30°$）；

（5）重力加速度为常数；

（6）球形、无旋转行星；

（7）定质量飞行器；

（8）不受大气风的影响；

（9）忽略重力的和离心力的作用,对于攻角的不同描述如下：

$$\ddot{\alpha} + \left(\frac{\rho V S_{\mathrm{ref}}}{2m}\right)C_{\mathrm{L\dot\alpha}}\dot{\alpha} + \left(\frac{\rho V S_{\mathrm{ref}}}{2m}\right)^2 C_{\mathrm{D}}C_{\mathrm{L\alpha}}\alpha$$

$$= \frac{\rho V^2 S_{\mathrm{ref}} L_{\mathrm{ref}}}{2I}\left(C_{\mathrm{mq}*}\frac{\dot{\theta}L_{\mathrm{ref}}}{2V} + C_{\mathrm{m\dot\alpha}*}\frac{\dot{\alpha}L_{\mathrm{ref}}}{2V} + C_{\mathrm{m\alpha}}\alpha \right) \tag{3.28}$$

通常来说,进一步可以假设攻角的改变率远大于飞行轨迹角度的变化率,同时假设忽略振动频率的微小改变。采用不同的等式来描述再入飞行器攻角随时间的变化规律：

$$\ddot{\alpha} - \left(\frac{\rho V S_{\mathrm{ref}}}{2m}\right)\left[-C_{\mathrm{L\alpha}} + \frac{mL_{\mathrm{ref}}^2}{2I}(C_{\mathrm{mq}*} + C_{\mathrm{m\dot\alpha}*}) \right]\dot{\alpha} - \frac{\rho V^2 S_{\mathrm{ref}} L_{\mathrm{ref}}}{2I}C_{\mathrm{m\alpha}}\alpha = 0$$

$$\tag{3.29}$$

文献中,基于式（3.28）和式（3.29）的变换来得到针对关键参数的解析表达式,或者特定情况下的解析表达式,这对于得到期望的动态响应很有用。通过采用指数的大气环境表达式和其他假设,Allen 能够得到一个速度关于高度函数的解析表达式[4]。将这表达式应用于以上关系式,进而引入了动态稳定性准则：

$$\xi = C_{\mathrm{D}} - C_{\mathrm{L\alpha}} + \left(\frac{mL_{\mathrm{ref}}^2}{I}\right) \cdot (C_{\mathrm{mq}*} + C_{\mathrm{m\dot\alpha}*}) < 0$$

其中,$\xi < 0$ 表明飞行器构型为动稳定构型。注释图 3-4 中给出了圆锥形导弹构型中,此参数随圆锥角和重心位置的变化规律。

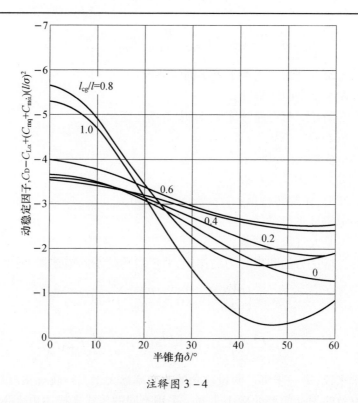

注释图 3 – 4

从注释图 3 – 4 中可以看出,由于加热问题,再入飞行器采用大圆锥角条件设计,随着 ξ 的逐渐增加,机身的动态稳定性减弱。此准则与采用负的升力曲线斜率作为评判飞行器是静态稳定的标准类似。而这参数对于了解动稳定性的趋势是非常有用的,推导此公式时采用的大量的假设需要认真对待,因为 ξ 为负值不能完全保证飞行器的动态稳定性。在文献中和本书中,在动态稳定参数表达式中的俯仰衰减参数 $(C_{mq^*} + C_{m\dot{\alpha}^*})$ 被单独用作测量动稳定性,当其数值为负时,说明正向衰减;此项数值是一种很有效地方式,用来测量等效攻角条件下小振动冲击过程中的衰减情况。

动不稳定性在系统层面有一定的影响,因而,在其发展阶段,需要将动不稳定性考虑进飞行器的设计中。

对于行星探测器和载人返回舱来说,需要确定动态导数来评估可靠的降落伞的开伞条件和设计需要的助推器来确保飞行器振动过程中有效地减速。

基本上来说,减速系数能够通过理论计算、数值仿真和试验途径得到。尽管如此,理论计算和数值仿真不适合具有大阻力的外形情况,例如大圆锥角构型或返回舱构型。实际上,这种构型靠近尾端的流场特性是很复杂的,以至于在实际中,只有风洞测试是唯一切实可行的方法来研究大阻力外形的动态行为特性。然而,由于这些返回舱本身的动态特性,开展试验研究是比较困难的。

通过总结,为了避免再入过程中的动不稳定性,飞行器应该具有以下特性:

(1) 几何轴对称性;

(2) 关于几何对称轴的惯性轴对称特性(静态和动态平衡);

(3) 旋转轴作为主要的惯性轴;

(4) 布置主要的结构模块远离气动模式;

(5) 较小的初始攻角。

3.6 升力再入飞行器设计

为了产生升力,飞行器的设计必须存在一些非对称结构,从而使流场发生流动,即飞行器表面的压力和摩擦力在垂直于速度矢量的平面上积分不为0。

这可以通过在一定攻角下飞行一个轴对称飞行器,或者直接生成一个非轴对称飞行器构型来实现。

对于对称几何构型保持的方法是是重心偏移。该方法在 Gemini、Apollo 和 Viking 号中均有采用。

典型的非对称几何外形飞行器是在对称几何外形的基础上进行改动,例如 AFE 这样的切锥或弯曲双锥。

在这些范例中,承压表面有效远离飞行器的一侧,因此诱导产生一定攻角下的瞬时配平。

总之,最常见的实现升力体再入的设计方案是使对称几何外形飞行器重心偏斜[①],如下列注释框所示。

注释框:重心偏斜的升力体再入

对于对称外形的升力飞行器(注释图 3 - 5),重心的俯仰力矩方程为

$$M_{cg} = \frac{1}{2}\rho_\infty V_\infty^2 S_{ref}\left[C_A y_{cg} - C_N(x_{cp} - x_{cg})\right] \tag{3.30}$$

式中:

x_{cg} 为重心位置;

x_{cp} 为压心位置;

y_{cg} 为重心偏斜距气动外壳中心线距离;

---

① 当然,从制造的角度来看对称的飞行器外形更受欢迎。

C_A为轴向力系数；

C_N为法向力系数。

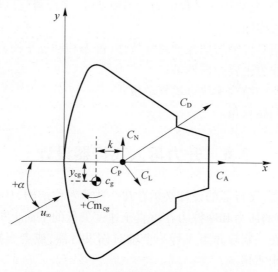

注释图 3-5

定义$(x_{cp} - x_{cg})$为静稳性裕度k，认为飞行器在平衡条件下（即 $M = 0$），可得到

$$C_A y_{cg} = C_N k \tag{3.31}$$

依据气动力系数重新整理，可得

$$\frac{y_{cg}}{k} = \frac{C_N}{C_A} = \frac{(L/D)\cos\alpha - \sin\alpha}{\cos\alpha - (L/D)\sin\alpha} \tag{3.32}$$

对于典型的钝体飞行器，例如，类似于 Apollo 计划的太空舱，在 $\alpha = 20°$时$L/D \approx 0.3$，k 约等于飞行器半径 R_b，由此 $y_{cg} \approx 7\% R_b$。由此太空舱可以在具有合理误差的最大 L/D 情况下达到质量诱导配平。

相反，对于旋转体飞行器 $L/D \approx 1.0$，$y_{cg} \approx k$，因此 k 约为基准半径 R_b 的一半，从而使得在最大 L/D 下难以达到质量平衡，必须用到其他设备，如形体弯曲或形体塑造。

升力体再入飞行器外形的选择首先要基于 L/D 需求，L/D 取决于航程和横向距离需求，再入走廊，若有需求的话还取决于大气俘获准确度（对于轨道而言）。

大横向距离，高速或稀薄大气（低降速）和高准确度都要求较高的 L/D。第二章中对于轨道的简单分析显示,由于钝体飞行器具有低弹道系数,其气动加热可实现最小化,因此较小 L/D 即可提供适合的横向距离控制以实现恢复目的,也可在提供低加热量的同时实现合理的再入过载。

表3.2 给出了一些太空舱外形的 L/D 值[7]。

细长双锥体可以提供最理想的相对于轨道的大气俘获准确度,而航天飞机则是一种低速操作的折中飞行器,但在高入射角再入过程中需提供最大半径的圆柱防热瓦,因此使热载最小化。在很多行星再入任务中将粗双锥体列入考虑,其中等大小的 L/D 值可有效减低负荷,也可为精确降落点的选择提供较好的横向距离。这种双锥体也被考虑用于 Rosetta 彗星探测器某一阶段的任务,优先于低 L/D 值和弹道式返回舱之间的取舍。

表3.2 部分升力体飞行器特征

太空舱	L/D	几何形状
Gemini	0.2	半球
Apollo	0.3	半球
Viking	0.18	球锥体
AFE	0.28	椭圆/斜锥
"粗"双锥体	0.5	理想双锥体
航天飞机	1.1	翼身组合体
"细长"双锥体	1.5	理想双锥体

升力体太空舱是升力体的发展趋势。

对于细长体飞行器机体抬头会造成一个向上的升力。

反之,对于钝体飞行器抬头会造成一个向下方向的升力。

显然,这种不同可由升力公式给出原因:

$$C_L = C_N\cos\alpha - C_A\sin\alpha \tag{3.33}$$

实际上,当 $C_A\sin\alpha$ 大于 $C_N\cos\alpha$ 时负升力就会表现出来。

钝体飞行器 C_A 大,C_N 小;细长体飞行器正相反。

对于表面是牛顿流体的圆锥体来说,这种现象发生在锥角为45°的情况下,在任意攻角下净升力均为零。因此,45°的球锥,如 Pioneer 号、Venus 号和 Galileo 号,会有一个较小的侧向加速度,但仍可保持稳定;因此内部设计可以进行简化,因为其上会有很大的轴向载荷。

注释框:钝体和细长体的再入载荷方向

值得注意的是,钝体和细长体的再入载荷方向有很大不同。在再入过程中,平衡钝头体的气动力主要产生的是轴向载荷(注释图3-6)。如图3-6所示,减速度的主体发生在沿飞行舱轴向方向。在飞行器由发射器运载上升过程,上升中止过程和降落过程中,产生的主荷载方向与此相同。

相反,细长体产生的主要是法向气动载荷,因此在再入过程中加速度的主体发生在细长体轴线的法向方向上(注释图3-6)。

这些载荷与上升过程和上升中止过程中承受的载荷方向呈90°。

这些载荷方向会影响机组人员的座位分布。

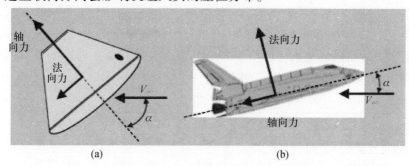

注释图3-6

对于返回舱来说,合理的机务人员分布是使其后背与防热罩平行。所有的主荷载通过机务人员的胸部施加到其背部(向前加速),这是人体可承受最大载荷的方向。

对于细长体来说,主荷载方向在发射和再入过程之间的变化约为90°。因此,在飞行过程中机务人员的分布必须进行旋转,或者将上升过程设计得轻柔一些,使上升载荷在机组人员可承受范围内。

对于低 L/D 太空舱来说,几何设计特点与弹道式飞行器相同,因为弹道式飞行器在再入过程中必须允许入射偏移,考虑到空气动力学效率要求,弹道系数必须在表面积小的前提下达到最小。但是,如前面讨论的一样,圆角半径加热必须更加谨慎考虑,因为大攻角会导致滞止区转移至圆角,导致圆角半径成为对流热的控制性几何特征,即小半径会导致较高对流升温速率,原因如下式:

$$\dot{q}_0 \propto \frac{1}{\sqrt{R_N}}$$

考虑到飞行器稳定性,俯仰阻尼值得考虑,因为钝体飞行器在小入射角时有积极影响的转捩到了大入射角时将变成消极影响。这是再入体飞行器的优势。

后隔热罩上的气流附体也是一个问题,因为这会导致浸湿面积增加,进而导致总热载增加,可能会导致运动—分离耦合。

非对称和对称几何特性基于 L/D 决定。对于高 L/D,需要飞行器非对称,

232

如之前提到过的,双锥体的一般设计准则是 $L/D = 2:1$。球头半径随即基于 TPS 能力进行最优化。

对于低 L/D 飞行器,可通过移动重心来获得需要的 L/D(即重心偏移量)。因此,对不对称性的要求可以取消。

最后,为减少附加气流热,后部结构需要具有不对称性。

3.6.1 低轨道返回设计研究案例

自从航天飞机退役之后,当前的设计研究关注在类似于 Apollo 号的飞行器,如东方号/CEV 和 Dragon 号,见图 3.42。它们目前用于与国际空间站(ISS)之间来回输送宇航员和货物。

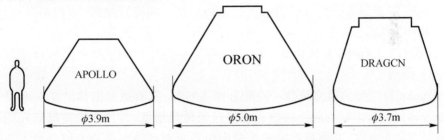

图 3.42 研制中的类似 Apollo 的飞行器:猎户座和天龙座

CEV 飞行器的设计用于安全、可靠、低成本地在地球和目的地之间运输航天员。其最初应用于在地球和 ISS 之间运送航天员和货物。预计在将来它将从地球表面运送 4 名航天员到月球轨道,然后让航天员登月探索,而其本身保持在轨道自主运行。CEV 的设计采用了之前项目的经验和技术,如 Apollo 号和航天飞机,并且采用现代的材料、生产工艺和航电设备。

由于设计时间较短,且受资金的限制,东方号在所有实际方面都必须采用成熟已知的技术。质量、体积、热等特性必须相互平衡来产生一个安全有效成本低廉的设计。LEO 航天器中所关心的设计问题对于登月和火星探测任务更加具有挑战性。东方号的设计反映了这些不同考虑之间的寻优,从而实现通用的技术可行性设计航天器。

3.6.2 彗星的高速返回器设计研究案例

我们将目光投向几何结构简单、升阻比从低到中等的升力体返回舱。

在 Rosetta 采样返回任务的折中设计当中,选择了两类升力体返回舱进行分析。它们分别为 Apollo 号返回舱和为美国气动辅助轨道转移飞行器设计(Aeroassisted Orbital Transfer Vehicle, AOTV)以及相关 AOTV 飞行试验(AFE)

而提出的具有 40°倾斜角的锥形飞行器。仅需要求一个低的升阻比来限制下降阶段散布点的分布,使其达到可接受范围。弹道的研究确定了通过增加升阻比并减小弹道系数来增加再入走廊宽度以及减小落点散布的期望。

作为替代,该任务可以考虑采用一种高升阻比的双锥飞行器。后方采样的可选择性以及较低的再入过载使得该选择更具有吸引力。

但是,该选择缺乏充足的设计数据作为支撑,设计者对其缺乏信心,因此并未实际进行采用。因此,以气动减速着陆为目标的研究只研究了低升阻比返回舱。特别地,现在能够充分采用美国通过 Apollo 号飞行项目获得的经验,同时还有更多近期的 AOTV 飞行试验项目,该项目计划采用倾斜锥构型,该构型为多年来提出的一种行星再入的典型构型。

因此,下面即将讨论每种类型飞行器构型的一些设计问题,如构型、气动和气动热力学问题。

3.6.2.1　Apollo 号返回舱

1）构型

Apollo 号类型的返回舱是一种部分球飞行器,具有球形前体防热瓦和锥形后体防热瓦。大半径的前体防热瓦使得对流传热最低,并且在将头部放在飞行器侧面安装位置时,在飞行器的最大轴向位置对流传热保持最大值。最大头部半径与发射时整流罩的半径相当。浅再入相比于深再入,辐射传热在总传热中所占的比例更小,所以对于最浅的再入任务,保留了最大可能的头部半径(见气动热讨论)。因此头部半径为 2.2m。使用 1.85m 的直径来与之前的研究保持一致,从而将最终的几何体缩比来得到最小返回舱体积,继而得到最终设计质量。返回舱构型缩比到 Apollo 号可以充分使用现有数据,因此有了地球再入可行性的保证以后便增加了返回舱设计的信心。为了将返回舱容纳进航天器包层内,并使得头部裸露或封闭,需要对后缀体进行缩减。这些改变对返回舱启动系数具有很小的计算影响,允许直接使用 Apollo 气动数据。

2）气动

（1）连续流效应。

Apollo 连续气动系数已经直接从 Apollo 风洞数据中获取。飞行试验的校验完美地验证了数据的可靠性。

（2）自由分子流。

自由分子阻力系数通过标准方法计算得到,包括镜面反射和等自由流以及壁面温度。由于剪切应力很大,自由分子升阻比较小,在本研究中可认为升阻比为 0。

（3）阻尼系数。

阻尼系数也是从 Apollo 风洞试验中获取的。如预测的一样,其阻尼系数与弹道式返回舱钝头锥的值在一个数量级,但是在跨声速和亚声速条件下会附加产生俯仰和偏航阻尼。但是,这在 Apollo GNC 系统中已经被充分解决。

3) 气动热

(1) 地球大气气动热化学。

在讨论 Rosetta 返回舱时有必要先介绍其所处的气动化学环境。气动化学环境可以分为激波层化学环境和边界层/防热瓦化学环境。

由于再入速度很大,以至于可以预测激波层内温度极高,并且将发生很大程度的气体电离。由于浅再入产生的高海拔(对应低密度)峰值热流导致了在激波后较小的距离处不能实现化学平衡和热力学平衡。但是这在一定程度上可以被补偿,因为返回舱相对大的几何尺寸使得气体在边界层边缘接近平衡。对平衡化学,驻点区域边界层对流加热解展现了与非平衡流场/对流加热解高度的一致性,因此对这阶段的学习,可以使用平衡对流加热。辐射加热对激波层特性剖面更加敏感,有必要发展一种非平衡辐射传热模型。驻点传热率很大,除了很浅的再入以外,都需要一层较厚的烧蚀材料。但是,通过计算经验热阻修正减小了热流。表面温度很高,可以使用壁面平衡化学假设。但是,在高海拔条件下,出现热流峰值,建议使用边界层非平衡反应假设,并且采用防热瓦进行保护。

(2) 连续对流传热。

通过 Apollo 风洞试验和飞行试验获得了层流对流传热分布。风洞试验时在机身迎风面 – 背风面选择 9 个测点进行 TPS 选择评估。对于当前的分析,驻点传热通过基于 Fay – Riddell 理论的关系式计算得到,该理论在 8km/s 速度下很有效。但是,在更高再入速度下使用该结果,需要使用平衡空气化学边界层计算,从而获得速度高于 17km/s 条件下的关系式。边界层计算与计算关系式之间的吻合率在 10% 以内。

对于钝头飞行器,声速线出现在转角曲面区域,该曲面的出现能够减少尖转角边缘的当地对流传热(见第四章)。曲率半径的减小使得速度加速到声速线,增大了速度梯度使其接近驻点区域,这与减小曲率半径或头部半径类似,总体来说增大了对流换热量。驻点接近环形曲面部分,该效应便会增加。因此驻点传热关系从常规球形值调整到平衡驻点速度梯度,这再次和边界层计算吻合较好。

(3) 自由分子传热。

对于每个返回舱,利用已有方法计算了每条轨迹上的沿程自由分子传热,其中热适应系数设为 1,冷壁面温度为 300K。为了在过渡区域和滑移区域将自由分子流和连续流进行桥接,使用了一些桥接函数方程的组合(见第二章)。

在迎风表面,选用自由分子流和连续流传热之间的最小值。在背风面使用基于努森数的桥接函数计算压力系数。由于高速条件下,速度远远大于分子速度,背风面的阴影区域自由分子传热为 0,因此采用以上方法计算很有必要。对于 Rosetta 飞行器,峰值热流后的阴影区域内桥接并不连续。使用桥接函数充分补偿了过渡区和滑移区较高的连续传热,但是对于气动系数,该效应在总传热中的比例很小,因此在这方面的研究中没有对于桥接方法的进一步改进。

（4）边界层转捩。

利用合适的钝头体边界层动量厚度雷诺数关系可以预测层流向湍流的转捩,这适用于附着流区域。采取相似的关系应用在分离流内。这类过程成功应用在了 Apollo 飞行器上,但是是在基于当地流场条件的基础上,一般认为当考虑改变尺寸和外形时该理论可靠性降低。

（5）辐射传热。

Rosetta 返回舱的辐射传热在总传热中占有很大比例。尤其是深空再入,由于较高的再入速度（即双曲再入）,辐射加热更加严重。辐射传热分布首先基于 Apollo 号返回舱进行计算,但是根据工程关系式,更正了不同攻角下的具体值。

在超轨道 Apollo 飞行试验（航天器 017）,10km/s 下非平衡辐射传热不再占主导地位,平衡化学理论与飞行数据吻合较好。

（6）弹道。

本研究中 Apollo 号和 AFE 类型弹道最初采用 $20g$ 和 $50g$ 的峰值过载作为参考,这是在假定一个 15km/s 的当地再入速度条件下实现的。最小飞行轨迹角设为 $-1°$ 来保证再入,导航算法通过控制左右滚动机动来确保再入速度角。

（7）质量特性和稳定性。

为了得到所需的配平,必须使重心进行偏移。因此 Apollo 重心的相对偏移使得其产生了 $20°$ 的配平（$L/D = 0.3$）。采样质量和位置的不同以及烧蚀材料的非对称烧蚀都会一定程度上影响配平,这可以通过 GNC 系统进行解决。假设重心位置在前防热瓦后 0.5m 处,Apollo 号飞行器的静稳定裕度为 1m,因此飞行器在连续流机制下具有可以接受的稳定性。

（8）防热瓦考虑。

在 $20g$ 过载再入的浅再入条件下,前体防热瓦的最大热流很小（1000W/ cm^2）,因此可以考虑采用轻质防热瓦材料。但是该范围内（Nylon Phenolic）防热材料的选择将遭遇边界层应力下低密度碳化剥离的问题。后锥传热量很小,尽管会发生转捩,所有区域均可使用轻质烧蚀材料（ESM）。

接近 $9g \sim 11g$ 跳出过载的再入仿真表明 Apollo 烧蚀材料和一些中等密度 ESM 处的热流量低于 $500W/cm^2$。因此,很浅的再入能够使防热瓦质量降低一阶,尽管热沉时间增加需要更厚的绝缘厚度。值得注意的是,对于过载 $20g$,

15km/s 再入速度,对流和辐射换热相当,更浅的再入下对流主导,而更高的再入速度(对于相同的 g 过载)下辐射换热开始占主导。展示了浅再入下适合选择最大可能的头部半径(Apollo 类型返回舱)。

3.6.2.2　倾斜锥返回舱

为了达到一个适度的升阻比(L/D)和较低的弹道系数,可以采用一种具有大角度的球锥设计。事实上,对于火星探测的 Viking 任务便采取了这种几何构型(70°锥角,再入倾角为 11°,升阻比为 0.18),实现了通过适度的控制达到阻力最大化。在 Viking 任务的引导期间,有大量的对行星再入简单气动构型的测试,其中就包括倾斜锥。在 20 世纪 80 年代早期,人们关注的焦点在于通过气动减速落地的行星任务,然而具有大升阻比的气动捕获为捕获入轨提供了最大的灵活性。后来的注意力逐渐转移到了气动辅助轨道转移,从而达到从高能到低能轨道转移时节约燃料的目的。这种努力后来重新聚焦在倾斜锥上,因为其构型具有大阻力系数和高稳定特性。

乍一看我们会认为两类构型的要求貌似非常不同,这是因为再入能量和任务需求差别较大。但是,仔细观察可以发现气动构型在设计目标上具有一定的相似性,包括低弹道系数、低升阻比和已经被理解的气动特性。

尽管尺寸和材料会有很大不同,设计的基准构型将成为外推的设计点。

1)构型

为了与 Apollo 号返回舱的性能进行比较,选择同样的最大直径,并通过缩比来包含最终的样本容器。后防热瓦是按照在分离流中进行设计的。半锥角为 60°,后掠倾角为 73°(90°为对称)。AEF 飞行器采用的膨胀转角半径为基本直径的 10%。头部并非球形,而是一个长轴比短轴为 2:1 的椭球。这个特点相比于等长球形增加了捕获头部半径,并且减小了 0 攻角下的热对流传热。同时也实现了阻力系数的增加。

2)气动

(1)连续和自由分子系数。

从风洞试验中获取了 60°球锥和一个倾斜锥的连续流气动数据,并通过牛顿缩比转换为 AFE 构型的数据。从文献中的计算数据也可以得到相关数据。本研究中只发展了阻力系数和升阻比。

AFE 飞行器在性能方面非常相似于 Apollo 类型返回舱,但是在其设计攻角下(17°)升阻比略低一些($L/D = 0.28$)。但是阻力系数在相等质量下给定低弹道系数时其阻力系数比 Apollo 号高 8%。图 3.43 给出了这些基础参数的比较,也展示了相同比例下的导航和弹道返回舱构型。

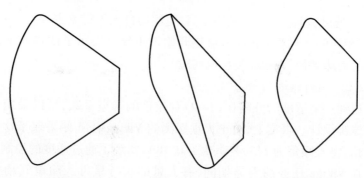

Apollo 类型返回舱	倾斜锥返回舱		弹道式返回舱
质量/kg	300	300	250
直径/m	1.85	1.85	1.63
C_d(配平攻角)/(°)	1.30	1.36	1.54
L/D(配平攻角)	0.3	0.28	0
头部半径/m	2.2	约1.5(椭圆)	1.0
设计再入过载 (引力常数 g)	10~20	20~50	50~100

图 3.43   折中飞行器的比较

（2）阻尼系数。

阻尼系数最开始是按照等球头锥来获取的,因此与弹道式返回舱的数值相等。这在弹道设计初期研究以及为大多数马赫数条件下的返回舱提供较好的阻尼特性已经是足够的了。这些初始的阻尼系数比 Apollo 返回舱的实际阻尼系数大一些。

（3）气动特性。

对于 Apollo 号返回舱,参考驻点传热特性是基于平衡空气下的 Fay 和 Riddell 关系式求取,并通过当地捕获效应修正得到。AFE 飞行器还使用了与 Apollo 号相同的辐射和分布关系,选择了 7 个位置来代表 AFE 类飞行器的传热分布特性用于防热材料使用评估。

（4）弹道。

AFE 飞行器采用了与 Apollo 号相同的弹道再入条件和控制率。

（5）防热瓦考虑。

AFE 飞行器相比于 Apollo 飞行器,其防热瓦的对流传热稍高,辐射热流稍低。在两类任务中,对流项均占主导地位,表明需要利用较大的头部半径,或者在更高再入速度下或者更深再入过载(高于 20g)条件下仍然使用这类飞行器。

后体防热瓦处于分离流中,允许采用一层低密度烧蚀材料。这是在相同返回舱直径的条件下通过减少返回舱体积来实现的。

（6）质量特性和稳定性。

对于 AFE 飞行器,需要一个 17°的名义配平攻角,但是不同于其他返回舱的是,AFE 几何上不对称,但是 C_g 的位置仍然决定了期望的配平。假设重心位置在前防热瓦后 0.5m 处,AFE 飞行器的静稳定裕度与 Apollo 相似均在 1m 处。但是 AFE 飞行器的俯仰力矩系数比 Apollo 返回舱的大一些,表明了对采样质量/位置以及烧蚀不对称性更大的容忍度。因此 AFE 类返回舱具有可接受的稳定性。

3.6.2.3　制导返回舱选择

从气动的观点来看,两种构型几乎没有区别。但是两种构型均各有优劣。Apollo 号构型的最大优点是已经实现了实际再入地球的实验,具有大量的气动力气动热数据可供参考,这将给早期阶段的返回舱设计带来巨大的信心,也将大大的节约成本。巨大的气体防热瓦半径对于热传递中辐射成分比例较少的浅再入任务来说非常理想。Apollo 号后体防热瓦的设计虽然允许有攻角下迎风面产生附着流,但是相比于分离流设计,这也将导致更大的后体防热瓦质量。因此,如果机体的整体半径能够降低,返回舱将变得更轻。

AFE 的设计有望在对几何构型进行微小的修饰后产生相似的升阻比,即增加后掠角和减小转角半径,但是这将背离具有很多现成数据的 AFE 构型。因此,在没有现成 AFE 数据可用的条件下,任何设计都要进行亚声速、跨声速、低超声速等速域下的测试,从而导致初始的设计信心的降低以及设计成本的大幅增加。

实际上人们会选择在防热瓦质量上进行改进,因为它在返回舱总质量中占有很大比重。对于接近跳出的浅再入任务（约 $10g \sim 15g$）,传热率将减小到一个连烧蚀材料都要考虑更换的程度。这种情况下需要最大的曲率半径来使对流加热最小化（辐射加热在浅再入任务中成比例降低）。因此,Apollo 号类型的返回舱在低于 $20g$ 的浅再入案例中更具有吸引力。而对于更加陡的再入任务,过载为 $20g \sim 40g$ 时,从防热瓦质量的角度来说,具有更小曲率半径的 AFE 飞行器将更受欢迎。另外,有可能在通过允许流动附体而增加防热瓦质量和减小机体半径（因此减小前体防热瓦质量）之间进行折中。过载大于 $40g$ 时,弹道式返回舱因落点范围的减小而更受欢迎。

3.7　再入飞行器机动系统

操控系统可以分成两个主要类型。第一类"倾斜转弯"（bank – to – turn）,

此方法是通过转动飞行器,使倾斜面产生升力来提供机动能力。这种方法需要将滚转控制与俯仰控制机构分开,例如单独的迎风副翼设计方案。在这些设计方案中,滚转控制可以通过滚转推进装置、控制面或内部质量移动方式来提供。迎风副翼本身能够分离产生滚转力矩。

第二类"侧滑转弯"(skid-to-turn),此方法采用滚转、俯仰和偏航相结合的控制方案。例如,采用十字型控制面的导弹即采用此种方案。在飞行过程中,这类控制系统可以对飞行高度进行 6 自由度控制。与"倾斜转弯"概念相比,此概念相对比较复杂,存在气动加热问题,而且重量更重。应用于太空舱和飞行器的操控系统均具有倾斜转弯控制理念。

3.7.1　机动空气动力学

一般情况下,飞行器会在具有最大升阻比的设计状态进行飞行(定攻角),因此,在再入过程中,滚转控制系统提供最主要的控制机理(如层状操控器)。为了实现需要的静态再入,控制力矩和恢复力矩必须达到平衡。控制力矩是通过轴向和法向的控制力产生的,两个方向的力均是作用于飞行器重心处。很明显,在给定高度,力矩的相对大小由力的大小和力臂的长度来决定。

3.7.2　控制系统特性

此节给出了一些常用的控制系统,同时给出它们使用的有限特性。

3.7.2.1　迎风副翼

迎风副翼通常位于飞行器的后部,通常在机身侧面上。因为迎风副翼在流场中展开为了获得零配平,同时在收回时达到特定的配平,所以其展开过程类似反向操作机理。通过分开副翼,诱使产生滚转力矩,从而梳理倾斜和滚转控制。铰链力矩和气动热载荷是设计者主要感兴趣的方面。在考虑气动热载荷时,包括了非平衡影响、凹腔内的辐射加热、分离流和附加装置的加热和弯曲流动。

3.7.2.2　弯曲前缘

具有弯曲前缘的飞行器通过加入飞行器弓形构型来实现其控制。机身前缘可以通过采用传统的铰链来实现弯曲,此铰链包含一个复杂的连接装置或通过一个简化的旋转机构。

3.7.2.3　喷流相互作用

这是人们熟知的控制系统的子系统,是反应控制系统(RCS)。采用横向喷注来提供控制力矩。通过喷流和高超声速激波/边界层的相互作用来实现控制力矩的增加。此控制系统具有一定的优势,也被用于外大气层高度的控制。

3.7.2.4 移动质量

通过移动俯仰平面以外重心的位置,诱使产生滚转力矩。此种方式需要在飞行器内部放置一个可移动的质量块,沿着靠近飞行器最大直径位置的轨道移动,并且这种方式不会产生额外的气动加热。

3.8 纵向和侧向飞行的飞行器稳定性

3.8.1 纵向飞行的静稳定性

Bernard Etkin 和 Lloyd Duf Reid 提出:只有在合外力和对质心取矩都为零时,飞行器才能保持稳定的非加速的飞行状态。[10]这是纵向稳定的条件。"如果俯仰力矩不是零,飞行器将会在非平衡力矩方向上有旋转的加速度分量",这一状态见图 3.44。

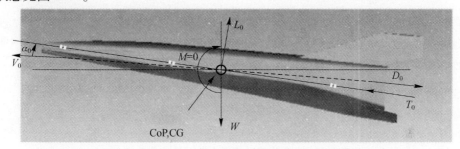

图 3.44 稳定持续飞行的气动力和力矩

过去,衡量空中飞行器稳定性时使用的测量标准是"静态裕量"。这一评价指标指明压力中心 CoP 位于重心 CG 后面(从头部量起)。然而,需要注意虽然这样可以产生稳定性,但不能保证维持稳定的飞行状态。后者需要攻角 α 为正,且为了获得配平飞行器重力的升力,需要在稳定飞行中时刻保持。这一条件,即配平,通常需要通过合适的舵偏转产生控制力,以形成正攻角,并将 CoP 移动到和 CG 重合的位置,这样才能使气动力对 CG 取矩为零。如图 3.45 所示,如果 CoP 的位置高于 CG,那么当 CoP 位于 CG 后时也可以获得稳定飞行。

CoP 的位置(定义为升力和阻力的施加点)不固定。事实上,Garnell P 和 East DJ 指出:亚声速飞行和非常低的超声速飞行状态下的 CoP 位置比高马赫数下更靠前。此外,低速状态下 CoP 位置也受攻角影响较大;这主要是由于随着攻角增加,机体 CoP 总体上向后移动,而控制面和机翼的 CoP 变化很小[10]。

图 3.46 给出了 CoP 位置随攻角和马赫数变化的函数曲线[11]。CoP 的位置随攻角 α 增大而向后移动,随攻角 α 减小而向前移动。此外,升力也随攻角 α

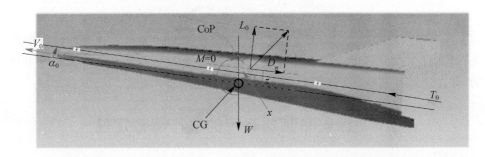

图 3.45　CG 位于 CoP 之上的稳定持续飞行的气动力和力矩

增加而增大。这产生了一个恢复力矩抵消 α 的增加,这正是维持飞行稳定的原因。CoP 位置是随 α 移动的函数,主要发生在亚声速和跨声速流动区域,但在超声速和高超声速可以忽略。

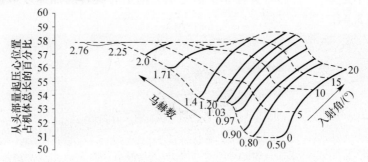

图 3.46　CoP 位置随攻角和马赫数的位置变化

图 3.47 给出了对于一个固定的升降舵 CG,典型的俯仰力矩系数对攻角 α 的曲线。这里[11]:

$$M = C_m q_\infty S_{ref} L_{ref} \tag{3.34}$$

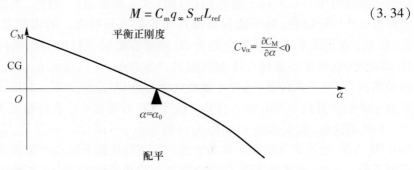

图 3.47　关于飞行器 CG 的俯仰力矩系数曲线,斜率为负

同时注意到,升力为

$$L = C_L q_\infty S_{ref} \tag{3.35}$$

242

这里 $q_\infty = \dfrac{1}{2}\rho_\infty V_\infty^2$ 是来流动压，α 根据飞行器零升力线测量得到。

此时，如果有个扰动使 α 突然从其名义值 α_0 有所增加，那么负力矩（由于 CoP 的向后移动和 C_L 的增加）使得 α 恢复到名义值。相似的是，如果有个扰动使 α 突然从其名义值 α_0 有所减小，那么正力矩（由于 CoP 的向前移动和 C_L 的减小）使得 α 恢复到名义值。可以估计飞行器的速度在这些瞬态扰动中保持不变。

稳定性的关键条件是：

$$C_{m\,|\,\alpha=\alpha_0}=0\,;\ \ C_{m_\alpha}=\frac{\partial C_m}{\partial \alpha}<0 \tag{3.36}$$

这里 $\alpha=\alpha_0$ 为稳定飞行条件的配平攻角。同时注意到，在扰动后获得渐进稳定飞行，表明了空气阻尼足够大。

现在让我们考虑压力中心在飞行器瞬态过程中的作用。图 3.48 给出了 CoP 和 CG 分别从飞行器头部量起的距离 x_{CP} 和 x_{CG}。力矩方程（对 CG 取矩）可以写作（对小攻角 α）：

$$M = M_0 - L(x_{CP}-x_{CG}) \tag{3.37}$$

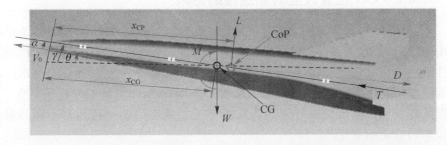

图 3.48　飞行器的 CG 和 CoP 位置及它们在稳定性上的作用

或者分别用力矩和升力系数 C_m, C_{m0}, C_L 等效改写，式(3.37)可以写成：

$$C_m = C_{m0} - \frac{1}{L_{ref}}C_L(x_{CP}-x_{CG}) \tag{3.38}$$

C_{m0} 为与 α 无关的俯仰力矩系数。

当马赫数小于 5 时，$C_L = C_{L_\alpha}\alpha$，有

$$C_m = C_{m0} - \frac{1}{L_{ref}}C_{L_\alpha}\alpha(x_{CP}-x_{CG}) \tag{3.39}$$

对于稳定飞行条件 $\alpha=\alpha_0$；$x_{CP}=x_{CP0}$；$C_m=0$，则

$$C_{m0} = -\frac{1}{L_{ref}}C_{L_\alpha}\alpha_0(x_{CP}-x_{CG}) \tag{3.40}$$

$x_{\mathrm{SM}} = x_{\mathrm{CP}} - x_{\mathrm{CG}}$ 指的是静稳定裕度,方程(3.39)对 α 求偏微分可得

$$C_{\mathrm{m}_\alpha} = -\frac{1}{L_{\mathrm{ref}}}C_{\mathrm{L}_\alpha}\left\{(x_{\mathrm{CP}} - x_{\mathrm{CG}}) + \alpha\frac{\partial x_{\mathrm{CP}}}{\partial \alpha}\right\} \tag{3.41}$$

带入式(3.36),可得静稳定条件为

$$C_{\mathrm{m}_\alpha} = -\frac{1}{L_{\mathrm{ref}}}C_{\mathrm{L}_\alpha}\left\{(x_{\mathrm{CP}} - x_{\mathrm{CG}}) + \alpha\frac{\partial x_{\mathrm{CP}}}{\partial \alpha}\right\} < 0 \tag{3.42}$$

$$\rightarrow \left\{(x_{\mathrm{CP}} - x_{\mathrm{CG}}) + \alpha\frac{\partial x_{\mathrm{CP}}}{\partial \alpha}\right\} > 0 \tag{3.43}$$

(1) 如果 $\dfrac{\partial x_{\mathrm{CP}}}{\partial \alpha} = 0$(高超声速飞行),稳定性条件简化成 $x_{\mathrm{CP}} > x_{\mathrm{CG}}$,即在正稳定裕度下 CoP 需要在 CG 后面才能保持稳定。

(2) 但是,如果 $\dfrac{\partial x_{\mathrm{CP}}}{\partial \alpha} > 0$(亚声速或跨声速或主动控制飞行),稳定性条件为 $x_{\mathrm{CP}} > x_{\mathrm{CG}} - \alpha\left|\dfrac{\partial x_{\mathrm{CP}}}{\partial \alpha}\right|$,此时稳态定常飞行可在零或负稳定裕量下获得。

3.8.2 CG 位置改变对稳定性的影响

人们注意到,当马赫数增加时,由于攻角变化导致的 CoP 位置的移动已经很小,在高马赫数下可以忽略。Ostapenko 提出:对高超声速流动,圆锥的气动力特性理论分析可知,当激波附着于锥尖时压力中心不取决于攻角。对星形体的实验证实了对这类构型,压力中心在较宽的马赫数和攻角范围内几乎不变。[11] 根据此观点和其他已发表的研究成果,CoP 的位置在高超声速条件不随马赫数和攻角的变化而变化。

现在考虑当 CG 位置突然后移时的情况,引起正向力矩,且攻角从平衡值 α_0 增加。低马赫数下 CoP 的后部移动和 C_{L} 的增加通过到一个新的平衡攻角 α_1 来恢复飞行器稳定性。但是高马赫数下,不会发生 CoP 的后部移动且 C_{L} 不足以恢复稳定。此时飞行器将不平衡,在没有主动控制下会倾覆。主动控制会让航空飞行器获得新的配平以抵消 CG 的变化。

一个显然的避免不稳定的方式是设计飞行器,使 CG 明显前于 CoP(大稳定裕度)。但是,这将让飞行器在回应飞行高度和路径变化的命令时变得迟钝 – 这是一个在某些情况下不希望存在的特性。即使在大的静稳定裕度下,仍然需要主动控制用以获得稳定持续的飞行。

不像亚声速和超声速飞行器,高超声速飞行器的稳定性(使用主动控制)不能仅仅从静稳定裕度上评估。事实上,正如 Johnson DB,Thmas R 和 Manor D 所

说:"静稳定裕度多年来是纵向稳定的指示参数。但是之前有较大裕量静稳定裕量的飞行器飞行经验表明,传统的静稳定裕量对这些飞行器不是一个有效的指示参数。在一次飞行中,30%的不稳定下可以飞行,但另一例中15%的不稳定完全不可接受。"[11]即在某些情况下,尽管静稳定裕度不足,带有主动控制的高超声速飞行器仍可以稳定飞行。

3.8.3　高超声速飞行稳定性和控制问题

高超声速飞行器气动力和其纵向稳定性及控制特性已被学者广泛研究。比如:Miele A 考虑了高超声速滑翔飞行器($M_\infty > 5$)气动力流动特性[11]。

这一流动主要特性是:

(1)产生于机体前缘的激波紧贴机体,所以和机体的干扰严重。

(2)激波和机体间的区域存在高温,分析流场时需要考虑真实气体效应(分子振动、离解和电离)。

(3)在高马赫数下,激波被认为和机体一致,至少在机体前部分如此,且穿过激波的分子保持切向速度分量,但失去大部分法向速度。

由上可知,可行的用于高马赫数 M_∞ 的滑翔飞行器设计方案将是气动力和气动传热需求的折中。例如,滑翔飞行器会有平面边缘的升力面但头锥是钝化的。

图 3.49 给出了气动升力和阻力系数[11]:C_L,C_D;零升力系数 C_{D0};气动效率 $E_{MAX} = (C_L/C_D)_{MAX}$;升致阻力因子 K 和指数 n(见式(3.45))。

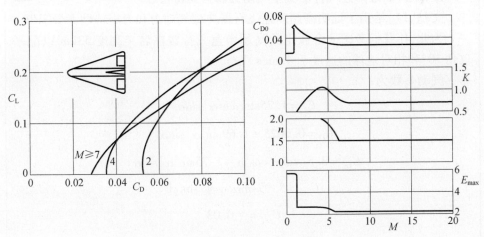

图 3.49　高超声速滑翔飞行器的气动特性

正如前文讨论的亚声速/超声速和高超声速气动力特性的关键差异。例如,对一个超声速飞行器 $1.2 < M_\infty < 5$，Etkin 和 Reid 给出了升力和阻力系数[10]。

$$C_L = C_{L_\alpha}\alpha \tag{3.44}$$

$$C_D = C_{D0} + KC_L^n \tag{3.45}$$

对 $M_\infty < 5$ 可取 $n = 2$，三个常数 $C_{L\alpha}$，C_{D0}，K 是构型、推力系数和马赫数的函数，但对于高超声速飞行器 $M_\infty > 5$，$n = 3/2$，可得

$$C_L = \left(\frac{1}{2}C_{N_\alpha}\sin2\alpha + C_{N_{\alpha\alpha}}\sin\alpha|\sin\alpha|\right)\cos\alpha \tag{3.46}$$

$$C_D = C_{D0} + KC_L^{3/2} \tag{3.47}$$

这里 $C_{N_\alpha} = (C_{L_\alpha}|\alpha = 0)$，$C_{N_{\alpha\alpha}}$ 是取决于 M 和构型的系数（与 α 无关）。对于 $0 < \alpha < 180°$：

$$C_{L\alpha} = C_{N\alpha}(\cos^3\alpha - 2\sin^2\alpha\cos\alpha) + C_{N\alpha\alpha}(2\sin^2\alpha\cos\alpha - \sin^3\alpha) \tag{3.48}$$

对于小攻角 α 值时，式（3.46）和（3.48）可写为：

$$C_L = C_{N\alpha}\alpha + C_{N\alpha\alpha}\alpha^2 \tag{3.49}$$

$$C_{L\alpha} = C_{N\alpha}(1 - 2\alpha) + C_{N\alpha\alpha}(2\alpha - \alpha^3) \tag{3.50}$$

值得注意的是文献[12]中的最大 L/D 值，对超声速飞行器为 $5\sim10$，但对高超声速飞行器只有 $1\sim5$。此外，不像超声速飞行器，高超声速飞行器升、阻力系数在 $M_\infty > 6$ 时保持常数。

注释框：高超声速飞行器典型气动力和力矩特性

文献[11]给出了证明高超声速飞行器典型气动力和力矩特性大量示例。

为此，让我们考虑一个假定的高超声速飞行器在名义高度 53km 以配平攻角 10°和相对地球的速度 7.4km/s 飞行。

气动参数为：

$$C_L = 1.75\sin\alpha\cos\alpha|\sin\alpha|$$

$$C_D = 0.0625 + 1.69\sin^2\alpha|\sin\alpha|$$

$$C_{L\alpha} = 3.5|\sin\alpha|\cos^2\alpha - 1.75\sin^2\alpha|\sin\alpha|$$

$$C_{D\alpha} = 5.07\sin\alpha\cos\alpha|\sin\alpha|$$

$$C_{mq} = -0.03$$

$$C_{m\alpha} = -0.055$$

$$\alpha_0 = 10°$$

$$L_{ref} = 15.25m$$

小攻角下的近似值为：

$$C_L = 1.75\alpha^2$$

$$C_D = 0.0625 + 1.69\alpha^3$$

$$C_{L\alpha} = 3.5\alpha - 1.75\alpha^3$$

$$C_{D\alpha} = 5.07\alpha^2$$

从式（3.41）可以通过设定 $\alpha = \alpha_0 = 10°$ 且忽略 CoP 的移动（即 $\partial x_{cp}/\partial_\alpha = 0$）估计静稳定裕度，即

$$(x_{cp} - x_{CG}) = \frac{L_{ref} C_{m\alpha}}{C_{L\alpha}(\alpha)} = \frac{15.25 \times 0.055}{0.5803} = 1.445m$$

$$C_{m\alpha} = -\frac{C_{L\alpha}(\alpha)}{L_{ref}}(x_{cp} - x_{CG}) = -0.095 C_{L\alpha}(\alpha)$$

从式（3.38）可得对 $\alpha = \alpha_0$ 有

$$C_{m0} = \frac{C_L(\alpha)}{L_{ref}}(x_{cp} - x_{CG}) = \frac{0.05197 \times 1.445}{15.25} = 0.00493$$

由此，图 3.50[11] 给出了飞行器俯仰力矩系数曲线。

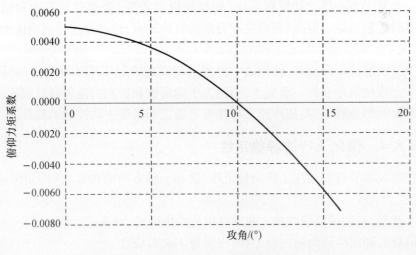

图 3.50　典型高超声速飞行器的俯仰力矩系数

几个学者指出风洞数据（气动力系数）和基于此的预测结果有很大差异，包括和真实飞行器数据相比。图 3.51 给出了 STS 的真实（飞行实验获取）CoP 位

置和预测值(地面测试获取)[2,12]。

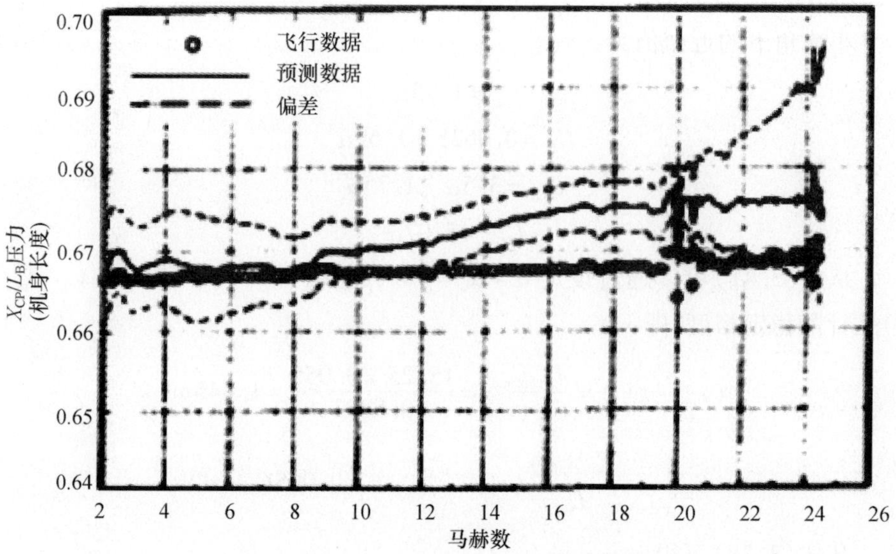

图 3.51 STS 纵向压力中心位置对比

很明显,为了保证高超声速飞行器气动性能可接受,有必要进行主动控制,且需要足够的鲁棒性以迎合预测和/或计算的气动设计参数不确定性。

一个基于重心移动的控制系统(即移动内部重量)仍然使用升力和阻力产生需要的控制力矩。但是,很难实现力矩的快速改变,这在快速控制响应中是需要的。

除了明显的工程困难,使用这一机理实现高超声速下平衡和稳定的持续飞行不一定获得演示目标。事实上,不同关于稳定性和控制的发表研究暗示,为了获得需要的瞬态特性,高超声速飞行器有不稳定和需要主动控制的趋势。

3.8.4 侧向飞行的静稳定性

在前面章节我们关注了纵向稳定性,这和 y 轴方向的角运动(即俯仰运动)有关。

本章节,我们简要研究和 z 轴方向相关的角运动,即偏航运动。

偏航的稳定性成为航向稳定性,当满足下式时成立:

$$\frac{\partial C_{\mathrm{n}}}{\partial \beta} > 0 \tag{3.51}$$

实际上,我们假定飞行器突然收到扰动向左偏航。垂直尾翼以 β 侧滑,受到

垂直于来流 $V\infty$ 的气动力。这个力产生了关于重心的恢复偏航力矩,使飞行器具有向原平衡位置旋转回去的趋势(即右侧机翼向后)。

横滚的稳定性成为横向稳定性,指的是和 x 轴方向相关的角运动,即横向运动。

横向稳定性当下式成立时成立:

$$\frac{\partial C_1}{\partial \beta} < 0 \tag{3.52}$$

飞行器垂尾通常设计使得飞行器横向稳定。

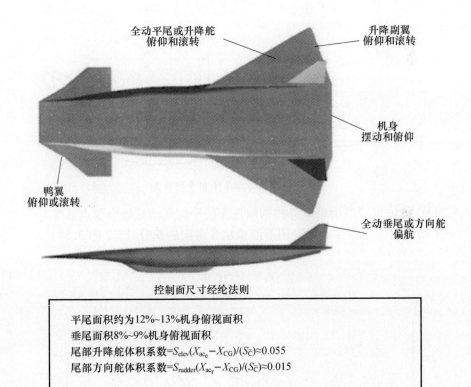

图 3.52　气动控制面选择

3.8.5　垂尾设计

尾翼控制可能是最常见横向飞行中使用的传统(亚声速和超声速)飞行器控制形式。因此,尾翼控制标准是一个基本设计问题。

为此,同时也存在标准的经验准则,如对抹刀形机体构型。图 3.52 给出了控制面作为飞行器俯视平面的一部分包括:水平尾翼,机体俯视面积的 12% ~13%;垂直尾翼,机体俯视面积的 8% ~9%。

无论如何,控制方向稳定性的参数,即垂尾体积率(V_{VT})可以用来考虑飞行器垂尾设计。

垂直尾翼体积率可以用下式计算(图 3.53):

$$V_{VT} = \frac{l_{VT}S_{VT}}{b_{ref}S_{ref}} \qquad (3.53)$$

式中,b_{ref} 和 S_{ref} 分别为飞行器翼展和俯视面积;参数 l_{VT} 是垂尾的平均气动中心(MAC)和飞行器力矩参考中心(m,图 3.53 中 l_v);参数 S_{VT} 为垂尾外露的俯视面积(m^2)。

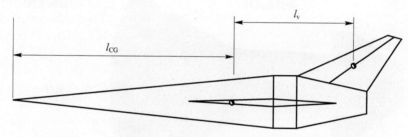

图 3.53 表达垂尾体积率的模型

MAC 的位置可以用垂尾外露的俯视面的平均气动弦线中弦点。

平均气动弦线中弦点可以用下面垂尾参考面的积分计算(图 3.54):

$$\bar{c} = \frac{1}{S_{VT}}\int_0^{b_v}c^2\mathrm{d}y \qquad (3.54)$$

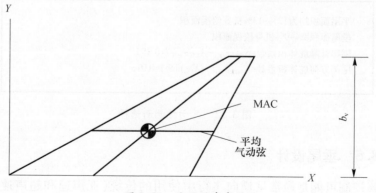

图 3.54 垂尾的参考面

3.8.6 高超声速方向稳定性问题

评估高超声速飞行器构型的可飞行性和可控性一个重要问题是高超声速方向稳定性问题。为了引入这一设计问题，考虑垂尾（VT）提供的偏航力矩：

$$N_{VT} = q_{VT} S_{VT} l_{VT} C_{Y_{VT}} \tag{3.55}$$

偏航力矩系数 C_n 的标准定义是

$$C_n = \frac{N}{q_{ref} S_{ref} C_{Y_{VT}}} \tag{3.56}$$

由此，由垂尾引起的偏航力矩可以写成

$$C_{nVT} = \frac{l_{VT} S_{VT}}{b_{ref} S_{ref}} \cdot \frac{q_{VT}}{q_{ref}} \cdot C_{Y_{VT}} \tag{3.57}$$

式中第一项为垂尾体积系数 C_{VT}，第二项为动压比且假定为 1。相关问题和方程的术语在图 3.55 中明示。

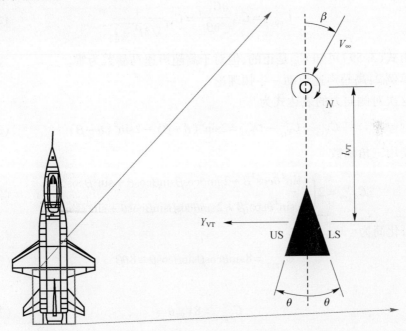

图 3.55　图示高超声速方向稳定问题的定义

目前，对于一个高速流动，我们仍然假定垂尾是一个两侧压强恒定的二维表面，所以 $C_{Y_{VT}} = C_{P_{LS}} - C_{P_{US}}$。将考虑两个算例，一个超声速和另一个高超声速，如下对比高马赫数下用二维方法计算线化超声速流动和牛顿理论计算高超声速流动的方向稳定性结果。

线化理论

$$C_p = \frac{2\theta}{\sqrt{M^2 - 1}}$$

牛顿理论

$$C_p = 2\sin^2\theta$$

算例1：

线化超声速理论

$$C_{Y_{VT}} = \Delta C_p = \frac{2(\theta + \beta)}{\sqrt{M^2 - 1}} - \frac{2(\theta - \beta)}{\sqrt{M^2 - 1}} = \frac{4\beta}{\sqrt{M^2 - 1}} \qquad (3.58)$$

可见 θ 被约去了。由式(3.58)可获得 $C_{n\beta}$：

$$C_{n\beta_{VT}} = C_{VT}\frac{\partial C_{Y_{VT}}}{\partial \beta} = C_{VT}\frac{4}{\sqrt{M^2 - 1}} \qquad (3.59)$$

由式(3.59)可知 $C_{n\beta}$ 是正的，但对于高超声速马赫数为零。

算例2：高超声速流动 – 牛顿理论

这次对侧向力的表达式为

$$C_{Y_{VT}} = C_{P_{LS}} - C_{P_{US}} = 2\sin^2(\theta + \beta) - 2\sin^2(\theta - \beta) \qquad (3.60)$$

使用三角函数

$$C_{Y_{\beta VT}} = 2\left[\begin{array}{l} \sin^2\theta\cos^2\beta + 2\sin\theta\cos\beta\sin\beta\cos\theta + \sin^2\beta\cos^2\theta \\ -\sin^2\theta\cos^2\beta + 2\sin\theta\cos\beta\sin\beta\cos\theta + \sin^2\beta\cos^2\theta \end{array}\right] \qquad (3.61)$$

可化简为

$$C_{Y_{\beta VT}} = 8\sin\theta\cos\beta\sin\beta\cos\theta \cong 8\theta\beta \qquad (3.62)$$

和

$$C_{Y_{\beta VT}} = 8V_{VT}\theta \qquad (3.63)$$

如果 θ 为零，式(3.63)就是 $C_{n\beta}$。但是快速打开楔角将增加 $C_{n\beta}$。此外，这是与马赫数无关的。算例2的结果经实验证实，且的确是楔形垂尾概念拯救了 X – 15 项目。这一效应也是一些发射飞行器上可见的外扩尾裙。图3.56 明确给出了 X – 15 飞行器对这一效应的应用。

图 3.56　具有楔形尾部的 X - 15 构型

3.9　滑翔再入飞行器设计案例

设计和构建 Hermes 号给欧洲航空航天局在 20 世纪 90 年代初期为了设计一种新型空间运输飞行器的构想提供了机遇和挑战,也同时可以应用那个时期已有的工具①。图 3.57 展示了 Hermes 号构型的简图[8]。通过与航天飞机(图 3.28)的特性对比可以发现一些关键的不同,Hermes 号设计尺度较小将带来更加严峻的热环境。两者弹道系数和高超声速效率的相似意味着再入弹道将几乎完全一致,其他方面的特性也相差不大,与航天飞机相比,湍流的转捩点出现在稍微靠后的位置,而传热量略微较高,这是因为其雷诺数较低,而且头部钝化半径较小。因此,需要尽量钝化头部和前缘半径,进而带来飞行器细长体方面的损失。

Hermes 号具有以下特性:

(1) 起初计划运输 6 个航天员和 4500kg 的有效载荷进入太空,通过后续的评定,运载能力有所降低,降为 3 个航天员和 3000kg 的有效载荷。

(2) 由阿里安 V 号火箭运载火箭运送至近地轨道(800km),见图 3.63。

(3) 30 ~ 90 天在轨时间。

(4) 总的发射质量 21000kg。

(5) 完全可重复使用。

从亚声速到高超声速飞行阶段的气动数据分别如图 3.58 和图 3.59 所示[13]。图中数据包括风洞实验数据、近似设计方法得到的数据和数值仿真结果。如图中所示,亚声速段的升力系数随攻角成线性变化趋势;对于所有马赫数

---

① 在 1993 年,Hermes 号项目因为新的政权环境(冷战结束)和财政约束而被喊停。

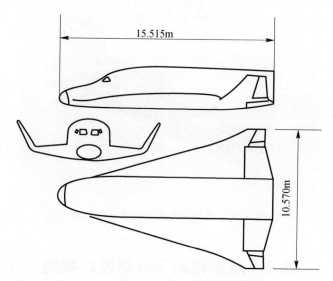

图 3.57　Hermes 号飞行器概念的构型图

来说,在 0°攻角附近的阻力系数非常小,随着攻角的增加,阻力系数不断增加。跨声速段的阻力系数最高,对于亚声速飞行阶段来说,最大气动效率发生在 10°攻角附近,升阻比约为 5;在超声速和高超声速阶段,气动效率相对较低,升阻比略微低于 2。

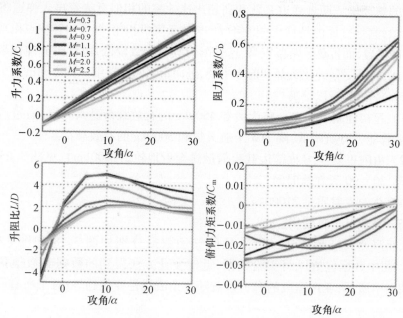

图 3.58　Hermes 号从亚声速到低超声速阶段的气动数据,力矩参考点 $x_{ref} = 0.6L_{ref}$

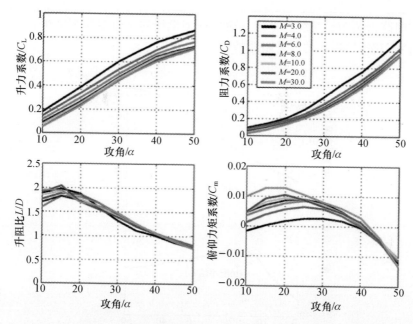

图 3.59　Hermes 号高超声速段的气动数据，力矩参考点 $x_{ref} = 0.6L_{ref}$

俯仰力矩系数表明跨声速/低超声速段（$1.1 \leqslant M_\infty \leqslant 1.5$）的静稳定性的攻角上限约为 $10°$；对于亚声速和超声速段，俯仰力矩系数没有转折点，不存在静不稳定点；对于更高马赫数来说，静稳定性出现在约 $40°$ 攻角处。当马赫数大于 6 时，升力系数和阻力系数表现出马赫无关性。

注释框:轨道飞行器在高超声速阶段的纵向气动特性

航天飞机在高超声速流动中的俯仰平面气动力（忽略黏性的相互影响）再现于图 3.60[8]。高超声速升力系数和升阻比的值维持在与气动加热约束和弹道需求相一致的等级上。横向机动是靠侧向力来实现的，而航天飞机的侧向力是通过垂直平面上的滚转力得到的。因而，虽然航天飞机是按照水平降落设计的可重复使用飞行器，然而对于再入飞行中高超声速的大部分阶段，其飞行状态更像飞船而不是飞机。实际上，正如图 3.22 给出的构型一样，较高的升阻比是通过大后掠机翼构型和小钝化尺度半径和类似乘波飞行器一样的构型获得的。这些细长体构型的最大升阻比特性出现在相对较小的攻角条件下。在小攻角条件下，对于具有较小钝化半径的细长体飞行器来说，黏性影响、摩擦阻力占总阻力很大的比例。湿面积是很重要的参数，高容积率（$V^{0.667}/S_w$）构型要求降低湿面积，因而摩擦阻力也随之降低。湿面积也是热防护设计过程中所要考虑的首要指标。因此，降低湿面积产生更高的容积效率,同时降低热防护系统的重量。通过仔细设计的飞行器构型能够在高超声速条件下获得接近 6 的高升阻比特性。

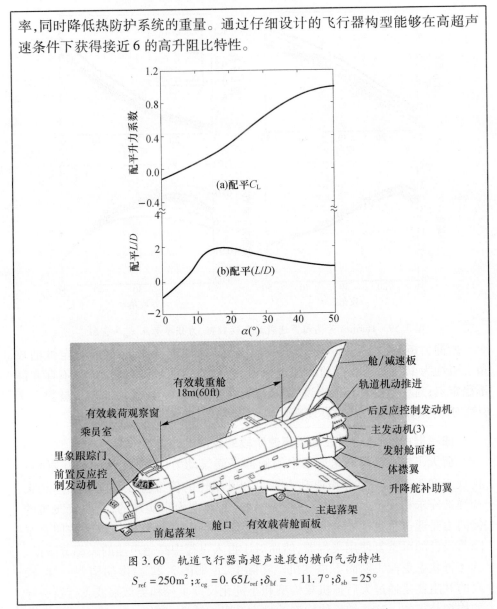

图 3.60 轨道飞行器高超声速段的横向气动特性

$$S_{ref} = 250\,\text{m}^2 ; x_{cg} = 0.65L_{ref} ; \delta_{bf} = -11.7° ; \delta_{sb} = 25°$$

图 3.61 给出了 Hermes 号滑行通过地球大气层的再入走廊。

再入走廊受最大负载的限制,如图 3.61 中直线所示。最大负载包括最大动压、最大热传导率和气动力与重力之间平衡的最大高度等。在再入过程中的初始阶段,Hermes 号飞行器处于相对较大的攻角,约为 40°,因此它的大钝头构型($L/D \approx 0.8$)使得它的热能大部分用来加热空气而不是机身。对于这种大钝头的构型,主要形成强弓形激波流场,在飞行器周围存在较大的亚声速区域,在机身背部出现大的分离流。对于后续飞行弹道,攻角约降为 19°,以至于 Hermes 号飞行器在相对较高的升阻比条件下(高超声速状态下,升阻比为 1.5~2;超声速状态下,升阻比为 2~5)滑行。对于更小的角度,除了头部区域外,飞行器周围主要为超声速流场。

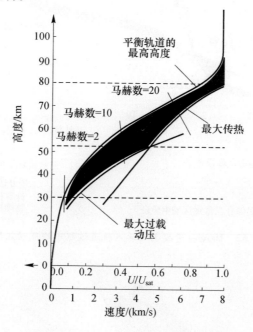

图 3.61　Hermes 号飞行器的再入走廊

图 3.62[8] 给出了 Hermes 号再入大气层时飞行过程中的流动机理和经历的气动加热环境。

通过火箭运载的空间飞行器在发射过程中经历了相对较短的气动加热过程,参见图 3.63,如 Hermes 号。仅仅在短短几分钟内,便以最大推力上升穿越大气层。在很高的高度,火箭熄火,此高度下气动加热很低[①]。

从图 3.62 中可以看出,在再入过程中,Hermes 号飞行器经历了一系列不同的流场。

图 3.64[8] 简要给出了高超声速飞行过程中 Hermes 号上流场特征位置和高温真实气体效应的影响。

---

① 例如,在航天轨道飞行器头部驻点处,总的热载荷远远低于再入大气层过程中所经受的气动加热。

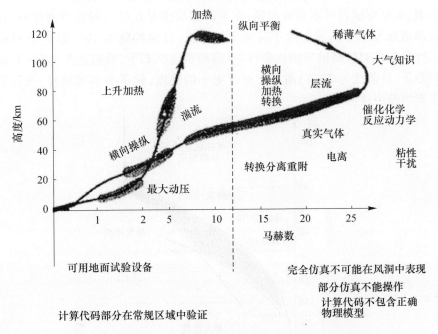

图 3.62　Hermes 号发射与再入轨道过程中的气动热现象

图 3.63　Hermes 号发射构型与 Ariane V 号的对比

　　在高于 100km 高度的位置,需要考虑稀薄气体效应与非连续流的影响。在 60~70km 高度,气动加热必须考虑化学非平衡流和表面催化反应。当马赫数达到 10 时,需要考虑边界层转捩的发生,而对应的高度约为 50km[①]。真实气体效

————————————

① 边界层转捩判断的条件给最有经验的设计者提出了很大的挑战。

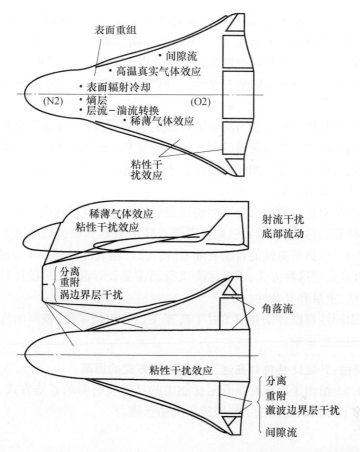

图 3.64 真实气体效应条件下 Hermes 飞行器上的流场和高温区域分布

应不是低马赫数/低高度飞行关心的因素。然而,确定这些条件下流场的解对众多研究者来说仍是很大的挑战。诸如模拟小翼周围的湍流边界层和黏性/无粘相互作用等问题(如角落流动和激波－激波相互作用等)需要设计者对流动现象深入的理解。

再入弹道的最大部分是在大攻角条件下飞行的部分。大攻角和相对平滑的迎风面(图3.57)增加了航天器的有效钝化面积也因此增大了飞行器的波阻。较大尺度的头部和机翼前缘钝化半径以及大后掠翼的采用使得表面辐射冷却成为可能。此类飞行器和所有高超声速飞行器一样,极小的纵横比为低速飞行阶段的控制带来了许多问题,尤其是在接近地面和着陆阶段,可以通过提供一个双三角翼或者平板三角翼来作为补救措施。对于 Hermes 号飞行器,低速阶段的操纵性就是通过小翼来提高的。

航天飞机设计的一个亟待解决的问题是在空间飞行任务的最后阶段采用何

种方式来着陆。实质上,着陆精度和横向范围是载人飞行器设计的重要考虑因素。正如图3.20和3.21所示,载人飞行器必须具备足够的气动效率。增加的横向机动能力让航天飞行器能够到达更多的潜在着陆点,一旦确定了着陆位置,着陆精度将有助于确保着陆的安全性。当然,也需要考虑和适应出现异常着陆的情况。

轨道倾斜和横向机动能力决定了可能的着陆位置,而其他许多技术可以准确地确定如何着陆。初始阶段的再入加热完成后,飞行任务的剩余阶段被分解成下降阶段和着陆阶段。如何面对这两个阶段设计过程中所面临的挑战将进一步限定着陆位置的类型。

具有高升阻比构型的飞行器能够以很小的垂直速度滑行或飞入它们的着陆区域。这种着陆称为软着陆,但是这需要着陆区域具有很长的跑道并且要求有训练有素的飞行员或高性能自动着陆系统。飞行器着陆时具有相对较高的水平速度时,通常采用这种方式,因此这类飞行器需要设计起落架,设计时需要综合考虑安全性、重量和复杂性。

在下面的注释框详细介绍了对于高速飞行器构型来说,较高的气动效率对着陆方式的重要影响。

注释框:升阻比特性对高速飞行器着陆方式的影响

图3.65给出了具有有限升阻比能力的高速飞行器的着陆方式。这里相对陡峭的下降曲线后衔接了一段拉平机动轨迹。

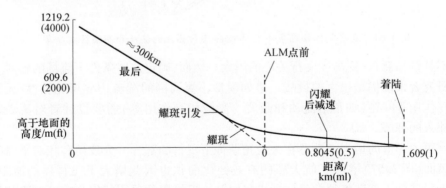

图3.65　具有低升阻比特性的高速飞行器的着陆方式

飞行员驾驶着陆时,拉平过程中的升阻比不得小于3,该过程与飞行器着陆翼载$(W/S)_{land}$无关。在着陆展开过程中,升阻比应该等于最大升阻比。

对于升阻比为3.5~5的飞行器而言,无动力着陆是可以实现的。例如,

X-15 和航天飞机的 $(W/S)_{land}$ 为 3800~4300Pa,而且升阻比为 4.15~4.75。

当我们研究升力体飞行器(如图 3.66 所示)在亚声速段的气动性能时,我们发现其最大升阻比远低于期望值。

图 3.66　来自 NASA Dryden 研究中心的三款早期升力体飞行器,
从左到右依次是 X-24A、M2-F3 和 HL-10

这表明 X-38 飞行器在最终下降和着陆时采用可操控降落伞系统进行操控是很有预见性的,如图 3.67 所示。

图 3.67　在爱德华空军基地,X-38 飞行器采用伞降的形式着陆

从细长体 X – 15 飞行器到中等尺度的航天飞机,再到扁平的 HL – 10 的升力体飞行器,气动效率随攻角变化趋势的对比如图 3.68 所示。

图 3.68 表明,为了获得所需要的约为 4 的升阻比特性,与细长体飞行器相比,升力体外形必须在更大的攻角条件下飞行。图 3.69 也对此给出了举例说明,图中给出了 HL – 10 和 NASA F – 104 战斗机的着陆方式对比。

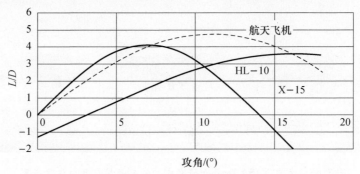

图 3.68　X – 15、空天轨道飞行器和 HL – 10 升力体
飞行器的升阻比性能随攻角的变化趋势

图 3.69　HL – 10 再入升力体飞行器和 F – 104 战斗机飞行器的着落方式

构型设计中有助于安全着陆的因素包括较好的视野、较好的操控性、有效的减速和尽量小的配平变化。

接近地面和着陆可以看作是类似静态的向前推进过程,所以升力几乎与重力相等。

进一步,为了适应因自然因素带来的不确定性,设计时给出了足够的裕度,着落或靠近地面时,速度可以相应增加 20% 和 30% 。

因此,着陆速度采用 $V_{land} = 1.2V_s$,靠近地面的速度采用 $V_a = 1.3V_s$,其中 V_s 为发动机停转时的速度,表示为

$$V_s = \sqrt{\frac{(W/S)}{\frac{1}{2}\rho_{s.1.}\sigma(C_L)_{max}}} \tag{3.64}$$

式中,$\sigma = \rho/\rho_{s.1.}$ 指的是当地密度与海平面处标准密度之比。发动机停转速度可以理解为最小可用速度,$(C_L)_{max}$ 为最大可利用的升力系数。因为高速飞行器的机身一般比较长,长细比(l/b)约为 0.5 或者更小;在着陆时,真正的停转攻角是不可能达到的,这是因为会出现尾部撞击地面的危险和其他控制方面的问题。例如,$X-15$ 的最大可用攻角约为 13°。

图 3.70 展示了在 $X-15$ 攻角上的限制区间,这些结论对于大部分高速飞行器是有代表性的。不同高超声速飞行器的无量纲升力曲线如图 3.71 所示。

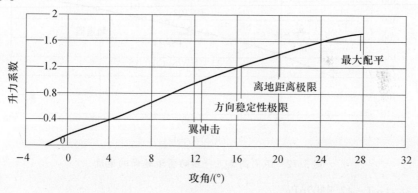

图 3.70 $X-15$ 升力系数随攻角的变化趋势

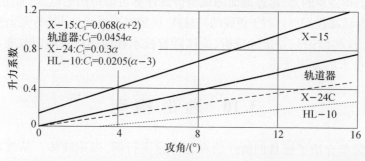

图 3.71 不同高超声速飞行器的无量纲升力曲线随攻角的变化趋势

263

此外,由飞行员监测到的空气速度是有效的,在计算过程中被采用,称为等效空气速度,表达式为

$$V_E = V\sqrt{\sigma} \tag{3.65}$$

然后,在停转时的等效速度如下,单位为节(船速):

$$V_{E,s} = 17.17\sqrt{\frac{(W/S)}{C_{L,max}}} \tag{3.66}$$

标称着陆速度为(单位为节)

$$V_{E,land} = 1.2V_{E,s} = 20.60\sqrt{\frac{(W/S)_{land}}{C_{L,max}}} \tag{3.67}$$

同样地,靠近地面标称速度为(单位为节)

$$V_{E,a} = 1.3V_{E,s} = 22.32\sqrt{\frac{(W/S)_{land}}{C_{L,max}}} \tag{3.68}$$

对于一些高速飞行器的靠近地面的速度如图 3.72 所示。

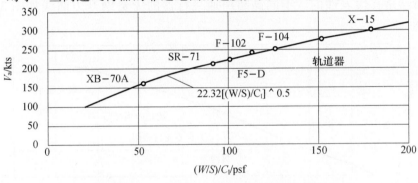

图 3.72　不同高速飞行器的靠近地面的速度

注:1psf = 47.88026Pa。

最后值得注意的是,通过地面测试与仿真计算可以得出结论,地面测试设施的应用上限为马赫数 12.5。对于更高的马赫数,风洞将不可能对其进行完全模拟。

当然,这些结论只是定性分析,应该随着技术和应用的发展而改变。它们依赖于空间技术的发展状态。

3.10　匙形构型

本节简单介绍了极具创新性的高超声速飞行器,即乘波体。从气动学科角度来看,这是迈向未来飞行器的跨越性一步。

为了了解其原因,首先分析一下高超声速飞行器飞行时的基本特性。当飞行器高速飞行时,在前缘会产生一道强激波,而激波后流场会承受严重的气动加热,同时也会带来推进系统一体化、气动弹性设计等问题。此类特性是弹道飞行器与升力体飞行器的共同特点,因此激波形状与飞行器形状之间的关系是飞行器设计的一个重要方面。

在此框架下,通过对宽马赫数范围内的飞行器性能进行详细分析,Kuche-mann 得出了"升阻比屏障"的结论,并且给出了在此屏障下,不同马赫数对应的最佳飞行器构型:

$$\left(\frac{L}{D}\right)_{\max} = \frac{4(M_\infty + 3)}{M_\infty} \tag{3.69}$$

式中,L 为升力;D 为阻力;M_∞ 为马赫数。

在图 3.73 中,Kuchemann 指出在高马赫数条件下,将前体、推进系统与尾喷管高度一体化的飞行器构型能够使飞行器获得最优性能[14]。

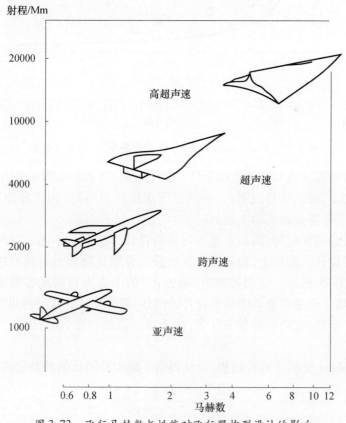

图 3.73 飞行马赫数与性能对飞行器构型设计的影响

Bowcutt 研究表明乘波飞行器不仅符合 Kuchemann 的发现而且通过黏性优化的乘波构型应该更优于组合式飞行器构型,而且能够突破 Kuchemann 提出的"升阻比障碍"。Bowcutt 的发现也被后续的研究学者所证实,如图 3.74 所示[2]。

如图 3.74 所示,其中,虚线代表的"升阻比屏障"方程为:

$$\left(\frac{L}{D}\right)_{\max} = \frac{6(M_\infty + 2)}{M_\infty} \tag{3.70}$$

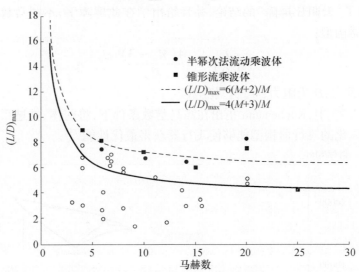

图 3.74　Kuchemann 提出的"升阻比屏障"和乘波体性能

人们希望在实线和虚线之间设计一款飞行器,或者超出图示范围的飞行器。需要注意的是,理论推导说明,一般情况下虚线代表的"升阻比屏障"是不能超越的,除非是不带发动机的飞行器。

由过去的研究可知,高超声速飞行器的设计方法非常不同于亚声速和超声速的飞行器设计。实际上,设计飞行器的最大升阻比随着马赫数的增加而不断减小,如图 3.75 所示。然而被称为"乘波体"的一类飞行器能够突破升阻比屏障,而且当用于高超声速导弹外形设计的时候,乘波体比传统导弹设计有性能方面的优势。当然,在高马赫数条件下,由于高波阻的存在,高升阻比特性是很难实现的。

Kuchemann 分析了这种趋势,而且得出了最大升阻比的经验公式

$$\left(\frac{L}{D}\right)_{\max} = \frac{4(Ma + 3)}{Ma} \tag{3.71}$$

乘波体是一种外形呈流线型,其所有的前缘都具有附体激波的超声速或高

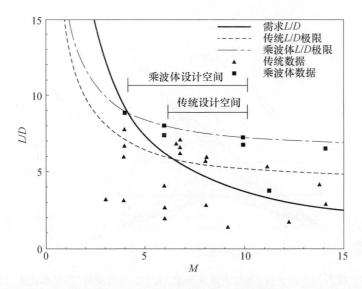

图 3.75　升阻比随马赫数的变化趋势

超声速飞行器,附体激波阻止下表面的高压流体向上表面泄漏,这就保证了乘波体比传统飞行器具有更高的升阻比。而典型乘波体的设计是采用"反设计方法",基于一个简单物体产生的基本流场进行反设计,得到乘波体构型。采用流线追踪得到激波后的前缘线,然后得到乘波体的下表面,乘波体的上表面是任意的,通常情况采用沿流向进行追踪得到上表面。基于楔形流场得到的乘波体如图 3.76 所示。

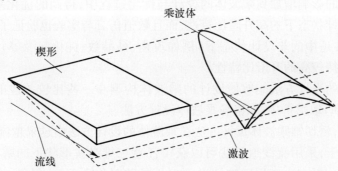

图 3.76　超声速/高超声速流场中,基于二维楔生成的乘波体

　　Nonweiler 最初提出乘波体设计思想是用来解决弹道式再入飞行器驻点高热流率的问题。理论上,乘波体将具有更高的升阻比,而且能够降低飞行器再入弹道段在拉起时的气动加热。基于二维楔形流场,他主要提出了"^"型乘波体设计方法,如图 3.77 所示。

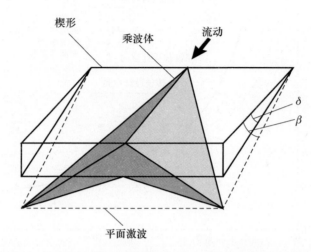

图 3.77　超声速/高超声速流场中,基于二维流场的"^"型乘波体

　　虽然乘波体的重要性显而易见,然而仍也有许多问题需要解决,如"^"型乘波体低容积率、非设计状态下性能可能降低、尖前缘线的真实加工难度等方面的问题。随后的研究表明,真实飞行器构型很难保持最初设想的高升阻比特性。因此,在随后几十年中,对于乘波体的研究比较少。

　　直到 20 世纪 80 年代末与 90 年代初,随着一些新的设计方法与分析技术的提高,克服了最初乘波体设计的一些不利因素,因此乘波体再次成为研究热点。将黏性效应的影响增加到乘波体的设计与优化过程中,得到的优化乘波体构型能够满足设计状态下的高升阻比特性,而且数值仿真与实验也验证了此项特性。研究表明,在适中的非设计状态下(例如攻角、马赫数、钝化前缘等),优化乘波体也能够维持较高的升阻比特性。

　　一些新的设计方法能够使设计的乘波体构型在一些比较关注的特性方面(如高容积率)取得折中,如锥导乘波体设计方法。

　　近些年,密切锥乘波体设计方法在乘波体的设计方法中越来越流行,这种方法的优势在于,采用流线追踪法可以获得任意三维激波形状下的乘波体(比如将锥形流的分析方法应用于吻切平面而不是轴对称平面)。另外,在复杂的流场中,比如在流线方向上激波强度变化,而且激波曲率也是变化的流场中,三维流线追踪方法也已经得到了应用。

3.10.1　乘波体构型设计介绍:逆向设计方法

　　典型的乘波飞行器构型是基于楔形构型设计得到的,包含一个高压下表面和低压上表面。为了满足前缘附体激波的需要,乘波飞行器的生成方法一般采用:反设计。指的是,基本流场首先确定,基本流场是由超声速流或高超声速流经过物面压缩得到的。其次,在给定流场的基础上,乘波飞行器构型由其下表面的基准线(LBC)表示。乘波飞行器的下表面通过流线追踪法得到,前缘线为追踪流面与物面激波的相交线[14,15]。

乘波飞行器上表面的外形是任意的。具有代表性的上表面为沿着自由来流方向流线追踪与基准面相交得到。通过此方法创建了"理想乘波飞行器",此乘波体的上表面平行于自由来流,设计比较简单。这些设计思路如图 3.78所示。

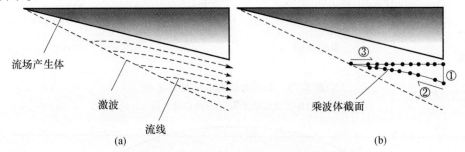

图 3.78　基于流场的乘波飞行器设计(轴对称圆锥流)

(a)产生基准流场;(b)理想乘波飞行器设计。

①在基本流场的基准面上确定 LBC;②流线追踪得到下表面;

③沿着自由来流方向追踪前缘线得到上表面。

3.10.2　吻切锥乘波体

吻切锥设计方法是最近发展的第三代生成乘波飞行器的技术,它基本上结合了楔形和圆锥乘波飞行器两者各自的优势。此种方法本质上称为"条带法",通过特定的激波轮廓线(SPC)来得到一个非轴对称三维激波,对于每条激波带上的每一点采用局部圆锥流线法,图 3.79 给出了基于轴对称圆锥流场和吻切锥流场得到乘波飞行器设计方法的对比[16-18]。激波的曲率决定了当地的圆锥半径和轴的位置。曲率为零表明圆锥为无限大,在这种情况下,流场条件与刚过锥形激波后的区域一致,即等价于二维斜激波后的流场。因为仅需要一个圆锥流求解,计算花费最小。这些特性说明吻切锥方法同时包含了楔形和锥导乘波飞行器设计方法,如图 3.80 所示。

吻切锥方法是条带法,因此不需要横向流垂直于每一个吻切锥平面的假设。假设在方位角方向不存在压力梯度的假设仍是有效的,然而,由于对于每个吻切平面的圆锥流求解的尺度是按比例缩放的,因此该假设不是特例。

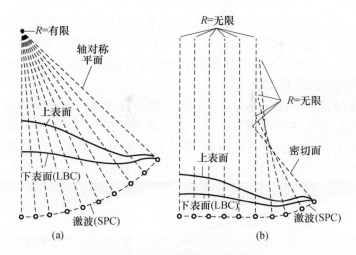

图 3.79 轴对称圆锥和吻切锥流场

(a)轴对称圆锥流场；(b)吻切锥流场。

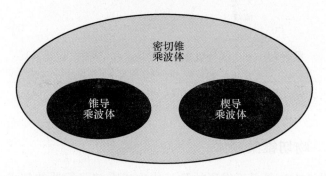

图 3.80 基于吻切锥、轴对称圆锥、楔形流场得到的乘波飞行器之间的关系

3.10.3 基于楔形和锥形的乘波体

在乘波飞行器的设计过程中,采用的最简单的流场生成方法是超声速流/高超声速流通过二维斜劈。如果激波角 β 确定后,流动转折角可以通过斜激波的关系式求得:

$$\theta = \tan^{-1}\left[2\cot\beta\,\frac{M_\infty^2\sin^2\beta - 1}{M_\infty^2\left(\gamma + \cos2\beta\right) + 1}\right] \tag{3.72}$$

式中,M_∞ 为激波前的自由流马赫数;γ 为比热比。

激波后的流场参数可以通过将正激波关系式应用到斜激波法线方向的分量后计算得到。

另一种常用的是超声速/高超声速流动经过圆锥流场后产生的基本流场,基于此流场生成乘波飞行器,如图 3.81 所示。此方法可以通过数值分析 Taylor – Maccoll 公式求解得到(在球形坐标系下)[19]:

$$\left(1 - \frac{v^2}{a^2}\right)\frac{\mathrm{d}^2 u}{\mathrm{d}\theta^2} + \cot\theta \frac{\mathrm{d}u}{\mathrm{d}\theta} + \left(2 - \frac{v^2}{a^2}\right)u = 0 \qquad (3.73)$$

$$v = \frac{\mathrm{d}u}{\mathrm{d}\theta}$$

式中,u 和 v 分别为来流在 r 和 θ 方向的速度;a 为当地声速。

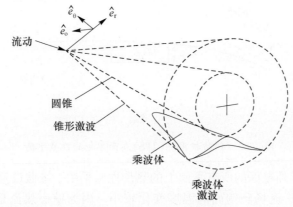

图 3.81 球形坐标系下,基于圆锥流场产生的乘波飞行器

在边界条件充足且确定的基础上,数值迭代求解公式(3.73)是可以实现的。在特定激波角 β 条件下,采用简化方法求解流场特性,进而采用迭代公式(3.73)直到垂直于物面方向的速度为 0,通过这种方式可以确定圆锥物面。

当地声速可以通过下式得到:

$$h_t = 常数 = \frac{a^2}{\gamma - 1} + \frac{u^2 + v^2}{2} \qquad (3.74)$$

式中,h_t 为总焓,初始值可以通过来流条件计算得到。

当采用斜劈或圆锥流场来生成乘波飞行器时,两类方法产生的乘波飞行器具有特定的特性。特别地,斜劈乘波飞行器具有二维下表面流场的优势,这有利于高速推进系统的一体化设计。然而,激波的平面特性需要较大的二面角,这将导致飞行器具有相对较低的容积率。另外,锥导乘波飞行器的大部分体积集中靠近飞行器的中心,因而可以增加飞行器构型的容积率,增加有效利用容积。然而,不利的是,对于轴对称流场来说,锥导乘波飞行器具有三维的下表面流场,这不利于机身/发动机一体化设计[20]。

3.11　飞行器气动加热和表面温度

迄今为止对飞行器气动加热讨论的重点集中于壁面附近的流场温度梯度，此温度梯度是促成热传递发生的驱动力。但是，在飞行器物面上与温度相关的边界条件是没有被考虑的。因此，图 3.82 给出了飞行器表面单元的能量平衡的分析[8]。

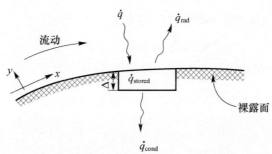

图 3.82　热防护系统(TPS)表面单元的能量平衡

忽略垂直于外壁面的所有平面上的热传导。采用一维假设意味着相切于飞行器壁面方向上，流场和壁面的温度变化较小。因为壁面热流是一维的量（忽略 y 方向），所以能够使用单位面积上的热流。

对于热防护系统(TPS)表面的单元，有

$$\dot{q}_{conv} = \dot{q}_{stored} + \dot{q}_{cond} + \dot{q}_{rad} \tag{3.75}$$

其中，传入的对流热流为（参见第二章）：

$$\dot{q}_{conv} = h_c \cdot (T_r - T_w) \tag{3.76}$$

式中，T_r 为恢复温度或绝热壁面温度。

在每个单元内能量的储存率为：

$$\dot{q}_{stored} = \rho_w c_w \Delta \frac{dT_w}{dt} \tag{3.77}$$

对于稳态计算，可使储存率为 0，通过单元背部的能量传导率为：

$$\dot{q}_{cond} = k_w \frac{dT_w}{dy} \tag{3.78}$$

从物面外壁的能量辐射率为

$$\dot{q}_{rad} = \sigma \varepsilon T_w^4 \tag{3.79}$$

式中，σ 为 Stefan – Boltzmann 常数 $\left(5.67 \times 10^{-8} \dfrac{\text{W}}{\text{m}^2 \text{K}^4}\right)$；$\varepsilon$ 为表面辐射率 $(0 < \varepsilon < 1)$。因而，壁面处的能量表达式可写为

$$\dot{q}_{\text{cond}} = h_c \cdot (T_r - T_w) = \rho_w c_w \Delta \frac{\mathrm{d}T_w}{\mathrm{d}t} + k_w \frac{\mathrm{d}T_w}{\mathrm{d}y} + \sigma \varepsilon T_w^4 \tag{3.80}$$

在壁面处采用了三类热边界条件。假设在每个单元内部储存的能量是可以忽略的（$\dot{q}_{\text{stored}} \approx 0$）。

（1）壁面温度被指定。

当 T_w 确定后，对流热流 $\dot{q}_{\text{conv}}$ 和辐射热流率 $\dot{q}_{\text{rad}}$ 随之确定。然后采用公式（3.80）来确定通过单元背部传入物面内部的热导率为：

$$k_w \frac{\mathrm{d}T_w}{\mathrm{d}y} = h \cdot (T_r - T_w) - \sigma \varepsilon T_w^4 \tag{3.81}$$

（2）假设壁面为绝热壁面，即 $\dot{q}_{\text{cond}} = 0$。

如果 $\dot{q}_{\text{rad}}$ 是不可忽略的，壁面温度可以通过热能平衡关系式确定：

$$T_w = \sqrt[4]{\frac{\dot{q}_{\text{conv}}}{\sigma \varepsilon}} \tag{3.82}$$

如果 $\dot{q}_{\text{rad}}$ 是可以忽略不计的，能量平衡需要满足：

$$T_r = T_w \tag{3.83}$$

即壁面温度等于恢复温度。对于理想空气来说：

$$\frac{T_r}{T_{\text{te}}} = \gamma + \frac{1 - \gamma}{1 + \dfrac{\gamma - 1}{2} M_e^2} \tag{3.84}$$

（3）对流热流被指定，即 $\bar{q}_{\text{conv}}$。

由以上分析可知，根据能量平衡关系可以得到壁面温度：

$$k_w \frac{\mathrm{d}T_w}{\mathrm{d}y} + \sigma \varepsilon T_w^4 + \bar{q}_{\text{conv}} = 0 \tag{3.85}$$

因而，在超声速条件下（$M_\infty \approx 3$），正如公式（3.84）所表示的，壁面温度本质上为绝热壁面温度。

然而，在高超声速条件下（$M_\infty \approx 7$），外表面的温度基本上为绝热壁面温度的 0.3～0.5 倍，此时考虑了大量辐射冷却和内部热传递等因素。特别地，对高超声速飞行来说，飞行器防热蒙皮的设计和防热材料的选择上依赖于对流热传导。例如，对流峰值热流决定了热防护材料（TPM），而总的热载荷影响热防护

系统(TPS)的厚度。

安装在航天飞机轨道飞行器上的仪器在前五次飞行再入过程中测得了宝贵的气动热力学数据。在防热瓦表面下约 0.38mm 处安装热电偶,从记录的加热率来推导出温度变化过程。假设对流热流为

$$\dot{q} = f \cdot \sigma \varepsilon T_w^4 \tag{3.86}$$

采用逆向热数学模型来求解传入防热瓦的热流可得 $f = 1.06$,实际情况下热电偶确实不裸露在外表面。

注释框:航天飞机类轨道飞行器在驻点处的表面温度

基于以下条件来确定航天飞机类轨道飞行器在驻点处的表面温度:

(1) $V_\infty = 7.20 \text{km/s}, H_\infty = 75 \text{km}$ 高度和 $\alpha = 40.0°$ 攻角(AOA)。

(2) $V_\infty = 2.96 \text{km/s}, H_\infty = 48 \text{km}$ 和 $\alpha = 34.8°$。

假设航天飞机类轨道飞行器的有效头部半径为 0.7196m(虽然计算得到的驻点区流场的有效头部半径随攻角成函数变化关系)。

采用式(3.80)给出的能量平衡关系式来确定表面温度。忽略储存在单元内部的能量和单元外部的热传导,正如式(3.86)采用的那样,等式的右侧变成:

$$\dot{q} \approx \sigma T_w^4$$

表面发射率的幂次因子的模块已经被假设为 1,这是对壁面发射率的合理近似,其值约为 1。

对于驻点的热传导率来说,采用 Anderson 关系式来说明有限的壁面温度。

因此,有

$$\dot{q}_0 = 1.83 \times 10^{-4} \cdot \sqrt{\frac{\rho_\infty}{R_N}} \cdot \left(1 - \frac{H_w}{H_e}\right) \cdot V_\infty^3$$

$$= \sigma T_w^4 \rightarrow \sigma T_w^4 - 1.83 \times 10^{-4} \cdot \sqrt{\frac{\rho_\infty}{R_N}} \cdot \left(1 - \frac{H_w}{H_e}\right) \cdot V_\infty^3 = 0$$

根据 T_w 可以求解以上公式。

对于条件(1),75km 高空的自由来流条件为

$T_\infty = 208.40 \text{K}, P_\infty = 2.39 \text{Pa}, \rho_\infty = 3.99 \times 10^{-5} \text{kg/m}^3,$ 和 $a_\infty = 289.4 \text{m/s}$。

因而

$$M_\infty = \frac{V_\infty}{a_\infty} = \frac{7200.0}{289.4} = 24.88$$

为了计算 $\left(1 - \dfrac{H_w}{H_e}\right)$ 项,引入近似值:

$$H_e \cong \frac{1}{2} V_\infty^2 = 25.92 \times 10^6 \frac{J}{kg}$$

$$p_{t2} \cong \rho_\infty V_\infty^2 = 2069.53\,Pa = 0.0204\,atm$$

这些条件下的能量平衡关系为

$$9.58 \times 10^{12} \left(1 - \frac{H_w}{H_e}\right) = T_w^4$$

对于第一步迭代,忽略对壁面焓的修正,求解 T_w 可得

$$T_w = 1759\,K$$

当 $T_w = 1759\,K$ 和 $p_{t2} = 0.02\,atm$ 时,有

$$\frac{H_w}{H_e} = 0.076$$

可得 $H_w = 0.076 H_e$,对于第二步迭代,采用 $\left(1 - \dfrac{H_w}{H_e}\right) = 0.92$ 可以求得 T_w,

$$T_w = 1723\,K$$

两步迭代得到的壁面温度相差很小。取壁面焓值项为 0.92,求得壁面温度的值,迭代过程完成。

对于条件(2),48km 高空的自由来流条件为

$$\rho_\infty = 1.317 \times 10^{-3}\,kg/m^3, \text{ 和 } a_\infty = 329.8\,m/s_\circ$$

因而

$$M_\infty = \frac{V_\infty}{a_\infty} = \frac{2960.0}{329.8} = 8.97$$

采用正激波下游驻点条件的近似值:

$$H_e \cong \frac{1}{2} V_\infty^2 = 4.38 \times 10^6 \frac{J}{kg}$$

$$p_{t2} \approx \rho_\infty V_\infty^2 = 11539.02\,Pa = 0.1139\,atm$$

此条件下的能量平衡为

$$3.35 \times 10^{12} \left(1 - \frac{H_w}{H_e}\right) = T_w^4$$

对于第一步迭代，忽略对壁面焓的修正。进而 $T_w \cong 1352\ \mathrm{K}$。在此条件下，有

$$\frac{H_w}{H_e} = 0.356。$$

对于第二步迭代，假设 $\left(1 - \dfrac{H_w}{H_e}\right) = (1 - 0.3) = 0.7$。

作为结果，$T_w \approx 1237\ \mathrm{K}$。在 $T_w \approx 1237\ \mathrm{K}$ 和 $p_{t2} = 0.1139\ \mathrm{atm}$ 条件下，$\dfrac{H_w}{H_e} = 0.305$，此值非常接近迭代起始时的假定值。因此可以得到壁面温度。

注释：对条件（1）部分条件下，$\left(1 - \dfrac{H_w}{H_e}\right) = 0.92$；对条件（2），部分条件下，$\left(1 - \dfrac{H_w}{H_e}\right) = 0.70$。

3.11.1 对流传热和 Eckert 参考温度法

采用适当边界条件求解边界层，得到靠近物面周围的温度、速度和空气组分，基于这些条件来确定对流换热和表面摩擦。

采用多种精确的技术来获得对流传热和表面摩擦的分布。

至此为止，这些技术包括相互之间简化关系、基于相似转换的解析解、作为两层流场模型的边界层解和单层流场模型的黏性区域解。

不管采用哪种技术，在不同状态下（层流、转捩或湍流）模拟边界层的物理特性都是必须的。

在 20 世纪 50 年代和 60 年代初期，对于边界层的模拟，已经开展了大量工作来发展相关公式用以近似模拟数值仿真结果。这些相关公式中公认度最高的是 Eckert 参考温度法。

在此方法里，采用针对不可压缩流发展的相关公式来计算热传导率，采用 Eckert 的参考温度（T^*）来表征相关温度之间的关系：

$$T^* = \frac{1}{2}(T_e + T_w) + 0.22r(T_{te} - T_e) \tag{3.87}$$

式中：T_e 为边界层边缘的温度；T_w 为壁面温度；T_{te} 为边界层边缘的总温。

对于参考焓值法：

$$h^* = \frac{1}{2}(h_e + h_w) + 0.22(h_r - h_e) \tag{3.88}$$

　　为了计算相应的表面摩擦,可以采用雷诺分析来求解表面摩擦与对流换热率的关系(见第二章)。

　　对于航天飞机的设计,在加热环境计算时采用了 Eckert 参考焓值技术。例如图 3.83 给出了占机身长度 20% 的机身后体的位置($x/L = 0.2$),采用 Eckert 的平面参考焓值法来预测层流边界层的流动加热[8]。通过校准系数考虑了流线分叉和交叉流的影响,此校准系数是采用风洞实验数据与理论计算数据的比值。考虑真实气体效应,通过将校准系数应用于理论计算,可以完成缩比模型的计算。

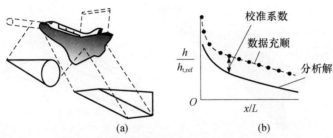

图 3.83　轨道飞行器迎风面(下表面)的设计方法
(a)典型流动模型;(b)机身下的中心线。

　　当然,对于轨道飞行器迎风面(下表面)来说,也发展了一些经验公式对解析技术进行了补充,如下所示。如图 3.83(a)所示,轨道飞行器(基本上极具典型意义的带翼再入飞行器)能够由各个简单部件组成,即球形头部、具有机翼/垂尾前缘的拉伸圆柱体、圆锥前体机身、机身后部的平滑底面、侧缘楔形机翼,每个部件均可用解析法求解。例如,采用拉伸圆柱体来表征机翼的前缘线从而获取前缘加热率的预测值(激波—激波相互作用区域外)。

　　对于机身下表面,采用标准 Eckert 参考焓平面求解方法来计算其加热,图3.83(b)给出了数值解析解。因为经过简单外形的流动基本上接近真实流动,所以对于轨道飞行器模型来说,在边缘流动特性和流线类型方面有很大的不同,而且理论计算的热传递与风洞实验的结果也有很大的差别。图 3.83(b)中也给出了校准因子用以修正在流线分叉和流动运行长度方向的变化。当对于简单几何外形的解析解被与随位置变化的校准因子放大时,要能够将数据与风洞测量的数据相匹配,图 3.83(b)指出了拟合数据的变化趋势。

　　针对层流和湍流边界层分别发展了校准因子,在对飞行条件进行外推时这些因子保持不变。对上表面(背风面),风洞数据是进行了无量纲化处理,采用当地热传导系数除以驻点处的热传导系数,即$(h/h_{t,ref})_{wt}$。

　　通过风洞实验得到的无量纲热传导率随攻角、侧滑角、来流马赫数和来流雷诺数变化规律,并将此规律直接应用于飞行试验中。

在将风洞实验的热传导数据扩展到飞行条件下存在固有的不确定性,包括风洞数据的离散性、缩比模型模拟飞行、在当地流动特性下的不确定性和多重激波与边界层相互作用区域数据的影响,这些不确定性促使首飞之前需要对气动加热环境进行保守的评估。图 3.84 给出了加热不确定性的估计[8]。

这些不确定性的值可能偏大,但是确定热传导率本身给实验员和分析者提供了更加严峻的挑战。

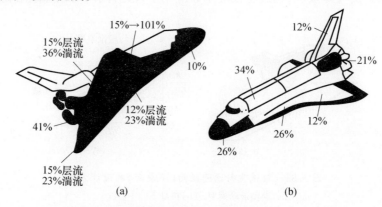

图 3.84　基于经验关系辅以解析分析的航天飞机起飞前气动加热评估的不确定性

注释框:Eckert 参考温度法和圆锥气动加热

图 3.83a 给出了用尖锥表示的的航天飞机前体。因此,在高超声速风洞中计算了 $M_\infty = 10.6$,$P_{t1} = 8.27\text{MPa}$ 和 $T_t = 1100\text{K}$ 条件下,沿着尖圆锥($\delta_c = 15°$)壁面的热传导情况。假设来流为理想空气($Pr = 0.71$),其中壁面温度 $T_w = 310\text{K}$。

首先,计算自由来流测试条件下的静参数。

在 $M_\infty = 10.6$ 条件下:

静压为

$$\frac{p_{t1}}{p_1} = \left(1 + \frac{\gamma - 1}{2}M_1^2\right)^{\frac{\gamma}{\gamma - 1}} = [1 + 0.2 \cdot (10.6)^2]^{3.5}$$

$$= 62650.61 \rightarrow p_1 = \frac{8.27 \times 10^6}{62650.61} = 132.02\text{Pa}$$

静温为

$$\frac{T_{t1}}{T_1} = \left(1 + \frac{\gamma - 1}{2}M_1^2\right) = 1 + 0.2 \cdot (10.6)^2$$

$$= 23.47 \rightarrow T_1 = \frac{1100}{23.47} = 46.87\text{K}$$

密度为

$$\rho_1 = \frac{p_1}{RT_1} = \frac{132.02}{288.28 \cdot 46.87} = 9.77 \times 10^{-3} \frac{\text{kg}}{\text{m}^3}$$

热传导率为

$$\dot{q}_w = St\rho_e u_e (H_r - H_w) = St\rho_e u_e c_p (T_r - T_w)$$

采用 Eckert 方法可得

$$\dot{q}_w = \rho^* u_e c_p (T_r - T_w) St$$

其中，ρ^* 为 Eckert 参考温度的函数，即 $\rho^* = \rho^*(T^*)$。

进而确定 ρ^*、u_e、T_r 和 St：

$$\rho^* = \frac{p_e}{RT^*}$$

式中

$$T^* = \frac{1}{2}(T_e + T_w) + 0.22r(T_{te} - T_e)$$

$$\frac{T_{te}}{T_e} = 1 + \frac{\gamma - 1}{2}M_e^2$$

根据切锥法能够分别求得边界层边缘的马赫数 M_e 和压力系数 C_{pe}。
因而

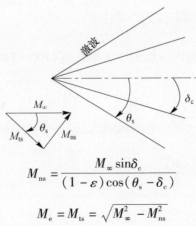

$$M_{ns} = \frac{M_\infty \sin\delta_c}{(1 - \varepsilon)\cos(\theta_s - \delta_c)}$$

$$M_e = M_{ts} = \sqrt{M_\infty^2 - M_{ns}^2}$$

但是,为了快速计算 M_{ns} 和 $M_\infty \sin\delta_c$ 之间的关系,仅仅需要满足下列需要[①]:

(1) 忽略激波脱体的影响;

(2) 当 $M_\infty \sin\delta_c = 0$ 时,$M_{ns} = 1$;

(3) 解渐近趋向 $M = \infty$ 的线;

(4) 在 $M_\infty \sin\delta_c = 0$ 条件下拥有恰当的斜面, $\dfrac{\mathrm{d}M_{ns}}{\mathrm{d}(M_\infty \sin\delta_c)}$。

此时,有

$$M_{ns} = \frac{\gamma+1}{2} M_\infty \sin\delta_c + e^{-2\left(\frac{\gamma+1}{\gamma+3}\right)M_\infty \sin\delta_c}$$

压力系数通过以下公式可以得到:

$$C_p = 2\sin^2\delta_c \left[1 - \frac{(\gamma-1)M_{ns}^2 + 2}{4(\gamma+1)M_{ns}^2} \right]^{-1}$$

因此,对于 $M_e = 5.85$ 和 $C_{pe} = 0.143$,有

$$\frac{T_{te}}{T_e} = 1 + \frac{\gamma-1}{2}M_e^2 = 1 + 0.2 \cdot (5.85)^2 = 7.84$$

$$\rightarrow T_e = 0.127 \cdot T_{te} = 0.127 \cdot 1100 = 140.23\mathrm{K}$$

计算恢复因子 r:

层流: $\qquad\qquad r = \sqrt{Pr} = \sqrt{0.71} = 0.843$

湍流: $\qquad\qquad r = \sqrt[3]{Pr} = \sqrt[3]{0.71} = 0.892$

因此,有

$$T^* = \frac{1}{2}(T_e + T_w) + 0.22 \cdot (T_{te} - T_e) =$$

$$= \frac{1}{2} \cdot (140.23 + 310) + 0.22 \cdot 0.843 \cdot (1100 - 140.23) = 403.11\mathrm{K}$$

计算 p_e:

$$C_{pe} = \frac{p_e - p_\infty}{q_\infty} \rightarrow p_e = p_\infty + C_{pe}q_\infty \rightarrow \frac{p_e}{p_\infty} = 1 + \frac{q_\infty}{p_\infty}C_{pe}$$

$$= 1 + \frac{\gamma M_\infty^2}{2}C_{pe}$$

---

① 这种方式省去了求激波角 θ_s 的值。

所以

$$p_e = p_\infty \left(1 + \frac{\gamma M_\infty^2}{2} C_{pe} \right) = 132.02 \cdot \left[1 + \frac{1.4 \cdot (10.6)^2}{2} \cdot 0.143 \right]$$

$$= 1616.88 \mathrm{Pa}$$

从而

$$\rho^* = \frac{p_e}{RT^*} = \frac{1616.88}{288.28 \cdot 403.11} = 1.39 \times 10^{-2} \frac{\mathrm{kg}}{\mathrm{m}^3}$$

边界层边缘的速度为:

$$u_e = M_e \cdot \sqrt{\gamma R T_e} = 5.85 \cdot \sqrt{1.4 \cdot 288.28 \cdot 140.23} = 1391.71 \frac{\mathrm{m}}{\mathrm{s}}$$

采用 Sutherland 公式计算黏性和热传导率,可得

$$\mu^* = 1.458 \times 10^{-6} \frac{(T^*)^{\frac{3}{2}}}{T^* + 110.4} = 1.458 \times 10^{-6} \frac{(403.11)^{1.5}}{403.11 + 110.4}$$

$$= 2.29 \times 10^{-5} \mathrm{Pa} \cdot \mathrm{s}$$

$$k^* = 1.993 \times 10^{-3} \frac{(T^*)^{\frac{3}{2}}}{T^* + 112} = 1.993 \times 10^{-3} \frac{(403.11)^{1.5}}{403.11 + 112}$$

$$= 3.13 \times 10^{-2} \frac{\mathrm{W}}{\mathrm{mK}}$$

斯坦顿数(St)可以根据改进的雷诺类比得到:

$$St = \frac{0.332}{(Pr^*)^{\frac{2}{3}} \cdot (Re_x^*)^{\frac{1}{2}}}$$

其中

$$Pr^* = \frac{\mu^* c_p}{k^*} = \frac{2.29 \times 10^{-5} \cdot 1009.10}{3.13 \times 10^{-2}} = 0.74$$

$$Re_x^* = \frac{\rho^* u_e x}{\mu^*} = \frac{1.39 \times 10^{-2} \cdot 1391.71 \cdot x}{2.29 \times 10^{-5}} = 8.45 \times 10^5 x$$

因而

$$St = \frac{0.332}{(0.74)^{0.667} \cdot (8.45 \times 10^5 \cdot x)^{0.5}} = \frac{4.41 \times 10^{-4}}{\sqrt{x}}$$

最终,恢复温度为

$$T_r = T_e + r(T_{te} - T_e) = 140.23 + 0.843 \cdot (1100 - 140.23) = 949.32 \text{K}$$

因而

$$\dot{q}_w = \rho^* u_e c_p (T_r - T_w) St$$

$$= 1.39 \times 10^{-2} \cdot 1391.71 \cdot 1009.10 \cdot (949.32 - 310) \cdot \frac{4.92 \times 10^{-4}}{\sqrt{x}}$$

$$= \frac{6.14}{\sqrt{x}} \left[\frac{\text{kW}}{\text{m}^2} \right]$$

式中,x 是沿着圆锥母线距顶点的距离。

3.11.2 参考温度方法和平板气动加热

图 3.83(a)展示了在攻角 α 条件下,航天飞机(或任意升力体飞行器)下表面可以近似看作平面。

所以,当攻角为 α 时,航天飞机底面的热传导类似于平面在高超声速流动中的热传导(当然,对于楔形构型来说,此角度为攻角与半楔形角之和)。

基于第二章讨论的雷诺近似可得热传导率为:

$$\dot{q}_w = A(\rho_e u_e)^{1-n} \left(\frac{\mu_e}{x} \right)^n (H_r - H_w) \tag{3.89}$$

所以,在焓值 h^* 的条件下,计算可得所有参数:

$$\dot{q}_w = A(\rho^* u_e)^{1-n} \left(\frac{\mu^*}{x} \right)^n (H_r - H_w) \tag{3.90}$$

其中

$$\rho^* = \frac{c_p p_e}{R h^*} \tag{3.91}$$

$$\mu^* = C_\mu \sqrt{h^*} \tag{3.92}$$

$$p_e \approx \rho_\infty V_\infty^2 \sin^2 \alpha \tag{3.93}$$

$$\frac{u_e}{V_\infty} \approx \cos\alpha \tag{3.94}$$

因而

$$\frac{\dot{q}_w(\alpha)}{\dot{q}_{ref}} = \left(\frac{\rho^* u_e}{\rho_{ref}^* u_{ref}} \right)^{1-n} \left(\frac{h^*}{h_{ref}} \right)^{\frac{n}{2}} = \left(\frac{p}{p_{ref}} \right)^{1-n} \left(\frac{h^*}{h_{ref}} \right)^{\frac{3(n-1)}{2}} \left(\frac{u_e}{u_{ref}} \right)^{1-n}$$

$$= (\sin^2 \alpha \cos\alpha)^{1-n} \tag{3.95}$$

因为

$$\left(\frac{h^*}{h_{\text{ref}}}\right)^{\frac{3(n-1)}{2}} \approx 1 \tag{3.96}$$

将此公式代入气动加热的公式可得到下表面气动加热的公式:

$$\dot{q}_{\text{w. flat plate}} = \frac{K}{x^n}\left(\frac{V_\infty}{1000}\right)^3\left(1 - \frac{H_w}{H_s}\right)(\rho_\infty \sin^2\alpha\cos\alpha)^{1-n}\left[\frac{\text{kW}}{\text{m}^2}\right] \tag{3.97}$$

其中,对于层流,$n = 0.5$,$K = 137.214$;对于湍流,$n = 0.2$,$K = 47854.8$。

3.11.3　热防护技术

满足热防护需求的再入飞行器和飞行剖面的设计与分析是一门多学科、多任务的工程,包括气动化学、飞行力学、结构分析和材料科学。对于再入飞行器热防护来说具有三个基本的方法:热沉积、辐射冷却和烧蚀材料蒙皮。

热沉积技术正如其名字所描述的那样,采用一大部分具有高溶点和能够容纳热能较高的材料来吸收再入过程中的热载荷。

Mercury 号航天飞机最初采用的就是此技术,采用了铍材料的钝头体热保护壳。在无载人测试和首次载人 Mercury – Redstone 亚轨道飞行时采用了此种设计方案。然而,此种热防护设计增加了系统的重量,这不利于更高轨道再入时的载荷防热,因此这使得后续轨道任务采用烧蚀材料的蒙皮来实现热防护。第二次载人亚轨道飞行即测试了采用烧蚀材料的热防护方式。对于再入热防护方法来说,重量的增加是热能沉积方式的重要限制。

辐射冷却的原理是允许飞行器的外表层因从飞行器周围流场进行对流换热逐渐变红热。主要通过红外波段的黑体辐射将能量从机身传至周围环境。对飞行器来说,对流换热率与壁面 – 流体之间的温差成比例(见式(3.76)),但是,能量辐射率是与壁面温度的四次方成比例的(见式(3.79))。结论是:适当的表面温度能够使得加热率保持在足够低的程度来维持近似平衡条件,在此相对适当的表面温度下,能够达到热平衡。

辐射冷却要求热外壳与飞行器内部载荷和结构之间具有极强的绝热。外壳作为航天飞机热防护系统的主要部件,实现其绝缘是重要目标。本质上,航天飞机外壳采用硅石(石英)光纤的多孔矩阵结构,这种材料具有较低的热传导率,以至于可以在一端用酒精灯加热的条件下用手握住另一端。

正如阐述的那样,辐射冷却依赖于再入飞行器和其周围环境之间处于平衡状态或近似平衡状态,从而散去其吸收的热量。此状态在长距离、较高高度的滑翔再入过程中容易实现,在此高度上,随着速度慢慢减小,瞬时气动加热率将减到最小。当采用辐射预冷时,飞行器的气动设计(弹道系数和升阻比)、再入飞行弹道和热防护材料的选取是密切相关的。这是比较复杂的设计问题。然而,

283

当采用系统层面的方法时,可能大量降低质量。

飞行器具有较长的飞行时间,因此采用绝缘辐射预冷具有潜在的问题,从根本上来说,部分热量将渗透传至下面的结构中。冷却液需要通过在飞行器内循环来实现能量辐射至周围的环境,例如,机身后体区域相对温度更低。即使飞行时间是足够短,飞行过程中不需要冷却液,上述现象也能发生。例如,航天飞机,为了预防后续飞行破坏铝结构,必须从地面保障设备中连接冷却线路。

尽管热沉积法最适合简易的高阻力再入飞行,而辐射预冷更加适合滑翔式再入,但是在飞行剖面定义时,烧蚀冷却也提供了相当大的自由度。对于再入热防护来说,烧蚀冷却也是质量最小的一种方法。其他技术在飞行器可重复使用方面的花费具有优势。

当防热外壳材料采用光纤玻璃树脂材料时,在再入过程的热载荷条件下将发生气化,此时烧蚀冷却起作用。当气化的材料随流场冲走时,飞行器表面被冷却。此过程能够很好地带走 107J/kg 的有效热能。大部分再入飞行器采用烧蚀冷却方式,例如,载人的 Mercury 号、Gemini 号和 Apollo 宇宙飞船。

3.12 计算流体力学在设计过程中的贡献

目前为止,再入飞行器外型通过简单的定律和相对简单的工具来确定,这些工具足以满足项目前期阶段设计的需求。

此阶段被指定为第一阶段分析,采用如下工具:

(1)基于行星大气参数的三自由度/六自由度弹道模型;

(2)采用牛顿气动计算程序来快速评估飞行器气动性能/插值处理已有的气动数据;

(3)自由分子气动计算程序和适当的升力系数、阻力系数和俯仰力矩系数计算的经验公式;

(4)对流与辐射热流之间的相互关系;

(5)热防护尺寸计算法则。

然而,除了弹道代码以外的所有程序,为了发展或确认工程解基础,需要对问题有详细的了解。例如,对于空间探测飞行器,精确预测气动系数是非常重要的①,而不论飞行任务是怎么样的,稳定性总是要考虑的因素。因而,飞行器的气动性能(采用合适经验公式得到的自由分子与连续气动系数②)和行星的大气

---

① 例如,对于空间探测飞行器来说,由于大气组成基本上决定飞行器的性能,因此设计问题是基本问题。

② 对于升力系数、阻力系数和俯仰力矩系数,简化的努森计算公式是最常用的。

常数(例如行星半径、大气缩比高度和表面密度)使评估下降飞行轨迹成为可能。

一旦再入弹道已知,将能够评估飞行器的气动热环境,从而评估飞行器飞行过程中不同阶段的气动力和气动热性能。这也给工程师们一个清晰的理解,确定应该采用何种特殊的分析方法。因此,热流分布和过程决定了热防护系统、外型半径等方面的参数选取。

然而,第一阶段的分析不能充分保证飞行任务的实现。实际上,设计分析应该巩固经典的机理和更加细致地研究热防护机理以及化学反应机理①。为了完成此项研究,具有化学反应的激波边界层的模拟是很有必要的,因为需要研究整个空间的再入参数,而且此方法也具有快速预测能力。在此方面,采用基于冻结流或平衡流化学假设的欧拉方程的松耦合求解器来完成仿真。因此,对于采用常用的整体代码进行的对流热分析来说,采用边界层的边缘条件来作为欧拉方程求解的后处理方法。基于激波边界层的计算结果来完成对辐射的计算。辐射源项也能为欧拉求解器提供反作用,边界层也是如此。然而,对于机理范围内的研究来说,非耦合的计算流程是足够了。壁面条件可以通过简单方式与边界层解相适应,而流场信息与边界层内部代码的积分相适应。对于冻结流边界层求解,可以通过将壁面焓用同样温度下的平衡壁面焓来替代,从而引入催化壁面的概念。

通常情况,在空间飞行任务的早期设计阶段,针对可变的角度采用这些方法进行了参数化研究。一般而言,目前除了高度非平衡流下的辐射精度不能精确预测外,其他结果的预测精度都是可以接受的。这套程序允许快速比较不同热化学机理下的敏感性,同时也允许对获更复杂的计算问题进行快速建模。阶段2的计算结果可以用来校准阶段1中得到的工程经验公式。因此阶段2需要的计算程序有:

(1) 快速无粘激波求解;

(2) 松耦合化学反应求解;

(3) 边界层求解程序;

(4) 无耦合或松耦合板层辐射求解;

(5) 烧蚀材料的烧蚀求解方法。

一旦采用阶段2的计算程序来组合和测试热化学数据,计算结果能够尽可能真实地得到验证,再次采用更加完善的分析方法来完成对前期验证结果以外区域的简单结果进行查证(此处查证指的是对物理和化学采用的正确数值方

---

① 根据 Damkohler 数(Da),大部分常用的热化学反应机理被分类。

法,而验证指的是数值计算模型与真实条件下数据的对比)。对于连续流机理,查证是通过采用一个全尺度或细长边界热化学非平衡 N–S 方程求解方法来完成的。由于缺乏其他适当的方法,N–S 方程求解器被很好地用在过渡过程的模拟。

直接模拟的 Monte Carlo 方法应该被应用于证实连续流条件和自由分子流条件之间的桥函数。

因此,阶段 3 的计算程序为:

(1) 对层流、转捩和湍流条件下的热化学非平衡 N–S 方程的模拟;

(2) 采用适当的化学和辐射模型进行直接数值模拟 Monte Carlo;

(3) 全尺度二维非平衡辐射程序。

阶段 3 的计算程序因为花费较大只能被保守地应用于早期的计算阶段,但在后续的设计阶段为了确保设计的可用性,必须采用阶段 3 的计算来进行模拟,同时要将这些计算程序与实验数据进行对比验证,确保计算结果的正确性。

进一步来说,这些计算程序通常是研究再入现象的唯一方法,在这些环境中没有飞行数据可用,地面试验仿真也是不切实际的。

总之,对于飞行器设计研究来说,这三个阶段的设计方式是对时间和花费的有效结合。然而,阶段 1 的计算程序是比较容易的,但是需要仔细校准。

阶段 2 的计算程序在过去一段时间已经被广泛采用,而且仍具有很有用的价值。

阶段 3 的计算程序能够模拟很多状态,但是需要一定的专业级别和花费更多的时间。

3.12.1 流动物理

在三个阶段设计方法的框架中,流体力学在评估再入飞行器预期气动热环境中扮演着基础的角色。

当然,流体力学依赖于考虑大气环境,这是由于太阳系内各天体大气之间存在很大不同。

我们已经对地球的大气组成比较熟知。

火星的大气压力相对较低,其主要成分是二氧化碳,虽然其成分随季节的变化而改变,但仍能被清楚地定义。二氧化碳是三原子气体,充分表现出与空气的辐射特性有着本质不同。而且,火星的大气属于沙尘类环境,这对飞行器的气动热环境影响很大。主要行星的大气环境基本上是由氦原子和氢原子组成,它们均不是强辐射源。

仅仅考虑地球再入飞行任务,可以定义可变的飞行环境。本质上,图 3.85 给出了几个再入飞行器所经历的典型飞行阶段[8]。

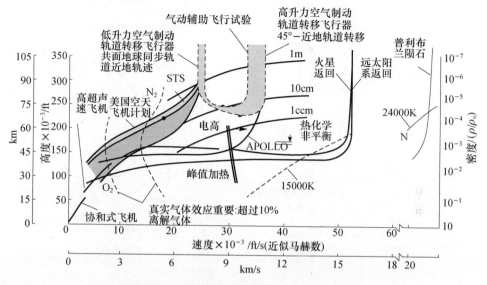

图 3.85　飞行器在大气环境中的飞行阶段对比

例如,直接再入的 Apollo 飞船轨迹会快速通过高海拔阶段,在此阶段内电离影响非常重要。航天飞机会很大程度上减速,因此在较低大气高度(约 45km 高度)内的气动加热是处于平衡状态,在此高度内,流动是连续的且弓形激波层具有热辐射性。

可重复使用的空气辅助的空间运输飞行器(ASTV),经历一段气动机动,在较高大气层内具有独有的轨道,在此高度气体密度较低,而且处于非平衡过程,同时包括辐射特性,这些均是比较重要的。

另外,从火星或太阳系内较远的地方返回的飞行器在低轨道(50～65km)具有一段很有意义的弹道飞行过程,在此过程中,处于平衡状态下的激波层气体是高度电离的。由于飞行器的动能较高,减速过程中动能逐渐转化成热能,在此飞行阶段会发生峰值加热(即超轨道再入)。

图 3.86 给出了 ASTV 登月飞行任务与火星再入飞行任务之间激波层内物理特性差别的示意图[7]。

此处,ASTV 月球飞行任务在高度 80km 处,其再入速度约为 10km/s。

气体经过弓形激波后被加热,在此高度,由于密度足够低以至于激波层本质上处于热化学非平衡状态,边界层内流动为层流。电离等级较小(<1%),从被激波加热的气层内发出的辐射为非平衡的,并向表面传递一部分热流,该部分热

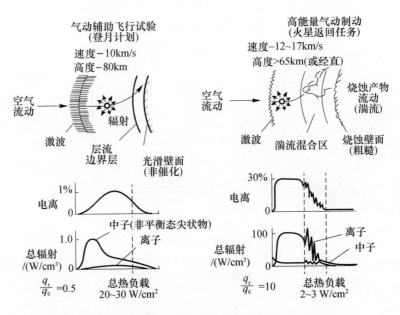

图 3.86 低能量与高能量再入激波层内流动的物理特性对比

流比得上对流热载。

另外,从火星返回的返回舱在大约 65km 的高空达到大于 12km/s 的速度。此时,弓形激波后的气体将基本处于平衡状态,而且返回舱外壳也将发生辐射。进而,当以更高速度再入时,飞行器将具有更高的动能,将有实质上的电离(高达 30%)发生。辐射加热很高,且在整个加热过程中起主导作用。然而,烧蚀热防护外壳需能承受较高的辐射热载荷,反过来,辐射热载荷将影响烧蚀材料周围环境使其产生高度湍流化的流动。烧蚀产物将影响返回舱表面和尾端周围的气体组分。

表 3.3 定性上给出了登月与火星登陆任务中太空舱的部分气动减速参数和重要的流动物理特性[7],包括最近考虑的 ASTV 飞行试验、AFE(气动辅助飞行试验)、直接登月返航、无人火星登陆与返航、载人火星登陆与返航等。

给出的气动制动参数和流动特性参数包括:再入速度;最大减速的高度与相应的峰值热流;驻点压力;对流和辐射峰值热流;热防护系统;激波层电离程度;非平衡状态下的激波层厚度所占比和边界层特性。同时也定义了重要的物理问题,如辐射/烧蚀相互作用、壁面催化和边界层转捩等。从表 3.3 中可以看出,与太空舱气动热相关联的物理现象很明显,只有通过已知任务基础来考虑任务中的问题才能减少分析要求和通过改进 CFD 工具进行的优化设计。

表 3.3 空间探测飞行任务的气动制动参数

任务	AFE	月球返回	可重复使用火星返回	火星返回能	无人火星再入	有人火星再入
入轨速度/(km/s)	10	11	13	14	6 – 8	7 – 9
减速高度/km	75	75	66	65	40	40
驻点压力/atm	0.03	0.05	0.20	0.30	0.1 – 0.15	0.1 – 0.2
峰值热流(对流/辐射)/(w/cm^2)	40/7	50/30	150/500	500/900	100/10	100/10($L/D=1$) 30/50($L/D=0.3$)
热防护系统	反射	反射/烧蚀	烧蚀	烧蚀	反射/烧蚀	反射/烧蚀
电离程度/%	0.5 ~ 1	5 ~ 10	15	25	0 ~ 1	0 ~ 2
非平衡脱体/%	0.4	0.2	0.2	0.1	LARGE	LARGE
边界层特性	层流	层流	湍流	层流/湍流	湍流	湍流
重要的物理特性						
辐射/烧蚀相互作用	无	小	大	大	小	小
壁面催化	是	是	否	否	是	是
边界层转捩	否	否	是	是	是	是

正如早期所讨论的,真实气体的特征通过气体内在的自由程度和组分来确定,空气是由氮和氧组成。分子的内能状态、旋转、振动和电离等特性是活跃的,极限状态下,分子间的组合被打破,气体分子分离成原子,甚至可能是离子成分。

能量传递引起的分子激发、分离和重组的过程是由粒子相互碰撞速率控制的一个过程。

二组分(二体)的碰撞足以引起分子内能的激发、分离和电离,而三组分碰撞需要将粒子重新组合成分子成分。

真实气体的每一个最终状态(平衡、冻结、反应)都能被应用于压缩和加热状态下的气体,如气体流经由钝头体产生的强激波;或者应用于经历膨胀和冷却的气体,例如气体流经驻点区域后的后续膨胀过程或膨胀进入指定区域。对于第一种情况,气体将发生热催化、分离和电离情况;对于第二种情况,原子成份将发生重组,内能将释放到更低的能量等级。真实气体存在于以上任意一种/所有状态中。这包含了将真实气体看作理想气体或化学冻结气体的可能性。

注释框:钝头体太空舱的真实气体流动物理现象

对于太空舱再入飞行器来说,真实气体流动特性影响前体、背风面和经过飞行器的基本流场。例如, 真实气体热化学非平衡过程对于确定气动加热是非常重要的:加热过程包括对流(包括壁面催化影响)和辐射加热。在此框架

中,研究高超声速流动流经大气再入飞行器的近平面钝头体或空间运输飞行器。

从定性方面讨论高超声速流经过平钝头体的流动状态,在 CFD 分析过程中必须特别注意考虑对精确物理特性的影响。这也将表明在流场的每个区域采用何种数值模型是合适的。

1) 前体流场

图 3.87 简要给出了钝头体的前体流场,流场主要由强弓形激波和随后的气动加热和化学反应来主导[7]。

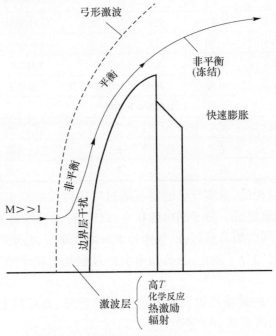

图 3.87　高超声速钝平面前体流场示意图

在高海拔高超声速飞行条件下,气体的热激发与化学反应的发生速率非常慢以至于流场大部分处于热化学非平衡状态。

第二个比较重要的影响是在前体表面周围存在一层厚厚的边界层。

在此区域内,由于气体与飞行器壁面的相互作用,存在大量的热和化学组分梯度。而且在高海拔条件下,激波和边界层可能变得很厚以至于激波和边界层相融合①。在此情况下,整个激波边界层由黏性影响主导。

---

①　在高超声速条件下,边界层的厚度依赖于马赫数和雷诺数,$\delta / x \approx (M_\infty^2 / \sqrt{Re_\infty})$。在较高高度,雷诺数相对较小,而马赫数相对较大。

对于给定密度和内能,如果气体处于热力学状态下,且在此状态下内能分子不再受单一温度影响的话,气体处于热非平衡状态[①],而如果气体的化学特性不能满足化学平衡条件,则气体处于化学非平衡状态。

热非平衡影响特定化学反应的反应速率,激波后的平动温度增加,但是振动温度和电离温度降低。这说明,由于电离反应依赖于平动温度,因此电离初始反应被增强。反之,由于分裂反应依赖于振动温度,因此分裂反应被减弱。

高热能和电离过激的组合引起辐射的增强,即非平衡过程也能影响热传递的分布。此现象被称之为非平衡辐射增强,该现象促使向防热层表面的辐射热流维持在接近常值附近。普遍认为这是由激波后的高温区域导致的,该区域同时包含了大量因热化学反应过程产生的激发态原子和分子。这种非平衡增强现象被碰撞受限和碰撞销蚀两种现象所抵消。

正如上面说明的那样,前体流场的一部分处于热化学非平衡状态。通过研究进入激波层内空气的控制体的轨迹可以发现此种情况(图 3.87 中的流线)。由于控制体内的空气通过激波后被强烈加热,平动温度急剧升高。控制体的平动模式通过分子间的相互碰撞将其能量传递给其他分子。同样发生诸如分解和电离的气体种类间的化学反应。这些进程需要通过一系列的分子间的相互碰撞达到平衡状态。因而,由于气体通过激波层来对流相互作用,其能量交换和化学反应在有限反应速率下发生,直到在流线上的某个位置达到平衡状态。因此,在弓形激波附近存在大量的热化学非平衡区域,沿着流线方向,在距离驻点区域较远距离处达到平衡状态(图 3.87)。

达到平衡的速率依赖于自由流的密度和速度或高度和马赫数。

对于特定条件下,定量决定化学非平衡程度的参数是 Damkohler 数,即流动时间尺度与化学反应时间尺度之比,一个可以表征能量模式松弛度的相似参数。

在前体区域的第二个重要因素是边界层内出于热激发和热反应的气体与壁面间的相互作用。本质上,防热层壁面能够与流场发生化学反应,这是由于催化影响促进壁面上的反应组分重新组合。

最终,在高海拔下,常用的热完全气体条件和壁面无滑移条件被打破。因而,对于一些情况,也必须考虑温度和速度滑移的影响。

[①] 本质上,在精确物理模型流动中,由于流体种类可能转变、旋转、振动和电离,内能分子由三个温度决定(T,T_v 和 T_e)。T 属于平动温度,T_v 属于振动温度,T_e 属于电离温度。然而,二温度模型(T,T_v)是比较广泛被采用的。T 和 T_v 对于化学动力学的影响是通过公式 $\bar{T} = \sqrt{TT_v}$ 表现的,称为 Arrhenius 反应速率温度。

2）后体流场

图 3.88 给出了后体的流场，主要由两种现象主导：在飞行器肩部周围被高度压缩的气体快速膨胀现象和靠近飞行器拐角处气体分离流的出现[7]。对于这两种现象的模拟需要特定的模型方法和工具。

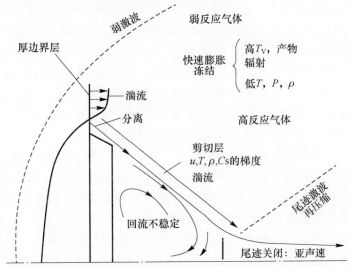

图 3.88　高超声速扁平体靠近尾部流场的简图

气流膨胀主要由无粘效应来主导，气流膨胀使得气流的平动温度、密度和压力快速降低。然而，气体的化学状态以及决定了分子内部状态和能量的温度趋于保持常数或冻结状态。

这将导致流动中部分区域内气体的振动温度和电离温度远高于平动温度，同时气体比平衡条件下更容易分裂、更活跃。随着气流往下游流动，气体重组缓慢发生，振动温度持续升高，分子重组产生的化学能一部用于气体更高的振动模式。这将引起机身后体区域内气体发生明显的辐射。

在无粘流中，另一个重要的效应是，穿越机身尾部后膨胀区内存在组分梯度。这是由于部分气体穿过较弱的斜激波发生轻微的化学反应，而另一部分气体穿越前体强激波后发生了剧烈的化学反应。因此，靠近尾迹中心的气体相比于边缘区域更加充分裂解，因此，比热比 γ 在尾迹处因位置不同而不同。

与机身尾流结构相关的第二次无粘效应是出现尾迹激波，随着来流在飞行器肩部膨胀后，部分流体直接向机身中心线方向移动。然而，这种超声速流必然改变方向，形成反射激波和斜激波。在这个区域的气体被压缩，由于冻结的原因，振动温度和电离温度保持较高，气体可能发生比较明显的辐射。

无论流动状态是层流还是湍流,扁平钝头体背风面分离区的位置受机身肩部边界层状态、雷诺数、比热比和机身结构的影响。

对于多种比较关心的情况,尤其是在高海拔情况下,气流可以在飞行器后体大部分区域内保持附体。分离的位置影响回流区的尺度、回流区气流与外部快速膨胀的超声速气流之间剪切层的强度。回流区将机身后体边界层内由于膨胀预冷的气体带入主流区域内,但是其状态保持高度分离状态。回流区的状态不稳定,其大小尺度依赖于剪切层如何作用以及机身运动和分离区内气体状态之间的相互反馈。

自由剪切层的建模必须解决速度、温度、密度和组分浓度的大梯度问题,此时的流动状态可能为湍流或非定常流动。因为这些现象的影响作用和此流场结构的不确定性,所以用数值方法解决此问题特别困难。因而,热化学非平衡流、在气动热量化上和化学状态上的大梯度问题以及存在大的分离区的问题拓宽了现有的计算流体力学的计算能力。

因此,为了处理所有可能的任务情况,必须大力发展 CFD 工具来满足对从自由程分子到转捩流再到连续流范围内流体机理进行的模拟。包括转捩流和具有大块壁面湍流度的流动在内的湍流可能会出现非定常流动现象。真实气体效应将始终影响热、化学平衡和非平衡的过程以及电离过程。气动加热包括对流换热过程和辐射传热过程,材料反应包括催化、气体/壁面作用、烧蚀和蒸发,诸如激波/激波、激波/壁面、涡和剪切层相互作用等复杂流动也将发生。

关于实验方面,值得注意的是,在真实气体流动中,模型尺度是主要参数。在一个单几何相似测试点上,产生真实气体测试条件的范围是有可能的。流动状态能够从冻结流到平衡流之间变化。

在化学冻结流的限制下,几乎没有头部区域的真实气体实验数据,那么气流将保持冻结状态,如果流动在驻点处为冻结流,它也将会在沿着顿头膨胀过程中以及在处于平衡状态的后体区域保持冻结流状态。对于这种流动的头部的流场信息将与理想气体的风洞实验结果相一致,而且在对气动热和热传递特性了解的基础上能够对结果进行比较真实的预测。

然而,后体的数据某种程度上更加需要注意,尤其是描述流动通过二次表面的数据,此表面可能引起进一步的化学反应。

同样地,对于化学平衡流来说,不需要真实气体的实验。在这种情况下,将理想气体的结果外推到真实气体的结果是直接易懂的,包括反应气体的热力学特性和传输特性。

在反应流区域内,介于两种极限之间的情况是最不确定和最需要测量数据的。验证 CFD 对高焓流的模拟以及发展与校验流动现象模型所需要的设备,必须能在所关心的构型周围产生反应气体流,而且必须有效诊断流场特征和流场反应。

虽然地面试验设备在模拟全尺度飞行条件时有严重的局限性,但是地面试验具有能够测试研究中更加关心的方面,这对于全尺度飞行试验的成功是至关重要的。基于量子理论和统计学理论的真实气体效应理论分析,需要试验校验来确保能够正确地分析所有重要的现象。

地面试验设备具有观测方面的优势,例如光学流动成像技术,这在实际飞行中是不切实际的。为此推动了地面试验设备的发展,从 20 世纪 60 年代开始,建造并投入使用了众多地面试验设备,包括激波管、激波管风洞(激波风洞)和热射流风洞、弹道射程和拱形射流风洞等。在风洞中开展的试验已经有效地验证了理论分析工作所取得的部分初步结果。但是,分析和地面测试所取得的成果都不如那些在低速飞行阶段获得的技术成果成熟。

3.13　气动加热区域和飞行器设计

目前为止,我们对大气环境和激波层内的物理和化学现象有了一定的了解,在飞行器再入过程中,已经可以区分飞行器通常面临的不同气动热力学流态,包括流动流态和热化学流流态。在前一种情况中,考虑低密度流对飞行器周围流场的影响,而在后一种情况中,在高焓流条件下主要考虑热化学效应对流动发展的影响。

从飞行器设计的角度来考虑,为了发展和应用 CFD 来预测飞行器的气动热,需要具备一些流体环境方面的知识。这需要对守恒方程的形式进行适当的改变和选择来求解,而且需要选择合适的模型和气体性质来捕获临界流动的环境特性。

所以,下面对这些区域进行了简要的物理描述,这些情况均是再入飞行器所要碰到的,根据相关无量纲特征数来对边界进行定义。

3.13.1　流动区域

低密度流的影响分类如下。

1)自由分子流区域

在极高的海拔下,空气非常稀薄,流动需要用运动理论来描述。通常称此区域为自由分子区域,随着飞行器的降低,其进入近自由分子流机制。此处,经过与壁面反射的分子进行仅有的几次碰撞后,分子即可到达机身表面;在自由分子流区域,因为分子间的间距非常大①,所以可以假设分子没有与壁面反射回的分子发生碰撞即到达物体表面。随着飞行器进一步下降,将经历一段从近自由分子流区域到连续流区域的过渡区域,在两种区域之间采用桥接的方法可以获得工程估算的结果。

2）合并层区域

随着飞行器进一步下降,流动开始展现出连续流的特性,但仍受稀薄气体的影响。在合并层区域,能够清晰地区分自由来流和激波层的边界,但是在激波层内,激波与边界层是不易区分的。对于连续流来说,假设的无滑移壁面条件不适用于这些高海拔条件。特别地,在低密度条件下,表面处的流体速度值是有限的,而且在表面处的气体温度不同于真实表面的温度,不能将激波描述为不连续的,激波层需要完全做黏性流来处理,传统边界层分析将不再适用。

3）滑移流区域

随着密度的增加(即高度降低),激波逐渐变薄到一个点,在此处也能将其做非连续流场来处理。随着密度的进一步增加,激波将不再与边界层合并在一起。边界层保持很厚,因此导致更强的黏性作用。随着高度降低,壁面处温度和速度的非连续性降低。最后,这些影响完全消失,能够进一步采用无滑移壁面假设条件。

4）连续流区域

连续流区域的假设需要满足:分子的平均自由程远小于流场的最小特征长度(即边界层厚度),以便分子发生充分的碰撞来在此区域内建立连续条件。黏性效应限定了边界层范围,在此情况中,密度很高,在扁平钝头体周围的流动能够采用多种假设。由于气流经过激波后其熵值增加,在头部附近熵值的梯度较强,同时激波曲率最大。在熵层内,边界层厚度增加并受熵值的影响,因为边界层本身也是一个强涡流区域。

在连续流区域末端,马赫数较高且高度也较高,边界层内的黏性分离引起边界层内的温度升高,反过来导致边界层加厚。这种现象能够对边界层外的无粘流场产生很大的位置影响。在无粘流中发生的改变也会影响边界层的增长。由于在近似垂直于弓形激波的部分区域内,流动处于亚声速状态,驻点区域外的流场被加速到超声速,这里的黏性相互作用达到最强状态。

由于边界层内的黏性耗散和激波的作用,使得激波层温度较高,这也意味着

---

① 在飞行器表面,气体与物面的相互作用是非常重要,因为它们影响飞行器的气动力和气动加热。在过渡区域内,气动力和气动加热系数将发生很大的改变。

气流对于表面将有高的热传导率。

一般情况下,对流换热起主导作用,但是如果温度足够高的话,由气体本身产生的热辐射和辐射加热也是比较重要的。

随着高度的降低,黏性耗散的影响逐渐降低,边界层变薄。在高雷诺数/低马赫数条件下,边界层非常薄,本质上激波层为无粘流动,黏性的相互作用较弱。

3.13.1.1 流场边界定义

根据克努森数,可以将多种流场区域进行分类:

$$Kn = \frac{\lambda}{d} \propto \frac{M_\infty}{Re_d} \tag{3.98}$$

式中,λ 为分子平均自由程;d 为特征长度(例如机身长度或直径)。将克努森数应用于低雷诺数流动中($Re_d < 10^2$)。

当特征长度 d 选取边界层厚度 δ 时,有

$$Kn = \frac{\lambda}{d} \propto \frac{M_\infty}{\sqrt{Re_d}} \tag{3.99}$$

在此表达式中,克努森数被应用于更高雷诺数的流动中($Re_d > 10^2$)。

注释框:基于雷诺数和马赫数的克努森数

根据马赫数和雷诺数,可以表达出克努森数(Kn)。实质上,对于简化刚性球体周围的气体来说,平衡流的分子平均自由程可以表达为:

$$\lambda = \frac{1}{\sqrt{2}\pi d^2 n} = \frac{16}{5}\sqrt{\frac{m}{2\pi kT}}\frac{\mu}{\rho} \tag{3.100}$$

由于最可能的分子热力学速度 C'_m 可表达为:

$$C'_m = \sqrt{\frac{2kT}{m}} \tag{3.101}$$

其与声速的关系可表示为:

$$C'_m = a\sqrt{\frac{2}{\gamma}} \tag{3.102}$$

式(3.95)可以写成:

$$\lambda = \frac{16}{5}\sqrt{\frac{\gamma}{2\pi}}\frac{\mu}{\rho a} \tag{3.103}$$

克努森数(Kn)可以表达为:

$$Kn = 1.276\sqrt{\gamma}\frac{M_\infty}{Re_\infty} \tag{3.104}$$

如果采用边界层厚度 δ 作为特征长度时,由于 $\dfrac{\delta}{L} \approx \dfrac{1}{\sqrt{Re_\infty}}$,所以 $Kn \approx \dfrac{M_\infty}{\sqrt{Re_\infty}}$。

采用这些定义式,虽然某种程度上比较随意①,但各种区域的边界能被指定为以下形式:

自由分子		$\dfrac{M_\infty}{Re_d} > 10$
过渡区	近自由分子	$1 < \dfrac{M_\infty}{Re_d} < 10$
	合并层	$\dfrac{M_\infty}{Re_d} < 1$ 至 $\dfrac{M_\infty}{Re_d} > 10^{-1}$
滑移流		$10^{-2} < \dfrac{M_\infty}{Re_d} < 10^{-1}$
连续流		$\dfrac{M_\infty}{Re_d} < 10^{-2}$

图 3.89 给出了 Rosetta 号地球再入轨道的"速度 – 高度"图的边界区间图[7]。此处,克努森数考虑边界层厚度。根据再入飞行器的克努森值定义了不同流场的传统区域,而且可以发现,再入过程发生在克努森数介于 10^{-1} 和 10^{-2} 之间(即滑移流区域,忽略前体热防护外壳处涡的相互作用影响,而涡仅仅在膨胀转角处比较重要)。此处仍可采用连续流的相关技术,考虑边界层厚度的影响,同时也考虑了壁面条件的影响。然而,实际中如果采用无滑移假设,壁面热传导率会被高估,将滑移条件作为另一个经验系数因子。

很大程度上,入轨飞行器的流场特性受其几何特性影响明显,以基准半径对对角半径为例,需要谨慎地对待各个区域的定义,因为在特殊区域内连续流场区域可能出现稀薄流影响的现象,例如,转角处或飞行器前缘处。因此,区域划分是比较广泛的界定。

此外,前体流动到尾部的膨胀一致拓展到较低高度,稀薄流作用的条件对于建立近似唤醒关闭机制和机身后体或负载所经历的加热等级非常重要。对于气动辅助的空间运输飞行器(ASTV)更是如此,其唤醒关闭的决定对于气动减速是一个重要的方面,那是因为低升阻比气动外壳设计在负载构型/太空船的设计上强加了一定的约束。问题是负载应该适合如此方式下的再次启动以避免剪切

---

① Kn 的值能够很好地近似预测连续流与过渡流之间的边界。

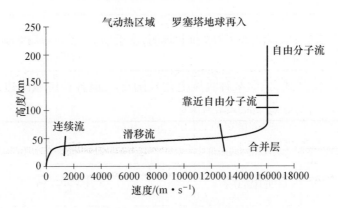

图 3.89　Rosetta 气动流动区间

边界层对最小加热的冲击。

从计算的角度出发,对于数值仿真来说,低密度流呈现出特有的困难,因为用来描述连续流的模型等式不足于完全表达稀薄流的状态。实际上,在这种情况下,必须要考虑气体的分子结构。所以,对于此种流动的数学模型是 Boltz-mann 等式,此等式对于真实流动的计算方法来说具有很大的困难。因此,当把能够容易应用于连续流与自由分子流的数学模型应用于过渡流时,将面临很大的限制。庆幸的是,在过去 35 年间,直接数值模拟发展非常迅速,而且能够容易地模拟稀薄流体的流场。这些方法基本上已经涉及到直接模拟的蒙特卡洛方法(DSMC)[①]。这种方法在对于气体离散结构模拟的方面具有一定的优势,同时相对于采用模型公式的模拟来说提供了一种直接物理模拟方法。通过发展相关物理流场现象的模型来完成对多种流动现象进行模拟,如平动现象、热场、化学场和辐射平衡的影响等。

图 3.90 给出了在微观和宏观方面 Kn 对于不同数学模型的限制[8,7]。

如图中所示,在 N - S 方程表达式中对于宏观或连续流描述方面的限制是由如下原因引起的,主要是守恒方程不能形成一项决定性设置,除非剪切应力和热流能够根据低阶的宏观数量级来描述。在 N - S 方程中,当宏观变量的梯度变得更大以至于它们的长度尺度和分子的平均自由程处于同一量级时,输运项的描述失效。

举个例子,图 3.91 给出了航天飞机在 93km 高度,激波层内输运项和沿着

---

① 直接模拟的蒙特卡洛方法对于真实气体的计算模型来说是一门技术,采用对上亿个分子进行模拟的方法。当流动丧失其连续性特性时,其表现出随自由分子流线的一级近似。在数值模拟的物理空间中,这些分子的速度组分和位置坐标是同时随着具有代表性的碰撞和边界的相互作用而改变的。在工程层面,对于模拟稀薄流的模拟,采用的是多变量的 Bird 提出的直接模拟蒙特卡洛法。

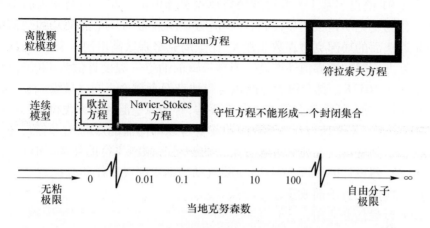

图 3.90　克努森数在数学模型方面的界定

驻点流线方向靠近壁面处条件的重要性[7]。当航天飞机的有效头部半径为 1.296m 时,其全局克努森数为 0.028。

图 3.91 对比了由黏性激波层方法(VSL)和由 DSMC 方法计算的密度曲线结果。对于此算例,用来描述整个流场的连续性假设是不充分的。

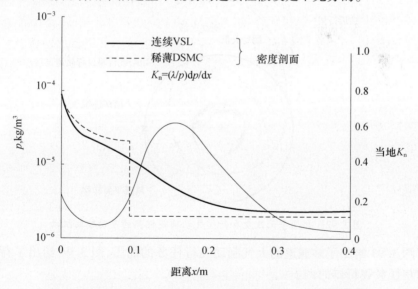

图 3.91　航天飞机在 93km 高度,沿着驻点流线方向的密度分布

激波厚度大于激波脱体距离,激波结构与热边界层合并到一起。同时,采用连续方法得到的表面压力分布和热传递率与由 DSMC 方法得到的结果吻合较好。

图 3.91 给出了基于密度尺度的当地克努森数的变化。在激波内的当地克努森参数的变化不是很明显,因为连续流方法不能被应用于强激波的结构中求解。靠近壁面的局部克努森数非常大,比全局克努森数高出约一个量级,比验证连续输运方程时的边界值还要高。当靠近壁面的空气温度近似为 1400K 时,壁面温度约为 1043K。部分温度跳跃也与当地克努森数处于同一量级。

在应用方面,稀薄流分析是极其重要的,对于太空舱和航天飞机类气动助力的飞行器来说,其气动力和气动热设计需要考虑稀薄流的影响①。当然,几乎任何包括轨道高度改变或在靠近具有大气的行星时倾斜飞行的任务,均可作为气动辅助飞行器设计的候选方案②。主要气动辅助空间飞行任务有:

(1) 协同飞行平面改变;

(2) 行星任务应用;

(3) 轨道运输飞行器应用。

图 3.92、图 3.93 和图 3.94 给出了几个可能的行星任务和轨道转移飞行器机动方案[7]。事实上,图 3.92 包括高轨道飞行器(HEO)和低轨道飞行器(LEO)之间的轨道转移飞行器的机动和登月返回任务[7]。

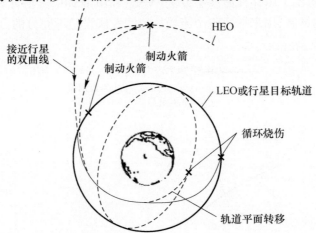

图 3.92 协同平面改变和行星气动捕获任务的气动辅助机动

图 3.93 给出了多通道的大气制动飞行任务的简图,图 3.94 给出了行星气动捕获任务飞行器的例子。

---

① 在运输轨道近地点条件下,主要的设计问题是非平衡加热方面和唤醒关闭的自然特性问题。当然,在如此高的高度采用气动刹车以至于稀薄流的条件能够被遇到。

② 气动辅助飞行器能够通过利用行星的大气环境来完成机动,进而节约能量。

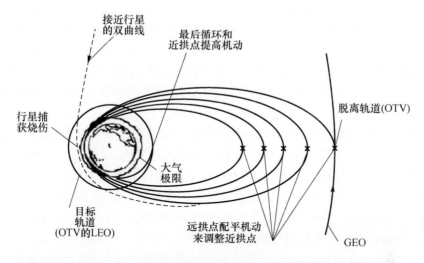

图 3.93　对于行星大气制动和轨道运输飞行任务的多通道气动辅助机动

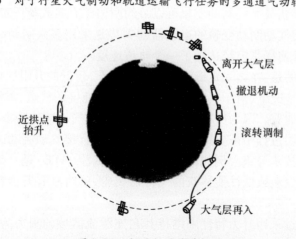

图 3.94　行星气动捕获机动

注释框：由气动捕获提供的转移

　　通常，轨道转移技术采用化学推进来实现航天器进入高椭圆轨道，然后采用在远地点点火使近地点进入大气层。当然，在到达目的行星时，航天器可能需要机动进入一条轨道并进行科学性测量、勘测或收集信息等。目前为止，在所有任务中，在近地点采用减速火箭来使得航天器减速到轨道速度，化学推进系统已经在该类任务中被成功使用。采用化学推进方式可以再次使小型轨道运输飞行器进行机动。然而，对于低能量的轨道，如图 3.93 所示的大气制动代表了一种很好的替代解决措施，这是由于携带推进系统尤其是燃料进入太空是一件成本很高的事[7]。例如,在 20 世纪 90 年代,太空船 Magellan 号采用金星的大气环境来将轨道校正成圆形,就是因为其自身携带的燃料有限。该过程的实现是在其绕进行旋转 840 圈,每圈损失 1.5m/s 的情况下实现的。Magellan 号不是针对此目标进行设计的,但展示了这种机动方式能够有效地节约燃料。

同时,火星全球测量航天器也是首先进入火星的椭圆捕获轨道,然后利用多次气动减速来实现一个近圆极地测量轨道,每次气动减速周期为 2h。

进一步,在每次经过大气时较低的减速量使得如此机动情况下的导航与控制相对直接些,因为,在大气减速过程中的误差可以在接下来的周期中得到纠正。此种机动方式仅仅需要飞行器的阻力(即弹道飞行器),因为轨道是确定的,也可以避免任何情况下的深层进入。

对于一个高余量推进系统和较短的操作时间以及一种双曲轨道到达形式,单次气动捕获或大气制动变轨可以节约两倍于有效载荷质量的推进剂。

然而,采用气动制动变轨的运载器的劣势是采用多次制动时需要花费很长的时间,而且前提是已经达到了一个轨道速度。

需要注意的是,在再入走廊足够宽的情况下,较低的升阻比也能实现气动捕获。而一般情况下,对于具有大的超轨道接近速度的轨道,需要较大的升阻比来实现气动捕获。因为所有额外的能量在一次气动减速中要全被消耗,所以在通过大气层过程中需要精确的控制,同时与直接气动制动或轨道降低相比需要更高的技术等级。例如,气动辅助飞行试验(AFE)是一类用来探测单次通过大气的变轨或低性能捕获的飞行器实验,同时具有升力特性来控制能量损失。

飞行器通过采用升力特性来维持其在连续流区域的阻力为常数,直到达到所期望的速度。然后,飞行器在大气层之上拉起,在最远点燃烧较小部分的化学推进剂来抬升大气层之上的近地点。飞行器可以保持在大气层内,并减速到降落速度。

Apollo 登月器是通过气动捕获从 11km/s 的速度进行减速着陆,通过约为 0.3 的升阻比和 12g 的过载进行减速来实现该过程。

目前已经开展了对于高速彗星或星际返回舱的气动捕获的研究,其速度高达 17km/s,其升阻比也约为 0.3。

升力的调节可以通过俯仰控制或通过滚转具有固定升阻比的飞行器来实现。后一种方式简化了飞行器的设计,但是需要更高的轨道高度来实现改变,因为需要采用翻转来弥补横向力的损失。相对于位置、速度或再入角度等,采用定阻力再入剖面的基本原理是因为机载加速计能够直接测量阻力,然而评估位置需要更加复杂的技术,而且积分会导致误差的累积。而且,大气环境的变化也能被直接地表述清楚。

采用气动捕获入轨道能够应用到所有大气环境中,但是,对于质量大于天王星的行星来说,其性能优势消失,这是因为要求飞行器的 TPS 具有较大的质量。然而,在某种程度上,此劣势是可以克服的。

决定气动捕获气动外型和性能特性的三个因素是容积率、精度和飞行器质量。

精度需求本质上规定了升阻比。在最初进入阶段,飞行器必须具有足够的升阻比来实现控制,以保持阻力为常数;同时避免低于或高于目标轨道,这两种结果都将损失惨重。升阻比定义了再入走廊的宽度,增加升阻比在某种程度上增加了再入走廊的宽度。在升阻比达到最大值 1.5 之前,气动捕获精度随升阻比的增加而增加。

行星气动捕获(见图 3.94)属于气动辅助飞行任务,通过单次深入大气的绕行①,将飞行器的初始双曲线轨迹减速到接近行星的目标轨道[7]。

因此,临界负载值出现在连续流区域。最常用的气动辅助机动方式是在返回舱或探测器采用直接进入大气过程中的气动制动。气动制动飞行任务的例子有:Apollo 再入返回舱、进入木星大气环境的 Galileo 探索号、火星探索任务等。另外,对于单次气动捕获来说,主要的气动载荷和气动加热发生在连续流条件下。因此,当气动辅助机动被用来在较高高度产生想要的阻力消耗,进而避免过分气动加热时,稀薄流效应是极其重要的。对于气动辅助飞行任务来说,减速发生在大气层的更低高度,稀薄气体在返回舱的性能中扮演次要因素,但是对于再入过程中的部分过渡区来说,在开展试验时,稀薄气体的影响将变得很重要。

在稀薄流影响的结构中,对于再入弹道的前期阶段,飞行器气动力性能和气动热性能的评估是很重要的。下面注释框给出例子,讨论轨道飞行器在过渡流区域内的气动力和气动热性能。

注释框:在轨道飞行器在过渡流区域内的气动力和气动热特性

图 3.95 给出了这些飞行器的高度和速度的关系图[7]。给出了由 DSMC 方法计算得到的流场结构细节和表面条件,同时对比了 DSMC 方法所得结果与采用 N-S 与黏性激波层(VSL)方法得到的结果。这里计算了五个不同的

---

① 对于单通道气动捕获,为了耗尽额外的速度,大气的穿透度通常较深。

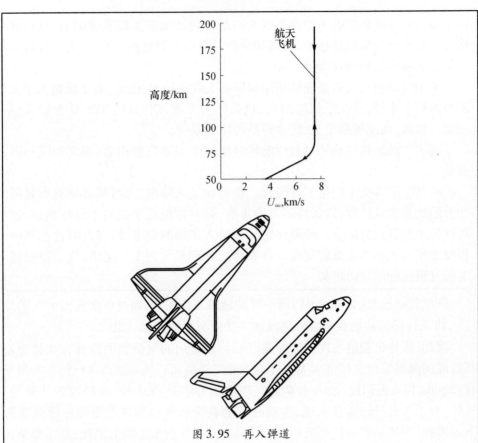

图 3.95　再入弹道

计算高度条件，变化区间为 $170 \sim 100 \mathrm{km}$。

采用可变的硬性球体（VHS）分子间的碰撞模型解释了内部能量的传输和分子碰撞之间的化学反应。气体–物面间的相互作用可以被模拟为随完全的热适应扩散模型[①]。已经采用微重力加速计来测量再入过程中高度为 $60 \sim$

---

① 流动是高超声速流。与那些由飞行器运动直接产生的力相比，由随机的热运动产生的任何压力是小量。尽管如此，随机热运动是重要的，正如气体分子与机身表面之间相互作用的无弹性的特性一样。假设大气分子撞击飞行器是基于 Maxwellian 平衡，即拥有随机的和直接的速度组分，基于此假设可以对结果进行更加精确的处理。假设撞击壁面的部分分子是再次无弹性地发出，具有 Maxwellian 分布特性，壁面温度为 T_{w}。此模型导致壁面压力为 $p = 2p_{\mathrm{i}} - \sigma_{\mathrm{n}}(p_{\mathrm{i}} - p_{\mathrm{w}})$，其中 p_{i} 是由附带分子流量产生的压强，p_{w} 是由壁面再次发射产生的压强，σ_{n} 是基于 Maxwellian 分布假设的法向运动系数，可以计算每个网格的压力得到 p_{i} 和 p_{w}。相似性分析产生剪切力，引入切向调整系数 σ_{t}。

系数 σ_{n} 和 σ_{t} 表示气体分子与物面间的相互作用类型。$\sigma_{\mathrm{n}} = \sigma_{\mathrm{t}} = 0$ 表示镜像反射，正如在牛顿流动中，$\sigma_{\mathrm{n}} = \sigma_{\mathrm{t}} = 1$ 意味着扩散反射。

160km 之间的轴向力和法向力。这两个力之比是特定因子,与动压无关。数值仿真结果与飞行试验结果吻合较好。

图 3.96 给出了气动效率随高度的变化趋势[7]。

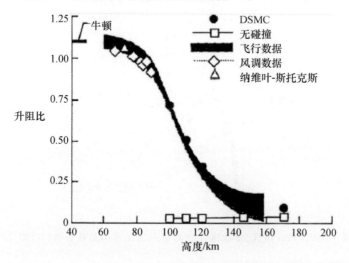

图 3.96　轨道飞行器在过渡流区域内的升阻比特性

当入射角为 α 时,升阻比可以通过轴向力和法向力来计算,即

$$\frac{L}{D} = \frac{(F_N/F_A) - \tan\alpha}{1 + (F_N/F_A)} \tag{3.105}$$

图 3.96 表明飞行数据带与不同大气条件下飞行的航天飞机的一系列数据相吻合。计算数据与飞行数据吻合较好。与高超声速无粘流相对应的改进的牛顿流限制如图所示,升阻比为 1.1,此值与采用 N－S 代码计算得到的升阻比 1.06 非常相近。图 3.96 是采用 DSMC 代码计算获得的结果,针对无分子碰撞模式[7]。

当前已经完成了 92～150km 高度区间内的流场结构分析,其中自由来流的克努森数为 23～0.03。在此算例中,采用"等效轴对称体"概念来模拟航天飞机迎风中心线的流场,其中攻角为给定值,等效于近似轴对称体在 0°攻角下的结果。轴对称体是双曲面构型,头部半径近似为 1.36m,渐近线体的半锥角近似为 42.5°。DSMC 计算了 5 组分反应气体模型,给出了移动的、旋转的、振动的和化学非平衡影响。即使对于最低高度的算例,DSMC 结果表明激波与激波层合并在一起,激波的厚度与激波层处于同一量级。

图 3.97～图 3.99 给出了计算流场结构的细节,给出了 92.3km 高度条件

下,航天飞机驻点流线方向的流场信息,并将 DSMC 结果和由 VSL 分析得到的连续流结果进行对比[7]。例如,图 3.97 给出由 DSMC 方法计算得到的热化学非平衡的范围。

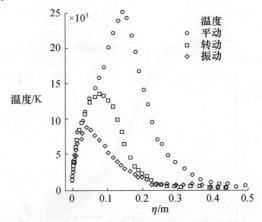

图 3.97　在 92.3km 高度,沿轨道飞行器驻点流线方向热非平衡(DSMC)的范围

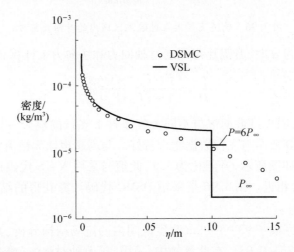

图 3.98　在 92.3km 高度,沿轨道飞行器驻点流线方向的密度分布对比

对于在距离机身 0.4m 远处,温度略微增加。对于 VSL 计算,采用了非连续激波,总的激波层厚度为 0.1m,如图 3.98 所示[7]。

对于 DSMC 求解来说,当测得单独的温度组分时,因为转动温度和振动温度依赖于分子碰撞率,所以它们远远滞后于平动温度(图 3.97)。由于分子碰撞率降低[7],所以平动温度和内部温度之间的差别随着高度的增加而增加。

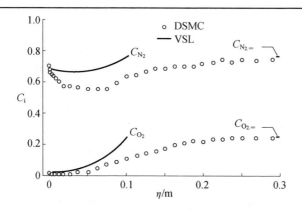

图 3.99 在 92.3km 高度,沿轨道飞行器驻点流线方向氧气与氮气组分的质量分数对比

图 3.99 给出了沿驻点流线方向氧气和氮气的化学组分分布图,结果分别采用 DSMC 和 VSL 方法求得[7]。

由两种方法得到的数据分布外型具有基本相同的走势和形状。然而,对于激波厚度对激波层内化学组分的影响来说,DSMC 方法对其影响更大。在激波层内侧发生了一系列化学反应,在距离激波位置 20% 处,有小部分原子质量产生,正如采用连续流求解方法给出的那样。在 VSL 方法中,通过加入滑移边界条件,在激波层内的计算结果将更好地与 DSMC 结果吻合。

随着高度的增加,在激波层与激波合并的位置处,空气更加稀薄(见图 3.100 和图 3.101)[7]。

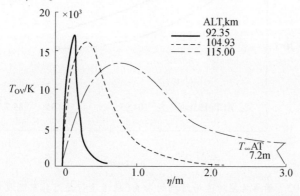

图 3.100 稀薄效应对流场结构的影响(轨道飞行器沿驻点流线方向)

图 3.102 中所给的由 DSMC 方法求得的温度为全局动力学温度,T_{ov} 定义为平动温度和内部温度的加权平均。

随着高度的增加,流场的变化区间继续增加,如图 3.102 所示[7]。

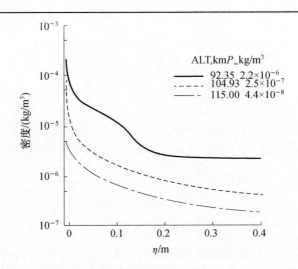

图 3.101　稀薄效应对流场结构的影响(轨道飞行器沿驻点流线方向)

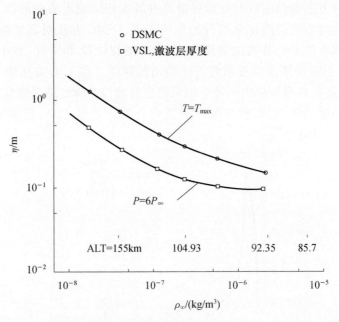

图 3.102　稀薄效应对流场结构的影响(轨道飞行器沿驻点流线方向)

这里给出具有全局温度最大值的驻点位置以及密度是来流密度(理想气体条件)6 倍时的位置随自由来流密度的变化规律。因为碰撞率与密度的平方是成比例的,所以化学反应率随高度的增加而降低。当前的计算结果表明,在 105km 高度以上,几乎没有化学反应发生。

当采用 DSMC 方法时,为了使计算更好地模拟连续流区域,可能需要解决的是多维问题。例如,如果高度从 92km 降低到 75km,采用前面介绍的轴对称计算,自由流的密度将增加一个量级,来流的平均路径则降低一个量级。如果单元尺寸减小,而在垂直于物面方向保持单元厚度不变,数值计算的单元数量将不得不增加一个量级,而时间步降低一个量级。在更高密度条件下,碰撞频率增加。这将导致计算时间增加,因为每一步计算碰撞所需的时间比粒子移动的时间要长。粒子数量增加、时间步降低和碰撞频率增加之间的综合影响将大幅度增加对时间的需求,增加约两个量级,同时存储量将增加一个量级。

对于气动加热,分别采用 DSMC 方法和 VSL 方法对航天飞机在不同再入条件下的气动加热环境进行了计算,图 3.103 给出了其驻点表面热传递系数的对比。图中,DSMC 和 VSL 计算结果吻合较好[7]。

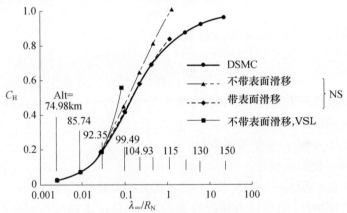

图 3.103　航天飞机在不同飞行条件下计算所得热传递系数的对比

采用两种方法得到的结果也与轨道飞行器测量得到的数据吻合较好。然而,随着高度的增加,采用无滑移壁面条件的 VSL 方法结果在 $\lambda_\infty / R_N > 0.03$ 处开始与 DSMC 结果快速区分。在 92～115km 范围内,将采用 N－S 方程求解得到的连续流结果与 DSMC 计算结果进行对比。给出的 N－S 求解和 VSL 方法得到的结果最低高度为 74.98km。对于稀薄流条件来说,N－S 求解结果与 DSMC 结果吻合的更好。当采用壁面滑移条件来求解 N－S 方程时,计算结果与 DSMC 计算结果的吻合度进一步提升,在给出的飞行条件范围内其相互结果吻合均较好。尽管在 92km 高度三种计算结果在驻点处的热传递结果吻合均较好,然而在流场结构中却有实质的不同,正如前面讨论的那样,随着稀薄效应的增加,流场之间的差别也随之增加。

3.13.2 热化学流动区域

正如前面所强调的,表征热化学机理的参数为 Damkohler 数,即 Da。可以将此数应用于表征分子的内部自由程度(即热非平衡),或应用于流体中的化学反应(即化学非平衡)。

Damkohler 数是分子通过流动区域的特征时间 t_u 与松弛时间 τ 的比值,其中,流动特征时间通常是特征长度 L(例如激波脱体距离)与速度 u 之比:

$$Da = \frac{L}{u\tau} \tag{3.106}$$

对于化学反应,计算 Damkohler 数可得:

$$Da = \frac{Ln_k}{u\omega_k} \tag{3.107}$$

对于热松弛,可将 Damkohler 数表示为:

$$Da = \frac{L}{u\tau_v} \tag{3.108}$$

化学和热机理发生区间可以基本定义为:

$Da = 0 \rightarrow$ 化学冻结流

$10^{-3} < Da < 10^3 \rightarrow$ 化学非平衡流

$Da = \infty \rightarrow$ 化学平衡流

在密度非常低的极高的海拔下,或者在温度很低的低速条件下,与流体动力学的时间尺度相比,化学反应速率很慢($Da \ll d$)。这样便可以使用冻结流假设,求解受限于利用一种适当的状态方程和真实的气动热数据来将多组分流动问题建模成一个连续流问题。

Damkohler 数能被很好地等效应用于热动力松弛过程(振动、旋转),正如应用于化学反应过程一样。例如,反应可能足够快以至于能够被平衡流反应取代①。或者,反应可能足够慢以至于能够被排除在机理之外[7]。

在低海拔下,密度很高,流动很可能表现出快速化学反应的状态,与流体速度相比,其时间尺度是短暂更加短暂($Da \gg l$)。在这个区域内,激波层内的化学平衡流假设更加合适。在中等密度机制下,冻结流或平衡流的假设在激波层内的某些区域预测较为精确,事实上真实条件下流动密度即不能够精确地用冻结流也不能用化学平衡流来表征,而是处于两种机制之间。在此区域真实飞行

---

① 例如,在土卫六大气中,甲烷气体的分裂反应。

时,必须考虑非平衡化学动力学[7]。

图 3.104 给出了化学和热 Damkohler 数随高度的变化趋势,飞行弹道为 Huygens 号再入弹道[7]。

注意到沿着驻点流线方向,在驻点线 1/10 的位置处所采用的公式,发现区域边界和下临界值的 1000 倍吻合较好。

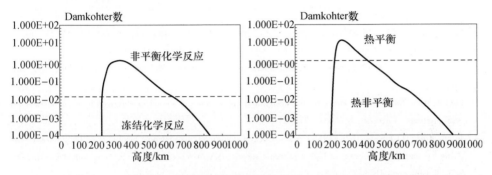

图 3.104　Huygens 号的化学和热 Damkohler 数

图 3.105 给出了土卫六行星再入时的近似化学与热边界,从而评估了化学和热区间特性[7]。

因为甲烷分裂非常快,热机制也是基于双氮原子松弛度。

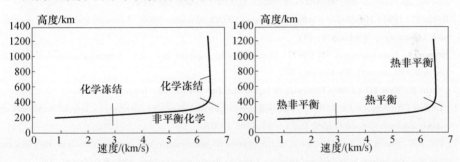

图 3.105　Huygens 号化学和热区间

最终,对于包括双原子分子碰撞在内的非平衡过程,对于非平衡流场可以得到比较有趣和重要的缩放比例。此缩放比例称为"二元缩放参数"。当然,考虑两种不同的流动中,温度 T_∞ 和速度 V_∞ 相同,而密度 ρ_∞ 和特征长度 d 不同。对于两种不同的流动,如果 $\rho_\infty d$ 是相同的话,沿着激波层内距离内的质量分数是一致的。其中,$\rho_\infty d$ 称为二元缩放参数,常被用来匹配风洞条件来模拟真实飞行条件。

参 考 文 献

[1] Hallion RP (1983) The path to the space shuttle: the evolution of lifting reentry technology. AFFTC historical monograph. Air Force Flight Test Center, Edwards Air Force Base, California.

[2] Anderson JD Jr (1989) Hypersonic high temperature gas dynamics. McGraw – HilI Book Company, New York.

[3] Lobbia MA (2004) A framework for the design and optimization of waverider – derived hypersonic transport configurations. University of Tokyo, Tokyo.

[4] Julian Allen H, Eggers AJ Jr (1958) A study of the motion and aerodynamic heating of ballistic missiles entering the earth's atmosphere at high supersonic speeds, NACA report 1381. U. S. Government Printing Office, Washington, DC.

[5] Nonweiler TRF (1959) Aerodynamic problems of manned space vehicles. J R Aeronaut Soc 63:521 – 528.

[6] Bertin JJ, Cummings RM (2003) Fifty years of hypersonics: where we've been, where we're going. Prog Aerosp Sci 39:511 – 536.

[7] Advisory Group for Aerospace Research and Development (North Atlantic Treaty Organization) (1997) Capsule aerothermodynamics, AGARD – R – 808. AGARD, Neuilly sur Seine.

[8] Bertin JJ (1994) Hypersonic aerothermodynamics, AIAA education series. American Institute of Aeronautics and Astronautics, Washington, DC.

[9] Regan FJ, Anandakrishnan SM (1993) Dynamics of atmospheric re – entry. American Institute of Aeronautics and Astronautics, Washington, DC.

[10] Etkin B, Reid LD (1996) Dynamics of flight: stability and control. Wiley, New York.

[11] Chavez FR, Schmidt DK (1994) Analytical aeropropulsive/aeroelastic hypersonic – vehicle model with dynamic analysis. J Guid Control Dyn 17(6):1308 – 1319.

[12] Iliff KW, Shafer MF (1993) Space shuttle hypersonic aerodynamic and aerothermodynamic fight research and the comparison to ground test results. NASA technical memorandum 449, Washington, DC.

[13] Hirschel E, Weiland C (2009) Selected aerothermodynamic design problems of hypersonic flight vehicles. AIAA/Springer, Reston/Berlin/London.

[14] Strohmeyer D, Eggers T, Haupt M (1998) Waverider aerodynamics and preliminary design for two – stage – to – orbit missions. Part 1. J Spacecr Rocket 35(4):450 – 458.

[15] Bowcutt KG, Anderson JD Jr, Capriotti D (1987) Viscous optimized hypersonic waveriders. AlAA 25th Aerospace Sciences Meeting, 12 – 15 January 1987. Reno, Nevada AIAA paper 87 – 0272, Washington, DC.

[16] Zucrow MJ, Hoffman JD (1976) Gas dynamic. Wiley, New York.

[17] Talay TA (1975) Introduction to the aerodynamics of flight, NASA SP – 367. Scientific and Technical Information Office National Aeronautics and Space Administration, Washington, DC.

[18] Lewis MJ, McRonald AD (1992) Design of hypersonic waveriders for aeroassisted interplanetary trajectories. J Spacecr Rocket 29(5):653 – 660.

[19] Heinze W, Bardenhagen A (1998) Waverider aerodynamics and preliminary design for twostage – to – orbit missions. Part 2. J Spacecr Rocket 35(4):459 – 466.

[20] Dornheim MA (2004) A breath of fast air. Aviation Week & Space Technology, April 5.

第四章　阿波罗构型返回舱分析

4.1　前　　言

准确的数值仿真对于再入飞行器的合适设计是必需的,因为,例如真实气体热力学、输运气体性质的变化、有限速率化学反应(即真实气体效应)会影响飞行器的气动热、气动力和它们热防护罩的设计[1-3]。例如,以前由于真实气体效应,导致对美国航天飞机轨道器的体襟翼效率预测不充分。事实上,真实气体热力学、气体传输性能和有限速率化学反应均会对激波和马赫波的位置和形状、发射辐射、飞行器壁面多相化学反应和气动阻力产生显著影响,进而影响飞行器的再入轨道。

因此,流体物理极大地影响了飞行器的再入性能及其热防护罩性能。如果对真实气体效应认识不足,再入航天器的完整性和性能可能会由于错误的设计选择而严重妥协,这是风险所在,例如,热防护系统(TPS)会增加额外的重量。

在此项工作中,将对很有可能成为国际空间站返回飞行器(CRV)和/或LEO 任务支援飞行器的类阿波罗型返回舱进行探索,例如通过美国国家航空航天局(NASA)的载人探测飞行器(CEV)对哈勃太空望远镜维修,以及载人探月任务。

事实上,之所以选择这一外形进行研究,是因为阿波罗飞行器是目前从月球返回的唯一的载人航天器[4]。此外,在 1998 年欧洲航天局(ESA)成功发射的大气层再入演示(ARD)飞行器,也是类阿波罗型返回舱。该 ARD 计划的主要目的是验证现有和未来基于地面的实验和数值气动热力学模型[5]。

这样,CRV 的研制过程利用了大量阿波罗飞船和 ARD 飞行器的试验和飞行数据。

类似于返回式地球卫星,CRV 之所以采用钝体外形也是因为受高再入比能的约束(约 60MJ/kg),不同于有翼升力体外形侧重高横向机动和低重力载荷能力,更低的驻点加热率是飞行器最重要的设计参数。事实上,像航天飞机的外形设计方案是不切实际的,因为这将需要较重的热防护罩,使其具有能够承受非常高的飞行器前缘加热速率,以及控制与弹道式返回相比因长时间升力式返回积累的较高的总热负荷。

在此框架下,沿再入轨迹不同飞行条件下,对绕 CRV 的流场进行详细和广泛的数值模拟,将会是空间飞行器设计的一个重要过程[6,7]。事实上,CFD 数值模拟好处很多,例如,可以为飞行任务提供更精确的气动力和气动热数据库,减少在飞行和等离子体风洞(PWT)中的试验次数,尤其考虑到真实气体效应,难以在地面试验设备中进行[8]。再者,CFD 数值模拟可以用来研究气体比热比的变化对声速线位置偏移的影响以及飞行器热防护罩表面催化对气动加热的影响。实际上,声速线的研究是航天器设计过程的一个关键参数,因为飞行器静态气动不稳定性明显取决于声速线形状和位置的变化[9]。还有,TPS 可以促进飞行器表面强弓形激波后产生的流动离解化学组分的重组[10]。这些化学组分重组反应,通过释放离开热防护罩表面分子组分的生成热来增大飞行器壁面的总热通量。相比非催化壁,热通量可大两倍[11,12]。

在此框架下,计算以弹道式和升力式再入轨迹为特征的 LEO 再入方案来支撑真实飞行条件下的飞行器流场计算,例如,弹道热流峰值下的自由来流条件。

为了实现此项研究工作的目的,采用两个层次的计算仿真。

第一层采用工程估算模式来分析负载环境,第二层采用 CFD 详细分析。

工程分析中,广泛采用修正牛顿流(MN)理论,这是因为它能快速计算并获得可靠结果。事实上,尽管 MN 方法较为简单,但它能提供非常准确的飞行器气动预估,特别是考虑通过密度比(ε)和比热比(γ)之间的关系进行真实气体效应的评估。

数值模拟中,对空气采用了完全气体和化学反应气体模型。事实上,对于 CRV 再入,负载方案被评估;采用一些化学反应机制和化学动力学来进行轴对称和三维热化学非平衡欧拉和纳维—斯托克斯计算。同时也考察了冷壁和辐射冷却壁下的不同壁面边界条件(例如,非催化壁、部分催化壁和完全催化壁),以此来强调热防护罩催化对气动加热的影响。

作为第二个目标,由于中等气动加热环境下的有关烧蚀热防护系统性能的热防护罩研究计划不够成熟,这部分工作主要对类航天器 TPS 瓦片构造的返回舱前体热防护罩能力进行初步评估,此热防护罩是为了承受低地球轨道再入的热环境。

因此,将重点考察一些最新化学模型复杂性、反应动力学、振动松弛以及壁面化学反应机制对飞行器气动力/气动热和 CRV 上一些流场特征的影响。

目前工作已证实在飞行器下降过程中,由于飞行器表面的多相催化现象,气体发生离解,将产生更多的热载荷需要热防护层承受。同时也确认高温输运现象影响飞行器流场和气动力/热。但需要注意的是,在计算精度允许下,为提高计算效率,并不需要过多复杂的模型。

因此,需要基于等离子体风洞(PWT)中 ELECTRE 探针进行流场的数值重建。

事实上,流场和化学反应耦合的高精度模型可能对数值结果准确性的提高并不明显,而高精度模型会增加计算成本。数值计算仍然是费时和昂贵的。因此,必须合理规划数值计算结果的预期精度以便选择一般模型或复杂模型。这样,问题就出现了,反应数目、系数、反应机制等影响流动的因素都应该得到考虑。

为了回答这个问题,采用逐步的数值研究。事实上,采用一些仿真来评估化学反应、它的机制和动力学以及热非平衡对 CRV 飞行器气动力/热的影响。

最后,在 CFD 代码用于预测流动现象前,数值分析的可靠性强烈需要准确的风洞(WT)和飞行数据来进行代码验证。

4.2　LEO 再入方案的流动和化学耦合综述

正如在第一章中所述,再入大气飞行器设计中面临的问题之一是存在"真实气体行为"现象,这一问题极具挑战性。事实上,通过再入飞行中采集的数据分析,已经证明真正气体效应可以显著影响高超声速飞行器的气动力特性(如飞行器的稳定性)和气动热载荷。另外,大气层再入的弹道计算涉及飞行器气动力和气动热的确定。因此,建立准确的流动物理模型,特别是化学反应模型,是利用数值模拟手段进行再入大气层飞行器设计中必不可少的。

本章,我们针对推荐的 CRV 飞行器着重强调这些方面。

当飞行速度较低(即高达约 3km/s 或温度高达约 2000 K),能量仅被吸收进粒子的转动自由度和振动自由度。

但随着速度的增加(如高焓自由来流),飞行器前端形成弓形激波,绕流气体温度上升,尤其头部附近,温度上升显著,将导致发生化学反应。此时气体的热能将大到足以与气体化学反应一系列过程的能量相比拟,例如分子振动能激发、氧分子和氮分子离解成原子、其他化学组分的重组反应以及分子和原子组分的电离。因此,混合气体中,影响能量重新分配的微观结构(例如组分的活性自由度数),将对气体比热比(γ)、化学反应速率和输运特性产生影响。这些性质反过来又会影响流动特性、激波和膨胀波性质(即压强、温度和速度分布)、扩散到表面的化学能量(即化学反应对壁面的热流贡献)和边界层结构(即热流和剪切应力)。

因此,再入飞行器绕流流场的化学组分构成随着下降过程中的空间和时间变化而变化,而且由于激波层分子平动和内能之间不断连续交换能量,导致空气形成一个由几种处于热非平衡和/或化学非平衡状态的反应和振动组分一起构成的混合物。当然,这种情况的强烈程度与再入轨道类型有关(即轨道或超轨道)。因此,再入流动的准确数值模拟可以说极其具有挑战性,这与热化学过程建模的正确性和准确性相关,这将在下文中讨论。

例如,多组分的化学反应气体必须考虑两个温度 T 和 T_v,其中 T 为平动和转动温度,T_v 为振动温度。

而且,由于飞行器绕流流场的热力学平衡状态并非瞬态建立,而是需要一定时间称之为松弛时间,从而真实气体效应将影响流场的热力学性质。真实气体效应对激波结构产生显著影响,进而影响飞行器绕流流场。

事实上,激波层的化学离解反应导致强烈弓形激波前后的大密度比 ε(与未发生离解反应的同样气体流体相比),反过来,密度比将显著影响激波形状和一维流管连续方程中描述的激波脱体距离。

另一方面,激波前后密度比也会影响表面压强,因为驻点压强水平(如 C_{pmax})会改变:

$$C_{pmax} = C_{pt2} = \frac{P_{t2} - P_\infty}{q_\infty} = \left(\frac{P_{t2}}{P_\infty} - 1 \right) \frac{2}{\gamma M_\infty^2} \approx 2 - \varepsilon \tag{4.1}$$

式中,$\varepsilon = \rho_1 / \rho_2$ 为弓形激波前后密度比,高超声速流动中 ε 极限值为:

$$\lim_{M_\infty \to \infty} \frac{\rho_1}{\rho_2} = \lim_{M_\infty \to \infty} \frac{2 + (\gamma - 1) M_\infty^2}{(\gamma + 1) M_\infty^2} = \frac{\gamma - 1}{\gamma + 1} \tag{4.2}$$

而且,无量纲表面压强与驻点压强比值变化如图 4.1 所示,下文对数值结果进行总结与归纳。由于飞行器表面压强变化影响气动力特性,因此,存在化学离解反应时,返回舱的气动力特性主要取决于激波密度比。

此外,因为气体比热比 γ 的改变导致声速线位置发生偏移。所以,由于气动静态不稳定性与声速线位置的变化相关,高温气体效应通过返回舱配平攻角发生突变,来改变高超声速飞行器气动力和气动热特性。

因为如果热防护层不再保护飞行器,静不稳定性会导致灾难性故障,机体稳定性是再入飞行器设计必需满足的要求。这也说明了俯仰力矩系数(C_{MY})和声速线位置之间存在关联。例如,俯仰力矩系数 C_{MY} 的改变与飞行器背风面上声速线的运动有关。特别地,化学组分和反应数目被认为与飞行器运动轨迹相关。例如,计算超轨道再入带电离组分的流场时,需要考虑至少 11 种化学组元(N_2、O_2、N、O、NO、N_2^+、O_2^+、N^+、O^+、NO^+ 和 e^-)和 20 个化学反应,而低速再入流场计算时,仅需考虑 5 种非电离组分(N_2、O_2、N、O、NO)和 17 个化学反应。流场与

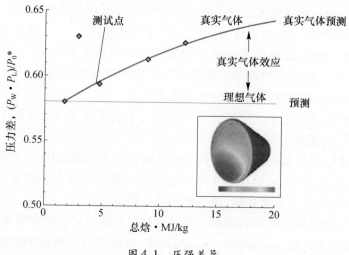

图 4.1　压强差异

化学反应耦合将给数值计算带来一系列问题,例如不同化学反应速率特征时间导致的刚性问题;离解反应速率系数会存在数量级差异,由于化学反应速率难以测量,相同系数可能存在不同的值。因此,需要根据实际情况,选择合适的化学反应类型。

　　一般情况下,考虑更多化学反应将增加计算成本,但并非能够提高计算结果的准确性。此外,当化学反应数目增加,数值计算结果将受到输入数据不确定性的影响,如组分输运系数和热化学非平衡弛豫时间。因此,有必要尽可能减少化学反应数目来简化反应机理,以便在不损失计算精度的情况下,极大地减少计算时间。目前使用的最简单的反应机制,有一组由三个化学反应构成的名为 Zeldovich 反应过程,以后将会介绍。

　　上述反应仅考虑气相,称为均相化学反应。而在飞行器壁面附近,将存在气体和固体组分的多相化学反应。在多相反应流场中,弓形激波将气体离解成的原子组分重组。它们被热防护材料(TPM)催化放热,导致飞行器的气动加热。所以,热防护材料(TPM)是否促进或阻止组分在壁面的重组取决于材料的催化特性,因此,热防护材料(TPM)的催化特性对飞行器的气动加热至关重要,接下来将详细说明。

4.3　防热瓦表面催化效应

　　真实气体效应不仅影响气动力同时影响飞行器的气动加热:在飞行器下降过程中,由于飞行器壁面可能发生的多相催化现象,气体发生离解,将产生更多的热载荷需要飞行器热防护层来承受。例如,气体通过再入飞行器头部强弓形激波将发生流动离解过程,气体分子离解成原子,而热防护材料(TPM)会促进气体离解成的原子组分在壁面附近进行化学重组。与非催化壁相比,这些重组反应,依靠离开热防护罩表面分子组分的生成热,将总热流提高至两倍甚至更多。这些现象与再入能量和飞行器外形有关。若采用钝体飞行器设计,需考虑催化传热,特别是当飞行器再入攻角(AoA)较大时。此时,事实上,由于自由流高焓,再入飞行器头部存在较强的脱体激波,气体分子发生离解。所以,气流形成等离子体作用在飞行器壁面。

当离解成的原子到达机体壁面,大量原子在边界层或飞行器表面上释放能量重组成分子。这一过程取决于飞行器表面温度和化学反应流条件。由于组分的扩散,相当于提供了与傅里叶传热相同量级的额外传热贡献。

例如,忽略飞行器壁面热传导和气体辐射传热,飞行器辐射冷却表面的能量平衡方程为(见方程(3.80)和方程(2.49))

$$\dot{q}_w = \sigma \varepsilon T_w^4 = k_{tr}\left(\frac{\partial T}{\partial y}\right)_w + \sum_{i=1}^{N_v} k_{v,i}\left(\frac{\partial T_{v,i}}{\partial y}\right)_w + \rho \sum_{i=1}^{N_s} \left(\int_{T_0}^{T} C_{Pi}\,dT + \Delta h_{fi}^0\right) D_i \left(\frac{\partial Y_i}{\partial y}\right)_w$$

(4.3)

式中:右边第一项和第二项为由温度梯度(平动温度和振动温度)引起的从流体到壁面的对流传热;第三项为组分浓度梯度引起的扩散项。该贡献强烈取决于TPS 的表面催化特性。实际上,当化学非平衡流进入到边界层形成边界层(反应边界层),飞行器表面可能作为第三体促进壁面发生的多相反应。

所以 TPM 可能包含在表面重组中,而表面重组是飞行器气动加热的主要因素,尤其当边界层气相重组反应冻结,壁面将吸收表面反应所释放的所有能量(即冻结边界层的完全催化壁)。所以,飞行器表面的催化效应会引起传热的很大不同,这在一个可靠的飞行器 TPS 设计中必须予以考虑:航天器 TPS 应该是一个拙劣的催化剂。

因此,为确保 CRV 飞行器防热,需对候选热防护层材料的催化特性具有清晰的认识。例如,在壁面附近,催化效率系数 γ_i 用于表征热防护层材料对非均相反应重组率的影响。重组系数 γ_i 由两部分构成,即组分原子 i 在撞击壁面时发生重组反应的概率(γ_i')和有效释放到表面的离解能分数(β),即 TPM 表面的适应系数:

$$\gamma_i = \gamma_i' \beta \tag{4.4}$$

式中,γ_i' 为原子撞击到机体表面时,发生重组生成分子的原子数目与总的原子数目之比,且

$$\gamma_i' = \frac{\dot{m}_{i,\text{recomb}}}{\dot{m}_{i,\text{all}}} \tag{4.5}$$

因此,当 $\gamma_i' = 1$ 时,表示所有撞击到表面的原子发生重组生成分子离开表面,此时,壁面称为完全催化壁;当 $\gamma_i' = 0$ 时,没有重组反应发生,TPM 被称为非催化材料。

上述两种情况(NC 和 FC 壁面)都是极端情况,实际上都不会碰到。事实上,真实热防护材料(像 C/SiC)通常具有有限催化性,γ_i' 在 0 和 1 之间。

硅酸盐和陶瓷材料很接近非催化表面,而金属和金属氧化物是高度催化性的。例如,陶瓷表面的 γ_i 数值量级小于 0.01,而在金属表面、金属氧化物表面或石墨表面,该值通常大于 0.1,此时通常假设为完全催化壁;也就是说,表面存在平衡。

对于金属上的氮重组,γ_i 数值可达 $0.1 \sim 0.2$ 量级,金属的非纯性是发生表面反应的主要因素。

至于 β,实验研究表明数值模型需考虑原子在表面重组时的能量不完全释放:

$$\beta = \frac{\dot{q}_{i,\text{recomb}}}{\dot{m}_{i,\text{recomb}} \cdot h_{\text{D}i}} \tag{4.6}$$

此式表明发生重组原子的能量释放不同于原子所有可以释放的离解能。尽管如此,对实际空间飞行器热防护材料而言,对此系数的认识甚少。为简化起见,一般采用完全适应条件(保守状态),即 β 取值为 1。所以,此时它满足

$$\gamma_i = \gamma_i' \tag{4.7}$$

式(4.7)表明重组分子的滞留时间足够长,使得表面重组产生的所有化学能完全传热给飞行器壁面的化学表面加热。Park 认同此假设,他指出在边界层,由于逆温梯度,能量不可能在边界层中释放,因此能量进入到壁面,尽管 Scott 认为玻璃材料可能具有不完全能量适应性(β 小于 1 或部分适应)。

以上可看出,当壁面为部分催化时,存在几种壁面催化模型描述催化效率系数。

第一种构造 γ_i 模型的方法为一步全局机制:

$$A(g) + A(g) \rightarrow A_2(g) \tag{4.8}$$

由催化反应速率常数 K_w 给出反应速率。

由于初级反应速率仅取决于温度,这样显著改善了此模型。因此,一般来说,γ_i 通常不依赖于压强和密度,因为大多数重组反应是一阶的,γ_i 仅依赖于表面温度(T_w):

$$\gamma_i = \gamma_i(T_w) \tag{4.9}$$

式中，γ_i 为重组气体组分特征，是与 TPM 表面有关的。

方程(4.9)仅在以下情况下可用：高超声速飞行经历升温过程和少量化学反应下，如氮/氧重组反应，通过拟合实验数据，或通过物理模型。

现有数据表明 Arrhenius 类型表达式将气相反应类比于能量势垒或活化能必须由原子与表面碰撞来克服：

$$\gamma_i = P_i \exp\left(-\frac{E_i}{kT_w}\right) \tag{4.10}$$

式中：P_i 为考虑方向效应的球因子；E_i 是活化能；k 为玻耳兹曼常数；T_w 为壁面温度。

式(4.10)为 Scott、Stewart、Kolodziej、Rakich、Lanfranco、Zoby 和 Gupta 针对不同热防护材料，采用不同地面电弧实验数据和航天飞机飞行数据重构而成。

例如，Stewart 和 Kolodziej 在文献[7]中，提供了航天飞机高温可重复使用表面绝缘瓦片固化玻璃涂层反应中单组分 O 和 N 重组反应的如下数值：

$$1435K < T_w < 1580K \text{ 时}, \gamma_o = 40\exp\left(-\frac{11440}{T_w}\right) \tag{4.11}$$

$$1580K < T_w < 1845K \text{ 时}, \gamma_o = 39 \times 10^{-9}\exp\left(\frac{21410}{T_w}\right) \tag{4.12}$$

$$1410K < T_w < 1640K \text{ 时}, \gamma_N = 6.1 \times 10^{-2}\exp\left(-\frac{2480}{T_w}\right) \tag{4.13}$$

$$1640K < T_w < 1905K \text{ 时}, \gamma_N = 6.1 \times 10^{-2}\exp\left(\frac{5090}{T_w}\right) \tag{4.14}$$

当温度较高时($T_w > 1500K$)，对 C/C – SiC 而言，有

$$\gamma_O = 39 \times 10^{-9}\exp\left(\frac{21410}{T_w}\right) \tag{4.15}$$

$$\gamma_N = 6.2 \times 10^{-6}\exp\left(\frac{12100}{T_w}\right) \tag{4.16}$$

这些模型的捷径是通常情况下活化能在如此宽的温度范围内其值并非唯一。而且，通过经验拟合获取的公式，使用条件有限，且外推插值使用具有风险。例如，从上面公式中无法推出最大值 γ_i，而根据实验数据 γ_i 有最大值。对于高温情况，这些模型受到最大值为常数的限制。

而且，热防护层材料催化数据经常通过气相一阶反应的速率 K_w 来表示。

通过地面实验和飞行实验，航天飞机热防护层的催化数据可由下列变量

（曲线拟合公式）表示：

$$500\mathrm{K} < T_\mathrm{w} < 900\mathrm{K}\ 时，K_\mathrm{wi} = 53\exp\left(-\frac{1875}{T}\right) \tag{4.17}$$

$$900\mathrm{K} < T_\mathrm{w} < 1670\mathrm{K}\ 时，K_\mathrm{wi} = 660\exp\left(-\frac{8017}{T}\right) \tag{4.18}$$

催化反应速率常数 K_w 根据 Hertz – Knudsen 关系式与重组概率 γ_i 有关：

$$K_\mathrm{wi} = \gamma_\mathrm{i}\left(\frac{R_0 T_\mathrm{w}}{2\pi M_\mathrm{A}}\right)^{0.5} \tag{4.19}$$

式中，M_A 为 i 的原子质量；R_0 为通用气体常数。

通过美国航天飞机表面绝缘测量表明，对氧原子和氮原子而言，催化反应速率常数约为 $1\mathrm{m/s}$。值得注意的是，γ_i 和 β 实验值具有重散射特征，因为它们依赖于获取该数据的环境条件。因此，在一般情况下，使用有效系数无法正确描述在整个表面上的热传递，以及沿整个飞行器再入弹道的传热。尽管如此，催化效应导致传热差异巨大，所以在可靠的飞行器热防护系统设计中必需予以考虑。

4.4 阿波罗型返回舱概念和 LEO 再入飞行方案

根据航天飞机退役，返回舱技术仍然是进入轨道和返回地球最安全和最便宜的方式，尤其是高能再入条件下的月球和火星载人探测任务。因此，本章将以用于国际空间站（ISS）支持服务的载人返回飞行器（CRV）为例，类似美国宇航局猎户座载人探测飞行器（CEV），一个低升力返回舱设计方案，进行深入研究。

4.4.1 飞行器概念综述

再入系统是一个类阿波罗返回舱，其直径约 $5\mathrm{m}$，头部半径 $6.05\mathrm{m}$，侧壁夹角 $33°$，总高 $3.8\mathrm{m}$。重心偏移量位于 $x/D = 0.26$ 和 $y/D = -0.0353$（图 4.2）。

该飞行器方案是依照 ARD 返回舱按比例放大，ARD 返回舱是欧空局 ESA 于 1998 年 10 月安装在 Ariane 503 运载火箭头部，成功进行过飞行试验，获得了准确飞行数据，可以与空间飞行器设计中所有飞行阶段中的地面实验和数值模拟数据进行对比分析[5]。所以，ARD 尺寸超大，最多可容纳 6 名国际空间站机组人员（图 4.3 和图 4.4）。特别地，该返回舱直径可保证 CRV 与运载火箭 Ariane 5 的一体化，因为欧空局运载火箭直径约为 $5.4\mathrm{m}$。

作为 TPS 初步设计方案，返回舱的热防护罩假定由类似航天飞机的防热瓦组成。这一设计假设是基于 LEO 任务需求紧迫以及缺乏成熟的新烧蚀材料。因此，我们假定返回舱前体热防护层采用可重复使用的高表面绝缘瓦（HRSI），

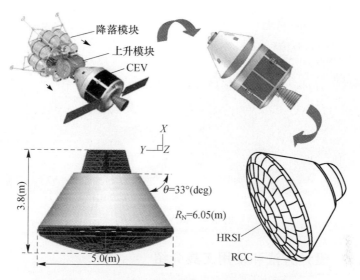

图 4.2 引用的飞行器外形和热防护罩布局

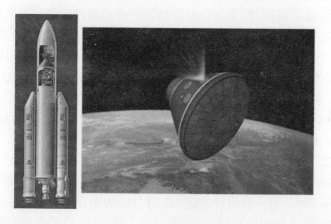

图 4.3 ARD 和 Ariane V

半球形部分采用加固的碳—碳(RCC)的绝缘瓦,对于拐角侧面,预计热流量比较强烈。

HRSI 绝缘瓦覆盖在美国航天飞机轨道飞行器的底部,可以对温度高达约 1530 K 提供保护。还有一个黑色的陶瓷涂层(RCG),由粉末状四硫化物和硼硅玻璃构成,这有助于飞行器再入时辐射散热($\varepsilon = 0.85$)。

RCC 绝缘瓦覆盖在轨道器头部前缘和翼前缘,这是航天飞机温度最高的区域。RCC 是一种由石墨矩阵增强碳纤维构成的复合材料,经常用碳化硅涂层防止氧化。RCC 的工作范围是 120 ~ 1920K。

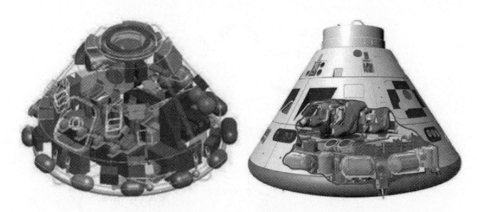

图 4.4　CRV 内部布局

4.4.2　设计方法和使用工具介绍

CRV 飞行器具有大量极端载荷飞行条件,而这些飞行条件都需要进行分析。它必须从轨道返回,配平飞行经历高超声速和超声速飞行直至着地,并承受剧烈气动加热。CRV 气动力(AEDB)和气动热(ATDB)设计采用工程估算和数值模拟方法。事实上,通过 ENTRY 代码评估 CRV 再入方案及与其相关的负载条件(如图 4.5 所示)。然后,随着计算精度的提高,ENTRY 的输出结果作为真实飞行条件,被当作 CFD 流场计算条件的输入。特别地,根据"基于空间"的设计方法(SBDA),飞行力学分析中需要将 CRV 的气动力描述成马赫数、雷诺数、克努森数和(AOA)攻角的函数。

另外,TPS 尺寸设计需提供的 CRV 气动热,根据"基于轨道"的设计方法(TBDA),沿着飞行器再入弹道,在一些选定弹道点上进行气动热的评估。

如图 4.6 所示,第一种设计方法(即 SBDA)表明作为一系列独立变量(即马赫数、雷诺数、攻角和侧滑角)的函数建立了一个完整的数据库;第二种设计方法(即 TBDA)包括在给定的标准设计弹道上进行有限数量关键点的气动热计算。在这两种情况下,通过使用基于工程设计工具,人们可以在几个小时内迅速建立作为自由来流参数函数的 AEDB 和 ATDB 数据库。

AEDB 数据库的建立主要基于工程方法,若工程方法得到的数据库正确,则 CFD 计算只是作为数据库验证和补充的工具,若基于简化分析的工程方法不正确,那么 CFD 将作为主要的数据库开发工具。

特别地,在已经执行的 CRV 空气动力学特性评估中有工程级软件 SIM、数值模拟 CFD 软件和基于直接模拟 Monte Carlo 方法(DSMC)的软件 DS2V,这些软件将在下面进行描述。

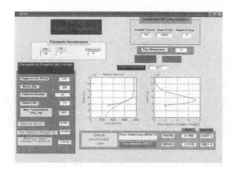

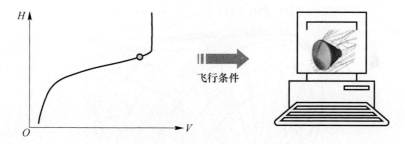

图 4.5　ENTRY 代码和 CFD 仿真

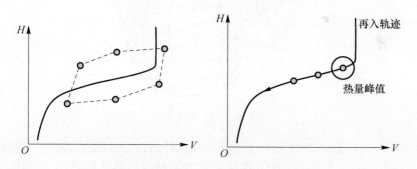

图 4.6　基于空间和基于轨道的设计方法

4.4.2.1　基于工程的设计工具

从工程的角度,存在着几个可靠的相关公式支持设计评估。

作者已将这些公式收集在 ENTRY 代码中以便描述推荐飞行器的再入飞行方案。ENTRY 集成了最新工程分析来为 CFD 计算输入提供真实飞行条件,进而仿真绕飞行器的流场,从而设计其热防护罩。

基于工程的气动力和气动热分析通过采用三维面元法程序来进行,即 SIM 方法(表面碰撞法)。这种工具分别使用简化的当地表面倾斜法或近似边界层法,对超声速和高超声速下的再入飞行器复杂外形进行气动力/热分析。表面碰撞法(SIM),典型的高超声速特征,有牛顿法、修正牛顿法、切锥法和切楔法。

热流计算同时采用 SIM 程序和简化工程关系式进行。这是为了在飞行器大部分关键部位(如飞行器驻点和肩部前缘)证实和集成工具结果(热负载)。

SIM 工程程序是基于表面流线进行飞行器外形的气动热计算分析。流线在气动性能分析阶段的生成从程序以前生成的无粘表面速度开始。气动热分析沿每条流线采用简单的一维边界层方法来进行。

一般飞行器部件通过选择合适的边界层模型可被建模为平板或前缘。图4.7 是用于工程估算的 CRV 典型网格表面。

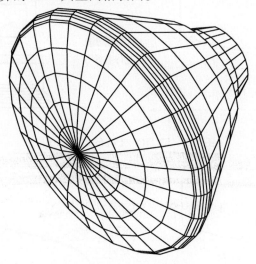

图4.7　CRV 面元网格

ENTRY 可以在折中研究中进行快速性能评估,如为任务剖面中的热防护系统设计进行评估。例如,ENTRY 在仅提供返回舱飞行器几何外形的 OML(模型外表曲线)条件下,能快速提供热流率剖面和相应的热负载。

也计算了轨道热剖面。ENTRY 在理想气体和化学反应流的 Fay – Riddell 关系式条件下采用 Zoby、Scott 或 Tauber 方程计算驻点热流。得

$$\dot{q}_{CO} = 0.57 \left(\frac{4}{3}\right)^k Pr^{-0.6} (\rho_w \mu_w)^{0.1} (\rho_e \mu_e)_s^{0.4} \left[1 + (Le^\phi - 1)\left(\frac{h_d}{h_e}\right)\right] (h_e - h_w) \left(\frac{du_e}{dx}\right)_s^{0.5}$$

(4.20)

式中,上标 k 在二维流动时为 0,轴对称流动为 1,而自由来流密度和速度从再入弹道解获知。壁面焓作为发射率 ε 为 0.8 的辐射平衡条件。Lewis 指数 ϕ 在平

衡边界层条件中取值 0.52,完全催化壁冻结流中取值 0.63,非催化壁冻结流中取值 $-\infty$。

源项 h_d 是边界层边缘流中每种组分化学生成热与原子质量分数(Y_i)的乘积:

$$h_d = \sum_i Y_i (\Delta h_f^0)_i \tag{4.21}$$

式中,h_d 代表激波后分子离解储存的化学能,即当热防护材料为完全催化时,h_d 在物面通过原子重组得以释放。

驻点速度梯度 $(du_e/dx)_s$ 表达式为

$$\left(\frac{du_e}{dx}\right)_s = \frac{1}{(R_N)_{eff}} \sqrt{\frac{2(p_e - p_\infty)}{\rho_e}} \tag{4.22}$$

因为 CRV 存在被截断的球形头部,所以将飞行器有效头部半径(R_N)$_{eff}$ 作为飞行器前体钝度参数的函数。根据文献[10](也可见第二章),有

$$(R_N)_{eff} = 0.877 R_N \tag{4.23}$$

注意,当飞行器以攻角飞行时,有效头部半径将减小,因而工程评估结果会导致非守恒评估,此时需考虑 CFD 数值模拟。

下标"e"表示的边缘条件是指正激波后局部热力学和化学平衡的空气。实际上,激波后的气体处于非平衡状态,但可以合理假设驻点区域边界层为化学平衡状态。在任何条件下,完全催化热值对正确边缘条件相当不敏感(催化重组加速了平衡,但并不能改变平衡状态(温度、密度)和气体组成)。

在传热率的计算中,壁面焓值根据前一时间步的辐射平衡温度进行设置。

有限催化条件下的结果介于完全催化和非催化两种极端情况下的结果之间,可以采用像 Goulard 的方法来确定。假设壁面上反应的原子所有重组热传递给热防护罩表面,则有

$$\dot{q}_{co} = \dot{q}_c + \dot{q}_{cat} = \dot{q}_c + \eta \dot{q}_D \tag{4.24}$$

式中,$\dot{q}_c$ 表示传热的对流项(即在方程 4.20 中 $\phi = -\infty$),$\dot{q}_{cat}$ 为扩散项,且

$$\dot{q}_D = 0.57 \left(\frac{4}{3}\right)^k Pr^{-0.6} Le^{0.63} \left(\frac{\rho_w \mu_w}{\rho_e \mu_e}\right)^{0.1} (\rho_e \mu_e)^{0.5} \left(\frac{h_e - h_w}{h_e}\right) h_d \left(\frac{du_e}{dx}\right)_s^{0.5} \tag{4.25}$$

式中,因子 η 为扩散到热防护罩壁面的原子重组率,有

$$\eta = \frac{1}{1 + \dfrac{S}{K_w}} \tag{4.26}$$

式中,S 为边界层扩散率,且

$$S = 0.763 \frac{Pr^{-0.6}Le^{0.63}}{\rho_w}\left(\frac{\rho_w\mu_w}{\rho_e\mu_e}\right)^{0.1}(\rho_e\mu_e)^{0.5}\left(\frac{\mathrm{d}u_e}{\mathrm{d}x}\right)_s^{0.5} \tag{4.27}$$

式中，K_w 为催化反应速率常数。

在这些条件下，ENTRY 计算时从正激波后平衡流动条件开始，通过采用 NASA 代码进行评估，即 CEA（应用条件下的化学平衡）。因此，总压 P_{t2} 是由等熵压缩气体确定直到 $h_2 = h_{t2}$。从总特性 P_{t2}、h_{t2} 和壁面温度 T_w，最后确定式(4.20)和式(4.24)中的参数 ρ_e、μ_e、ρ_w、μ_w 和 h_w，并被用来计算辐射平衡状态下的 $\dot{q}_{co}$ 和 T_w。

4.4.2.2　基于 CFD 的设计工具

利用 CFD 分析 CRV 飞行器时，采用了 CIRA 自编的 H3NS 软件和 FLUENT 商用软件。

H3NS 软件利用有限体积法求解了包含化学非平衡和振动非平衡的流动控制方程；其中对流项采用矢通量差分分裂迎风格式，网格单元分界面上的值采用二阶类 ENO 重建格式。黏性项采用中心差分格式，即通过高斯定理计算网格单元分界面处流动变量的梯度。采用 Euler 前向格式耦合化学组分和振动能源项的点隐式处理方法进行时间积分计算。目前该代码的串行版本和并行版本是可用的。作者同时开发了基于 FLUENT 商业软件的用户自定义函数（UDF）进行 CRV 流场的数值计算分析。使用此 UDF，FLUENT 可以处理振动松弛、多种催化模型、壁面辐射平衡以及其它边界条件等。

4.4.2.3　直接模拟蒙特卡罗方法

当稀薄效应变得重要，流动的连续性假设不成立时，基于 Navier – Stokes 方程组的 CFD 模拟将不再适用，此时需采用分子动力学模型方法，例如直接模拟蒙特卡罗（DSMC）方法。此方法认为气体由数以百万计代表离散粒子的模拟分子构成；该方法基于气体动力学理论。本章中将使用基于直接模拟蒙特卡罗（DSMC）方法的 DS2V 软件，该软件代码由 Bird 开发，下面将进行简要介绍。DSMC 方法认为气体是由离散粒子构成，离散的粒子可由数百万个模拟分子进行代替；DSMC 方法基于气体动力学理论。目前研究中，仿真物理空间中每个分子的运动演化过程是分子通过与其他分子碰撞和物面碰撞发生的，同时进行动量和能量的交换。转动自由度和振动自由度的激发以及化学反应（如果有的话）也一并考虑。计算域，包括测试体，同样进行网格划分；但仅用于宏观特性取样和选择碰撞对分子。每个分子从一个网格单元运动到另一个网格单元即为速度（即对流和热速度产物）和一个时间步长产物。宏观热 – 流动 – 动力学量（密度、温度和压强等）基于网格单元内分子平均值进行计算。DS2V 采用背景网格技术建立瞬态子网格单元，碰撞对选取基于最近原则在子网格单元内进行。

瞬态子网格单元分辨率取决于模拟分子的数量,近似地,一个仿真分子对应一个子网格单元。

DS2V 在运行过程中输出当地平均碰撞对分离距离与当地平均分子自由程之比。该参数反应软件运行质量,在计算域内此值应小于 1。Bird 建议该值取 0.2 作为极限值。

目前物面模型采用完全适应的 Maxwell 气–固相互作用模型。

尽管如此,采用 DSMC 进行数值模拟是非常耗时的;所以利用该方法在阶段 A 设计中进行大量仿真计算是不现实的。因此,需要采用一些经过测试的桥函数进行高海拔 CRV 飞行器的快速空气动力学计算。

4.5 数学方程和数值方法

描述高超声速飞行器周围流场的物理数学模型,研究了带一系列合适化学反应(即反应机制)的一组多组分化学反应气体混合物的平衡方程和模拟组分振动弛豫的方程(即热力学非平衡)。

4.5.1 流动控制方程

描述高超声速飞行器周围流场的数学模型研究了质量、动量、总能、单个组分的平衡方程。热力学和化学非平衡下的黏性可压缩连续层流控制方程组,假定空气是 N_S 理想气体(混合物组分)和 N_V 振动组分的混合物,积分守恒形式如下:

$$\frac{\partial}{\partial t}\int_V \boldsymbol{W} dV + \int_S (\boldsymbol{F}_{inv} + \boldsymbol{F}_{vis}) \cdot \boldsymbol{n} dS + \frac{\Gamma}{r}\int_V (\boldsymbol{A}_{inv}^* + \boldsymbol{A}_{vis}^*) dV = \int_V \boldsymbol{\Omega} dV \quad (4.28)$$

式中:$\boldsymbol{W}$ 是守恒量的未知状态矢量 $\boldsymbol{W} = [\rho, \rho u, \rho v, \rho w, e_t, \rho_1, \cdots, \rho_{Ns-1}, \rho e_{v1}, \cdots, \rho e_v Nv]^T$;其中 ρ 是流体密度;ρu、ρv 和 ρw 是动量密度;e_t 是单位质量的总内能;ρ_i 和 e_{vi} 分别代表第 i 个组分的密度和振动能;ρe_{vi} 代表振动能量守恒;$\boldsymbol{F}$ 是流量矢量(包括黏性项和非黏性项);$\boldsymbol{A}^*$ 为轴对称项矩阵(包括黏性项和非黏性项);Γ 在轴对称流中等于 1,在二维和三维流动中等于 0;$\boldsymbol{\Omega}$ 是源项矢量,$\Omega = [0, 0, 0, 0, 0, \Omega_1, \cdots, \Omega_{Ns-1}, \Omega_{v1}, \cdots \Omega_{vNv}]^T$,它定义了组分之间的质量和能量交换,作为由于内能激发过程产生的化学反应速率和能量转化的结果,因此,$\boldsymbol{\Omega}$ 模拟了气体的非平衡反应;V 是任意控制体单元;S 是它的闭合边界控制面;$\boldsymbol{n}$ 是单位外法向矢量。

方程(4.28)微分形式如下:

连续方程:

$$\frac{\partial \rho}{\partial t} + \nabla \cdot (\rho V) = 0 \tag{4.29}$$

动量方程:

$$\frac{\partial (\rho V)}{\partial t} + \nabla \cdot (\rho V V) + \nabla p = 2 \nabla \cdot [\mu (\nabla V)_0^s] \tag{4.30}$$

其中

$$(\nabla V)_0^s = \frac{1}{2} [(\nabla V) + (\nabla V)^T] - \frac{1}{3} (\nabla \cdot V) \underline{U} \tag{4.31}$$

能量方程:

$$\frac{\partial (\rho e_t)}{\partial t} + \nabla \cdot [(\rho e_t + p) V] = \nabla \cdot [\lambda \nabla T + 2\mu (\nabla V)_0^s \cdot V + \sum_i h_i \boldsymbol{J}_i]$$
$$- \sum_i h_i \dot{\omega}_i - \sum_j \dot{e}_{vj} \tag{4.32}$$

其中

$$\dot{e}_{vj} = (e_{vj}^{eq} - e_{vj}) \tau_{vj} \tag{4.33}$$

组分方程:

$$\frac{\partial (\rho Y_i)}{\partial t} + \nabla \cdot (\rho V Y_i) + \nabla \cdot \boldsymbol{J}_i = \dot{\omega}_i \tag{4.34}$$

其中

$$\dot{\omega}_i = m_i \sum_k \dot{\omega}_{ik} \tag{4.35}$$

振动能量方程:

$$\frac{\partial (\rho e_{vj})}{\partial t} + \nabla \cdot (\rho V e_{vj}) = \dot{e}_{vj} \tag{4.36}$$

式中:V 是速度矢量;Y_i 是第 i 个组分的质量分数,$\dot{\omega}_i$ 是 ρ_i 由于化学反应产生的变化率,$\boldsymbol{J}_i$ 是第 i 个组分的扩散流量,由于浓度梯度产生;m_i 和 h_i 分别代表第 i 个组分的分子质量和焓;p 是压强;$\underline{U}$ 是单位张量;μ 是粘度;λ 是导热率。

对每个组分应用理想气体模型,道尔顿分压定律是适用的:

$$p = \sum_i p_i \tag{4.37}$$

式中,p_i 为混合物中第 i 个组分的分压。

因此,有如下密度关系:

$$\rho = \frac{p}{R_0 T \sum_i Y_i / m_i} \tag{4.38}$$

式中,$R_0 = 8314.5 \text{Jkmol}^{-1} \text{K}^{-1}$ 为通用气体常数。

混合物内能定义为

$$e = \sum_i Y_i e_i \tag{4.39}$$

式中，e_i 为单组分气体的内能，代表不同自由度分子的能量总和。

最后，焓是

$$h = \sum_i Y_i h_i \tag{4.40}$$

式中，每个组分的比焓可计算为

$$h_i = e_i + R_i T \tag{4.41}$$

式中，R_i 为气体常数。

扩散通量的计算需要输运系数的知识。

4.5.1.1　输运性质

对于纯组分，下面的表达式源于气体运动理论。

黏性：

$$\mu_i = \frac{2.6693 \times 10^{-6} \sqrt{m_i T}}{\sigma_i^2 \Omega_{\mu i}} \tag{4.42}$$

导热率：

$$\lambda_i = \frac{15}{4}\left(\frac{\mu_i R_0}{m_i}\right)\left(\frac{4}{15}\frac{c_{pi} m_i}{R_0} + \frac{1}{3}\right)$$

质量扩散率：

$$D_{ij} = \frac{0.0188 \times T^{\frac{3}{2}} \sqrt{(m_i + m_j)/m_i m_j}}{p \sigma_{ij}^2 \Omega_{Dij}} \tag{4.44}$$

然而，气动混合物的全局输运性质，要使用半经验性的公式，例如关于黏性 μ 和导热率 λ 的威尔克混合定律：

$$a = \frac{\sum_i \chi_i a_i}{\sum_j \chi_j \left\{\frac{1}{\sqrt{8}}\left(1 + \frac{m_i}{m_j}\right)^{-\frac{1}{2}}\left[1 + \left(\frac{a_i}{a_j}\right)^{\frac{1}{2}}\left(\frac{m_i}{m_j}\right)^{\frac{1}{4}}\right]^2\right\}} \quad a = \mu, \lambda \tag{4.45}$$

式中，x_i 为组分 i 的摩尔分数，a_i（等同于 μ_i 或 λ_i）由气体运动理论得到。

对于反应混合物中组分 i 的扩散系数，使用多组分扩散系数：

$$D_i = \frac{(1 - \chi_i)}{\sum_j \frac{\chi_i}{D_{i,j}}} \tag{4.46}$$

其中，$D_{i,j}$ 由分子运动论评估。

最后，振动弛豫采用 Landau – Teller 公式建模，其中从 Millikan 和 White 假定简单谐振子中获取弛豫时间。

4.5.1.2　化学组分和反应机制

离解空气中占大多数的化学活性组分是 N_2、O_2、N、O 和 NO。这些组分随着流动能量的增加电离的数目也增加。因此,在低地轨道再入方案(无流场电离发生)中,气体由以上组分的有限速率化学混合物来近似。基元反应机制,控制高温空气中的组分,产生了3个离解反应和2个置换反应,如表4.1和表4.2所示,这里 M 表示反应搭档或第三体,可以是五种反应组分中的任意一种,因此提供或移除碰撞能。第三体的效率也在表4.1和表4.2中,因为它们能在计算中提高 CPU 时间效率。因此,反应机制导致了一个包含17个化学反应的系统产生,随之而来的是17个正向和逆向反应速率系数。

化学反应以正(f)向反应速率进行,$k_{f,r}(r=1,2,\cdots,17)$,出现在组分输运方程(方程(4.34))的源项($\dot{\omega}_i$)中。这些速率以 Arrhenius 形式表达为

$$k_{f,r} = k_{f,r}(\overline{T}) = k_f(T^a T_v^b) = A_{f,r}\overline{T}^{\beta_{f,r}}\exp\left(-\frac{E_{a_{f,r}}}{R_0\overline{T}}\right) \tag{4.47}$$

Dunn – Kang 模型只使用一个温度来描述所有的能量模式($\overline{T} = T$,热平衡),而 Park 模型假设温度 T 由反应决定,是 T、T_v 或 $T^a T_v^b$(也就是速率控制温度);众所周知,Park 的两温度模型,同时考虑 T 和 T_v,能提供更准确的结果。实际上,Park 用 T 来描述平动和转动能量模式,T_v 描述振动和电子平动模式[13-15]。

如表4.1和表4.2所示,反应速率系数相当大的差异是通过由化学动力学常数决定的实验不确定性被引入化学模型。因为这些常数的实验确定在不同文献中差近两个数量级,选择一个对气体化学成分有显著影响的反应速率系数是必要的。例如,氮交换和离解反应在约75km 海拔高度的气体组分中占主导地位。而在约50km 海拔高度,反应接近平衡态,氮气和氧气的离解反应在气体组分中占主导地位。

表4.1　Dunn 和 Kang 模型的反应速率参数

No.	反应	$A_{f,r}$ (m^3/kg mole s)	$\beta_{f,r}$	$E_{a,f,r}$ (J/kg mole)	第三体效率
1.	$O_2 + M = 2O + M$	3.60×10^{15}	-1.0	4.938×10^8	$O_2 = 9, N_2 = 2,$ $O = 25, N = NO = 1$
2.	$N_2 + M = 2N + M$	1.92×10^{14}	-0.5	9.404×10^8	$O_2 = 1, N_2 = 2.5,$ $O = N = NO = 1$
3.	$N_2 + N = 3N$	4.15×10^{19}	-1.5	9.404×10^8	—
4.	$NO + M = N + O + M$	3.97×10^{17}	-1.5	6.286×10^8	$O_2 = N_2 = 1,$ $O = N = NO = 20$
5.	$NO + O = O_2 + N$	3.18×10^6	1.0	1.638×10^8	—
6.	$N_2 + O = NO + N$	6.75×10^{10}	0.0	3.118×10^8	—

表 4.2　Park 模型的反应速率参数

No.	反应	$A_{f,r}$ (m^3/kg mole s)	$\beta_{f,r}$	$E_{a,f,r}$ (J/kg mole)	第三体效率
1.	$O_2 + M = 2O + M$	1.00×10^{19}	-1.5	4.947×10^8	$O_2 = N_2 = NO = 0.2$, $O = N = 1$
2.	$N_2 + M = 2N + M$	3.00×10^{19}	-1.6	9.412×10^8	$O_2 = N_2 = NO = 0.233$, $O = N = 1$
3.	$NO + M = N + O + M$	1.10×10^{14}	0.0	6.277×10^8	$O_2 = N_2 = 0.05$, $O = N = NO = 1$
4.	$NO + O = O_2 + N$	2.40×10^6	1.0	1.598×10^8	—
5.	$N_2 + O = NO + N$	1.80×10^{11}	0.0	3.193×10^8	—

在更简单的单相反应中,使用如下所示的仅三个化学反应是标准的,这是 Zel-dovich 过程:

$$\begin{cases} O_2 + N_2 = 2O + N_2 \\ N_2 + O = NO + N \\ NO + O = O_2 + N \end{cases} \tag{4.48}$$

式(4.48)只考虑由与氮气分子碰撞的氧气离解和两个交换反应。这个模型成立,当考虑到气体太热,氧气离解几乎完全,而氮气离解不完全,并且没有氧气快。最后,交换反应很重要因为它们决定了氮气离解的速度。

4.5.1.3　边界条件

表面性能由发射率(ε)和壁面化学活性(即 γ_i 或 K_{wi})来表征。当离解反应产生的原子撞击表面时,壁面催化特性由边界层条件问题中边界条件需解决的生产项(即 $\dot{\omega}_{wi} \neq 0$)来执行。事实上,壁面稳态原子质量守恒导致了第 i 个组分的产生,这是由于催化复合率必须和表面扩散率平衡:

$$(\dot{\omega}_a)_w = -(\rho_a v_a)_w \tag{4.49}$$

源项 $\dot{\omega}_a$ 由 Goulard 关系式给出:

$$\dot{\omega}_a = K_{wa}(\rho_w Y_{iw})^p \tag{4.50}$$

式中,p 为反应级数;K_{wa} 为催化反应速率。

扩散流量 $\rho_a v_a$ 用 Fick 定律来表达:

$$\rho_a v_a = -\rho D_a \frac{\partial Y_a}{\partial y} \tag{4.51}$$

因此

$$(\dot{\omega}_a)_w = K_{wa}(\rho_w Y_{iw})^p = \left(\rho D_a \frac{\partial Y_a}{\partial y}\right)_w \tag{4.52}$$

当 TPM 不促进任何特定反应时,TPS 表面就是 NCW(即 $\gamma_i = 0$ 且 $K_{wi} = 0$);壁面与动力学完全无关紧要,壁面没有组分损耗和产生(即 $\dot{\omega}_{wi} = 0$)。

相反,如果 TPM 在它的表面可以活化任何反应,就叫做 FCW(即 $\gamma_i = 1$ 且 $K_{wi} = \infty$),这就是完全重组,因为流动在壁面趋向化学平衡。

壁面上的分子组分浓度必须根据局部温度和压强设置成它们的平衡浓度。对于低于 2000K 的壁面温度(冷壁),这相当于自由流合成物。

在两个极限情况之间(即 $0 < \gamma_i < 1$),飞行器表面认为是 PCW,在 γ_i 不同时,飞行器的热流差距很大。而且,当低传导 TPS 保护飞行器(如高发射率的现代纤维陶瓷材料),辐射平衡边界条件在飞行器表面维持(即通过传导和扩散机制到壁面的热流全部再辐射到大气层)。因此,在数值仿真过程中,壁面温度用 Stephan – Boltzman 定律计算,而且明确要用 Newton – Raphson 方法在每个流向方向更新,通常在大量迭代后获得收敛结果。

4.5.2　数值技术

控制方程以及合适的边界条件使用结构多块网格的中心平均有限体积法来离散。对于单个网格单元,离散方程为:

$$\frac{dW_c}{dt} + \frac{1}{V_c}\sum_{f=1}^{6}(F_{cinv} + F_{cvis})_f \cdot n + \frac{\Gamma}{r}(A_{cinv}^* + A_{cvis}^*) = H_c \tag{4.53}$$

式中,f 为网格单元面的索引,而 c 指的是计算区域的单个网格单元。

在网格单元交界面的无粘通量使用流量差分(FDS)黎曼解法来计算,因为逆风格式特别适合高速流动。然而,二阶精度不能直接得出;因此,使用二阶 ENO(本质上无振荡)技术进行网格单元交界面的重建;黏性通量由中心差分计算,即用高斯定理计算网格单元交界面的流动变化梯度。方法在空间上是二阶精度。在时间步长接近流动的稳定解假设下,时间积分同时采用单阶显式(欧拉向前)算法和五阶显式龙格 – 库塔法,以及与化学和振动源项的隐式评估相耦合。多栅技术被用于加速收敛。

4.5.3　计算网格域

CFD 计算在多块结构网格(图 4.8)上开展,因为场内方程中出现的梯度精确计算需要结构网格。使用的网格在机身法向方向上有 50 个单元、周向 40 个单元和流向 150 个单元。所有计算网格区域在选择轨迹点的自由来流条件定制。因此,对于每个条件,在分离弓形激波位置,要使用新网格相适应。用于这项工作的基准网格拓扑由 32 个网格块,总数大约 750000 个网格单元(仅半体,因为没有考虑侧滑速度)组成,并且被构造来允许在肩部和尾迹核心区域进行局部加密,同时在每个块交界面保持点匹配。

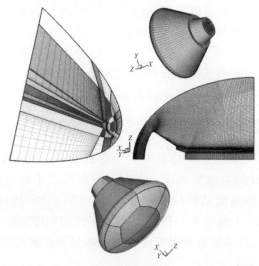

图 4.8 多块计算网格,三维和二维轴对称网格区域

网格最初用代数方法生成,然后逐步用得到的解来适应(即解自适应方法),调整弓形激波上的网格和加密边界层内的网格点。这样可以减少在停滞区的乱真振荡,这常常出现在高超声速流动特别是大钝头体流场计算中。飞行器表面的二维轴对称和三维网格在图 4.8 中可以看到。

根据计算目的,表面网格点的分布是由飞行器不同区域,如滞止区和基角,所需的分辨率水平决定的。例如,壁面法向方向上网格点的分布是由一个指定网格单元雷诺数的值决定的:

$$Re_{\text{cell}} = \frac{\rho_{\text{w}} a_{\text{w}} \tau_{\text{w}}}{\mu_{\text{w}}} \tag{4.54}$$

壁面约束条件,ρ_{w}、a_{w} 和 μ_{w} 分别是飞行器表面评估得到的密度、声速和粘度。为了可靠的层流热估计,网格单元雷诺数为 10 可以决定一个网格间距(τ_{w})。肩部区域网格点数目足够大来捕获流动局部经历的快速膨胀过程并且精确地预测流动分离以及产生的剪切层角度。也要在分离流动区有足够的网格点解决尾流开始时的漩涡结构。

最后,几个边界条件可以用于黏性计算,包括不同的催化模型和在壁面指定固定温度或辐射平衡条件的可能性。

4.6 模型验证

执行可靠的流动模拟关键是理论模型的气体热力学验证,通过使用风洞和自由飞行实验数据描述高超声速气流的高温效应。

为了这一目标,在 PWT 中 ELECTRE 模型的测试被视为基准评估。因此,一些在风洞中完成的实验活动和此标准文本物品通过 CFD 评估数值复制。对比了关于绕试验模型高超声速流动的实验和数值结果。

4.6.1 测试算例构型和计算域

ELECTRE 实验物品(图 4.9)是由一个总长 0.4m 和半锥角 4.6°的钝圆锥体和半径为 0.035m 的半球帽组成。它在飞行和风洞中测试,是研究流经钝头体外形非平衡高超声速流动的标准参考模型。CFD 分析的计算域如图 4.9 所示。它包括 60×120 个网格单元和最小 10^{-5}m 的法向壁面间距,作为关于网格的计算结果灵敏性,这是获取重要流动特征足够分辨率所必需的。

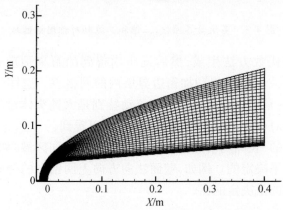

图 4.9　ELECTRE 实验物品几何和轴对称网格域(60×120 个网格单元)

选择网格的精确度测试从使用 50×70 个网格单元的粗糙网格开始,并且要考虑 CFD 与 ENTRY 提供的工程结果之间的对比。

4.6.2 测试条件和工程分析

测试条件在表 4.3 中总结。它们相当于位于 DLR 哥廷根的 HEG 风洞运行条件。对应这些实验条件,运行两个不同的条件,考虑样本壁面在 N 和 O 组分的 NC 与 FC 中选择。

表 4.3 HEG 喷管的参考校准点条件

T_∞/K	P_∞/Pa	ρ_∞ /(kg/m³)	V_∞ /(m/s)	M_∞ /(−)	Re_∞/m /(1/m)	Y_O (−)	Y_N (−)	Y_{NO} (−)	Y_{O2} (−)
790	430	1.640×10^{-6}	5919	9.7	270×10^3	0.179	1.0×10^{-6}	3.3×10^{-2}	3.6×10^{-2}

作为工作的早期评估,采用 ENTRY 完成了一些工程评估。

提供了测试样品壁面的压强系数和对流换热分布。ENTRY 使用表面碰撞法快速评估典型高超声速流动下的压强分布:

$$C_p = C_{pt2} \cos^2\theta \tag{4.55}$$

式中,C_{pt2} 为驻点压强系数,取决于考虑的流动理论;θ 为自由流方向和鼻部曲率中心矢径的夹角。

如果维持牛顿流理论,C_{pt2} 等于 2,而在修正牛顿流理论中,C_{pt2} 是:

$$C_{pt2} = \left(\frac{p_{t2}}{p_\infty} - 1 \right) \frac{2}{\gamma M_\infty^2} \tag{4.56}$$

就气动热而言,根据 Lees 理论(见第二章),ENTRY 既可以评估半球鼻部又可以评估球帽圆锥体的对流传热。Lees 方法显示,在高马赫数条件下,对于球头半径 R_N 和半顶角 θ_c 的钝头体,在钝头体表面的任意点,传热 $\dot{q}_w(s')$ 与滞止值 $\dot{q}_{co}$ 的比为:

$$\text{鼻部} \quad \frac{\dot{q}_w(\theta)}{\dot{q}_{co}} = \frac{2\theta\sin\theta\cos^2\theta}{\sqrt{D(\theta)}} \tag{4.57}$$

$$\text{锥裙} \quad \frac{\dot{q}_w(s')}{\dot{q}_{co}} = A(\theta_c) \frac{s'}{R_N} \left[B(\theta_c) + \left(\frac{s'}{R_N} \right)^3 \right]^{-\frac{1}{2}} \tag{4.58}$$

方程(4.58)在 $s'/R_N \geq \cot\theta_c$ 时有效,其中 s' 是沿有效尖头锥体表面测量得到的曲线长度。

$$\begin{cases} A(\theta_c) \approx \dfrac{\sqrt{3}}{2}\sin\theta_c \sqrt{\dfrac{\pi}{2} - \theta_c} \\[2mm] B(\theta_c) \approx \dfrac{3}{16} \dfrac{1}{\sin^4\theta_c} \left[\dfrac{D(\theta)}{\theta} \right]_{\theta = \frac{\pi}{2} - \theta_c} - \cot^3\theta_c \\[2mm] D(\theta) \approx \theta^2 - \dfrac{1}{2}\theta\sin4\theta + \dfrac{1}{8}(1 - \cos4\theta) \end{cases} \tag{4.59}$$

4.6.3 CFD 结果

完成了不同壁面催化边界条件下测试样品的 CFD 气体热力学计算。计算参考完全层流非平衡流动条件,且模型温度固定为 $T_w = 300K$。图 4.10 所示为流经试验平台的流场,标出了马赫数云图场,且对理想气体模型和真实气体模型获取的结果进行了比较。

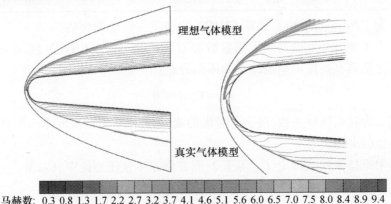

图 4.10　理想气体模型和真实气体模型马赫数云图结果
对比以及试验平台头部区域的详细流场

可以看到,真实气体模型条件下的流场明显不同于理想气体流场,因为包裹试验平台的激波比理想气体条件下更近,可以由图 4.11 和图 4.12 中沿滞止线上的压强和温度分布确认。在这些图中比较了理想气体和真实反应气体条件下沿滞止线上的压强和温度分布,最后一个是 NCW 和 FCW 两种情况。

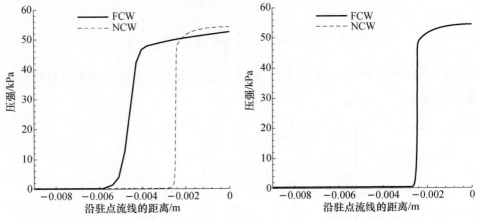

图 4.11　沿滞止线的压强分布,理想气体和反应(即 NCW)气体条件下的对比

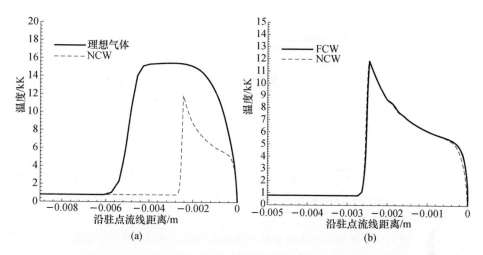

图 4.12　沿滞止线的温度分布,理想气体和反应(即 NCW 和 FCW)气体条件下的对比

　　特别地,图 4.12(a)中的短划曲线强调,在非平衡条件下滞止激波层一直到边界层,而在图 4.12(b)中,NCW(短划线)和 FCW(点线)沿滞止线的温度剖面本质上是一样的一直到边界层,如预期,FCW 条件下,在壁面有一个大梯度$\left(\dfrac{\partial T}{\partial y}\right)_{\mathrm{w}}$。

　　图 4.13 和图 4.14 所示分别为不同壁面催化条件下的压强系数和壁面热流分布。在两幅图中,CFD 结果都与工程和 HEG 实验过程中可用的实验结果(即镜头 157、镜头 159、镜头 164)进行了对比。

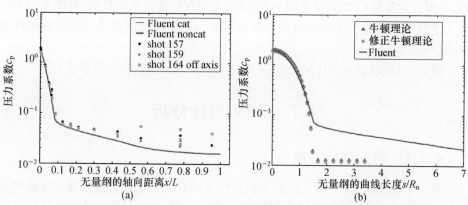

图 4.13　压强系数(C_{p}),数值、工程和试验数据对比,头部探针的详细对比

　　关于压强系数对比,数值、实验和工程结果在试样的第一部分吻合得很好,在模型末端有差异。特别地,图 4.13 中强调,如预期,NC 和 FC 壁面边界条件上没有不同。与 ENTRY 结果的对比显示与修正牛顿理论吻合得非常好,利用

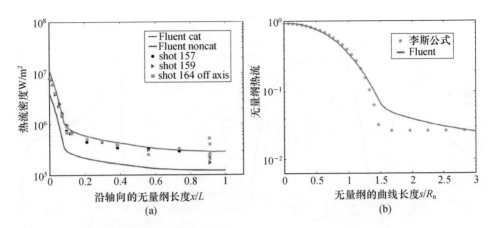

图 4.14　数值、工程和试验数据的热流对比，头部探针的详细对比

CFD 分析提供的流入比热和马赫数评估 C_{pt2}。

由图 4.13 可知，探测器头部的压强随驻点曲线长度而减少，在圆锥裙底变为常量，正如 ENTRY 预测的那样（$\theta = \theta_c = $ 常数）。然而，CFD 也强调了，修正牛顿理论的精度在局部有所损失，因为在现实中，表面压强取决于许多因素，如源自机体弯曲的压缩波和膨胀波的相互作用，弓形激波的反射，弯曲弓形激波引入的旋转产生的滑移线。特别地，可以看到，随着锥体变得非常细长，膨胀流中的表面压强下降缓慢，渐近（尖锥）值没有达到，导致产生一股膨胀不充分的流动。

在测试样品的头部，试验热流分布与数值 FC 解吻合相当好，而在锥体的后部，有实验数据和 CFD 结果之间的不匹配，可以在压强系数中看出（见图 4.13）。

这些不匹配是由于实验模型位于试验平台末端的支撑可能引起的流场扰动造成。

最后，可以从图 4.14（b）看出，CFD 结果和 Lees 理论吻合得非常好。

4.7　CRV 设计分析

4.7.1　再入飞行方案

从 ISS 轨道的 CRV 再入返回分析使用 ENTRY 代码来实施。当飞行器气动数据库及其弹道系数可用时，它能够使用美国标准大气（1976）和非旋转扁平地球模型运行三自由度（3 - dof）下降弹道。为了完成这一目标，在外型线（OML）提供之后，ENTRY 代码可以很快发现再入飞行器的牛顿气动数据库。ENTRY 评估空间飞行器沿下降弹道经历的热环境、减速环境、横向机动范围、下降范围性能、再入走廊和真实气体效应。ENTRY 能够为权衡设计分析提供大量不同再入速度、再入角耦合(v_E, γ_E)和附着剖面配平角的再入轨迹。

在可行性研究的框架下,假设飞行器总质量大约为 9t。在这个质量下,以 $v_E = 8\text{km/s}$ 的惯性速度从大气层再入交界面($h_E = 120\text{km}$)开始再入,$\gamma_E = -2°$,ENTRY 提供了图 4.15 高度—速度平面上的再入弹道。

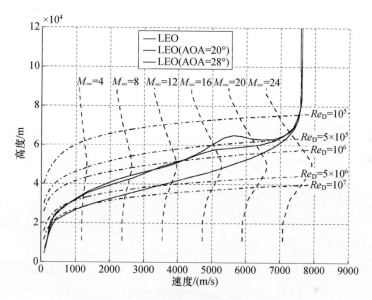

图 4.15 从 LEO 轨道开始的再入飞行方案

图中也显示了等马赫数和等雷诺数曲线,描述了关于再入飞行方案的 CRV 空气动力学和气动热力学性质。红线是弹道式再入轨道,代表对流热流角度的最坏情况。沿着蓝线和绿线,返回舱在严重加热区域分别以大约 20°和 28°的攻角配平飞行,所以用气动升力保持下降飞行路线(即升力式返回)。

图 4.16 给出了配平攻角的典型剖面[8]。

然后,返回舱从稀薄大气层(在再入分界面)移动到较稠密的大气层,从单个分子碰撞是重要的分子流(FMF)区域转移到滑移效果是重要的过渡流区域,再到连续流区域,如图 4.17 中的马赫—雷诺平面。

红线和蓝线分别代表弹道式和升力式(AoA = 20°)再入轨迹。

如图 4.17 所示,根据 Bird 分类,$10^{-3} < Kn_{\infty \text{Lref}} < 10$ 的区域是稀薄过渡区,其中 L_{ref} 是机体的特征长度(如返回舱直径)。

这些再入轨迹导致了气动热力学负载环境,为了设计一个可靠飞行器,此环境必须被准确预测。事实上,两种轨道条件下产生的环境意欲限制 CRV 返回舱的 TPS 热需求。

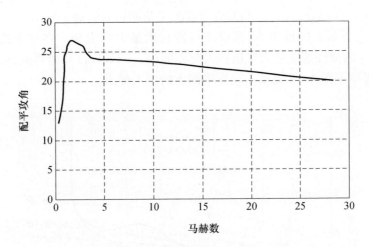

图 4.16　配平攻角随马赫数的变化曲线

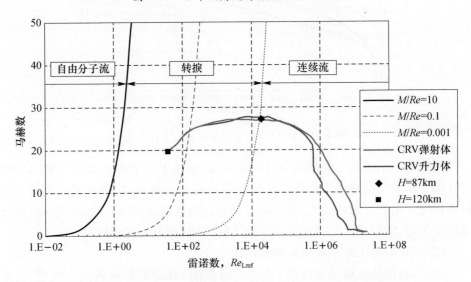

图 4.17　定常克努森数下马赫—雷诺数图中的 CRV 再入轨道

4.7.2　气动加热载荷环境的评估

　　当航天器在轨道阶段的最后一段到达大气层,为了保证航天器和机组成员的安全,气动热环境成为最大的关注点。它由沿着轨道的时间历程、由飞行器与大气层之间的摩擦引起的对流加热以及作用于飞行器外形的表面压强组成。

　　在飞行中,气动阻力在制动返回舱中做的功严重加热飞行器表面,这取决于再入飞行器外形和下降轨道类型(即维持弹道式或升力式)的初始条件。因此,基于再入，飞行剖面之后是返回舱在大气层下降阶段必须承受的气动热环境。

由于相对低的再入速度，没有辐射热流驱动，仅采用对流热流。

从气动加热角度，飞行器热防护罩的两个临界区是所期望的。它们是热防护罩驻点（返回舱以零攻角飞行）和返回舱的边角（返回舱不以零攻角飞行），如图 4.18 所示[16-18]。

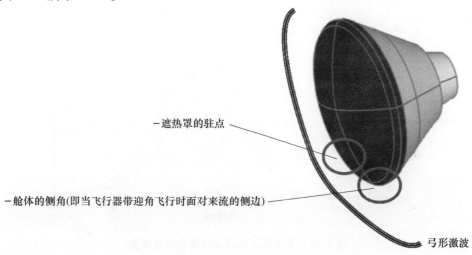

　─遮热罩的驻点

　─舱体的侧角（即当飞行器带迎角飞行时面对来流的侧边）

　弓形激波

图 4.18　CRV 热防护罩上期望的气动热临界区

在工程水平，仅考虑滞止区，而返回舱舱角落的气动热分析留给更准确的 CFD 分析，下文将讨论。

正如上面所讨论的，从工程的角度来看，存在一些可靠的关联方程来支持气体热力学设计评估，如 Scott 和 Fay – Riddell 关系式。

图 4.19 和图 4.20 所示为与 CRV 推荐的飞行方案相对应的气动热负载，图中分别显示了升力式（攻角 20°）和弹道式下降条件下驻点热流率随海拔高度的变化曲线。

NC、PC 和 FC 壁面边界条件下的所有热流密度和辐射系数等于 0.85，用来计算辐射平衡壁温。

图 4.19 显示，当 CRV 执行升力式再入，大约 372kW/m² 的热流峰值（ph）发生在 $H_{ph} = 62.3km$ 和 $M_{ph} = 21.8$ 条件下，假设热防护罩壁面是 FC。当 TPM 是 NC，其值为 245kW/m²；如果考虑 PCW 条件，返回舱驻点热流值为 275kW/m²。

另外，对于参考弹道轨迹，ENTRY 评估约 430kW/m² 热流峰值发生在 $H_{ph} = 57.0km$ 和 $M_{ph} = 19$ 条件下，热防护罩壁面是 FCW。当 TPM 是 NC，热流峰值为 280kW/m²。如果考虑 PCW 条件，返回舱驻点热流值为 325kW/m²。

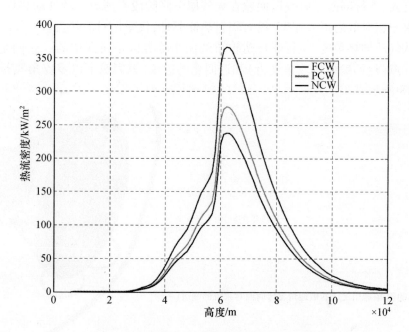

图 4.19　升力式再入的飞行器气动热环境

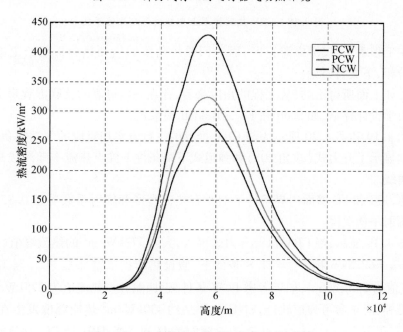

图 4.20　弹道式再入的飞行器气动热环境

当已知热流率剖面,就可以设计返回舱的热防护罩。事实上,气动热环境说明了使用的热防护系统(TPS)类型和大小。热流率峰值通常决定可能的 TPM 范围,而总热负荷决定了热防护罩的厚度和质量。

然而,两个图中的热流随时间变化,是不够详尽来设计 CRV 热防护罩。事实上,CFD 设计分析是必需的。因此,流动物理数学模型需要考虑的问题出现了。事实上,依赖于高度和马赫数,低密度和热化学非平衡效应是可以预期的,因为热激发和气体的化学反应发生足够缓慢(即有限速率化学反应)。

因此,需要评估 Knudsen(Kn)和 Damkohler(Da)两个无量纲量:

$$Kn_{\infty \mathrm{Lref}} = \frac{\lambda}{L_{\mathrm{ref}}} = \frac{\text{分子平均自由程}}{\text{参考长度}} \tag{4.60}$$

$$Da = \frac{t_{\mathrm{c}}}{t_{\mathrm{r}}} = \frac{\text{特征反应时间}}{\text{特征松弛时间}} \tag{4.61}$$

其中,松弛时间既指化学反应又指流动分子的内部自由度。

当 $t_{\mathrm{c}} \ll t_{\mathrm{r}}(Da \ll 1)$ 时,流动是化学冻结的,因为反应混合物没有足够的时间松弛。如果 $t_{\mathrm{c}} \gg t_{\mathrm{r}}(Da \approx 1)$,流动发展为热化学非平衡条件。

最后,当 $t_{\mathrm{c}} \gg t_{\mathrm{r}}$ 时,我们得到一个接近平衡的流动,因为反应混合物在时间 t_{c} 发展接近完全。

当然,ENTRY 不能预见飞行器整个流场的热化学状态。例如,为了确定流动的全局化学状态,需要比较相互的化学反应和局部流动的特征时间尺度,并且因为反应机理很复杂(多到 11 个反应),确认正确的化学时间尺度很重要。事实上,复杂的评估,如计算奇异摄动(CSP)方法,必须予以考虑。

所以为了简化,ENTRY 只考虑氮气和氧气离解以及沿着滞止流线氮气的振动弛豫:

$$\begin{cases} (Da)_{\mathrm{O}_2} = \dfrac{t_{\mathrm{c}}}{t_{\mathrm{D},\mathrm{O}_2}} = \dfrac{C_{\mathrm{O}_2} k_{\mathrm{f},\mathrm{O}_2}(T_2)}{V_2}\Delta \\[3mm] (Da)_{\mathrm{N}_2} = \dfrac{t_{\mathrm{c}}}{t_{\mathrm{D},\mathrm{N}_2}} = \dfrac{C_{\mathrm{N}_2} k_{\mathrm{f},\mathrm{N}_2}(T_2)}{V_2}\Delta \\[3mm] (Da)_{\mathrm{v},\mathrm{N}_2} = \dfrac{t_{\mathrm{c}}}{t_{\mathrm{v},\mathrm{N}_2}} = \dfrac{\Delta}{V_2 \cdot t_{\mathrm{v},\mathrm{N}_2}} \end{cases} \tag{4.62}$$

其中,Δ 为脱体距离;V_2 为弓形激波后的流动速度。

图 4.21 显示了 Kn 随驻点热流率的变化趋势,图 4.21(b)是氧气(O_2)和氮气(N_2)的 Da 随马赫数的变化曲线,同时也强调了热流峰值条件。

如图 4.21 所示,弹道式轨迹条件下的热流峰值预期在连续热化学平衡流动

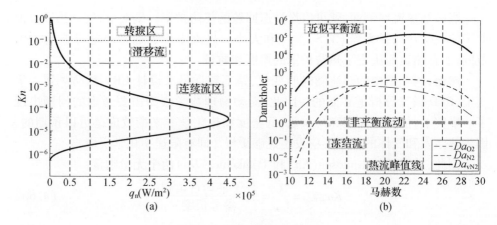

图 4.21 飞行器气动热环境

条件。

而且,返回舱在降落过程中会经历的真实气体效应,图 4.22 显示了叠加振动激发、离解、流体组分电离的再入轨迹,以及在 CRV 驻点的化学和热非平衡流动区域,如在 0.3 m 半径球体的滞止区空气化学反应中应用二进法原理所预期。

图 4.22 确认热流峰值发生在热化学平衡的区域 A,但非常接近热平衡和化学非平衡流动条件下的区域 B,此时氧气离解结束和氮气离解发生。由于从 LEO 任务返回的航天器再入速度较低,电离可以忽略。

图 4.22 也建议了流动混合物期望由 N_2、O_2、N、O、NO、NO^+ 和 e^- 7 种组分组成(即区域 Ⅲ)。但是为了简化,流经 CRV 流场的 CFD 仿真只考虑五种组分(即区域 Ⅱ)。

4.7.3 CRV 计算流场分析

数值方法是用来计算 CRV 周围的流场,从而提供不同自由流条件下有趣的高温效应对飞行器周围流动结构影响。事实上,真实气体热力学、输运性质和有限速率化学反应对激波和马赫波位置与形状、发射辐射,飞行器壁面的多相化学反应以及气动阻力产生明显的影响,从而影响飞行器的再入飞行。

注意:虽然图 4.22 提供了一些期望的趋势,但是详细的 CFD 气动热分析是必须的,它被用来建立流动的热化学状态,然后提供下降段返回舱周围流场的深层次信息,特别是在最关键飞行条件下(如轨迹热流峰值)。

有了这个概念,CRV 流场数值计算采用步进法,从理想气体模型开始模拟。因此,化学上首先考虑平衡条件下的流动,其次考虑非平衡条件下的流动。在后一种情况下,反应机理和化学动力学的影响都要考虑,例如,采用 Zeldovich 反应机理以及 Dunn – Kang 和 Park 动力学模型。最后,考虑热非平衡和壁面催化,从

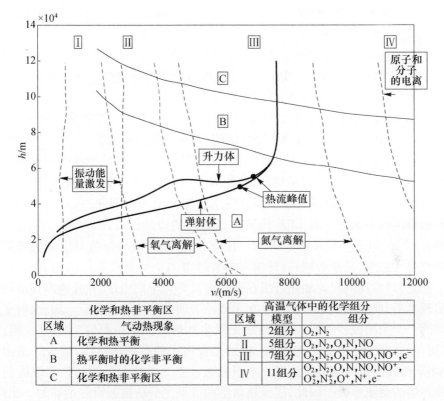

图 4.22　驻点流动区域和再入热化学现象

而提供一个完整的高温效应对 CRV 流场影响的概观。

特别地,在轨道自由流条件下计算得到二维轴对称和全三维 CFD 解,如表 4.4 所示。

表 4.4　CFD 计算的自由来流条件

高度/km	马赫数(-)	压强/Pa	温度/K	攻角/(°)
50	10	79.78	270.65	0
57	19	32.78	255.27	10
57	19	32.78	255.27	17.5
57	19	32.78	255.27	20
57	19	32.78	255.27	21
57	19	32.78	255.27	28
57	16	32.78	255.27	28
57	12	32.78	255.27	28

考虑了六个攻角(即 $0°,10°,17.5°,20°,21°$ 和 $28°$)。关于化学反应计算,远场假设由 79% 的氮气(N_2)和 21% 的氧气(O_2)组成。

所有的仿真假设在定常层流条件下进行。值得注意的是,返回舱 TPS 设计不在本工作考虑范围内。事实上,飞行器热防护罩设计说明了湍流平衡条件下的飞行器气动热评估是一个保守假设。

注意,稳态层流假设被证明是恰当的,当考虑再入方向为 $140 \sim 170°$,$Re_{\infty D} \leqslant 1.5 \times 10^6$ 下迎风面流动为完全层流,马赫数范围在 $1.6 \sim 4$ 之间的试验结果时。而且,在 $M_\infty = 10$ 条件下的 Arnold 工程发展中心(AEDC)风洞数据显示当 $Re_{\infty D} = 78.7 \times 10^6$ 时为层流特征,在约 $Re_{\infty D} = 146 \times 10^6$ 时背风面转捩开始,当 $Re_{\infty D} = 239.4 \times 10^6$ 时背风面最小部分完全转变为湍流。因此,在升力式和弹道式轨迹热流峰值条件下的 CRV 热防护罩流动期望是层流,因为最大 $Re_{\infty D}$ 接近 0.89×10^6,并且最小马赫数是 20.2。注意,边界层边缘马赫数对层流边界层稳定性有很大影响:马赫数越高,转捩雷诺数越高。

总之,异常高的层流加热等级在较高海拔再入早期出现,并且速度预计将超过湍流水平,此湍流水平可能发生在无烧蚀表面的热流峰值之后。而且,对于攻角下的一个类阿波罗外形,湍流预期先发生在热防护罩正面的"背风"一侧,接近"更冷"的角落。转捩的可能性,特别是在再入的高加热阶段,减少了是由于与 CRV 相关的短时间运行长度。本研究假设在热角落的层流加热等级将超过较冷角落的湍流等级。因此,层流热角落的气动热分析被假设是足够的。然而,烧蚀对转捩到湍流的影响是未知的,这个问题并没有在这个有限的研究中加以考虑。

特别地,返回舱气动热分析仅指前体热防护罩,此处如预期没有涡系统。因此,返回舱热流峰值条件下的稳态层流保守假设被证明是恰当的。

4.7.3.1 轴对称计算

大量二维轴对称计算被执行用来研究如图 4.15 所示的弹道式轨迹热流峰值条件下流过 CRV 的流场。流过飞行器流场的全局如图 4.23 所示,分别显示了前体流场的压强和平动温度云图。这些云图对应 $M_\infty = 19, H = 57$km 和 AoA $= 0°$ 条件,并且比较了理想气体模型和非平衡流动条件下的结果。

图 4.24 所示为沿滞止线评估的理想气体(PG)、平衡气体(EG)、NCW 的化学不平衡气体和 FCW 的化学不平衡气体无量纲温度剖面对比。图 4.23 和图 4.24 显示了激波层变薄,这是因为高温现象吸收热量,因此减少了有效比热比 γ。

可清楚看到,温度大到足够引起激波层内氧气的完全离解和氮气的部分离解。而且,温度峰值、脱体距离和平动温度的平衡趋势也不同。特别地,在化学

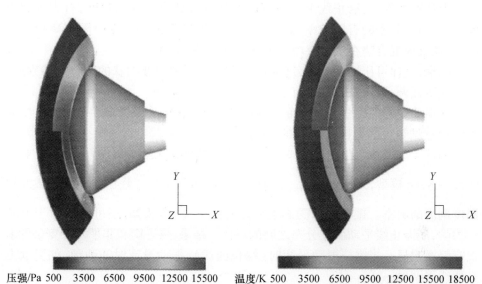

压强/Pa 500 3500 6500 9500 12500 15500
(a)

温度/K 500 3500 6500 9500 12500 15500 18500
(b)

图 4.23　$M_\infty = 19, H = 57\mathrm{km}$ 和 $\mathrm{AoA} = 0°$ 条件下静压和温度云图，
理想气体和非平衡计算结果对比

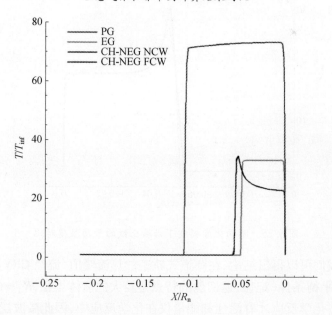

图 4.24　$M_\infty = 19, H = 57\mathrm{km}$ 和 $\mathrm{AoA} = 0°$ 条件下沿滞止线的静温对比

非平衡计算条件下,滞止线上的温度剖面在激波处有明显的间断,有大的超出值,这是由于分子的有限速率离解。因此,温度剖面强调根据有限速率化学反应,流动反应混合物在激波层内发展,然后在边界层内发展。

结果,气体可压缩性改变,这导致了飞行器周围激波形状的改变。特别地,如绿线所强调,该现象在平衡流动比非平衡流动更显著。

如果我们考虑化学动力学的影响,图 4.25 中所示为 Dunn – Kang 模型和 Park 模型结果中的无量纲温度剖面对比。

如图 4.25 所示,化学动力学略有改变脱体距离和温度峰值。当考虑对于 Dunn – Kang 模型,到达边界层之前流动平衡(如 $\frac{\partial T}{\partial x}=0$),差异也存在于激波层温度剖面的斜率。振动弛豫的影响可以在图 4.26 中获知,还可知道对于 Park 动力学,沿滞止线平动温度分布之间的对比。结果,热平衡和非平衡计算条件下仅有轻微差异。当维持振动平衡时(绿色曲线),振动没有时间弛豫,如温度上升曲线强调的一样。

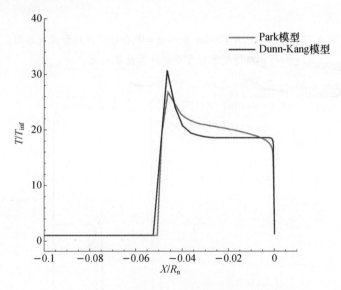

图 4.25　不同化学模型下沿滞止线的平动温度对比

因此,我们可以得出结论,在弹道式轨迹的热流峰值,流经 CRV 的流场特点是相当地热平衡条件(记住,返回舱的特点是较大的前体半径,$R_N = 6.05$m)。因此,刚过激波化学反应才有活性和能量仅在化学反应中,因此激波层出现了更低的平动温度。事实上,即使准确的函数相关性是未知的,大家都同意仅依赖于 T 的反应机理过多预估了离解量[19]。

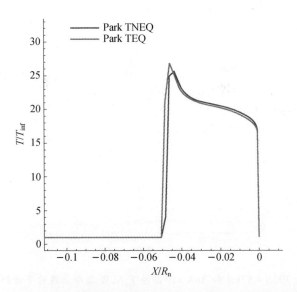

图 4.26　沿滞止线的平动温度,热平衡和非平衡条件下的对比,Park 动力学

图 4.27 中总结的结果也证实了热平衡条件,图中所示为平动和振动无量纲温度的对比。我们可以看出,除了穿过激波时,温度剖面几乎是重叠的,氮气分子的振动温度略微落后于平动温度。注意,T_v 的增加缓慢得多,因为它是密度相关的:能量转移需要一定数量碰撞的开始。特别地,O_2、NO 和 N_2 迅速平衡。关于反应机理的影响,图 4.28 与图 4.25 有相同的评估,但是在 Zeldovich 反应机理条件下。如图所示,通过数值结果,Zeldovich 反应机理高估了温度峰值和脱体距离。特别地,完整反应机理的温度剖面表明,激波层流场倾向平衡速度比 Park 和 Zeldovich 结果快。

4.7.3.2　三维计算

在三维计算框架下,考虑四个攻角(10°,17.5°,21°,28°)。现有 CFD 结果如图 4.29 ~ 图 4.41 所示,不同流场特征的云图在图中分别给出。例如,图 4.29 所示为 $M_\infty = 19$ 和 AoA = 21°条件下返回舱对称面和两个流场截面的静温云图以及返回舱表面的静压云图,考虑流动是反应气体混合物。也注意,展现的 CRV 是俯仰向下外形,因为对于钝头体,飞行器俯仰鼻部向上会在向下方向上造成升力,如第三章所讨论的,这也可在 CRV 气动分析中看出。

如图 4.29 所示,下降飞行器周围的 CRV 弓形激波结构也可看出。

图 4.30 所示为 $M_\infty = 19$,$H = 57$km 和 AoA = 21°条件下研究了氧原子(O)和氮原子(N)质量分数(右侧)的流场云图。如预期的一样,氧气完全离解。

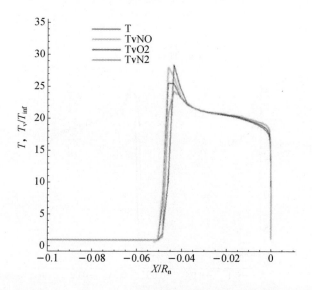

图 4.27　$M_\infty = 19, H = 57\text{km}$ 和 AoA $= 0°$ 条件下 NCW 沿滞止线的平动和振动温度对比

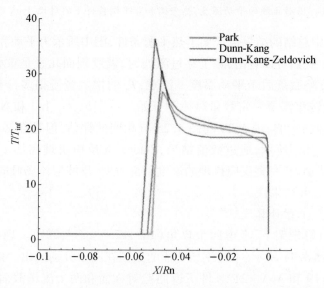

图 4.28　$M_\infty = 19, H = 57\text{km}$ 和 AoA $= 0°$ 条件下的平动和振动温度，
完全反应机制和 Zeldovich 模型沿滞止线的结果对比

图 4.31 所示为流动速度矢量面上的组分流场放大图,图中比较了弹道式返回条件下 FCW 的原子(上)和分子(下)组分质量分数。

图 4.32 所示为 $M_\infty = 19, H = 57\text{km}$ 和 AoA $= 10°$ 条件下 CRV 俯仰面的氧气质量分数和流线。如图所示,在此条件下,氧气如期望一样完全离解。

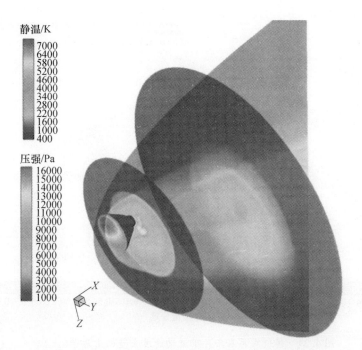

图 4.29　$M_\infty = 19, H = 57\text{km}$ 和 AoA $= 21°$ 条件下反应气体计算得到的 CRV
对称面和两个横截面上的静温场以及返回舱前体的静压云图

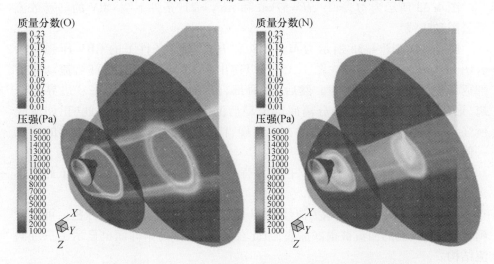

图 4.30　$M_\infty = 19, H = 57\text{km}$ 和 AoA $= 21°$ 条件下 CRV 对称面和两个
横截面上的氧原子和氮原子(右)质量分数流场云图以及返回舱前体静压云图

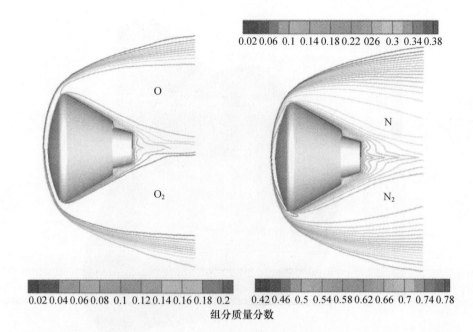

0.02 0.04 0.06 0.08 0.1 0.12 0.14 0.16 0.18 0.2   0.42 0.46 0.5 0.54 0.58 0.62 0.66 0.7 0.74 0.78

组分质量分数

图4.31　弹道式再入条件下流动速度矢量面上原子(上)和
分子(下)组分的质量分数对比

图4.33所示为$M_\infty = 19, H = 57 \mathrm{km}$和AoA$= 21°$条件下绕CRV的马赫数流场云图和流线。

图4.34和图4.35所示为$M_\infty = 19$和$H = 57 \mathrm{km}$条件下的CRV压强流场云图和流线。看图4.33~图4.35,可以得出当CRV以攻角飞行时,流动在前部返回舱角落被高度压缩。然后,在肩部,流动转向并急剧膨胀。边界层分离,形成自由剪切层,这会分离底部流动后面的内在回流区。因此,正如流线所强调的,尾流以高度不对称的方式发展,伴随着分离泡局限于航天器的背风一侧。

图4.35所示为攻角对CRV前体压强分布(Pa)的影响,因此强调了此类再入外形的高压阻大气减速特征。

图4.36和图4.37所示为流经CRV的三维流场流线,由静温标色。可以看到,CRV背风面的回流被很好捕获,因此在图4.34中的俯仰面也显示了三维涡流结构。

关于返回舱的静稳定性,图4.38~图4.41所示为不同攻角和马赫数下声速线位置的转换。图4.38所示为四种情况下的声速线位置,包括两个不同马赫数(即10,19)以及CFD计算中考虑的所有攻角(即0°,10°,21°,28°)。

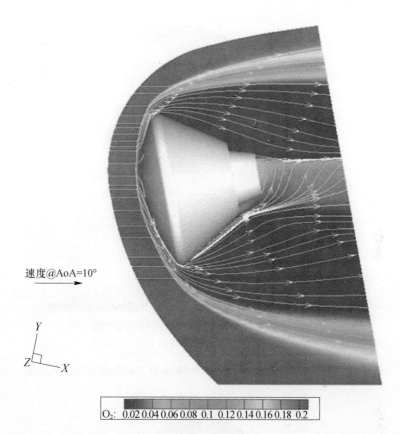

图 4.32 $M_\infty = 19, H = 57\mathrm{km}$ 和 $\mathrm{AoA} = 10°$ 条件下氧气质量分数云图和流线

可见,返回舱周围的声速线位置和形状显著由自由流马赫数、高度和攻角决定,因此强调返回舱的高度条件在下降飞行阶段被高度影响。为了研究有限速率化学反应的影响,图 4.39 对 $M_\infty = 16$ 和 $M_\infty = 19$ 条件下 PG 和 RG 计算获取的声速线进行了对比,图中也显示了不同化学动力学对声速线位置的影响。

在两种情况下,值得强调的是,对于 PG 解,几乎整个 CRV 周围流场是完全亚声速的,结果都是高压强分布。因此,随着因为化学反应引起的声速线移动,流动趋向于完全超声速,压强减小,因此确定俯仰力矩,然后配平攻角受高温真实气体效应的影响。值得注意的是,为了得到静稳定性配平,C_{Mz} 的斜率在配平时必须是负的(即 $C_{\mathrm{M\alpha}} = \dfrac{\partial C_{\mathrm{Mz}}}{\partial \alpha} < 0$)。特别地,返回舱后体绿线和蓝线之间的不同强调了 $M_\infty = 19$ 时俯仰力矩系数估计受化学动力学的影响,然而当返回舱在

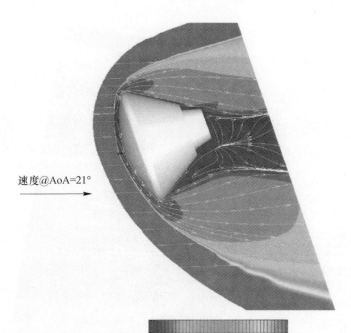

速度@AoA=21°

马赫数: 0.5 3.5 6.5 9.5 12.5 15.5 18.5

图 4.33 $M_\infty = 19, H = 57\text{km}$ 和 $\text{AoA} = 21°$ 条件下的马赫数云图和流线

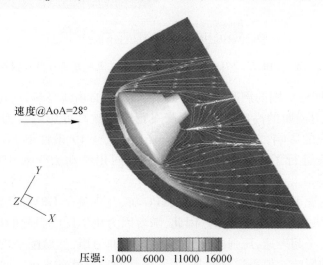

速度@AoA=28°

压强: 1000 6000 11000 16000

图 4.34 $M_\infty = 19, H = 57\text{km}$ 和 $\text{AoA} = 28°$ 条件下反应气体计算得到的压强流场云图(Pa)和流线

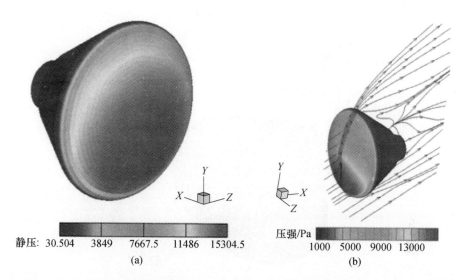

静压: 30.504 3849 7667.5 11486 15304.5

(a)

压强/Pa 1000 5000 9000 13000

(b)

图 4.35　$M_\infty = 19$ 和 $H = 57$km 条件下反应气体计算得到的攻角分别为 $10°$(a)和
$28°$(b)下的返回舱表面压强分布(Pa)云图和流线

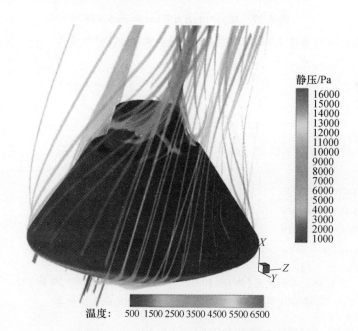

静压/Pa

16000
15000
14000
13000
12000
11000
10000
9000
8000
7000
6000
5000
4000
3000
2000
1000

温度:　500 1500 2500 3500 4500 5500 6500

图 4.36　$M_\infty = 19$, $H = 57$km 和 AoA $= 28°$
条件下反应气体计算得到的压强云图(Pa)和流线

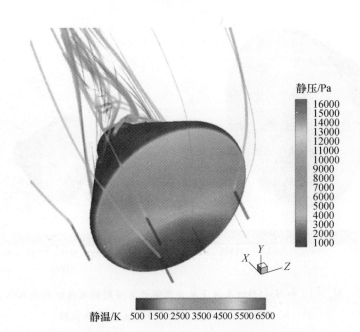

静压/Pa

16000
15000
14000
13000
12000
11000
10000
9000
8000
7000
6000
5000
4000
3000
2000
1000

静温/K　500 1500 2500 3500 4500 5500 6500

图 4.37　$M_\infty = 19, H = 57\mathrm{km}$ 和 $\mathrm{AoA} = 28°$
条件下反应气体计算得到的压强云图(Pa)和流线

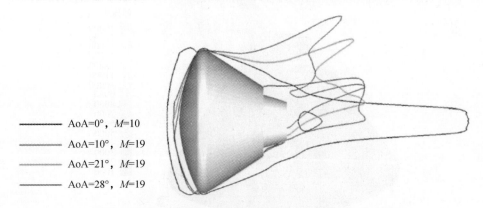

—— AoA=0°，M=10
—— AoA=10°，M=19
—— AoA=21°，M=19
—— AoA=28°，M=19

图 4.38　不同攻角(即 0°、10°、21°和 28°)和马赫数(即 10 和 19)
条件下返回舱俯仰面上声速线位置,反应气体计算

$M_\infty = 16$ 飞行时,如预期一样没有不同(图 4.39)。

图 4.40 所示为不同马赫数(即 $M_\infty = 12, 16$ 和 19)和相同攻角($\mathrm{AoA} = 28°$)下 CRV 的声速线,因此研究了马赫数的影响。$M_\infty = 12$ 时的声速线强调,在这

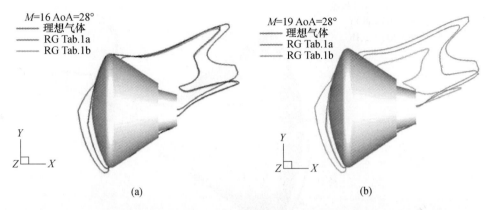

图 4.39　AoA = 28°(即 152°)条件下返回舱俯仰面上声速线位置,H_∞ = 57km 条件下
M_∞ = 16(a)和 M_∞ = 19(b)PG 和 RG 计算结果对比,RG Tab. 1a
对应 Dunn – Kang 模型,而 Tab. 1b 对应 Park 的动力学

个条件下,如预期,返回舱前体对俯仰力矩系数的贡献更小。因此,声速线移动导致俯仰力矩和配平攻角移动,并且决定返回舱重心位置,在再入过程中飞行器的静不稳定区域可以被期望。

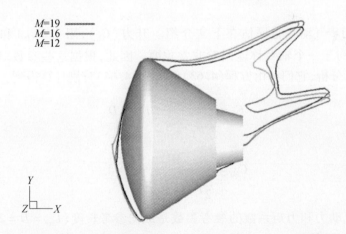

图 4.40　AoA = 28°(即 152°)和 H_∞ = 57km 条件下返回舱俯仰面
声速线位置,马赫数为 12、16 和 19 的反应气体计算结果对比

最后,就反应机理影响而言,使用 Zeldovich 模型,图 4.41 所示为 M_∞ = 19 时的声速线与完全反应机制下的声速线对比。从图中可见,使用 Zeldovich 模型计算得到的声速线与完全反应机理相差很少。

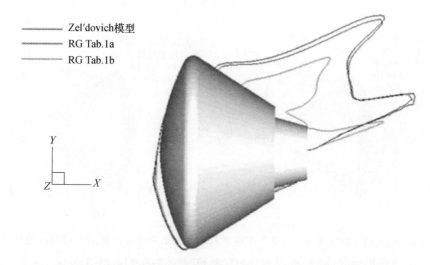

图 4.41　AoA $= 28°$、$M_\infty = 19$ 和 $H_\infty = 57km$ 条件下 CRV 俯仰面
声速线位置,Zeldovich 模型反应机制结果,RG Tab.1a 对应 Dunn - Kang 模型,
而 Tab.1b 对应 Park 的动力学模型

4.8　CRV 气动分析

CRV 初步气动性能评估在下文介绍。升力(C_L),阻力(C_D)和俯仰力矩(C_{My})系数对于一个轴对称返回舱非常重要。因此,根据这些参数对飞行器气动性能进行分析,它们可由方程(4.63)和方程(4.64)分别计算得到:

$$C_i = \frac{F_i}{\frac{1}{2}\rho_\infty v_\infty^2 S_{ref}} \quad i = L, D \tag{4.63}$$

$$C_{Mj} = \frac{M_j}{\frac{1}{2}\rho_\infty v_\infty^2 L_{ref} S_{ref}} \quad j = Y \tag{4.64}$$

用来计算气动力和力矩系数的参考参数是纵向参考长度($L_{ref} = D = 2R_b$),等于返回舱的直径(例如,5.0m),特征面积($S_{ref} = \pi R_b^2 = 19.6m^2$)等于 CRV 的最大横截面积。俯仰力矩计算的极坐标是(0,0,0)m(即飞行器鼻部)和飞行器 CoG($x/D = 0.26$, $y/D = 0.0353$, $z/D = 0$)。

图 4.15 所示为再入飞行器的方案,CRV 气动数据库(AEDB)从以下范围获取:

(1) $3 < M < 24$ [3,4,8,12,16,20,24]。

（2）$130° < \alpha < 180°$［$130, 135, 140, 143, 145, 147, 150, 155, 160, 165, 170, 175, 180$］。

（3）$10^5 < Re < 10^7$［$0.1, 0.5, 1, 5, 10$］$\times 10^6$。

（4）$\beta = 0°$。

这里不考虑侧向分析。

4.8.1　CRV 气动工程评估

再入时，返回舱进入地球大气层很深，飞行时间的大部分以高超声速飞行。在这些条件下，力是由压强效应、黏性和其他效应所主导，如底阻，只占总数的约百分之十。因此，CRV 空气动力学的早期评估，可以实现多个工程评估。的确，流动可以近似为非黏性的，表面倾斜方法可以使用修正牛顿理论（MN）。基于这些理论，考虑图 4.42 显示的 CRV 外模线（OML）。

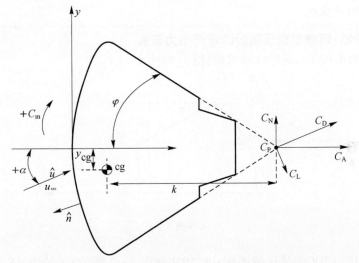

图 4.42　表面撞击法空气动力学中使用的返回舱 OML

假设自由流粒子只影响机体的正面，不能围绕机体，MN 理论指出，压强系数（C_p）是：

$$C_p = C_{pt2}(\hat{u} \cdot \hat{n})^2 \qquad (4.65)$$

式中，C_{pt2} 为滞止点压强系数；$\hat{u}$ 为速度单位矢量；$\hat{n}$ 为壁面外法线，飞行器阴影处表面忽略（即 $C_p = 0$）。

因此考虑真实气体效应，方程（4.1）建议压强系数变为：

$$C_p = (2 - \varepsilon)(\hat{u} \cdot \hat{n})^2 \qquad (4.66)$$

通过在整个飞行器表面对方程(4.66)积分,可以估计零升和攻角情况下作用在飞行器上的气动力。

4.8.1.1 CRV 零升气动力

当 $\alpha = 0°$,压强系数为:

$$C_p = (2 - \varepsilon)(\hat{u} \cdot \hat{n})^2 = (2 - \varepsilon) \operatorname{sen}^2 \theta = (2 - \varepsilon) \cos^2 \varphi \tag{4.67}$$

式中,θ 为当地机体倾斜角;φ 为体极角(见注释框)。

因此,CRV 的零升阻力系数是:

$$C_{D0} = \frac{(2 - \varepsilon)}{2}(1 + \cos^2 \varphi) \tag{4.68}$$

式中,$\varphi = \operatorname{sen}^{-1}\left(\dfrac{R_b}{R_N}\right)$ 是返回舱的截头锥体角(即 33°)且 $\varepsilon = \left(\dfrac{\rho_1}{\rho_2}\right)$ 是驻点处弓形激波前后的密度比。

注释框:阿波罗型返回舱的零升阻力系数

方程(4.68)的求导在这里略述(注释图 4 - 1):

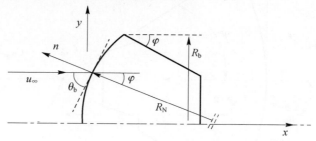

注释图 4 - 1

作用在 CRV 前体区域面积 dA(如注释图 4 - 2 所示)上的力 dF 为

$$dF = -(p - p_\infty)dA\hat{n} = -q_\infty C_p dA\hat{n}$$

因此,作用在 dA 上的阻力 dD 为:

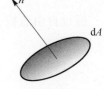

$$dD = dF \cdot \tilde{u}_\infty = -q_\infty C_p dA(-\cos\varphi\hat{i} + \operatorname{sen}\varphi\hat{j}) \cdot \hat{i}$$

$$= q_\infty C_p \cos\varphi dA = q_\infty C_{pt2} \cos^3 \varphi dA$$

所以,作用在 CRV 上的阻力 D 为(注释图 4 - 3):

注释图 4 - 2

$$D = \iint_{\text{forebody}} dD = C_{pt2} q_\infty \iint_{fs} \cos^3 \varphi dA = 2C_{pt2} q_\infty \times \int_0^\pi \left(R_N^2 \int_0^\varphi \cos^3 \delta \operatorname{sen}\delta d\delta\right) d\eta$$

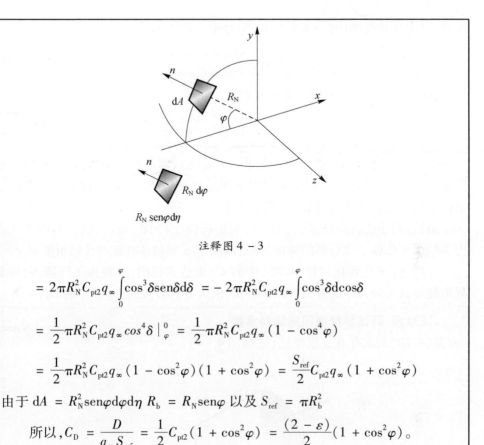

注释图 4 – 3

$$= 2\pi R_N^2 C_{pt2} q_\infty \int_0^\varphi \cos^3\delta \mathrm{sen}\delta \mathrm{d}\delta = -2\pi R_N^2 C_{pt2} q_\infty \int_0^\varphi \cos^3\delta \mathrm{d}\cos\delta$$

$$= \frac{1}{2}\pi R_N^2 C_{pt2} q_\infty \cos^4\delta \Big|_\varphi^0 = \frac{1}{2}\pi R_N^2 C_{pt2} q_\infty (1 - \cos^4\varphi)$$

$$= \frac{1}{2}\pi R_N^2 C_{pt2} q_\infty (1 - \cos^2\varphi)(1 + \cos^2\varphi) = \frac{S_{ref}}{2}C_{pt2} q_\infty (1 + \cos^2\varphi)$$

由于 $\mathrm{d}A = R_N^2 \mathrm{sen}\varphi \mathrm{d}\varphi \mathrm{d}\eta$ $R_b = R_N \mathrm{sen}\varphi$ 以及 $S_{ref} = \pi R_b^2$

所以，$C_D = \dfrac{D}{q_\infty S_{ref}} = \dfrac{1}{2}C_{pt2}(1 + \cos^2\varphi) = \dfrac{(2-\varepsilon)}{2}(1 + \cos^2\varphi)$。

4.8.1.2 CRV 攻角气动力

我们都知道，如果返回舱的对称轴线与速度矢量不一致（即攻角不为零）就产生升力。这种不对称配平条件通过从返回舱轴线移动 CoG 来形成。特别地，静稳定性通过从返回舱轴线移动 CoG 来满足。特别地，CRV 热防护罩向前的静稳定性配平高度通过把飞行器 CoG 置于靠近返回舱钝面来产生（图 4.42）。

当返回舱以攻角 α 飞行时，飞行器壁面流动的压强系数为：

$$C_p = (2-\varepsilon)(\hat{u} \cdot \hat{n})^2 = (2-\varepsilon)(\cos\alpha\cos\varphi + \mathrm{sen}\alpha\mathrm{sen}\varphi)^2 \tag{4.69}$$

所以，当 $\alpha < \varphi$（即侧壁面被遮蔽），轴向力和法向力系数分别是：

$$C_A = \frac{2-\varepsilon}{2}\Big[\cos^2\alpha(1 + \cos^2\varphi) + \frac{1}{2}\mathrm{sen}^2\alpha\mathrm{sen}^2\varphi\Big] \tag{4.70}$$

$$C_N = \frac{2-\varepsilon}{2}\cos\alpha\mathrm{sen}\alpha\mathrm{sen}^2\varphi \tag{4.71}$$

因此,一定攻角范围内的 CRV 升力、阻力和升阻比是:

$$\frac{C_{\mathrm{L}}}{C_{\mathrm{D}}} = \frac{C_{\mathrm{N}}\cos\alpha - C_{\mathrm{A}}\mathrm{sen}\alpha}{C_{\mathrm{N}}\mathrm{sen}\alpha + C_{\mathrm{A}}\cos\alpha} \tag{4.72}$$

而且,由飞行器 CG 的俯仰力矩平衡有:

$$C_{\mathrm{mcg}} = \frac{1}{c}(y_{\mathrm{cg}}C_{\mathrm{A}} - kC_{\mathrm{N}}) \tag{4.73}$$

式中,$c = L_{\mathrm{ref}}$ 为俯仰力矩的无量纲长度和 k 是飞行器的静稳定裕度,预计将受到真实气体效应的影响,从而影响配平角和反过来影响 CRV 本身的飞行剖面,这是由于航天器较低的气动效率(图 4.42)。

结果,对于很高马赫数(大于 5),表面碰撞法(SIM)指出,航天器的空气动力学特征不依赖于飞行器的速度,而是取决于 α 和机体外形的几何角度 φ。

特别地,注意到在方程(4.72)中的 C_{L} 表达式指出,对钝头飞行器,俯仰鼻部抬起导致方向向下的升力,即 $L/D < 0$,因为它们有大的 C_{A} 和小的 C_{N}。

注释框:阿波罗型返回舱轴向系数

方程(4.70)的求导在这里略述(注释图 4 – 4):

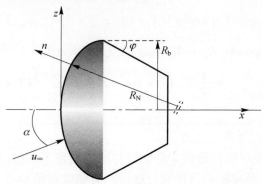

注释图 4 – 4

作用在 CRV 前体区域面积 $\mathrm{d}A$ 上的轴向力 $\mathrm{d}X$ 为:

$$\mathrm{d}X = \mathrm{d}\boldsymbol{F} \cdot \hat{i} = q_{\infty}C_{\mathrm{p}}\cos\phi\,\mathrm{d}A$$

注意

$$\hat{u}_{\infty} = \cos\alpha\hat{i} + \mathrm{sen}\alpha\hat{k}$$

$$\hat{n} = -\cos\varphi\hat{i} + \mathrm{sen}\varphi\hat{k}$$

因此

$$C_{\mathrm{p}} = C_{\mathrm{pt2}}(\hat{u} \cdot \hat{n})^2 = C_{\mathrm{pt2}}(\cos\alpha\cos\varphi + \mathrm{sen}\alpha\mathrm{sen}\varphi)^2$$

$$= (2 - \varepsilon)(\cos\alpha\cos\varphi + \mathrm{sen}\alpha\mathrm{sen}\varphi)^2$$

所以,作用在 CRV 上的轴向力为

$$X = \iint\limits_{\mathrm{forebody}} \mathrm{d}X = C_{\mathrm{pt2}}q_\infty \iint\limits_{fs} \cos\varphi(\cos\alpha\cos\varphi + \mathrm{sen}\alpha\mathrm{sen}\varphi)^2 \mathrm{d}A$$

$$= 2C_{\mathrm{pt2}}q_\infty \int_0^\pi (R_\mathrm{N}^2 \int_0^\varphi \cos\delta(\cos\alpha\cos\delta + \mathrm{sen}\alpha\mathrm{sen}\delta)^2 \mathrm{sen}\delta\mathrm{d}\delta)\mathrm{d}\eta$$

$$= 2\pi R_\mathrm{N}^2 C_{\mathrm{pt2}}q_\infty \int_0^\varphi (\cos\alpha\cos\delta + \mathrm{sen}\alpha\mathrm{sen}\delta)^2 \cos\delta\mathrm{sen}\delta\mathrm{d}\delta$$

$$= \frac{1}{2}\pi R_\mathrm{N}^2 C_{\mathrm{pt2}}q_\infty \left[\cos^2\alpha(1 - \cos^4\varphi) + \frac{1}{2}\mathrm{sen}^2\alpha\mathrm{sen}^4\varphi \right]$$

$$= \frac{S_{\mathrm{ref}}}{2} C_{\mathrm{pt2}}q_\infty \left[\cos^2\alpha(1 + \cos^2\varphi) + \frac{1}{2}\mathrm{sen}^2\alpha\mathrm{sen}^2\varphi \right]$$

由于 $\mathrm{d}A = R_\mathrm{N}^2\mathrm{sen}\varphi\mathrm{d}\varphi\mathrm{d}\eta$, $R_\mathrm{b} = R_\mathrm{N}\mathrm{sen}\varphi$ 和 $S_{\mathrm{ref}} = \pi R_\mathrm{b}^2$

　　所以,有

$$C_\mathrm{A} = \frac{X}{q_\infty S_{\mathrm{ref}}} = \frac{C_{\mathrm{pt2}}}{2} \left[\cos^2\alpha(1 + \cos^2\varphi) + \frac{1}{2}\mathrm{sen}^2\alpha\mathrm{sen}^2\varphi \right]$$

$$= \frac{(2 - \varepsilon)}{2} \left[\cos^2\alpha(1 + \cos^2\varphi) + \frac{1}{2}\mathrm{sen}^2\alpha\mathrm{sen}^2\varphi \right]$$

注释框:阿波罗型返回舱法向系数

方程(4.71)的求导如下(注释图 4 - 5):

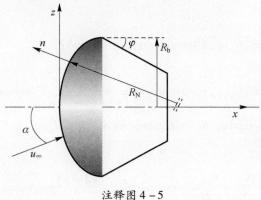

注释图 4 - 5

作用在 CRV 前体区域面积 dA 上的法向力 dN 为：

$$dN = d\boldsymbol{F} \cdot \hat{k} = q_\infty C_{\mathrm{p}}\,\mathrm{sen}\varphi\,dA$$

注意

$$\hat{u}_\infty = \cos\alpha\hat{i} + \mathrm{sen}\alpha\hat{k}$$

$$\hat{n} = \begin{cases} -\cos\varphi\hat{i} + \mathrm{sen}\varphi\hat{k} & \text{第二象限} \\ -\cos\varphi\hat{i} - \mathrm{sen}\varphi\hat{k} & \text{第三象限} \end{cases}$$

因此

$$C_{\mathrm{p}} = C_{\mathrm{pt2}}(\hat{u} \cdot \hat{n})^2 = C_{\mathrm{pt2}}(\cos\alpha\cos\varphi + \mathrm{sen}\alpha\,\mathrm{sen}\varphi)^2$$

$$= (2 - \varepsilon)(\cos\alpha\cos\varphi + \mathrm{sen}\alpha\,\mathrm{sen}\varphi)^2$$

因此，作用在 CRV 上的法向力 N 为：

$$N = \iint\limits_{\text{forebody}} dN = C_{\mathrm{pt2}} q_\infty \iint\limits_{\text{fs}} \mathrm{sen}\varphi(\cos\alpha\cos\varphi + \mathrm{sen}\alpha\,\mathrm{sen}\varphi)^2 dA$$

$$= 2C_{\mathrm{pt2}} q_\infty \int_0^\pi \left(R_{\mathrm{N}}^2 \int_0^\varphi (\cos\alpha\cos\delta + \mathrm{sen}\alpha\,\mathrm{sen}\delta)^2 \mathrm{sen}^2\delta\,d\delta \right) d\eta$$

$$= \pi R_{\mathrm{N}}^2 C_{\mathrm{pt2}} q_\infty \int_0^\varphi (\cos\alpha\cos\delta + \mathrm{sen}\alpha\,\mathrm{sen}\delta)^2 \mathrm{sen}^2\delta\,d\delta -$$

$$\pi R_{\mathrm{N}}^2 C_{\mathrm{pt2}} q_\infty \int_0^\varphi (-\cos\alpha\cos\delta + \mathrm{sen}\alpha\,\mathrm{sen}\delta)^2 \mathrm{sen}^2\delta\,d\delta$$

$$= \pi R_{\mathrm{N}}^2 C_{\mathrm{pt2}} q_\infty \left(4\cos\alpha\,\mathrm{sen}\alpha \int_0^\varphi \mathrm{sen}^3\delta\cos\delta\,d\delta \right)$$

$$= \pi R_{\mathrm{N}}^2 C_{\mathrm{pt2}} q_\infty \left(4\cos\alpha\,\mathrm{sen}\alpha \int_0^\varphi \mathrm{sen}^3\delta\,d\,\mathrm{sen}\delta \right)$$

$$= \pi R_{\mathrm{N}}^2 C_{\mathrm{pt2}} q_\infty \cos\alpha\,\mathrm{sen}\alpha\,\mathrm{sen}^4\varphi = \frac{1}{2} C_{\mathrm{pt2}} q_\infty S_{\mathrm{ref}} \cos\alpha\,\mathrm{sen}\alpha\,\mathrm{sen}^2\varphi$$

由于 $dA = R_{\mathrm{N}}^2\,\mathrm{sen}\varphi\,d\varphi\,d\eta$，$R_{\mathrm{b}} = R_{\mathrm{N}}\,\mathrm{sen}\varphi$ 和 $S_{\mathrm{ref}} = \pi R_{\mathrm{b}}^2$。

所以，有

$$C_{\mathrm{N}} = \frac{N}{q_\infty S_{\mathrm{ref}}} = \frac{C_{\mathrm{pt2}}}{2}\cos\alpha\,\mathrm{sen}\alpha\,\mathrm{sen}^2\varphi = \frac{(2 - \varepsilon)}{2}\cos\alpha\,\mathrm{sen}\alpha\,\mathrm{sen}^2\varphi$$

阻力和升力系数的表达式有如下关系：

$$C_D = C_{D0} + 12(1 - C_{D0})\sin^2\frac{\alpha}{2} - 6(6 - 5C_{D0})\sin^4\frac{\alpha}{2} + 4(6 - 5C_{D0})\sin^6\frac{\alpha}{2}$$

$$(4.74)$$

$$C_L = \left[2(1 - C_{D0}) - \left(3 - \frac{5}{2}C_{D0}\right)\sin^2\alpha\right]\sin\alpha \qquad (4.75)$$

而且，通过飞行器热防护罩鼻部俯仰力矩平衡有：

$$C_{m_{nose}} = -\frac{x_{cp}}{L_{ref}}C_N = -\frac{2 - \varepsilon}{2L_{ref}}x_{cp}\cos\alpha\sin\alpha\sin^2\varphi \qquad (4.76)$$

式中，x_{cp} 为飞行器压心（c_p）的横坐标，它受真实气体效应的影响。

图 4.43 所示为 $130° \leqslant \alpha \leqslant 180°$ 范围内升力、阻力、气动效率和俯仰力矩系数曲线（注意，AoA 从返回舱顶点测量，就像过去阿波罗指挥舱一样）。

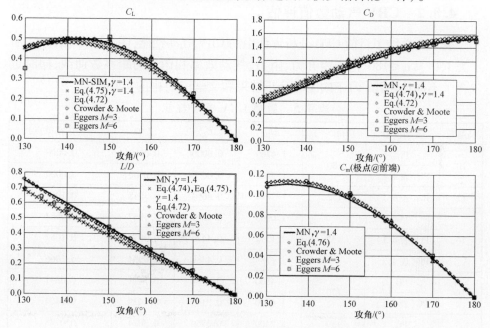

图 4.43　升力、阻力、L/D 比和俯仰力矩系数随攻角的变化趋势，理论、数值和试验数据对比

特别地，返回舱的热防护罩鼻部被假设为力矩计算的极点（即 0,0,0）。

图 4.43 收集了用面元法和修正牛顿理论（MN）的 SIM 评估获取的 CRV 气动力系数。一些实验结果（即 Crowder 和 Moote）和数值数据（即 Eggers）也被提供，是为了突出结果的准确性[20]。可以看到，理论、实验和数值数据吻合得很

好,因此确认基于工程的估计是一个可靠的设计工具,以初步评估返回舱的气动性能。

4.8.1.3 前热防护罩俯仰面压强分布

前部热防护罩俯仰面压强分布(p_w)(图4.48)可以由方程(4.67)进行评估:

$$\frac{p_w}{p_{t2}} = \sin^2\theta + \frac{p_\infty}{p_{t2}}\cos^2\theta = \cos^2\varphi + \frac{p_\infty}{p_{t2}}\text{sen}^2\varphi \tag{4.77}$$

假定边界层边缘的所有气体粒子具有相同的熵,$\dfrac{p_\infty}{p_{t2}}$可由等熵膨胀来评估:

$$\frac{p_\infty}{p_{t2}} = \frac{2\left[2\left(2\gamma - \dfrac{\gamma-1}{M_\infty^2}\right)\right]^{\frac{1}{\gamma-1}}}{M_\infty^2(\gamma+1)^{\frac{\gamma+1}{\gamma-1}}} \tag{4.78}$$

4.8.2 CRV 气动数值评估

表4.5总结了目前CFD分析评估中的CRV气动性能,图4.44～图4.47所示为$150° \leqslant \alpha \leqslant 180°$范围内升力、阻力、气动效率和俯仰力矩系数曲线,同时也包含了不同比热比(γ)下的工程分析结果和文献[20]中的实验数据。

表 4.5　数值 CRV 气动性能

马赫数	流动模型	功角/(°)	C_D	C_L	L/D	C_m(前端极点)
10	PG	180	1.4760	0.0000	0.0000	0.0000
	PG(表4.1)		1.5300	0.0000	0.0000	0.0000
12	PG(表4.1)	152	1.1814	0.4664	0.3948	0.1064
16	PG	152	1.0965	0.4339	0.3957	0.0964
	PG(表4.1)		1.1392	0.4479	0.3932	0.1067
	PG(表4.2)		1.1389	0.4480	0.3934	0.1066
19	PG	170	1.4300	0.2104	0.1471	0.0341
	PG(表4.1)		1.5000	0.2143	0.1429	0.0424
19	PG	159	1.2400	0.3750	0.3024	0.0733
	PG(表4.1)	162.5	1.3800	0.3437	0.2491	0.0728
19	PG	152	1.0940	0.4328	0.3956	0.0956
	PG(表4.1)		1.1315	0.4456	0.3938	0.1060
	PG(表4.2)		1.1386	0.4541	0.3988	0.1008

注:PG为理想气体,RG为反应气体

如表4.5所示,CFD结果包含Dunn-Kang和Park化学动力学模型,为了研

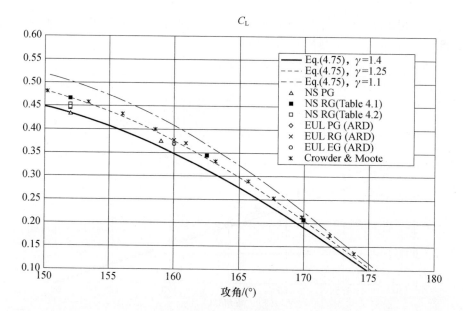

图 4.44　升力系数

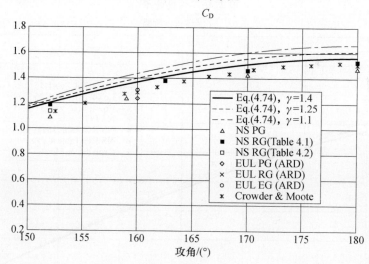

图 4.45　阻力系数

究有限速率化学反应对 CRV 气动性能的影响。事实上,总结在表 4.5 中的结果强调,从空气动力学的角度,在使用 Dunn - Kang 或 Park 化学动力学模型时没有非常显著差异。

并且,图 4.44 ~ 图 4.47 的结果比较显示,尽管表面碰撞方法(MN)简单,基于工程的方法提供了 CRV 气动效率相对精确的估计。然而,MN 理论解的偏离对于升力和阻力系数的范围为 10% ,而对于俯仰力矩范围为 20% ,因此真实气体效应对返回舱的配平条件有很大的影响。

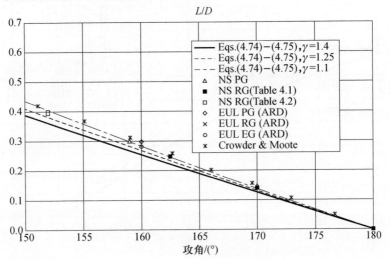

图 4.46　气动效率

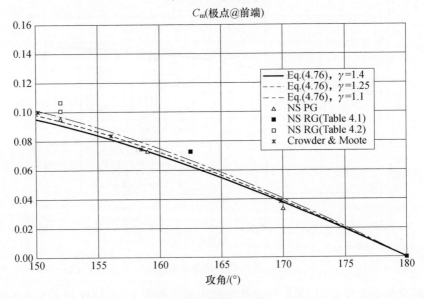

图 4.47　俯仰力矩系数

图 4.48 显示了工程、实验和 CFD 结果的比较。该图显示了四个攻角下(即 $0°,10°,20°$ 和 $28°$)返回舱俯仰面前热防护罩 MN 理论、目前 CFD 计算和文献 [20]中风洞(WT) 试验获取的压强比 p_w/p_{t2} 的对比。

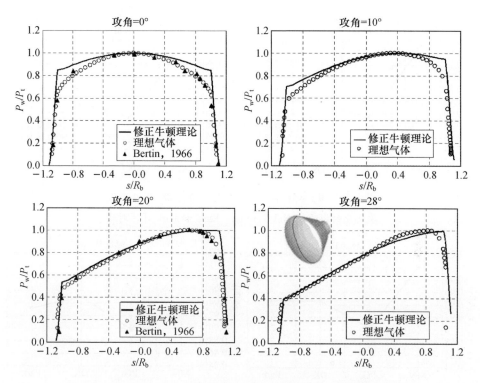

图 4.48　四个攻角下(即 0°,10°,20° 和 28°)返回舱俯仰面的
压强分布,MN、目前 CFD 结果和风洞数据对比

实验数据是指在阿诺德工程和发展中心(AEDC)的风洞 C 中执行的自由流
马赫数为 10.18,雷诺数 $R_{\infty D} = 1.1 \times 10^{6}$,AoA = 0° 和 20° 的一个试验。可以看
出,数值、实验和理论数据在所有的攻角下都吻合得相当好。注意,接近返回舱
角落(即 $s/R_{b} = 0.965$),数值和修正牛顿压强之间存在差异,这是由于返回舱前
部是一个被截球冠。

这意味着流向速度梯度必须相对较大(即高于一个完整半球的值),这是为
了在返回舱角落产生声速流。结果,如预期一样,局部热流也越来越大。

就化学动力学效应而言,图 4.49 所示为 $M_{\infty} = 16$ 和 $M_{\infty} = 19$ 时 PG 和 RG
计算的 MN 和 CFD 结果中升力和阻力系数的对比。图 4.50 为俯仰力矩系数的
对比。

图 4.49 证实了对于两个马赫数,如果它们被限制在 MN 和 PG 评估之间,则
MN 结果代表一个可靠估计。

而且,左图强调当 $M_{\infty} = 16$ 时,如预期一样,从 Dunn - Kang 到 Park 动力学,
气动力系数没有差异。

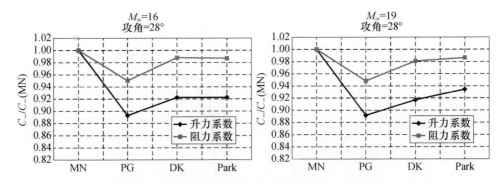

图 4.49　$M_\infty = 16$ 和 $M_\infty = 19$ 时攻角为 28°条件下化
学反应的影响，MN、PG、Dunn–Kang 和 Park 计算对比

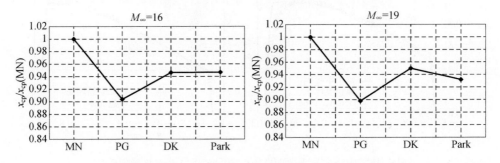

图 4.50　$M_\infty = 16$ 和 $M_\infty = 19$ 时攻角为 28°条件下化
学反应对 x_{cp} 的影响，MN、PG、Dunn–Kang 和 Park 计算对比

　　相反，当 $M_\infty = 19$ 时，通过 DK 和 Park 动力学从 PG 开始，升力和阻力系数都增加了。通过观察，C_L 和 C_m 值的差异分别约为 2% 和 5%。图 4.50 证实了这些结论，图中 CRV 压心（x_{cp}）的横坐标关于 MN 估计值进行无量纲化。

　　C_p 在滞止区增加，在 CRV 的剩余表面减少，从而导致压心的前移（向鼻部），或者等价于说，相当于正的（鼻部抬起）俯仰力矩，流动 γ 减少。

　　特别地，图 4.50（左）表明，当 $M_\infty = 16$ 时，x_{cp} 值在 PG 解条件下相对 MN 估计值减少约 10%。然而，在这个马赫数下，两种化学模型提供的值没有区别。右边，相反，表明当 $M_\infty = 19$ 时，即使 x_{cp} 值在 PG 解条件下相对 MN 估计值又降低约 10%，两个化学模型提供的值有约 2% 的差异。注意，如果在设计飞行器热防护罩时被忽视，后者的差异可能是危险的。

　　最后，图 4.51 所示为马赫数对返回舱气动性能的影响。

　　可以看到，在固定攻角值（即 152°）下，假定 Dunn–Kang 化学模型，马赫数的增加引起了 C_L 和 C_D 的少量减少，然而它们的比和 C_{MY} 的值保持不变。相反，

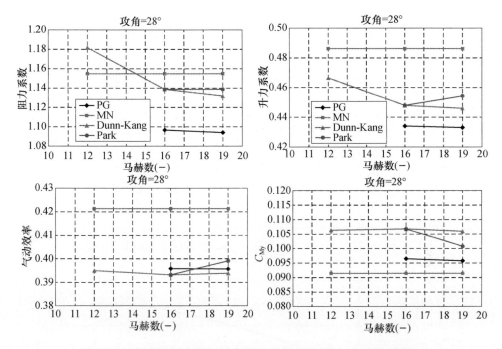

图4.51　攻角为28°条件下化学动力学对返回舱气动性能影响随
马赫数的变化趋势，MN、PG、Dunn－Kang和Park计算对比

从$M_\infty = 16$到$M_\infty = 19$，对于Park动力学，C_L增加，C_D不变，C_m减少。

最后，图4.52所示为当返回舱在AOA＝28°，$M_\infty = 19$和$H = 57$km条件下飞行时，反应机理对CRV气动性能的影响。

该图强调，每个反应机理的影响采用步进方法。可以看到，Zeldovich模型结果与完全反应机理（即17个反应）结果拟合得很好。

4.8.2.1　CRV高海拔气动性能

就高海拔CRV气动性能而言，值得注意的是，当返回舱开始下降，大气层密度足够低因此连续介质假设不再成立，并且必须开始考虑飞行器表面上的一般宏观质量、力和能量传递问题。黏性流无滑移假设（壁面速度为零和气体温度等于壁面温度）开始失效。事实上，它们必须被滑移效应所取代，此时必须假定速度和温度在壁面跳跃。进一步，Navier－Stokes模型也失效，流场分析必须使用DSMC方法。

事实上，CRV的气动特性是由一个个分散分子的撞击决定的，必须基于分子运动论来进行分析。例如，在200km的高度，CRV是在自由分子（FM）流中。事实上，克努森数大概为$Kn_{\infty\,\mathrm{Lref}} = 70$。因此，从再入交界面（例如120km）到约90km海拔高度范围的CRV气动评估采用轴对称DSMC计算提供，如表4.6所总结。

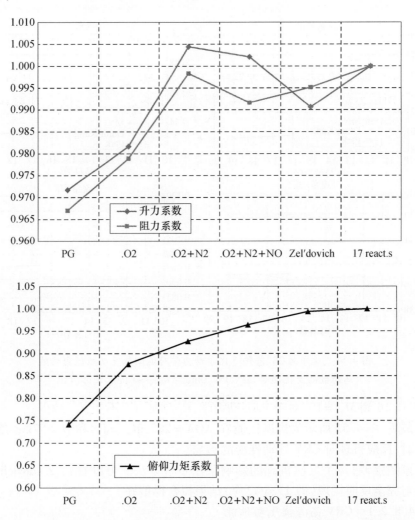

图 4.52 $AOA = 28°$,$M_\infty = 19$ 和 $H = 57km$ 条件下反应机理对 CRV 气动性能的影响

表 4.6 DSMC 仿真的自由流条件

高度/km	T_∞	Kn_∞	M_∞	化学模型
85	181	0.0019	28.12	Park
105	211	0.06	25.5	Park
105	211	0.06	25.5	Dunn and Kang
115	304	0.32	20.01	Park
125	433	1.0	16.67	Park

对每个海拔高度,考虑自由来流速度为 7600m/s 和壁面被认为是冷的

($T_w = 300\text{K}$)。自由流热力学参数由 1976 年美国标准大气提供。空气被认为是由五种化学组分(O_2、N_2、O、N 和 NO)组成。

图 4.53 所示为在 85km 海拔高度 CFD 和 DSMC 结果的压强等值线对比,而图 4.54 所示为通过 DSMC 和 CFD 在滑移和无滑移边界条件下评估获取到的沿滞止线的压强剖面。

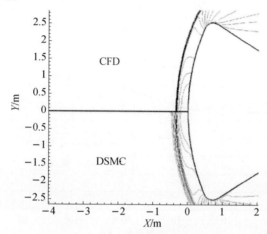

图 4.53　85km 海拔高度条件下 CFD 和 DSMC 获取的压强等值线对比

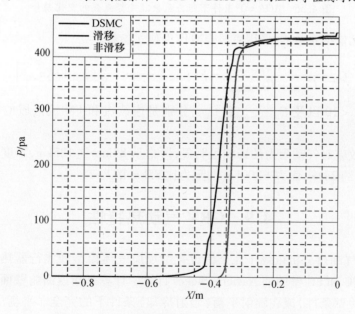

图 4.54　85km 海拔高度下 CFD 滑移、CFD 无滑移
条件和 DSMC 得到的沿滞止线的压强剖面对比

结果,使用粒子代码计算的激波厚度相对 Navier – Stokes 方程在滑移和无滑移条件下算出的激波厚度更大;这个值,通常表示为上游平均自由程的倍数,对所有分析算例都可以由 DSMC 代码很好预估。

图 4.55 所示为目前 DSMC 仿真评估获取到的 CFD 气动阻力系数及其与通过一个由 FM 流结果和连续流结果之间桥接关系提供的快速工程估算值之间的对比:

$$C_{\text{D Transitonal}} = C_{\text{D Continuum}} + (C_{\text{D FM}} - C_{\text{D Continuum}}) \cdot \bar{C}_{\text{D}} \tag{4.79}$$

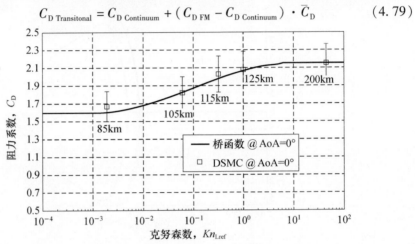

图 4.55 AOA = 0° 条件下阻力系数随克努森数的变化趋势

其中无量纲系数 $\bar{C}_i$ 采用克努森数作为独立参数:

$$\bar{C}_{\text{D}} = \frac{C_{\text{D}} - C_{\text{D Continuum}}}{C_{\text{D FM}} - C_{\text{D Continuum}}} = F(Kn_\infty) = \text{sen}^2\left[\frac{\pi}{8}(3 + \text{Lg}Kn_\infty)\right] \tag{4.80}$$

$10^{-3} < Kn_\infty < 10$ 以及 $C_{\text{D Continuum}}$ 和 $C_{\text{D FM}}$ 分别是连续流和 FM 流区域的气动阻力系数。

稀薄效应对气动阻力的影响很明显,考虑从 85km 到 125km,零度攻角下的 CD 增加了约 24% ,而 $H = 200$km 的阻力比 85km 的高 25% 。

4.9 CRV 气动热特性

CRV 气动热分析依赖于几个假设化学反应气体模型和飞行器热防护罩表面为 NC、PC 和 FC 壁面的 Navier – Stokes 计算。计算是指返回舱壁面温度固定在 300K(冷壁条件)或在辐射平衡(辐射冷却)条件下的完全非平衡层流条件。注意,由于再入速度相对较小(例如,没有辐射热流),只考虑对流热流;此外,为简单起见,假设没有热防护罩烧蚀和衰退。

4.9.1　CRV 零升气动热

为了说明 CRV 零升气动热壁面的高温真实气体效应,对 $\alpha = 0°$ 时弹道式轨迹在热流峰值条件下航天器前体中心线的热流进行了对比(图 4.56)。

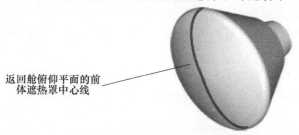

返回舱俯仰平面的前体遮热罩中心线

图 4.56　CRV 前体中心线

例如,图 4.57 对 PG、EG 和化学非平衡气体计算评估的热流进行了对比;对于后一种情况,NCW 和 FCW 的结果也在图中。所有这些热流剖面都在冷壁条件下计算得到。

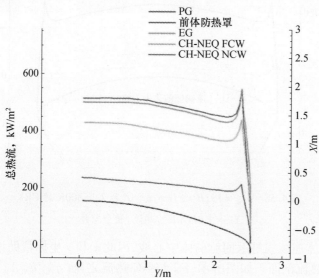

图 4.57　$M_\infty = 19, H = 57 \mathrm{km}$ 和 $\alpha = 0°$ 时高温空气效应对
返回舱前体总热流的影响,$T_w = 300 \mathrm{K}$ 半体

可以看到,化学平衡状态下可以获取更高的壁面热流,它更接近 PG 模拟的热流。这是可以通过考虑假设 CRV 壁面是冷的,化学平衡会导致离解原子的重组来进行解释。当边界层(BL)在化学非平衡状态,CFD 模拟认为 FCW 能达到

更高的热流。如图所示,这个值低于 EG 的值,但如预期一样,与 NCW 的值相比非常大。因此,我们可以得出结论,如果边界层内气体处于平衡状态(例如,快速重组),那么表面催化将不会对分子的形成有任何影响。在这种情况下,事实上,原子重组并释放它们的离解能量到边界层内的气体。此增加的热量趋向通过热传导提高到表面的热流,从而得出原子重组比在 FCW 情况下更重要的结论。出于这个原因,我们把平衡条件和湍流条件假设作为许多最先进 TPS 设计活动的参考条件。

特别到,图 4.58 对比了 FC 和 NC 冷壁条件下沿着前体中心线的对流热流,强调热流的对流和扩散部分为了研究化学组分扩散对壁面的影响(见方程(4.3))。

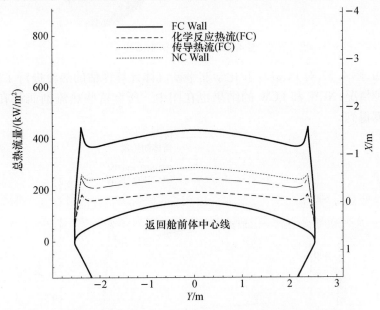

图 4.58　$M_\infty = 19, H = 57\text{km}, \alpha = 0°$ 和 $T_w = 300\text{K}$ 时 CRV
前体中心线上的热流,整个前体

注意,粗体连续线是返回舱前体中心线,因此 x 和 y 坐标帮助读者在航天器 OML 上局限热流剖面。如图所示,FC 与 NC 热流之比($\dot{q}_{FC}/\dot{q}_{NC}$)$_w$ 约等于 1.5,当壁面温度增加时它预计将减少,但在任何情况下,它将高于绝热辐射平衡壁面情况下的值。

关于化学动力学的影响,图 4.59 显示,对于 FCW 边界条件,$\dot{q}_C$ 的很大一部分是由于壁面原子重组释放的能量,所以化学动力学对此种情况下的影响很小。

相反,NCW 热流剖面的不同强调了化学动力学在评估飞行器气动加热中的重要地位。因此,我们可以得出这样的结论:对催化壁面,化学动力学可以忽略

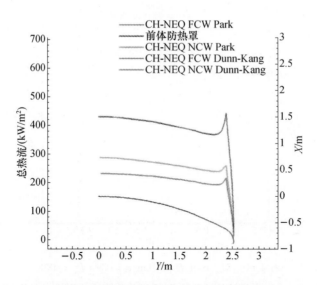

图 4.59　$M_\infty = 19, H = 57\mathrm{km}, \alpha = 0°$ 和 $T_\mathrm{w} = 300\mathrm{K}$
时化学动力学对 CRV 前体总热流的影响

不计,但在非催化情况下可能是很重要的。当然,后者结论取决于自由来流条件。事实上,在高海拔,激波层没有离解,因为激波层很薄,这是由于压强和密度很低。因此,粒子碰撞的数量是足够低,化学反应并不活跃(比如,流动几乎是冻结流):在离解中没有多少能量参与。大部分能量处于平动模态。随着飞行高度降低,密度突然增加,化学反应被激化。在非常低的海拔高度,激波层如此稠密以至于边界层接近平衡,在原子有机会碰撞壁面之前就在边界层内重组了。因此,边界层被加热,并且更可能进行传导的热交换(即反应率恢复到有一点影响)。

最后,图 4.60 所示为振动弛豫对壁面热流的影响。可以看到,FCW 条件下的热流剖面相比 NCW 边界条件情况更依赖于振动弛豫。

4.9.2　CRV AoA 气动热

为了说明当返回舱在非零度攻角飞行时,催化活性对 CRV 气动热力学的影响大小,图 4.61 显示了弹道式和升力式再入热流峰值条件下,在 FC、PC 和 NC 壁面中,在表面辐射冷却条件($\varepsilon = 0.85$)下沿着前体中心线的热流对比。值得注意的是,为了考虑海拔高度对 CRV 气动热的影响,我们假定弹道式再入的攻角与制导情况下一样(即 $\alpha = 20°$)。而且,为简单起见,假设没有热防护罩烧蚀和衰退。可以看到,加热峰值并不发生在球帽上的驻点,但发生在沿表面流动梯

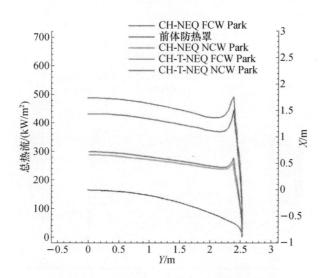

图 4.60　$M_\infty = 19, H = 57\text{km}, \alpha = 0°$ 和 $T_w = 300\text{K}$
半体时振动驰豫对 CRV 前体热流的影响

度发生大改变的返回舱圆环面(见图 4.18)。在特别地,催化作用引起的过热与 NCW 条件下的相比更大:最大的差异发生球锥结合点(角落带状突起)。较热返回舱角落对应的热流范围在弹道式再入条件下从约 500kW/m^2 到 800kW/m^2,而当返回舱执行升力式返回时,热流范围是约 $400 \sim 700\text{kW/m}^2$。

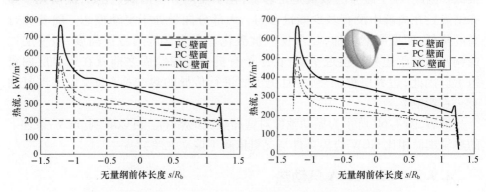

图 4.61　弹道(左)和升力(右)轨迹下返回舱前体中心线上的热流,
辐射冷却壁面条件下 CRV 在 $\alpha = 20°$ 配平,FC、PC 和 NC 壁面条件对比

因此,圆角半径是对流换热的主要几何特征(而不是热防护罩曲率半径,RN),并证实如果热防护罩由无催化 TPM 组成,对流热流显著减少。

事实上,TPS 瓷砖通常涂上催化性能小的涂层 RCG(反应固化玻璃);热流率应该是指 PCW 边界条件。在这种情况下,辐射平衡温度在弹道式和升力式返回的对比可在图 4.62 中看到。这个图确认了从气动加热角度来看弹道式再入代表更具挑战性的轨迹。图 4.62 也显示,期望的 CRV 前体温度分布与 HRSI 组成的可重复使用热防护罩不兼容。因此,根据图 4.62 的结果,必须考虑另一个 TPM。

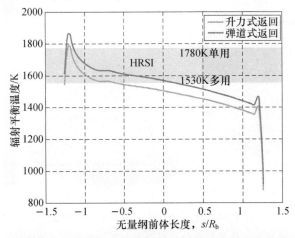

图 4.62　CRV 前体中心线上辐射平衡温度,PCW 热防护罩的弹道式和升力式

图 4.63 显示 NCW(左)和 FCW(右侧)条件下在 CRV 前热防护罩上的静压和辐射冷却温度的表面分布。可以明显看到,热防护罩材料的催化特性不影响表面分布。大约 20kPa 的压强峰值发生在驻点,温度分布,跟以前强调的一样,明显取决于热防护罩的催化性能。

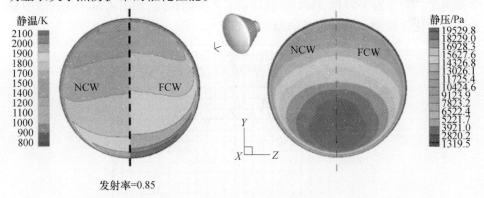

图 4.63　NCW(左)和 FCW(右)条件下 CRV 前体热防护罩上的
静压和辐射冷却温度的表面分布,弹道式返回

最后,图 4.64 显示了在返回舱背风面和迎风面表面摩擦分布和静压云图。可以看到,在 20°攻角,表面流线突出发生在 CRV 上流动结构的复杂性,例如,在飞行器后体的分离气泡。如图 4.64 所示,流动仍附着在锥形后体迎风面,而分

离发生在 CRV 肩部最大直径点的附近。应该注意的是,这点知识与 CRV 后体气动加热评估有关。

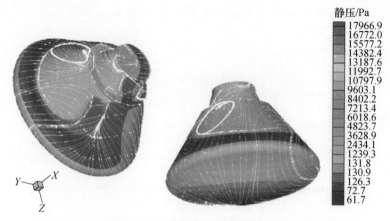

图 4.64 $M_\infty = 19, H = 57\text{km}$ 和 $\alpha = 20°$ 时
反应气体计算获取的压强分布和飞行器表面流动特征

4.9.3 CRV 高空气动热

关于 CRV 高空气动热,图 4.65 所示为当 CRV 飞行在 105km 海拔高度时,采用 DSMC 计算的热流,同时考虑了 NCW 边界条件下的 Park 和 Dunn - Kang 化学动力学。对于粒子模拟,Park 模型显示了更高的热流,如图 4.66 所示,图中显示了两个化学模型下沿滞止线的温度剖面。

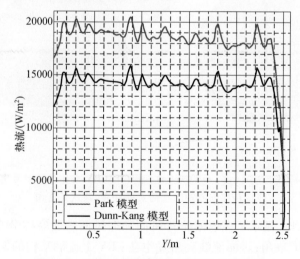

图 4.65 105km 海拔高度下 DSMC 热流分布

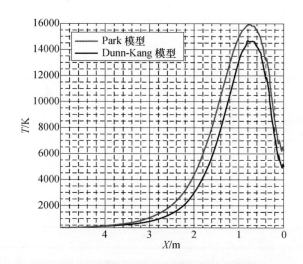

图 4.66 105km 海拔高度下沿滞止线的 DSMC 温度剖面

事实上,采用 Park 模型计算撞击壁面的粒子温度会更高,结果,能量也一样。注意,在 NCW 情况下,用 DSMC 工具计算壁面总热流,在没有化学贡献时,入射能量和反射能量有区别。反射能量是施加壁温的函数(两种情况下相等)因为考虑到完全适应麦克斯韦气体表面交互作用假设;然后 Park 模型情况下撞击粒子的温度会导致更高的入射能量,因此总热流也一样。

4.10 数值研究的可靠性分析

为了评估目前 CFD 分析的可靠性,对可用实验测试活动和飞行数据进行数值重建。特别地,对于关心的压强分布和气动力系数,对 ONERA S4 WT 试验,见文献[21],和 ARD 实验飞行试验平台的飞行数据进行数值重建。

最后,关于气动热,对在 AEDC 风洞 C 中执行的一系列试验进行数值重建。S4 测试活动提供 ARD 返回舱前体中心线压强剖面来评估飞行器气动力。测试储存条件为 $P_0 = 25$bar 和 $T_0 = 1108$K。这些值对应于自由来流条件 $M_\infty = 9.72$,$P_\infty = 71.17$Pa,$T_\infty = 55.70$K 和 $\alpha = 20°$,总结见表 4.7。

它们指的是马赫数约为 10,两个不同雷诺数下的 S4 出口条件。同时也提供了俯仰力矩随攻角的变化趋势。

回顾在流动总温约 1100K 时进行实验测试,CFD 模拟只使用理想气体模型[22, 23]。下文将对目前的计算结果总结,并与实验数据进行对比。例如,图 4.67 所示为流过 CRV 的流场,图中显示了马赫数云图场,并与 S4 设备捕获的纹影图像进行了对比[21]。

表 4.7　ONERA S4 出口条件

P_0/bar	85	25
T_0(K)	1151	1108
Re_D	967237.3	319208
M	9.92	9.72
P/Pa	211.3	71.17
T/K	55.7	55.7
T_{wall}/K	300	300
X_{eg}/D	0.26	0.26
Y_{eg}/D	0.0353	0.0353
AoA/(°)	−20	−20

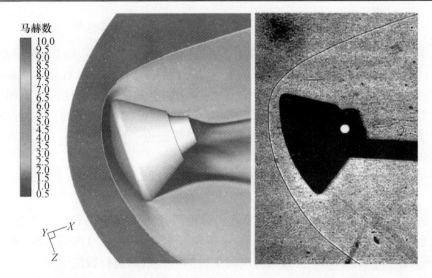

图 4.67　$M_\infty = 10$ 和 $\alpha = 20°$ 条件下计算所得马赫数云图，
以及其与 ONERA S4 风洞获取的 ARD 纹影图片对比（$P_0 = 25$bar）

　　如图 4.67 所示，弓形激波脱体距离和曲率吻合得很好；这是 CFD 代码与实验数据验证的一个重要的先决条件[24, 25]。

　　而且，图 4.68 把试验获取的油流图片与我们数值预估的壁面切应力。进行对比背面的分离区被相当好地捕获。

　　关于压强场分析，在目前的数值结果以及阿波罗和 ARD 返回舱的可用数值和飞行数据中提供一些压强系数（C_p）的对比[5, 19, 21]。

　　例如，图 4.69 所示为目前计算结果、试验数据和文献[21]中 Walpot 提供的

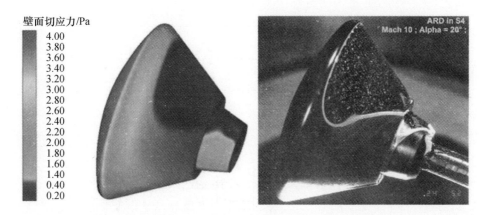

图 4.68　壁面切应力,与 ONERA S4 风洞获取的 ARD 油流图片对比

计算结果中压强系数对比。在同一图片中,它也显示了气动俯仰力矩系数的对比。从图 4.67 ~ 图 4.69 中可以看到,实验和数值数据吻合相当好。

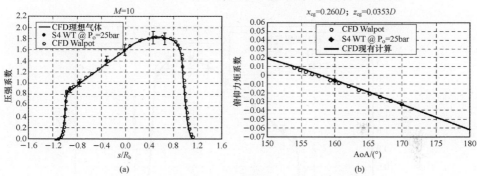

图 4.69　前体中心线上的压强系数(a)和俯仰力矩系数(b),
目前计算结果与文献[21]提供的数据对比

　　关于返回舱的气动热,图 4.70 对比了标准自由来流马赫数为 10 和基于模型机体直径 1.2×10^6 的自由来流雷诺数条件下,目前结果中返回舱前体中心线的热流和风洞 C 测量得到的热流率[19]。

　　注意,在图 4.70 中,Lees 的理论估计作为参考也提供了。图 4.71 所示为马赫数 10 和 $\alpha = 20°$ 条件下在 ARD 轨迹点上目前 CFD 结果与飞行数据的对比[5]。如图所示,数值重建是指 PG 和非平衡计算,而与飞行数据相关的误差棒考虑了起飞前空气动力学数据库(阻力系数)、测量和大气层压强散布的不确定性[5]。

　　真实气体效应在滞止区很明显[26-28]。图 4.72 比较了马赫数 15 条件下轨迹点上取样的 CFD 结果和 ARD 飞行数据[5]:相比马赫数 10 条件下的情况,此飞行条件下的真实气体效应数值会增加。然而,真实气体效应在马赫 24 时最

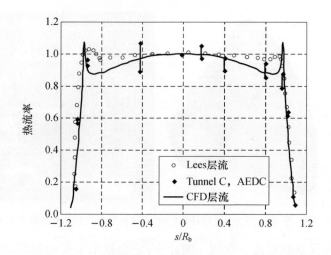

图 4.70　前体中心线上的热流分布,目前结果、风洞数据和 Lees 数据的对比[19]

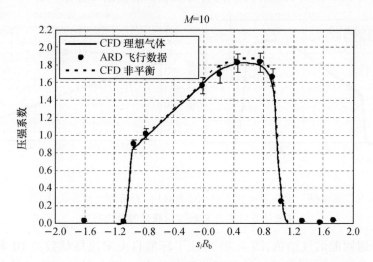

图 4.71　$M_\infty = 10$ 条件下 CRV 前体中心线上压强系数分布,

目前 CFD 结果与 ARD 飞行数据对比[5]

大,如图 4.73 所示的条件[29-32]。因此,图 4.71～图 4.73 表明对于 PG 和 RG 计算,CFD 结果与飞行数据吻合得相当好。注意,RG 的 CFD 结果既指非平衡也指平衡条件,这也是为了评估化学条件流动的影响。

特别地,如图 4.74 所示,提供了不同马赫数下的 C_p 剖面,数值计算能够描述 RG 和 PG 之间的差异,差异会沿着 ARD 再入轨迹随高度增加而增大。事实上,压强系数的主要影响局限于驻点区以及迎风和背风膨胀区[33,34]。驻点向迎

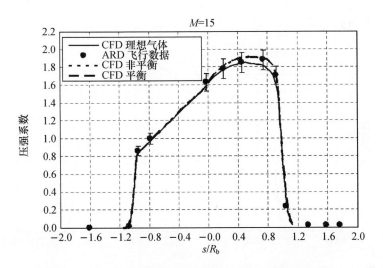

图 4.72　$M_\infty = 15$ 条件下 CRV 前体中心线上压强系数分布，
CFD 和 ARD 飞行数据对比[5]

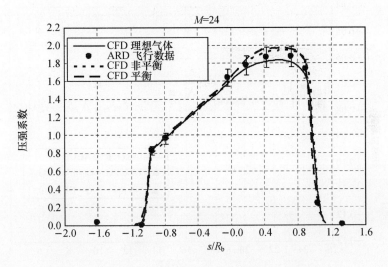

图 4.73　$M_\infty = 24$ 条件下 CRV 前体中心线上压强系数分布，
CFD 和 ARD 飞行数据对比[5]

风面方向移动，滞止压强随马赫数增加而增大。背风肩部（环面）的 C_p 水平随马赫数增大而减小，而当马赫数增大时，迎风环面的 C_p 水平更大[35, 36]。为了进一步验证 CRV 气动性能的可靠性，图 4.75 和图 4.76 把目前数值结果与 ARD 气动飞行数据重构进行了对比[5]。

如图所示，轴向力（C_A）和法向力（C_N）系数的变化趋势与实验数据是一致

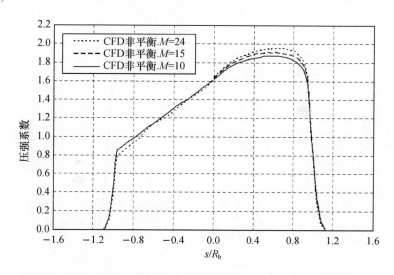

图 4.74 $M_\infty = 10, 15$ 和 24 条件下 CRV 前体中心线上压强系数分布

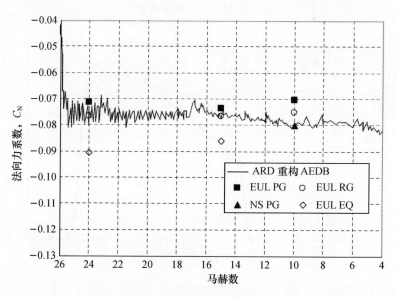

图 4.75 法向力系数,目前 CFD 结果与 ARD 重构数据对比[5]

的。特别地,参照轴向力系数,CFD 的 PG 值与重构值不匹配,而重构值接近 CFD 的 RG 值,因此建议注意飞行中真实气体效应的关联性。

另一方面,对于法向力系数,目前 CFD 结果和飞行数据的差距似乎看起来很小。而且,当考虑非平衡假设时,CFD 结果/飞行数据对 C_N 似乎匹配得最好,而对于 C_A 匹配,平衡假设下最好。这是因为相比 C_A,C_N 对返回舱锥形部分后

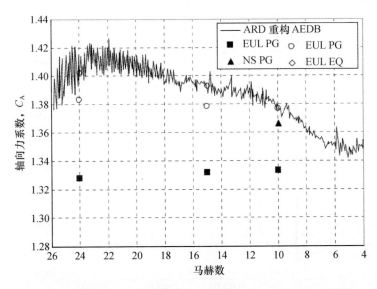

图 4.76　轴向力系数,目前 CFD 结果与 ARD 重构数据对比[5]

部的压强流场更敏感;飞行器的那部分非常难以计算,且在压强场方面与飞行结果相比并不是很好,所以目前 CFD 结果的 C_N 不能被认为是完全现实的[5]。

　　本章提供的所有 CFD 结果,是指收敛的和网格独立的计算,如下所述。为了评估数值解收敛性,方程残差和气动力系数(即 C_L、C_D 和 C_{My})以及驻点热流在迭代过程中要一直监控。当方程残差下降超过三个数量级,气动力系数和驻点热流曲线经过足够迭代平缓到足够持平时假定解收敛[35]。

　　举一个例子,在 $M_\infty = 19$, $H = 57\mathrm{km}$ 和 $\alpha = 0°$ 时,阻力系数和驻点热流的收敛历程如图 4.77 所示。可以看到,经历了约 300000 次迭代,数值计算停止,假设此时收敛,因为绘制的曲线看起来已经平坦。

　　就网格收敛性分析而言,网格敏感性分析在三个层次的结构分块网格(L_1 , L_2 , L_3)上进行,并应用了理查森外推准则。适中网格(L_2)是通过对粗糙(L_1)网格单元大小减半来获取,所以 L_2 的网格单元数量是 L_1 网格单元数量的 8 倍。相似地,精细网格(L_3)是通过对适中网格单元大小减半来获取,所以它的网格单元数量是 L_1 网格单元数量的 64 倍。

　　作为数值策略,从最粗糙网格级别开始单个计算,然后当已经达到令人满意的精度水平时,解被插值到更精细的网格开始重新计算。成千上万次迭代是达到解收敛所必要的,无论是从稳态解和结果的网格无关性来说。如果解在渐近收敛范围,通过理查森推断准则,有可能在几乎零单元维度($\bar{h} = 0$)时估计全局值(C_L , C_D , $\cdots$)或局部(压强、热流)解函数 f ,即在一个无限数量单元上。这个

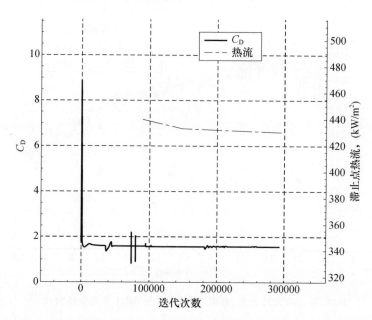

图 4.77 $M_\infty = 19, H = 57\mathrm{km}$ 和 $\alpha = 0°$ 时 CFD 计算的阻力系数和驻点热流收敛历程

值可以通过插值变量 f 随网格单元数量立方根倒数(代表网格单元维度的平均值,$\bar{h}$)的变化来获取。例如,图 4.78 显示了 $M_\infty = 19, H = 57\mathrm{km}$ 和 $\alpha = 0°$ 时 CFD 计算阻力系数 C_D 和驻点热流的网格灵敏度分析。

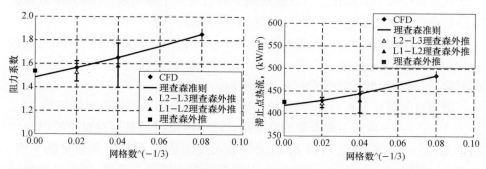

图 4.78 $M_\infty = 19, H = 57\mathrm{km}$ 和 $\alpha = 0°$ 时阻力系数和驻点热流的网格灵敏度分析

报告的值是 L_1, L_2, L_3 和理查森推断的 $L_1 - L_2$ 和 $L_2 - L_3$ 网格间距,在空间二阶策略和网格等级率等于 2 的假设下,可以通过下面的公式得

$$f(\bar{h} = 0) \cong \frac{4}{3} \cdot f_{L_{i+1}} - \frac{4}{3} \cdot f_{L_i} \tag{4.81}$$

由于变量的网格依赖性,考虑不确定性水平,两个理查森外推值显示网格收敛指

标(GCI)作为误差棒。

在精细网格(L_3)上的 GCI 定义为

$$GCI_{L3} = \frac{F_s}{r^p - 1} \left| \frac{f_{L3} - f_{L2}}{f_{L2}} \right| \tag{4.82}$$

其中 F_s 是安全系数(三个或更多网格水平时是 1.25),r 是两个网格水平的网格间距比值($r=2$)和 p 是空间离散的(有效)秩序(不等于理论考虑的),可以采用以下公式获取:

$$p = \ln\left(\frac{f_{L1} - f_{L2}}{f_{L2} - f_{L3}}\right) \cdot \frac{1}{\ln(r)} \tag{4.83}$$

为了更好的理解,误差棒分别位于网格间距的水平 3 和 2。有趣的是,$L_2 - L_3$ 误差棒被完全包含在 $L_1 - L_2$ 误差棒中。此外,作为较好的收敛因子,我们注意到 $L_1 - L_2$ 外推值是包含在 $L_2 - L_3$ 误差棒中的[16]。最后,还要注意到 $L_1 - L_2$ 理查森外推法是一个很好的三级 CFD 计算估计方法。

作为网格收敛性分析的结论,值得注意的是,作为对如此复杂几何外形的一般规则,使用网格单元的最大数量要与可接受的收敛 CPU 时间估计相一致。

参 考 文 献

[1] Balakrishnan A, Davy WC, Lombard CK (1985) Real – gas flowfields about three – dimensional configuraitons. J Spacecr Rocket 22(1):46 – 53.

[2] Park C, Yoont S (1992) Calculation of real – gas effects on blunt – body trim angles. AIAA J 30(4):999 – 1007.

[3] Hassan B, Candler GV, Olynick D (1993) Thermo – chemical nonequilibrium effects on the aerothermodynamics of aerobraking vehicles. J Spacecr Rocket 30(6):647 – 655.

[4] Putnam ZR, Braun RD, Rohrschneider RR, Dec JA (2005) Entry system options for human return from the Moon and Mars. In: AIAA atmospheric flight mechanics conference, paper AIAA – 2005 – 5915, San Francisco, CA, USA.

[5] Tran Ph, Paulat JC, Boukhobza P (2007) Re – entry flight experiments lessons learned – the atmospheric reentry demonstrator ARD. In: Flight experiments for hypersonic vehicle development. Educational Notes RTO – EN – AVT – 130, Paper 10. Neuilly – sur – Seine, France: RTO, pp 10 – 1 – 10 – 46. Available from: http://www. rto. nato. int/abstracts. asp.

[6] Mitcheltree RA, Gnoffo PA (1991) Thermochemical nonequilibrium issues for earth re – entry of Mars mission vehicles. J Spacecr Rocket 28(5):552 – 559.

[7] Riabov VV (2002) Simulation techniques in hypersonic aerodynamics. In: Proceedings of the 23rd ICAS congress, 8 – 13 September 2002, paper ICAS 2002 no. 181, Toronto, Canada.

[8] Anderson JD (1989) Hypersonic and high temperature gas dynamics. McGraw – Hill Book Company, New York.

[9] Wood WA (1997) Hypersonic pitching – moment shift for stardust re – entry capsule forebody, NASA/TM – 206266. National Aeronautics and Space Administration, Langley Research Center, Hampton.

[10] Bertin JJ (1994) Hypersonic aerothermodynamics, AIAA education series. American Institute of Aeronautics and Astronautics, Washington, DC.

[11] Fay JA, Riddell FR (1958) Theory of stagnation point heat transfer in dissociated air. J Aeronaut Sci 2 (25): 73 – 85.

[12] Anderson LA (1973) Effects of surface catalytic activity on stagnation heat transfer rates. AIAA J 11(5): 649 – 656.

[13] AGARD Report 808. Capsule aerothermodynamics. 1997 Advisory Group for Aerospace Research and Development (North Atlantic Treaty Organization), Neuilly sur Seine.

[14] Ranuzzi G, Borreca S (2006) CLAE project. H3NS: code development verification and validation, CIRA – CF – 06 – 1017. Capua, Italy.

[15] Gnoffo PA, Gupta RN, Shinn J (1989) Conservation equations and physical models for hypersonic air flows in thermal and chemical nonequilibrium, NASA TP 2867. National Aeronautics and Space Administration, Office of Management, Scientific and Technical Information Division, Washington, DC.

[16] Roncioni P et al (2006) An extrapolation – to – flight methodology for wind tunnel measurements applied to the PRORA – USV FTB1 vehicle. In: Proceedings of the international astronautical congress, 2 – 6 October 2006, paper IAC – 06 – D2.3.09, Valencia, Spain.

[17] AGARD – LS – 42 – Vol. 1. Aerodynamic problems of hypersonic vehicles. 1972 Advisory Group for Aerospace Research and Development (North Atlantic Treaty Organization), Neuilly sur Seine.

[18] Prabhu DK (2004) System design constraints – trajectory aerothermal environments. In: Critical technologies for hypersonic vehicle development, RTO AVT/VKI lecture series, 10 – 14 May 2004, Rhode – St – Genèse, Belgium.

[19] Bertin JJ (1966) The effect of protuberances, cavities, and angle of attack on the wind – tunnel pressures and heat – transfer distribution for the Apollo command module, NASA TM X – 1243, NASA, USA.

[20] Crowder RS, Moote JD (1969) Apollo entry aerodynamics. J Spacecr Rocket 6(3): 302 – 307.

[21] Walpot L (2002) Numerical analysis of the ARD capsule in S4 wind tunnel. In: Proceedings of the 4th European symposium aerothermodynamics for space applications, 15 – 18 Oct 2001, ESA SP – 487, Capua, Italy.

[22] Gupta RN, Yos JM, Thompson RA, Lee KP (1990) A review of reaction rates and thermodynamic and transport properties for an 11 – species air model for chemical and thermal nonequilibrium calculations to 300000K, NASA/RP – 1232, NASA, USA.

[23] Park C, Lee, S – H (1993) Validation of multi – temperature nozzle flow code Noznt. In: Proceedings of the 28th AIAA thermophysics conferences, 6 – 9 July 1993, paper AIAA – 93 – 2862, Orlando, FL, USA.

[24] Roe PL (1986) Characteristic based schemes for the Euler equations. Annu Rev Fluid Mech 18:

337 – 365.

[25] Viviani A, Pezzella G, Cinquegrana D (2006) Aerothermodynamic analysis of an Apollo – like re – entry vehicle. In: Proceedings of the 14th AIAA/AHI space planes and hypersonic systems and technologies conferences, 6 – 9 November 2006, paper AIAA – 2006 – 8082, Canberra, Australia.

[26] Prabhu DK (2004) System design constraints – trajectory aerothermal environments. In: Critical technologies for hypersonic vehicle development, RTO AVT/VKI lecture series, 10 – 14 May 1659 2004, Rhode – St – Genése, Belgium.

[27] Olynick D (1998) Trajectory – based thermal protection system sizing for an X – 33 winged vehicle concept. J Spacecr Rocket 35(3): 249 – 257.

[28] Pezzella G et al (2007) Hypersonic aerothermal environment preliminary definition of the CIRA FTB – X re – entry vehicle. In: Proceedings of the west – east high speed flow field conferences, 19 – 22 November 2007, Moscow, Russia.

[29] Rasmussen ML (1994) Hypersonic flow. Wiley, New York.

[30] Viviani A, Pezzella G (2007) Catalytic effects on non – equilibrium aerothermodynamics of a re – entry vehicle. In: Proceedings of the 45th AIAA aerospace sciences meeting and exhibit, 8 – 11 January 2007, paper AIAA – 2007 – 1211, Reno, NE, USA.

[31] Viviani A, Pezzella G (2007) Influence of surface catalyticity on re – entry aerothermodynamics and heat shield. In: Proceedings of the 39th AIAA thermophysics conference, 25 – 28 June 2007, paper AIAA – 2007 – 4047, Miami, FL, USA.

[32] Sarma GSR (1995) Aerothermochemistry for hypersonic technology, VKI Lecture series 1995 – 04. Von Karman Institute for Fluid Dynamics, Rhode Saint Genèse.

[33] Scott CD (1987) The effects of thermochemistry, nonequilibrium, and surface catalysis in the design of hypersonic vehicles. 1th joint Europe – US short course on hypersonic. GAMNI – SMAI, Paris, France, 7 – 11 December.

[34] Inger GR (1966) Nonequilibrium hypersonic stagnation flow with arbitrary surface catalycity including low Reynolds number effects. Int J Heat Mass Transf 9: 755 – 772.

[35] Viviani A, Pezzella G, Borrelli S (2008) Effect of finite rate chemical models on the aerothermodynamics of re – entry capsules. In: Proceedings of the 15th AIAA space planes and hypersonic systems and technologies conferences, 28 April – 1 May 2008, paper AIAA – 2008 – 2668, Dayton, OH, USA.

[36] Olynick DP, Hassan HA (1993) New two – temperature dissociation model for reacting flows. J Thermophys Heat Transf 7(4): 687 – 696.

第五章 升力体飞行器

5.1 前 言

此项研究工作通过结合计算流体力学(CFD)和风洞试验(WTT)可获得的所有数据来促进过渡性试验飞行器(IXV)的六自由度空气动力学数据库(AEDB)的发展。

过渡性试验飞行器(IXV)是在欧洲未来运载器准备计划（FLPP ）下研发的技术验证机,主要用于证明欧洲具有升力体飞行器的高超声速无动力再入机动飞行能力[1]。该验证机亦用于检验飞行器的子系统和系统,以及提供基本的高超声速气动热力学数据来验证设计飞行器所用的工具、数据库和设计过程[2]。正是这些目标的需要导致要发展升力体方案,其由织女星火箭来发射,具有在最大可能程度上沿可重复使用运载火箭(RLV)弹道飞行的简单气动外形,并且在降落伞着陆飞行结束时能被回收。

图 5.1 说明过渡性试验飞行器(IXV)的再入过程和在最后下降阶段后采用降落伞对飞行器回收[3]。

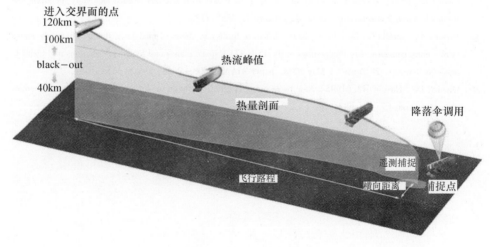

图 5.1 IXV 飞行器的再入

过渡性试验飞行器(IXV)也将被用来演示在高层大气中的机动性和测试先进的热结构方案,例如陶瓷复合材料(CMC)制成的机身襟翼,和为了验证欧洲数值仿真(如 CFD)和地面试验预测能力(如 WTT)来对再入过程中流场特性进行研究。

图 5.2 所示为过渡性试验飞行器(IXV)的外形[4]。

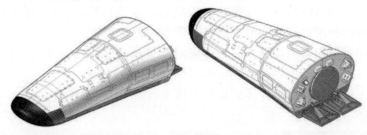

图 5.2　IXV 构造与配置

针对整个飞行区域开展的空气动力学分析依赖于项目阶段获取的工程经验、CFD 和风洞测试数据(WTT),且从稀薄流条件到高超声速连续流,直至亚音速。因此,飞行器空气动力学数据库包括飞行器名义再入时可预知的马赫数范围、攻角(AOA)α、侧滑角(AOS)β 和控制舵偏角 δ。为了考虑稀薄效应,升力、阻力和俯仰力矩系数的桥接公式也需包含在内。

这些建库活动利用组合方法进行发展。因此,所有气动数据都以一种从基准构型累加的形式提供,这种累加方式采用把成分归结于每个力和力矩部分,如侧滑和气动控制面效率的影响等。为了方便每个力和力矩系数的累加,需要提供一些方程,在这些方程中,任何选定飞行条件下获取总系数的所有相关贡献都会出现。基于这个目的,聚集所有可用气动数据来明确每个气动模型的函数依赖性,而每个气动模型采用最小二乘形式获取的多项式表达式相加得到。这些多项式是那些驱动该现象的主要变量的函数,然而二级依赖变量被直接引入它的由最佳拟合算法所确定的未知系数中。

最后,本章所提供的结果表明通过多项式法则,AEDB 能以一个连续形式提供关于 IXV 再入方案的飞行器气动性能,而此时不存在风洞测试或 CFD 数据。

5.2　历　史　背　景

新一代运载火箭的主要目标之一就是能够执行大气层滑行再入功能的可重复使用运载飞行器。

滑行再入航天器的飞行试验被看作是未来空间应用的一个极为关键技术。

在这个框架下,法国国家太空研究中心(CNES)决定首先对始于白带的被誉为预—X的再入试验飞行器进行研究,并且主要集中在热保护、气动热和导航制导方面来确保第二代再入X飞行器的可靠[5]。

在初步分析阶段,甚至在前期开发过程中,选择的技术解决方案有了大幅度的发展,不仅仅是由于技术问题。尽管如此,技术方面仍然是主要制约因素。例如,伴随着功能和试验目标,在整个再入高超声速飞行阶段,一个可清晰识别目标包含在由机身襟翼和反应推进器执行的姿态控制中。

过去的有翼与升力体再入飞行器演示验证集中在一些特殊飞行器上,如美国的X-15和X-38、俄罗斯的BORs和日本的HYFLEX。

航天飞机项目利用了许多试验升力体飞行器,如ASSET、X-15、X-23A和X-24(图5.3)[5]。

图5.3　美国试验升力体飞行器

采用X-15从热金属保护、终端区域能源管理(TAEM)和低升阻比无推进飞行器着陆技术方面在高超声速飞行领域获取了一次重要经验。采用ASSET和PRIME轨道和亚轨道再入飞行,探索了飞行控制系统(FCS)和反应控制系统(RCS)的效率、热保护系统(金属)、气动热力学测量、飞行价值和精确导航。采用X-24(USAF)研究了具有较差空气动力学特征与跨声速可操作性的着陆训练飞行器。航天飞机的缩尺模型从未被研究过。图5.4描述了1967—1982年期间涉及再入的美国主要空间计划[5]。

最近以来,X-38(图5.5)已构成了形状非常接近于X-23试验飞行器(图5.3)的一款升力体飞行器,并且它更应该是国际空间站(ISS)工作人员营救飞行器的缩尺模型[5]。ESA已与NASA计划相关联,其事实上终止于2002年。X-38目的在于从欧洲鼻锥和体襟翼技术框架下和在高速外形设计中的空气动力学特征、导航制导与控制(GNC)、TPS工艺领域获取经验。一直没有进行空间飞行,但该飞行器执行过跨声速与亚声速飞行。

俄罗斯飞行试验主要基于在Buran计划框架中发展起来的两款试验飞行器,即BOR-4(1982—1984年间以高达马赫25试飞)和BOR-5(1983—1988年间以高达马赫18试飞),如图5.6所示[5]。

由于验证机的缩尺影响,为了避免在空气热力学问题与空气动力学问题之

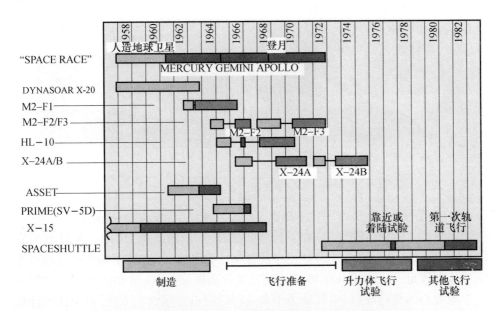

图 5.4　1957—1982 年美国试验计划

图 5.5　X - 38 再入飞行器

间的权衡,俄罗斯策略是将再入演示验证分为两个任务(相对应地为两个飞行器)。

由于这种逻辑,拥有 Buran 鼻锥/迎风曲率的缩尺 1 外形代表 - BOR - 4(图 5.6)被用来进行轨道再入[5]。

BOR - 5(图 5.6)是致力于气动效率、飞行价值和 GNC 的 Buran 缩尺模型[5]。这两种飞行器仅仅是获得有翼体轨道和再入飞行的更大项目的一小部

(a)　　　　　　　　　　　　(b)

图 5.6　BOR － 4(a)和 BOR － 5(b)试验飞行测试平台

分。BOR 飞行器,从 BOR － 1 到 BOR － 5,是 SPIRAL 计划的一部分。

在日本,一系列重要的试验飞行器已被开发,用来支持 HOPE － X 计划的发展。HYFLEX(图 5.7)和 HSFD 也在此框架下被开发,但有控滑翔机的高超声速领域从未涉足[5]。在 HSFD 和 HYFLEX 飞行器框架下,法国和德国相互协作致力于所关心的飞行导航、空气动力学和飞行后分析。图 5.7(b)所示为日本计划的飞行包络目标[5]。

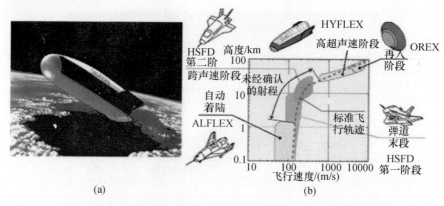

(a)　　　　　　　　　　　　(b)

图 5.7　高超声速滑行者 HYFLEX(a)和日本飞行验证目标包络(b)

在欧洲,Hermes[①] 计划(图 5.8(a))是设想的采用像暴风雪航天飞机技术的第一个发展成形的可重复使用飞行器[5]。尽管此计划最后被取消了,但它在欧洲引起了专有技能、技术、计算机程序和测试方法的发展。典型地,高熔风洞、可重复使用 TPS 和再入导航算法都是 Hermes 计划遗留下来的例子。

在 Hermes 计划之后,民用再入研究由其他的 ESA、ESA/NASA 和例如 FESTIP, X － 38, FLTP, ANGEL,PHOENICS 和 ARD 的国家计划继续进行。这

---

① 　Hermes 的空气动力学特征总结在第三章。

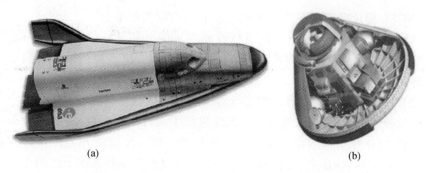

图 5.8　Hermes 航天飞机(a)和 ARD 再入返回舱(b)

些项目允许继续发展再入关键技术。

在再入领域第一个主要的成形欧洲经验是 ARD 返回舱(图 5.8(b)),其具有与阿波罗返回舱相同的形状和相似的下降系统,但其是无人的。ARD 被设想去证明欧洲掌握载人再入任务、执行高精度碰撞的能力。另外,其允许涉及气动热力学(ATD)、TPS 取样、GNC、信号中断管理和 RCS 姿态控制等的重要经验。特别的,该计划的短时间和低预算允许采用源自 Ariane 5 运载飞行器的货架设备开展飞行试验。系统恢复与遥测也已被测试。

ARD 和 Ariane 503 进行了飞行,这是 Ariane 5 最终的资格飞行,飞行并且证明了欧洲操纵具有烧蚀防热罩自动再入飞行返回舱的能力。虽然飞行发生在 1998 年,但 ARD 在 1996 年已取得发展。

在未来运载器技术计划(FLRP ESA 计划)于 2001 年取消之后,出现了在大气层再入领域内不再有欧洲计划维持和发展能力的现象。随后,考虑到这块领域是作为被保存的关键能力,法国国家太空研究中心(CNES)提出了 ANGEL 计划,其中建议发展新一代运载飞行器的逻辑。该计划的一个重要部分是致力于获取将被应用于新系统的足够成熟的必要技术的演示验证。验证机被分为两类:陆基和空中飞行验证机。

与再入相关的飞行试验被设计去尽可能地测试与再入地球大气层的可重复使用空间系统飞行器相关的一些通用技巧/技术。特别地,这些想法是去设计试验飞行器,如那些不能完全代表一个真实再入飞行器而是具有一些它们不变特征(重心位置、弹道系数、升阻比等)的飞行器。

它们更多地被考虑作为飞行试验平台,其具有在形状和尺寸上相对独立的技巧与技术目标或者其影响能通过折中方案被改正或发现。这种类型飞行器比较便宜但其允许作为试验一部分的构想、设计和生产经历。这类飞行器相当不同于那些被叫做验证机的飞行器,它是清晰明确的方案但规模缩小的典型代表。

ANGEL 提议的逻辑是以两个欧洲试验飞行器为基础的[5]。

（1）被誉为预－X 的第一代飞行器相当于简单和便宜的飞行器,为了验证和校准工具、设备、设计和技术答案,它能快速提供飞行试验结果。它们被设想去准备和保护下面的步骤。

（2）被誉为预－X 的第二代飞行器相当于能执行完全演示和精通整个飞行领域的试验飞行器。ARD 与 Ariane 503 进行了飞行,一些可重复使用的 TPS 材料样品和 ATD 预估程序在这次飞行中被检验。预－X 试验升力体飞行器被构想出来是为了在 ARD 之后向前再进一大步,并且在自动再入的下述两个方面继续获得经验:

① 从系统层面上演示验证欧洲具有掌握升力体在低地球轨道再入的能力。

② 创建欧洲共同感兴趣的计划来演示验证一些未来运载器技术,其主要集中在可重复使用 TPS 结构(包括鼻锥和体襟翼)、空气动力学和 ATD 经验,和 GNC。

就像航天飞机采用阿波罗号宇宙飞船和 X 飞行器之前的技术经验,预－X 的开始着手点包括来自于 ARD 的最大的经验和商用现货(COTS)材料,而且还有限制研制计划的额外优势。典型地说,用在 ARD 上的 GNC 从逻辑、算法和设备方面被完全再次应用在预－X 上。涉及姿态控制的最重要修正采用 RCS 和升降舵补助翼来执行。为了节省开发资金和增加可靠性,许多航空电子组件打算从 Ariane 5、ARD 和 Vega 运载飞行器上重新启用。这使得注意力可集中在飞行试验的更多发现中[5]。

同时,预－X 是在 ARD 和 Hermes 之间的一种飞行器。为了使内部体积最优化,比起有翼飞行器来说升力体飞行器是更好的选择。然而,这将会降低其在横向稳定性和控制方面的性能。

为了转移到预－X,使用了在 Hermes 和 X－38 计划中获得的经验。工业组织是基于一支包括与俄罗斯和日本合作的欧洲队伍。这些参与者允许获取在如 BORs 和 HYFLEX 再入试验飞行器领域遗留下来的经验[5]。

在 CNES/DLR 协议框架下,此计划已被由 ASTRIUM SAS 作为首席承包人所领导,其中还包括法国达索飞机公司、SPS、ONERA、德国 DLR 机构和公司、MTA、ASTRIUM GmbH 和主要为了 B 阶段的西班牙(CASA)的与比利时公司(SONACA、SABCA、ALCATEL－ETCA)。另外,此计划从与俄罗斯(TSNIIMASH 作为首席承包者、MOLNYIA、LII Gromov、NIPS、KOSMOTRAS、TsAGI)和日本(JAXA)的合作中赢利[5]。

伴随着下列法国国家太空研究中心(CNES)的需求,此计划于 2000 年 12 月正式启动。

（1）从系统层面上,在未来 RLV 典型环境中测试可重复使用 TPS。

（2）在未来 RLV 典型环境中描述有关 ATD 现象。

（3）证明欧洲从设想到飞行再入飞行器的能力。

（4）在马赫数 5 至 25 范围内,实行飞行试验然后采用降落伞回收飞行器。

（5）为了检查其稳定性实施飞行测量(如果可能的话,采用创新的测量方法),而且也进行了与 ATD 和 TPS 飞行后分析有关的飞行测量。

（6）尽量使用商用现成品或技术(COTS)。

（7）研究两种级别的飞行器。

① 排除发射费用,花费 60M 的中级飞行器;

② 排除发射费用,花费 30M 的小型飞行器。

（8）经过四年研制后进行飞行。

然后,为期两个月的 0 阶段研究在阿斯特里姆(ASTRIUM)的欧洲宇航防务集团(EADS)展开:预 – X 诞生了。

在 0 阶段以及 A 阶段早期,出现了许多限制条件而且开始了许多权衡设计。但是,它们中的一些并没有得出令人满意的结论。同时,很幸运的是,确定了一些主要的驱动程序和规则并尽可能地进行了应用。在本文此处后,对所有的这些关键点进行总结[5]。

就 ATD 和 TPS 而言,"轻巧的"飞行器不具备足够的代表性,所以 0 阶段的一些结论导致选择了"适中型"预 – X。

预 – X 首要的结构配置如下:

（1）V 形结构,但在横向动力稳定性能和质心管理等方面需要提高。

（2）与运载器整流罩体积的限定相一致的形状设计。

（3）在 B 阶段末,具有至少 5 级 TRL 的新技术。

（4）需在移动质量 + 固定体襟翼和活动体襟翼之间选择的 RCS 控制。

（5）使用火箭(最大性价比的运载器,期望在 2004 发射时间)。

（6）基于轨道飞行和预 – X 离轨的任务。

（7）在大西洋回收。

就预 – X 的外形设计而言,值得注意的是,在此计划的开始阶段(0 阶段),关于高水平说明,就在两种型号飞行器之间进行了权衡,而其主要可以概括为四个目标:ATD、飞行测试、TPS 和 GNC。此权衡被缩减至两种型号飞行器,分别具备轻巧和适中尺寸,这主要是由于计划预算的限制。尺寸大小主要由备选运载器(Vega, DNIEPR)可用整流罩体积来决定。这些飞行器几何形状的迭代过程首先由经典双锥外形开始。然后,考虑如下的这些要素:

（1）由运载器整流罩分配体积所确定的外部尺寸。

（2）内部体积取决于设备、仪器仪表和装配集成与测试（AIT）。

（3）为弹道系数定义的阻力系数。

（4）横向范围的升阻比（L/D）。

（5）热流水平的鼻锥半径。

（6）纵向配平。

（7）质心位置。

（8）纵向和横向的稳定性能、开始进行几何迭代过程。在初步水平分析中，采用工程方法（修正牛顿模型）和欧拉计算研究飞行器外形的空气动力学特征。采用驻点法和经验公式可以计算热流。对于配平与稳定性分析，牛顿结果的不确定性太高，导致只能使用欧拉结果。

除几何尺寸之外，飞行器设计的一个关键参数是由飞行器整体布局引起的质心位置。它一般位于从鼻锥开始的 58% 与 59% 之间。飞行器的布局设计和工艺也由质心位置来确定。其他需要考虑的变量是内部容积、气动力参数、以及质量的估算。

对于飞行器选择的最重要的标准有：

（1）ATD：验证机必须经历与这些现象的物理实际相容的飞行条件；判断参考飞行器是否可行不是从空气动力学观点就是从 ATD 的观点。具有可重复发射飞行器襟翼的真实襟翼环境能力也有趣。对于这个目标，比起轻巧飞行器，适中型飞行器更合适。

（2）飞行试验：在飞行器拥有典型的或创新的测量技术的能力对大一些的飞行器来说是比较容易的。

（3）TPS：适中型飞行器适合类似于可避免任何烧蚀的 TPS 的可重复运载飞行器（RLV）选择。

（4）GNC：此处权衡亦是比较清楚地。如果导航和控制是一个演示目标的话，那么 RCS 和升降舵补助翼控制结合体比单独的 RCS 更为有趣。对于这个目标，高升阻比的滑翔飞行器更具备优势。

至于谈到权衡准则（其具有关于完全尺寸参考飞行器所遇到现象的相似限制），中级尺寸的飞行器似乎更合适一些。由此，飞行器外形被确定为适中型或轻巧型尺寸，如图 5.9 所示[5]。

当第一轮结束时，适中型验证机更优于轻巧型验证机。但是，由于依据纵向静裕度和侧向配平标准的不合适，又重新开始了对预 – X 飞行器气动外形的再定位。首先，取消了飞行器最开始的 V 字外形，引进了迎风面的拱形，其具有增加升阻比系数的因素。除此之外，为了增加襟翼效率，襟翼被放置在悬臂位置底部的突出部分。最终，为了达到在襟翼差动控制和侧滑移流之间的侧向解耦标

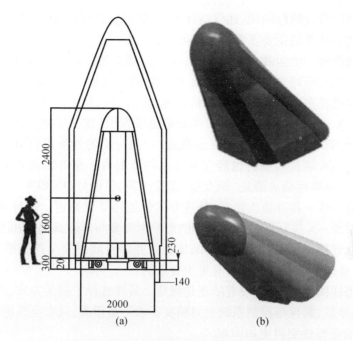

图 5.9 在呼啸号运载火箭整流罩下的预 – X 飞行器示例

(a)—预 – X 适中型和轻巧型飞行器(b)

准,升降副翼的铰链轴被转入迎风面以便略微地满足彼此(如倾斜的铰链线)。图 5.10 所示为 B 阶段飞行器几何外形示意图[5]。

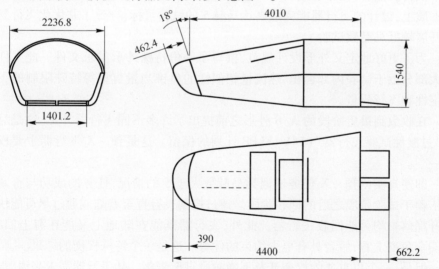

图 5.10 B 阶段预 – X 的几何外形(mm)

与初步的设计阶段相同,此气动外形的确定是多学科权衡分析的结果。

在权衡中涉及的主要重要的选择如下:

(1) 选择哪一个运载火箭(LV)去执行此项任务。此选择在飞行器自身和花费上均产生了不可忽略的影响。在此计划的一开始,对运载火箭和 DNIEPR 发射装置的选择主要取决于花销。特别地,之所以选择 DNIEPR 发射装置是因为它给预 – X 设计(环境、操作和大部分整流罩容积)提供了更多的鲁棒性。实际上,为了给质心位置管理回收更多余地,对预 – X 的外形进行升级也是可能的。基准运载火箭及其备份也经常在考虑的范围内。在 B 阶段直到初步设计回顾(PDR),基准运载火箭是"织女星"运载火箭,备份是 DNIEPR。

(2) 应用哪一种弹道去执行:是遗弃的轨道还是亚轨道。选择亚轨道是因为亚轨道对预 – X 飞行器设计有较小的影响但需要与其运载火箭相关的精确弹道策略。此选择也可由在太平洋着陆比在大西洋着陆更安全这一事实来决定。既然这样,亚轨道选择方案是具有更少要求的。

(3) 怎样回收飞行器:硬着陆还是溅落。最终选择了溅落方式,因其与硬着陆相比,在导航、制导与控制系统上对精度需求不是很高,且安全性更高。然而,保证 TPS 的完整性变得更加困难。

(4) 下降阶段。

最后的设计问题是极具挑战性的。事实上,一个重要的权衡是涉及与任务需求相协调的外形定义。正如前文所说,主要的试验必须在马赫数大于 5 的情况下执行。然后,任务的成功与否依赖于所测数据和飞行器的回收情况。因此,从本质上,设计的飞行器能完成高达马赫 5 的试验目标,导致了非优化飞行器只能开展较低马赫数试验。

为了更好地定义外形设计规范,撰写了一份特殊外形需求文件。此文件涉及大部分由于试验内部容积、热流量相似性的鼻锥当量直径等特殊限制的飞行稳定性和飞行质量。

在收敛到最后阶段的 A/B 外形之前提出了许多不同飞行器外形,这是对欧洲"过渡性试验飞行器"(IXV)FLPP 计划的保留。这是预 – X 飞行器主要权衡之一[5]。

即使真实的预 – X 任务遭遇到马赫数大于 5 的情况,任务的成功与否紧紧地依赖于试验阶段之后的回收阶段。通过控制飞行直至着陆或通过尽可能快地打开降落伞均可能回收飞行器。此外,飞行器既能在陆地上又能在海上回收。从安全角度上看,后者具有更少约束的优势。这是一个特殊权衡的结果。

但是,一个更重要的权衡涉及下降阶段直至溅落。从飞行器需求来说,很明显,涉及空气动力学和 ATD 的主要研究领域是高超声速范围。飞行器的设计是为了给马赫25到5的全尺寸航天器提供好的飞行质量和ATD相似性。然而，马赫5以下的飞行器性能对维持飞行器处于安全状态直至降落伞打开至关重要。特别地，由于降落伞稳定性与预－X系统相结合以及对地面系统断电期间需要把记录的测量数据传输，因此这一阶段非常关键。所以，任务的成功与否（从飞行器和数据回收角度来说）与此阶段紧密地联系在一起。

以下面两种方式通过跨声速区域：

（1）超声速方案：在大约马赫1.5时打开减速伞，然后一旦达到合适条件就打开主降落伞。

（2）亚声速方案：在下降速度达到大约65m/s时，打开主伞，使飞行器的下降速度达到约9m/s。

为此，基于流体力学程序的测试和计算已被执行到马赫0.8，空气动力学数据库（AEDB）计算了马赫数0.81到25范围内的工况。

跨声速飞行研究集中在马赫数2到0.8或0.6之间。主动控制系统对于使用"ad hoc"算法通过跨声速飞行区域是必需的。此结果展示了与具有7Hz带宽限制的A5 OBC的相容性。在马赫数2到1之间的飞行区域中，利用升降副翼执行的控制必不可少。在马赫1以下，反作用控制系统对于保证侧向控制至关重要。副翼对此仅有少量的贡献。

研究的结论是，利用带控制的对称式飞行可以使预－X通过跨声速区域，但会在预－X预算上产生整体影响（质量、动力等），对TPS的表现也未进行充分的分析。所以，在B阶段期间，选择将超声速方案作为一个参考。从降落伞角度来看，采用这种方式来处理下降阶段是更通用。

对于所关心的飞行器架构方面，下面举出三个例子：

• 由木瓦保护的迎风面和侧面。在Hermes计划的框架下发展了特殊的TPS系统，并且明确地选择在预－X中应用它：证明飞行一个具有TPS架构和技术的系统的能力（世界上第一次）。为了提高此装置的技术成熟度（TRL）和研究其在再入飞行器上的装配性能运行一个并行程序。

• 设计的航空电子设备架构简单而又廉价。它仅仅基于COTS和Simplex。

• 试验架构是飞行器设计的主要驱动因素之一。特别地，主要试验，即TPS架构/样品和ATD，成为了飞行器任务和设计的驱动因素。

图5.11清晰地识别了试验发生的时间间隔[5]。识别了大约700个测量点。

在B阶段期间，鼻锥装配基准是绝热的，本质上是以X－38方案为基础的（图5.12）[5]。B阶段期间，在绝热和辐射方案之间进行了权衡，最后保留了绝热方案。辐射箱采用温度表面均匀化消除热点，但相对绝热鼻锥处理方法（类似于X－38），AIT更复杂，TRL更低。与B阶段压力和绝热温度相比，被动/主

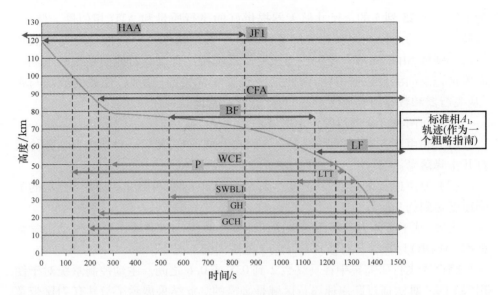

图 5.11　预 – X 上 ATD 经历发生的时间间隔

动氧化转换定律(来自 SPS)对两种方案提供不了活性氧化(甚至携带 100% 催化面)。

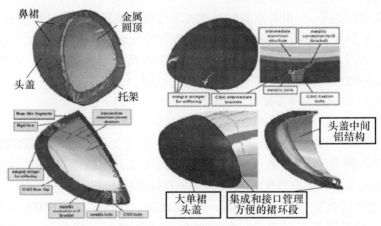

图 5.12　绝热鼻锥装配体

　　体襟翼是可活动的和独立的(图 5.13)。其所使用的技术很大程度上受在 X – 38 所实施技术的影响。从硬件角度来看,体襟翼是由两个半块接合在一起所组成[5]。采用陶瓷基复合材料闩上襟翼主体的方法来安装驱动结构。对于升降副翼来说,所提出的先进 CMC 轴承布局是以 X – 38 轴承的发展经历和涉及更高寿命和稳定性以及减少成本方法所执行的提高为基础的。特别地,这类轴承对一体化允许较高的灵活性并且提供较高的发散性承载能力。

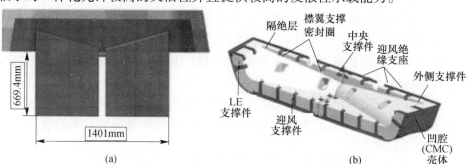

图 5.13　体襟翼的主要尺寸(a)——铰链的 TPS 设计(b)

最终,预 – X 是一种再入试验高超声速滑翔器,它被 ESA 在 FLPP 计划的最佳"过渡性试验飞行器"(IXV)选择中保留。这是未来再入航天飞机或升力体缓解危机的必要步骤。此计划的主要目标是证明欧洲具有操纵由可动表面和射流所控制的可重复使用飞行器的滑翔再入技术。

5.3　IXV 折中目标和逻辑线路

正如前文所述,巩固学习的第一步包括在所有潜在的 IXV 备选中评估和进行权衡,所要求的目标如下:

● 从所有 IXV 潜在备选方案中推荐一个方案,它来自于不仅仅是技术层面而且是计划和项目相关方面的一个权衡分析,它的设计将会被巩固(第二步)以更好的满足 IXV 特别方面的需求。

● 在筛选过的方案中识别有趣的设计特征,目的在于在设计巩固周期通过整合和实施它们进一步提高 IXV 的设计。

执行权衡的逻辑由下列步骤组成:

(1) 对 IXV 识别初步试验目标,并详细叙述高水平需求的相应初步设置。

(2) 从这些需求中衍生出一系列的选择标准和评估参数。

(3) 详细阐述权衡方法。

(4) 搜集所有用于对它们进行评估和权衡分析所需要的备选方案输入数据。

(5) 对每个识别方案进行评估,并依据一系列选择标准和进一步巩固设计推荐其中一个作为最合适的一个方案。

(6) 从最优化飞行试验路线图和针对 IXV 相关需求衍生出的为 IXV 的一

系列巩固高水平需求。

（7）针对这些巩固的 IXV 高水平需求识别推荐方案设计的所有公开问题和所有差异。

（8）基于这些差异，明确纠正措施和在 IXV 设计巩固回路（第二步）中执行的设计提高轨迹。

这个被执行用来识别用于设计巩固回路和变成 IXV 的最合适方案的方法是基于备选方案的排名，它来自于依据一系列选择标准对每种方案的评估。图 5.14 所示为这种方法[6]。

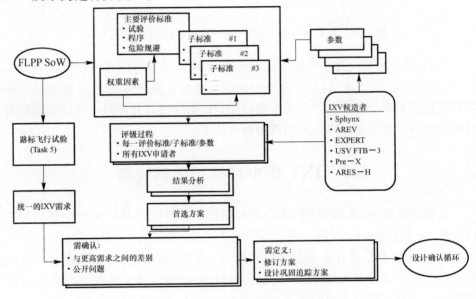

图 5.14　权衡方法

表 5.1 总结了在目前研究中所考虑的一套完整方案，接下来的章节将会对计划状态、当前系统设计和在权衡中的输入提供综合概述[6]。

表 5.1　备选方案列表

IXV 备选方案	客户	主承包商
Sphynx	ESA	ALS
AREV	ESA	ALS
EXPERT	ESA	ALS
USV（FTB－3）	CIRA	CIRA
Pre－X	CNES	EADS ST
ARES－H	EADS ST	EADS ST

Sphynx 是在 NASA 决定取消 CRV/X – 38 计划后由 ESA 发起的计划。在 2002 开始之际,CTRV 研究在双重目标下启动,它是为了提供一个推荐的和优化的策略以满足:一方面 SLI 工作人员递送和返回的需求,另一方面国际空间站(ISS)工作人员救援的需求。那时,Sphynx 方案被由 ALS 作为主承包商,Dutch Space 和 Deimos 公司作为分承包商的一个国际工业小组所研究。它的目标是通过深化并且尽可能使 Sphynx 方案适应来源于 X – 38 方案的 CTRV 选项来支持 CTRV 研究的主动权。在以系统水平实施一项可行的巩固性研究之后,Sphynx 研究于 2003 年 11 月终止。

它的方案和系统设计方法基于以下原则:

(1)源自 X – 38 的 Sphynx 气动外形(降尺度因子),以便从大量的通过风洞测试已被测量和记录的空气动力学和气动热力学特征中受益。

(2)大量采用在欧洲 X – 38 项目框架下已经发展的可使用的设备和技术(包括先进的热结构和 TPS 技术)。

Sphynx 气动形状是从 X – 38 V201 中以 1∶3 比例因子缩小得到的。其上面的方向舵是固定的但其下面的体襟翼仍是活动的。这个任务分析是基于从 Plessetsk 发射场的呼啸号运载火箭的发射(具有一个 200km 的圆形轨道)和在乌美拉沙漠试验场的地面回收。在库鲁发射场发射的织女星运载火箭能成为有趣的备选方案。

图 5.15 所示为飞行器的设计方案图[6]。

图 5.15　Sphynx 设计方案图

AREV 研究是一项由 ESA 于 2004 年发起的,由 ALS 带头的工业联盟所实施的一项评估研究。此 AREV 研究的底线是对过渡性再入试验飞行器的试验/

演示验证目标进行补充(类似于在 FLPP 飞行试验路线图中所提议的 IXV),并且除此之外,还是目标操作飞行器的外形代表。因此,AREV 研究(图 5.16)考虑了试验飞行器的需求(包括但不仅限于目前那些对 IXV 的表示),如果技术上可行并且经济上有益,那对于外形代表性的潜在扩展就可作为一个首尾相接的演示验证逻辑的一部分[6]。依据对于人类太空运输(考虑成适用的)和运载火箭(仅考虑成评估的)概述的试验再入飞行器目标,AREV 研究已进行了三种飞行器外形设计:

(1)钝体双锥来源于再入太空返回舱方案,它是在过去 ESA 计划 CTV/CRV 框架下进行的研究。

(2)类似于 Sphynx 的升力体是基于 Sphynx 气动外形高端版本的 20%(见上面)。

(3)细长升力体是对所有潜在外形构型的补充和处理。

图 5.16 AREV 方案图(双锥的,细长升力体,与 Sphynx 相似的)

EXPERT 计划的提出是为了提高对空气热力学的预测和设计工具,涉及一方面 CFD 计算和 WT 试验以及另一方面从地面试验到飞行试验的推断方法。为了处理这些缺点,通过获取气动热力学飞行数据库、允许处理特殊现象和验证工具,EXPERT 飞行器就孕育而生了。因此,EXPERT 的首要目标是在一个典型的飞行环境中为气动热力学模型、程序和地面试验设备的验证提供一个试验平台,也为提高涉及分析、试验和外推到飞行试验等问题的认知能力。

在这种意义下,EXPERT 方案与其说是为了提高 TPS 或系统设计倒不如说是为了 ATD 试验而设计的。对许多备选外形进行了分析和权衡。保留下来的方案包括具备圆锥外形和钝体鼻锥的低成本再入返回舱,由基于低成本苏联潜艇的波浪号亚轨道发射器(其使用 R-29R 导弹)发射。EXPERT 是为以约

5m/s-7m/s 再入速度进行的亚轨道飞行而设计的。预见的着陆点是俄罗斯堪察加半岛的军事基地。设想了针对不同再入条件的至少三次飞行(携带专用的飞行组件)。EXPERT 计划已达到 PDR 的成熟期,包括试验界面的定义、C/D 阶段技术的和计划的数据包细化、操作和飞行后分析[6](图 5.17)。

无人航天器(USV)计划是由 CIRA 提议的,其主要目标是在航空航天领域对研究活动提供一个技术中心[6]。

USV 计划被分为两个平行的主要研究方面:

(1)致力于发展适应中期至长期需求的技术。

(2)致力于设计和实现飞行试验平台(最初的三种飞行器:FTB-1、FTB-2和 FTB-3)。

起初,此系统设计活动设想了三种不同的飞行器,其目的是演示验证和确认在真实飞行环境中在可识别策略技术发展中获取到的结果。设计这三种飞行器是为了完成四个特殊任务:下降的跨声速飞行试验(DTFT)、亚轨道再入试验(SRT)、高超声速飞行试验(HFT)和轨道再入试验(ORT)。

在这系列飞行器和任务之中,最适合 IXV 目标的是 FTB-3 和轨道再入试验(ORT)任务。所以,FTB-3 被考虑成为权衡分析中一个有趣的候选对象,权衡分析的实施是为 IXV 的巩固选取最合适的设计方案,也是立足于 CIRA 为此目的所提供的输入数据。然而,整个 USV 计划最近已被重组,导致 FTB-2 与 FTB-3 合并成单个飞行器:FTB-X(参见第六章)。此飞行器及其任务目标和需求目前正在重组和整合(图 5.18)。

图 5.17 EXPERT 方案

图 5.18 USV FTB-3 方案

从提高欧洲在大气再入领域的经验和能力出发,CNES 法国空间局于 2001年开始一款滑翔式高超声速再入飞行器的可行性研究,并将其命名为预-X。

目前,此研究在2005年末完成了以SRR结束的A阶段,于2006年末B阶段完成至PDR。预－X研究由EADS空间运输作为主承包商,也得到了一个工业团体的支持,这个团体将会在B阶段扩大。

预－X研究主要有两个目标。第一个目标是试验可重复使用TPS,它目前在欧洲可得到并可被可重复运载飞行器(RLV)使用。第二个目标是汇集高超声速区域的气动热力学(ATD)数据并且提高飞行中测试在正确时间正确输出的过程。

ARES方案(图5.19)已被EADS ST在其自己的计划中进行了详细说明(多亏其体制内R&D的努力结果)[6]。这是由20世纪90年代后期实施的一个全球化评估和权衡分析引起的,全球化评估和权衡分析是基于两个主要面向下一代运载器的飞行试验/演示验证选项之间:第一个选项是试飞一系列具有不同特征和任务的飞行器,至少有一个飞行器致力于表征空气动力学特征和另一个致力于表征空气热力学特征;第二个选项是试飞一个飞行器,然后接受在飞行器水平或任务上的

图5.19　ARES－H(大气层再入试验航天飞机－高超声速)方案

一些折中,如设计一个局部可接受的一些材料衰退的TPS。

实施评估的主要结论是更适合遵循第一个选项并获取两个飞行器:

(1)一个致力于具备任务参数和飞行器设计的从高超声速再入降至亚声速区域,这样就在空气动力学和气动热力学载荷之间达到了一个合适的折中:ARES－H飞行器致力于飞行包线中的高超声速部分(H代表高超声速)。

(2)一个被设计去试验低速范围降至在常规跑道上完成终端区能量管理(TAEM)的自动水平着陆:ARES－S飞行器致力于超声速/亚声速部分(S代表超声速/亚声速)并且其部分被Phoenix方案涵盖。

因此,对于上面提及的宏观目标,此ARES－H的目标如下:

①掌握相应再入条件(如代表性外形、质量和中心)和从再入界面降至着陆条件下一般两级入轨(TSTO)轨道器的滑翔再入。尤其是:空气动力学与气动热力学问题和飞行控制技术。

②继续进行为飞行后分析和专门技术准备的一些TPS装配。

特别地,ARES－H方案从1998年至2002年已被详细说明了,达到一个预研A阶段设计成熟水平[6]。

基于初始的试验目标和通过并行飞行试验优化路线图所巩固的需求定义了评估准则。

基于这些初始的需求,淘汰选举准则由如下三个主要方面组成:

(1) 技术性的/系统试验

(2) 计划纲要

(3) 风险弱化

此技术性的/系统试验准则包括与分配到 IXV 计划的试验目标相关的所有技术性的标准。依据由 IXV 计划初始试验目标提出的四个议题,上述准则被分为四个子类。在它们之中,优先级已给 TPS、热结构和系统,其被认为是 IXV 计划最高层次试验目标。

此计划准则(图 5.20)是为了与整个 FLPP 路线图相兼容而必须去实现的约束中衍生而来[6]。它主要涉及发射日期、发展周期和成本、开始时最小技术成熟度和欧洲的自主权与协作配合。风险弱化标准反映了一个方案的吸引性程度,它依据 IXV 计划本身的风险弱化。风险弱化是为了保护通向下一代试验再入飞行器和计划方面到 NGL 的 IXV 方案的底线。而且,被致力于去被巩固的选择方案设计、方案鲁棒性以及它们设计演化潜力的更通用性被认为比它们以目前设计状态完成准则的方式更加重要。

图 5.20 权衡准则方案

至于折中结果和推荐所关心的,基本评估的主要结果是最后全局排名很好地反映了基于空气动力学外形构型的方案分类[6]。如图 5.21 所示,从低到高排名,这三个方案类型为[6]:

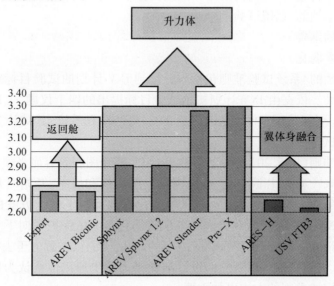

图 5.21　权衡结果

5.3.1　返回舱类型

该类型包括 EXPERT 和 AREV 双锥外形。这些方案的最大优点是展示出与其他类型方案更加简单的设计特征,这是由非常具有吸引力的计划特征所决定的。另一方面,这些方案非常适当,它们是根据 ATD 试验进行最优化的。它们与针对 IXV 计划定义的其他试验目标相关性非常低,特别是关于 TPS 试验以及在欧洲为准备下一代试验飞行器而在系统设计加强和获取经验的机会。而且,它们在设计进化能力方面拥有很低的发展潜力,因为它们的外形设计被任务的弹道本质高度约束,当然也从飞行包线覆盖范围方面,这是因为它们的滑翔能力非常低。

5.3.2　翼身融合体类型

翼身融合体类型包括 ARES – H 和 USV FTB – 3 方案。它们与返回舱方案相反,因为它们为试验目的考虑所有目标提供了非常有趣的特征,但它们关于计划准则不相关。它们的发展对于 IXV 需求是昂贵和长久的。USV FTB – 3 方案相比 ARES – H 方案排名低,这主要是因为在方案设计过程中获取的成熟度较低。FTB－3 方案没有经历一个完整的系统设计循环,但 ARES－H 方案经历了。

5.3.3　升力体类型

相比其他两种类型,升力体类型排名第一,它包括 Sphynx、类 AREV Sphynx、AREV 细长体和预－X 方案。关于此升力体类型,识别了两种子类型:

（1）源于 Sphynx 的外形（带舵/翼端小翼）。

这个子类型包括 Sphynx 方案本身和 AREV Sphynx1.2 方案,AREV Sphynx1.2 方案是原始方案的缩比版本。这些方案相比细长体方案排名稍微低点;这主要是由于气动外形完全来源于 X－38 方案。这就带来降低 IXV 方案吸引力的两个主要结果。第一,在系统设计方面获取的经验在气动外形设计过程中很受限,很明显,这是一个可操作再入飞行器总体设计过程的一个关键因素。第二,这种方案的设计增长潜力比细长体方案稍低,因为气动性能被气动外形冻结,而气动外形只能被放大或缩小。

（2）细长体外形。

细长体子类型包含 AREV 细长体和预－X 方案,它根据 IXV 初步需求产生最有前途的种类[6]。

采用灵敏度分析来评估 IXV 权衡结果和结论受任一等级运用主观性影响的程度。这一分析的最主要结果是总体权衡的主要结论不变:升力/细长体类型是最佳选项。所以,实施的权衡最主要结论是升力/细长体方案被推荐为设计巩固循环的基准开始点。

5.4　IXV 飞行器描述和构型基本原理

IXV 方案是一个升力体外形,它是具有圆形边缘机身横截面、一个三角翼平面外形、一个圆形鼻锥、一个扁平迎风面和两块分开体襟翼的一个紧凑体。整个全尺寸飞行器尺寸是长（除襟翼）4.40m,宽 2.22m 和高（带不偏转襟翼）1.54m。

飞行器外形特征是在高超声速区域的升阻比（L/D）约为 0.7,这样是为了获取气动上较高的横向距离。同时,飞行器的重心（CoG）置于离鼻锥一段距离是为了保证在大范围攻角下的配平飞行能力,这样与大攻角下飞行时系统需求相适应,也与热约束以及传统的和先进的热防护系统使用相和谐。

图 5.22 所示为 IXV 外形几何和襟翼尺寸的无量纲形式[4]。

机身纵向设计成锥形的,这样是为了提高气动和横向稳定性,横截面足够大到容纳所有飞行器的子系统,如反应控制系统（RCS）的推进剂贮箱,这是支持任

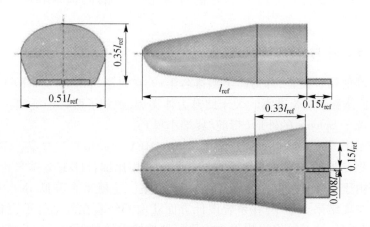

图 5.22　$l_{ref}=4.4$m 的 IXV 外形和无量纲尺寸

务持续时间的需求。这对飞行器性能影响很大。事实上,从空气动力学角度来看,升力和气动效率主要由机身长细比、平坦底部表面、平面形状以及横截面外形来决定。

前体具有一个双曲钝头几何,其机身上下表面均采用光滑流线,以及具有下拉式头部外形,这是典型高超声速飞行器。

最后,襟翼可以自由地偏转,所以它们能像升降舵或副翼一样工作(如俯仰和滚转控制)。事实上,如图 5.23 所示,襟翼以提供一个倾斜的铰链线、飞行器配平和细微横向控制为特色[4]。

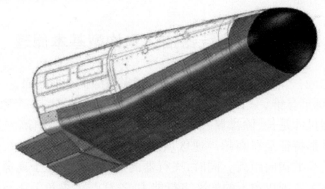

图 5.23　带倾斜铰链线的 IXV 分裂体襟翼

紧接着 IXV 外形基本原理的是与全尺寸飞行器相似的需求[5]。事实上,试验飞行器的一个目标是提供一个能俘获具有合适相似定律 ATD 现象的飞行试验平台。这些现象中的有些不可能通过地面设备重现,这是因为轨道再入环境的特性[7]。

在 ATD 框架中使用的主要相似参数如下(表5.2)：

(1) 马赫数,M,它提供了流动的可压缩性

(2) 雷诺数,Re,它提供了惯性力与黏性力的比值

(3) 离解参数,ρL,它与气体离解和真实气体效应密切相关

(4) 头部滞止点单位面积热流量 Φ

表5.2　相似参数

相似参数	特征长度 L	物理现象	相对相似度
雷诺数 $Re = \dfrac{\rho VL}{\mu}$	体长	襟翼上的黏性效应(SWBLI)	较大
	头部半径	头部/前体的黏性效应(迎风面的转捩)	较大
离解参数 (二元混合物)ρL	体长	真实气体效应(体襟翼)	较小
	头部半径	前激波后的真实气体效应(滞止区域)—催化	较大
热流 $\Phi_{\text{Nose}} = C\sqrt{\rho}\dfrac{V^3}{R_{\text{Nose}}}$	体长		不相关
	头部半径	头部热流	较大

表5.2 中的相似参数必须相对几何变量来评估,如 $\lambda = L_{\text{x-vehicle}}/L_{\text{ref-vehicle}}$, $L_{\text{x-vehicle}}$ 是试验飞行器的特征长度,$L_{\text{ref-vehicle}}$ 是全尺寸飞行器的相应特征长度[5]。和几何因子一样,弹道因子定义为参考全尺寸飞行器密度与缩比模型密度之比：

$$K = \frac{\rho_{\text{ref-vehicle}}}{\rho_{\text{x-vehicle}}} \tag{5.1}$$

假设全尺寸和试验飞行器具有相同速度,当 $\lambda/K = 1$(气动)和$(\lambda K)^{0.5} = 1$(热流)时遵守相似性。表5.3 给出了相对参考飞行器具有相同速度和不同高度的试验飞行器气动和热流相似条件,它们是 λ 的函数[5]。

表5.3　相对 λ 和 Z 的相似条件

X 或 RLV 相似性:IXV 应该飞行		
如果	气动	热流
$\lambda < 1$	较低 Z	较高 Z
$\lambda > 1$	较高 Z	较低 Z

相对气动,IXV 设计应该更加集中于热流和 ATD 现象。图5.24 所示为一类再入飞行器的一个典型高度－速度轮廓,显示了再入轮廓中 IXV 与 Buran、BOR－4 和 Shuttle 的相似性[5]。

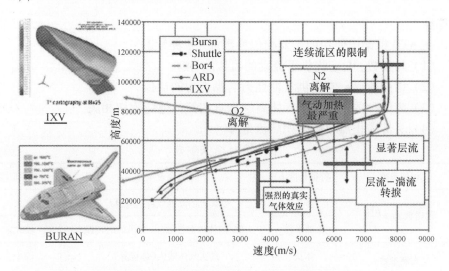

图 5.24　IXV 再入轨迹及其与其他飞行器的对比

5.5　IXV 顶层设计

IXV 是一个试验飞行器,它的主要目标如下:

(1) 欧洲新技术飞行能力的演示验证,如创新性可重复使用 TPS(如木瓦),同时采用气动襟翼和 RCS 控制掌握飞行器飞行品质和控制能力。

(2) 演示验证欧洲实施一款新的再入飞行器头尾相连的发展。

(3) 一个标准哲学。IXV 是一个一次性试验飞行器,没有实用价值。换句话说,不是强制设计 IXV 成在飞行中具有许多用处。

(4) IXV 本身是一个试验。掌握试验系统是此项计划的一个重要因素,让我们回想一下,它的主要目标是获取相关飞行结果和测试数据,所有这些都是为了能够提炼设计边缘和校准地面设计必须的必需工具(像 CFD 或 WT 设备),所以是为了未来再入飞行器的发展。此发展仍然将面临在试验和飞行器功能方面的折中。

(5) 应遵循的样机飞行模型方法。它将在很大程度上影响资格和一体化逻辑。

这个计划不得不在一个大的欧洲框架下实施。所以,掌握许多公司之间的大量子系统 I/F 将是发展中的一个关键要素。

从一开始,IXV 被设想为建立在一系列技术投资和成就上(如 ESA TRP、GSTP、Hermes、MSTP、FESTIP、X – 38、FLPP 和国家计划)的一个技术平台,它将关于 ARD 和 EXPERT 演示验证,通过增加它的飞行机动性来核实违反更宽再入走廊的技术性能,来向前执行[8]。就像在它的名字里指出的,IXV 被设计成一个技术有效和本轻利厚的欧洲路线图的过渡性要素,这是为欧洲准备有限风险下未来野心勃勃操作系统发展所必需的技术性能飞行查证[9]。

一旦在 LEO 轨道,在织女星整流罩抛弃(图 5.25)之后,飞行器将执行分离机动,在姿态和游标上模块(AVUM)供应舱的帮助下开始再入阶段,在再入阶段,飞行器将依据试验需要配平飞行和在高超声速飞行条件下机动,直到超声速和跨声速区域,一直到着陆降落伞将展开。

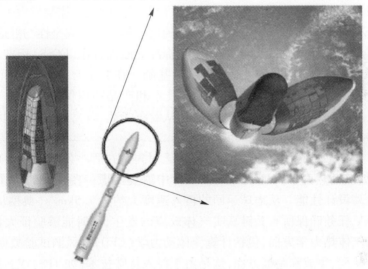

图 5.25　IXV 装进织女星整流罩内

5.6　IXV 计划背景

从 2000 年,在欧洲进行了大量再入技术的试验飞行器研究,包括法国、德国、意大利和欧洲航天局,强调为获取授权再入系统和技术的相关飞行经验、巩固其位置和太空运输领域在未来国际合作中起雄心勃勃作用的欧洲战略需求[9]。在 2004 年,由 ESA 成员国设想的欧洲航天局未来运载器预研计划(FLPP)是为了在其他技术挑战中促进欧洲计划框架的发展,IXV 再入系统作为一个技术平台是为了当集成到系统层面时证实关键再入技术的飞行性能。在2005 年,在所有欧洲航天局和国家现有方案中实施了一个彻底的工业权衡,选中的 IXV 方案是一个升力体再入飞行器,由欧洲航天局织女号运载器发射并注射到再入轨道,它能执行一系列着陆之前为飞行后检查与分析的专门操作[10]。

所以,在 2007 年,成功地 IXV 系统需求评审(SRR)冻结了 IXV 任务和系统的主要方面,集中于欧洲从低地球轨道(LEO)控制地球再入的专门技能上面的巩固,以及在典型飞行环境中性能飞行确认的系统级关键再入技术的整合[9]。基于今天 IXV 工业活动的状态,大约终止计划 B 阶段直到 2008 年底成功完成的系统初步设计评审,一些方面被认为对欧洲未来再入任务专门技能的提升和巩固有贡献。在最重要方面中它们是[9]:

(1)任务与系统方面,因为 IXV 在 ARD 返回舱之后为未来制定了技术步骤,并在 20 世纪 90 年代发展和流畅起来。相对传统返回舱,IXV 外形表现出更高的升阻比、更高的横向距离和顺向航程、以及重大的滚转控制权力来减缓减速负载和处理机动能力与控制能力,从而达到增加航天飞行安全性与舒适性。

(2)设计标准方面,因为目前的空间标准化欧洲合作(ECSS)标准为卫星应用进行了调整,它们是欧洲航天局应用的基础。在 IXV 计划初期,一个可用的 ECSS 专用调整被执行,同时在此对特殊技术和产品的担保标准进行了关键调整。一旦在关键领域的参考规范上失误,从欧洲工业、研究机构和专门机构来的专家会参与并形成专门工作小组。

(3)设计工具验证方面,因为目前缺乏对再入过程中发生的一些现象的精确认知(如气动热力学),这就导致在设计中需要考虑一些额外的边缘,其目标是为了提高设计性能。从地球返回的再入速度大约为 7.5km/s(典型从 LEO 的再入),IXV 任务确保所有关键真实气体效应的发生,同时能够验证大量的空气动力学和气体热力学方面,包括计算流体动力学(CFD)和风洞试验数据。

(4)装配、集成和验证方面,这是由于再入特殊技术(如 TPS)或新环境中现有技术(如 GNC)引起的复杂性。IXV 装配、集成和验证经验,包括方法、准则和程序,将提供与 LEO 再入应用的某一未来空间运输系统相关的专门技术。

(5)操作方面,为了处理与欧洲航天局和非 ESA 固定和可移动地面站以及恢复操作相联系的无线电频率、遥测、通讯联络中断和站点可视化。IXV 操作经验,包括确定的方法、准则和程序,将为 LEO 再入应用相关的任一未来空间运输系统提供专门技术。

(6)安全和可靠性方面,由于关于欧洲非破坏性再入应用安全政策目前的不确定性,需要确保再入、下降和着陆阶段敏感飞行和地面安全需求。IXV 经验将准备一个普遍公认的欧洲方法安全上交数据到发射权威,这是未来再入应用的需要。

(7)导航制导与控制方面,因为 ARD 继承了导航算法,采用惯性测量单元与 GPS 耦合来制导,以及采用耦合的襟翼和反应控制系统,可以帮助 IXV 处理从 LEO 再入时高超声速阶段相关的所有复杂 GNC 问题。

（8）热防护方面,由于严重热机械环境引起的复杂性转化成关键设计问题,如界面、连接点、密封处、缝隙处、台阶处和奇点处的热膨胀。一些热防护材料性能和设计处理方法的飞行验证将为 LEO 再入应用相关的任一空间运输系统提供专门技术。

（9）额外的技术成熟度方面,源自在运载器或航天器发展中作为成品（如航空电子设备系统组件）普遍采用的技术,但需要为再入应用代表性环境进一步授权。IXV 任务将为增加这些组件的技术成熟度到 8 和 9 提供机会,这与 LEO 再入应用的未来空间运输系统发展相关联。

总之,IXV 计划的目标是着手处理从 LEO 再入的一大部分基本欧洲需要,为任一未来欧洲再入系统发展巩固经验和专门技术需求[9]。

5.7 IXV 任务需求及描述

设计 IXV 是为了完成一系列高水平需求和目标,这些需求和目标已经被专门机构和工业界反复讨论和共同明确。

IXV 任务将采用织女号运载火箭飞行注入一个赤道轨道,特定选择和协调来确保从完全代表从 LEO 返回任务环境条件下的大气层再入。

IXV 任务主要有如下目标[9]：

（1）任务/系统方面,领先 ARD 一步

（2）特殊技术验证（ATD、GNC 和 TPS）

（3）一般技术成熟度

（4）设计标准调整

（5）设计工具验证

（6）操作与安全

明确项目的主要技术和计划约束有[10]：

（1）采用由组合推进器和气动面控制的升力构型执行大气层再入。

（2）验证和试验一系列定义明确的关键再入技术和学科（如空气动力学、气体热力学、热防护、热结构、导航制导与控制）。

（3）集中在高超声速和高超高声速飞行区域验证和试验。

（4）在海平面着陆和回收飞行器,完整无缺地给予飞行后检验与分析。

（5）采用欧洲航天局织女号作为基准运载火箭以有限花销实施点对点（ETE）的欧洲任务。

（6）执行严格的样机飞行模型发展哲学的系统成本设计方法。

（7）确保严格的系统发展和资格计划,目标是保证发射时间在 2012 年之内。

就设计轨迹而言,它的目标是确保适应一系列需求:

(1)精确的再入飞行轮廓,提供与试验目的相兼容的环境(如热流、热载荷、g-过载、动压)。

(2)在密集居住区 IXV 飞行的最小化。

(3)与从 Kourou 航天港织女号运载火箭性能的兼容性,它的级间脱落。

图 5.26 所示为得到的标准点对点弹道,弹道弧度的最大高度约为 475km[9]。它提供的再入口速度大约为 7450m/s,飞行航迹角为 -1.6°,完全代表了从低地球轨道(LEO)再入任务。按照惯例再入门明确了再入阶段的开始,它位于 120km 高度。

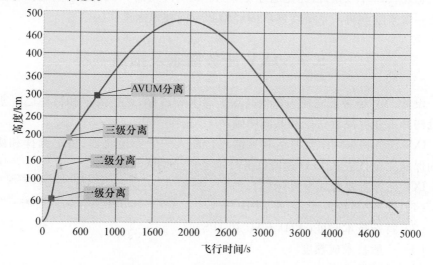

图 5.26 IXV 的标准点对点轨迹

下面,表 5.4 重新给出了指定主要弹道参数[9]。

表 5.4 参考弹道参数

筛分弹道	弹道参数			
	热流/(kW/m^2)	热载荷/(MJ/m^2)	G 负荷/g	动压/kPa
最大热流(<482)	468.4	258.1	2.15	4.77
热载荷(<280)	456.4	259.5	2.09	4.51
最大 G 负荷(<4)	436.8	248.7	2.30	5.23
最大动压(<6)	457.6	238.3	2.20	5.85

最后,图 5.27 所示为以高度-时间图给出的标准再入弹道。

就技术需求而言,我们有:

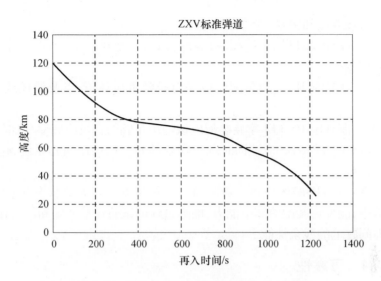

图 5.27　IXV 标准再入轨迹的高度 – 时间图

5.7.1　任务

（1）IXV 任务需要在 RLV 典型环境里验证 TPS&HS 装配和组件性能，包括 RLV 标称（典型再入时间曝光），和如果可能中止任务规划（过量热载荷）。

（2）IXV 任务需要基于 ESA/织女号运载火箭的运用（为 IXV 注入轨道）和欧洲航天局/织女号运载火箭上面级（为 IXV 离轨）。

（3）IXV 任务需要基于 IXV 地面着陆方案，最小化着陆冲击以完好状态保护和允许对 TPS&HS 的回收。

5.7.2　系统

（1）IXV 系统需要考虑它组分的主要驱动，因为最早期设计明确阶段，如乘客合理的质量、容积分配和功率分配，没有被明确。

（2）IXV 系统需要执行必需的测量来允许飞行后的飞行器模型校验来验证 IXV 飞行器数学动力学模型。

（3）IXV 飞行器需要基于带主动气动控制面的细长升力体外形。

（4）IXV 乘客试验，虽然没有明确，需要与 TPS&HS 技术研究和设计工具提高相关联，如 CFD 和 WTT 结果的验证。

5.7.3　TPS 和热结构

（1）IXV 的 TPS&HS 应该基于陶瓷的、金属的和 FEI 家族的装配，包括隔热

423

层、附属物、接合点和密封(静态和动态)。

— IXV 的 TPS&HS 陶瓷装配应该经历高负荷迎风环境,如在头部区域、前缘和气动控制面。

— IXV 的 TPS&HS 金属装配应该经历轻微负荷环境,以及背风或底部/后部环境。

— IXV 的 TPS&HS FEI 家族装配应该经历足够的背风或底部/后部环境。

(2) IXV 的 TPS&HS 应该同时基于陶瓷的和金属的附属物系统,包含金属到陶瓷的接合点。

(3) IXV 的 TPS&HS 应该在着陆撞击后保护以完好无缺状态回收,能允许飞行后检查,能保证装配的卸下能力,能通过地面试验评估装配和组件在可重复使用能力问题上的残余性能。

5.7.4　可靠性

IXV 任务的成功标准如下:

(1) 以高于 95% 的可能性回收可利用的飞行数据和确保合适的飞行后分析(排除运载火箭的可靠性)

(2) 以高于 90% 的可能性以完整无缺/可利用状态回收测试用的硬件(排除运载火箭的可靠性)

(3) 为飞行器和乘客试验完成试验目标

(4) 补充的需求

5.7.5　ATD

IXV 任务应该允许在典型环境中搜集飞行数据,这个典型环境与有关下列 ATD 现象研究和设计工具验证相关联:

(1) 真实气体效应

(2) 激波 – 边界层相互干扰

(3) 激波 – 激波相互干扰

(4) 层流向湍流的转捩

(5) 过渡分离

(6) 湍流加热

(7) 腔加热

(8) 材料催化效应

(9) 材料氧化效应

(10) 操纵面效率

（11）RCS 效率

5.7.6　TPS&HS 的新材料和概念

IXV 任务应该允许在飞行试验中测试最小的一组新概念材料和方案或 TPS&HS，包括：
（1）基于陶瓷
（2）基于金属

5.7.7　HMS

IXV 任务应该允许在飞行试验中测试最小的一组 HMS 传感器和技术，包括：
（1）与 GNC 子系统相关的
（2）与 TPS&HS 子系统相关的
（3）与冷结构子系统相关的

5.7.8　GNC

IXV 任务应该允许在飞行试验中测试最小的一组 GNC 技术，包括：
（1）与机载软件和硬件相关的
（2）与场外软件和硬件相关的

5.8　IXV 标准弹道的 WTT 和 CFD 数据对比

飞行器 AEDB 产生了以飞行条件（M，Re 和高度）和飞行器姿态（如 α,β,δ_e 和 δ_a）为形式给出的 IXV 空气动力学系数。

基于工程估算、CFD 和 WTT 实施了从稀薄流条件到亚声速区域的整个飞行区域的空气动力学分析。参考马赫数范围是从 $M_\infty=25$ 到 $M_\infty=0.8$。所以，AEDB 覆盖了 IXV 标准再入方案的马赫数、攻角、侧滑角和操纵面倾角范围。

这些数据库活动依赖于许多风洞（WT）和 CFD 数据。风洞测试数据指的是在不同欧洲设备中进行的许多测试活动，而 CFD 计算则是由为 ESA 牵涉进技术援助活动的合伙人严格执行。

所有数据以一个形式提供，而这个形式允许从一个基本外形通过分配要素到每个力或力矩组分如气动操纵面效果等来发展。它们用一种分别对待每个力和力矩的方式提出，提供方程促进同样考虑稀薄大气层效应的发展过程。然后，考虑稀薄效应的一个升力、阻力和俯仰力矩系数桥接公式也被包含在内。特别地,高超声速区域的试验数据指的是在 S4ma 和 H2K 风洞中进行的测试活动,而超声速、跨声速和亚声速区域的试验数据指的是在 DNW – SST 和 FOI T1500 风洞中进行的试验。表 5.5 给出了每个风洞的试验流场条件[7]。

表 5.6 和表 5.7 分别给出了以自由来流条件形式由 ESTEC 和 CIRA 实施的一些 CFD 数据[7]。同时也提供了在数值计算中考虑的不同模型和流动条件(见"注释"列)。

表 5.5　风洞试验的来流条件

S4ma			
试验序号	注释	雷诺数	马赫数
548	S4ma	9.18E + 05	9.857
559	S4ma	7.30E + 05	9.825
581	S4ma	5.76E + 05	9.777
H2K			
试验序号	注释	雷诺数	马赫数
24 到 53	H2K	1.12E + 06	6
58 到 76	H2K	7.80E + 05	8.7
SST			
试验序号	注释	雷诺数	马赫数
	SST	5.50E + 06	1.47
	SST	6.10E + 06	2.01
	SST	1.10E + 07	3.02
	SST	1.51E + 07	3.94
FOI T1500			
试验序号	注释	雷诺数	马赫数
	FOI T1500	5.50E + 06	0.8
	FOI T1501	5.00E + 06	0.95
	FOI T1502	4.20E + 06	1.2
	FOI T1503	3.90E + 06	1.4

表 5.6　ESTEC CFD 仿真的自由来流条件

AOES						
序号	试验序号	注释	马赫数	高度/km	雷诺数	克努森数
1	1	PG"TURB"SST"	0.8	21.74	5.007E + 06	2.391E – 07
2	11	PG"TURB"SST"	1.0	23.33	4.634E + 06	3.061E – 07

（续）

AOES							
序号	试验序号	注释	马赫数	高度/km	雷诺数	克努森数	
3	21	PG"TURB"SST"	1.1	24.11	4.614E+06	3.500E-07	
4	33	PG"TURB"SST"	1.2	24.82	4.567E+06	3.913E-07	
5	43	PG"TURB"SST"	1.5	26.32	4.526E+06	5.014E-07	
6	53	PG"TURB"BL"	2	29.60	3.540E+06	8.436E-07	
7	59	PG"TURB"BL"	4	38.31	1.802E+06	3.314E-06	
8	65	NEQ"TURB"BL"	10	52.06	6.826E+05	2.184E-05	
9	80	NEQ"TURB"BL"	15	58.57	4.832E+05	4.621E-05	
10	95	NEQ"TURB"BL"	17.7	64.70	2.684E+05	9.832E-05	
11	106	NEQ"TURB"BL-CMP"	17.7	64.70	2.684E+05	9.832E-05	
12	107	NEQ"TURB"SST-CMP"	17.7	64.70	2.684E+05	9.832E-05	
13	108	NEQ"TURB"K-EPS"	17.7	64.70	2.684E+05	9.830E-05	
14	109	NEQ"TURB"K-EPS-CMP"	17.7	64.70	2.684E+05	9.830E-05	
15	110	NEQ"TURB"K-EPS"	17.7	64.70	2.684E+05	9.832E-05	
16	111	NEQ"TURB"SST"	17.7	64.70	2.684E+05	9.832E-05	
17	114	EQ"TURB"BL"	17.7	64.70	2.684E+05	9.833E-05	
18	117	PG"TURB"BL"	17.7	64.70	2.684E+05	9.847E-05	
19	125	NEQ-LAM	20	68.66	1.808E+05	1.649E-04	
20	140	NEQ-LAM	25	75.73	8.330E+04	4.475E-04	
21	145	NEQ-LAM	25	76.52	7.385E+04	5.039E-04	
22	147	NEQ-LAM	25	72.78	1.260E+05	2.953E-04	

表5.7　CIRA CFD 仿真的自由来流条件

CIRA						
序号	试验序号	注释	马赫数	高度/km	雷诺数/10^5	克努森数
1	FL02	EQ-TURB K-EPS	10	52.1	6.79	
2	WT1	PG-LAM	14			
3	WT5	PG-TRANS	14			
4	WT7	PG-TURB	14			

（续）

CIRA						
序号	试验序号	注释	马赫数	高度/km	雷诺数/10⁵	克努森数
5	FL01	EQ – TRANS K – EPS	15	58.7	4.86	
6	2	EQ – TURB K – EPS	15	58.7	4.86	
7	10	NEQ – TRANS K – EPS	15	58.7	4.86	
8	5	EQ – TRANS K – EPS	17.7	64.6	2.68	

结果，通过添加所有 WTT 和 CFD 自由来流条件到 IXV 标准弹道，由此得到了图 5.28 和图 5.29[7]。

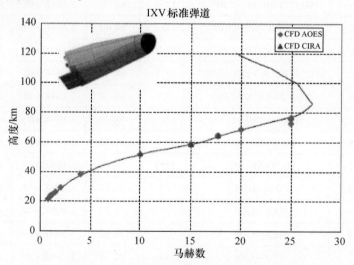

图 5.28　标准轨迹和 AEDB(CFD)源数据，马赫数 – 高度复制

从中可以看出，所有数据来源能够处理下降段马赫数 – 雷诺数的完全重合，因为为预见飞行区域提供良好覆盖和开发试验和计算活动之间的协同明确了 WTT 和 CFD 矩阵。的确，H2K 和 S4Ma 风洞尺寸和条件能完全覆盖马赫数 6、8.7 和马赫数 10 的雷诺数。这也就意味着外推到实验空气动力学数据的飞行活动可以避免，除了由 DNW – SST 提供的高马赫数结果。注意到在 SST 中可实现的 IXV 模型雷诺数超过自由飞行中的雷诺数，这是由于在此风洞中较高的空气密度，因为 SST 出口是环境压力。

缩尺模型的参数很难满足，这就导致了增压和低温风洞的发展，在这些风洞

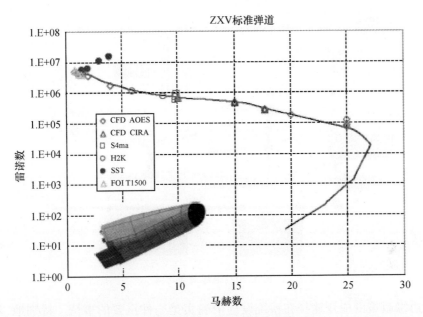

图 5.29　标准轨迹和 AEDB(CFD，WTT)源数据，马赫数 - 雷诺数复制

中，工作介质的黏性能被大幅度改变来补偿模型的缩尺。

5.9　WTT 计划的结果

IXV - AEDB 的验证需要参考试验数据以合理地提出标准气动力系数数值和相关联的不确定带。

的确，一个可靠的数据(CFD 或 WTT)必须保证在测量上的正确性。这就是为何边缘政策在设计过程中异常重要。

一般来说，系统循环过程的主要特征之一是保留合适的边缘(在研究过程中慢慢减少)、执行折中和权衡。边缘直接与花销紧密联系。挑战在于设计一个能执行所有带足够边缘、安全和有限花销这些函数的系统。

边缘政策应用于所有飞行器设计(轨迹、GNC、航空电子设备、热机械、飞行器设计等)，构成了子系统设计的驱动。边缘从本质上包含了如下方面：

(1) 不确定性。

(2) 散布。

(3) 空隙。

这些假设在计划进展过程中逐渐减弱(A、B、C、D 等阶段)。图 5.30 所示为进展示意图[5]。

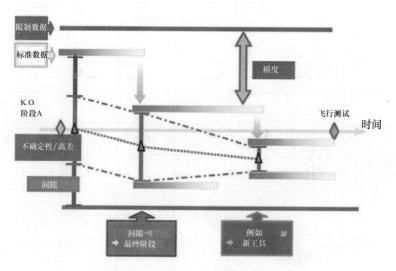

图 5.30   边缘政策方案

边缘政策的应用途径在系统设计中确实是一件重要的事情。特别地,对于试验飞行器,边缘经常需要减弱,这是为了能够捕获需要研究的物理现象。相对一个工业设计,这更是一个研究或标准方法。预 – X(和 ARD)经验告诉我们边缘在所有发展过程中必须保持在一个合理的数值,这样是为了避免设计一个相对试验飞行器更加鲁棒有效的飞行器[5]。

一个典型算例就是整个飞行器的热流(和最大温度)计算,特别地,在体襟翼。足够的边缘需要保留是为了确保飞行器的完整性,但经常允许为试验目的和使用此设备进行真实姿态控制的足够偏转[5]。在寒冷的高超声速区域(较小或无真实气体效应),可能从 H2K 和 S4ma 风洞获取可靠的地面数据。

5.9.1   ONERA S4ma 测试中的亮点

ONERA S4ma 寒冷高超声速风洞结果对气动数据库(AEDB)构建的贡献是通过对不同设置下的各种各样纵向和侧向外形以及襟翼测量气动力和力矩系数。此外,实施了局部压强测量和流场可视化。这些运行都是在一个 1/13.75[th] 缩尺模型($L_{ref}=0.320m$)中完成的[11]。

30 次运行(包括再现性和可视化运行)在以下试验条件下完成:

(1)马赫数:10

(2)容器压强:与雷诺数($L_{ref}=0.32m$)5×10^5、7×10^5(飞行雷诺数)和 9×10^5 分别对应为 25、35 和 45bars;

(3)攻角范围:30°~57°和 57°~30°

（4）侧滑角范围：$-10° \sim +10°$

（5）襟翼偏转范围：$-10°$到$15°$

（6）力通过一个带间隔 1mm4 排柱形线的一个分离装置转换，这个分离装置靠近头部和第一级斜坡部分的连接区域，垂直于主流。

图 5.31 所示为 S4ma 结果的例子，描述了不同襟翼设置下（如 $\delta_e = -10°$、$-5°$、$0°$、$5°$、$10°$ 和 $15°$）俯仰力矩系数相对 α 的变化趋势[11]。

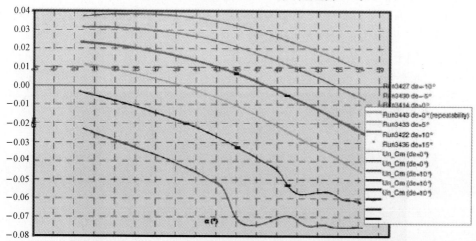

图 5.31　S4ma 风洞中 $M_\infty = 10$ 条件下俯仰力矩系数随攻角的变化趋势

如图所示，试验结果强调，关于升降副翼效率，当攻角大于 $45°$ 和在较大升降副翼偏转下（如 $\delta_e > 10°$），C_m 呈非线性变化趋势。

通过 S4ma 试验活动，我们获取了所有气动组分的良好重复性[11]。在攻角和侧滑角向上扫描然后向下扫描过程中没有发现滞后现象，获取到良好的流动和气动外形对称性。

在活动中发现在偏航力矩上出现一个细微的补偿。C_m 上的转换分离结果随升降副翼偏转而增加，这就使得飞行器产生更多低头力矩，可能与由于湍流边界层引起的升降副翼效率增加相一致。需要采用在升降副翼区域设置更加密集的压强测量仪器和更加准确的油流显示技术来开展额外的研究。

5.9.2　DLR H2K 测试中的亮点

DLR H2K 寒冷高超声速风洞试验结果的贡献，相对 ONERA S4ma 马赫 10，是对气动特征马赫数效应的识别。另外，实施了局部压强测量和流场显示[11]。

运行针对一个 1/17.6th 缩尺模型（$L_{ref} = 0.250m$）执行。30 次运行（包括再

现性和可视化运行）在以下条件中完成：

（1）马赫数：6 和 8.7

（2）容器压强：与飞行雷诺数 1.12×10^6、0.78×10^6 分别对应为 4 和 16bars

（3）攻角范围：$30° - 55°$ 和 $55° - 30°$

（4）侧滑角范围：$-8°$ 到 $+8°$

（5）襟翼偏转范围：$-10°$ 到 $+15°$

（6）力通过带 2 条 0.18 和 0.4mm 碳化硅颗粒的一个分离装置转换

图 5.32 所示为采用纹影可视化技术获取的马赫 6 条件下的一些 H2K 结果中的一个例子[11]。从中我们可以看到，$M_\infty = 6$，$\alpha = 45°$ 和 $\delta_e = 10°$ 条件下飞行器前面的弓形激波可以被清晰地捕获到，同样还有襟翼区域的 SSI 和 SWIBLI 现象。

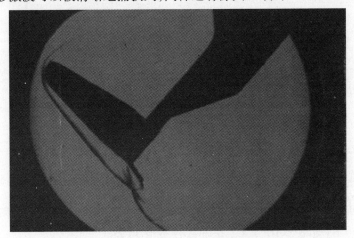

图 5.32　$M = 6$ 条件下的 H2K 纹影可视化

获取到高质量数据，提供了寒冷条件下期望的马赫数效应，这些目前仍然处于分析当中。

5.9.3　DNW – SST 测试中的亮点

SST 是一款放气式风洞，图 5.33 所示为其布局[12]。

一个 5MW 压气机在大约 45min 装满 $600m^3$ 的贮存容器（1），此时大气压强为 4000kPa[12]。容器的容量能够保证 20 到 50 秒之间有效的运行时间，这取决于选择的马赫数和总压 P_0[12]。回热器（2）稳定容器内的大气温度。在运行过程中，主阀（3）和调压阀（4）允许贮存大气进入沉降室（6），在沉降室安装有一些网筛来减弱湍流度和促进流动的均匀性[12]。调压阀保证运行过程中沉降室内总压在一个定常层次上，这是由风洞执行结构预先决定的。空气经由喷管

（7）从沉降室逃出,进入试验段(8),模型就安装在试验段。风洞对一个选择的马赫数的适应包括矩形形状喷管和试验段高度调整以及喷管与试验段之间风洞上下壁面轮廓和倾角的调节。试验段下游,风洞由一个带可移动上下壁面的可变扩压器(9)、一个固定扩压器(10)和消音器以及排气装置(11)组成,其中可变扩压器为马赫数 3 以上使用准备。

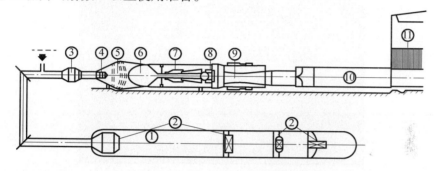

图 5.33 SST 风洞布局轮廓图

模型的配平攻角期望为 55°～60°。SST 的支持机构能保证安装角从 −6°到 +15°连续变化。一个气动地操作移动系统能增加一个 20°的阶梯式增长。一个专门的安装平台、针适配器和一个弯曲的针的应用造就了如图 5.34 所示的设置[12]。

图 5.34 SST 中 1/21 缩尺 FLPP IXV 安装在 33°带曲柄的支杆上

模型采用 +5°倾斜角安装在天平上,是为了限制针与基准流场的干扰。当 $M_\infty \leqslant 2$ 时,获得了从 30°到 70°的攻角范围。在高马赫数下,安装在 IXV 模型内部的天平安装角必须从 5°减小到 0°,这样是为了防止天平过载。结果,当 $M_\infty >$ 2 时,仅获取了从 25°到 65°的攻角范围。一个内部六分量天平,FOI I − 682,和

433

一个16通道200kPa压强模块安装于IXV模型内部。6个测压孔位于头锥区域,它们来自IXV的大气参数测量系统(FADS),如图5.35所示[12]。

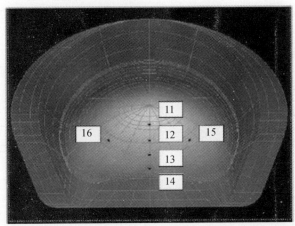

图5.35　IXV头锥体大气参数测量系统的测压孔位置

图5.36所示为分布在模型上的其他8个测压孔[12]。

在模型支持上的分解器测量了模型的迎角;采用基于测量天平负载的天平和针偏转进行修正。

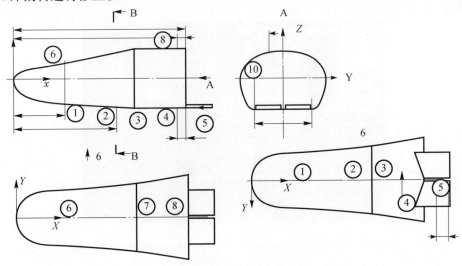

图5.36　IXV表面剩下的测压孔分布

实施试验完成定常马赫数下:$M_\infty = 1.45$、$M_\infty = 1.99$、$M_\infty = 2.99$ 和 $M_\infty = 3.91$ 下的连续攻角扫描。

表5.8包含了风洞和自由飞行条件下的试验条件[12]。

表 5.8 SST 中的试验条件和 IXV 的飞行条件

SST 条件							飞行条件
马赫数	P_0/kPa	P/kPa	T_0/K	V/(m/s)	Q/kPa	$Re/(10^6)$	$Re/(10^6)$
1.45	165	48	282	410	71	5.5	
1.99	224	29	289	507	81	6.1	3.5
2.99	649	18	283	605	112	11.0	
3.91	1481	11	294	667	117	15.1	1.6

研究了一些襟翼设置以及相应的升降舵(δ_e)和副翼(δ_a),表 5.9 所列为试验流场条件清单[12]。

表 5.9 SST 中完成的 IXV 试验矩阵

系列	备注	de /(°)	da /(°)	deL /(°)	deR /(°)	α /(°)	β /(°)	运行 ($M=1.45$)	运行 ($M=1.99$)	运行 ($M=2.99$)	运行 ($M=3.91$)
5		-10	0	-10	-10	AOA	0	10	22		57
1		-5	0	-5	-5	AOA	0	8	23		
2	纵向	0	0	0	0	AOA	0	7/66	24		56
3		5	0	5	5	AOA	0	9	25		
4		10	0	10	10	AOA	0	11	26		58
2	侧向	0	0	0	0	AOA	-5	32	31	34	
2	侧向	0	0	0	0	AOA	-2		37	74	
2	侧向	0	0	0	0	AOA	2		38		
14	侧向	-5	5	-10	0	AOA	0		40		
13	副翼	-2.5	2.5	-5	0	AOA	0		39		
8		0	-5	5	-5	AOA	0	20			
7		0	5	-5	5	AOA	0	16	28		61
10		0	10	-10	10	AOA	0	19/67	30/47		65
16		2.5	-2.5	5	0	AOA	0	14			60
11		2.5	2.5	5	5	AOA	0	13	29		59
17		5	-10	15	-5	AOA	0	54			
9		5	-5	10	0	AOA	0	21			
6		5	5	0	10	AOA	0	15	27	53	63
15		5	10	-5	15	AOA	0	50	49		64
4	可视化	10	0	10	10	50	0		42		

图 5.37 所示的俯仰力矩行为表征了 $M_\infty=1.99$ 时的升降舵效率[12]。

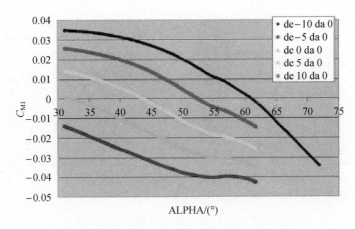

图 5.37　$M_\infty = 1.99$ 条件下的 IXV 升降舵效率

如图 5.37 所示，干净配置下的 IXV（即 $\delta_e = \delta_a = 0$）在 44° 攻角下有一个自然的配平点。

图 5.38 和图 5.39 分别为 $M_\infty = 1.45$ 条件下不同襟翼设置下的滚转和偏航力矩曲线（即滚转和偏航力矩的升降舵效率）[12]。

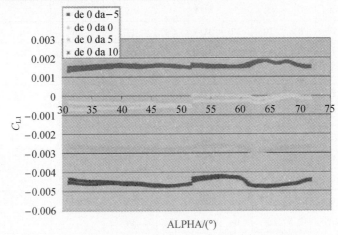

图 5.38　$M_\infty = 1.45$ 条件下辅助翼在滚转力矩上的效率

$\delta_a = 0°$、5° 和 10° 的曲线对比显示一个非线性偏航力矩性能。副翼偏转也会影响升降舵效率，具体如图 5.40 所示[12]。

图 5.41 显示的是 IXV 的阻力特征，它是一个马赫数和雷诺数的函数[12]。

试验段的侧壁面安装有光学玻璃。在所有试验运行中采用纹影技术获取纹影图来表征激波形态和流动分离。

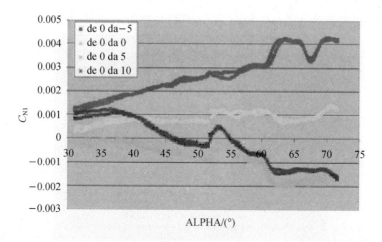

图 5.39　$M_\infty = 1.45$ 条件下辅助翼在偏航力矩上的效率

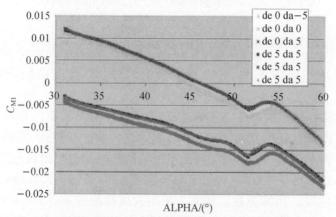

图 5.40　$M_\infty = 1.45$ 条件下辅助翼在俯仰力矩上的效率

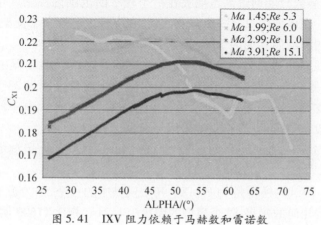

图 5.41　IXV 阻力依赖于马赫数和雷诺数

图 5.42 所示为 $M_\infty = 1.99$ 和 $\alpha = 60°$ 时的纹影图例子[12]。

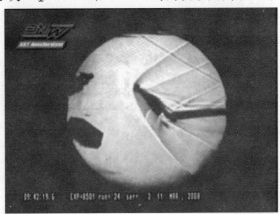

图 5.42　$M_\infty = 1.99$ 和 $\alpha = 60°$ 时 SST 风洞中 IXV 的纹影图

5.9.4　FOI TI500 测试中的亮点

风洞测试在如图 5.43 中的 FOI/FFA T1500 喷注驱动闭合电路隧道中进行[13]。

风洞由储存罐里的高压空气驱动,这些空气经由风洞排入大气。FOI T1500 风洞的测试段横截面为宽 1.5m,长为 4.0m[13]。壁面开槽沟,在四块壁面的每一块上都有四个槽沟。一定量受控的空气从这些槽沟被吸出到环绕测试段的高压间。当马赫数小于 1.0 时,通过下游堵塞来实现对马赫数的控制,在高马赫数下采用高压抽吸。当马赫数直到 1.2 采用有规律的收敛,但当 $M = 1.40$ 时,这种收敛变成一种内置喷管收敛。保留带槽沟的壁面,因为这个模型指向测试菱形的下游,马赫数只能通过高压抽吸在一个较窄的范围内控制。在测试段下游是模型架节。在风洞中央有一个垂直支板,在支板上有配一个支架纵槽。

风洞中的模型照片如图 5.44 所示[13]。

一个滚转驱动器安装在支架纵槽的前端面。在滚转驱动器中安装有一个 32° 弯支杆。另一个支架安装于弯支杆的前段。当攻角范围为 $23° < \alpha < 56°$ 时,它是一个直支架。图 5.45(a)所示为此攻角范围内安装于风洞中的模型[13]。

在较高攻角范围内,此直支架采用一个 33° 弯支杆代替。

在支架与天平之间 $56° < \alpha < 90°$ 也有一个短适配器,在风洞中的设置如图 5.45(b)所示[13]。

T1500 中测试的模型是 FLPP IXV 几个模型中的一个,称为模型 A。它的外形是 IXV 2.2 几何的代表,这个模型的缩比为 1:21。相比 T1500 测试段尺寸,这

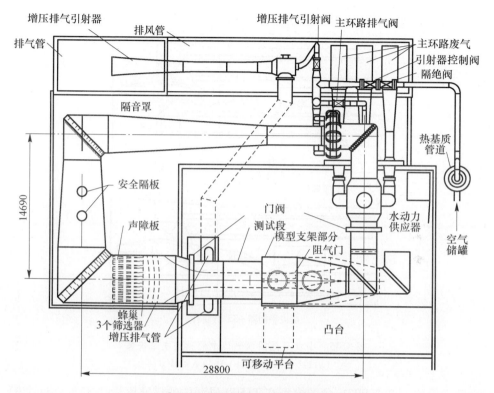

图 5.43　FOI T1500 风洞俯视图

图 5.44　高攻角范围内测试中的安装于测试段的模型 A

是一个小模型,但是这个缩比尺度的选取是根据高攻角(90°)和这个模型将在低超声速马赫数下试验。这是能安装 16 通道 PSI 压力采集模块和 6 分量天平

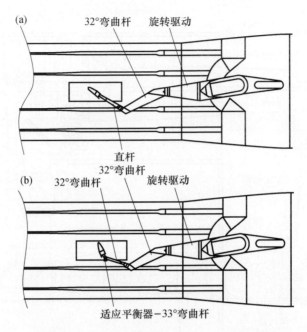

图 5.45　小攻角范围内测试中的模型支架安装

(a)$23° < \alpha < 56°$；(b) $56° < \alpha < 90°$。

的最小尺寸。这个 90°攻角的模型在 T1500 风洞中的堵塞度为 0.82% 。这个模型的参考面积是除襟翼外在水平面的投影面积。在上面的堵塞图片中包括了襟翼的堵塞。

模型的机身由两部分组成,上部和下半区。在机身下半区安装一个天平适配器。天平中心线是在模型中心线基础上倾斜 5°。这样更加容易设计一个弯支杆来达到 90°,也减轻了支架与襟翼之间的干扰。经测量,真实的倾斜角为 4.93°。

两个矩形襟翼安装在模型底面。它们的下表面和机身下表面齐平。在每个襟翼角下都有一个襟翼。

图 5.46 所示为模型的三视图[13]。

除了第一次运行,所有运行中模型都安装有转捩带。这些在 4mm 宽带中组成的碳化硅粗砂石粘附到模型上。粗砂石的尺寸为 60μm。转捩带围绕头部成环形,沿着下表面平坦面外边的两条纵线[13]。

模型安装了 16 个表面测压孔来测量静压。6 个置于头部作为大气参数测量系统(FADS)的一个基准。图 5.46 所示为测压孔数量和它们的位置。

在规划阶段,两个不同载荷范围的 25mm 天平是这个风洞试验的候选者。

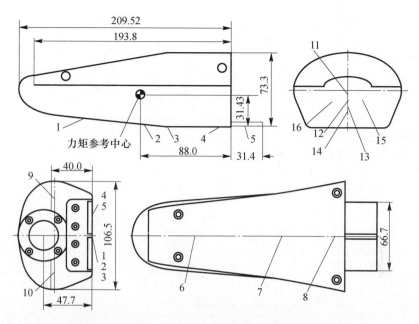

图 5.46　包含测压孔位置的 FLPP IXV 模型 A 三视图

在一些初始运行后,完全风洞活动必须使用更强的天平来运行,这一点变得很明显,这是由模型与天平轴之间 5°倾斜导致的高轴向载荷。

采用一个 PSI 压强模块,ESP – 16TL,测量模型表面的 16 路静压。这个模块的测量范围是 30psid。由于有限空间,安装在模型上异常困难。模块上的管子不得不折弯。一个角落也不得不修圆磨光,模块的安装筒必须与模型电子隔离。具体如图 5.47 中照片中所示[13]。

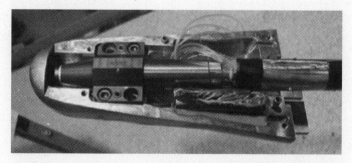

图 5.47　安装于模型上的带弯管和一个圆角的 PSI 压强模块

除了 PSI 压强模块,还有一个单独的压力传感器测量天平空腔压力。传感器测量的是绝对值,它安置于刺豆荚,通过一个塑料管与天平空腔相连。

通过选择合适的滞止压强,试验可能在全尺寸雷诺数下完成,尽管模型太小，如表 5.10 所列[13]。

表 5.10　不同马赫数下 T1500 中雷诺数和相应滞止压强

M	0.80	0.95	1.20	1.40
$Re/10^6$	5.55	4.99	4.10	3.80
P_0/kPa	184	154	121	114

试验在不同升降舵和副翼设置，也结合设置，四个马赫数下运行。表 5.11 所列为全部试验矩阵[13]。

表 5.11　试验矩阵

备注	de	da	α	β	M				运行数
					0.80	0.95	1.20	1.40	
TN	10	0	→	0				B	1
TD	10	0	→	0				B	1
纵向	−5	0	→	0	A	A + D	A + B	B	6
	0	0	→	0	A + B	A + B	A + B + C	B	8
	5	0	→	0	A	A + B	A + B	B	6
横向侧滑	0	0	→	5	A + B	A	A + B		6
	0	0	→	−5	A			B	2
	0	0	70	→	E + F				2
横向副翼	5	5	→	0	A		A + B	B	4
	0	5	→	0	A + B	A	A + B	B	6
	0	−5	→	0	A + B	A	A + B	B	6
	5	−5	→	0	A		A + B	B	4
	−5	−5	→	0	A		A + B	B	4
	−5	5	→	0	A		A + B		3
油流	5	0	50	0				B	1
运行总次数									60
TN = 自然转捩					TD = 强制转捩				
α 或 β 范围					α 或 β 范围				
A	56° ~ 90°				D	23° ~ 56° ~ 23°			
B	23° ~ 56°				E	−12° ~ 12°			
C	56° ~ 90° ~ 56°				F	12° ~ −12°			

图 5.48 所示为 $M_\infty = 0.95$ 和零度副翼襟翼设置条件下纵向特征（即俯仰力矩系数）的一个例子[13]。

442

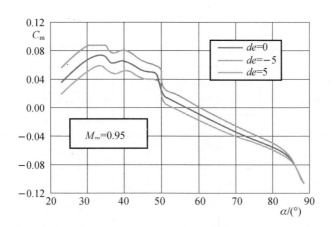

图 5.48 $M_\infty = 0.95$ 和 $\delta_a = 0°$ 条件下不同升降舵设置下的纵向运动特征

如图所示,当 $\alpha < 31°$ 时飞行器是不稳定的。在零度副翼设置下(即干净配置),配平攻角为 $57°$。一般来说,不同副翼设置影响随攻角增大而减弱,在攻角约为 $85°$ 时,此影响几乎不存在。

当改变攻角时,研究了侧滑角的影响。图 5.49 所示为 $M_\infty = 0.80$ 时偏航(C_{LN})和滚转(C_{LL})力矩的结果[13]。

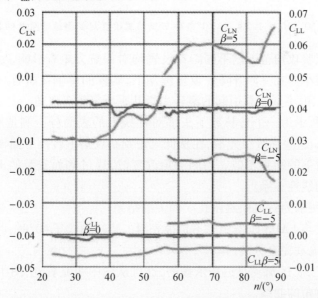

图 5.49 $M_\infty = 0.80$,$\delta_e = \delta_a = 0°$ 条件下侧滑角对侧向运动特性的影响

侧滑角为 $\pm 5°$,但并不是对所有马赫数、侧滑角和攻角范围组合进行了试验。不管怎样,结果显示当攻角大于 $54°$ 时飞行器在偏航方向是稳定的。滚转

力矩几乎不依赖于攻角,它的方向是减弱侧滑角的影响[13]。图 5.50 所示为 $M_\infty = 1.20$ 时零度升降舵设置下不同副翼设置对偏航和滚转力矩的影响[13]。

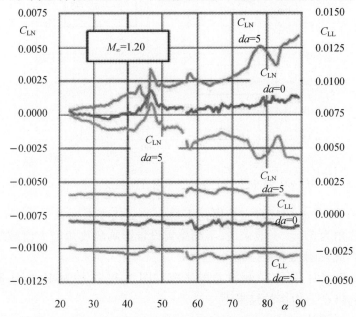

图 5.50　$M_\infty = 1.20$，$\delta_e = 0°$ 条件下辅助翼设置对侧向运动系数的影响

在整个试验攻角范围内不同副翼设置均对偏航力矩有影响,尽管在很小角度下的影响很小。在 +5°升降舵设置覆盖下,副翼的影响在所有马赫数都增加(没有显示)。由不同副翼引起的滚转力矩几乎不依赖于攻角。

图 5.51 所示为一个马赫数下头部对称线上的表面静压测量和四个 FADS 压强结果[13]。这些曲线很光滑,在从低攻角到高攻角下转换下同样如此。在其他试验马赫数下的结果相似。当侧滑角改变时,通过侧面安装的 FADS 测压孔获取了相似的线性关系。

图 5.52 所示为背风面测压孔 6 和 7 的结果[13]。

这些曲线与 FADS 压强相比不是很光滑。当攻角大于 60°时,曲线变得更加光滑,标志着流动完全分离。

攻角小于 37°的流动是迟滞依赖的,这可从图中明显看到,图中显示了增加攻角和减少攻角的曲线。

只进行了一项油流显示试验,具体见图 5.53 中的照片[13]。

运行条件是 $\alpha = 50°$ 和 $M_\infty = 1.40$。从侧面看可能看到图片中的一条分离线。

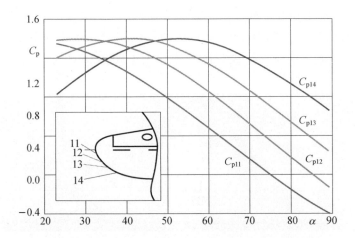

图 5.51　$M_\infty = 1.20$ 条件下 FADS 压强随攻角的对称性变化

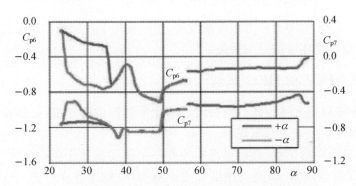

图 5.52　$M_\infty = 0.95$ 条件下两处背风表面静压的迟滞现象

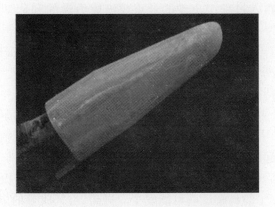

图 5.53　$M_\infty = 1.40$ 和 $\alpha = 50°$ 条件下油流可视化图

采用纹影技术获取了整个风洞试验过程中的纹影图片。在这儿仅显示了一些画面。的确,在图 5.54 中,$M_\infty = 0.95$ 时攻角扫描运行中获取了两个连贯的纹影图片[13]。在 $\alpha \approx 50°$ 时,纹影图片在攻角上距离 0.16° 揭示了流场的突然变化。

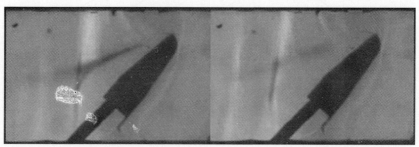

图 5.54　$M_\infty = 0.95$ 和 $\alpha \approx 50°$ 条件下相邻帧的纹影图

观察图 5.48 中的力和力矩测量发现,相同攻角下在俯仰力矩上几乎有一个台阶变化,这也是相应的升力损失。

5.9.5　IXV 和 HEG 风洞

为了准确对再入飞行器弓形激波后的化学弛豫进行建模,必须在地面试验中对飞行双元制参数进行重现。

进而,对于高焓试验,必须重现的另外一个驱动参数是流动速度。例如,图 5.55 从双元制参数 ρL 和流动速度 u 方面对 HEG 的工作条件进行了讨论[14]。在这儿,L 代表所研究外形的长度。除了 HEG 工作条件以外,图 5.55 也对航天器在地球大气层再入过程中出现的最重要流体力学的和化学的过程进行了描述[14]。进而,作为一个参考,也提供了从低地球轨道(IXV)再入升力体的飞行弹道、弹道超轨道再入(Apollo 11)和高超声速飞行试验(SHEFEX)。

相应的飞行高度放在图 5.55 的右图表中,显示了地球大气层的温度变化。不同物理和化学特征区域的过渡依赖于所选取的特征长度,并且随外形的不同而改变。进而,分界线仅有象征性的特征。事实上,在不同区域并不存在明显的分界线。图 5.55 中的克努森数显示 HEG 工作条件位于连续流区域。再入流动的高能量含量引起航天器附近空气的强烈加热。

依赖于激波后面的温度水平(即飞行速度),空气分子的振动自由度受到激发,氧气和氮气分子的离解反应可能发生。进而,空气成分的电离发生。在这儿描述的高温效应可能是储存于空气颗粒的无规则运动的平动能带来的能量转移引起,它会随着气体加热增加,形成能量的其他形式。因为这种能量转移是依靠

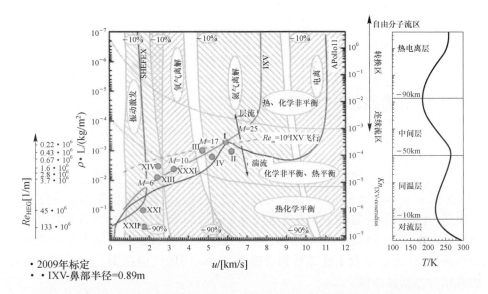

图 5.55　从双元制参数 ρL 和流动速度 u 方面考虑的 HEG 工作条件

空气颗粒碰撞实现的,它需要一定时间段来发展。例如,达到一个平衡状态的时间需要由局部温度和密度来决定。所以,依赖于弛豫时间与流动的一个特征时间尺度比值,化学和热弛豫过程要么在非平衡态,要么在平衡态。而且,沿着再入弹道,雷诺数会变化几个数量级。在高空飞行,一个再入飞行器的壁面边界层刚开始是层流。当超过一个临界雷诺数(如图 5.55 所示的 IXV 外形)会发生层流向湍流边界层的过渡[14]。这个过程与表面摩擦和壁面热流增大紧密联系。

5.10　CFD 分析的结果

考虑计算结果,下面展示了大量 CFD 计算结果。这些开展的仿真集中在一些流场特征的演化发展上,例如机身襟翼结合处的传热分析和铰链腔的辐射加热,也为飞行器气动数据库发展进一步提供了气动数据[15]。

在这个框架下,选择两个轨迹点来对流经气动构型 2.3 的流场进行分析。这些飞行条件对应两个马赫数,即 10 和 25,见表 5.12 总结的测试矩阵,里面也包含了飞行器高度、边界层状态和壁面催化条件[15]。

在目前的 CFD 分析中,仅分析连续流区域,且空气由五种理想气体成分(N_2、O_2、NO、N 和 O)和三种振动成分(N_2、O_2 和 NO)组成。远场假设由 79% 的

447

双原子氮(N_2)和21%的氧气(O_2)组成。

表 5.12　CFD 测试矩阵

$M_\infty/(-)$	H_∞/km	$\alpha/(°)$	$\beta/(°)$	$\delta_a/(°)$	$\delta_e/(°)$	$Re_{\mathrm{Lref\infty}}/(-)$	边界层状态	催化
10	52.1	45	0	0	10	Flight	层流	无催化壁
10	52.1	45	0	0	10	Flight	层流	完全催化壁
10	52.1	45	0	0	10	Flight	湍流	完全催化壁
10	52.1	45	0	0	10	Flight	Tran. HL	完全催化壁
25	76.5	45	0	0	10	Flight	层流	无催化壁
25	76.5	45	0	0	10	Flight	层流	完全催化壁

采用定常 Navier – Stokes 计算方法来进行流场仿真,并假设为化学反应气体模型,在辐射平衡温度条件下考虑热屏蔽表面为非催化壁(NC)或完全催化壁(FC)(表面发射系数,$\varepsilon = 0.8$)。$M_\infty = 10$ 条件下的仿真考虑流动为完全层流和自然转捩流(即转捩发生在飞行器铰链线,Trans. HL),但在 $M_\infty = 25$ 条件下的仿真仅考虑层流条件。

CFD 计算采用混合网格,与图 5.56 中所示类似,由 5×10^6 个网格单元组成(半体)[15]。

值得注意的是,网格采用混合网格,这是因为它们是非结构的但仍采用棱柱特征来捕获尽可能多的每种飞行条件下壁面边界层和激波结构。边界层第一层网格高度为 $10^{-6}\mathrm{m}$。

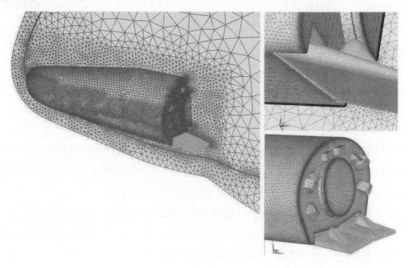

图 5.56　CFD 混合网格示例

例如,图 5.56 所示为飞行器表面和对称面网格,在对称面显示的是壁面边界层和由棱柱组成的激波拟合。图 5.57 所示为襟翼组件的底视图[15]。

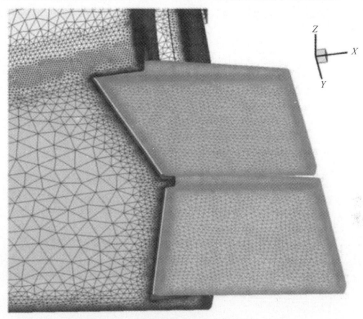

图 5.57　飞行器表面网格,襟翼组件底视图

图 5.58 所示为右襟翼腔和密封垫[15]。

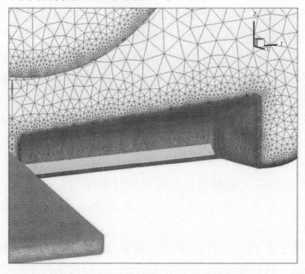

图 5.58　飞行器表面网格,襟翼腔后视图

449

最后，采用伪短暂程序达到每次 CFD 仿真的收敛。当全局气动力系数不再发生变化时仿真停止。

对 CFD 结果进行对比时考虑了图 5.59 所示的云图流场和选择的飞行器截面[15]。

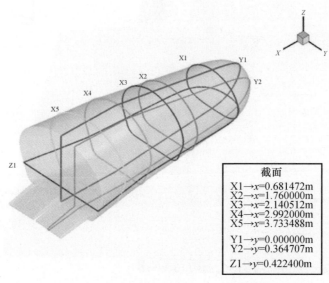

截面
X1→x=0.681472m
X2→x=1.760000m
X3→x=2.140512m
X4→x=2.992000m
X5→x=3.733488m

Y1→y=0.000000m
Y2→y=0.364707m
Z1→y=0.422400m

图 5.59 结果对比的 IXV 飞行器剖面

数值计算结果强调，当马赫数为 10 和 25 时流经飞行器的流场非常复杂，如强弓形激波、激波/激波干扰、激波/边界层干扰、底部流动和巨大的流动膨胀。这些导致数值模拟非常费劲，特别是最初着手阶段。结果，每次数值计算都采用简化的数值设定，在着手阶段的最后应用表 5.12 中的远场和壁面边界条件[15]。作为 Navier – Stokes 仿真结果的算例，对 M_∞ =10 和 M_∞ =25 轨迹点条件下的有趣流场特征进行了描述。

例如，图 5.60 所示为 M_∞ =10 条件下 IXV 飞行器对称面马赫数流场和飞行器表面的压强分布。图 5.61 所示为相同飞行条件下飞行器表面的辐射冷却温度和对称面的压强云图[15]。

图 5.60 和图 5.61 中流场特征的后视图分别如图 5.62 和图 5.63 所示[15]。

图 5.64 所示为飞行器背面的三维流动流线图和飞行器表面压强分布图[15]。

两幅图强调了从 IXV 飞行器腹部热激波层开始逐步发展到流经铰链腔的底部流动的流线。这些热流动，即横向振动流动，以及来自于热襟翼表面的辐射热流，对腔加热有贡献。

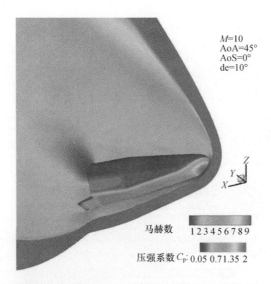

M=10
AoA=45°
AoS=0°
de=10°

马赫数 1 2 3 4 5 6 7 8 9

压强系数 C_p: 0.05 0.7 1.35 2

图 5.60 $M_\infty = 10$ 条件下 IXV 飞行器对称面马赫数云图和飞行器表面的 C_p

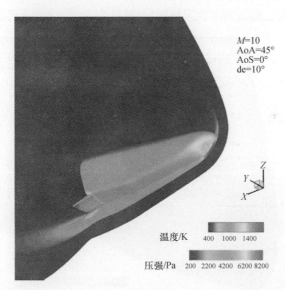

M=10
AoA=45°
AoS=0°
de=10°

温度/K 400 1000 1400

压强/Pa 200 2200 4200 6200 8200

图 5.61 $M_\infty = 10$ 条件下 IXV 飞行器对称面压强轮廓图和表面辐射冷却温度

襟翼区域的气动加热对飞行器设计影响很大。例如，图 5.65 所示为 $M_\infty = 10$ 条件下完全催化壁和层流流动获取的飞行器迎风面静压轮廓图和襟翼组件的表面摩擦分布[15]。

我们可以看到，襟翼腔外缘的最大温度大约为 1750K。尽管如此，这些热流量和温度最大值相对真实条件下的计算结果估计过高，这是因为在计算过程中忽略了腔体内部的热传导。

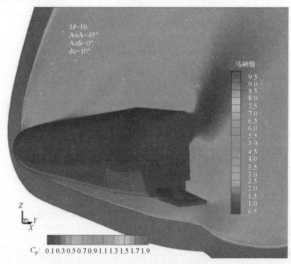

图 5.62　$M_\infty = 10$ 条件下 IXV 飞行器的 C_p 和俯仰面的马赫数云图

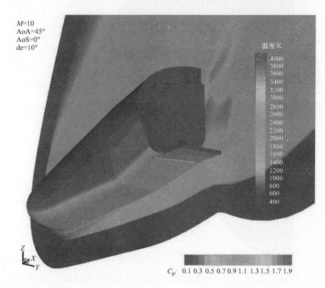

图 5.63　$M_\infty = 10$ 条件下 IXV 飞行器的 C_p 和俯仰面的温度云图

　　不管怎么说,这些超出可以从图 5.66 提供的轮廓图结果来解释。图中所示为从飞行器鼻锥开始 $x = 4.3\mathrm{m}$ 横截面处流场。

　　如图 5.66 所示,飞行器腹部(IXV 飞行器以 45°攻角飞行)流动撞击在襟翼空腔的带很小前缘半径的外侧边缘(图 5.65)。换句话说,图 5.66 证实局部会

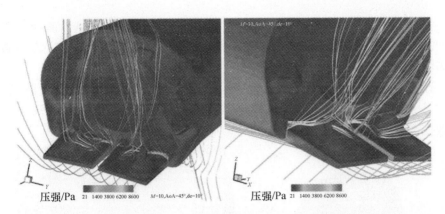

压强/Pa　21　1400 3800 6200 8600　　　　压强/Pa　21　1400 3800 6200 8600

图 5.64　$M_\infty = 10$ 条件下 IXV 飞行器背部流线和飞行器表面压强云图

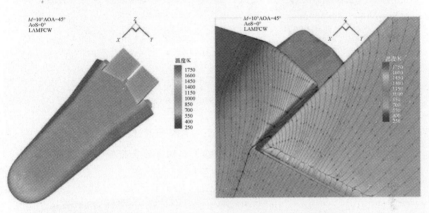

图 5.65　$M_\infty = 10$ 条件下完全催化壁和层流流动获取的
表面温度云图以及襟翼和机身的表面摩擦

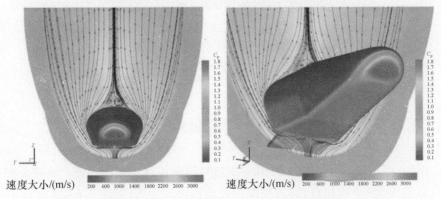

速度大小/(m/s)　200 600 1000 1400 1800 2200 2600 3000　　速度大小/(m/s)　200 600 1000 1400 1800 2200 2600 3000

图 5.66　$M_\infty = 10$ 条件下完全催化壁和层流流动获取的 $x = 4.3\mathrm{m}$
横截面处速度数量云图和横向流动流线

有一道从襟翼到空腔的强溢流（分叉流动形态）。所以，在该区域的流动转变一层很薄的边界层。这也是被一道显著的流动膨胀进一步加强，且这道流动膨胀随着空腔边沿出现，如图 5.67 所示。

而且，对比图 5.67 和图 5.68 可知，当考虑襟翼空腔（如缝隙流动）时，过去采用悬臂襟翼（图 5.68）预估得到的分离泡形态，在现有 CFD 数值计算中会完全改变。

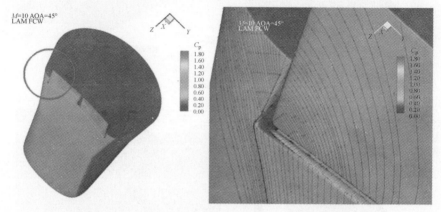

图 5.67　$M_\infty = 10$ 条件下完全催化壁和层流流动获取的
表面压力系数云图以及襟翼和机身的表面摩擦

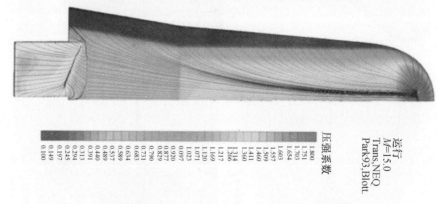

图 5.68　$M_\infty = 10$ 条件下完全催化壁和过渡非
平衡流获取的表面压力系数云图以及襟翼和机身表面摩擦

例如，图 5.65 和图 5.67 指出一个短气泡出现在襟翼的前面（如图 5.65 所示），在连接线[1]出现热点，同时在焊接处前面出现分离（如图 5.67 所示）。

———————————

[1]　在连接线，由于分叉流动形态，边界层比附近的较薄。

　　而且,值得注意的是经过铰链线缝隙的流动,即泄流,会影响襟翼效率,因为它会影响流动动量[16, 17]。

　　图 5.69 ~ 图 5.75 所示为 $M_\infty = 10$ 条件下不同飞行器截面(如图 5.59 所示)完全催化壁算例中完全湍流(FT)、过渡流(TRANS)和完全层流(FL)计算结果对比。

　　例如,图 5.69 ~ 图 5.71 所示为三个飞行器截面的压力系数分布,即 X1、Y1(飞行器中心线)和 Y2(集中在 IXV 飞行器襟翼上的流场特征分布)。

　　图 5.72 ~ 图 5.75 所示为 X1、X5、Y1 和 Y2 截面上的壁面热流量分布[15]。

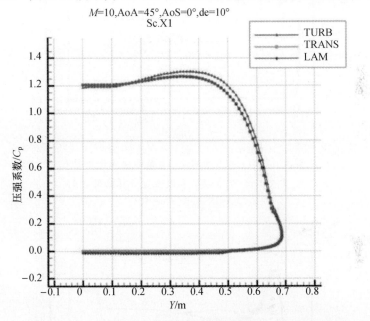

图 5.69　$M_\infty = 10$ 条件下 X1 截面处压强系数 C_p,完全湍流、
完全层流和过渡流计算结果对比

　　关于压力系数的结果显示当从层流过渡到湍流流动条件时仅有细微差别。

　　另一方面,图 5.72 ~ 图 5.75 所示的对比结果强调在湍流边界层算例中飞行器迎风面出现较高的气动加热[15]。

　　概略地,在湍流与层流流动假设之间,比率设置为 3 ~ 4。

　　注意到层流与过渡流条件下热流量差异仅存在于飞行器襟翼处,因为 CFD 仿真考虑转捩前沿在方案的铰链线。

　　如图 5.75 所示,当 $\delta_e = 10°$ 时,过渡热流量大约为 150kW/m^2,在襟翼处几乎保持不变,然后在气动控制面的后缘处几乎达到 $250 \text{ kW/m}^{2[15]}$。

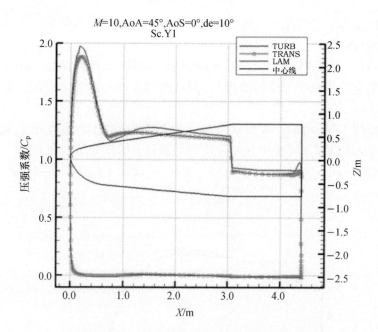

图 5.70 $M_\infty = 10$ 条件下 Y1 截面处压强系数 C_p，
完全湍流、完全层流和过渡流计算结果对比

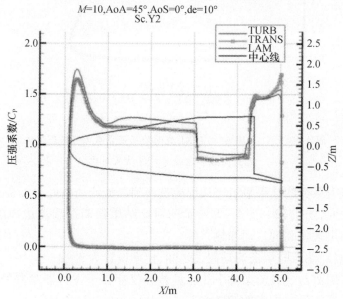

图 5.71 $M_\infty = 10$ 条件下 Y2 截面处压强系数 C_p，
完全湍流、完全层流和过渡流计算结果对比

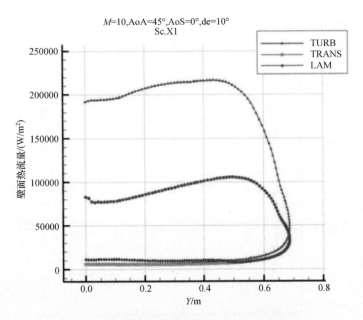

图 5.72　$M_\infty = 10$ 条件下 X1 截面处壁面热流量，
完全湍流、完全层流和过渡流计算结果对比

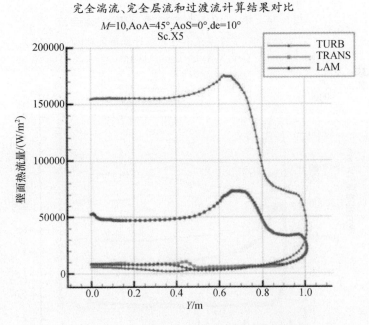

图 5.73　$M_\infty = 10$ 条件下 X5 截面处壁面热流量，
完全湍流、完全层流和过渡流计算结果对比

在 $M_\infty = 25$ 飞行条件下，图 5.76 所示为四个飞行器截面处马赫数云图，即

X2、X4、X5(图5.59)和 $X=5\mathrm{m}$，以及 IXV 飞行器表面压强分布。从这些剖面的流场特征中可以清晰看见强烈的弓形激波。

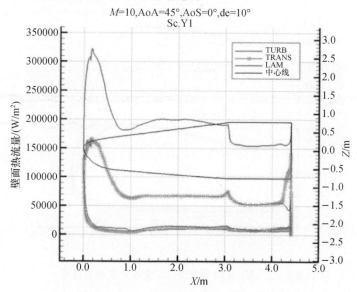

图 5.74　$M_\infty=10$ 条件下 Y1 截面壁面热流量，完全湍流、完全层流和过渡流计算结果对比

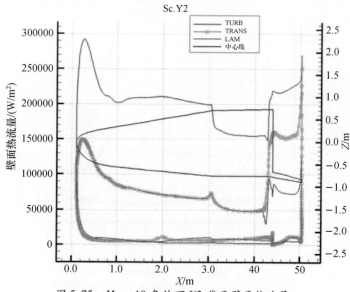

图 5.75　$M_\infty=10$ 条件下 Y2 截面壁面热流量，完全湍流、完全层流和过渡流计算结果对比

458

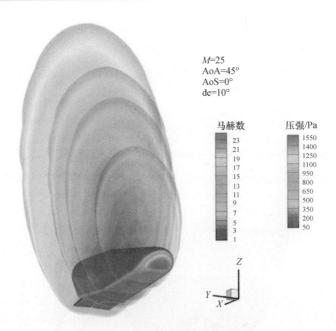

图 5.76 $M_\infty = 25$ 条件下 X2、X4 和 X5 截面和 $X = 5\text{m}$

处马赫数云图和飞行器表面压强云图

图 5.77 所示为穿过飞行器的温度云图[15]。图中所示流线是为了强调飞行器对称面的流场结构。

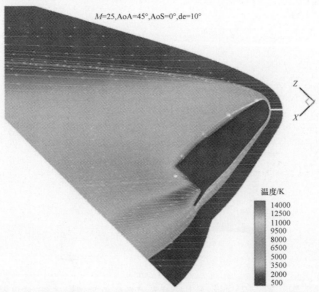

图 5.77 $M_\infty = 25$ 条件下 IXV 飞行器对称面温度云图和飞行器表面 C_p 值

$M_\infty = 25$，$\alpha = 45°$ 和 $\delta_e = 10°$ 条件下流经飞行器的横向流动很复杂，如图 5.78 所示，在图中显示了 X5 截面的马赫数云图和流线[15]。

图 5.79 和图 5.80 所示流线是为了说明绕飞行器的流场结构，特别是在试验飞行器的底部流动（如图 5.80 所示）[15]。

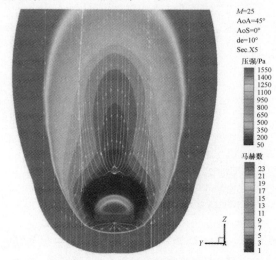

图 5.78　$M_\infty = 25$ 条件下 X5 截面马赫数云图及横向流动流线和飞行器表面压强云图

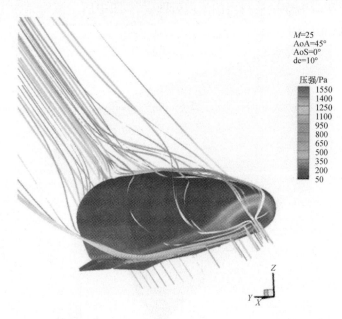

图 5.79　$M_\infty = 25$ 条件下飞行器表面压强轮廓图和流线，前视图

460

考虑 $M_\infty = 25$ 条件下完全催化壁和非催化壁边界条件下的计算结果对比，图 5.81～图 5.90 所示为表面压力系数、壁面热流量和辐射冷却温度分布，以及图 5.59 中沿飞行器截面的评估轮廓[15]。

图 5.81～图 5.85 所示为压力系数对比[15]。

正如所期望的，催化壁边界条件不会影响飞行器方案的压力分布。

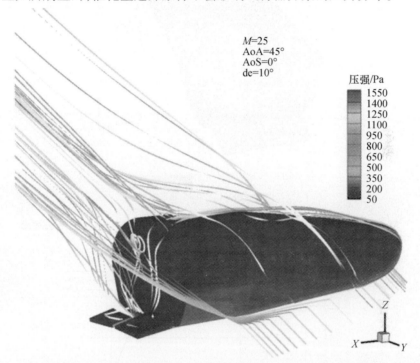

$M=25$
AoA=45°
AoS=0°
de=10°

压强/Pa
1550
1400
1250
1100
950
800
650
500
350
200
50

图 5.80　$M_\infty = 25$ 条件下飞行器表面压强轮廓图和流线，侧视图

为了说明催化效应对飞行器气动加热影响的大小，图 5.86 所示为飞行器表面的对流热流量分布对比，这些结果是在辐射冷却壁面条件下（即 $T_w = \sqrt[4]{\dfrac{\dot{q}}{\varepsilon\sigma}}$）分别采用完全催化壁和非催化壁计算获取。

就像我们看到的一样，催化效应引起的过热相比非催化壁算例更大（如图 5.87,5.88,5.89 和 5.90 中的结果对比）[15]。

特别地，此状态的数值仿真结果强调主要不同点出现在飞行器前体，此位置完全催化壁的热流增加了大约 250%。离开 IXV 飞行器鼻锥，此数值逐渐降低[15, 18]。

M=25,AoA=45°,AoS=0°,de=10°

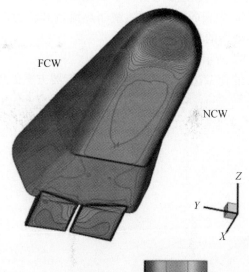

图 5.81　压力系数，$M_\infty = 25$ 条件下完全催化壁（左）和非催化壁结果对比

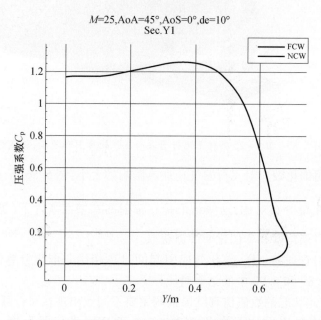

图 5.82　X1 截面处压力系数，$M_\infty = 25$ 条件下完全催化壁和非催化壁结果对比

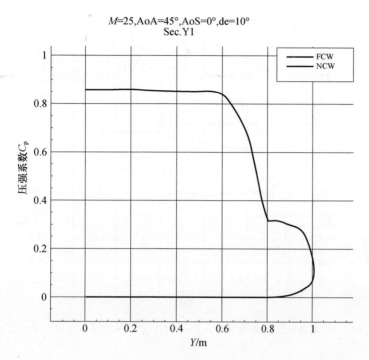

图 5.83　X5 截面处压力系数，$M_\infty = 25$ 条件下完全催化壁和非催化壁结果对比

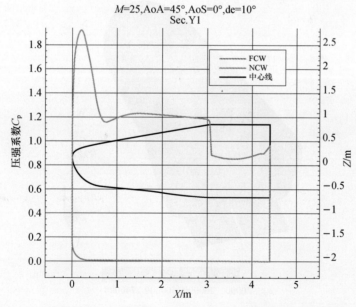

图 5.84　Y1 截面处压力系数，$M_\infty = 25$ 条件下完全催化壁和非催化壁结果对比

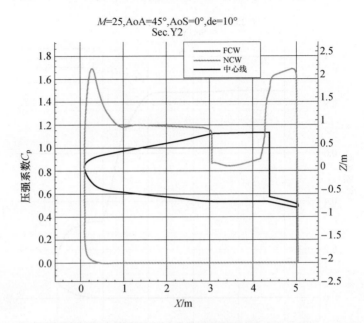

图 5.85　Y2 截面处压力系数,$M_\infty = 25$ 条件下完全催化壁和非催化壁结果对比

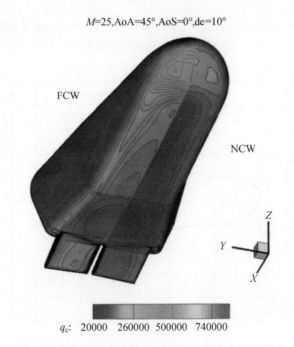

图 5.86　壁面热流,$M_\infty = 25$ 条件下完全催化壁(左)和非催化壁结果对比

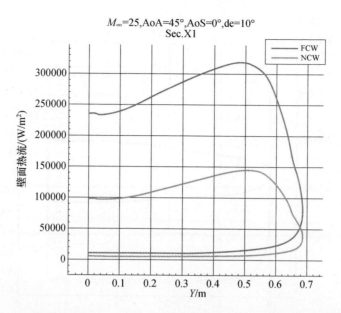

图 5.87　X1 截面处壁面热流, $M_\infty = 25$ 条件下完全催化壁和非催化壁结果对比

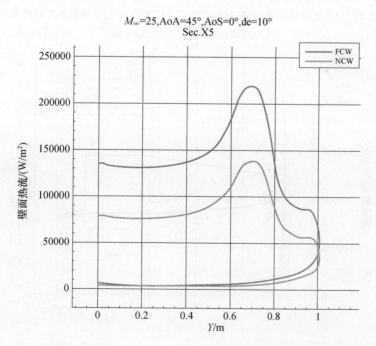

图 5.88　X5 截面处壁面热流, $M_\infty = 25$ 条件下完全催化壁和非催化壁结果对比

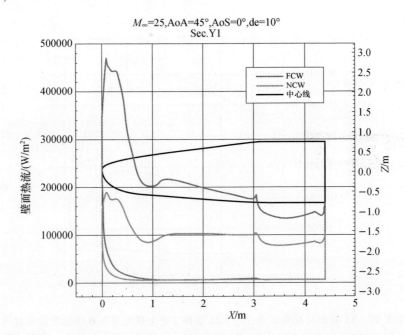

图 5.89　Y1 截面处壁面热流，$M_\infty = 25$ 条件下完全催化壁和非催化壁结果对比

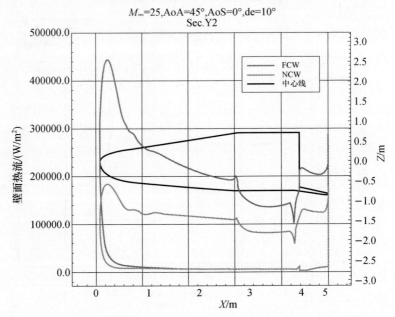

图 5.90　Y2 截面处壁面热流，$M_\infty = 25$ 条件下完全催化壁和非催化壁结果对比

5.11 气动分析

气动力分析采用升力系数(C_L)、阻力系数(C_D)、侧力系数(C_Y)、滚转力矩系数(C_l)、俯仰力矩系数(C_m)和偏航力矩系数(C_n),它们采用如下方程式来计算:

$$C_i = \frac{F_i}{\frac{1}{2}\rho_\infty V_\infty^2 S_{ref}} \quad i = L, D, Y \tag{5.2}$$

$$C_l = \frac{M_x}{\frac{1}{2}\rho_\infty V_\infty^2 l_{ref} S_{ref}} \tag{5.3}$$

$$C_m = \frac{M_y}{\frac{1}{2}\rho_\infty V_\infty^2 l_{ref} S_{ref}} \tag{5.4}$$

$$C_n = \frac{M_z}{\frac{1}{2}\rho_\infty V_\infty^2 l_{ref} S_{ref}} \tag{5.5}$$

5.11.1 气动数据库的一般输入

根据所有可用的气动数据,采用如下参考参数:$l_{ref} = 4.40m$(即机身长度—纵向参考长度),$S_{ref} = 7.26m^2$(即除了襟翼后在水平面上的投影–参考面积),和参考坐标为(2.552,0, −0.110)m(重心位置)[4]。

为了获取纵向气动数据库,采用如下范围进行分析:$0.8 \leqslant M_\infty \leqslant 25$,当$M_\infty < 2$时$0° \leqslant \alpha \leqslant 70°$,当$M_\infty \geqslant 2$时,$0° \leqslant \alpha \leqslant 55°$以及$-10° \leqslant \delta \leqslant 20°$(襟翼偏转角)。

5.11.2 参考坐标系和气动符号约定

图5.91所示为采用的坐标系和气动力系数约定。气动数据的参考系是一个固定体轴系统,与ISO 1151标准一致[4,7,15]。

图5.92所示为评估重心所在位置的参考坐标系[4]。x轴从鼻锥到底面,原点在x轴与鼻锥顶点表面相交处。x轴平行于靠近外形底面截面的上下子午线,并且经过底面垂直高度的正中央(如图5.92所示)。z轴在对称面上,垂直于x轴,指向飞行器的背风面。y轴满足右手坐标系法则(指向左舷)。所以,气动力系数的轴系统相对y轴旋转180°,原点移到重心。

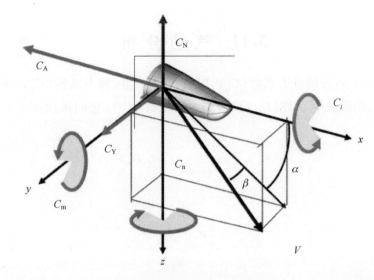

图 5.91　参考系和气动力系数约定

图 5.92　参考坐标系

图 5.93 所示为升降舵和副翼偏转定义,同时指出了气动力和力矩系数相对正襟翼偏转的符号。注意:当机翼后缘向下时,襟翼偏转角为正[19]。

5.11.3　IXV 气动模型和数据库发展

影响 IXV 飞行器气动状态的不相关变量为

$$\{M, Re, \alpha, \beta, \delta_{el}, \delta_{er}, p, q, r, \dot{\alpha}\} \tag{5.6}$$

(M, Re)①识别气动环境,攻角(α)和侧滑角(β)用来描述流场方向。升降舵偏

---

① 注意:(M, Re)也可以用来定义稀薄流区域条件,因为克努森数与马赫数和雷诺数之比成比例。

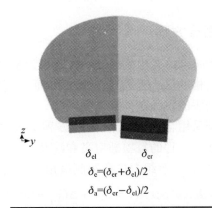

$$\delta_e = (\delta_{er} + \delta_{el})/2$$
$$\delta_a = (\delta_{er} - \delta_{el})/2$$

正偏转	气动力和力矩
升降副翼,δ_e	$+C_L + C_D - C_m$
右边,δ_{er}	$+C_Y - C_l - C_n$
左边,δ_{el}	$-C_Y + C_l + C_n$

图 5.93　气动控制面偏转以及力和铰链力矩符号

转角(即 δ_{el} 和 δ_{er})用来描述飞行器气动控制面状态,它们也被用作输入变量。而且,体坐标系下角速度组成部分(p, q, r)和攻角的时间倒数$(\dot{\alpha})$也作为输入变量[19]。图 5.28 和图 5.29 所示为所有可用的依赖基于轨迹方法的来源数据,这些数据是 IXV 飞行器 AEDB 公式的基础[2]。所以,IXV 气动模型的功能结构没有考虑雷诺数的影响。所以,只关心如下独立变量:

$$\{M, \alpha, \beta, \delta_{el}, \delta_{er}, p, q, r, \dot{\alpha}\} \tag{5.7}$$

值得注意的是,分开考虑裂开体襟翼的左右偏转,假设它们都被用来进行纵向和侧向控制。

特别地,就像经典方法中的典型做法一样,忽略与 $\dot{\beta}$ 的相关性,假设单个全局系数的每项贡献与其他贡献不相关,那么可以得到每项气动力系数[2, 18]。

也就是说,从操作角度来看,每项气动力系数可看成是一定数量增量贡献的线性和[2, 20]。每项贡献基于少量参数,具体如下所示。

而且,就像过去在美国人造卫星、X – 33 和 X – 34 飞行器上所做工作一样,IXV 气动模型的发展依赖于如下假设:不考虑雷达散射效应影响;仅评估刚性体气动力系数,也就是说不考虑气动弹性畸变;假设雷诺数和克努森数对气动控制面无影响;不考虑伸出物、裂口和粗糙度的影响;假设侧滑角对气动控制面无影响;仅考虑横向力和力矩系数的控制面共用气动界面;假设克努森数对侧力和气动力矩系数无影响(除俯仰力矩系数以外)[2, 20, 21]。

5.11.4 气动数据库方程

IXV飞行器纵向和侧向自由度相关的气动特征作为全尺度刚性力和力矩系数来表述。它们以一个表格的形式来表述,这个表格通过期望的飞行器高度、襟翼偏转和在基准系数上增添的飞行条件来建立[20]。

每个气动力系数分别采用合适方程来考虑,方程中包含获取指定飞行条件下总系数的所有有关贡献。方程的每项被定义和涉及。

例如,假设飞行器工作在一个组合攻角和侧滑角下,一般气动力系数 C_i 为

$$C_i(M,\alpha,\beta,\delta_{el},\delta_{er},p,q,r,\dot\alpha) = C_{i,b} + \Delta C_{i,\beta} + \Delta C_{i,\delta_e} + \Delta C_{i,\delta_a}$$
$$+ \Delta C_{i,\dot\alpha} + \Delta C_{i,p} + \Delta C_{i,q} + \Delta C_{i,r} \quad (5.8)$$

在这儿,$C_{i,b}$ 是特定马赫数和攻角 α、零度侧滑和零度控制面倾斜(即光滑外形)下对全局系数 C_i 的基准贡献,没有考虑动态效应($p,q,r,\dot\alpha$)。

$$\Delta C_{i,\beta} = C_i(M,\alpha,\beta) - C_i(M,\alpha) \quad (5.9)$$

是在光滑外形上由于侧滑角(β)引起的系数增量。可见,为了获取仅由 β 引起的系数增量,我们不得不排除由于 α 引起的增量,具体如方程右手边第二项所示。

$$\Delta C_{i,\delta_e} = C_i(M,\alpha,\delta_e) - C_i(M,\alpha) \quad (5.10)$$

是在零度侧滑角下由于升降舵(即 $\delta_{er} = \delta_{el}$)偏斜引起的增量效应。$\Delta C_{i,\delta_a} = C_i(M,\alpha,\delta_a)$ 代表零度侧滑角下由于副翼(不对称)偏斜带来的系数增量。对于升力、阻力和俯仰力矩系数:

$$\Delta C_{i,\delta_a} = \frac{1}{2}(\Delta C_{i,\delta_e=\delta_{er}} + \Delta C_{i,\delta_e=\delta_{el}}) - \Delta C_{i,\delta_e} \quad (5.11)$$

注意到这个方程是建立在每个升降舵的纵向效应不相关前提下。在这儿,升降舵数据被使用两次,假设 $\delta_e = \delta_{er}$ 来获取 $\Delta C_{i,\delta_e=\delta_{er}}$,假设 $\delta_e = \delta_{el}$ 来获取 $\Delta C_{i,\delta_e=\delta_{el}}$。作为验证,当副翼偏转为零时(即 $\delta_{er} = \delta_{el}$),按照所期望的,$\Delta C_{i,\delta_a} = 0$。

$$\Delta C_{i,\dot\alpha} = C_{i,\dot\alpha}(M,\alpha)\frac{\dot\alpha l_{ref}}{2V_\infty} = C_{i,\dot\alpha}\bar{\dot\alpha} \quad (5.12)$$

$$\Delta C_{i,j} = C_{i,j}(M,\alpha,COG)\frac{j l_{ref}}{2V_\infty} = C_{i,j}\bar{j} \quad j=p,q,r \quad (5.13)$$

代表攻角时间倒数和飞行器角速度时间倒数影响。其中

$$\bar\alpha = \frac{\dot\alpha l_{ref}}{2V_\infty} \quad (5.14)$$

$$\bar{j} = \frac{jl_{ref}}{2V_\infty} \quad j = p, q, r \tag{5.15}$$

可以看出,假设这是存在线性关系的。

接着,例如,总升力系数为

$$C_{L,total} = C_{L,b}(M,\alpha) + \Delta C_{L,b,\beta}(M,\alpha,\beta) + \Delta C_{L,\delta_e}(M,\alpha,\delta_e)$$
$$+ \Delta C_{L,\delta_a}(M,\alpha,\delta_a) + C_{L,\bar{\alpha}}(M,\alpha)\bar{\dot{\alpha}} + C_{L,\bar{q}}(M,\alpha,CoG)\bar{q} \tag{5.16}$$

$C_{L,total}$ 是由飞行马赫数 M、攻角 α、侧滑角 β 和右左升降舵倾斜分别表述给定飞行条件下飞行器的总系数。

参数 $C_{L,b}(M,\alpha)$ 是基准升力系数。它在稀薄效应时也需要通过桥接关系考虑。

$$\Delta C_{L,\delta_e}(M,\alpha,\delta_e) = C_L(M,\alpha,\delta_e) - C_L(M,\alpha) \tag{5.17}$$

代表相对基准的升降舵偏转引起的升力系数增量

$$\Delta C_{i,\delta_a}(M,\alpha,\delta_a) = \frac{1}{2}(\Delta C_{L,\delta_e=\delta_{er}} + \Delta C_{i,\delta_e=\delta_{el}}) - \Delta C_{L,\delta_e} \tag{5.18}$$

由于基准侧滑引起的升力系数增量为

$$\Delta C_{L,b,\beta} = C_L(M,\alpha,\beta) - C_L(M,\alpha) \tag{5.19}$$

$C_{L,\bar{\alpha}}$ 是攻角变化率($\bar{\dot{\alpha}}$)引起的升力系数变化,$C_{L,\bar{q}}$ 是俯仰率($\bar{q}$)引起的升力系数变化。这些贡献都只是基于工程方法评估的[20]。

在相似形式下,我们假设阻力和俯仰力矩系数分别为

$$C_{D,total} = C_{D,b}(M,\alpha) + \Delta C_{D,b,\beta}(M,\alpha,\beta) + \Delta C_{D,\delta_e}(M,\alpha,\delta_e) + \Delta C_{D,\delta_a}(M,\alpha,\delta_a) \tag{5.20}$$

假设由于动力效应引起的阻力系数变化相对总阻力系数可忽略。

$$C_{m,total} = C_{m,b}(M,\alpha) + \Delta C_{m,b,\beta}(M,\alpha,\beta) + \Delta C_{m,\delta_e}(M,\alpha,\delta_e)$$
$$+ \Delta C_{m,\delta_a}(M,\alpha,\delta_a) + C_{m,\bar{\alpha}}(M,\alpha)\bar{\dot{\alpha}} + C_{m,\bar{q}}(M,\alpha)\bar{q} \tag{5.21}$$

$C_{m,\bar{\alpha}}$ 是攻角变化率($\bar{\dot{\alpha}}$)引起的俯仰力矩系数变化,$C_{m,\bar{q}}$ 是俯仰率($\bar{q}$)引起的俯仰力矩系数变化。

侧力系数假设如下:

$$C_{Y,total} = C_{Y,b}(M,\alpha) + \Delta C_{Y,b,\beta}(M,\alpha,\beta) + \Delta C_{Y,\delta_a}(M,\alpha,\delta_a)$$

$$+ C_{Y,\bar{p}}(M,\alpha,\text{CoG})\bar{p} + C_{Y,\bar{r}}(M,\alpha,\text{CoG})\bar{r} = C_{Y,b}(M,\alpha,\beta)$$
$$+ \Delta C_{Y,\delta_a}(M,\alpha,\delta_a) + C_{Y,\bar{p}}(M,\alpha,\text{CoG})\bar{p} + C_{Y,\bar{r}}(M,\alpha,\text{CoG})\bar{r} \qquad (5.22)$$

因为飞行器外形是对称的(即 $C_{Y,b}(M,\alpha) = 0$)以及

$$\Delta C_{Y,b,\beta} = C_{Y,b}(M,\alpha,\beta) - C_{Y,b}(M,\alpha) = C_{Y,b}(M,\alpha,\beta) \qquad (5.23)$$

$$\Delta C_{Y,\delta_a}(M,\alpha,\delta_a) = \eta_{lr}\Delta C_{Y,\delta_{er}} + \eta_{rl}\Delta C_{Y,\delta_{el}} \qquad (5.24)$$

其中

$$\Delta C_{Y,\delta_{er}} = C_Y(M,\alpha,\delta_{er},\delta_{el}=0) \qquad (5.25)$$

$$\Delta C_{Y,\delta_{el}} = C_Y(M,\alpha,\delta_{er}=0,\delta_{el}) = -C_Y(M,\alpha,\delta_{er}=\delta_{el},0) \qquad (5.26)$$

根据第六假设,耦合项(η_{lr},η_{rl})分别代表右边左副翼的相互作用(即 η_{lr})和左边右副翼的相互作用(即 η_{rl})。

采用相似途径进行,滚转和偏航力矩系数假设如下:

$$C_{l,\text{total}} = C_{l,b}(M,\alpha,\beta) + \Delta C_{l,\delta_a}(M,\alpha,\delta_a) + C_{l,\bar{p}}(M,\alpha,\text{CoG})\bar{p}$$
$$+ C_{l,\bar{r}}(M,\alpha,\text{CoG})\bar{r} \qquad (5.27)$$

其中

$$\Delta C_{l,\delta_a}(M,\alpha,\delta_a) = \eta_{lr}\Delta C_{l,\delta_{er}} + \eta_{rl}\Delta C_{l,\delta_{el}} \qquad (5.28)$$

$$C_{n,\text{total}} = C_{n,b}(M,\alpha,\beta) + \Delta C_{n,\delta_a}(M,\alpha,\delta_a) + C_{n,\bar{p}}(M,\alpha,\text{CoG})\bar{p}$$
$$+ C_{n,\bar{r}}(M,\alpha,\text{CoG})\bar{r} \qquad (5.29)$$

其中

$$\Delta C_{n,\delta_a}(M,\alpha,\delta_a) = \eta_{lr}\Delta C_{n,\delta_{er}} + \eta_{rl}\Delta C_{n,\delta_{el}} \qquad (5.30)$$

而且,假设升降舵的贡献与雷诺数无关。事实上,即使这种效应存在,这种量也小,而且难以建模。所以,考虑把它作为气动力系数不确定性的一部分。

5.11.5 气动数据库发展

每个气动力系数都是采用适当方程来分别考虑的,而这些方程中所有贡献需要对出现的选择性飞行状态获取总系数。为了这个目的,需要采集所有可能的气动数据来明确每个气动模型的函数相关性,通过采用最小二乘法获取多项式表达式。

这些多项式是驱动这个现象主要变量的函数,辅助相关性被直接引进未知系数,而这些系数通过最佳拟合算法确定。例如,一般气动力系数的基本贡献为

$$C_{i,b}(M,\alpha) = \sum_{j=1}^{n} a_j(M,\alpha_r)\alpha^{j-1} \qquad (5.31)$$

所以,多项式的变量是攻角(α),这些系数是马赫数(M)的函数。特别地,当 $M_\infty < 1.2$ 时,对所考虑攻角范围对应的 α_r 也依赖。辅助相关性被引进是为了考虑马赫数范围内的攻角效应,这在下文将解释。所以,一旦飞行器状态(如飞行状态和高度)给定,采用气动数据库来评估多项式及其系数。为了获取没有包含在 AEDB 库中对应马赫数的系数,将不得不采用合适的插值方法。

最后,IXV 飞行器的 AEDB 依赖于三部分:自由分子流,过渡流区域和连续流(亚声速直到高超声速流)。

接下来描述每部分结果。

5.11.6　自由分子和转掠流动区域

一旦 IXV 飞行器开始下降,大气层的密度会非常低,这样连续流假设不再存在,必须开始考虑飞行器表面的一般细微质量、力和能量转换问题[21]。这个区域有两个特征,它们是通过高大气层上部和地球高大气层下部的再入。在高大气层上部需建立完全自由分子区域。事实上,当空气密度足够稀薄,分子平均自由行程(λ)变得与机身尺度一样大。这个条件是自由分子流(FMF)区域,飞行器的气动特征由单独的、分散的分子冲击决定,必须基于分子运动论[22]来分析。所以,IXV 飞行器从一个非常稀薄的大气层(在再入界面)到一个稠密的大气层,接着到滑移效应突出的过渡区,最后到连续流区,具体如图 5.94 所示。

如图 5.94 所示,根据伯德分类[22],$10^{-3} < Kn_{\infty l_{ref}} = \dfrac{\lambda}{l_{ref}} = 1.25\sqrt{\lambda}\dfrac{M_\infty}{Re_{\infty l_{ref}}} < 10$ 区域是稀薄流过渡区。所以,在 200km 高度,IXV 飞行器在自由分子区(事实上,$Kn_{\infty l_{ref}} = 70$),从再入界面(如 120km)到大约 86km 高度是过渡流条件。

最后,在 86km 高度以下建立连续流条件。

当稀薄气体效应变得重要,连续流假设不再存在时,CFD 黏性流体仿真不再有效,这就需要一个分子方法,如直接蒙特卡洛模拟(DSMC)方法。

它考虑气体由离散分子组成,这些离散分子由数百万仿真分子代表,依赖气体的分子运动论公式。尽管如此,DSMC 仿真很耗时。所以,提出一些连接公式对 IXV 飞行器过渡区气动性能进行快速计算。

一个非常简单的从连续流区域到自由分子流区域搭建过渡流区域关系式为

$$C_{iTransitinal} = C_{iContinuum} + (C_{iFM} - C_{iContinuum}) \cdot \bar{C}_i \qquad (5.32)$$

式中:无量纲系数 $\bar{C}_i$ 采用克努森数作为独立变量:

$$\bar{C}_i = \frac{C_i - C_{iContinuum}}{C_{iFM} - C_{iContinuum}} = F(Kn_\infty) = \sin^2\left[\frac{\pi}{8}(3 + \lg Kn_\infty)\right] \qquad (5.33)$$

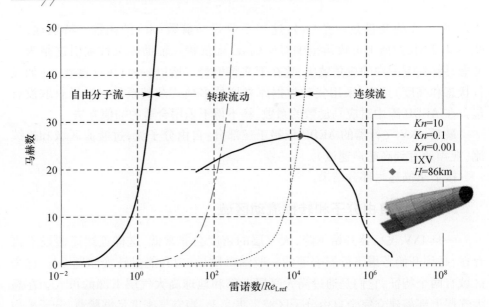

图 5.94　克努森数不变条件下 $Ma - Re$ 图中 IXV 飞行器再入轨迹

式中:$10^{-3} < Kn_\infty < 10$,$C_{iContinuum}$ 和 C_{iFM} 分别是连续流区域和自由分子流区域的气动力系数。这个公式曾经用在美国人造卫星的气动性能评估中[23]。

图 5.95 ~ 图 5.97 为 IXV 飞行器在 $H = 200km$ 高度对称飞行时在自由分子流区域的 C_L、C_D 和 C_m 结果[4]。

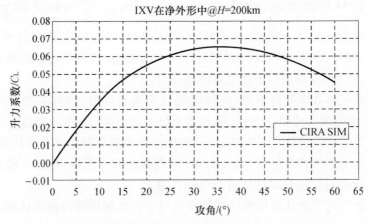

图 5.95　$H = 200km$ 高度升力系数随攻角变化趋势

对自由来流速度大约为 7500m/s 和高度不变的光滑飞行器外形开展气动性能分析。在所有计算中,壁面温度设置为 300K,采用麦克斯韦全局适应模型假设来评估气动力[4]。自由来流热力学参数采用 1976 年美国标准大气表。

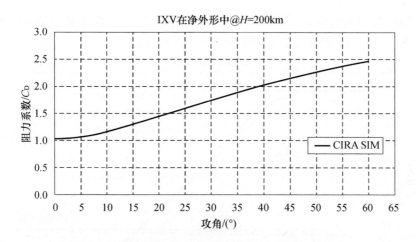

图 5.96 $H=200$km 高度阻力系数随攻角变化趋势

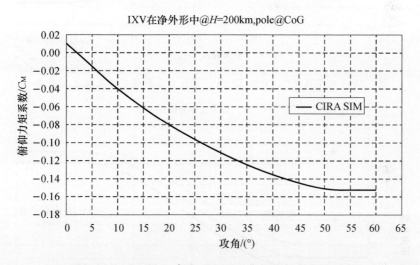

图 5.97 $H=200$km 高度俯仰力矩系数随攻角变化趋势

考虑过渡区,图 5.98 ~ 图 5.100 所示为 IXV 飞行器升力系数、阻力系数和俯仰力矩系数随克努森数的变化趋势[4]。

从图中可以看到,在很高的高度,当雷诺数降低,稀薄气体效应存在时,阻力系数会急剧增大,相应带来最大气动效率的降低。特别地,在图 5.98 中,不像阻力系数和俯仰力矩系数(图 5.99 和图 5.100),对应攻角为 40°、45° 和 50° 的升力系数曲线不是渐变的。如图所示,在连续流区域,当攻角从 40° 变化到 45° 时,升力系数曲线会发生突变,但攻角为 45° 的升力系数曲线和攻角为 50° 的升力系数曲线很接近。这种非单调现象可以从考虑连续高超声速流动条件下 C_L 的特征来加以解释。例如,图5.104强调$M_\infty = 10$条件下升力系数梯度不是单调的,这与C_D和C_m不同(分别如图5.105和图5.106所示)。

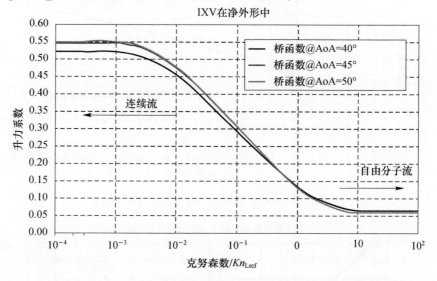

图5.98　攻角为40°、45°和50°条件下升力系数随克努森数变化趋势

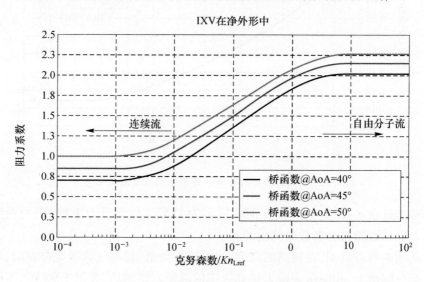

图5.99　攻角为40°、45°和50°条件下阻力系数随克努森数变化趋势

5.11.7　连续流动区域

考虑基准的贡献,由于IXV飞行器外形关于俯仰面对称,贡献仅存在于纵

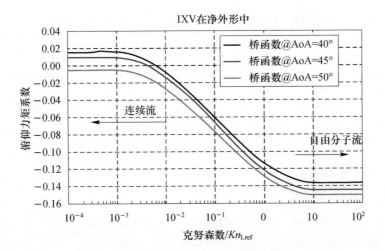

图 5.100 攻角为 40°、45° 和 50° 条件下俯仰力矩系数随克努森数变化趋势

向气动作用上(如升力系数、阻力系数和俯仰力矩系数)。

5.11.7.1 升力系数,$C_{L,b}$

从不同数据源分析中可以看到,对于马赫数的最好拟合选择是五次多项式,当 $M_\infty > 1.2$ 时,采用三次多项式拟合。所以,升力系数的分析表达式为:

$$\begin{cases} C_{L,b}(M,\alpha) = \sum_{i=1}^{6} a_i(M,\alpha_r)\alpha^{i-1} & M_\infty \leq 1.2 \\ C_{L,b}(M,\alpha) = \sum_{i=1}^{4} b_i(M)\alpha^{i-1} & M_\infty > 1.2 \end{cases} \tag{5.34}$$

其中:多项式系数如表 5.13 和表 5.14 所列[4]。

表 5.13 $0.8 \leq M_\infty \leq 1.2$ 条件下 C_L 的多项式系数

纵向光滑构型					
第一个攻角范围内升力系数					
马赫数	a6	a5	a4	a3	a2	a1
---	---	---	---	---	---	---
0.80	− 1.863E − 08	3.114E − 06	− 2.321E − 04	9.106E − 03	− 1.572E − 01	1.284E + 00
0.95	1.846E − 07	− 2.837E − 05	1.612E − 03	− 4.160E − 02	4.985E − 01	− 1.853E + 00
1.20	− 3.786E − 09	1.076E − 06	− 1.133E − 04	4.659E − 03	− 4.784E − 02	2.060E − 01
第二个攻角范围内升力系数						
马赫数	a6	a5	a4	a3	a2	a1
0.80	− 5.343E − 08	1.909E − 05	− 2.718E − 03	1.927E − 01	− 6.813E + 00	9.684E + 01
0.95	− 5.627E − 08	2.007E − 05	− 2.845E − 03	2.002E − 01	− 7.002E + 00	9.819E + 01
1.20	− 1.696E − 07	6.489E − 05	− 9.873E − 03	7.463E − 01	− 2.804E + 01	4.199E + 02

表 5.14 $1.2 \leqslant M_{\infty} \leqslant 25$ 条件下 C_{L} 的多项式系数

纵向光滑构型			
升力系数			
马赫数	$b4$	$b3$	$b2$	$b1$
1.40	4.125E − 06	− 1.261E − 03	8.641E − 02	− 9.021E − 01
1.47	4.064E − 06	− 1.261E − 03	8.634E − 02	− 9.192E − 01
1.52	3.992E − 06	− 1.238E − 03	8.482E − 02	− 9.030E − 01
2.00	− 2.900E − 06	− 1.454E − 04	3.113E − 02	− 1.676E − 01
4.00	− 3.562E − 02	4.286E − 05	2.033E − 02	− 1.198E − 01
6.00	− 6.059E − 06	3.059E − 04	1.233E − 02	− 4.671E − 02
8.70	− 5.414E − 06	2.640E − 04	1.266E − 02	− 6.512E − 02
10.00	− 4.381E − 06	1.285E − 04	1.909E − 02	− 1.714E − 01
15.00	− 4.350E − 06	1.276E − 04	1.895E − 02	− 1.702E − 01
17.70	− 4.364E − 06	1.279E − 04	1.901E − 02	− 1.707E − 01
20.00	− 4.376E − 06	1.283E − 04	1.906E − 02	− 1.712E − 01
25.00	− 4.337E − 06	1.272E − 04	1.889E − 02	− 1.697E − 01

5.11.7.2 阻力系数($C_{\mathrm{D,b}}$)

从不同数据源分析中可以看到,对于马赫数的最好拟合选择是五次多项式,当 $M_{\infty} > 1.2$ 时,采用三次多项式拟合。所以,阻力系数的分析表达式为

$$\begin{cases} C_{\mathrm{D,b}}(M,\alpha) = \sum_{i=1}^{6} c_{\mathrm{i}}(M,\alpha_{\mathrm{r}})\alpha^{i-1} & M_{\infty} \leqslant 1.2 \\ C_{\mathrm{D,b}}(M,\alpha) = \sum_{i=1}^{4} d_{\mathrm{i}}(M)\alpha^{i-1} & M_{\infty} > 1.2 \end{cases} \tag{5.35}$$

在这儿,多项式系数如表 5.15 和表 5.16 所列[4]。

表 5.15 $0.8 \leqslant M_{\infty} \leqslant 1.2$ 条件下 C_{D} 的多项式系数

纵向光滑构型					
第一个攻角范围内阻力系数					
马赫数	$c6$	$c5$	$c4$	$c3$	$c2$	$c1$
0.80	− 7.372E − 08	1.287E − 05	− 8.921E − 04	3.100E − 02	− 5.198E − 01	3.572E + 00
0.95	1.802E − 07	− 3.185E − 05	2.155E − 03	− 6.928E − 02	1.079E + 00	− 6.286E + 00
1.20	3.381E − 09	− 4.016E − 07	− 9.892E − 06	2.543E − 03	− 6.447E − 02	7.797E − 01

（续）

纵向光滑构型					
第二个攻角范围内阻力系数					
马赫数	$c6$	$c5$	$c4$	$c3$	$c2$	$c1$
0.80	5.747E－09	－1.292E－06	6.855E－05	3.402E－03	－3.945E－01	9.793E＋00
0.95	9.080E－09	－2.085E－06	1.255E－04	3.239E－03	－5.204E－01	1.346E＋01
1.20	－2.087E－07	7.701E－05	－1.133E－02	8.303E－01	－3.031E＋01	4.420E＋02

表 5.16　$1.2 < M_\infty \leqslant 25$ 条件下 C_D 的多项式系数

纵向光滑构型			
阻力系数			
马赫数	$d4$	$d3$	$d2$	$d1$
1.40	－8.796E－06	9.073E－04	－3.091E－04	6.252E－02
1.47	－9.094E－06	9.358E－04	－1.351E－03	6.488E－02
1.52	－9.374E－06	9.646E－04	－1.393E－03	6.687E－02
2.00	－1.199E－05	1.514E－03	－3.476E－02	5.571E－01
4.00	－8.528E－06	1.173E－03	－2.647E－02	4.078E－01
6.00	－4.923E－06	7.579E－04	－9.568E－03	1.897E－01
8.70	－8.075E－06	1.108E－03	－2.279E－02	3.289E－01
10.00	－7.386E－06	1.052E－03	－2.112E－02	3.118E－01
15.00	－7.611E－06	1.084E－03	－2.176E－02	3.213E－01
17.70	－7.493E－06	1.067E－03	－2.143E－02	3.164E－01
20.00	－7.561E－06	1.077E－03	－2.162E－02	3.192E－01
25.00	－7.757E－06	1.104E－03	－2.218E－02	3.275E－01

5.11.7.3　俯仰力矩系数（$C_{m,b}$）

采用四阶多项式来拟合阻力系数,如下式所示：

$$\begin{cases} C_{m,b}(M,\alpha) = \sum_{i=1}^{5} e_i(M,\alpha_r)\alpha^{i-1} & M_\infty \leqslant 1.2 \\ C_{m,b}(M,\alpha) = \sum_{i=1}^{5} f_i(M)\alpha^{i-1} & M_\infty > 1.2 \end{cases} \tag{5.36}$$

其中:多项式系数在如表 5.17 和表 5.18 所列[4]。

表 5.17　$0.8 \leqslant M_\infty \leqslant 1.2$ 条件下 C_m 的多项式系数

纵向光滑构型				
第一个攻角范围内俯仰力矩系数				
马赫数	$e5$	$e4$	$e3$	$e2$	$e1$
0.80	$-4.318E-07$	$5.838E-05$	$-2.856E-03$	$6.151E-02$	$-4.624E-01$
0.95	$3.632E-07$	$-4.568E-05$	$1.889E-03$	$-2.692E-02$	$1.113E-01$
1.20	$-1.579E-07$	$2.353E-05$	$-1.269E-03$	$2.878E-02$	$-2.090E-01$
第二个攻角范围内俯仰力矩系数				
马赫数	$e5$	$e4$	$e3$	$e2$	$e1$
0.80	$-2.273E-07$	$6.245E-05$	$-6.360E-03$	$2.814E-01$	$-4.522E+00$
0.95	$-1.622E-07$	$4.140E-05$	$-3.892E-03$	$1.570E-01$	$-2.261E+00$
1.20	$5.297E-07$	$-1.589E-04$	$1.769E-02$	$-8.682E-01$	$1.587E+01$

表 5.18　$1.2 < M_\infty \leqslant 25$ 条件下 C_m 的多项式系数

纵向光滑构型				
俯仰力矩系数				
马赫数	$f5$	$f4$	$f3$	$f2$	$f1$
1.40	$2.069E-08$	$-4.964E-06$	$3.802E-04$	$-1.222E-02$	$1.530E-01$
1.47	$-8.976E-09$	$6.550E-07$	$4.429E-06$	$-1.900E-03$	$5.455E-02$
1.52	$-8.976E-09$	$6.550E-07$	$4.429E-06$	$-1.900E-03$	$5.455E-02$
2.00	$1.996E-08$	$-2.131E-06$	$3.227E-05$	$1.147E-03$	$-6.948E-03$
4.00	$6.139E-08$	$-9.870E-06$	$5.315E-04$	$-1.214E-02$	$1.242E-01$
6.00	$-5.285E-09$	$-4.277E-09$	$2.283E-06$	$-1.223E-04$	$2.900E-03$
8.70	$-1.823E-09$	$-1.107E-06$	$1.081E-04$	$-3.925E-03$	$7.196E-02$
10.00	$3.948E-08$	$-6.515E-06$	$3.411E-04$	$-7.501E-03$	$8.498E-02$
15.00	$3.937E-08$	$-6.534E-06$	$3.420E-04$	$-7.576E-03$	$8.513E-02$
17.70	$3.922E-08$	$-6.546E-06$	$3.430E-04$	$-7.582E-03$	$8.491E-02$
20.00	$3.907E-08$	$-6.557E-06$	$3.439E-04$	$-7.583E-03$	$8.486E-02$
25.00	$3.902E-08$	$-6.584E-06$	$3.449E-04$	$-7.589E-03$	$8.291E-02$

在这儿提供了采用 AEDB 工具获取的一些结果。所有可用数据（CFD 计算和风洞测试）都采用图片进行了展示，以此来强调 AEDB 结果的正确性。

图 5.101～图 5.103 所示为零度副翼襟翼下的纵向运动特性，分别是 $M_\infty = 0.8$ 条件下的升力系数、阻力系数和俯仰力矩系数[7,15]。在这个算例中，除了 FOI T1500 提供的试验数据外，还有 ESTEC（AOES）提供的一些有用的 CFD 结果[4]。

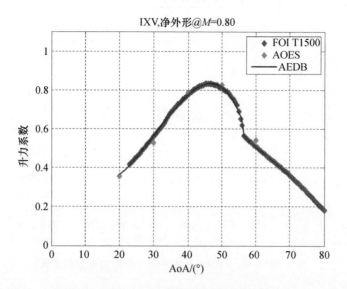

图 5.101　$M_\infty = 0.80$ 条件下光滑外形升力系数

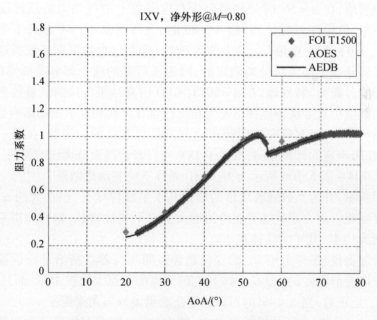

图 5.102　$M_\infty = 0.80$ 条件下光滑外形阻力系数

　　光滑外形的这些纵向运动特性强调 IXV 飞行器的气动力系数演化需要一个非常复杂的多项式来描述所有的攻角范围。为了避免这些复杂公式，因为这

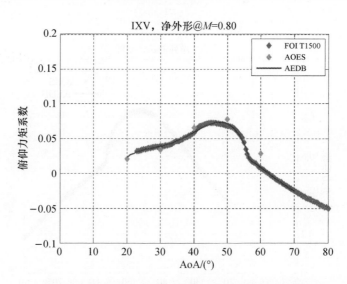

图 5.103　$M_\infty = 0.80$ 条件下光滑外形俯仰力矩系数

些复杂公式带来非常多的非物理振荡,倾向于把这个多项式分为两个不同的表达式。特别地,在 $\alpha = 56°$ 时分解是因为在这个点上的气动力特征梯度变化明显。进一步,值得注意的是当 $M_\infty = 0.80$ 时,飞行器在 $\alpha < 44°$ 条件下是不稳定的(即 $C_{m\alpha} > 0$),配平攻角(α_{trim})大约为 62°。这个行为的识别是根据这些攻角下背风面部分或全部流场分离确定的,因为飞行器的这个部分是圆形的(没有控制流场的分离)。特别地,在 $\alpha = 60°$ 时 CFD 仿真结果与风洞试验数据的巨大差异可见数值仿真方法不能评估发生在飞行器背风面和这个流动影响范围内的流场分离。所以,风洞研究表明跨声速范围是最复杂的。例如,在配平攻角周围,发生在跨声速的低频振荡,取决于 IXV 飞行器背风面分离区的振荡。

图 5.104 ~ 图 5.106 所示为 $M_\infty = 10$ 条件下的气动力结果[4, 7, 15]。

如图所示,升力系数随着攻角的增大几乎呈线性增长,但在大约 $\alpha = 45°$ 时发生梯度变化。阻力系数随着攻角的增大几乎呈线性增长,俯仰力矩系数随攻角增大到大约 42°几乎呈线性减小。

不管怎么说,俯仰力矩 C_m 的变化趋势说明飞行器在所给重心位置下在纵向飞行方向是静稳定的(即 $C_{m\alpha} < 0$),它的固有配平点大约在 45°。而且,当 $\alpha \leqslant \alpha_{\text{trim}}$ 时,C_m 是正数,当 $\alpha < 45°$ 时可以采用正的襟翼倾斜角来配平。

考虑 $\alpha = 45°$ 时光滑外形的气动力,图 5.107 ~ 图 5.109 所示为在整个马赫数范围内升力、阻力和俯仰力矩系数[4, 7, 15]。所有可用数据(CFD 计算结果和风洞测试数据)展示是为了强调 AEDB 结果的正确性。如图所示,迄今为止提供的所有 AEDB 数据与试验和仿真数据吻合得相当好。

482

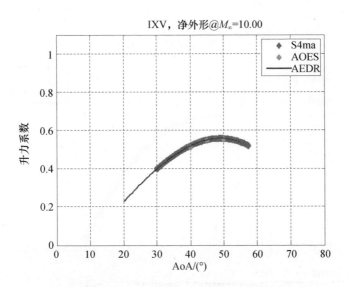

图 5.104　$M_\infty = 10$ 条件下光滑外形的升力系数

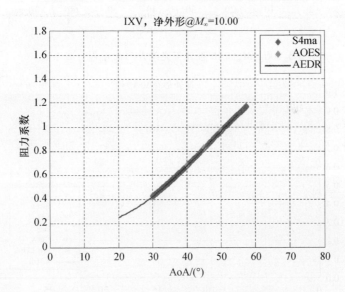

图 5.105　$M_\infty = 10$ 条件下光滑外形的阻力系数

5.11.8　升降舵对纵向系数的效应

为了评估升降舵的效果,首先从可用数据开始,需要通过减去 $\delta_{er} = \delta_{el} \neq 0$ 时的系数,即光滑外形中相应系数,获取三角系数 $\Delta C_{i,\delta_e} = C_i(M, \alpha, \delta_{er}, \delta_{el}) - C_i(M, \alpha)$。一旦这些数据准备好,就可能得到升力贡献、阻力贡献和俯仰力矩贡

483

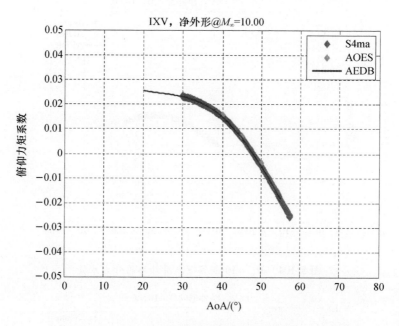

图 5.106　$M_\infty = 10$ 条件下光滑外形的俯仰力矩系数

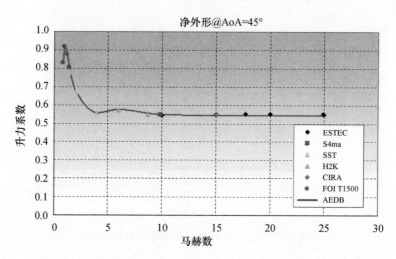

图 5.107　$\alpha = 45°$ 条件下光滑外形的升力系数随马赫数的变化趋势

献的最好拟合多项式,具体如下:

$$\Delta C_{\mathrm{L},\delta_{\mathrm{e}}}(M,\alpha,\delta_{\mathrm{e}}) = \sum_{i=1}^{4} g_i(M,\alpha)\delta_{\mathrm{e}}^{i-1} \tag{5.37}$$

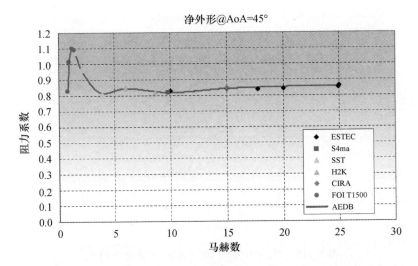

图 5.108 $\alpha = 45°$ 条件下光滑外形的阻力系数随马赫数的变化趋势

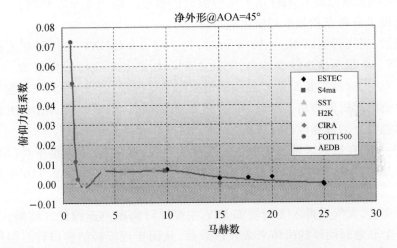

图 5.109 $\alpha = 45°$ 条件下光滑外形的俯仰力矩系数随马赫数的变化趋势

$$\Delta C_{D,\delta_e}(M,\alpha,\delta_e) = \sum_{i=1}^{5} h_i(M,\alpha)\delta_e^{i-1} \tag{5.38}$$

$$\Delta C_{m,\delta_e}(M,\alpha,\delta_e) = \sum_{i=1}^{6} l_i(M,\alpha)\delta_e^{i-1} \tag{5.39}$$

一个突出 IXV 纵向气动特征的不同寻常结果是俯仰力矩随攻角的变化,显示了高马赫数下的飞行器方案。图 5.110 所示为 $M_\infty = 10$ 条件下的结果[4]。

从图中可以发现当 δ_e 在 $-10°$ 和 $15°$ 之间变化时 $C_m(\alpha)$ 函数的绝大部分重要变化。事实上,当襟翼偏转角 $\delta_e < 10°$ 时 $C_m(\alpha)$ 是单调的,相对襟翼偏转角

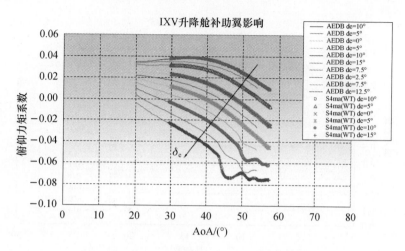

图 5.110 $M_\infty = 10$ 和 $-10° \leqslant \delta_e \leqslant 15°$ 条件下的 C_m

$\delta_e = 0°$ 时的基准曲线 $C_m(\alpha)$ 几乎保持恒定的改变。但当 $\delta_e = 7.5°$ 时，$C_m(\alpha)$ 曲线上出现了分界点和非单调变化现象。

最后，当飞行器以 $M_\infty = 10$ 飞行时，为了对 $\alpha = 45°$ IXV 飞行器在俯仰面配平，只需一个很小的襟翼偏转角，大约 2.5°。如果 IXV 飞行器在以 $M_\infty = 10$ 和 $\alpha = 40°$ 飞行，这就需要 5° 的襟翼偏转角来配平飞行器，而当 $\alpha = 50°$ 时，配平飞行器需要负的襟翼偏转角。所以，在 δ_e 效果的评估方面，需要对 AEDB 工具在一致性和趋势上的可靠性进行核实。

进一步，在襟翼区域出现重要关键性的现象，即激波/边界层干扰（SWBLI）和激波/激波干扰（SWSWI），这就带来襟翼控制效率损失，如图 5.110 中的曲线振荡。

事实上，大气层再入飞行器如 IXV 主要针对高超声速设计。结果，飞行器带有一个非常圆而厚的机体来减轻热载荷，从而实现较轻结构设计。但厚机身和圆前缘会产生强烈的激波，它会与边界层干扰，经常引起流动分离。

这种流动很复杂，对真实飞行条件很敏感（如雷诺数）。而且，这些算例的油膜表面流线可视化显示在襟翼前缘出现一个统一的分离区。结果，如图 5.111 ～图 5.117 所示，发现了 $C_m(\alpha)$ 函数的绝大部分重要变化[4, 7, 15]。事实上，当襟翼偏转角 $\delta_e < 10°$ 时 $C_m(\alpha)$ 是单调的，相对襟翼偏转角 $\delta_e = 0°$ 时的基准曲线 $C_m(\alpha)$ 几乎保持恒定的改变。但当 $\delta_e = 10°$ 时，$C_m(\alpha)$ 曲线上出现了分界点和非单调变化现象。这个现象取决于 IXV 腹部流场，就像 H2K 和 S4ma 风洞试验结果强调的。

例如，倾斜襟翼（如 $\delta_e = 15°$）周围的拓扑流动随攻角的增大从纯超声速转变为跨声速和亚声速,如图 5.111 所示。当攻角 α 在 42°到 57°变化时(见图 5.111 中的 B 算例、C 算例和 D 算例),复杂的激波膨胀波系统形成,当攻角大于 57°时,IXV 飞行器迎风面尾部出现亚声速流动。所以,随着攻角变大,局部马赫数变小,斜激波逐渐消失,并伴随有脱体激波的产生。

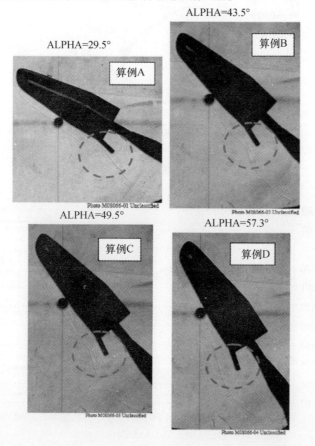

图 5.111　δ_e =15°时流场样式随攻角的变化,在 S4ma 风洞中测试

与襟翼附近激波结构一致,图 5.112 所示为攻角等于或大于 45°时的气动力系数变化。襟翼铰合线处的激波角在 45°攻角时远大于 30°攻角时。同时,50°和 55°攻角图像显示在大攻角下的襟翼区域有强烈的激波干扰。进一步,图 5.113 强调 C_m 强烈依赖于自由流条件(如马赫数和雷诺数)和飞行器姿态(如攻角)。

在某些攻角、流动条件和襟翼倾角下,机身襟翼处都可以看到层流向湍流的转捩(LTT)、SWBLI 和 SWSWI。图 5.114 给出了层流假设下 M_∞ =17 和 25 时一

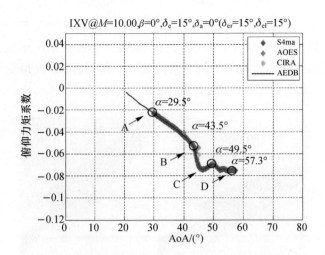

图 5.112 $\delta_e = 15°$ 时俯仰力矩系数随攻角的变化

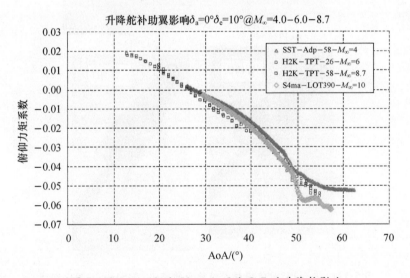

图 5.113 $\delta_e = 10°$ 和 $M_\infty = 4$, 6 和 8.7 时升降舵影响

些 CFD 计算结果[5]。可以看到,分离区随马赫数的减小和雷诺数的增大而增大,所以也就影响到襟翼效果和总的俯仰力矩 C_m。

进一步证实,图 5.115 所示为 $M_\infty = 15.0$ 过渡、平衡流建模和辐射平衡壁面条件下($\varepsilon = 0.80$)IXV 飞行器迎风面的压力系数分布和表面摩擦流线。从图中可以看到机身平坦部分流线的样式(压力几乎不变的区域)和从分离和再附流线清晰预测到的机身襟翼铰合线周围分离气流。

图 5.116 中所示的迎风面预估表面摩擦流线分析显示马赫数的增加(从

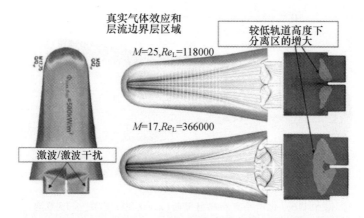

真实气体效应和
层流边界层区域

较低轨道高度下
分离区的增大

$M=25, Re_L=118000$

$M=17, Re_L=366000$

激波/激波干扰

图 5.114　不同马赫数和雷诺数下的分离区和激波/激波干扰

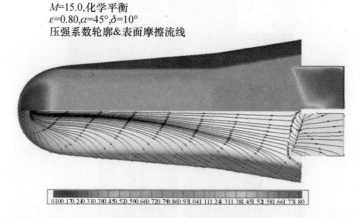

$M=15.0$, 化学平衡
$\varepsilon=0.80, \alpha=45°, \delta=10°$
压强系数轮廓 & 表面摩擦流线

图 5.115　$M_\infty=15.0, \alpha=45°$, 过渡, 平衡和辐射壁面 ($\varepsilon=0.80$)
条件下迎风面表面摩擦流线和压力系数分布

15.0 到 17.7)导致机身襟翼铰合线周围三维回流区面积的减小,这主要是由于分离延迟引起的(在图 5.116 中,分离线移向铰合线),随之而来的是两个机身襟翼间流动溢出的减少。

最后,图 5.117 中给出了襟翼周围表面摩擦流线形式飞行条件($M_\infty=15$, $Re_{\infty,L}=4.86\times10^5$)仿真结果与风洞条件($M_\infty=14, Re_{\infty,L}=1.34\times10^6$)仿真结果的对比。

在两个仿真过程中,$\alpha=45°, \beta=0°$ 和 $\delta_{falp}=15°$,在襟翼铰合线上强加层流到湍流的转捩。如图所示,飞行条件的再现从定性上来看很好,观察到了类似分离流动的流动特征和表面特性。尽管如此,风洞条件获取的较大分离是由于理想气体假设(对应飞行条件的平衡气体假设)的过渡激波/边界层干扰和较大雷

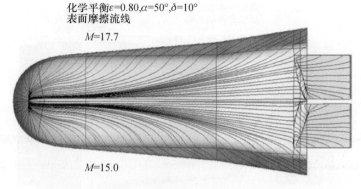

图 5.116 化学平衡和辐射壁面($\varepsilon = 0.80$)下 $M_\infty = 15.0$ 与 $M_\infty = 17.7$ 时迎风面表面摩擦流线对比

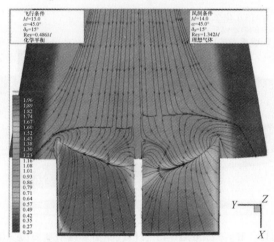

图 5.117 表面摩擦流线对比,飞行条件(左)和风洞条件(右)仿真结果

诺数共同作用引起的。

5.11.9 侧滑角对纵向和横向运动的影响

由于非零侧滑引起的纵向系数贡献取决于 β 角存在引起的压力分布不对称,对纵向面气动力贡献很小。这些贡献是采用非零 β 角算例中相同阶数拟合多项式减去基准曲线获取的:

$$\Delta C_{L,b,\beta}(M,\alpha,\beta) = \sum_{i=1}^{N} m_i(M,\beta)\alpha^{i-1} - C_{L,b}(M,\alpha) \begin{cases} N = 6, 若 M_\infty < 2 \\ N = 4, 若 M_\infty \geqslant 2 \end{cases}$$

$$(5.40)$$

$$\Delta C_{\mathrm{D,b},\beta}(M,\alpha,\beta) = \sum_{i=1}^{N} n_{i}(M,\beta)\alpha^{i-1} - C_{\mathrm{D,b}}(M,\alpha) \begin{cases} N = 6, \text{若 } M_{\infty} < 2 \\ N = 4, \text{若 } M_{\infty} \geqslant 2 \end{cases}$$

$$(5.41)$$

$$\Delta C_{\mathrm{m,b},\beta}(M,\alpha,\beta) = \sum_{i=1}^{5} p_{i}(M,\beta)\alpha^{i-1} - C_{\mathrm{m,b}}(M,\alpha) \tag{5.42}$$

很明显,当 $\beta = 0°$ 时,在光滑外形上的横向作用为 0,三角贡献假设纵向系数的基准项具有相同形式。采用四阶和三阶多项式拟合侧力、滚转力矩和偏航力矩系数数据,具体表达如下:

$$\Delta C_{\mathrm{Y,b},\beta}(M,\alpha,\beta) = \sum_{i=1}^{4} q_{i}(M,\alpha)\beta^{i-1} - C_{\mathrm{Y,b}}(M,\alpha) = \sum_{i=1}^{4} q_{i}(M,\alpha)\beta^{i-1}$$

$$(5.43)$$

$$\Delta C_{\mathrm{l,b},\beta}(M,\alpha,\beta) = \sum_{i=1}^{3} r_{i}(M,\alpha)\beta^{i-1} - C_{\mathrm{l,b}}(M,\alpha) = \sum_{i=1}^{3} r_{i}(M,\alpha)\beta^{i-1}$$

$$(5.44)$$

$$\Delta C_{\mathrm{n,b},\beta}(M,\alpha,\beta) = \sum_{i=1}^{4} s_{i}(M,\alpha)\beta^{i-1} - C_{\mathrm{n,b}}(M,\alpha) = \sum_{i=1}^{4} s_{i}(M,\alpha)\beta^{i-1}$$

$$(5.45)$$

其中:系数与马赫数、攻角 α 有关。图 5.118 ~ 图 5.120 所示为 $M_{\infty} = 10, \beta = -5°$ 和 $5°$ 条件下侧力、滚转力矩和偏航力矩系数[4,7]。

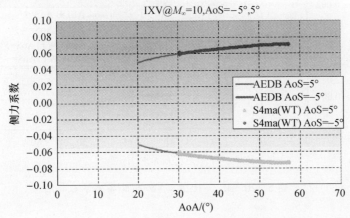

图 5.118　$M_{\infty} = 10, \beta = -5°$ 和 $5°$ 条件下 C_{Y}

如图 5.118 ~ 图 5.120 所示,AEDB 与 ONERA S4ma 风洞获取的地面试验数

据吻合得很好。

最后注意到,假定 AEDB 工具在这些数据的获取上是有效的,那么 $\beta = 0°$ 时的所有不对称性是因为风洞测试数据的不准确。

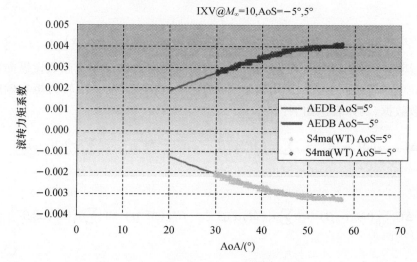

图 5.119　$M_\infty = 10, \beta = -5°$ 和 $5°$ 条件下 C_1

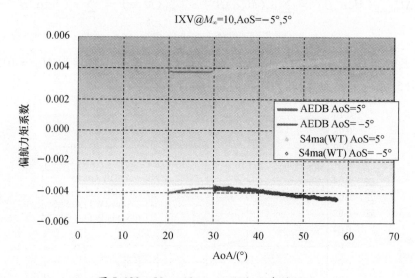

图 5.120　$M_\infty = 10, \beta = -5°$ 和 $5°$ 条件下 C_n

5.11.10　副翼对横向运动的影响

侧力、滚转力矩和偏航力矩的表达式以及拟合多项式阶数如下:

$$\Delta C_{Y,\delta_{ej}}(M,\alpha,\delta_{ej})\big|_{j=1,r} = \sum_{i=1}^{N} t_i(M,\alpha)(\delta_{ej})^{i-1}\big|_{j=1,r} \begin{cases} N=5,\text{若 } M_\infty \leqslant 1.47 \\ N=4,\text{若 } M_\infty > 1.47 \end{cases}$$

$$(5.46)$$

$$\Delta C_{1,\delta_{ej}}(M,\alpha,\delta_{ej})\big|_{j=1,r} = \sum_{i=1}^{N} u_i(M,\alpha)(\delta_{ej})^{i-1}\big|_{j=1,r} \begin{cases} N=5,\text{若 } M_\infty \leqslant 1.47 \\ N=4,\text{若 } M_\infty > 1.47 \end{cases}$$

$$(5.47)$$

$$\Delta C_{n,\delta_{ej}}(M,\alpha,\delta_{ej})\big|_{j=1,r} = \sum_{i=1}^{N} v_i(M,\alpha)(\delta_{ej})^{i-1}\big|_{j=1,r} \begin{cases} N=6,\text{若 } M_\infty \leqslant 1.47 \\ N=4,\text{若 } M_\infty > 1.47 \end{cases}$$

$$(5.48)$$

每个襟翼具有一个倾斜的铰合线,如图 5.23 所示,这样也提供了飞行器的配平机构和一个微小的横向操纵。AEDB 工具的可靠性可以从图 5.121 ~ 图 5.123 中获知。同时,从文献[4]和[7]中可以获得 $M_\infty = 10$, $\delta_{er} = 5°$ 和 $\delta_{el} = -5°$ 条件下 AEDB 和试验结果的对比。

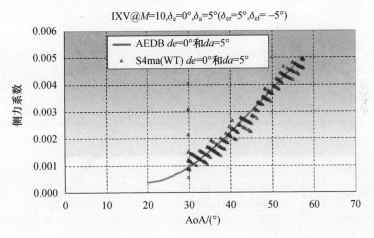

图 5.121　$M_\infty = 10$, $\delta_{er} = 5°$ 和 $\delta_{el} = -5°$ 条件下 C_Y

5.11.11　气动数据库的准确性

采用数据库活性对 AEDB 准确性进行评估。图 5.124 ~ 图 5.126 所示为 $M_\infty = 10$ 和 $\delta_e = 10°$ 条件下不确定性范围内的升力系数、阻力系数和俯仰力矩系数[4,7]。

值得注意的是,这些限制是在每次测试评估中对误差链重建的结果。

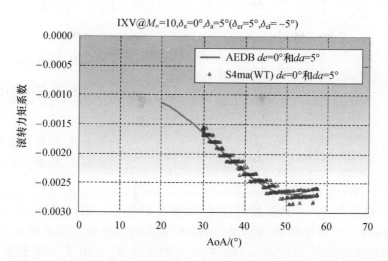

图 5.122 $M_\infty = 10, \delta_{er} = 5°$ 和 $\delta_{el} = -5°$ 条件下 C_1

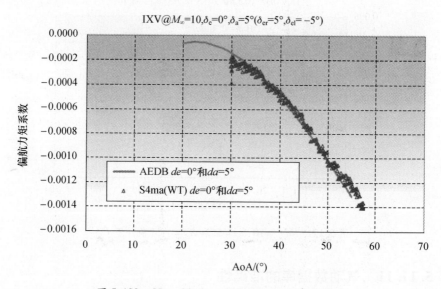

图 5.123 $M_\infty = 10, \delta_{er} = 5°$ 和 $\delta_{el} = -5°$ 条件下 C_n

最后,图 5.127 ~ 图 5.129 给出了 $M_\infty = 25$ 和 $\delta_e = 10°$ 条件下的升力系数、阻力系数和俯仰力矩系数,以及其相应的不确定性[4,7,15]。

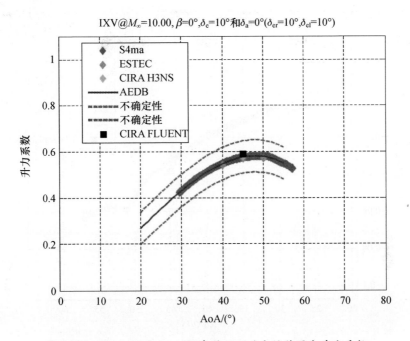

图 5.124 $M_\infty = 10$ 和 $\delta_e = 10°$ 条件下不确定性范围内升力系数

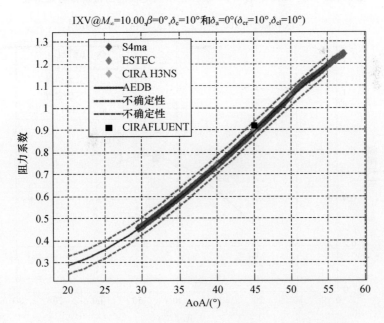

图 5.125 $M_\infty = 10$ 和 $\delta_e = 10°$ 条件下不确定性范围内阻力系数

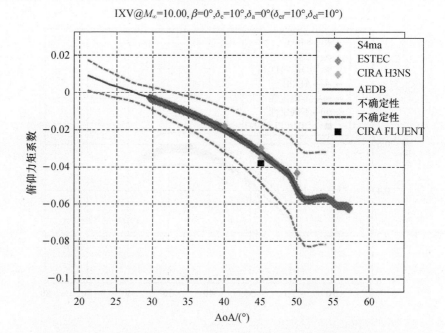

图 5.126 $M_\infty = 10$ 和 $\delta_e = 10°$ 条件下不确定性范围内俯仰力矩系数

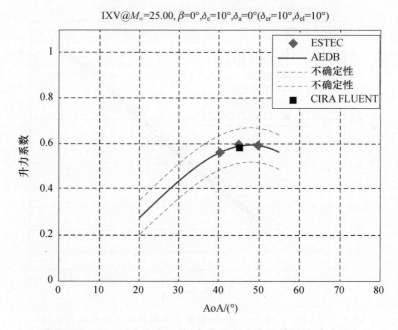

图 5.127 $M_\infty = 25$ 和 $\delta_e = 10°$ 条件下不确定性范围内升力系数

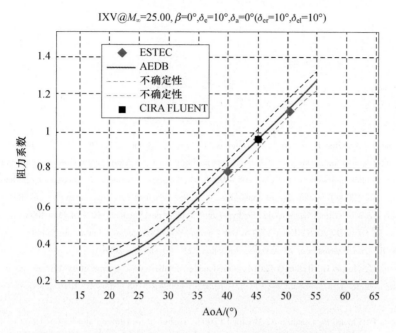

图 5.128 $M_\infty = 25$ 和 $\delta_e = 10°$ 条件下不确定性范围内阻力系数

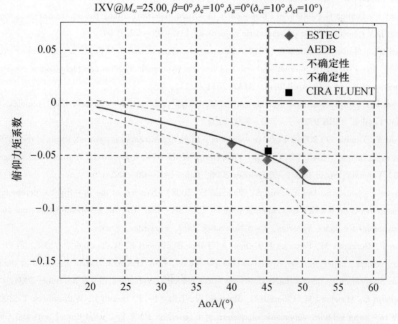

图 5.129 $M_\infty = 25$ 和 $\delta_e = 10°$ 条件下不确定性范围内俯仰力矩系数

参 考 文 献

［1］ Tumino G, Angelino E, Leleu F, Angelini R, Plotard P, Sommer J (2008) The IXV project. The ESA re – entry system and technologies demonstrator paving the way to European autonomous space transportation and exploration endeavours. In: IAC – 08 – D2. 6. 01, Glasgow, Scotland, 29 September – 3 October 2008.

［2］ Prabhu DK (2004) System design constraints – trajectory aerothermal environments. In: RTO AVT/VKI lecture series in critical technologies for hypersonic vehicle development, 10 – 14 May 2004.

［3］ Vernis P, Gelly G (2008) From ARD to IXV: ten years of GNC studies on atmospheric entry. Paper presented at the 2nd International ARA Days, Arcachon, 21 – 23 October 2008.

［4］ Pezzella G, Marino G, Rufolo G (2014) Aerodynamic database development of the ESA intermediate experimental vehicle. Acta Astronaut 94(1): 57 – 72. ISSN (0094 – 5765). doi: 10. 1016/j. actaastro. 2013. 07. 019.

［5］ Baiocco P, Plotard P, Guedron S, Moulin J (2008) Historical background and lessons learnt of the Pre – X atmospheric experimental re – entry vehicle. In: 2nd international ARA days "10 years after ARD", Arcachon, France, 21 – 23 October 2008.

［6］ Gérard Y, Tumino G (2005) FLPP re – entry in – flight experimentation: the intermediate experimental vehicle (IXV) technical and programmatic objectives, IAC – 05 – D2. P. 04.

［7］ Pezzella G, Marini M, Rufolo G (2011) Aerodynamic characterization of the ESA intermediate experimental vehicle. In: 17th AIAA international space planes and hypersonic systems and technologies conference, San Francisco, CA, 11 – 14 April 2011. AIAA 2011 – 2232, USA.

［8］ Hirshel EH (2009) Selected aerothermodynamic design problems of hypersonic flight vehicles. Springer, Berlin/London. ISBN 978 – 3 – 540 – 89973 – 0.

［9］ Gérard Y, Tumino G (2006) FLPP re – entry in – flight experimentation: current status of the 1859 intermediate experimental vehicle (IXV). In: Proceedings of the 57th International Astronautical Congress (IAC 2006) Valencia, Spain from 2 – 6 October 2006. Paper IAC – 06 – D2. 6. 5.

［10］ Cosson E, Giusto S, Del Vecchio A, Mancuso S (2008) Overview of the in – flight experimentations and measurements on the IXV experimental vehicle, ESA SP – 659. The 6th European Symposium on Aerothermodynamics for Space Vehicles, 3 – 6 November 2008, Versailles, France.

［11］ Tran P, Dormieux M, Fontaine J, Gulhan A, Tribot JP, Binetti P, Walloschek T (2008) FLPP IXV re – entry vehicle, hypersonic aerodynamics characterization, ESA SP – 659. Paper presented at the 6th European Symposium on aerothermodynamics for space vehicles, Versailles, 3 – 6 November 2008.

［12］ Kapteijn C, Maseland H, Chiarelli C, Mareschi V, Tribot J – P, Binetti P, Walloscheck T (2008) FLPP IXV re – entry vehicle, supersonic characterization based on DNW SST wind tunnel tests and CFD. Paper presented at the 6th European Symposium on Aerothermodynamics for Space Vehicles, 3 – 6 November 2008, Versailles, France.

[13] Torngren L, Chiarelli C, Mareschi V, Tribot J – P, Binetti P, Walloschek T(2008) FLPP IXV re – entry vehicle, transonic characterization based on FOI T1500 wind tunnel tests and CFD". Paper presented at the 6th European Symposium on Aerothermodynamics for Space Vehicles, 3 – 6 November 2008, Versailles, France.

[14] Hannemann K, Schramm JM, Karl S (2008) Recent extensions to the high enthalpy shock tunnel GÖTTINGEN (HEG). In: 2nd international ARA days "10 years after ARD", Arcachon, France, 21 – 23 October 2008.

[15] Pezzella G, Rufolo G, Marino G (2012) Aerodynamic performance analysis of the IXV vehicle. In: 63rd international astronautical congress, IAC – 2012, Naples, Italy, 1 – 5 October 2012. IAC – 12 – D2. 6. 3. p1.

[16] Hirshel EH (2005) Basics of aerothermodynamics. Springer, Berlin/New York. ISBN 3 – 540 – 22132 – 8.

[17] Anderson J (1994) Hypersonic aerothermodynamics. American Institute of Aeronautics and Astronautics, Inc., Washington, DC. ISBN 1 – 56347 – 036 – 5.

[18] Pezzella G, Battista F, Schettino A, Marini M, De Matteis P (2007) Hypersonic aerothermal environment preliminary definition of the CIRA FTB – X re – entry vehicle. In: West – east high speed flow field conference, Moscow, Russia, 19 – 22 November 2007.

[19] Rufolo G, Roncioni P, Marini M, Votta R, Palazzo S (2006) Experimental and numerical aerodynamic data integration and aerodatabase development for the PRORA – USV – FTB_1 reusable vehicle. In: AIAA – 2006 – 8031, 14th AIAA/AHI space planes and hypersonic systems and technologies conference, Canberra, Australia, 6 – 9 November 2006.

[20] Pamadi BN, Brauckmann GJ, Ruth MJ, Fuhrmann HD (2001) Aerodynamic characteristics, database development, and flight simulation of the X – 34 vehicle. J Spacecr Rocket 38(3): 334 – 344. ISSN 0022 – 4650. doi: 10. 2514/2. 3706.

[21] Pezzella G, Marini M, Roncioni P, Kauffmann J, Tomatis C (2009) Preliminary design of vertical takeoff hopper concept of future launchers preparatory program. J Spacecr Rocket 46 (4): 788 – 799. ISSN 0022 – 4650. doi: 10. 2514/1. 39193.

[22] Bird GA (1994) Molecular gas dynamics and the direct simulation of gas flows. Oxford Science, Oxford.

[23] Blanchard RC, Larman KT, Moats CD (1994) Rarefied – flow shuttle aerodynamics flight model. J Spacecr Rocket 31(4): 550 – 556. doi: 10. 2514/3. 26477.

第六章　有翼再入飞行器

6.1　前　　言

本章着重于可重复使用无人飞行器的气动力和气动热性能分析,这些飞行器可以设想成作为往返低地球轨道(LEO)的飞行试验平台。因此,每个飞行器方案都属于轨道再入飞行器(ORV)范畴,比如,再入能量处于 25MJ/kg 的量级。事实上,在现有研究工作中进行调查研究的方案是能再入大气层的飞行试验平台(FTB),因此允许进行大量必不可少的再入技术实验。比如,主要目的是在典型飞行条件下为下一代再入飞行器试验不同飞行用热防护系统(TPS)技术和热结构的潜在候选方案。第二个目标是为这类再入飞行器提供系统设计经验,提出可控的滑翔再入,证实相关飞行条件下测试技术的秘诀。除了这些目标,方案也期望提供与地面测试结果相关联的气动力和气动热飞行数据(比如,CIRA 等离子风洞"Sciricco"),由此给出理解发生在飞行过程中复杂气动热现象的新观点,改进预测方法(即计算流体力学,CFD),推断飞行性能。迄今为止,欧洲已经着手了三项迥异的 FTB 发展,即 ARD(大气层再入验证机),Expert(欧洲试验再入测试平台),IXV(过渡性试验飞行器)。

基于过去试验飞行器获得的经验,先进的飞行验证方法有助于风险最小化、保证投资的有利,且能逐渐从结果中发现具有挑战性的发展。

图 6.1 展示的 ARD,是 Apollo 返回舱的缩尺模型,于 1998 年 10 月 21 日由 ARIANE 5 V503 发射[1]。经历成功的亚轨道和再入飞行之后,在太平洋回收[2]。ARD 允许欧洲评估这类返回舱的气动特性,它仍然代表着关于载人高能再入(例如,从火星/月球返回)的一个非常有吸引力的设计方案。

Expert,尽管还没试飞,如图 6.2 所示。这是一个小型的球锥 FTB,设计用于执行几次飞行试验,诸如先进的热防护系统(TPS),壁面催化,流动转捩评估等[3]。

最后,过渡性试验飞行器,仍然在欧洲宇航局(ESA)的发展计划中,见图 6.3。这是一个头部较为钝化的 FTB,具有升力体构型的特点[4]。2015 年 2 月 11 日一次亚轨道飞行的末尾,它以接近轨道载入的能量等级(例如,25MJ/kg)承受再入飞行环境[5]。

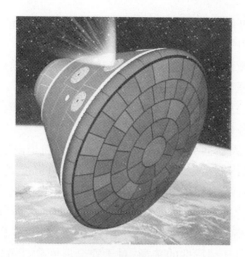

图 6.1 ARD 返回舱

图 6.2 EXPERT 返回舱(欧洲航天局许可)

图 6.3 IXV(欧洲航天局许可)

IXV 将批准提出像 GN&C 扑翼升力体气动构型、TPS 催化等的几次飞行试验。IXV 的气动力和气动热特点请参看第五章。

FTB 迄今的发展仅仅属于返回舱类和升力体构型。因此,本章讨论在一个复杂性逐步增加的框架内,仅讨论有翼构型。

一般而言,可重复使用 ORV 实现了从亚声速到超声速不同飞行区域的飞行。一个典型的任务剖面如下:

(1) 上升段,航天器捆绑在运载火箭上,投放到轨道高度。

(2) 轨道段,飞行器在需求任务结束前在空间轨道上飞行。

(3) 下降段,ORV 再入大气层,像传统飞机一样为后来的重复使用着陆。

从下降到着陆阶段,航天器遇到几个流场区域(即稀薄流、转捩流和连续流)和速度流动(即高超声速、超声速、跨声速和亚声速)。因此,不同飞行条件下飞行器气动构型和气动特性的选择,对于安全返回和任务的成功完成很基础。

通常,为了满足任务需求和设计约束,飞行器的构型在整个设计阶段对几个相互矛盾的方案用折中方法持续调整(例如,多学科设计优化,MDO)。比如,飞行器方案会被小型运载火箭带到低地轨道,之后再入大气层进行从高超声速到着陆的下降飞行过程,允许执行关键再入技术的一系列试验。图 6.4 给出了基于折中分析得出的最为可行的翼身融合体构型。

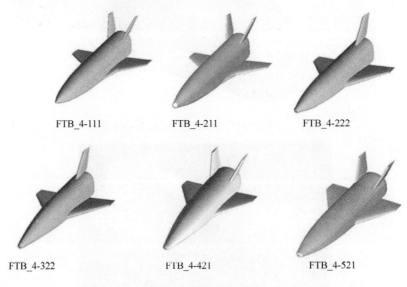

FTB_4-111　　　　FTB_4-211　　　　FTB_4-222

FTB_4-322　　　　FTB_4-421　　　　FTB_4-521

图 6.4　FTB 折中构型

如图 6.4 所示,这些飞行器在一些飞行器特征上有所不同,比如俯视构型、横截面、鼻部曲率、翼后掠角和垂尾。当然,从气动热角度,最优的构型同时具有最好的气动力和气动热特性。

图 6.5～图 6.8 展示了目前通过折中设计分析获取的最有希望的飞行器构型。

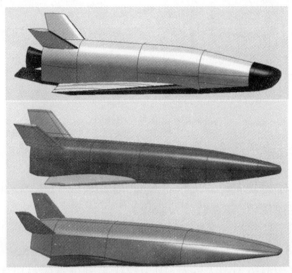

图 6.5　较钝(上)、尖锐(中)和匙形机体构型

图 6.6　较尖锐飞行器构型和带太阳能电池板的服务舱

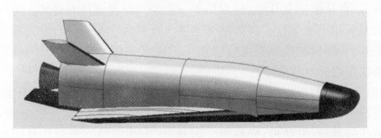

图 6.7　较钝的飞行器构型

503

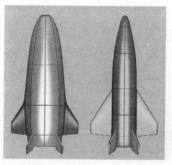

图 6.8　匙形机体构型

图 6.5 展示了方案外形的侧视图,从上到下包括了比较钝的,尖锐的和匙形机体构型。

图 6.6 展示了比较尖锐的飞行器构型,即 ORV – WSB。在此图中的服务舱使用了太阳能电池板(比如在轨停留阶段)[6,7]。

图 6.7 展示了比较钝的外形,即 ORV – WBB[7]。

最后,图 6.8 展示了一个匙形机体(SB)构型,即 ORV – SB[7]。

这类飞行器构型最为引人注意,因为它代表着仅有的可以实现和进行超燃冲压发动机推进与飞行器气动构型一体化设计优化(见图 6.9,ORV – SB 是在腹部具有超燃冲压发动机的构型),因此向乘波构型气动外形发展[8]。

图 6.9　带超燃冲压发动机的匙形机体构型

事实上,自从航空学开始,追求更快一直是飞行器设计的趋势。下一个飞行包线前沿是高超声速飞行。在如此高速度飞行的最现实和最有效方法之一是乘波体。图 6.10 展示了高性能飞行器体系随吸气式构型技术发展的收敛图。这种构型要求很高的气动效率[8]。

例如,无限薄的平板代表了最有效的高超声速升力面。平板的升阻比最高,且能在高超声速条件下获取。但是,使用平板显然不现实,尤其是它没有容积、不能容纳任何载荷、发动机、燃料等。因此,更为现实的外形设计是使用匙形飞行器体系。

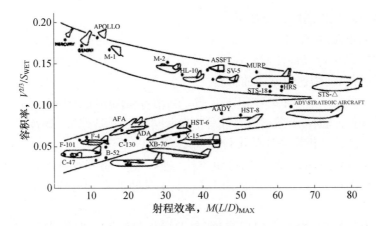

图 6.10 空间和大气层飞行器发展范围，M 为马赫数

这一设计的特点是：正面投影面积很小和高度流线型的外形，可以最大程度减小总表面积；非常小的机翼面积，机身经常被设计用来产生附加升力；推进系统高度与飞行器一体化集成。

无论如何，所有 ORV 方案都属于有翼飞行器类。然而，从这些构型的鼻部曲率、俯视图形状、横截面、翼后掠角和垂尾来看，它们是不同的。

从图 6.11 中可以看出，方案气动外形的差异，每种构型是相互叠加的。

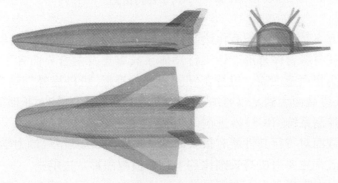

图 6.11 ORV 气动外形比较

相比于航天飞机，以这种方式构思这些气动外形是为了使 ORV 方案以更好的气动效率(L/D)再入地球大气层，最大升阻比大约为 1。在可达的更高阻尼大气中，ORV 会在再入轨迹上，以"低"（相比于航天飞机制导方法）和可调的攻角(AoA)制导方式进行长航时飞行。

这可以带来很多优势，例如：

（1）在准热平衡条件下克服临界热流区的影响，可以确保内部结构温度维持在陡峭再入过程的峰值温度下；

（2）从重量和费用方面考虑，将少部分采用先进 TPS（比如超高温陶瓷UHTC）保护的飞行器部件暴露在较大热流下，让大部分飞行器表面承受较小热流，这样就可以使用比较常见的材料。

在这个框架下，本研究对 ORV 的气动特性从高超声速下降到亚声速区域进行了归纳分析。遵从 A 阶段设计水平，考虑同时把低阶方法（即高超声速面元法）和 CFD 设计分析用来评估飞行器气动特性。

在早期设计阶段，广泛使用低阶方法，进行 CFD 仿真仅仅用于给出低阶方法设计结果的可靠性，以及在使用简单工具不能进行预测的前提下研究复杂流场现象[9-11]。

事实上，对马赫数 0.3 到马赫数 25 飞行范围中的一些点，都同时进行了完全气体和热化学非平衡 CFD 仿真。反应气体计算时，空气是五种组分的混合物（即氧气、氮气、一氧化氮、氮原子和氧原子）。

也提供了对一个方案的纵向和横向稳定性分析，以及不同马赫数下发生真实气体效应时经过飞行器流场的一些主要有趣特征。事实上，众所周知俯仰力矩受高温真实气体效应影响较大，因此会影响飞行稳定性和配平条件[12]。

6.2　飞行器描述

飞行器方案是一个装配有像边缘钝化三角形的机身横截面、三角翼和 V 形垂尾的紧凑翼身融合体外形。该飞行器体系具有翼身融合界面和平底面，可以提升其总体高超声速性能。机身在纵向设计为锥形，可以提升气动力性能和横向稳定性，其横截面大到足以容纳所有的飞行器子系统，如应对长时间飞行任务需求的反应控制系统（RCS）推进剂储箱。

机身横截面对飞行其性能有很大影响。事实上，从其空气动力学角度来看，升力和气动效率主要由机身长细比和飞行器横截面形状决定[13]。

前体可以由带机身上下两侧平滑流线表面的十分简单球锥几何构型和鼻区顺流下方外形来描述，这是有翼高超声速飞行器的典型构型。

鼻部曲率低到足以减少升降舵副翼的尺寸，可以提供期望的配平范围，改进内部装配。机翼的尺寸和位置基于折衷分析，可以提升气动力性能、飞行稳定性和可控性[9,11,14]。

最后，考虑到超声速阻力和气动加热性能，机翼采用后掠。未来可以取决于具体的着陆需求，加装一个合理设计的机舱底板。为了提升飞行器横向稳定性，机翼上反角是 5°。

为了减小阻力,机翼的长宽比很大,从翼根到翼稍的截面构型保持一致。为了有效耗散气动热,底表面几乎是平的。垂尾后掠角是45°。

飞行器控制能量由两个加装了升降舵副翼的机翼表面(既是副翼也是升降舵)和方向舵表面提供。升降舵副翼对称分布,主要控制俯仰轴,即俯仰控制。滚转控制由升降舵副翼的非对称使用来实现。方向舵用来实现方向上的控制,即侧滑稳定性。

再入过程中,当飞行器以大攻角飞行时,方向舵由 RCS 增强。例如,图 6.12 展示了底部带有 RCS 吊舱的 ORV - WSB 方案。箭头表示了每个吊舱提供的推力。因此,与推力矢量组合,恰好可以控制飞行器的俯仰、滚转和偏航。

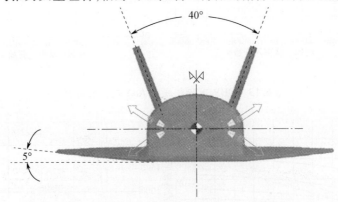

图 6.12　底部带 RCS 吊舱的 ORV - WSB 二面角

然后,为了增加俯仰控制和遮挡推进子系统的喷管(见图 6.7 的 ORV - WBB),需要在机身尾缘加装一个体襟翼。事实上,减轻升降舵副翼载荷的配平能力可以由体襟翼偏转来实现。对于高超声速下的此类典型构型,飞行器 CoG 后的平面平衡了抬头俯仰力矩。

最后,设计时,气动控制面在不牺牲太大升力的情况下也能大到足以提供稳定性。

6.3　飞行方案和流动区域评估

ORV 主要实现从 200kmLEO 的完整再入过程。返回弹道基于策略,是从导航角度出发的比较方案。飞行器将会在可达的最高大气层尽可能长地停留,与下降过程中的热约束相适应。人们发展了与航天飞机参考再入相比,具有中等攻角(至多20°)和更长飞行持续时间的改进滑翔再入和高机动能力。这也需要高能量高超声速飞行条件下,更广泛的飞行试验能力。在飞行力学折中分析的框架下,人们计算了一些再入弹道,因此给出了飞行器飞行包线中需要提供的飞行器气动力。比如,图 6.13 和图 6.14 展示了假设飞行器热流限制范围介于 1.1 ~ 2MW/M² 且动压限制为 12kPa 的大量再入弹道。为了给出基于空间设计方法的飞行器气动力,图 6.14 也通过高度 – 速度图展示了马赫 – 雷诺数网格[15]。

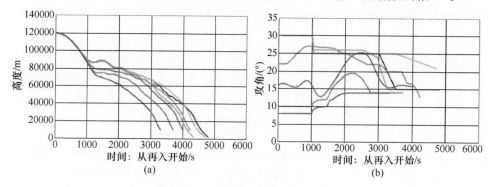

图 6.13　ORV 飞行包线和 AoA 剖面的历程

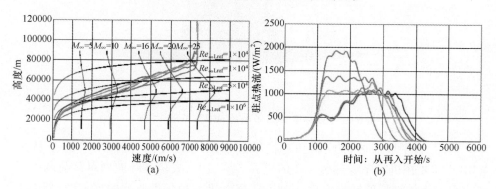

图 6.14　速度 – 高度图中的 ORV 飞行包线和驻点热流剖面的历程

可能会注意到,再入时间接近大约 5000s,相比传统再入飞行器,例如航天飞机,时间要长。要注意,图 6.13 中的每条弹道,导航方式相同但 AoA 剖面不同(见图 6.13(b))。具有代表性的是,定义导航策略的方法越普通,就会使用预先定义的 AoA 剖面,这些值是最临界再入阶段的较大值,为了飞行器安全,热流在这些状态下是临界的。不同的是,倾角控制通常通过如此方式应用,即飞行轨迹能跟随预先给定的阻力 – 速度剖面,然后实现需要的横向范围。

为了适应具体的 ORV 任务需求,这儿选用了一个可替换的方案。在 FTB 的轨道再入任务实验中,采取的策略是在临界再入阶段调整 AoA 剖面。我们会选择最为接近最大效率的一个相应攻角(至少在"稠密"大气层范围),与飞行器(TPS 和冷却结构)所能承受的最大热流相适应。

这类 AoA 导航剖面应该考虑许多因素,比如沿着轨迹具有更好的飞行器操作性,将飞行器较小部分暴露给较高热流,这样可以减少热防护系统的质量和增加任务的安全水平。例如,优化的长时间飞行轨迹,具有在驻点(见图 6. 14 右边)最大热流附近准稳态热平衡条件的特征,从而充分利用了辐射冷却。

就飞行区域评估而言,值得注意的是,沿着大气层再入轨迹,从高海拔到低海拔,飞行器经历了三个主要流动区域。它们是下降段上部分的高超声速 – 超声速区域;跨声速区域;和较低大气层内飞行的亚声速区域。

而且,在高超声速流动中,应用了三个主要且相互交叉的区域。它们是稀薄 – 转捩区域,一方面,黏性相互作用区域和真实气体效应区域;另一方面,它们在连续流区域。

结果,飞行器再入轨迹部分的知识对描述飞行器性能十分重要,覆盖了每个飞行区域。比如,人们都知道真实气体效应和黏性效应对飞行器气动力(例如,阻力增加和配平条件)和气动热很重要。

这也意味着飞行器设计需要不同的流动模型,从完全气体到反应气体混合,和流场求解方法,从直接模拟蒙特卡罗(DSMC)方法到包含和不包含滑移流条件的 NS 方程,以期提供关键流动现象对飞行器气动力和气动热特性的定量描述。

6.3.1 稀薄 – 转捩区域

一旦方案飞行器开始降落,大气密度足够低,这样连续假设失效。因为单个分子碰撞很重要,所以必须开始考虑飞行器表面一般微尺度的质量、力和能量传递问题。

在这一区域,需要一分为二讨论。分别是高空大气上部分的再入和下部分的飞行。前面是自由分子区域(FMR),后面是转捩流动区域(TFR)。当然,两种流动状态的限制取决于海拔高度和飞行器尺寸。比如,控制不同流动区域的相似参数是努森数,定义为(稀薄参数)

$$Kn_{\infty \, L_{ref}} = \frac{\lambda}{L_{ref}} = 1.25 \sqrt{\gamma} \frac{M_\infty}{Re_{\infty \, L_{ref}}} \tag{6.1}$$

式中:λ 为分子平均自由程;L_{ref} 为机体特征长度;γ 为比热比。事实上,当空气密度足够稀薄时,分子平均自由程(λ)已经和机体自身尺寸在相同数量级。这一状况称为分子自由流动(FMF)区域。在此状况下,飞行器气动特性取决于单一、分散的分子碰撞,应当基于分子运动论来分析。因此,一些粒子仿真,比如 DSMC 分析,是必要的。FM 流动状况导致了飞行器气动效率的突然损失,原因是阻力的突增而升力降低。在大气层中继续降落(即更大的 λ),将建立起 TFR。

DSMC 方法仍然有效,但是在仿真时需要考虑增加的分子,需要进行大量计算。幸运的是,在这种流动状态下,滑移条件和温度突跃可以被引进连续方法中(即近似的 NS 方程)来考虑稀薄效应。

图 6.15 解释了 ORV 方案的稀薄和转捩区域。

图中,ORV 的再入轨迹用马赫数 – 雷诺数图表示,以及根据 Bird 区域分类方法,给出约束不同流动区域的等努森数曲线[16,17]。可以看出,$10^{-3} < Kn_\infty < 10$ 是转捩流动区域。因此,高于大约 200km 的海拔高度,ORV 是在 FMF(事实上,$Kn_{\infty L_{ref}} \approx 70$),当进入再入界面(例如,120km,图 6.15 中的红色正方形)到大约 87km(图 6.15 中的绿色菱形),飞行器位于转捩流动区域。最终,其之后为连续流动区域。

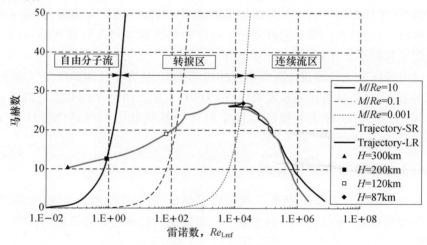

图 6.15 带等努森数线的马赫 – 雷诺数图中的 ORV 再入方案

6.3.2 黏性干扰区域

在此流动区域,由于低雷诺数和高马赫数影响,边界层和激波层合并为一层包裹飞行器方案的黏性激波层。这会导致 ORV 气动特性的损失,因为此状况下飞行器阻力将上升,从而降低航天器气动效率。

一般来说,黏性干扰区域由高超声速黏性相互干扰参数(VIP)定义,即

$$\overline{V}'_\infty = M_\infty \sqrt{\frac{C'_\infty}{Re_{\infty L_{ref}}}} \tag{6.2}$$

这里

$$C'_\infty \propto f\left(\frac{T'}{T_\infty}\right) \tag{6.3}$$

且

$$\frac{T'}{T_\infty} = 0.468 + 0.532\frac{T_w}{T_\infty} + 0.195\frac{\gamma-1}{2}M_\infty^2 \tag{6.4}$$

通过使用参考焓方案,解释可压性影响,图6.16建立了ORV的黏性干扰区域的评估。此图中,给出了由高度-马赫数曲线和马赫数-黏性干扰参数(VIP)曲线决定的再入轨迹。如图所示,根据过去给出的航天飞机黏性干扰区域(VIR)的选择标准,图中给出了两个边界。因此,可以粗略总结出对ORV,VIR大约为60~83km,这与86km的边界很接近,此为转捩流动区域的开始。

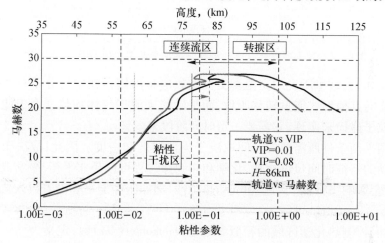

图6.16 马赫数/高度-黏性参数图中的ORV再入轨迹

6.3.3 真实气体区域

平衡/非平衡真实气体区域由相对而言高密度和高速度流动区域来描述。

比如,遇到最严重的热环境,将发生许多化学反应。因此,这一现象的模型需要用一些数据代入NS方程,比如化学平衡常数,连同特定飞行条件下,包括组成气体混合物的所有组分反应机理的反应速率。

在此框架下,图6.17以高度-速度图的形式,展示了现有的ORV标准再入轨迹,其中给出了再入和与飞行器AEDB/ATDB相关的真实气体现象。

比如,图6.17强调当ORV以6km/s在约70km高度飞行时,氧气完全离解,因为飞行速度超过了相应的氧气离解域。另一方面,氮气也开始离解,因为接近了表示氮气10%离解域边界的绿色虚线。事实上,高能再入流动导致了飞行器附近较强的空气加热。空气分子振动自由度的激发取决于弓形激波后的温度水平(即飞行速度),氧气和氮气分子可能会发生离解反应。

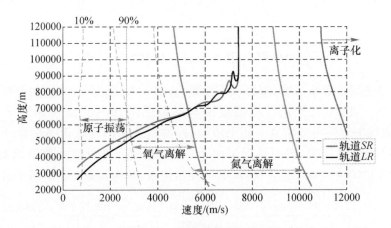

图 6.17　带真实气体效应的海拔 – 速度平面图中的 ORV 再入方案

　　无论如何,这里所说的高温真实气体效应是由储存在空气分子自由运动中的平动能向其他形式能量转移所致,而平动能来源于气体加热。由于能量传递由空气粒子碰撞来实现,它需要一定时间阶段来发展。

　　达到平衡条件所需要的时间取决于当地温度和密度。因此,取决于反应时间和流动的特征时间尺度之比,化学和热弛豫过程可以是非平衡、平衡或者冻结流动,这会影响飞行器气动力和气动热特性,例如俯仰配平和沿着再入轨迹的热流条件。

　　例如,控制热化学区域的相似参数是 Damkohler(Da)数,定义为

$$Da = \frac{t_c}{t_\tau} = \frac{\text{特征流动时间}}{\text{特征反应时间}} \tag{6.5}$$

这里张弛时间指的是化学反应和流动分子的内部自由度[17 – 19]。

　　图 6.17 也指出沿着下降轨迹,不同区域内组分数量会增长。因此,飞行器设计分析中精确的 CFD 模拟,使用的流动热化学模型需要根据模拟轨迹上再入点适当调整。事实上,由于流动分子内部自由度和变迁自由度之间连续的能量交换,导致高度 – 速度图的不同区域内空气的混合物处于热和/或化学非平衡状态,见图 6.18。

　　此图给出飞行时 ORV 前体驻点区预期的空气化学过程变化趋势。比如,图 6.18 给出三种不同化学和热非平衡区域,即 A,B 和 C。区域 A 是关于化学和热平衡。区域 B 关于化学非平衡和热平衡。最后,区域 C 关于化学和热非平衡区域。

　　因此,看此图可以在知道来流条件下,快速评判在高精度 CFD 模拟时最可能需要的热化学模型。

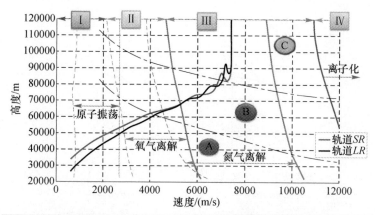

图6.18　带驻点流动区域和热化学现象的海拔 – 速度平面图中的再入方案

化学和热非平衡区	
区域	气动热现象
A	化学和热平衡
B	热平衡下的化学非平衡
C	化学和热非平衡

高温空气中的化学组分		
区域	模型	组分
I	2组分	O_2, N_2
II	5组分	O_2, N_2, O, N, NO
III	7组分	$O_2, N_2, O, N, NO, NO^+, e^-$
IV	11组分	$O_2, N_2, O, N, NO, NO^+, O_2^+, N_2^+, O^+, N^+, e^-$

6.3.4　层流向湍流的转捩

在再入下降阶段,飞行器经历了从完全层流向完全湍流条件的转捩;后者在飞行器设计时需要考虑气动阻力和气动热增长。例如,飞行器壁面的热流可能增大到层流条件预计的4~5倍。因此,发生在层流向湍流转捩的飞行状态(如海拔高度、马赫数和姿态)评估是一个关键设计问题。事实上,边界层转捩通常基于当地流动条件,比如局部马赫数和雷诺数。

比如,基于参数 Re_θ/M_e 的一个经验关系式,作为高超声速转捩的有用判断准则[20-22]。

$$\frac{Re_\theta}{M_e} = 100 \tag{6.6}$$

式中:Re_θ 为动量厚度雷诺数;M_e 为边界层边缘的马赫数。这一准则用于航天飞机的初始设计阶段。其实,通过实验研究,设计者尝试使由参数 Re_θ/M_e 假定的数值与风洞中探测到的转捩前沿相关联(图6.20)。

对于 X–33 这一实验测试过程得到的结果介于250~325,这一飞行器设计最终采用平均值 $Re_\theta/M_e = 285$(图6.19 和图6.20)。

通过 LATCH 数据库插值来推出机体上某点发生转捩时的关系式,从而确立所有速度和攻角组合下转捩发生的海拔高度。图6.21 给出了迎风中心线上

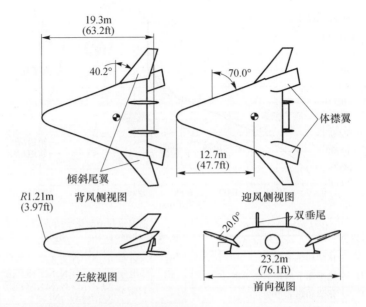

图 6.19　Lockheed – Martin X – 33 飞行器的主要几何特征

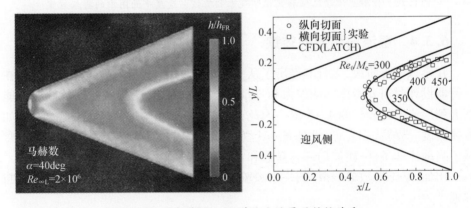

图 6.20　"光滑"X – 33 前体上边界层转捩关系

$x/L=0.8$ 处一点使用 X – 33 准则($Re_\theta/M_e=250$)的关系式。在三维轨迹空间内，结果几乎是一个平面，把上方层流与下方湍流分离开来。实际上，这一函数可以通过在空间画出一条轨迹线和确立图中轨迹与表面的交叉点来确认转捩区。

　　尽管如此，评价当地流动条件需要精确的 CFD 计算，这在 A 阶段设计水平上是达不到的，所以一种基于自由来流雷诺数(Re_∞)和马赫数(M_∞)的转捩方法被采用。

　　例如，图 6.22 给出转捩雷诺数限制，是由以下转捩准则给出：

$$\lg Re_\infty > \left[\lg Re_{\mathrm{T}} + C_{\mathrm{m}}(M_\infty) \right] \quad 湍流 \tag{6.7}$$

式中：Re_T 和 C_m 基于流动类型、飞行攻角、前缘后掠角和前缘头部钝化半径。如图 6.22 所示，转捩准则强调，在大约海拔 46km 以下，出现了预期的湍流流动。

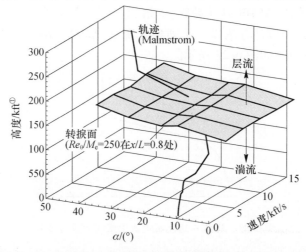

图 6.21　轨迹空间内的转捩准则

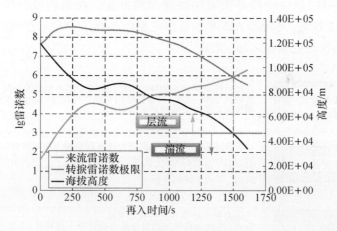

图 6.22　层流向湍流转捩评价

6.4　设计方法和使用工具

本节总结了飞行器方案的气动数据库（AEDB）。这些评价仅用于实现此构型的初步 AEDB，与 A 阶段设计水平一致[14-16]。这一过程的目的是为飞行力学

---

①　1ft = 0.3048m。

和热防护设计分析提供气动特性。事实上,应当检验飞行器在机动脱离轨道后,从下降到传统跑道着陆过程中飞行配平能够承担载荷限制(比如再入走廊)。基于空间设计方法,AEDB 以马赫数、攻角、侧滑角、气动控制面偏转角、雷诺数的函数提供。这一设计方法以一系列独立变量(即 M_∞, Re_∞, α, β)的函数形式给出了全部数据集,如图 6.23 所示。

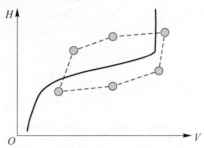

图 6.23　海拔 – 速度图中基于空间的设计方法

尽管如此,所有这些飞行条件精确的气动分析十分复杂、耗时长,与 A 阶段设计研究不一致,这一阶段必须采用快速预测方法。在最初设计阶段,根据图 6.24 给出的工作流,飞行器 AEDB 的评价主要由工程工具及一些有限的可信的 CFD 计算(仅仅是连续流区域)完成[16-18]。

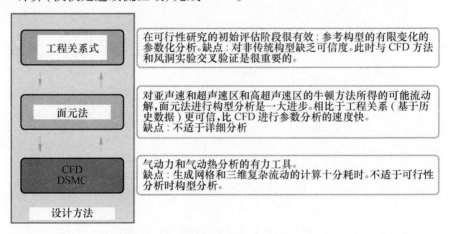

图 6.24　现有设计方法的工具和方法

事实上,CFD 计算用于证实获得结果精度,以及关注一些用简单工具无法预测的关键设计方面。这整个过程被称为工程阶段方法中的"锚定"。锚定过程允许一些选定的 CFD 解,它们可以超出特定最初飞行状态。

此外,当飞行器轨迹以恒定状态变化时的设计过程早期,锚定过程允许进行高精度、高成本的高效率 CFD 求解[17,18]。如图 6.25 所示,CFD 锚定空间定义为雷诺数 – 马赫数 – 攻角空间的一小部分 CFD 解。

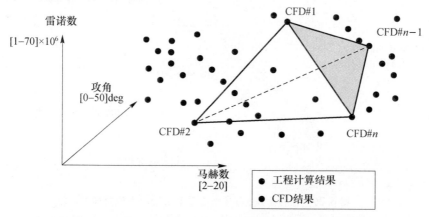

图 6.25 雷诺数 – 马赫数 – AoA 空间中的假想的 CFD 锚定网格

值得注意的是,记住基于工程方法模拟复杂流动干扰现象和气动干扰的能力有限,例如激波 – 激波和激波 – 边界层干扰,所以初始设计阶段的 CFD 分析仍然很有必要。

经验表明,即使用简化方法评价后很有效的气动构型,在进行更加详细计算后未必是一个可行解。但是初始气动检验后被认为不可行的任何布局,后期很难实现。因此,基于工程方法实施的方法被证明容易且可以更快实施,重新设计的结果可以快速评价。

所以,采用低阶方法给出 ORV 在自由分子流动条件下的气动结果;在转捩流区域(连接连续流和自由分子流区),使用桥接关系式;最后,在连续流区域同时采用低阶和 CFD 方法完成飞行器气动评估。

无论如何,所有气动数据按以下格式搭建,即以基本外形上添加部件在力或力矩分量上的贡献累积方式,比如控制面效能,侧滑效果等。数据以分开给出力和力矩的方式给出,使搭建过程更容易。

在低阶方法代码框架内,飞行器气动力由 HPM 代码计算,用 CFD 方法分析亚 – 跨声速和高超声速,商业代码 FLUENT 中有欧拉和 Navier – Stokes 方程。

HPM 代码是三维超声速 – 高超声速面元法的代码,在 CIRA 开发,可以使用表面倾斜方法(SIM)来计算任意三维复杂外形的气动特征,是典型的牛顿气动理论,包含了控制面偏转和俯仰动力学导数[12,14,19]。

在 HPM 仿真中,平面是一系列平面块的近似,分析中最基本的几何是四边形单元。

图 6.26 展示了 HPM 代码设计分析中使用的一个典型面网格。

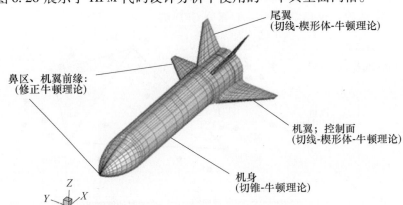

图 6.26　设计方法,高超声速面元法的典型流动模型

可见,此网格和典型 CFD 分析里考虑的更加精细网格不同。在此例中,事实上,仅仅在 HPM 分析(如牛顿气动理论)中考虑面元倾角变化,所以表面网格很粗糙;当展示弧度时,使用更加密的网格。因此,HPM 设计分析中网格生成是个复杂的过程。

表 6.1　无粘分析的可用方法

撞击流	影流
修正牛顿法	牛顿理论
修正牛顿法 + 普朗特 – 迈耶法	修正牛顿法 + 普朗特 – 迈耶法
切劈法	普朗特 – 迈耶经验理论
经验切劈法	OSU 钝体经验理论
经验切锥法	Van. Dyke 统一理论
OSU 钝体	高马赫数无底部压力
Van Dyke 统一理论	激波膨胀法
钝体表面摩擦理论	输入压强系数
激波膨胀法	自由电分子流
自由分子流	
输入压强系数	
Havkey 平面经验理论	
三角翼经验理论	
Dahlem – Buck 经验理论	
冲击波	
修正正切程序	

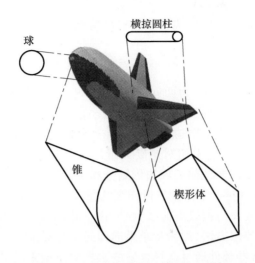

图 6.27　设计方法,代表性的几何模型

　　如图 6.26 所示,每个面元表面的压强由用户定义的压缩－膨胀和近似边界层方法来评估。这一方法将单独计算撞击和飞行器阴影区域的压强,可以由用户自己选择,表 6.1 给出了可用的几种方法。更多理论可以参看文献[19]。

　　这些简化方法考虑将一般飞行器外形分为一系列简单外形的组合(见图 6.27),如锥体、圆柱、平板、球体和楔形,这些都可以使用解析方法。比如,机翼前缘可以用后掠圆柱代替,用以获得前缘耗热率的评估(在激波－激波干扰区之外)。

　　值得注意的是,这个设计方法是可行的,尤其在飞行器气动加热分析中。

　　在通常的高超声速飞行器应用中,广泛应用普朗特－迈耶膨胀流动理论和相切锥－楔方法,以及修正牛顿理论。注意,此处不考虑流动分离,所以分析结果对具有较大流动分离现象存在时不可用(即不可预测翼尖失速)。

　　根据图 6.26,飞行器不同部分(机身,机翼和垂尾)分开进行分析,全机气动力系数以适当的方式对不同部件贡献进行求和,遵从典型的"叠加"方法。

　　就底部阻力而言,使用以下简化公式:

$$\Delta C_{\text{Dbase}} = -C_{\text{Pbase}} \frac{S_{\text{base}}}{S_{\text{ref}}} \tag{6.8}$$

式中

$$C_{\text{Pbase}} \cong -\frac{1}{M_{\infty}^2} \tag{6.9}$$

在高超声速条件下,S_{base} 和 S_{ref} 分别是底面和参考飞行器的表面[23]。

　　为了预测黏性对气动力和力矩的贡献,计算了每个飞行器面元的剪切力。

519

表面摩擦力的估算是基于层流或者湍流平板假设,即

$$\Delta C_{\mathrm{D,friction}} = C_{\mathrm{f}} \frac{S_{\mathrm{wet}}}{S_{\mathrm{ref}}} \tag{6.10}$$

式中:C_{f} 为表面摩擦系数;S_{wet} 为面元浸润面积;S_{ref} 为参考飞行器表面。层流和湍流流动都可以使用参考温度和参考焓方法。沿着流线进行黏性计算,然后把结果插值到面元中心。在被四边形面元单元划分的构型上使用牛顿最速下降法追踪流线,这一方法仅仅使用相对速度矢量的面元单元斜角来确定流线轨迹。获取流线的信息仅仅需要几何的四边形划分和飞行器的飞行海拔高度。

HPM 代码也可以对三维构型进行详细的黏性分析[24]。

黏性分析时需要飞行器表面流线评估,因为进行流线分析时沿着流线使用一个简单的一维边界层方法,然后将结果向面元中心插值。

为此,一般飞行器部件通过选择合适的边界层模型来以平板或者前缘建模。平板边界层模型包括层流和湍流方法以及锥体修正。设置 Mangler 因子(M_{f})将二维边界层结果转化为轴对称算例。平板层流方法中,两种可用的层流表面摩擦和气动加热关系式分别是 Eckert 和 $\rho - \mu$ 方法。它们都是基于用参考焓可压缩因子修正的经典 Blasius 平板边界层解。如果选用平板湍流方法,可以使用四种湍流方法:Schultz – Grunow,$\rho - \mu$,Spalding – Chi 和 White 方法。

尤其重要的是,对于层流和湍流流动,基于 Eckert 方法的参考温度(T_{ref})为

$$T_{\mathrm{ref}} = 0.5(T_{\mathrm{e}} + T_{\mathrm{w}}) + 0.11r(\gamma - 1)M_{\mathrm{e}}^2 T_{\mathrm{e}} \tag{6.11}$$

这里恢复系数 r,对层流是 Pr 的平方根,对湍流是 Pr 的立方根。Pr 是在参考温度下评估。

对于层流,表面摩擦系数和斯坦顿数为

$$C_{\mathrm{f}} = 0.664 / \sqrt{Re/M_{\mathrm{f}} T_{\mathrm{e}} / T_{\mathrm{ref}}}$$

$$St = 0.5 C_{\mathrm{f}} Pr^{-2/3} \tag{6.12}$$

对于湍流,表面摩擦系数和斯坦顿数为

$$C_{\mathrm{f}} = 0.37 / \log_{10}[Re/M_{\mathrm{f}}]^{2.584} T_{\mathrm{e}} / T_{\mathrm{ref}}$$

$$St = 0.5 C_{\mathrm{f}} Pr^{-2/3} \tag{6.13}$$

式中:M_{f} 为 Mangler 因子,对层流取 3 而对湍流取 2。基于焓的膜系数,恢复焓和对流传热定义为

$$C_{\mathrm{H}} = \rho_{\mathrm{ref}} U_{\mathrm{e}} St$$

$$H_{\mathrm{rec}} = H_{\mathrm{e}} + 0.5r U_{\mathrm{e}}^2 \tag{6.14}$$

$$\dot{q}_{\mathrm{conv}} = C_{\mathrm{H}}(H_{\mathrm{rec}} - H_{\mathrm{w}})$$

上式中：H_e 为边缘静焓；H_{rec} 为恢复焓；U_e 为边缘速度；H_w 为壁面焓。

在冷壁面和辐射冷却壁面边界条件下都可以估算 H_w 的值。在后者，评估壁面温度时使用 Newton – Raphson 技术，假设表面能量辐射等于热传导和入射激波辐射加热总和：

$$\dot{q}_{convective} + \dot{q}_{radiative} = \sigma \varepsilon T_{wall}^4 \tag{6.15}$$

事实上，因为对流传热取决于最终壁面温度，这一非线性关系式需要在每个面元中心迭代解算。

采用前缘边界层模型，飞行器鼻区和前缘可以看成球、圆柱或者后掠圆柱。

比如，根据 Fay 和 Riddell 的工作，球状和非后掠圆柱前缘的驻点对流传热为

$$\dot{q}_{co} = 0.57 \left(\frac{4}{3}\right)^k Pr^{-0.6} (\rho_w \mu_w)^{0.1} (\rho_e \mu_e)_s^{0.4} \left[1 + (Le^\phi - 1)\left(\frac{h_d}{h_e}\right)\right](h_e - h_w)\left(\frac{du_e}{dx}\right)_s^{0.5}$$

这里对二维流动，参数 $k=0$；对轴对称流动 $k=1$。

这里，下标 w，e 和 s 表明是在壁面，外部流动和驻点的条件，对平衡边界层 $\phi = 0.52$，对冻结边界层和完全催化壁面（FCW）$\phi = 0.63$。

在方括号里的项表明在驻点区发生平衡化学反应的影响，且

$$Pr = \frac{\mu c_p}{k}$$

$$Le = \frac{\rho D_{12} c_p}{k}$$

$$h_D = \sum_{i=1}^n c_i \Delta h_{f,i}$$

与雷诺数相似，普朗特数 Pr 和路易斯数 Le 分别是衡量摩擦和组分扩散（混合）对热传导相对重要性的相似参数。气体考虑的是空气，从混合角度来看是二元混合物，即两种组分的混合物：原子（氧或氮原子）和分子（氧气和氮气）。量 D_{12} 是衡量组分一与组分二混合能力的二元扩散系数。量 c_i 和 $\Delta h_{f,i}$ 分别是给出的单一组分（O，O_2，N 和 N_2）的摩尔浓度和每一组分的化学生成热。

空气一类混合物的路易斯数 Le 十分接近 1，$Le \cong 1.4$，所以物理量（$Le^{0.52} - 1$）≈ 0.19，在初步研究中化学反应项的贡献可以保守地忽略。

沿着 x 轴的速度梯度，即沿着机体表面，在驻点处可以用下式给出

$$\frac{du_e}{dx} = \frac{1}{R_n}\sqrt{\frac{2(p_e - p_\infty)}{\rho_e}}$$

然后，对于球状和非后掠圆柱前缘使用的方法对层流包含 Lee 方法，对湍流包含 Detra – Hidalgo 方法，给出前缘附近的热流分布。

考虑前缘后掠角的影响,根据后掠圆柱方法,使用考虑后掠角影响(K_{sweep})的 Lee 方法,分析给出

$$\frac{\dot{q}_\Lambda}{\dot{q}(\Lambda = 0)} = K_{sweep} \tag{6.16}$$

这里,K_{sweep} 根据 Cato – Johnson 理论是

$$K_{sweep} = \cos^{1.25}(\Lambda) + 0.05\sin(\Lambda) \tag{6.17}$$

根据 Beckwith – Gallagher 理论是

$$K_{sweep} = 1 + \Lambda^2(-1.875 + 1.097\Lambda) \tag{6.18}$$

式中,Λ 为前缘后掠角。

CFD 代码 FLUENT 使用有限体积方法求解全雷诺平均 N – S 方程(RANS)方程。在多区域块结构网格上使用中心差分方程。在目前研究中,热和化学非平衡流动控制方程,对对流项的空间重构,集成在迎风通量差分分裂(FDS)二阶迎风数值格式的基于密度方法中,对扩散通量使用中心格式。尽管如此,在一些计算中,通量矢量在计算时要用通量矢量分裂格式,即 AUSM 格式。对相切和激波间断都能给出精确结果,不易受 Carbuncle 现象的影响。

本书计算使用隐式求解方程。事实上,由于隐式格式的更宽广稳定特征,获得收敛的定常解远比显式快。

气体混合物黏性和热传导的全域传递特性,依赖于基于类似于 Wilke 混合规律的半经验准则。第 i 个组分的黏性和热传导项由气体分子运动学理论获得。混合物的第 i 个组分扩散系数,使用多组分扩散系数,其中组分质量扩散率用分子运动学理论评估。流场化学反应采用前向速率进行,前向速率以 Arrhenius 形式表示,反应速率参数基于 Park 的研究[25]。特别地,热非平衡考虑了大量内部修正(即用户定义函数,UDF),因为振动非平衡条件不是基本代码特征。在 UFD 中,振动松弛使用 Landau – Teller 公式建模,松弛时间来源于 Millikan 和 White 假设的简谐振荡[25-27]。

最后,对于湍流影响考虑使用 $k - \omega$ SST 模型,迄今为止仅仅考虑过稳态计算。

6.5 气动特征

通常,飞行器气动特征用力和力矩系数、控制面效率来提供。根据以下等式,力系数有升力系数(C_L)、阻力系数(C_D)和侧向力系数(C_Y),力矩指的是滚

转力矩$(C_1 = C_{Mx})$,俯仰力矩$(C_m = C_{My})$和偏航力矩$(C_n = C_{Mz})$系数,即

$$C_1 = C_{Mx} = \frac{M_x}{\frac{1}{2}\rho_\infty v_\infty^2 b_{ref} S_{ref}}$$

$$C_i = \frac{F_i}{\frac{1}{2}\rho_\infty v_\infty^2 S_{ref}} i = L, D, Y \quad C_m = C_{My} = \frac{M_y}{\frac{1}{2}\rho_\infty v_\infty^2 L_{ref} S_{ref}}$$

$$C_n = C_{Mz} = \frac{M_z}{\frac{1}{2}\rho_\infty v_\infty^2 b_{ref} S_{ref}}$$

式中:S_{ref}为参考表面(通常是飞行器俯视图面积);L_{ref}为纵向参考长度(通常是机身长度,L);b_{ref}为横向参考长度(通常是翼展)。

6.5.1　ORV 气动参考参数

对于 ORV 方案,选用将气动力(即 F_L,F_D 和 F_Y)和力矩(即 M_x,M_y 和 M_z)无量纲化的几何参考参数(图 6.28)是 $L_{ref} = 1.6\text{m}$(平均气动弦长),$b_{ref} = 3.6\text{m}$(翼展)和 $S_{ref} = 5.80\text{m}^2$(机翼面积),极坐标是$(x_{CoG}/L, 0, 0)\text{m}$。

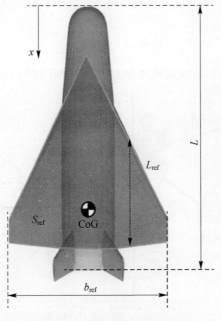

图 6.28　气动参考参数

6.5.2　参考坐标系和气动符号约定

在图 6.30 中给出了采用的参考系和气动力系数约定。下标 b 是机体参考系(BRF),且 s 指的是稳定参考系(SRF),w 指的是风向参考系(WRF)。两个参考系的原点是飞行器重心(CoG)。计算力矩系数的矩心假设在 CoG;ORV 体轴系 x 轴正向平行于机体参考线(FRL)。气动参考轴系假设是传统的、右手正交系,x 轴和 z 轴在对称平面内,x 轴正向(在体轴系)指出机鼻或者指向对称面内气流的分量(在稳定轴系内)[19,24](图 6.29)。

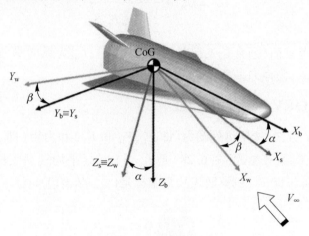

图 6.29　气动参考系

气动数据的参考系是固定机体轴系,服从 ISO 1151 标准,见图 6.30。

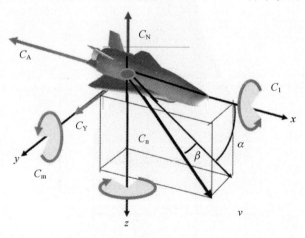

图 6.30　机体参考系和气动符号约定

因此,正向力(C_N),轴向力(C_A)和侧向力系数(C_Y),以及滚转力矩(C_l),俯仰力矩(C_m)和偏航力矩(C_n)系数在 BRF 中给出,而升力系数(C_L)和阻力(C_D)系数在 WRF 中给出。

力、力矩和速度的气动符号约定(见图 6.30 中给出的正向)详见第 1 章。

图 6.31 给出了 ORV 气动控制面偏转、力和铰链力矩的总结和说明。一般来说,控制面偏转角是根据垂直于控制面铰链轴的平面来测量。方向舵控制面偏转是例外,它是根据平行于机身参考面的平面测量。

正向偏转	气动力和力矩
方向舵,δ_r	$+C_Y-C_n$
升降舵副翼,δ_e	$-C_m$
右侧,$\delta_{e,R}$	$-C_l$
左侧,$\delta_{e,L}$	$+C_l$
体襟翼,δ_{bf}	$-C_m$

图 6.31   ORV 气动控制面偏转对 ORV 气动力的效应

6.5.3 ORV 气动数据库的输入

基于图 6.13 和图 6.14 给出的再入飞行方案,气动数据集根据飞行包线范围给出,具体如下:

(1) $0.3 \leqslant M_\infty \leqslant 1.7$ [0.3, 0.5, 0.7, 0.9, 1.1, 1.3, 1.5, 1.7]

(2) $Re_{\infty/m} = 1 \times 10^7 \text{m}^{-1}$

(3) $0° \leqslant \alpha \leqslant 20°$ [0, 2, 4, 6, 8, 10, 12, 14, 16, 18, 20]

(4) $-8° \leqslant \beta \leqslant 8°$ [-8, -4, -2, 0, 2, 4, 8]

(5) $-30° \leqslant \delta \leqslant 30°$ [-30, -20, -10, 10, 20, 30] 对副翼、升降舵副翼和

方向舵。

对于亚声速到超声速流动条件,对再入弹道剩余部分的范围如下

(1) $2 \leqslant M_\infty \leqslant 25$ $[2,3,4,6,8,12,16,20,25]$;

(2) $2 \times 10^4 \mathrm{m}^{-1} \leqslant Re_{\infty/m} \leqslant 2 \times 10^6 \mathrm{m}^{-1}$ $[2 \times 10^4, 10^5, 5 \times 10^5, 2 \times 10^6]$;

(3) $0° \leqslant \alpha \leqslant 50°$ $[0,2,5,7,10,12,14,15,17,20,22,25,27,30,35,40,45,50]$;

(4) $-4° \leqslant \beta \leqslant 4°$ $[-4,-2,0,2,4]$;

(5) $-30° \leqslant \delta \leqslant 30°$ $[-30,-20,-10,10,20,30]$ 对副翼、升降舵副翼和方向舵。

需要注意的是,雷诺数范围的选定基于初步再入弹道覆盖了飞行器再入的大部分,如图 6.32 所示。

此图中给出 ORV 初步参考飞行包线,以及在高度 - 速度图中等马赫数线和等雷诺数曲线。

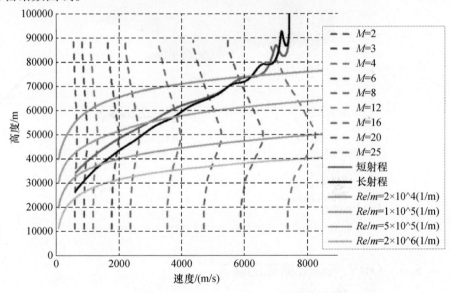

图 6.32　高度 - 速度图中的 ORV 再入方案(含等马赫数和等雷诺数曲线)

6.5.4　ORV 气动模型

本节包括用于发展飞行器气动数据库的 ORV 气动模型(AM),这个数据库可用于飞行力学分析、子系统设计与分析以及飞行控制分析。

开发气动数据库的一个重要因素是生成气动模型。比如,数据库的精度取决于 AM 表达物理问题的程度。所以,在气动模型中考虑所有的气动和控制变

量对给定气动力系数的影响是很重要的。

为此,在发展 ORV AM 过程中引进大量假设。事实上,对 ORV 气动状态有影响的独立变量认为有以下几个:

$$\{M, Re, \alpha, \beta, \delta_e, \delta_a, \delta_r, q, \dot{\alpha}\}$$

(M, Re) 组合①标识了气动环境,剩下的变量完全描述了流场方向。因此,ORV 的 AM 函数结构是基于这些独立变量。

注意,考虑到这一框架中广泛使用的低阶方法无法表达这种动态效应贡献,所以 AEDB 在这一任务阶段的发展过程中不会考虑动态效应的贡献。

此外,正如过去的 US 轨道飞行器和 X-43 飞行器那样,ORV AM 开发是基于以下假设:

(1) 不考虑 RCS 效应。

(2) 仅评估刚性机体的气动系数,即不考虑气动弹性变形。

(3) 不考虑雷诺数和克努森数对气动控制面的影响。

(4) 除了方向舵效率,假设没有侧滑对气动控制面的影响。

(5) 不考虑突出物、缝隙和粗糙度的影响。

(6) 不考虑克努森数对侧向力和气动力矩系数的影响(除了俯仰力矩系数)。

(7) 不考虑不同控制面之间的相互气动干扰。

最后,值得注意的是,就像在经典方法中常常用到,每个气动力系数可以在假设对单一全局系数的每项贡献是独立于其他系数下推导出来。也就是说,从可操作性角度出发,每个气动系数由一系列增量贡献的线性求和而来(即叠加方法)。这里考虑的每个贡献量是基于少数参数。

6.5.5 气动数据库方程

全尺度刚性力和力矩系数是属于纵向(即 C_L, C_D, 和 C_m)和横向(C_Y, C_l, 和 C_n)自由度方向的气动特性。它们以允许对任何需要的构型和/或者飞行条件叠加的形式给出,可以向基本系数增量叠加。

每个气动力系数通过合适的方程可以独立考虑,其中给出了对任何飞行条件下获得总系数下所有的相关贡献。

事实上,根据航天飞机使用的方程,假设飞行器在组合的攻角 AoA(α) 和 AoS(β) 下,总升力系数为

---

① 注意,(M, Re) 组合也能定义稀薄流区域条件,这是因为克努森数与马赫数-雷诺数之比成比例。

$$C_{\mathrm{L,total}} = C_{\mathrm{L,b}}(\alpha, M, Re) + \Delta C_{\mathrm{L},\delta_e} + \Delta C_{\mathrm{L},\delta_a} + \Delta C_{\mathrm{L},\delta_{bf}} + \Delta C_{\mathrm{L},\delta_r} + \Delta C_{\mathrm{L,b},\beta}$$

$$+ \Delta C_{\mathrm{L},\delta_r,\beta} + C_{\mathrm{L},\dot{\alpha}}\frac{\dot{\alpha}c_{\mathrm{ref}}}{2V_\infty} + C_{\mathrm{L},\bar{q}}\frac{qc_{\mathrm{ref}}}{2V_\infty} \tag{6.19}$$

式中：$C_{\mathrm{L,total}}$为在给定飞行条件下的飞行器总升力系数，条件由飞行马赫数，AoA α，侧滑角β和升降舵副翼偏角δ_e，副翼偏角δ_a，体襟翼偏角δ_{bf}和方向舵偏角δ_r给出。

参数$C_{\mathrm{L,b}}(\alpha, M, Re)$是在零侧滑角和控制面偏转角为零时（即干净构型）的基准升力系数。也通过桥函数考虑了稀薄效应。参数$\Delta C_{\mathrm{L},\delta_e}$表示由对称升降舵副翼偏转带来基准构型升力系数的增加，由下式给出：

$$\Delta C_{\mathrm{L},\delta_e} = C_{\mathrm{L}}(\alpha, M, \delta_e) - C_{\mathrm{L,b}}(\alpha, M) \tag{6.20}$$

参数$\Delta C_{\mathrm{L},\delta_a}$表示由副翼（非对称升降舵副翼）偏转带来基准构型的升力系数增加，可由对称升降舵副翼的结果估算：

$$\Delta C_{\mathrm{L},\delta_a} = \left(\frac{\Delta C_{\mathrm{L},\delta_e = \delta_{e,L}} + \Delta C_{\mathrm{L},\delta_e = \delta_{e,R}}}{2}\right) - \Delta C_{\mathrm{L},\delta_e} \tag{6.21}$$

这里我们两次使用升降舵副翼的数据，一次假设$\delta_e = \delta_{e,L}$，得到$\Delta C_{\mathrm{L},\delta_e = \delta_{e,L}}$，然后假设$\delta_e = \delta_{e,R}$，得到$\Delta C_{\mathrm{L},\delta_e = \delta_{e,R}}$。作为检验，当副翼偏角为零，即$\delta_e = \delta_{e,L} = \delta_{e,R}$，$\Delta C_{\mathrm{L},\delta_a}$就消去了。

参数$\Delta C_{\mathrm{L},\delta_{bf}}$表示由体襟翼偏转带来基准构型的升力系数增加，由下式给出：

$$\Delta C_{\mathrm{L},\delta_{bf}} = C_{\mathrm{L}}(\alpha, M, \delta_{bf}) - C_{\mathrm{L,b}}(\alpha, M) \tag{6.22}$$

升力系数增量$\Delta C_{\mathrm{L},\delta_r}$是由方向舵偏转带来的，定义如下：

$$\Delta C_{\mathrm{L},\delta_r} = C_{\mathrm{L}}(\alpha, M, \delta_r) - C_{\mathrm{L,b}}(\alpha, M) \cong 0 \tag{6.23}$$

由基准和方向舵侧滑带来的升力系数增量如下：

$$\Delta C_{\mathrm{L,b},\beta} = C_{\mathrm{L}}(\alpha, \beta, M) - C_{\mathrm{L}}(\alpha, M) \tag{6.24}$$

$$\Delta C_{\mathrm{L},\delta_r,\beta} = [C_{\mathrm{L}}(\alpha, \beta, M, \delta_r) - C_{\mathrm{L}}(\alpha, \beta, M)] - \Delta C_{\mathrm{L},\delta_r} \tag{6.25}$$

注意，最后一个方程右边方括号内第一项给出了由方向舵在 AoA 和侧滑下对基准在相同 AoA 和 AoS 下的组合增量系数。为了获得仅仅由侧滑β带来的增量系数，我们需要减去 AoA 带来的增量，即方程右边第二项所示。

以上所有贡献表示了气动交叉耦合效应，尤其在更大 AoA 值下很重要。

最后，$C_{\mathrm{L},\dot{\alpha}}$是随 AoA 变化率的升力系数变化，$\dot{\alpha}$（每弧度），$C_{\mathrm{L},\bar{q}}$是升力系数随俯仰率的变化，$\bar{q}$（每弧度）。尽管如此，这些贡献假设为 $0^{[16]}$。

以此类推，阻力系数和俯仰力矩系数由下式给出：

$$C_{\mathrm{D,total}} = C_{\mathrm{D,b}}(\alpha, M, Re) + \Delta C_{\mathrm{D,\delta_e}} + \Delta C_{\mathrm{D,\delta_a}} + \Delta C_{\mathrm{D,\delta_{bf}}} + \Delta C_{\mathrm{D,\delta_r}}$$
$$+ \Delta C_{\mathrm{D,b,\beta}} + \Delta C_{\mathrm{D,\delta_r,\beta}} \qquad (6.26)$$

$$C_{\mathrm{m,total}} = C_{\mathrm{m,b}}(\alpha, M, Re) + \Delta C_{\mathrm{m,\delta_e}} + \Delta C_{\mathrm{m,\delta_a}} + \Delta C_{\mathrm{m,\delta_{bf}}} + \Delta C_{\mathrm{m,\delta_r}} + \Delta C_{\mathrm{m,b,\beta}}$$
$$+ \Delta C_{\mathrm{m,\delta_r,\beta}} + C_{\mathrm{m,\dot{\alpha}}}\frac{\dot{\alpha}c_{\mathrm{ref}}}{2V_\infty} + C_{\mathrm{m,\bar{q}}}\frac{qc_{\mathrm{ref}}}{2V_\infty} \qquad (6.27)$$

由方向舵偏转造成的俯仰力矩系数的变化,$\Delta C_{\mathrm{m,\delta_r}}$,假设为 0。

侧向力系数假设由下式给出:

$$C_{\mathrm{Y,total}} = C_{\mathrm{Y,b}}(\alpha, M) + \Delta C_{\mathrm{Y,\delta_a}} + \Delta C_{\mathrm{Y,\delta_r}} + \Delta C_{\mathrm{Y,b,\beta}} + \Delta C_{\mathrm{Y,\delta_r,\beta}}$$
$$= \Delta C_{\mathrm{Y,\delta_a}} + \Delta C_{\mathrm{Y,\delta_r}} + \Delta C_{\mathrm{Y,b,\beta}} + \Delta C_{\mathrm{Y,\delta_r,\beta}} \qquad (6.28)$$

因为飞行器外形是对称的,即 $C_{\mathrm{Y,b}}(\alpha, M) = 0$。而且,

$$\Delta C_{\mathrm{Y,b,\beta}} = C_{\mathrm{Y,b}}(\alpha, \beta, M) - C_{\mathrm{Y,b}}(\alpha, M) = C_{\mathrm{Y,b}}(\alpha, \beta, M) \qquad (6.29)$$

类似地,

$$\Delta C_{\mathrm{Y,\delta_a}} = C_{\mathrm{Y}}(\alpha, M, \delta_a)$$
$$\Delta C_{\mathrm{Y,\delta_r}} = C_{\mathrm{Y}}(\alpha, M, \delta_r) \qquad (6.30)$$

然后,

$$C_{\mathrm{Y,total}} = C_{\mathrm{Y,b}}(\alpha, \beta, M) + C_{\mathrm{Y}}(\alpha, M, \delta_a) + C_{\mathrm{Y}}(\alpha, M, \delta_r) + \Delta C_{\mathrm{Y,\delta_r,\beta}} \qquad (6.31)$$

这里由侧滑中的方向舵偏转带来的侧向力系数增量定义为

$$\Delta C_{\mathrm{Y,\delta_r,\beta}} = [C_{\mathrm{Y}}(\alpha, \beta, M, \delta_r) - C_{\mathrm{Y,b}}(\alpha, \beta, M)] - \Delta C_{\mathrm{Y,\delta_r}} \qquad (6.32)$$

以相似的方式推导,滚转和偏航力矩系数假设由下式给出:

$$C_{\mathrm{l,total}} = C_{\mathrm{l,b}}(\alpha, \beta, M) + C_{\mathrm{l,\delta_a}}(\alpha, M, \delta_a) + C_{\mathrm{l,\delta_r}}(\alpha, M, \delta_r) + \Delta C_{\mathrm{l,\delta_r,\beta}} \qquad (6.33)$$

$$C_{\mathrm{n,total}} = C_{\mathrm{n,b}}(\alpha, \beta, M) + C_{\mathrm{n,\delta_z}}(\alpha, M, \delta_a) + C_{\mathrm{n,\delta_z}}(\alpha, M, \delta_r) + \Delta C_{\mathrm{n,\delta_r,\beta}} \qquad (6.34)$$

因此,侧滑效应仅仅当方向舵偏转时对基准有影响,当升降舵副翼、体襟翼或者副翼偏转时没有影响。

而且,如第三条假设所述,不受雷诺数影响是对升降舵副翼贡献而言的。事实上,即使存在这一影响,它很小且很难模拟。因此,它被考虑为气动力系数不确定性的一部分。

6.5.6　气动数据库的发展进程

以上自由飞行下 AM 的公式为建立 ORV 气动数据库(AEDB)提供了框架。

它包括以总系数和增量系数为形式的气动数据表。它们以方便的方式给出,以供用户评价自由飞行气动模型中的每一项,然后通过对所有项求和来获取想要的气动力系数。

特别地,ORV AEDB 依赖于以下几个部分:

(1) 自由分子流条件。

(2) 转捩流动条件。

(3) 连续流动条件:

① 高超声速流动;

② 超声速流动;

③ 跨声速流动;

④ 亚声速流动。

它可以指导使用飞行器 AEDB,见图 6.33。

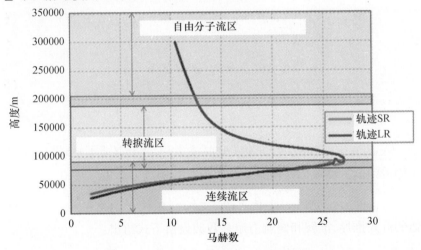

图 6.33　海拔 - 马赫数图中的 ORV 流动区域

在图 6.33 中,ORV 的参考飞行方案在高度 - 马赫数图中,以及高度限制,给出了每个不同流动区域的边界。

最后,值得注意的是,在转捩流动条件下,一个连接 FMF 区域和连续流动区域(图 6.33)的非常简单桥函数关系式为

$$C_{iTransitional} = C_{iContinuum} + (C_{iFM} - C_{iContinuum}) \cdot \overline{C}_i \tag{6.35}$$

式中:标准化系数 $\overline{C}_i$ 使用克努森数为独立参数:

$$\overline{C}_i = \frac{C_i - C_{iContinuum}}{C_{iFM} - C_{iContinuum}} = F(Kn_\infty) = \sin^2\left[\frac{\pi}{8}(3 + \lg Kn_\infty)\right] \tag{6.36}$$

式中:$10^{-3} < Kn_\infty < 10$ 且 $C_{icontinuum}$ 和 C_{iFM} 分别是连续流和 FMF 区域的气动力系数。这一公式过去被用在 US 轨道飞行器气动评估中[17,18,26,28]。

每部分的结果在下节中详细介绍。

6.6　气动结果的低阶方法

采用与图 6.34 接近的面元网格用于完成超声速和高超声速的简化气动分析。

6.6.1　稀薄和转掠流动条件下的 HPM 解

如图 6.15 和图 6.33 所示,200km 海拔以上的 ORV 经历了 FMF 条件。

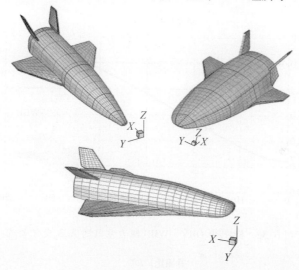

图 6.34　ORV 面元网格的样例

这意味着几种粒子模拟,比如应当用直接模拟蒙特卡罗方法(DSMC)来给出飞行器气动力。尽管如此,在早期设计阶段,只能进行由 SIM 计算获得的低阶分析。事实上,气动分析是对干净飞行器外形进行的,来流速度是 7330m/s,随海拔高度维持恒定。所有计算中壁面温度设为 300K(即机体温度比为 0.351),且气动力评估是基于 Maxwell 全适应模型假设。

自由来流热力学参数是由 1976 年美国标准大气给出的。

图 6.35 ~ 图 6.37 给出了 FMF 状态下一个 ORV 气动力例子。

如图所示,所有图都强调在 FMF 状态下,由于阻力急剧增加升力下降,飞行器的气动效率突然下降。

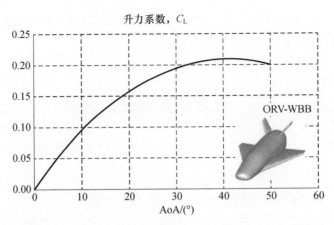

图 6.35　FMF 中 ORV – WBB 升力系数随 AoA 变化曲线

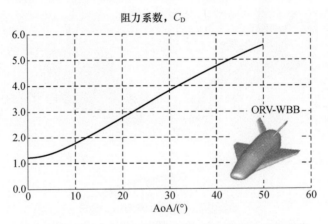

图 6.36　FMF 中 ORV – WBB 阻力系数随 AoA 变化曲线

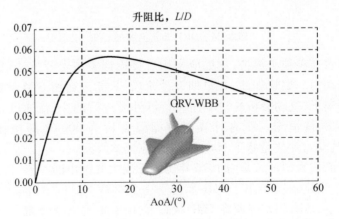

图 6.37　FMF 中 ORV – WBB 气动效率随 AoA 变化曲线

就转掠流气动特性而言,图 6.15 和图 6.33 强调了 ORV 在 200 到 87km 海拔高度是在这一区域飞行的。图 6.38 ~ 图 6.42 给出了不同 AoA(即 10°,20°,30°,40°)下升力、阻力和俯仰力矩系数随克努森数($Kn_{\text{Lref}\infty}$)的变化。

图 6.38 和图 6.39 分别给出了升力系数在 10°,20° 和 30°,40° 下的表现[9,29-31]。

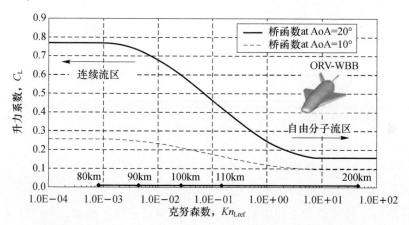

图 6.38　AoA = 10°和 20° 时 ORV – WBB 的升力系数随克努森数变化曲线

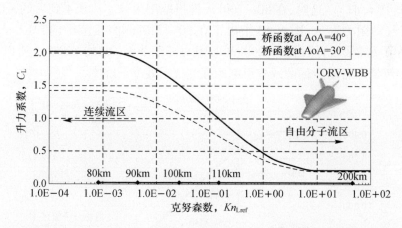

图 6.39　AoA = 30°和 40° 时 ORV – WBB 的升力系数随克努森数变化曲线

图 6.40 和图 6.41 分别给出了 ORV – WBB 在 30°和 40°攻角下,阻力和俯仰力矩系数随克努森数变化。

可以看出,经典的 S 形桥函数关系从连续流到自由分子流动区域清晰可见。而且,注意到在每个图中,给出了高度随克努森数的变化,以帮助读者理解在哪种飞行条件下应当关联气动结果。

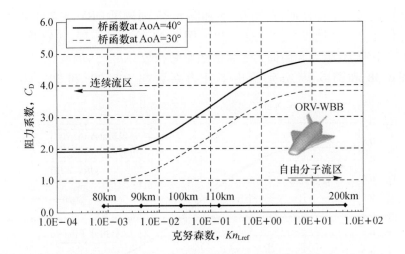

图6.40   AoA = 30°和 40°时 ORV – WBB 的阻力
系数随克努森数变化曲线

稀薄效应对气动升力的影响导致了 C_L 的突然下降。比如,图 6.39 表明,在 80 ~ 200km 海拔范围内当 AoA = 40°时 C_L 下降大约 90% 。C_m 的情况也可以类似考虑(图 6.41)。这时,在 80 ~ 200km 海拔范围内,C_m 从 0.4 到大约 − 0.6 变化。对气动阻力而言,图 6.40 给出了在 90 ~ 110km 海拔范围内,AoA = 30°时 C_D 增加了约 200% ,然而 H = 200km 时阻力高于 90km 时的 320% 。所以,从图 6.42 中可清晰看出由稀薄效应引起的强烈气动效率下降[10,11,32] 。

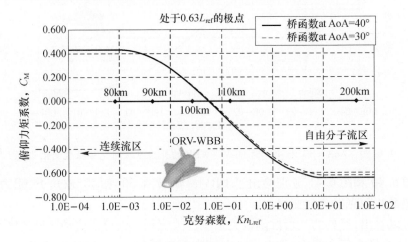

图6.41   AoA = 30°和 40° 时 ORV – WBB 的俯仰力
矩系数随克努森数变化曲线

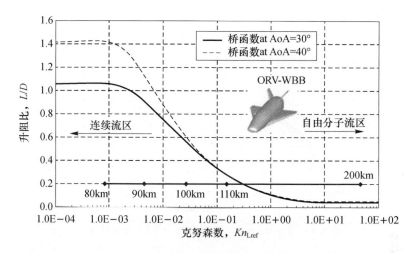

图 6.42 AoA = 30°和 40°时 ORV – WBB 的气动效率随克努森数变化曲线

6.6.2 连续流条件下的 HPM 解

如下面总结,HPM 解可用于干净构型和舵面偏转构型。

折中设计分析强调用于连续流条件下评估飞行器气动性能的最佳表面倾斜方法(表 6.1),是对机身①和翼腹侧缘分别使用正切锥和正切楔经验方法。在飞行器背风面考虑牛顿法(即 $C_p = 0$),前缘考虑修正牛顿 – 普朗特 – 迈耶法[26,27]。

图 6.43 ~ 图 6.56 给出了 ORV – WSB 在干净构型下(即没有气动面偏转)获得的一些主要气动结果。

图 6.43 和图 6.44 给出了气动极曲线,图 6.45 和图 6.46 给出了马赫数从 2 到 25、α 从 0°到 40°范围的俯仰力矩系数。如图所示,ORV – WSB 的阻力和升力随着马赫数增长下降到一个值,然后从 $M_\infty = 10$ 开始不随马赫数增长而改变,这是根据 Oswatich 原理(即气动系数与马赫数无关)[12,14]。图 6.45 也给出了高超声速条件下 $\alpha > 20$°时构型的静稳定性(即 $C_{m\alpha} < 0$)。特别地,对 $M_\infty = 6$ 和 9 下的大约 33° ~ 38°的 AoA,干净构型方案分别存在一个固有配平点(即 $C_m = 0$)。在更高马赫数,配平攻角介于 31° ~ 33°之间(见图 6.46)。而且,俯仰力矩特性强调仅在高超声速下,ORV – WSB 可以通过襟翼正向偏转来配平(即向下)。当 $M_\infty = 2$ 和 α 大于 5°时,俯仰力矩导数是负的,而当 $M_\infty = 3$ 和 α 大于 15°时,俯仰力力矩导数是负的。

---

① 在 ORV – SB 机身迎风面采用相切楔经验方法。

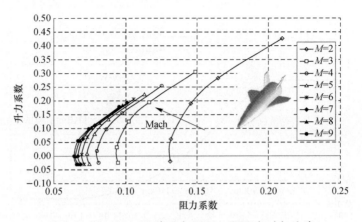

图 6.43 $2 \leqslant M_\infty \leqslant 9$ 范围内 ORV – WSB 气动极曲线

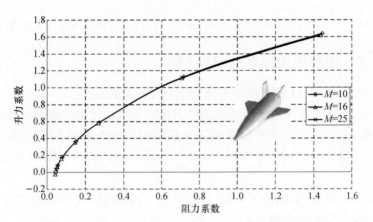

图 6.44 $M_\infty = 10,16,25$ 时 ORV – WSB 的气动极曲线

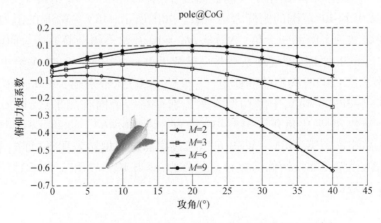

图 6.45 $M_\infty = 2,3,6,25$ 时 ORV – WSB 的俯仰力矩系数

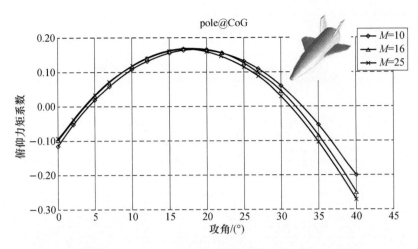

图 6.46　$M_\infty = 10,16,25$ 时 ORV – WSB 的俯仰力矩系数

注释框:气动折中算例

　　作为一个气动折中设计结果算例,图 6.47 和图 6.48 分别给出了图 6.4 中所有相互矛盾的 FTB 构型分别在 $M_\infty = 6$ 和 $M_\infty = 7$ 下的气动极曲线($\alpha = 0°,2°,5°,7°$ 和 $10°$)和俯仰力矩系数。

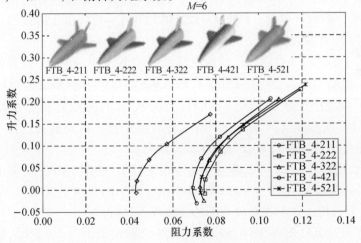

图 6.47　$M_\infty = 6$ 条件下 FTB_4 气动极曲线

　　注意,在折中分析中,ORV – WSB 方案被以字符串代码 FTB_4 – 521 命名。这一代码可以区分每个构型。前 4 个字表明了项目(即 FTB_4 代表飞行试验平台的第 4 个系列),剩下的三个字符中第一个、第二个、第三个分别指

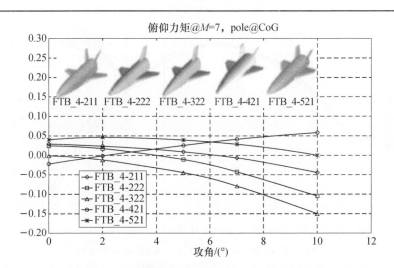

图 6.48　$M_\infty = 7$ 条件下 FTB_4 俯仰力矩系数

的是机身、机翼和尾翼。因此,构型 FTB_4 – 211 和 FTB_4 – 222 代表相同的机身但是不同的机翼和尾翼(见图 6.4)。

差别是由机头上仰和新机翼(代号 2 的机翼俯视图面积和后掠角都大于机翼 1)组合影响产生的。FTB_4 – 322 和 FTB_4 – 421,由于俯视图面积十分相同,所以升力系数相同。

最后,当 $\alpha \geqslant 5°$ 时,由于机翼俯视图面积最小,FTB_4 – 211 构型的气动升力较低。就阻力而言,所有构型除了 FTB_4 – 211(气动外形更尖锐)的 C_D 相同。图 6.48 表明,除了 FTB_4 – 421,当 α 大于 2° 时所有构型都是静稳定的[14]。这一构型在 AoA 大于 15° 时具有静稳定性。特别地,222,211 和 521 方案的净外形分别在约 4°、6° 和 10° 时能配平。

而且,FTB_4 – 322 可以通过在正攻角下襟翼负偏转来配平,但 FTB_4 – 222 要在 $\alpha > 4°$ 时。FTB_4 – 521 可以在相对较小的攻角下实现再入飞行,即如 US 航天飞机一样不在高攻角下的经典再入飞行。

就横向稳定性而言,图 6.49 和图 6.50 分别给出了当 $\alpha = 5°$ 时,侧滑随马赫数对滚转和偏航力矩系数的影响。

如图 6.50 所示,FTB_4 – 421 构型在横向飞行时是静稳定的。

回忆飞机的安全飞行取决于静态航向稳定性(风标效应)与上反效应(由偏航带来的滚转)。对于航向稳定性,$C_{n\beta} > 0$;对于上反效应,$C_{l\beta} < 0$。图 6.51 和图 6.52 给出了当马赫数等于 6,7 且 α 为 5 度时,以副翼偏转和 AoA 的函数

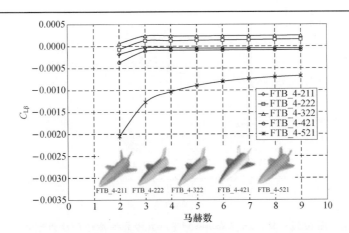

图 6.49 $\alpha = 5°$ 时 FTB_4 侧滑随马赫数对滚转力矩系数的影响

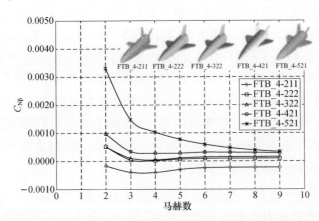

图 6.50 $\alpha = 5°$ 时 FTB_4 侧滑随马赫数对偏航力矩系数的影响

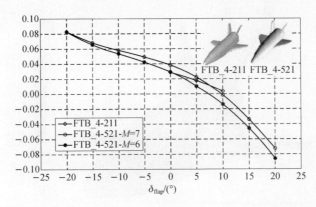

图 6.51 $\alpha = 5°$ 和 $M_\infty = 6,7$ 时机翼襟翼偏转对 C_m 的影响,极点在重心

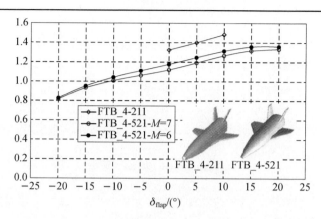

图 6.52　$M_\infty =6,7$ 和 $\alpha =5°$ 下机翼襟翼偏转对 L/D 的影响

形式,给出了机翼襟翼对飞行器气动系数的影响。对所有情况,随 AoA 的增量大小几乎是线性增长的。特别地,在图 6.51 中,可以发现在 $M_\infty =7$ 时,对 FTB_4 - 211 和 FTB_4 - 521 构型,机翼襟翼需偏转约 10° 来配平飞行器,然而在 $M_\infty =6$ 时后一个方案构型可以偏转较小襟翼就能获得配平(大约是 7°)。

对于较小的偏转,图 6.52 强调气动效率略微有所提升。尽管如此,应当强调的是这一结果是 C_m 的趋势影响的,也取决于最终 CoG 真实位置。现有的设计是在感兴趣的飞行条件下实现较小的正 C_m 值,但是配平和稳定分析也应该保证充分裕量以免 C_{my} 出现负值。

最后,在图 6.53 和图 6.54 中分别给出了 $\alpha =5°$ 时,$M_\infty =2$ 和 $M_\infty =7$ 下 FTB_4 - 211 飞行器表面压强系数云图(C_p)。

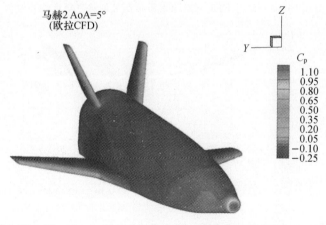

图 6.53　$M_\infty =2,\alpha =5°$ 下飞行器表面压强系数云图(FTB_4 - 211)

在折中分析中遇到的另一个设计问题是激波 - 激波干扰(SSI)现象,是由 CFD 模拟发现的。比如,图 6.55 给出了在 $\alpha = 5°$、$M_\infty = 7$ 时 FTB_4 - 211 发生的 SSI,其中给出了 FTB_4 - 211 飞行器表面上压强系数云图和对称面上马赫数云图。其实,图 6.55 左侧指出了机翼平面内产生的弓形激波,这清晰反应了弓形激波和翼面激波的干扰。图 6.55 右侧给出了 SSI 撞击机翼前缘,这一干扰导致了压强和热流的越界。因此,对于可靠机翼的气动热预估,正如 FTB_4 设计成熟那样,纳维 - 斯托克斯计算是不可缺少的。

马赫数=7 AoA=5°

压强系数 0.00.40.91.8

图 6.54　$M_\infty = 7$,$\alpha = 5°$ 下飞行器表面压强系数云图(FTB_4 - 211)

图 6.55　FTB_4 - 211 表面压强系数云图、飞行器对称面和机翼平面上马赫数云图

就横向稳定性而言,图 6.56 给出了 $\alpha = 5°$ 时,侧滑随马赫数对滚转(C_L)和偏航力矩(C_n)系数的影响。

如图 6.56 所示,构型在 $\alpha = 5°$ 下是横向静稳定的。注意到体襟翼能通过提供 CoG 位置的裕量,大大提升纵向和横向稳定性。事实上,体襟翼置于后机身较低部分,能俯仰配平飞行器,而升降舵副翼能提供侧滚控制。图 6.57 给出了 $\alpha = 5°$、马赫数从 2 到 9 时,ORV – WSB 和 ORV – SB 方案的升阻比。

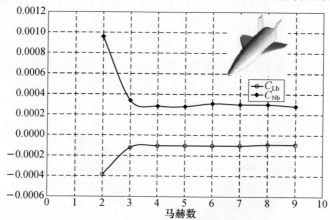

图 6.56　$M_\infty = 9$ 以内,$\alpha = 5°$ 下 ORV – WSB 的 C_l 和 C_n 的侧滑导数

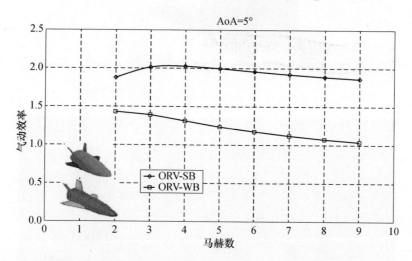

图 6.57　ORV – WSB 和 ORV – SB 概念飞行器在 $\alpha = 5°$ 下 L/D 随马赫数变化曲线

可见如预期,相比于 ORV – WSB 的气动外形,ORV – SB 方案由于其高度流线型气动外形,能提升气动效率。

最后,图 6.58 ~ 图 6.61 给出了 $M_\infty = 10$ 时 ORV – WSB、ORV – WBB 和 ORV – SB 方案升力、阻力、气动效率和俯仰力矩的对比。

图 6.58 对比了每个方案的气动升力系数[1,2,33]。

可见,ORV – SB 和 ORV – WBB 具有相同升力斜率,比 ORV – WSB 方案大。

542

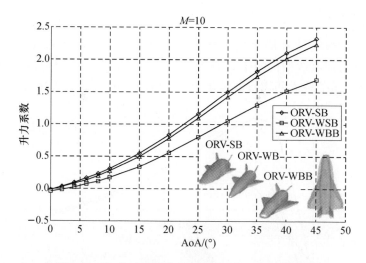

图 6.58　概念飞行器在马赫 10 下升力系数的对比

图 6.59 给出了气动阻力的对比。在此以及上文讨论的升力中,机身前体坡度和横截面积的不同导致了在较低 AoA 下气动特性的差异(见图 6.11)。事实上,较大的飞行器横截面积会带来较大的阻力系数。

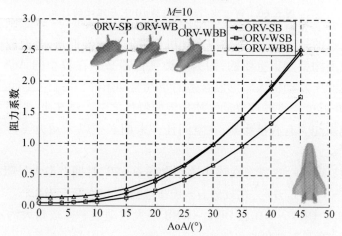

图 6.59　概念飞行器在马赫 10 下阻力系数的对比

另一方面,在高 AoA 下,气动系数的差异是由于每个方案具有不同的俯视图外形所致(图 6.11)。ORV – WSB 是具有较小俯视图表面的方案。

总之,由碰撞流理论可知,升力和阻力系数的斜率①分别与 $\sin^2\alpha\cos\alpha$ 和

---

① 事实上,气动力系数是攻角的非线性函数,这是高超声速流动区域的一个典型特征。

sen$^3\alpha$ 接近[1,5]。

以上讨论的气动外形差异当然导致了 L/D 随 AoA 变化的不同剖面(图 6.60)。比如,在流线型构型中 L/D 突然随 α 增长,但是$(L/D)_{max}$ 随飞行器钝化程度增加而下降(较大的飞行器钝化程度导致较小的气动效率峰值)。

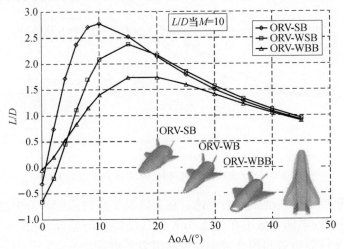

图 6.60　概念飞行器在马赫 10 下升阻比的对比

值得注意的是,对于超燃冲压发动机推进的飞行器而言,具有较大的升阻比斜率的流线型构型是很重要的,因为这类飞行器必须在较小的 AoA 下飞行,以保证在超燃冲压发动机入口形成合适的空气流动条件,并且使气动阻力最小化。

而且,升阻比是飞行器气动性能最重要特性之一。事实上,它对再入飞行器的航程和偏航能力有直接影响,在空间任务末期必须以无动力飞行方式到达标准着陆点。

特别地,ORV - SB 方案在攻角达到大约 $\alpha = 20°$时拥有最大升阻比。

ORV - SB 的$(L/D)_{max}$在攻角 $\alpha = 10°$时达到,大约等于 2.8。

另一方面,ORV - WB 和 ORV - WBB 最大气动效率在攻角大约 $\alpha = 15°$时达到,分别大约等于 2.4 和 1.5。

当 AoA 大于 20°时,气动效率的差距随着 α 增加而下降,当 $\alpha > 35°$时消失。因此,大迎角下再入飞行的框架内,即 35° ~ 40°(如接近美国人造卫星),气动外形的差距不会对下降飞行造成很大影响。事实上,如前所言,在高超声速和大攻角下,飞行器的气动性能很大程度上由俯视图外形决定。

就俯仰力矩而言,图 6.61 总结了每个飞行器方案中 CoG 位置(相对机身长度)对 C_m 的影响。

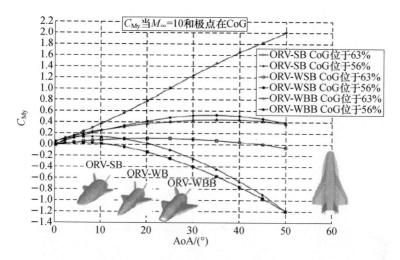

图 6.61　概念飞行器在马赫数 10 下 CoG 位置对 C_m 影响的对比

如图所示,当 CoG 位于机身长度的 63% 时,ORV – SB 在纵向飞行时具有很强静不稳定性,重点是压心位于 CoG 之前(即负的静稳定裕度);当 $\alpha > 40°$ 时,ORV – WBB 是俯仰静稳定的,这可以通过襟翼正向偏转配平。当 $\alpha > 30°$ 时,ORV – WSB 是俯仰静稳定的,在大约 45° 攻角下也存在一个自然配平点。

与 CoG 在 56% 处时相反,当 $\alpha > 35°$ 时,ORV – SB 方案纵向飞行时变得静稳定,可以通过襟翼正向偏转获得配平攻角;当 $\alpha > 5°$ 时,其他两个方案(WSB 和 WBB)是俯仰静稳定的,且分别在 10° 和 20° 攻角处存在一个自然配平点。特别地,通过襟翼负向偏转(即后缘上翘),达到对高 AoA 的配平[1,4,5,34]。

注意到,在静稳定和配平飞行中,飞行器姿态以作用在飞行器上的全部外力矩为 0 形成的。这意味着受扰后,飞行器将向着回到配平状态变化。

总之,俯仰力矩随 AoA 的变化趋势指出,应当认真讨论飞行器子系统的安排(即重心位置)。事实上,为了获得静稳定、可配平的飞行器方案,CoG 需要根据气动外形进行认真选择。

6.7　基于 CFD 的气动结果

根据基于空间的设计方法,基于图 6.13 给出的飞行包线,关于数值流场计算,选择了大量飞行条件来开展稳态条件下的一些 CFD 计算。

数值结果为的是锚定工程分析,以提高其精度,关注一些用简化工具解决不了的关键设计问题,比如激波 – 激波干扰(SSI)和激波 – 边界层干扰(SWIBLI)现象以及真实气体效应[12]。事实上,SSI 现象决定了 TPS 设计中需要考虑的机翼和尾翼前缘压强和热流过高现象,SWBLI 影响了控制面效率。表 6.2 总结了 CFD 试验矩阵。

表 6.2　CFD 试验矩阵

CFD 试验矩阵										
	AoA @ AoS = 0°							AoS @ AoA = 5°		
马赫数	0	5	10	20	30	40	45	2	4	8
2	×	×	×	×				×		
3	×	×	×	×				×	×	×
4		×						×		
5	×	×	×					×		
6	×	×	×					×		
7	×	×	×					×		
8		×	×							
8		×	×							
10			×	×	×					
16			×	×	×					
20			×	×	×	×				
20			×	×	×	×				
25					×		×			
×	理想气体									
×	反应气体									

注意每个单元表明了一次 CFD 运行(即抽样点)。

值得注意的是,在 $M_\infty = 8,10,16$ 和 20 时也进行了非平衡 CFD 计算。真实气体效应很重要,因为在大气层再入过程中,激波层内发生离解过程,这对气动力系数影响很大。预计真实气体效应能影响飞行器的稳定性和控制导数,尤其是俯仰力矩,这一点已在第一次航天飞机再入(STS – 1)中强调指出,未预计到的是更大的抬头力矩需要两倍于起飞前分析时的体襟翼偏转角,才能配平轨道飞行器[12,14]。

而且,对于完全气体的算例(即薄激波层),真实气体效应导致了激波位置更加靠近飞行器[12,14]。这意味着产生了很强的 SSI 现象。这些效应仅在高马赫数时明显发生[12 – 14]。

此外,数值非平衡研究可以获得较好的壁面催化特性结果,从而减少设计裕量,避免需要使用常用的保守的完全催化壁面假设。

CFD 仿真也帮助人们预估飞行器 TPS 设计中需要考虑的层流到湍流转捩效应。众所周知,这对飞行器表面会产生很强的过度加热。数值 CFD 计算在与图 6.62 和图 6.63 相似的多块结构网格和混合非结构网格中开展。图 6.22 给出 ORV – WSB 亚声速 – 跨声速气动特性时的亚声速 – 跨声速计算域。

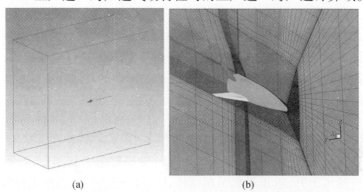

(a)　　　　　　　　　　(b)

图 6.62　亚声速 – 跨声速计算域。对称面和 ORV – WSB 表面网格

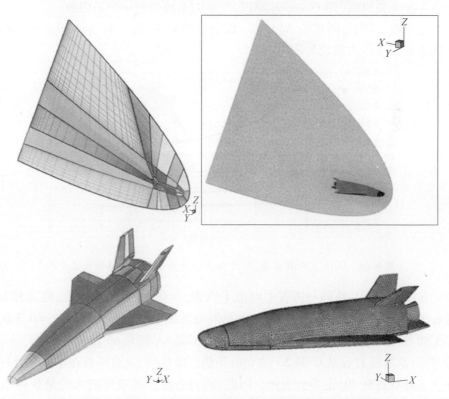

图 6.63　超声速 – 高超声速计算域。对称面和飞行器表面网格

可见,采用笛卡儿网格建立了半体网格的外部边界,远场表面大约位于远离机体10倍机体长度(上游和下游)的地方,确保边界流动接近自由来流。事实上,我们设定的离飞行器越远,它对流动的影响越小,所以远场边界条件更加精确。

图6.63给出了飞行器表面和对称面三维亚声速–超声速网格的放大图,左为ORV–WSB的,右为ORV–WBB的。

当然,对于所有计算域,(半体)大约由6×10^6个网格单元组成,在飞行器不同地方表面网格点的分布是根据计算范围由所需求解的程度而定的,比如驻点区域。在流场大梯度的地方网格精细化是通过求解的自适应方法给出。

邻近表面第一层网格的y^+值大约是1。

就数值结果而言,值得注意的是,它们指的是收敛的和网格独立的计算[6,7,16,20]。事实上,图6.64和图6.65总结了ORV–WSB在雷诺数为10^6时,马赫数从0.3到5,$\alpha = 0°,5°,10°$和20°时的气动数据。如图所示,阻力和升力系数在跨声速区上升,这里正如预期那样,激波出现使得作用在飞行器上的气动力有较大提升,如,波阻和底阻在这一区域达到最大值。相反,当马赫数增加,根据马赫数无关原理(即Oswatich原理)气动力系数趋向一个极限值。

特别地,对所有考虑的AoA这一现象是相似的,阻力对AoA很强的依赖性就源于α带来巨大的诱导阻力。

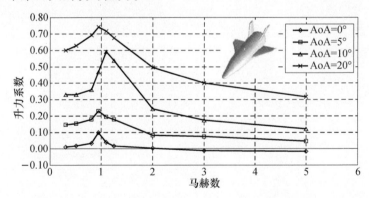

图6.64　ORV–WSB方案,不同AoA下升力系数随马赫数变化曲线

在图6.66中,在同一图表中给出了当$M_\infty = 0.3$时,气动升力、阻力和L/D随α的变化趋势。在这一飞行条件下的气动结果十分重要,因为$M_\infty = 0.3$代表了无动力再入飞行末尾的标准着陆条件。事实上,图6.66说明了当$M_\infty = 0.3$时,升力系数随着α从0°到20°变化时是稳定增加的,这意味着在这一马赫数条件下飞行器直到20°也不会失速。因此,阻力系数在零攻角时大约是0.047,且随着AoA增大而持续增加,预计在$\alpha = 20°$时达到0.22。最大L/D接近于3.5,

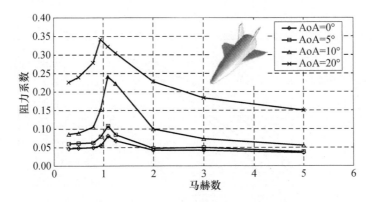

图 6.65 ORV – WSB 方案,不同 AoA 下阻力系数随马赫数变化曲线

且在 $\alpha = 10°$ 时取到。当然,额外的升力可由襟翼正向偏转获得,这在着陆攻角下也可以提供静稳定配平条件。

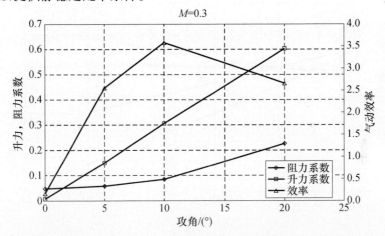

图 6.66 ORV – WSB 方案在 $M_\infty = 0.3$ 下 C_L,C_D 和 L/D 随 AoA 变化曲线

图 6.67 给出了飞行器在马赫数范围 0.3 到 1.25,$\alpha = 0°$,$5°$,$10°$ 和 $20°$ 时的极曲线,同时指出了 ORV – WSB 在亚 – 跨声速流动条件下的气动力[6-8]。

图 6.68 给出了 ORV – WSB 的俯仰力矩系数随 α 的变化趋势。如图所示,在低亚声速下(马赫数 0.3 和 0.8),在所有考虑的 AoA 中,对给定的 CoG,ORV – WSB 飞行器在纵向飞行时是静不稳定的(即 $C_{m\alpha} > 0$)。

飞行器方案的稳定性当马赫数大于 0.95 时会改变。这意味着在这些飞行条件下,一个带来攻角增加的扰动会带来低头(负的)力矩,这会带来 AoA 的减小,使飞行器回到原始位置。特别地,C_m 在亚 – 跨声速区域基本遵循着线性变化趋势。

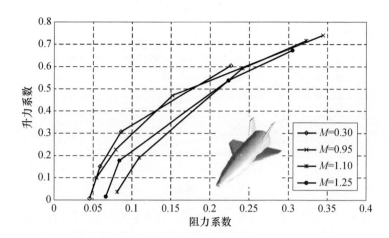

图 6.67 ORV – WSB 方案在马赫 0.3 到 1.25 之间、α = 0°、5°、10°、20°的阻力极曲线

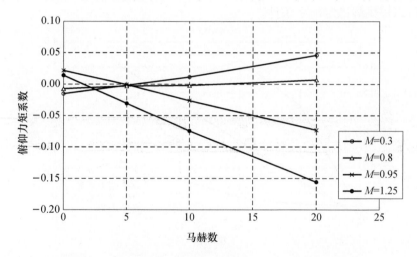

图 6.68 ORV – WSB 方案不同马赫数下 C_m 随 α 变化趋势

　　而且,在对重心取力矩时为零(即配平条件)的 AoA,对 $M_\infty = 0.30$ 和 $M_\infty = 0.95$ 大约是 5°,对 $M_\infty = 0.80$ 大约是 12°,对 $M_\infty = 1.25$ 大约是 2°[9-11]。

　　为了更好了解飞行器的亚声速气动特性,图 6.69 ~ 图 6.71 给出了在所有分析的 AoA 下、在 $M_\infty = 0.30$ 时 ORV – WSB 表面的压强系数云图。

　　如图 6.69 ~ 图 6.71 所示,在前缘,我们看到一个流动速度几乎为零的驻点。C_p 的负值(即压强低于大气压)强调了流动在上表面(即背风面)是加速的。

　　相反地,在尾缘处,根据伯努利方程,流动在上表面减速,在下表面(即迎风面)汇合(即无论哪里有较大的速度矢量,压强就会低,反之亦然)。

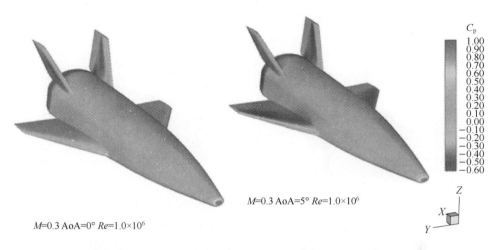

M=0.3 AoA=5° Re=1.0×10⁶

M=0.3 AoA=0° Re=1.0×10⁶

图 6.69　ORV – WSB 方案在 $M_\infty = 0.3$、$\alpha = 0°$ 和 $5°$ 的压强系数

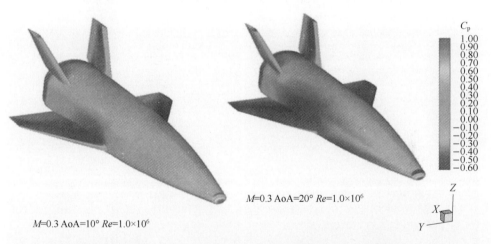

M=0.3 AoA=20° Re=1.0×10⁶

M=0.3 AoA=10° Re=1.0×10⁶

图 6.70　ORV – WSB 方案在 $M_\infty = 0.3$、$\alpha = 10°$ 和 $20°$ 的压强系数

如上给出的压强分布，飞行器上表面的影响更明显，相应地产生航天器向上的力，就是升力[12-14]。

特别地，在大迎角下，上表面的压降无论是强度还是范围都增加（见图 6.70 和图 6.71），然而驻点在下表面是逐渐向后移动的，下表面的绝大部分压强将有所增加，如图 6.71 所示。

因此，可以得到以下结论：在小迎角下，升力由上下表面压降的差值产生；在较大迎角下，升力部分是由上表面压降产生，部分是由下表面压强增加导致的。图 6.72 给出了 $M_\infty = 0.3$ 时 α 从 $0°$ 到 $20°$，AoA 对飞行器对称面流场流线的影响。

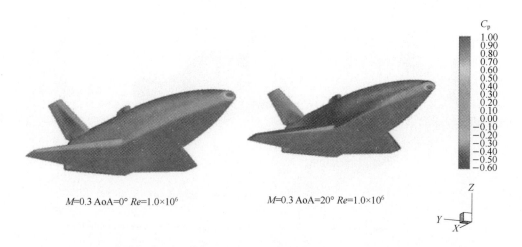

M=0.3 AoA=0° Re=1.0×10⁶ M=0.3 AoA=20° Re=1.0×10⁶

图 6.71 ORV – WSB 方案在 $M_\infty = 0.3$、$\alpha = 0°$ 和 20° 的压强系数

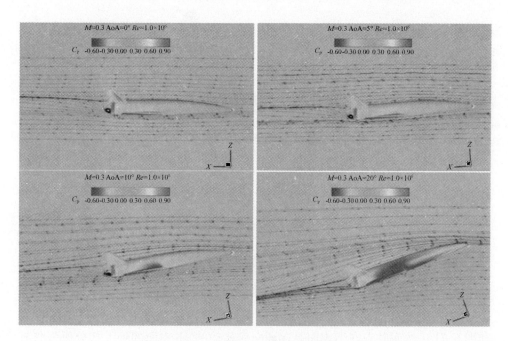

图 6.72 ORV – WSB 飞行器对称面在 $M_\infty = 0.3$、
$\alpha = 0°$、5°、10° 和 20° 下带流线的压强流场

给出流线是为了强调飞行器周围的流场结构,尤其是尾流的复杂性。可见,具有相对较强的底部扩张和一个涡团的特征。事实上,对于所有的 AoA,尾流中都可以清晰看见两个涡团,与卡门涡街相似,这表明了流过钝头体时下游流动的

非定常①分离(本例中钝头体底部)。这导致了阻力增加(即压差阻力)。值得注意的是,空间飞行器在大气层降落过程中需要阻力来实现尽可能多地减速,以减少其大量内能(动能加势能)来实现安全着陆。因此,空间飞行器的后体通常是截锥形的(或者钝头底部),导致底阻是全机阻力的重要组成部分[35]。总之,再入飞行器的钝头底部也需要能安装火箭发动机的尾喷管(就像航天飞机轨道器),以保证上升阶段需要的助推以及大气层再入飞行前脱离轨道机动所需的反推力(见图 6.7 中 ORV – WBB 的底部喷管)。

　　图 6.73 给出了由 CFD 计算得到的 ORV – WSB 一个 3D 流场流线。大家可能会注意到典型的三角翼构型前缘涡的形成,以及它与翼尖涡的相互作用。

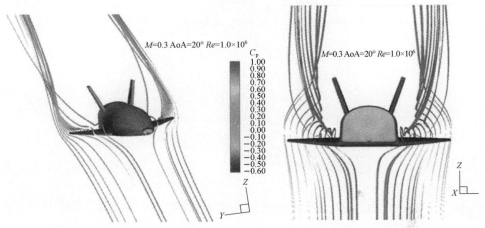

图 6.73　ORV – WSB 方案飞行器在 $M_\infty = 0.3$、$\alpha = 20°$ 下表面 C_p 和流场流线

　　注意到前缘涡升力是飞行器升力的重要来源。机翼上表面的压强比周围大气层的低,而迎风面的压强大于背风面。因此,在上表面,气流会从翼尖朝着翼根向内流动,然后由最初翼尖外侧的气流替代。相似的是,在下表面,空气会很小程度地向内流动,或者向外流动。这两个流动在尾缘汇合,展向的速度差会导致空气卷起,在全展长上受扰形成大量小的流向涡。这些小的涡会卷成在翼尖内部形成两个大的漩涡。

---

　　① 当飞行器底部出现大的流动分离,例如,在大迎角下可以观察到全局气动载荷的大振荡。在这种情况下,就必须使用非定常 CFD 方法分析飞行器气动性能。在仿真时间步长中必须选择斯特拉哈数($St = fL/V$)的一个无量纲频率作为一个目标值。事实上,它代表着一个圆柱体的散发频率,在相当宽广的雷诺数下,它几乎是常数。因此,相应的无量纲周期 T 如果除以时间步长数量 N 就得到无量纲时间步长 $\Delta t = T/N$。

　　相对飞行器参考长度的大量时间步长,对应着对流时间单位总数($CTU = tU_{inf}/L_{ref}$),需要用来获取平均流场以及全局载荷。

而且,在下面的图中,给出了 ORV – WSB 方案获得的一些主要有趣的高超声速流场特征。比如,图 6.74 ~ 图 6.78 给出了 $M_\infty = 10$ 和 20, AoA = 10°、30° 和 40° 时马赫数和组分流场。观察飞行器对称面的云图流场,可以发现在以上飞行条件中下降时,发生在方案飞行器前方较强的弓形激波,尤其是在较大的 AoA 时。事实上,图 6.74 和图 6.75 分别给出了 $M_\infty = 10$, AoA = 10°、30° 时流过较为尖锐的翼身融合体飞行器的马赫数流场[14,16,36]。

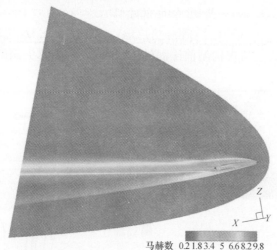

马赫数 0.2 1.8 3.4 5 6.6 8.2 9.8

图 6.74 $M_\infty = 10$、$\alpha = 10°$ 下 ORV – WSB 表面和对称面上的马赫数云图

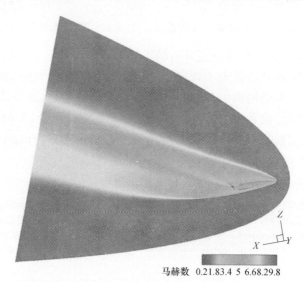

马赫数 0.2 1.8 3.4 5 6.6 8.2 9.8

图 6.75 $M_\infty = 10$、$\alpha = 30°$ 下 ORV – WSB 表面和对称面上的马赫数云图

图 6.76 给出了对两种自由来流条件下流过飞行器流场的放大图。同时给出了流线。如图所示,即使采用完全气体假设进行 CFD 计算,由于其流线型构型,弓形激波非常靠近飞行器。

图 6.76　$M_\infty = 10$、$\alpha = 10°$ 和 $30°$ 下对称面和飞行器表面的马赫数云图

同时可以看出当 $M_\infty = 10$ 时,AoA 对 ORV – WSB 周围流场的影响。图 6.77 展示了较尖锐翼身融合体飞行器在 $M_\infty = 20$、$\alpha = 40°$ 时流场的局部放大。在此图中给出了飞行器对称面和外表面的马赫数和静温云图。

图 6.77　ORV – WSB 概念飞行器在 $H_\infty = 70km$、$M_\infty = 20$ 和 $\alpha = 40°$
非平衡 CFD 计算结果的马赫数和温度云图

为了强调飞行器周围的流场结构,尤其是复杂的尾流,也给出了流线。

可见,流动在下游滞止,提升了局部的温度分布,在 $\alpha = 40°$ 时也可以清晰地看到强烈的底部膨胀和一个漩涡结构。

在此例中,空气认为是五种化学组分组成的(氧气、氮气、氧原子、氮原子和一氧化氮),且它处于热化学非平衡状态。

图 6.78 给出了相应的氧原子(O)和一氧化氮(NO)的质量分数云图。

就 AoS 效应而言,图 6.79 给出了 $M_\infty = 6$、$\alpha = 5°$、$\beta = 2°$ 时机身横截面马赫数云图以及飞行器表面的静压分布。

图 6.80 给出了与 6.79 相同的流场特征,只是条件为 $M_\infty = 3$、$\alpha = 5°$、$\beta = 4°$ 和 $8°$。图 6.81 给出了 $M_\infty = 3$、$\alpha = 5°$、$\beta = 8°$ 时的另一个视角图。

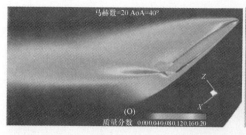

图 6.78 ORV – WSB 概念飞行器在 $H_\infty = 70\text{km}$、$M_\infty = 20$ 和
$\alpha = 40°$ 的 O 和 NO 质量分数 CFD 计算结果

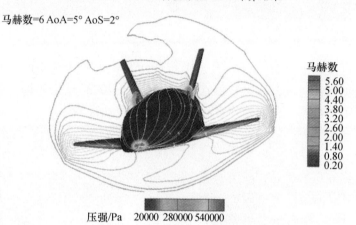

图 6.79 ORV – WSB 概念飞行器在 $M_\infty = 6$、$\alpha = 5°$ 和 $\beta = 2°$ 下的
飞行器表面压强云图和机身横截面马赫数的欧拉计算结果

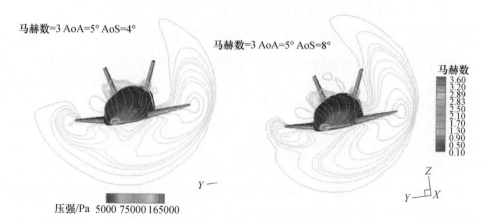

图 6.80 ORV – WSB 概念飞行器在 $M_\infty = 3$、$\alpha = 5°$ 和 $\beta = 4°$、$8°$ 下的
飞行器表面压强云图和机身横截面马赫数的欧拉计算结果

556

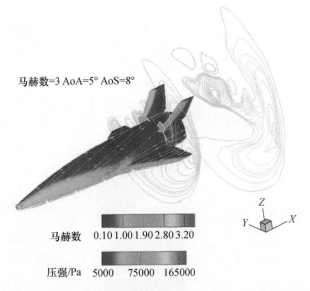

马赫数=3 AoA=5° AoS=8°

马赫数　0.10 1.00 1.90 2.80 3.20

压强/Pa　5000　75000　165000

图 6.81　ORV - WSB 概念飞行器在 $M_\infty = 3$、$\alpha = 5°$ 和 $\beta = 8°$ 下的
飞行器表面压强云图和机身横截面马赫数的欧拉计算结果

　　非对称分布的流场云图清晰地给出了侧滑角对流场特性的影响。除了升力、阻力和俯仰力矩,这还决定了作用在概念飞行器上的横向气动力和力矩。

　　最后,图 6.82 和图 6.83 分别给出了 $M_\infty = 6$, $M_\infty = 7$ 和 $\alpha = 5°$ 时由发生在 ORV - WSB 上的 SSI 导致的压强尖峰。当然,相互作用撞击的机翼前缘点取决于自由来流条件。

　　图 6.82 给出了飞行器表面的压强系数云图,图 6.83 给出了机翼的马赫数云图。图 6.83 清晰地给出了 SSI 撞击机翼前缘处引起的压强突增,以及机翼平面上的弓形激波痕迹。

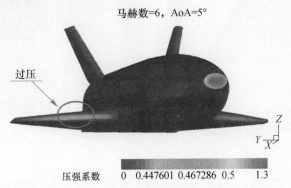

马赫数=6,AoA=5°

过压

压强系数　0　0.447601 0.467286 0.5　1.3

图 6.82　$M_\infty = 6$、$\alpha = 5°$ 下 ORV - WSB 概念飞行器表面的压强系数分布

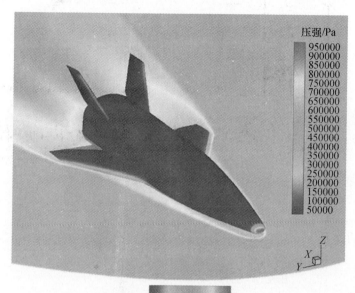

马赫数 0.2 1.6 3 4.4 5.8 7.2

图 6.83　$M_\infty = 7$、$\alpha = 5°$ 下 ORV – WSB 概念飞行器表面和机翼平面压强和马赫数分布

图 6.84 和图 6.85 给出了在 $M_\infty = 25$，$\alpha = 30°$ 下 ORV – WSB 概念飞行器的数值流场结果。

特别地，图 6.84 着重给出了飞行器对称面上马赫数和氮气质量分数云图以及外表面的 C_p。

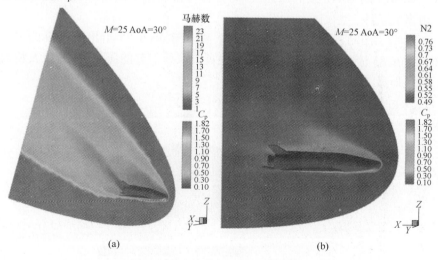

(a)　　　　　　　　　　　(b)

图 6.84　$M_\infty = 25$、$\alpha = 30°$ 下 ORV – WBB 概念飞行器表面 C_p 和
对称面马赫数(a)和 N_2(b)云图

图 6.85 总结了这些飞行条件下表面 C_p 分布的侧视图和底视图。这里，同时给出三个横截面流场图，以获取在这些飞行条件下包围 ORV – WBB 的三维弓形激波直观印象。

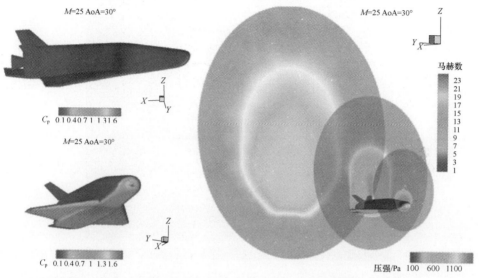

图 6.85　ORV – WBB 概念飞行器在 $M_\infty = 25$、$\alpha = 30°$ 下表面 C_p 分布云图

关于流过 ORV – SB 概念飞行器的流场，图 6.86 给出了 $M_\infty = 25$，$\alpha = 30°$ 下飞行器对称面马赫数云图和概念飞行器表面压强分布。同时也给出了流线分布。

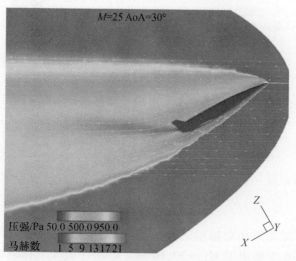

图 6.86　ORV – SB 概念飞行器在 $M_\infty = 25$、$\alpha = 30°$ 下表面 C_p 分布云图

图 6.87 给出了这些飞行条件下的三维流线以及横流截面的马赫数云图。在这一算例中,预计存在一个非常狭窄的激波层[37]。

图 6.87　ORV – SB 概念飞行器在 $M_\infty = 25$、$\alpha = 30°$ 下的表面 C_p 和
3D 流线以及马赫数流场横截面云图

就对比数值计算和工程分析的气动力结果而言,图 6.88 和图 6.89 给出了 ORV – WSB 概念飞行器在 $M_\infty = 10, 20$ 以及 $0° < \alpha < 40°$ 下的几个结果。

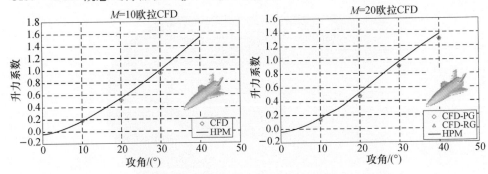

图 6.88　ORV – WSB 概念飞行器在 $M_\infty = 10$ 和 20 下 HPM 和
CFD 计算的 C_L 随 α 变化趋势

如图所示,结果对比更加坚信了基于工程的结果(即 HPM)和数值数据吻合较好。而且,表 6.3 给出了 $M_\infty = 20, 10° < \alpha < 40°$ 下真实气体和冻结气体系数之间的差距,暗示着高温气体效应对升力和阻力是可忽略的,但是对俯仰力矩有很

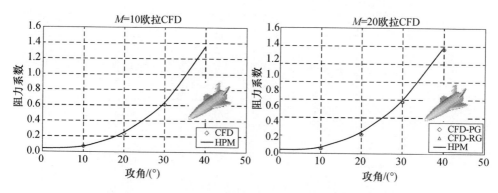

图 6.89　ORV – WSB 概念飞行器在 $M_\infty = 10$ 和 20 下 HPM 和

CFD 计算的 C_D 随 α 变化趋势

大影响,在再入轨迹上从 8% 到 50% 的范围内变化。

表 6.3　ORV – WSB 概念飞行器真实气体效应影响

AoA	PG	RG	Err%
C_L			
10	0.14	0.14	−1.15
20	0.49	0.48	1.37
30	0.93	0.91	1.97
40	1.33	1.31	1.46
C_D			
10	0.06	0.06	3.80
20	0.22	0.22	2.00
30	0.59	0.58	1.72
40	1.18	1.16	0.94
C_M			
10	0.036	0.043	−17.01
20	0.086	0.094	−7.98
30	0.082	0.096	−14.55
40	0.025	0.048	−47.82

最后,图 6.90 和图 6.91 分别总结了 ORV – WBB 和 ORV – SB 的数值计算和工程分析的气动力结果对比[17,19,22,25]。

比如,图 6.90 对比了 $M_\infty = 25$, $\alpha = 30°$ 下轴向力系数(C_A)和俯仰力矩系数(C_m),而图 6.91 对比了 $M_\infty = 10$, $\alpha = 30°$ 下法向力系数(C_N)以及 $M_\infty = 25$, $\alpha =$

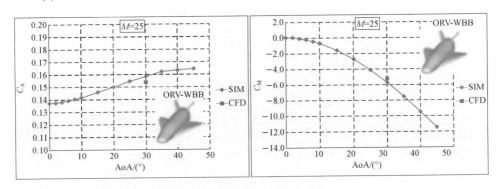

图 6.90　ORV – WBB 概念飞行器在 $M_\infty = 25$ 和 $\alpha = 30°$ 下
HPM 和 CFD 计算的 C_A 和 C_m 结果

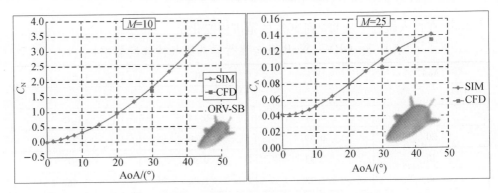

图 6.91　ORV – SB 概念飞行器在 $M_\infty = 25$ 和 $\alpha = 30°$ 下
HPM 和 CFD 计算的 C_A 和 C_N 结果

$30°$ 和 $45°$ 下轴向力系数(C_A)。如图所示,更加坚信在 A 设计阶段框架 HPM 可以给出可信的结果。

6.8　FTB – X 概念飞行器的空气动力学和热力学评估

图 6.92 中给出的实验飞行测试平台(FTB – X)飞行器方案,提供了更多设计环节,其中包括了评价飞行器性能的几种工具。

例如,使用高超声速面元法(例如牛顿理论)、计算流体力学(CFD)和分子法如直接模拟蒙特卡罗方法(DSMC)给出飞行器气动力,尤其是气动热。

6.8.1　飞行器构型

FTB – X 是一种加装三角翼和一个垂尾的翼身融合体构型。图 6.93 给出

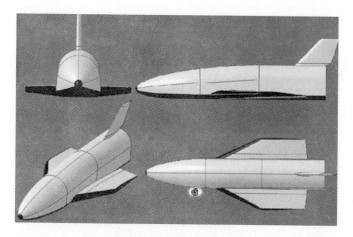

图 6.92 FTB – X 三视图

了飞行器的三视图。

以下给出了整个飞行器的尺寸：

- 全长(含尾翼):5.68m
- 全高(含尾翼):1.62m
- 机身长:5.31m
- 最大机身宽度:0.90m
- 最大机身高度:0.90m
- 翼展:2.14m
- 机翼面积:3.05m^2
- 鼻部半径(R_N):0.10m
- 机翼前缘半径(R_{WN}):0.04m

机身的长细比大约是6,机翼展弦比是0.9。

当然,这一构型是满足任务和系统需求的设计结果。事实上,系统需求中直接对飞行器设计有影响因素如下。

(1) FTB – X 处理长航时再入的能力,以及更好的气动和机动特性;

(2) 使用较小的运载火箭 VEGA(图 6.94)。

这意味着飞行器气动外形需要有较高的气动效率。因此,FTB – X 需要在较小鼻部和前缘半径且在中等攻角(AoA)飞行条件下设计。这相应导致了飞行器构型需要能承受较大的偏航距离(由于较高 L/D),且必须能在较大范围攻角下配平。

而且,较大 L/D 意味着长时间的再入,相应带来了较高的热载荷,需要飞行器防热部件来适应。因此,较长的再入时间需要更多使用 RCS,即较大的贮箱。

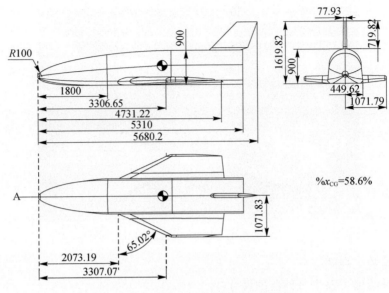

图 6.93　FTB-X 构型的三视图绘制

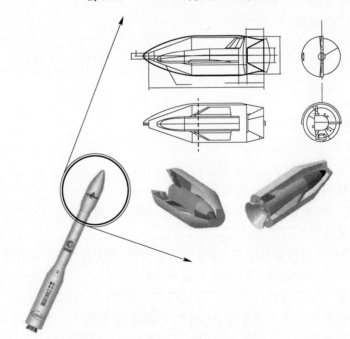

图 6.94　FTB-X 三视图和适应 VEGA 整流罩

后一点考虑决定了此时飞行器的横截面积要大。

　　另一方面,假如飞行器需要适应运载火箭的整流罩,VEGA 发射需求对飞行器尺寸有很大影响。这限制了飞行器的整个尺寸,比如翼展和安定翼高度以及飞行器重心(CoG)的位置[38]。

基于折中研究确定机翼尺寸和位置,以增加飞行器气动力且提供飞行过程中静稳定性和可控性。事实上,机翼放在前方位置,为的是使气动压心(CoP)靠近CoG,其现在位置在机身长度的58.6%位置。而且,将机翼前移可以增加C_m,可以用控制面的正向偏转来滚转配平飞行器,以提高飞行包线下主要部分的飞行器稳定性和可控性。

垂尾的后掠角是45°。注意到以中等AoA沿着再入轨迹飞行,需要垂尾能更加高效,这与传统再入不同(例如像轨道器一样,在高AoA下垂直的安定翼在流动中被遮挡,无法提供控制)。

6.8.2 分析方法和使用工具

使用工程水平代码HPM,CFD代码H3NS和Bird的DSMC代码,即DS2V和DS3V,来评估FTB-X的气动力和气动热特性。

当然,使用简化工具进行设计分析是很有必要的,CFD和DSMC计算用于佐证工程估算,根据A设计阶段水平给出更加简化设计方法的误差评估。后续的结果将着重给出自由分子流(FMF)区条件下HPM估算的可信度。为了对FTB-X高海拔气动评估的快速计算,测试了过去为US航天飞机提出的一些桥函数关系。气动设计方法见6.4节中讨论。那是根据基于空间的设计方法给出的飞行器气动评估(见图6.23)。

相反,后面即将讨论的概念飞行器气动热,依赖于基于轨迹的设计方法,如图6.95所示。

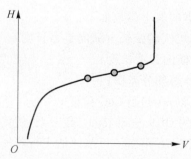

图6.95 高度-速度图中的基于轨迹的设计方法

这一设计方法通过沿着飞行器设计弹道取样有限数量关键点,并进行气动热计算,来描述一个完整的气动热数据库生成过程(见图6.95)。因此,飞行器构型表面热流分布以马赫数、AoA和高度的函数形式提供(没有主动气动控制面偏转)。

6.4 节也讨论了 HPM 评估飞行器气动热的能力。这里,给出 DSMC 计算的气动力和气动热结果。事实上,当稀薄效应变得重要、连续假设不再成立时,CFD Navier – Stokes 计算将失效,如 DSMC 方法的分子方法将很需。它将数百万模拟分子代表的气体考虑成离散的分子,它是基于气体分子运动论方程。

研究中,模拟物理空间中每个分子的移动和进化是由与其他分子和机体碰撞造成的,两种情况下都会交换动量和能量。同时需要考虑转动和振动自由度激发以及化学反应(如果有)。

计算域,包括测试机体,使用网格划分;这仅仅是为了宏观特性取样,选择碰撞分子。每个分子从一个单元到另一个的移动是由速度(即对流和热速度的结果)和一个时间步决定的。

在每个单元中计算流场的宏观热流体动力学性质(密度、温度、压强等),来作为分子的平均值。

DSMC 代码使用瞬态子单元,即在单个网格单元中建立了瞬态背景网格,使用碰撞程序,基于最近邻居碰撞理论。瞬态网格的求解依赖于模拟分子的数量,一个模拟分子近似对应于一个子单元。运行过程中,在输出中给出碰撞粒子之间的当地平均间距与当地平均自由程的比值(mcs/λ)。这一参数表明了运行的质量,应当在计算域的任何位置均比 1 小。Bird 建议取 0.2 作为极限值。

现有的应用依靠全适应的 Maxwell 气 – 面交界。

6.8.3　飞行器气动评估

在 FMF、转捩流动和连续流动条件下给出 FTB – X 气动性能。评估飞行器气动力和力矩系数中考虑的参考参数如下:

$L_{ref} = 2.30m$(机翼平均气动弦长 – 纵向参考长度);

$c_{ref} = 2.06m$(翼展 – 横向参考长度);

$S_{ref} = 3.05m^2$(机翼外露部分面积);

极坐标为(3.113,0,0)m(初始 CoG 位置)。

当然,6.5 节中讨论的 ORV 气动特征、参考系、气动模型、气动数据库建立过程仍然有效。总之,图 6.96 更新了目前评估飞行器气动力时使用的气动符号约定。

6.8.4　稀薄和转捩流动条件下的 FTB – X 空气动力学

通过由 DSMC 计算和桥函数公式得出升力、阻力和俯仰力矩系数,给出了从再入界面(即 120km)到约 90km 海拔高度范围内的 FTB – X 气动评估。比如,

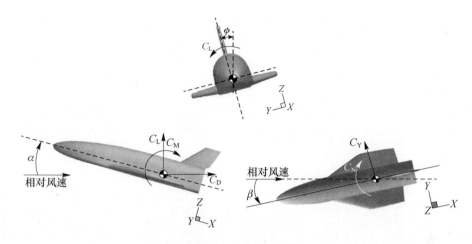

图 6.96　气动符号约定

表 6.4 ~ 表 6.6 总结了几个粒子模拟(即 DSMC 方法)的结果,其中气动力矩系数用 L_{ref} = 5.31m(即机身长度)评估①。在恒定海拔高度,以自由来流速度 7330m/s,对飞行器的干净构型进行气动力分析。所有计算中壁面温度设为恒定的 300K,气动力和力矩的评估是基于 Maxwell 全适应模型假设的。自由来流的热力学参数由 1976 年 US 标准大气提供。空气考虑由 5 种化学组分构成(即氧气、氮气、一氧化氮、氮原子和氧原子)。

表 6.4 以 AoA 函数的形式给出了 200km 海拔(即 $Kn_{Lref} \cong 50$),在对称飞行中(即 $\beta = 0°$)时,FTB – X 的气动力系数值[14]。

表 6.5 总结了对称飞行中,在 90 ~ 110km 海拔高度范围内的飞行器方案气动力系数[14]。

表 6.4　对称飞行的 FTB – X 气动力;H = 200km 的 FMF,DSMC 计算结果

H = 200km 自由分子流				
$\alpha/(°)$	C_L	C_D	L/D	C_m
0	− 0.0100	0.8806	− 0.0113	0.0262
10	0.0589	1.1995	0.0491	− 0.1600
20	0.1047	1.8343	0.0571	− 0.4535
30	0.1329	2.5116	0.0529	− 0.8529
40	0.1447	3.1500	0.0459	− 1.3185

① 为了考虑俯仰力矩系数评估中的不同参考长度,我们可以发现 $L'_{ref}C'_m = L''_{ref}C''_m$。

表 6.5　对称飞行的 FTB - X 气动力,DSMC 计算结果

h/km	$\alpha/(°)$	0	10	20	30	40
110	C_{L}	- 0.0332	0.1643	0.3397	0.5131	0.6430
100	C_{L}	- 0.0333	0.1585	0.4023	0.6806	0.9255
95	C_{L}	- 0.0300	0.1449	0.4138	0.7400	1.0139
90	C_{L}	- 0.0280	0.1426	0.4353	0.7933	1.0832
h/km	$\alpha/(°)$	0	10	20	30	40
110	C_{D}	0.7264	0.8923	1.3352	1.9327	2.5691
100	C_{D}	0.5587	0.6449	0.9176	1.3967	1.9666
95	C_{D}	0.4142	0.4835	0.7447	1.1775	1.7484
90	C_{D}	0.3025	0.3649	0.6032	1.0229	1.5898
h/km	$\alpha/(°)$	0	10	20	30	40
110	L/D	- 0.0457	0.1842	0.2544	0.2655	0.2503
100	L/D	- 0.0595	0.2458	0.4385	0.4873	0.4706
95	L/D	- 0.0725	0.2997	0.5556	0.6285	0.5799
90	L/D	- 0.0926	0.3908	0.7217	0.7756	0.6814
h/km	$\alpha/(°)$	0	10	20	30	40
110	C_{m}	0.0332	- 0.1846	- 0.4659	- 0.8526	- 1.2958
100	C_{m}	0.0256	- 0.1481	- 0.3956	- 0.7533	- 1.1623
95	C_{m}	0.0202	- 0.1229	- 0.3679	- 0.7192	- 1.1183
90	C_{m}	0.0169	- 0.1114	- 0.3546	- 0.7025	- 1.0901

$L_{\mathrm{ref}} = 5.31\,\mathrm{m}$

极点 @ 头部

表 6.4 和表 6.5 中汇总的所有气动力系数都在图 6.97 和图 6.98 中给出[25,35,20]。

表 6.6　$\alpha = 30°$ 和 $\beta = 15°$ 下侧滑飞行时 FTB - X 的气动力,DSMC 计算结果

h/km	$\alpha/(°)$	$\beta/(°)$	C_{L}	C_{D}	C_{Z}	L/D
110	30	15	0.4762	1.9398	0.4952	0.2455
100	30	15	0.6452	1.4156	0.3621	0.4558
95	30	15	0.6927	1.1729	0.3075	0.5906
90	30	15	0.7313	1.0201	0.2734	0.7168

（续）

h/km	$\alpha/(°)$	$\beta/(°)$	C_1	C_m	C_n	
110	30	15	− 0.0069	− 0.8249	0.2804	
100	30	15	− 0.0171	− 0.7358	0.1940	
95	30	15	− 0.0182	− 0.6868	0.1594	
90	30	15	− 0.0171	− 0.6632	0.1373	
$L_{\mathrm{ref}} = 5.31\mathrm{m}$ 极点 @ 头部						

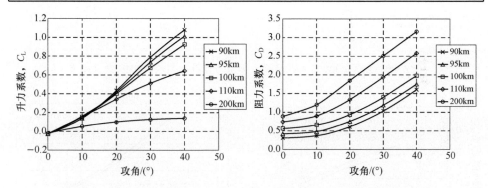

图 6.97　升力和阻力系数随 AoA 和海拔高度的变化，DSMC 计算结果

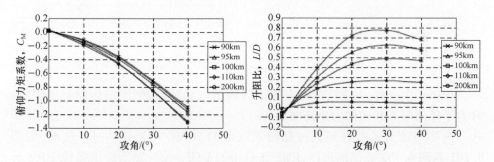

图 6.98　俯仰力矩系数和升阻比随 AoA 和海拔高度的变化，DSMC 计算结果

图 6.97 清晰地给出了稀薄效应对气动升力的影响。比如，当 $\alpha = 30°$ 时，90km 到 110km 范围内，C_L 下降了约 65%，然而在 $H = 200$km，升力系数大约等于其在 90km 值的 16%。

就气动阻力而言，图 6.97 给出了在 $\alpha = 30°$ 时 C_D 从 90km 到 110km 增加了大约 100%，但是阻力在 $H = 200$km 处的数值比 90km 处高 250%。结果，从图 6.98 中可以清楚看出由于稀薄效应带来的气动效率大幅下降，图中也给出了俯仰力矩系数随 AoA 的变化关系。

表6.6、图6.99 和图6.100 给出了90km 到110km 海拔高度范围内,当 $\alpha =$ $30°,\beta =15°$时侧滑对转捩流动气动性能的影响。

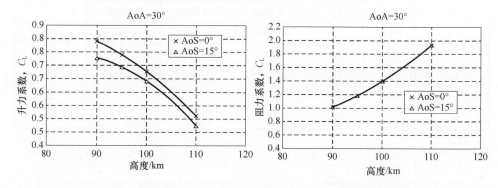

图6.99　AoA $=30°$下 AoS 对升力和阻力系数的影响,DSMC 计算结果

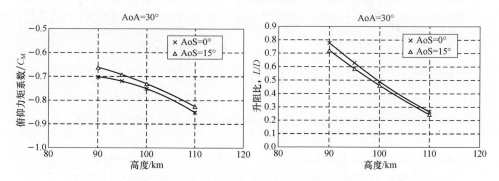

图6.100　AoA $=30°$下 AoS 对 C_m 和升阻比的影响,DSMC 计算结果

正如预期那样,对 FTB – X 在转捩区内的气动特性,侧滑的影响是不利的:升力下降而阻力和俯仰力矩都增加。

这些气动力系数已经通过昂贵而耗时的 DSMC 模拟评估过。然而,如图6.101 和图6.102 总结的那样,FMF 条件中的 FTB – X 气动力也可以像 HPM 计算获得的气动力一样采用快速工程估算评价。这些图中,为了给出自由分子流条件下的面元法气动力的精度,同样也通过 HPM 和 DSMC 的结果对比来评价。

而且,以上结果表明,通过 FMF 和连续流结果之间的桥函数关系,可以给出转捩流动区域的飞行器气动力。

例如,图6.103 ~ 图6.105 分别给出了概念飞行器的升力、阻力和俯仰力矩系数随克努森数变化的曲线。

文献[13]和[14]给出了高海拔下气动力系数的深入分析,其中也是用一些桥函数连接连续流和稀薄流区的结果。

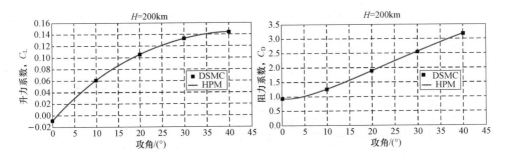

图 6.101　$H=200$km 处升力和阻力系数随 AoA 变化,HPM 和 DSMC 计算结果对比

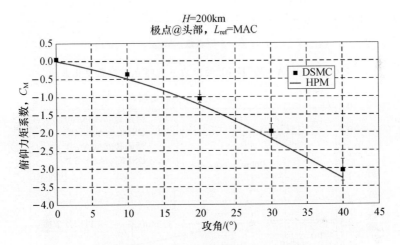

图 6.102　$H=200$km 处俯仰力矩系数($L_{ref}=$MAC)随 AoA 变化,

HPM 和 DSMC 计算结果对比,误差条 10%

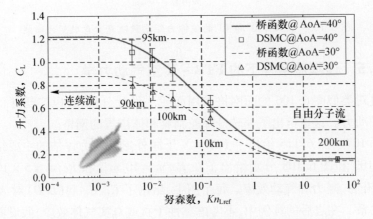

图 6.103　AoA $=30°$ 和 $40°$ 的升力系数随克努森数变化曲线

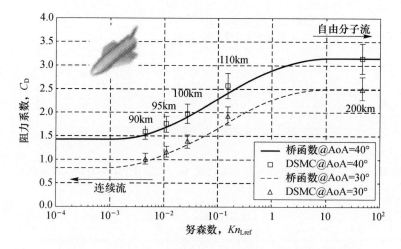

图 6.104　AoA = 30°和 40°的阻力系数随克努森数变化曲线

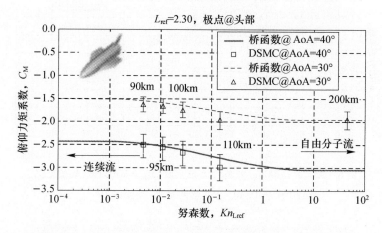

图 6.105　AoA = 30°和 40°的俯仰力矩系数随克努森数变化曲线

6.8.5　连续流条件下的 FTB – X 空气动力学

通过对类似图 6.106 的面网格采用面元法设计分析,可以广泛评价连续流动中的气动力。这里给出了偏转升降舵副翼和体襟翼的网格。

图 6.107 ~ 图 6.115 给出了 FTB – X 干净外形气动力评估的主要结果。比如,图 6.107 和图 6.108 分别给出了在 $Re/m = 10^5 m^{-1}$ 和 $Re/m = 5 \times 10^5 m^{-1}$ 下 FTB – X 升力、阻力和气动效率。每个图中,给出了 C_L、C_D 和 (L/D) 对 AoA 和马赫数的关系。在之后的算例中,不考虑黏性干扰或真实气体效应,假设面元法气动力无法顾及这些复杂流场现象。总之,气动力结果已经强调了两个算例中从

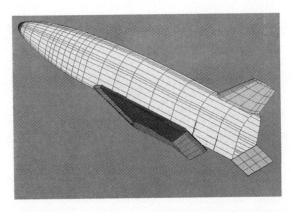

图 6.106 FTB - X 气动力工程分析时使用的表面网格示例

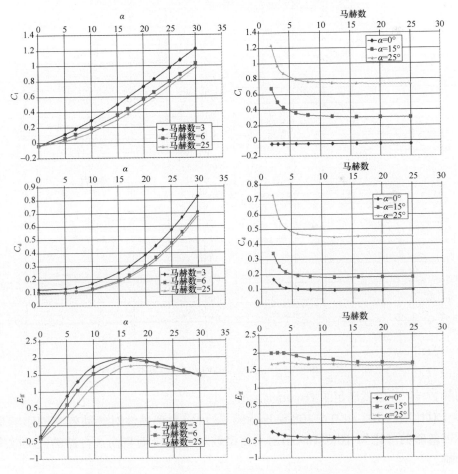

图 6.107 $Re/m = 10^5 \mathrm{m}^{-1}$ 时的升力、阻力和气动效率

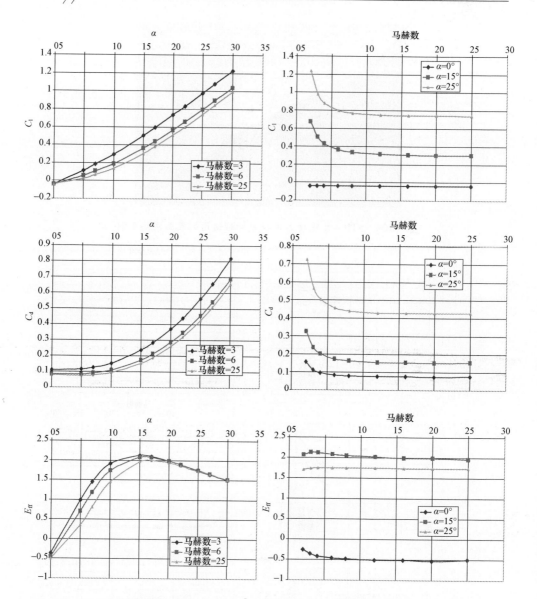

图 6.108 $Re/m = 5 \times 10^5 \mathrm{m}^{-1}$ 时的升力、阻力和气动效率

马赫数 =7 开始就满足了 Oswatich 原理。

对比图 6.107 和图 6.108 给出的结果，可以发现黏性对气动效率的影响是不可忽略的。比如，图 6.109 给出了雷诺数对 $M_\infty = 8$ 时概念飞行器的气动效率影响。

此图右侧是在固定雷诺数下（ $Re/m = 2 \times 10^6 1/\mathrm{m}$ ），马赫数对升阻比的影响。

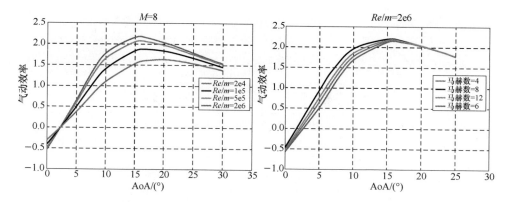

图 6.109　$M_\infty = 8$ 时在不同 Re/m 下的气动效率(左)，

$Re/m = 2 \times 10^6 \mathrm{m}^{-1}$ 时不同马赫数下的气动效率(右)

这些图佐证了对长航时高超声速飞行,实现较高的气动效率很有必要。

需要强调的是,特别是对于有关黏性效应的评价,更多详细的 CFD 计算是必要的。

图 6.110 给出了 $Re/m = 10^5 \mathrm{m}^{-1}$ 下俯仰力矩 C_m 对 AoA 和马赫数的变化趋势。因此,给定 CoG 下的飞行器,当 AoA 大于 15°时在纵向是静稳定的,且在较大马赫数下 C_m 大于零,可以通过机翼和/或者体襟翼正向偏转配平(图 6.31)。

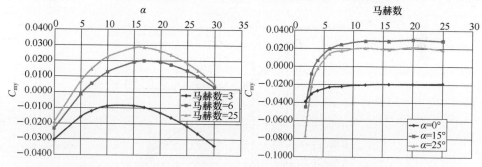

图 6.110　俯仰力矩系数, $Re/m = 10^5 \mathrm{m}^{-1}$

为了强调 AoA 对干净构型气动力的影响,在图 6.111 中给出了对三个 AoA (即 13°、20°和 25°)浸润飞行器表面的静压分布。

如图所示,AoA 从 13°到 25°,静压在增长,因此导致了气动性能的提升(注意为了简化,此例中没有给出尾翼压强分布)。

就横向性能而言,图 6.112 ~ 图 6.115 中给出了 $\alpha = 10°$ 和 25°、$Re/m = 5 \times 10^5 \mathrm{m}^{-1}$,干净构型不同马赫数下滚转和偏航力矩系数的曲线。

如预期那样,飞行器在横向是静不稳的。

$C_{\rm P}$. 0.10 0.12 0.13 0.16 0.18 0.21 0.24 0.28 0.33 0.38 0.44 0.51 0.59 0.69 0.80 0.92 1.07 1.24 1.44 1.67

图 6.111　$\alpha = 13°、20°$ 和 $25°$ 下 FTB-X 表面压强系数云图对比

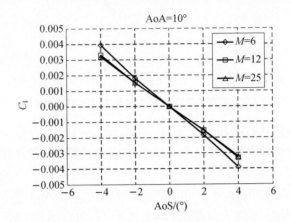

图 6.112　$AoA = 10°$，M_∞ 为 6，12 和 25 时滚转力矩系数，$Re/m = 5 \times 10^5 {\rm m}^{-1}$

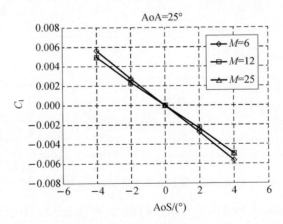

图 6.113　$AoA = 25°$，M_∞ 为 6，12 和 25 时滚转力矩系数，$Re/m = 5 \times 10^5 {\rm m}^{-1}$

　　在任何情况下，对航天飞机类型的飞行器，在高马赫数下，几乎不可能获得正的 $C_{n\beta}$，除非对机翼（即 X-38）使用非常大的二面角。所以，另一个需要证实的重要方面是在大部分轨迹上，通过 RCS 来稳定飞行器的可行性（如航天飞机直到 $M_\infty = 3$）。

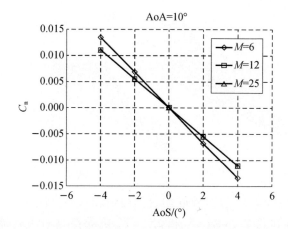

图 6.114　$AoA = 10°$，M_∞ 为 6，12 和 25 时偏航力矩系数，$Re/m = 5 \times 10^5 \mathrm{m}^{-1}$

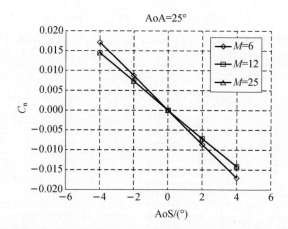

图 6.115　$AoA = 25°$，M_∞ 为 6，12 和 25 时偏航力矩系数，$Re/m = 5 \times 10^5 \mathrm{m}^{-1}$

　　为了给出配平和稳定性分析的数据，对控制面进行初始假设，控制面包括机翼副翼、方向舵和体襟翼，见图 6.116。

　　机翼控制面的弦长等于翼尖的 1/3。方向舵弦长等于尾翼翼尖弦长的约 1/2，在根部方向舵弦长约等于全弦长的 1/3。

　　最后，体襟翼位于机身底面后部的末端。如最初的尺寸假设，体襟翼认为是 0.30m 长[①]。

---

　　① 值得注意的是，尽管如此，控制面对飞行器气动力的贡献仅采用面元法计算。事实上，由于激波 - 边界层干扰（SWBLI）现象引起的流动分离影响在 HPM 代码中没有考虑；我们都知道，这些现象会带来表面效率损失，但稳定性和配平控制面效率和控制能力的可靠评估仅仅通过一个更加详细的 CFD 分析和风洞试验才是可能的。

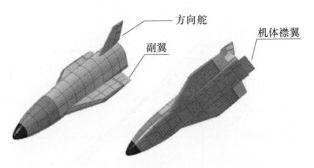

图 6.116　FTB – X 气动控制面

图 6.117 和图 6.118 以升降舵副翼偏转角和 AoA 函数的形式,给出了两个马赫数(6 和 25)和两个 AoA(15° 和 25°)下,机翼襟翼对飞行器气动力系数的影响。

图 6.117 给出了飞行器在 $Re/m = 5 \times 10^5 \text{m}^{-1}$, $M_\infty = 6$ 和 $M_\infty = 25$, $\alpha = 15°$ 和 25° 下飞行时,升降舵副翼偏转对全局 C_L 和 C_D 的影响。图 6.118 总结了对 C_m 和 L/D 相同的影响。

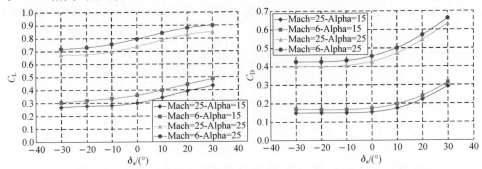

图 6.117　$Re/m = 5 \times 10^5 \text{m}^{-1}$ 下升降舵副翼偏转对全局 C_L 和 C_D 的影响

如图所示,升力和阻力随 δ 以非线性方式增加。结果,L/D 随着 δ 增加而下降。此外,升降舵副翼偏转对飞行器俯仰力矩的影响很大。事实上,从图 6.118 中可以看出,配平飞行器时升降舵副翼偏转很小,对 $M_\infty = 6$ 和 $M_\infty = 25$ 的偏转都小于 10°。当 α 从 15° 到 25° 变化时,在 $M_\infty = 6$ 下升降舵副翼配平偏转角从大约 7° 到 4° 变化。在更高马赫数下,当 α 从 15° 到 25° 变化时,δ_e 从大约 10° 到 5° 变化。对这些小角度偏转,气动效率的损失是很小的。尽管如此,需要强调的是,这是 C_m 趋势的结果所致,其也依赖于最后 CoG 的真实位置。现有设计是为了在感兴趣的飞行条件下实现 C_m 的小的正值,但是为了避免出现 C_m 负值,在配平和稳定性分析时需要有足够的裕量。

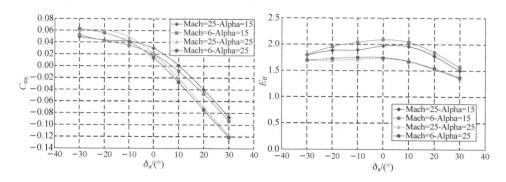

图 6.118 $Re/m = 5 \times 10^5 \mathrm{m}^{-1}$ 下升降舵副翼偏转对全局 C_m 和 L/D 的影响

总之,值得注意的是,即使第一个数据看上去能保证机翼控制面足够配平飞行器,我们还是建议使用体襟翼,以在机动性和 CoG 位置的最终选择中获得更广泛的裕量。

就体襟翼的贡献而言,图 6.119 给出了一个没有偏转的体襟翼对 FTB – X 俯仰力矩的影响。这里,给出了对马赫数为 6 和 25,有(未偏转)和没有体襟翼下 C_m 坡度。

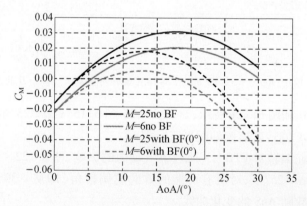

图 6.119 未偏转的体襟翼影响,俯仰力矩系数随 AoA 变化趋势

图 6.119 中可见,即使俯仰控制面不偏转,也会改变 C_m 曲线的斜率。所以,当 AoA 大于 15°时 FTB – X 概念飞行器的纵向静稳定性得到提高。而且,图 6.119 指出,只要升降舵副翼偏转很小的角度,FTB – X 就能获得俯仰配平。特别地,此图指出,当 $M_\infty = 25$、AoA 约为 22°时,带体襟翼(不偏转)的飞行器存在自然配平点。在较小马赫数下,自然配平点在靠近 AoA 为 16°时获取。

图 6.120 和图 6.121 中对 α 为 15°和 25°、两个马赫数(6 和 25)下,以表面偏转角和 AoA 函数形式给出了体襟翼对飞行器气动力系数的影响。

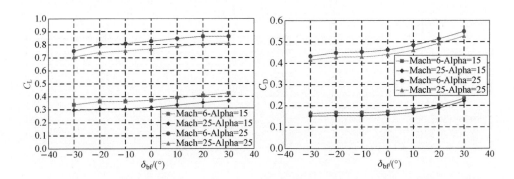

图 6.120　$Re/m = 5 \times 10^5 \, \mathrm{m}^{-1}$ 下体襟翼偏转对全局 C_L 和 C_D 的影响

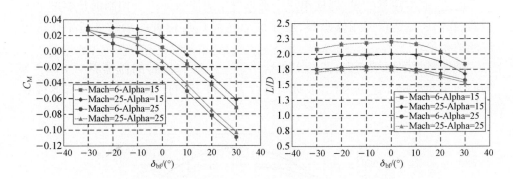

图 6.121　$Re/m = 5 \times 10^5 \, \mathrm{m}^{-1}$ 下体襟翼偏转对全局 C_m 和 L/D 的影响

如图 6.120 和图 6.121 所示,对 M_∞ 为 25 到 6、$15° \leqslant \alpha \leqslant 25°$ 的 AoA,体襟翼在约 $-10°$ 到 10° 偏转就能俯仰配平飞行器。

关于方向舵偏转对 FTB – X 飞行器气动力的影响,图 6.122 ~ 图 6.125 给出 M_∞ 为 25 和 6、$\alpha = 25°$ 下,对所有可能的方向舵偏转角(即从 $-30° ~ 30°$),偏航和滚转力矩系数随 AoS 的变化曲线。

如图 6.122 所示,方向舵效能取决于马赫数条件和在几个侧滑角下抵消偏航力矩的能力。比如,$M_\infty = 6$、$\alpha = 25°$ 时,方向舵偏转 $-20°$ 可以在约 $-1.5°$ 侧滑角下抵消偏航力矩系数。另一方面,在 $M_\infty = 25$、$\alpha = 25°$、接近 $\beta = -3°$ 时,$\delta_r = 30°$ 可以获得 $C_n = 0$。

最后,根据表 6.7 的测试矩阵,基于 CFD 的概念飞行器气动设计取决于多个 CFD 计算结果。

可见,在 $M_\infty = 20$ 下,由于真实气体流动条件影响,也需要考虑化学非平衡 CFD 计算。

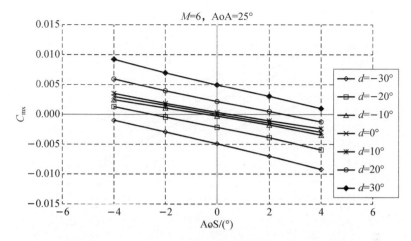

图 6.122　$M_\infty = 6$、AoA $= 25°$ 下方向舵偏转对 C_l 的影响

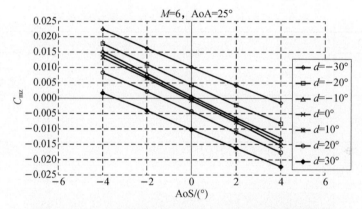

图 6.123　$M_\infty = 6$、AoA $= 25°$ 下方向舵偏转对 C_n 的影响

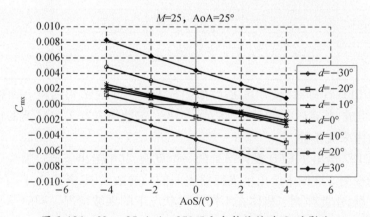

图 6.124　$M_\infty = 25$、AoA $= 25°$ 下方向舵偏转对 C_l 的影响

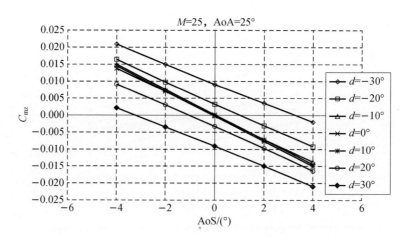

图 6.125　$M_\infty = 25$、$\mathrm{AoA} = 25°$ 下方向舵偏转对 C_n 的影响

表 6.7　FTB – X 的欧拉 CFD 计算测试矩阵

AoA/(°)	马赫数			
	10	16	20 （理想气体）	20 （真实气体）
0				
5				
10				
15				
20				
25				
30				
35				
40				

开展 CFD 计算时,使用的是类似图 6.126 的多块结构网格。网格总共由 110 个块组成,共有约 3×10^6 个单元(半体),它使用表 6.7 中总结的设计检验点下的自由来流条件。

图 6.127 给出了 CFD 设计结果的一个算例,其中给出了流过概念飞行器的三维流场视图。此图中给出了飞行器表面的马赫数云图,并给出了两个横截面的静温度场,由此强调了机体在不同流向状况下的乘波情况。同时给出了三维流线。

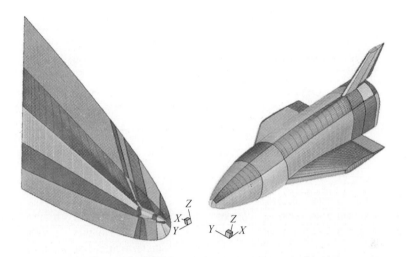

图 6.126　多块 CFD 计算域,对称面和飞行器表面网格

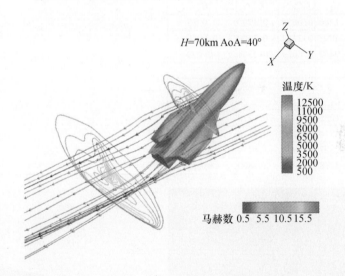

图 6.127　$H = 70 \text{km}$、$M_\infty = 20$ 和 AoA $= 40°$ 下非平衡 CFD 欧拉计算结果

表 6.8 总结了 CFD 对 FTB – X 气动数据库的贡献。

就工程 AEDB 可靠性而言,以下给出了几组数值(CFD)和工程(HPM)结果的对比,可以用来评估工程算法设计分析的误差裕量。事实上,气动分析是基于经验关系和近似理论,用更为精确的 CFD 结果校准很重要。例如,图 6.128 和图 6.129 给出了飞行器表面压强和马赫数云图,其由 $M_\infty = 20$ 和 $\alpha = 10°$ 下无粘 CFD 仿真获得,用以对比 HPM 获得的结果(图 6.128)。

表 6.8　CFD 对 FTB-X 气动数据库评估的贡献

欧拉理想气体					欧拉非平衡气体				
USV-X-392-FW50					USV-X-392-FW50				

马赫数	10		$L_{ref}=2.30$		马赫数	20		$L_{ref}=2.30$	
			(0,0,0)	(-3.113,0,0)				(0,0,0)	(-3.113,0,0)
			头部	CoG				头部	CoG
	AoA	C_L	C_D	C_m	C_m	AoA	C_L	C_D	C_m	C_m

马赫数 10（欧拉理想气体）

AoA	C_L	C_D	C_m (头部)	C_m (CoG)
10	0.1491	0.0768	-0.2116	0.0052
20	0.5115	0.2385	-0.7606	0.0003
30	0.9627	0.6154	-1.5669	-0.0221
40				

马赫数 16（欧拉理想气体）

AoA	C_L	C_D	C_m (头部)	C_m (CoG)
10	0.1286	0.0686	-0.1790	0.0085
20	0.4897	0.2284	-0.7260	0.0026
30	0.9442	0.6029	-0.5351	-0.0204
40				

马赫数 20（欧拉理想气体）

AoA	C_L	C_D	C_m (头部)	C_m (CoG)
10	0.1235	0.0670	-0.1710	0.0094
20	0.4844	0.2260	-0.7176	0.0031
30	0.9397	0.5999	-1.5274	-0.0199
40	1.3378	1.1908	-2.4800	-0.0570

马赫数 20（欧拉非平衡气体）

AoA	C_L	C_D	C_m (头部)	C_m (CoG)
10	0.1252	0.0669	-0.1728	0.0098
20	0.4857	0.2254	-0.7177	0.0044
30	0.9275	0.5915	-1.5059	-0.0155
40	1.3170	1.1721	-2.4347	-0.0495

C_P 0.03　0.20　0.37　0.54　0.70　0.87　1.04　1.21　1.38　1.55　1.72

图 6.128　$M_\infty=20$ 和 AoA=10° 下压强系数对比,CFD(左)和 HPM(右)

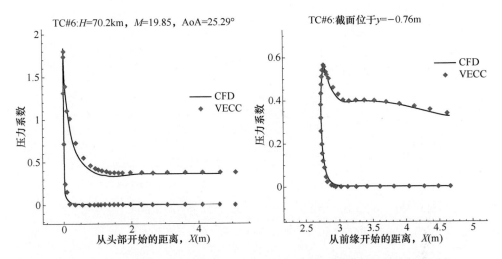

图 6.129　$H = 70\text{km}$、$M_\infty = 20$ 和 $AoA = 25°$ 下 CFD 和 HPM 的压强系数对比，

机身中心线(左)和 $y = 0.76\text{m}$ 处的机翼截面

可见压强分布很相似，当然除了机翼前缘，这里由于 SSI 导致 HPM 不能计算出压强尖峰。图 6.128 也给出了飞行器对称面上马赫数云图。

而且，图 6.129 对比了工程方法和 CFD 仿真在预测 $M_\infty = 20$、$\alpha = 25°$、70km 海拔高度处飞行器中心线上压强系数 C_p 的结果。

从前面的图 6.128 和图 6.129 可以看出，工程方法结果和 CFD 解吻合较好。

关于气动力结果对比，图 6.130 ~ 图 6.132 给出了 $M_\infty = 10$ 和 20、$10° < \alpha < 30°$ 下升力、阻力和俯仰力矩系数对比。

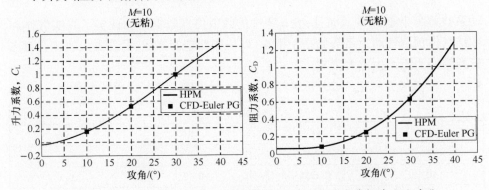

图 6.130　$M_\infty = 10$ 下 HPM 和 CFD 计算对比，升力和阻力系数随 AoA 变化

从之前的 CFD 和 HPM 对比中，我们可以看出工程算法和更可靠的 CFD 结果吻合得很好。事实上，至少在对比范围内的所有结果，指明 CFD 和 HPM 的气

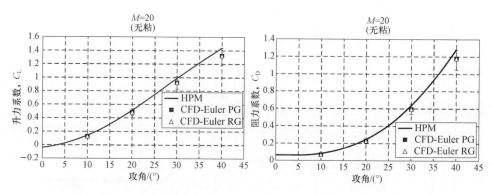

图 6.131　$M_\infty = 20$ 下 HPM 和 CFD 计算对比(完全气体和非平衡气体),
升力和阻力系数随 AoA 变化,误差条为 10%

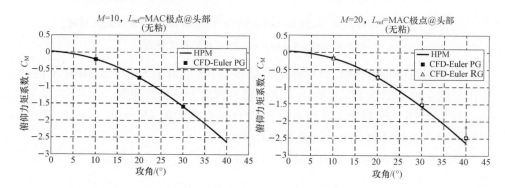

图 6.132　$M_\infty = 10$ 和 20 下 HPM 和 CFD 计算对比(完全气体和非平衡气体),
俯仰力矩系数随 AoA 变化,误差条为 10%

动系数差距小于 10% 。而且,表 6.9 中的数值仿真数据更加证实了真实气体和
冻结气体预测气动力系数的差距很小,即使如期望的那样,沿着再入轨迹会对飞
行器俯仰力矩产生重大影响。

表 6.9　$M_\infty = 20$ 下真实气体效应对 FTB – X 气动力的影响

马赫数 = 20			
AoA	PG	RG	Err%
C_L			
10	0.1235	0.1252	1.3
20	0.4844	0.4857	0.3
30	0.9397	0.9275	− 1.3
40	1.3378	1.3170	− 1.6

（续）

马赫数 = 20			
C_D			
10	0.0670	0.0669	− 0.1
20	0.2260	0.2254	− 0.3
30	0.5999	0.5915	− 1.4
40	1.1908	1.1721	− 1.6
C_m			
10	− 0.1710	− 0.1728	1.0
20	− 0.7176	− 0.7177	0.0
30	− 1.5274	− 1.5029	− 1.6
40	− 2.4800	− 2.4347	− 1.9
极点 @ 头部			
L_{ref} = MAC			

最后,图 6.133 以马赫数函数的形式对比了 AoA = 10°、20°、30°下,HPM 和 CFD 计算的升力和阻力系数。

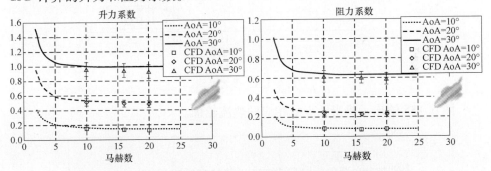

图 6.133　AoA = 10°、20°和 30°下 HPM 和 CFD 欧拉计算对比,
升力和阻力系数随马赫数变化,误差条为 10%

可见,结果对比 C_L 和 C_D 都很好。在下一阶段的 FTB – X 设计中,需要对具体内容进行深入分析,如真实气体效应和层流向湍流转捩,以增强飞行器数据库可靠度,减小设计裕量。

6.8.6　飞行器气动热环境

飞行器气动热环境评估,即飞行器在再入过程中需要承受的气动热载荷环境(例如压强、剪应力、热流和总热载荷),是决定 TPS 设计载荷的基础。此外,由于保证较高气动效率的需要,目前鼻区和机翼前缘小半径的临界值分别是 10cm 和 4cm。在此框架下,图 6.134 给出了考虑的参考轨迹。考虑计算这一轨迹的主要假设如下。

(1) 1100_E_{max}:最大效率下,鼻区驻点处最大热流等于 $1100kW/m^2$;

(2) 1100:最小攻角下,鼻区驻点处最大热流等于 $1100kW/m^2$;

(3) 2000:最小攻角下,鼻区滞止热流等于 $2000kW/m^2$。

图 6.134 中也根据基于轨迹的设计方法,给出了沿再入轨迹的 6 个设计取样点。

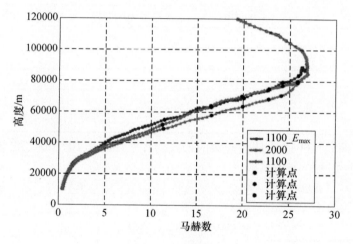

图 6.134　参考轨迹

图 6.135 给出了机身驻点处相应的热流轮廓。

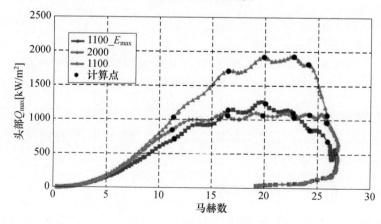

图 6.135　鼻部驻点区热流轮廓

另一方面,图 6.136 给出了鼻区驻点处热流随时间的变化历程。

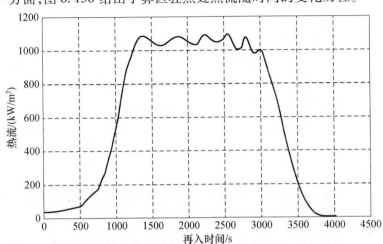

图 6.136　驻点的初始参考 FTB – X 气动热飞行环境

选这一设计点的基本原理很清楚:这样选择下,它们可以重新构造出沿着轨迹的整个热流变化历程。

由此,获得了飞行器需要忍受的气动加热脉冲值。表 6.10 总结了这些检验点和相应的自由来流条件。

表 6.10　CFD 检验点

校验点	再入时间/s	高度/m	马赫数	热流/(kW/m²)	AoA/(°)
3	1220. 20	80079. 18	25. 84	961. 50	12. 94
4	1800. 00	77146. 22	24. 24	1074. 20	19. 24
5	2119. 17	75208. 34	22. 79	1034. 38	23. 70
6	2492. 99	70241. 79	19. 85	1062. 48	25. 29
7	2773. 56	63981. 31	16. 51	1058. 19	22. 74
8	2900. 00	60427. 10	14. 71	846. 08	20. 18

就机翼前缘气动加热而言,在图 6.137 中给出了对于如图三个有意义的截面上,沿着轨迹的热流。可见,在机翼前缘处的气动加热环境不如驻点处的剧烈,这主要是由于机翼后掠的影响。

注意,尽管如此,由于长时间任务的需要,上面的再入气动热环境导致了非常高的时间积分热载荷 Q,其定义为

$$Q_{sp}(t) = \int_{t_E}^{t} \dot{q}_{sp}(\tau) d\tau$$

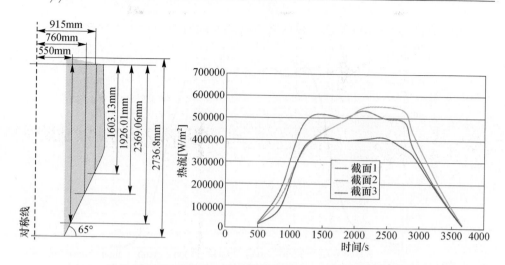

图 6.137　机翼前缘的初始参考 FTB – X 气动热飞行环境

需要强调的是,热流峰值在给定 TPS 材料类型时,决定了鼻区几何形状的选择,而总热载荷决定了 TPS 的厚度。因此,轨迹上 CFD 分析点的选择也需要能复现热脉冲下的区域,这对设计飞行器热防护系统很重要。

对 TPS 的尺寸,图 6.138 总结了不同马赫数下仅仅沿着中心线,几个检验点的流场环境中的热流,即 TC – 3、TC – 8 和 TC – 6。

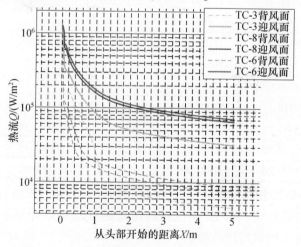

图 6.138　AoA 的影响,机身中心线上热流分布

可见,驻点热流接近轨迹气动热限制,且在测试算例中随攻角变化不灵敏。这和预料的差不多,因为在鼻尖附近表面曲率几乎是定值。

尽管如此,沿着机身,AoA 对迎风侧(连续线)和背风侧(虚线)的表面热流有影响。

当 AoA 最小时(TC-3),飞行器上表面比其他 TC 条件和典型 RLV(AoA $\cong$ 40°)下,更多地暴露在流场环境中,由于鼻区的低头构型,至少在前体部分热流分布值更高。

而且,从 TC-8 到 TC-6,如预料一样,在飞行器腹侧和背风侧都有较小的差异。

需要注意的,对 1100 和 1100_E_{max} 的轨迹,由 HPM 和 CFD 计算的驻点热流通常高于 $1100kW/m^2$ 的阈值;特别地,在 CFD 计算中如果壁面采用完全催化假设,热流会达到 $1400kW/m^2$。

而且,如此大的热流仅出现在很小的区域,大约 2cm。因此,可以期望的是,由于鼻区的热沉效应,可能的过度加热可以避免。

然而,在项目进行过程中需要考虑如此详细的分析结果。

最后,必须强调的是,后续章节给出的结果仅仅参考的是轨迹 1100,因为轨迹 2000 对目前考虑的标准 TPS 材料要求过于严格。

可以在传统 TPS 里承受高热流的结构部分,考虑采用由创新陶瓷合成物组成的另一种热结构方案,这样来提高任务的性能。较尖的鼻帽和前缘热结构使用大量超高温陶瓷(UHTC),即可以承受 2000K 以上高温的先进 $ZrB_2 - SiC$ 致密陶瓷混合物。

后续正在进行的分析

在初步分析中忽略了几个重要方面:

(1)层流到湍流转捩;

(2)机翼上的的激波撞击;

(3)稀薄效应;

(4)真实气体效应。

之后对每个问题给出一些重要结论;在任务进行中将给出更加详细分析。

6.8.6.1 层流到湍流转捩

众所周知,当流动区域变成湍流,壁面热流将大大提升,达到层流状况下的 2~3 倍。因此,一般情况下考虑这一影响很重要。另一方面,比如一种航天飞机轨道器,FTB-X,根据较高气动效率的目标要求,将有一个很"高"的再入轨迹。这意味着雷诺数将在大部分轨迹范围内很低;比如,对轨迹 1100,基于飞行器长度的雷诺数直到马赫数为 11 时低于 1 百万。因此,可以预料转捩将发生在马赫数充分小的时候,相关的过热将不再那么剧烈。

然而,比预料早的转捩通常由于壁面的不连续性,激波边界层干扰和其他未被预料的原因而变得可能。因此,在设计的下一阶段要对此问题需要进行详细分析,包括能帮助评估提前转捩风险、定义合适的设计裕量而特殊设计的实验测试。

6.8.6.2　翼身干扰

另一个在 TPS 设计中未被考虑但是目前正在研究的重要问题,是发生在机翼前缘区域的局部过热,在此区域,机身产生的激波撞击在机翼自身上。图6.139 给出了一个例子。初步分析表明,对 FTB-X 机翼的热流是没有激波撞击时的两倍。这一情况明显是局部的,仅限于激波撞击段,当沿着轨迹运动由于马赫数的下降而逐渐向翼尖移动。而且,感兴趣的那段明显取决于攻角。尽管如此,这是需要认真考虑的问题,也是由于现有基本构型里机翼前缘半径很小(4cm)(图 6.139)。

6.8.6.3　稀薄效应

由于 FTB-X 飞行器任务的特殊性,稀薄效应对气动力系数和热载荷估算尤其重要。比如,为了在稀薄流动条件下获得气动热,图 6.140 给出了由 DSMC和完全催化壁面和非催化壁面假设的 CFD 结果获得的鼻区驻点处热流随海拔高度的变化轮廓。

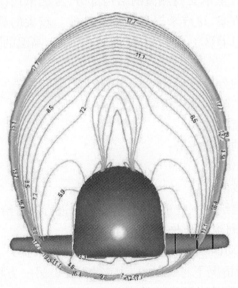

图 6.139　激波撞击机翼的样例

这些结果与采用 Scott 公式估计的热流进行对比,而 Scott 公式已经在 FTB-X的折中设计中使用。由采用完全催化壁面假设的 DSMC 和 CFD 获得的 $\dot{q}(0)$ 曲线相似;从高海拔($h \approx 80km$)开始,两种计算在给出驻点最大热流值上的结果一致。由于采用完全催化壁面条件"控制"壁面上解的值,所以尽管 DSMC 和 CFD

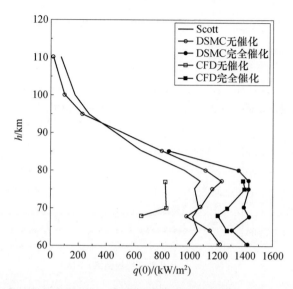

图 6.140　FTB - X 鼻区驻点的热流

采用不同方法,仍能给出可比较的结果。相反,Scott 公式估算的结果比 DSMC 和 CFD 的低;由 Scott 公式估算的 $\dot{q}(0)$ 最大值大约是 1100kW/m^2,而 DSMC 和 CFD 代码的计算结果约为 1400kW/m^2。

当壁面是非催化的,DSMC 和 CFD 计算的结果差别很大。在 DSMC 算例中,给出的结果与 Scott 公式相似,而 CFD 计算结果比它们低。当 $h \approx 80\text{km}$ 时,由 DSMC 估算的 $\dot{q}(0)$ 大约是 1230kW/m^2,CFD 的结果约为 821kW/m^2。在非催化壁面条件下,CFD 展示了它模拟稀薄流动的限制,这是由于一些唯象模型的失效,比如傅里叶定律和 Fick 定律。

所以,同样在 TPS 折中设计时,预测热流需要一个精确的方法。事实上,取决于壁面的催化行为,Scott 公式可能过度低估热流。因此,一方面在稀薄流动条件下要对壁面催化性进行合适评价,另一方面要选用类似 DSMC 的合适方法估算热流。

最后,对 HPM 和 CFD 计算的几个结果进行了对比,下文中只给出机身结果的对比,文献[10]中给出关于机翼的更加详细的热载荷结果,飞行器弓形激波入射在机翼前缘的地方发生的干扰也受到重点关注。

比如,图 6.141 中以与鼻部距离的函数形式给出了 TC - 6 流场条件下飞行器中心线上的热流。

可见,HPM 解和 CFD 结果吻合较好。尽管如此,存在三维流动效应的区域结果对比不好。这意味着在此阶段需要采取合适的设计裕量;因此基于 HPM 的

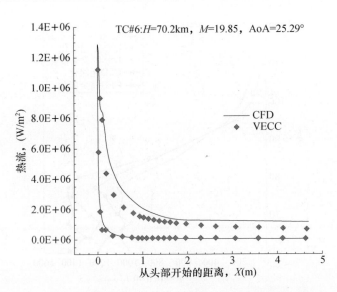

图 6.141　TC#6 下机身中线 CFD 和 HPM 计算热流对比

结果,对之后的 TPS 设计采用了 30% 的裕量。需要注意到所有这些分析都是基于层流假设;由于直到很低的马赫数计算的雷诺数较低,这一假设在大部分再入轨迹上都成立,尤其是在最大热载荷发生时的范围内成立。尽管如此,以后需要考虑由于壁面不连续造成的可能预先转捩影响。

　　注意,CFD 和工程估算结果仅在大约 $x < 1m$ 的迎风面处差异很大,这是由于鼻区钝化的下游流动效应,这引起了攻角和熵层产生的组合效应。因此,这一对比给出了当地熵值的影响,由此补充强调 HPM 代码认为激波层仅仅是旋转的[17]。事实上,无粘激波层中,由在攻角流动中的钝化鼻锥产生的弓形激波,而引起的熵梯度,导致了面元法代码没有考虑(如熵层)垂直于 FTB – X 表面的无粘速度梯度[15,18]。

　　更多详细的气动热折中研究请参见文献[5,10]。

6.8.6.4　TPS 的设计

在描述热设计结果之前,值得给出 FTB – X 中提出的结构方案综述。

6.8.6.5　结构方案

基本上,结构布置(图 6.142)是对外壳 9 个部分的每个由 6 根梁("T"和"H"部分)连接的 10 个隔框组成(唯一的例外是鼻部区域第一和第二个隔框之间只有 4 根梁)。隔框由机械加工的钛板组成,能够容纳降落伞罐和推进剂贮箱。

　　后部隔框采用网格式结构,为降落伞罐提供了一个装配法兰的坚硬交界面,同时也是为了和发射适配器连接。机翼考虑为热结构,以期质量最小化和提高

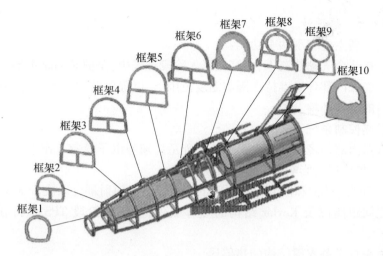

图 6.142　结构布置

飞行器自身的工艺配合。

　　机翼内部骨架以及迎风和背风面蒙皮将会适应前缘热变形,它们都是由不同材料制成的,热膨胀系数差异较大;由此需要一个能在所有条件下维持机翼结构完整性的坚硬骨架,但是也要有适应不同位置变形时的足够柔韧性,且不会带来机翼气动效率损失。

　　为了实现这些性能,人们使用褶皱薄片制成的桁条和肋骨,既有很大的弯曲刚度又有较小的纵向刚度。机翼的最大内部温度限制为 400℃。

　　这一限制不是由于结构原因(使用的材料可以超过这一限制)而是因为功能原因(副翼承受指令链的可能性)。在上述限制中,尽管为了结构安全在质量预算中考虑 PM1000,Ti 合金可作为褶皱的有效候选,因此可以在面临一些可能的非标准问题时也可以为结构提供一定裕量,比如损失一小部分 TPS 功能;这个方法对例如 USV 的试验飞行器可以使用,其任务包线将被严重的不可预见情况影响。机翼通过一些杆条连接在机身上(迄今考虑 PM1000,但是一个镍基MMC 成为一个引人注意的潜在替代品),便于机翼机身分解运输然后在发射点重新组装。副翼是 C/SiC 复合结构,加入了 C/SiC 的固化剂。这一选择对减轻质量和热效率都有益。由于 C/SiC 的热传导系数较高,植入机翼的副翼铰链轴承应当是陶瓷的;考虑到其在给定数量的任务后轴承会出现再磨光,其寿命应当在 USV 执行任务前给出。基准机翼前缘由 UHTC 制成,机翼在主动冷却前缘方案中需要承担流体配置线。

　　背风面的气动外壳仅仅是 TPS 板的支撑材料,其具有柔韧性的保护绝缘衬垫。

6.8.6.6 热设计

能量管理主要实现两个功能：

（1）在几个气动热流下，尤其是再入阶段过程中，保护 Kevlar 主要结构。

（2）确保内部环境维持在限制温度范围下，以确保航空电子设备、制动器和 RCS 贮箱的操作环境。

内部热控制系统

飞行器内部环境需要确保温度范围能适应航空电子设备工作需求。根据以下关联性，热传递会影响航空电子设备温度：

（1）Kevlar 结构和内部设备之间的辐射传热。辐射耦合取决于 Kevlar 结构和设备之间距离以及 Kevlar 结构的热等级，所有任务阶段 TPS 维持在 200℃ 以下。

（2）来自设备支撑结构的热传导。

为了在再入和着陆后阶段评估内部设备的操作温度范围，当一个完整的数学模型可用时，将用程序运算详细的分析算例。

这些分析将会证明需要额外的热电容，尤其是对如信标机一类的设备，其温度在整个任务过程中都需要控制，直到着陆后，或者对于那些有更加严格温度需求的设备，如电池（40℃）。

外部热保护系统

基于以下两点判断准则，通过分布在整个 FTB – X 表面的不同热防护系统（TPS）材料，实现再入气动热流传导的热隔离：

（1）在气动加热环境下维持表面平衡温度，如高超声速流动和 TPS 气动力表面的摩擦效应。此外，取决于壁面催化性，化学反应也影响外部边界层和 TPS 表面的热交换。最高温度预测发生在前缘和迎风面上。

（2）为了维持气动外形，需要提供足够的硬度来承受动压。

FTB – X 的所有气动面都由不同隔热材料保护，在选择时首先考虑的是能承受再入参考轨迹上发生的温度峰值。选择的 TPS 材料尺寸是通过再入阶段所有进入其表面的热载荷来评估。

气动热载荷决定了 Kevlar 亚结构温度的增长，其增长率与 TPS 热容量成反比。TPS 的厚度取决于不能超过 Kevlar 的最高温度 200℃。

基于 TPS 尺寸定位点上全部流入的热载荷，其厚度沿着飞行器长度维持不变。这是一个保守的假设，以维持 Kevlar 结构接近于在相应的尺寸定位点上 200℃ 的最大值，和尺寸定位点后所有状态上温度更低。

鼻部由陶瓷材料（C/SiC）保护。此外，在所有可预见的高温区域也采用陶瓷材料：飞行器迎风部分和接近鼻区的背风区和襟翼。所有这些区域的内部隔热是由高温隔热(HTI)的热衬垫和粘结在陶瓷板内侧的内部柔韧性绝缘(IFI)。

机身背风区域和飞行器后部覆盖了柔韧性外部隔热(FEI)衬垫,最大许用温度大约是1000℃。

具体而言:

(1) TPS的鼻区,长450mm,由一个C∕SiC整体帽盖组成。

(2) 背风区预测采用三套周向C∕SiC板,长为1350mm;最大板尺寸是500mm×500mm。板通过加强筋固定在相应于两块相邻板交界处的结构框架上;预计用陶瓷隔热装置限制热交换。

(3) 预计在迎风区域使用梯形C∕SiC板;此区域中,由于较大的气动热流,平板布局研究时避免板之间的交界面沿着流线,防止再入过程中可能的热等离子体流。

在前部,板通过加强筋固定在结构框架上,后部固定在梁上。

所有这些区域中,一体化的鼻区盖和C∕SiC板是可承载的,所以不需要机身。

Kevlar机身预计仅在迎风侧后部使用:粘结了FEI 1000的衬垫。衬垫相应于机身板块,并与相连结的机身板块尺寸一致。FEI衬垫轻质、坚固且易于应用、检修且在维修中替代。其缺点是外表面多孔多褶皱、气动品质较差。这一特性将不利于FEI表面施加实验载荷。

一种金属TPS(PM 1000)可以在背风区域替代FEI 1000,拥有光滑表面。在PM 1000区域,隔热由IFI来保证。如此,机身将不再需要,因为PM 1000面板是承载结构。这一情况的不利是大大增加质量。

机翼和方向舵是热结构,前缘(以及机翼下侧)使用C∕SiC材料,剩下部分使用PM 1000。图6.143给出了沿着FTB-X飞行器的TPS分布。

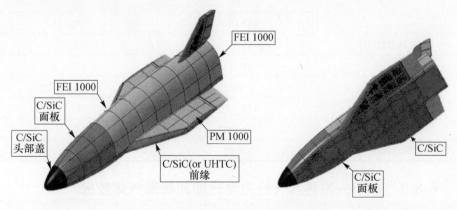

图6.143　TPS分布

TPS 的定位尺寸结果。TPS 的定位尺寸由代表整个飞行器的一个完整数学模型获得,且含有完整的内部航空电子设备结构。如图 6.138 所示,给出了对轨迹 1100 使用的热流。尽管如此,也考虑了轨迹 1100_ E_{max} 和 2000:第一个和 1000 特性相似,所以可以假设相同的 TPS 布局和相似的厚度分布。如果使用标准材料,第二个的 TPS 厚度过大。TPS 定位尺寸的目的是维持 Kevlar 结构温度低于最大值 200℃,且控制航空电子设备温度低于最大的许用温度值(对电池是40℃,而其他设备是 60℃)。由于再入阶段的航时长,进入飞行器的总热载荷很大,所以考虑在降落伞打开时使用内部空气冷却的可能性,这对设备温度有利(尤其是对那些信标机 MMU 和电池,需要在再入后的整个阶段控制它们的温度)。TPS 厚度在任何时候都维持在分布在 CATIA 模型的最大整体值以下(60mm)。表 6.11 给出了热分析得出的厚度。

表 6.11 TPS 厚度

FTB_X – 3.9.2TPS 厚度		
区域	材料	厚度/mm
头部	C/SiC	6
迎风面	HTT	20
	IFI	40
	C/SiC	3
前部背风面	HTI	20
	IFI	35
	C/SiC	3
背风面	HTI	20
	IFI	35
	FEI 1000	40
体襟翼	C/SiC	3
后部	HTI	20
	IFI	20
	FEI 1000	15
翼背风面	PM 1000	2
翼迎风面	C/SiC	3

6.8.7 FTB – X 再入飞行力学性能和稀薄气体效应

在参考轨迹计算中,当 FTB – X 在最高大气层飞行时,对忽略稀薄效应的相关性开展分析评价。这一设计需要考虑 FTB－X 必须沿着"长航时"轨迹的路径飞行,其中在较高大气层内飞行器需要能交换一部分不可忽略的潜在附加动能。因此,如果飞行力学(FM)计算参考的 AEDB 考虑稀薄效应(RE),再入轨迹评价可能受到极大影响。在此框架内,典型的再入轨迹首先用于评价稀薄效应,其飞行器假设在 120km 的海拔高度,以飞行航迹角 1.1°、7420m/s 的速度进入地球大气层。由于我们使用定义一个参考再入路径的方法取决于限制优化问题的数值解,我们定义由优化方法计算的海拔高度、速度和 AoA 剖面的均方根(RMS)值,同时考虑和不考虑 RE,作为衡量这些效应对再入轨迹相关性的影响数据。

　　海拔高度和速度剖面,事实上是通过直接或非直接使用导出参数,在指导系统设计中的通常使用的参数,而 AoA 是指挥引导飞行器在设计飞行轨迹上飞行的命令参数。因此,我们认为那些 RMS 值可以方便的用于评价稀薄大气效应的相关性。在图 6.144 中,分别对比了考虑或者忽略稀薄大气对飞行器气动力影响的通过优化再入路径获取的轨迹。

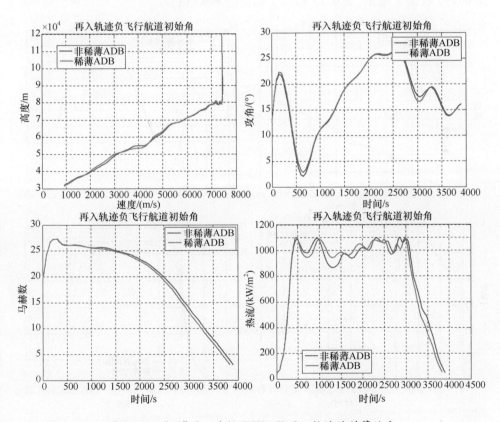

图 6.144　"深"再入路径,USV－X 再入轨迹的稀薄效应

两条轨迹都通过标准载荷因子、动压和热流限制进行了优化,后者在计算路径时最为相关。两条路径在图中看上去很接近,表 6.12 中给出可选择的 RMS 参数取值。

表 6.12　稀薄效应对"深"再入路径的影响

	RMS	Mean	%
$Alt_r - Alt_{nr}[m]$	1190	70000	1.7
$Vel_r - Vel_{nr}[m/s]$	148	5350	2.8
$AoA_r - AoA_{nr}[°]$	0.44	17.6	2.5

在进一步评价 RE 对概念飞行器再入性能影响时,将考虑一条"更坏"的路径,其初始再入速度矢量假定正切于 120km 海拔高度的圆形轨道,即初始飞行路径假定为 0 且返回地球是通过降低飞行器轨道速度实现的。这类再入路径,事实上将比前面获得的路径在高层大气中停留时间更长,受到 RE 的影响更大。图 6.145 收集了结果,表 6.13 给出了相应的 RMS 值。

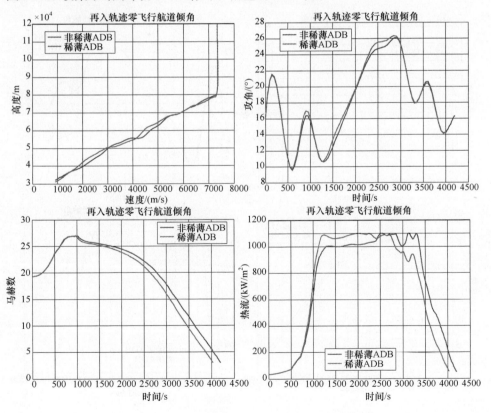

图 6.145　"浅"再入路径,USV - X 再入轨迹的稀薄效应

表 6.13 稀薄效应对"浅"再入路径的影响

	RMS	Mean	%
$Alt_r - Alt_{nr}[\text{m}]$	2480	70940	2.5
$Vel_r - Vel_{nr}[\text{m/s}]$	356	5200	6.8
$AoA_r - AoA_{nr}[°]$	0.4	17.6	2.3

正如预料,对"深"轨迹结果,RMS 值较差。

总之,对 FTB - X 再入轨迹计算,看上去稀薄效应对再入飞行性能影响可以忽略。

最后,值得注意的是,对转掠区有关的量,即图 6.144 和图 6.145 给出的热流轮廓,是基于工程方法计算的,由于此范围内预计将发生更大的热流,所以需要用更加可信的 DSMC 模拟来证明。

6.9 气动数据的不确定性

许多不确定性的来源存在于模拟飞行器飞行的模型中。第一个是飞行器气动力模型的不确定性。事实上,即使可以获得飞行器气动力数据,即升力、阻力、侧向力和力矩系数,以及气动力点和浸润表面积,气动模型的精度仍然受到不同尺寸模型、不同风洞的风洞测试,和不同模型在几种飞行区域内 CFD 模拟精确度的限制。由此,飞行器飞行之后,通过分析收集的飞行数据,气动不确定性通常是有范围的。所以,飞行不确定性通常基于对比历史飞行测试和飞行前其他相似飞行器构型的预估。大多数情况下,尽管有时也使用一些代码计算,飞行前的预估是基于风洞数据。这些不确定性给出了"强调"测试候选的 USV - X 导航、制导和控制系统。

对统计误差分析,需要组合不确定性,容差和偏差可以作为在均值两侧正态分布的 3σ 误差。

6.9.1 气动数据库不确定性公式

一般来说,不确定性是"容差"(例如估算平均值的离散偏差:计算代码、风洞)和"偏差"(例如飞行移置误差)的组合。所以,下面给出了如何分解这些不确定性的贡献。

6.9.1.1 容差

CFD	WTT
• 网格不精确	• 模型不精确
• 求解方法(Euler, N–S,…)	• 流动相似性(雷诺数……)
• 计算代码	
• 收敛带来的不精确	• 装配影响(支架……)
• 模型(湍流,真实气体,化学反应,……)	

这些贡献导致了 CFD 到 CFD 的离散偏差以及 WTT 到 WTT 和 WTT 到 CFD 离散偏差。确定每一种贡献是没有问题的。估算容差是基于评估 CFD 或者 WTT 结果,WTT 重复性试验等的偏差。换句换说,容差估算是来源于分析不同预测方法的数据结果。

6.9.1.2 偏差

• 预测方法的代表性(模型,流动特征……)
• 飞行器的实现(与理论外形的一致性,气动弹性变形……)

结果的离差中无法观察到偏差。这里我们评估了哪些可能成为飞行中的偏差。仅仅能从实验或者一些难以预测的合理物理现象中获得,比如高超声速流动中的真实气体效应。

6.9.1.3 不确定性公式

基于以上考虑和专家建议,也附加给出了 AEDB 的相关不确定性,用以下关系式建模:

$$\Delta C_{\mathrm{D,unc}} = \Delta C_{\mathrm{D,b,unc}}(M)$$

$$\Delta C_{\mathrm{Y,unc}} = \Delta C_{\mathrm{Y,\beta,unc}}(M) \cdot \beta + \Delta C_{\mathrm{Y,\delta_a,unc}}(M) \cdot \delta_a + \Delta C_{\mathrm{Y,\delta_r,unc}}(M) \cdot \delta_r$$

$$\Delta C_{\mathrm{L,unc}} = \Delta C_{\mathrm{L,b,unc}}(M)$$

$$\Delta C_{\mathrm{l,unc}} = \Delta C_{\mathrm{l,\beta,unc}}(M) \cdot \beta + \Delta C_{\mathrm{l,\delta_a,unc}}\%(M) + \Delta C_{\mathrm{l,\delta_r,unc}}(M) \cdot \delta_r$$

$$\Delta C_{\mathrm{m,unc}} = \Delta C_{\mathrm{m,b,unc}}(M) + \Delta C_{\mathrm{m,\delta_{bf},unc}}\%(M) + \Delta C_{\mathrm{m,\delta_e,unc}\%}(M)$$

$$\Delta C_{\mathrm{n,unc}} = \Delta C_{\mathrm{n,\beta,unc}}(M) \cdot \beta + \Delta C_{\mathrm{n,\delta_a,unc}}(M) \cdot \delta_a + \Delta C_{\mathrm{n,\delta_r,unc}}\%(M)$$

以上所有不确定的来源都取决于马赫数,值得注意的是,在以上列出的关系式中考虑了三种不同类型的贡献：

基准不确定性：这是一种附加的不确定性（$\Delta C_{D,b,unc}$，$\Delta C_{L,b,unc}$，$\Delta C_{m,b,unc}$）。

衍生不确定性：为了计算不确定性贡献，需要和相关独立变量相乘（$\Delta C_{Y,\beta,unc}$，$\Delta C_{Y,\delta_a,unc}$，$\Delta C_{Y,\delta_r,unc}$，$\Delta C_{1,\beta,unc}$，$\Delta C_{1,\delta_r,unc}$，$\Delta C_{n,\beta,unc}$，$\Delta C_{n,\delta_a,unc}$）。

百分比不确定性：其表明了一个附加不确定性，应当由相应标准项的百分比计算出来（$\Delta C_{1,\delta_a,unc\%}$，$\Delta C_{m,\delta_{bf},unc\%}$，$\Delta C_{n,\delta_r,unc\%}$）；$\Delta C_{m,\delta_e,unc\%}$ 也属于该组，但是等于标准值 $\Delta C_{m,\delta_{bf}}$ 的 80%。

当考虑不确定性时，总的气动力系数为

$$C_{i,total} = C_{i,nominal} + \Delta C_{i,unc} \quad i = D,Y,L,l,m,n$$

因此，目前为止飞行器气动特性，体现的是平均值（为飞行条件调整），然而不确定性表明那些平均值的偏差，描述了关于平均值看上去的分散度。容差，或者较小的不确定性边界，表明了为飞行条件关于数据段均值调整的实验数据分散度（尤其是无支撑和尺度效应）。

给出容差是为了操作子系统设计，可能指的是像设计或者操作不确定性。偏差，或者不确定性上界，表明了与风洞导致的实验数据和全尺寸飞行器飞行测试相关的不确定性，可能指的是像轨道飞行前测试的不确定性。

这些不确定性给出了候选飞行器导航、制导和控制系统"重点"测量的基础。

因此，在整个再入飞行中需要给出每个 $\Delta C_{i,unc}$ 的贡献。最后，WTT、CFD 和飞行数据对飞行器气动不确定性的影响将在后面讨论。

6.9.2 气动数据库不确定性和 WTT 测试

实验室（风洞）或者实验数据总是伴有测量精度误差。因此，指定一些例如误差限的参数来表示实验数据测量精度，就显得很重要。测量的误差是观察值减去真实值，但是真实值是未知的。误差可以归结为偶然误差或系统误差。

偶然误差体现在大量测量中正负数量相等，将对均值产生轻微影响。

系统误差，来源于相同情况，将以相同形式影响均值（正或负），相互之间无法平衡，将对均值产生一个确定的偏离。系统误差的例子有支撑模型影响、风洞壁面效应、阻塞等。

当所有系统误差消除的时候（尽可能），可以考虑对某个量进行单一重复测量，以确保对真值的最好估算，评价已获得的可重复性度。未知真实值的最佳估算是所有测量值的平均。因此，WTT 测量对飞行器气动力数据库不确定性的贡献，取决于 WT 设备可用测量仪器的准确度。

6.9.3 气动数据库不确定性和 CFD 数据

通常,CFD 数据有不同模型和代码的数值模拟结果。因此,根据图 6.146 中认知管理空间,数值结果受到模型和计算限制的影响。

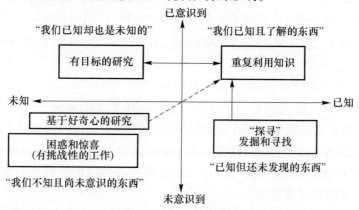

图 6.146　认知管理空间

当进行数值 CFD 模拟时,研究者将面临一些已知的不定因素,即一些已知但是无法定量的现象,以及一些未知的不定因素,即对设计重要但是尚未确认的现象。

例如,在对选定飞行条件 CFD 模拟中在流动建模中的考虑。

6.9.4 气动数据库不确定性和飞行数据

当没有飞行数据用于支撑气动不确定性建模时,就需要考虑在文献中可获得的此类空间飞行器的评价数据,比如图 6.147 所示和 US 航天飞机(图 6.148)[38]。因此,不确定性是基于历史飞行测量和飞行前其他相似飞行器构型估计的对比。在大多数情况下,预先估计是基于风洞数据,尽管也使用一些代码估算数据。

我们提倡这一设计选择,因为 US 航天飞机轨道器项目是已经完成了气动力不确定性模型最为详细的分析之一。轨道器气动不确定性模型包含两个方面。

第一部分基于 27000h 的风洞测试项目累积的风洞到风洞和模型到模型的偏差,用于获得气动模型。这些偏差,术语叫"容差",是认为应当预见的最小误差。控制律应当尽可能让这些误差小或者对飞行器稳定性或导航起不到影响。不确定性模型的第二部分是基于对大量相似飞行器(在任务或者构型方面)的

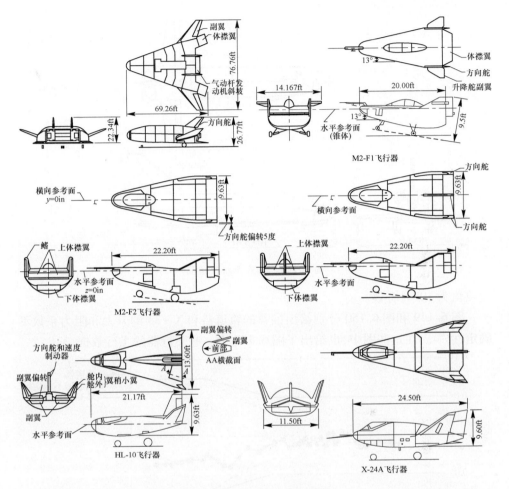

图 6.147　升力体研究飞行器

历史飞行测量和预先飞行估计差异。通过尽可能多的组合相似飞行器,对每个重要的气动力系数,都会产生一个非真实的"最差情况"的气动预估误差边界。

这些最差情况的气动不确定性术语叫"偏差"。

6.9.5　轨道飞行器和 X-33 气动不确定性

轨道飞行器气动数据库源于大量的风洞测试项目。就风洞测试而言,轨道器可能存在迄今最佳飞行前风洞预估结果。由于有大量的地面测试项目来发展轨道器气动数据库,其不确定性度,将大体上小于对 ORV 概念飞行器的不确定度。

轨道飞行器和 X-33 不确定度以马赫数函数的形式给出,对标准计划中最

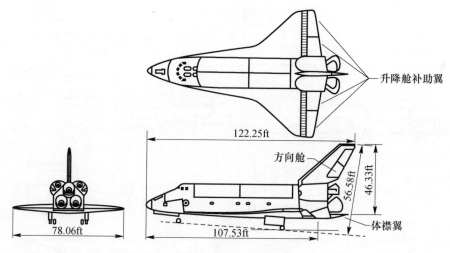

图 6.148　航天飞机轨道器

大攻角为 10°时有效。

图 6.149 和图 6.150 分别给出推荐的轨道器和 X - 33 的升力和阻力系数不确定性[39]。在这些图中,也给出了图 6.147 中一些飞行器的飞行数据。

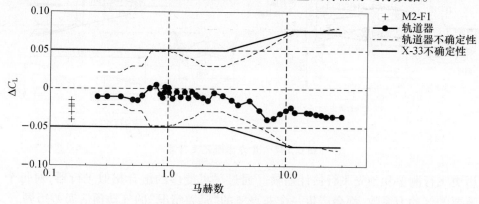

图 6.149　轨道器和 X - 33 飞行器的升力不确定性

由于很多因素(模型支架、雷诺数、真实气体和风洞阻塞效应),在风洞测试中总的气动阻力对误差很敏感。这一敏感性在轨道飞行器的飞行到预测对比中很明显。在跨声速区域,阻力系数预测将在 100 到 - 200 之间的误差中变化。在亚声速和低超声速马赫数中,轨道器的 AoA 小于 15°。当马赫数大于 5,阻力误差增大。对阻力不确定性增长的解释包括随着 AoA 提高诱导阻力误差增加,以及重现高超声速雷诺数的困难和风洞内真实气体环境。

图 6.151 给出了轨道飞行器和 X - 33 概念飞行器的俯仰力矩预测误差[39]。

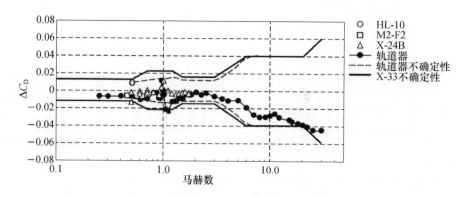

图 6.150 轨道器和 X – 33 飞行器的阻力不确定性

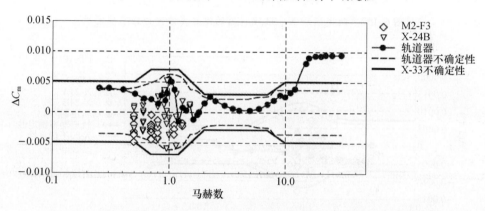

图 6.151 轨道器和 X – 33 飞行器的俯仰力矩不确定性

就像阻力,俯仰力矩也易受风洞测量误差的影响。在高超声速下,轨道器由于真实气体效应,以及在亚声速和跨声速区的典型偏差,将会产生较大的俯仰力矩误差。这些真实气体效应是易于理解的现象,可用现有的 CFD 代码预测。

图 6.152 给出了推荐的轨道器和 X – 33 体襟翼效率系数不确定性[39]。由于目前没有更好的办法,体襟翼形状的效率不确定性也用于升降舵副翼的控制不确定性。由于升降舵副翼位于底面分离流场外面,减小不确定性看上去可以保证。

横向导致的不确定性将在下面讨论。不确定性模型由侧滑和控制面偏转的影响组成。

图 6.153 ~ 图 6.155 给出了轨道器和 X – 33 侧滑导致的不确定性[39]。

图 6.153 给出了滚转力矩对侧滑的求导误差 $\Delta C_{l\beta}$。

图 6.154 和图 6.155 分别给出了航向稳定性,$\Delta C_{n\beta}$,以及侧向力对侧滑的求导误差,$\Delta C_{Y\beta}$。

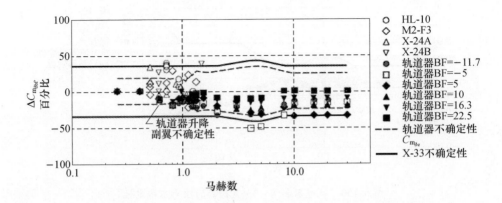

图 6.152　轨道器和 X－33 飞行器的体襟翼俯仰力矩不确定性

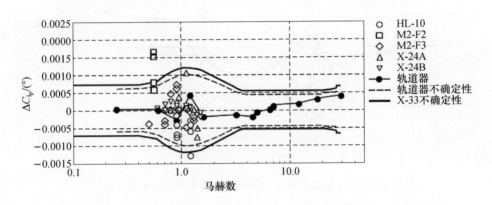

图 6.153　轨道器和 X－33 飞行器由侧滑引起的滚转力矩不确定性

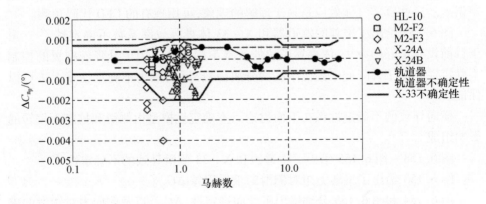

图 6.154　轨道器和 X－33 飞行器由侧滑引起的偏航力矩不确定性

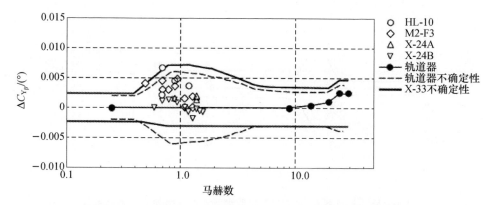

图 6.155　轨道器和 X - 33 飞行器由侧滑引起的侧向力不确定性

图 6.156 ~ 图 6.158 总结了轨道飞行器和 X - 33 副翼的求导不确定性[39]。图 6.156 给出了滚转控制力的增量，$\Delta C_{L\delta a}$。

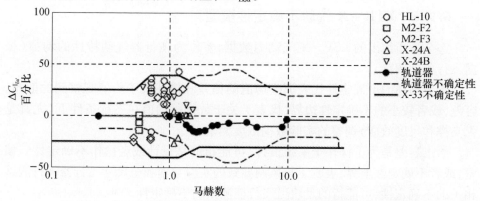

图 6.156　轨道器和 X - 33 飞行器由副翼引起的滚转力矩不确定性

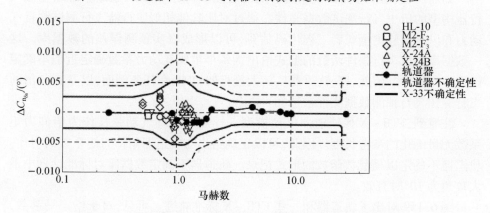

图 6.157　轨道器和 X - 33 飞行器由副翼引起的偏航力矩不确定性

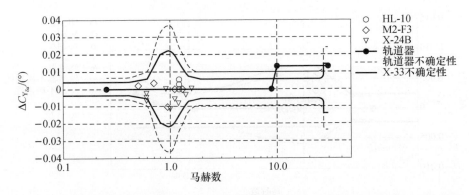

图 6.158　轨道器和 X – 33 飞行器由副翼引起的侧向力不确定性

图 6.157 给出了由副翼带来的偏航力矩增量，$\Delta C_{n\delta a}$。图 6.158 给出了由副翼带来的侧向力增量，$\Delta C_{Y\delta a}$。

6.9.6　FTB – X 气动不确定性模型

迄今为止给出的 USV – X 气动力数据，将作为飞行器气动特性的均值（根据飞行条件调整）。

本节描述的不确定性代表那些均值的偏差和描述关于均值观察到的散布。容差，或者较小的不确定性边界，代表了关于数据段均值在飞行条件下（尤其是无支撑和尺度效应）调整的实验数据散度测量。

给出容差是为了操作子系统设计，可能指的是设计或者操作不确定性。偏差，或者不确定性上界，表明了与风洞导致的实验数据和全尺寸飞行器飞行测试相关的不确定性，可能指的是轨道飞行前测试的不确定性。

如前所述，对 FTB – X 气动力开发的近似不确定性模型，起始于总结相似飞行器构型的历史飞行测试数据文件。通过对比其他相似飞行器飞行测试测量气动力和风洞实验测量或者工程代码估算，可以形成真实预测误差的数据库。这一数据库为以飞行条件函数的形式给出为每个重要气动力参数确定近似不确定性大小作指导。因此，US 轨道器从其大量相似 OML 和任务剖面，以及其突出的飞行 – 预飞行预测数据文件被选择。

注意到，FTB – X 像轨道器气动模型一样使用平均气动弦长作为俯仰力矩系数无量纲化的参考长度。因此，可以正确给出与轨道器俯仰力矩系数的对比。轨道器不确定以马赫数函数的形式记录。轨道器不确定数据库对标准计划中最大攻角为 10°时有效。

图 6.159 对比了轨道器和一些 FTB – X 标准轨迹。可见，对于给定马赫数，在再入过程中 FTB – X 的 AoA 小于轨道器。假定不确定性随着 AoA 增加而增

加,在飞行的其他阶段使用再入计划的不确定性应是一种保守的方法。

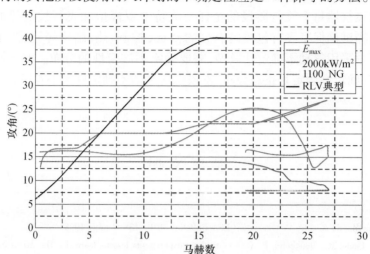

图 6.159　FTB－X($E_{\max}$,2000kW/m^2,1100_NG)和
航天飞机轨道器(典型 RLV)再入轨迹对比

对每个系数和导数,以马赫数函数的形式组合和绘出前面所说的系数不确定性数据。在绘曲线时,需要给出对预估参数的最大期望不确定性的评判标准。当数据较稀疏时,轨道器不确定性用于定义 FTB－X 气动外形的不确定性。这里给出发展每个系数不确定性的解释。本工作获取的气动不确定性不是为了顾及结构柔韧性。

$$（方法 1）不确定性（百分比）＝\frac{（飞行－预测）}{预测}\times100$$

百分数数据形式用于 $C_{l\delta a}$,$C_{n\delta a}$,$C_{m\delta bf}$,$C_{m\delta e}$ 和 C_{mq} 导数。量级较小或者在飞行包线中某处改变符号的参数,不宜作为百分数形式不确定性的候选参数。因此,许多气动参数以预估值增量的形式给出。

$$（方法 2）不确定（增量）＝飞行－预测$$

这一方法用于 C_L,C_D,C_m 和 L/D 系数以及 $C_{Y\beta}$,$C_{l\beta}$,$C_{n\beta}$,$C_{Y\delta a}$,$C_{n\delta a}$,$C_{Y\delta r}$ 和 $C_{l\delta r}$ 导数。

一般而言,旋转导数相比于其他参数有较大偏差,导致选择一个总结数据的飞行预估值很难。将每次单一机动的数据点(不是光顺过的数据)和预飞行估计结果对比。结果,可能获得期望的不确定数据额外散差。起初,阻尼导数不确定性数据以方法 2 的增量形式给出。

目前,已经有了气动不确定性模型,需要发展一些能应用于气动误差的理论方法。很多类型测试需要使用气动不确定性模型,这些测试方法包括,比如,目前在研的飞行器每个飞行阶段的全任务蒙特卡罗模拟和飞行控制律的线性分析。此类测试确保了飞行包线内充分的裕量(控制、热、结构等)。为了在蒙特卡罗模拟中采用气动不确定性模型,需要确定不确定性的分布。对不同飞行程序,气动不确定性假定是正态分布,本段中所述的不确定性大小等于 $3 - \sigma$ 值。

参 考 文 献

[1] The Atmospheric Reentry Demonstrator. ESA Bullettin. BR - 138 October 1998.

[2] Tran P, Paulat JC, Boukhobza P. Re - entry flight experiments lessons learned - The Atmospheric Reentry Demonstrator ARD. RTO - EN - AVT - 130.

[3] Schettino A, Votta R, Roncioni P, Di Clemente M, Gerritsma M, Chiarelli C, Ferrarella D. Aerodynamic and aerothermodynamic data base of expert capsule. In: Proceedings of the west - east high speed flow field conference; 19 - 22 November 2007, Moscow, Russia.

[4] Pezzella G, Marino G, Rufolo G (2014) Aerodynamic database development of the ESA intermediate experimental vehicle. Acta Astronaut 94(1):57 - 72. doi:10.1016/j. actaastro.2013.07.019, ISSN (0094 - 5765).

[5] Paris S, Charbonnier D, Tran D (2011) Experimental and numerical investigation of aerothermal characteristics of the IXV hypersonic vehicle. Paper presented at the 7th European symposium on aerothermodynamics for space vehicles. Brugge, 9 - 12 May 2011.

[6] Viviani A, Pezzella G (2012) Aerodynamic performance analysis of an unmanned re - entry vehicle from hypersonic down to subsonic regime. In: Proceedings of the 63rd international astronautical congress, Naples, Italy. IAC - 12 - D2.3.4. 2012.

[7] Viviani A, Pezzella G (2013) Aerodynamic performance analysis of three different vehicle concepts at hypersonic speed. In: Proceedings of the XXII conference of Italian Association of Aeronautics and Astronautics, 9 - 12 September 2013, Naples, Italy, Paper 74.

[8] "Aerodynamic Problems of Hypersonic Vehicles", AGARD lecture series no. 42; AGARD - LS - 42, vol. 1.

[9] Schettino A, Pezzella G et al (2006) Mission trade - off analysis of the Italian USV Reentry Flying Test Bed. In: Proceedings of the 14th AIAA - AHI space planes and hypersonic systems and technologies conference, 6 - 9 November 2006, Canberra, Australia, paper AIAA - 2006 - 8017.

[10] Schettino A, Pezzella G et al (2006) Aero - thermal trade - off analysis of the Italian USV Re - entry Flying Test Bed. In: Proceedings of the 14th AIAA - AHI space planes and hypersonic systems and technologies conference; 6 - 9 November 2006, Canberra, Australia, paper AIAA - 2006 - 8114.

[11] Pezzella G, Battista F, Schettino A et al (2007) Hypersonic aerothermal environment prelimi - nary defini-

tion of the CIRA FTB – X reentry vehicle. In: Proceedings of the west – east high speed flow field conference, 19 – 22 November 2007, Moscow, Russia.

[12] Anderson JD (1989) Hypersonic and high temperature gas dynamics. McGraw – Hill Book Company, New York.

[13] Pezzella G, Marini M, Roncioni P, Kauffmann J, Tomatis C (2009) Preliminary design of vertical takeoff Hopper concept of future launchers preparatory program. J Spacecr Rocket 46(4):788 – 799. doi: 10.2514/1.39193, ISSN 0022 – 4650.

[14] Bertin JJ (1994) Hypersonic aerothermodynamics, AIAA education series. American Institute of Aeronautics and Astronautics, Washington, DC.

[15] Prabhu DK (2004) System design constraints – trajectory aerothermal environments. In: RTO AVT/VKI lecture series in critical technologies for hypersonic vehicle development, 10 – 14 May 2004.

[16] Pezzella G, Gardi R, Guidotti G, Richiello C (2011) Aerodynamic and aerothermodynamic trade – off analysis of the Italian USV2 Flying Test Bed in the framework of an Hypersonic Flight Test. In: Proceeding of the 3rd international ARA days. 2 – 4 May 2011. Arcachon, France, AA – 1 – 2011 – 54.

[17] Kinney DJ (2004) Aero – thermodynamics for conceptual design. In: Proceedings of the 42nd AIAA Aerospace sciences meeting and exhibit, Reno, NV, USA, 5 – 8 January 2004, AIAA – 2004 – 31.

[18] Kinney DJ (2006) Aerodynamic shape optimization of hypersonic vehicles. In: Proceedings of the 44th AIAA Aerospace sciences meeting and exhibit, Reno, NV, USA, 9 – 12 January 2006, AIAA – 2006 – 239.

[19] Bonner E, Clever W, Dunn K (1991) Aerodynamic preliminary analysis system II Part I – theory, NASA Contractor Report 182076. April 1991.

[20] Pezzella G (2011) Aerodynamic and aerothermodynamic trade – off analysis of a small hyper – sonic flying test bed. Acta Astronaut 69(3 – 4):209 – 222. doi:10.1016/j.actaastro.2011.03.004, ISSN (0094 – 5765).

[21] Pezzella G (2012) Aerodynamic and aerothermodynamic design of future launchers preparatory program concepts. Aerosp Sci Technol 23(1):233 – 249. http://dx.doi.org/10.1016/j.ast.2011.07.011.

[22] Pezzella G (2013) Hypersonic aerothermal environment assessment of the CIRA FTB – X reentry vehicle. Aerosp Sci Technol 25(1):190 – 202. http://dx.doi.org/10.1016/j.ast.2012.01.007.

[23] Moore FG, Hymer T, Wilcox F (1994) Base drag prediction on missile configurations. J Spacecr Rocket 31(5):759 – 765.

[24] Pezzella G (2011) Aerodynamic and aerothermodynamic trade – off analysis of a small hypersonic Flying Test Bed. Acta Astronaut. 69(3 – 4):209 – 222. doi:10.1016/j.actaastro.2011.03.004. ISSN (0094 – 5765).

[25] Park C (1993) Review of chemical kinetic problems of future NASA missions: earth entries. J Thermophys Heat Transf 7(3):385 – 398.

[26] Maughmer M, Ozoroski L, Straussfogel D, Long L (1993) Validation of engineering methods for predicting hypersonic vehicle control forces and moments. AIAA J Guid Control Dyn 160(4):762 – 769.

[27] Moore M, Williams J (1989) Aerodynamic prediction rationale for analyses of hypersonic configurations. In: Proceedings of the 27th Aerospace sciences meeting, Reno, NV, USA, 9 – 12 January 1989, AIAA – 89 – 0525.

［28］Burns K et al (1995)"Viscous effects on complex configurations" software User's Manual WL – TR – 95 – 3060, McDonnell Douglas Aerospace, August 1995.

［29］Gomg L, Ko WL, Quinn RD (1984) Thermal response of space shuttle wing during re – entry heating, NASA TM 85907, June 1984.

［30］Battista F, Rufolo G, Di Clemente M (2007) Aerothermal environment definition for a reusable experimental re – Entry vehicle wing. In: AIAA – 2007 – 4048, 39th AIAA Thermophysics Conference, Miami, FL, 25 – 28 June 2007.

［31］Di Clemente M et al. Numerical prediction of aerothermodynamic effects on a re – entry vehicle body flap configuration, paper IAC – 06 – D2.6.08.

［32］Zuppardi G, Costagliola F, Rega A, Schettino A, Votta R (2006) Evaluation of rarefaction effects on a winged, hypersonic re – entry vehicle. In: Proceedings of the 14th AIAA/AHI international space planes and hypersonic systems and technologies conference, Canberra, AU, AIAA – 2006 – 8032, November 2006.

［33］Balnchard CR, Larman KT, Moats C (1994) Rarefied – flow shuttle aerodynamics flight model. J Spacecr Rocket 31(4):550 – 556.

［34］Schettino A, Votta R, Roncioni P, Di Clemente M, Gerritsma M, Chiarelli C, Ferrarella D (2007) Aerodynamic and aerothermodynamic data base of expert capsule. In: Proceedings of the west – east high speed flow field conference, 19 – 22 November 2007, Moscow, Russia.

［35］Pezzella G, Filippone E, Serpico M (2009) Re – entry aerodynamics and aerothermodynamics analyses of the Flying Test Bed USV – X in the framework of a High Lift Return. In: Proceeding of 16th AIAA/DLR/DGLR international space planes and hypersonic systems and technologies conference, AIAA 2009 – 7425.

［36］Prabhu DK (2004) System design constraints – Trajectory aerothermal environments. In: RTO AVT/VKI lecture series in critical technologies for hypersonic vehicle development, 10 – 14 May 2004.

［37］Viviani A, Pezzella G (2010) Computational flowfield analysis over a blunt – body reentry vehicle. J Spacecr Rocket 47(2):258 – 270. doi:10.2514/1.40876, ISSN 0022 – 4650.

［38］Vega User's Manual Iss. 3/Rev. 0, Mar. 2006.

［39］Cobleigh BR (1998) Development of the X – 33 aerodynamic uncertainty model. NASA/TP – 1998 – 206549 April 1998. NASA.

第七章 试样返回舱分析

7.1 前 言

试样返回任务旨在选择、收集和最后返回地球外样本到地球来对其进行分析。

将飞行器送入太空,并从行星(如火星)和其他天体(如彗星)中收集样本是太空探索活动中的重要一步,这可以更准确了解地球和宇宙[1,2]。在这种情况下,试样返回飞行器(SRV)的设计需要解决重大的工艺设计问题,诸如航天器在超轨道速度下返回地球时遇到的负载环境。为了在未来十年中进行负担得起的样本返回任务,欧洲计划设计一些高速返回任务,这对于行星探索而言非常关键(图7.1)[3]。

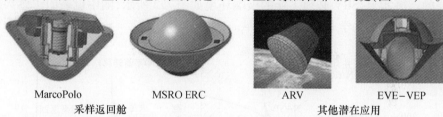

| MarcoPolo | MSRO ERC | ARV | EVE-VEP |

采样返回舱   其他潜在应用

图 7.1 未来欧洲高速大气层再入任务

在此框架中,本章对通用样本返回舱(SRC)的设计方法进行概述。一般来说,设计过程需要以一些最优方式满足一些特定需求。为了获得最优解,或者至少尽可能多的满足施加的要求,通常需要在单个零件或系统之间权衡。如果没有完全的天分,斡旋这些权衡需要精通工程学和拥有工程学素养,了解所有系统和工程学科。航天器涉及广泛的学科,诸如通信、电力、热控制、推进等,因此是一个巨大的挑战。但是行星探测器的挑战更严峻,因为除了通常的航天器学科外,还包括发射航天器以及在行星环境中进行操作的一些方面,如气动热力学、土力学等。至关重要的是需要充分体现"客户"的意图。

总之,一旦建立了任务要求和约束,SRC 设计分析就需要在相似性和缩放比例过程中开始考虑从文献和之前任务获取到的可用设计结果。SRV 一个挑战性设计问题的可怕案例就是,在重返大气层过程中,当返回舱在地球大气层中飞行时,其前方遭受到强大的弓形激波,受到大范围的压强、传热和剪切应力。出现了几个高超声速特有特性,如薄激波层、熵层、黏性相互作用等[4-7]。在这些现象中,需要注意高温影响,也称为真实气体效应,因为其在飞行器任务的设计阶段是很重要的一点[6,7]。事实上,穿过激波,大量的动能转化为热能。这种能量会导致激波层内气体混合物的高温,在激波层内会发生离解和电离。这会产生撞击在飞行器壁面的等离子体流动。为维持这一重要传热,航天器必须安装合适的热保护系统(TPS),利用烧蚀材料制成,需要适应再入时的高能量。烧蚀防热罩对再入机动的成功至关重要,但设计很复杂,因为传热的实质涉及气体热力学现象,比如防热罩组分吸进边界层以及它们与离解空气的相互作用[8-10]。在此框架中,对以超轨道速度返回的返回舱进行计算流场分析的能力很基础[11,12]。事实上,这些外星样本返回地球根据天体力学定律必须有高速的再入轨迹。因此,设计地球再入 SRV 需要强大的技术基础,以及必须了解超轨道速度下再入地球时面临的负载环境。一个高速地球再入飞行器具有以下特点:再入速度高于或等于 11.7km/s(相较于 7.5km/s 的美国航天飞机)。具有非常高的热流(超过 $10MW/m^2$ 范围内)和热负荷($200MJ/m^2$ 范围内),此时辐射也是相当重要的。事实上,SRV 必须飞跃的极端环境如图 7.2 所示,图中也表明了感兴趣的速度范围与热化学非平衡飞行区域。

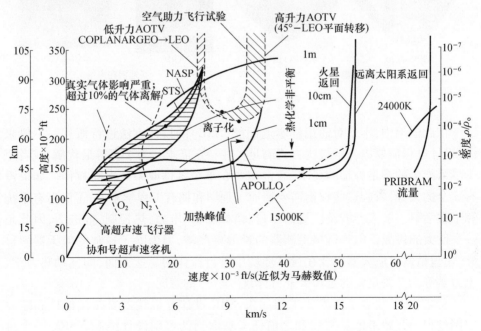

图 7.2　地球大气层的热化学非平衡飞行区域比较

在此框架下,本章对开展的研究活动进行概述,目的是评估气动外形改变、流场辐射和表面质量吸走对 SRV 空气动力学和气动热力学的影响。最后,选择一个 SRV 返回舱外形,计算再入轨迹来开展研究分析。在第一个设计任务中,即评估气动外形改变,进行十二个 CFD 模拟。它们对应沿再入轨迹指定点在热化学非平衡状态下的二维(2D)斯托克斯(NS)计算,即点 M。此任务预计对烧灼气动外形与非烧灼气动外形各进行六次模拟,以评估隔热罩烧蚀导致的气动外形改变影响。

在第二个设计任务中,即评估流场辐射,沿再入轨迹特定点进行十二次热化学非平衡条件下的二维斯托克斯计算,即点 R,通过欧洲航天局(ESA)代码 PARADE评估等离子体辐射影响。

最后,在最后设计任务中,即评估质量吸走,在非烧灼外形中进行八次热化学非平衡条件下的二维斯托克斯计算,考虑由于防热罩烧灼吸走组分。所以此任务的目的是评估吸走组分对再入飞行器流场的影响。

7.2　试样返回航天器的设计过程

本章中描述的分析、计算和实验方法可以用于设计通用的样本返回飞行器(SRV)。

通常,设计过程要求不同阶段,可能需要若干次迭代,获得 SRV 设计的一个优化。例如,典型的 SRV 综合设计过程如图 7.3 所示。

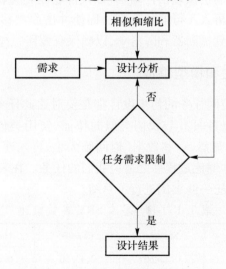

图 7.3　典型的 SRV 综合设计过程

一旦建立了任务需求和约束,SRC 设计分析通过相似性和尺寸缩比过程开始考虑从文献和之前任务中获取到的可用设计结果。此阶段是最重要的,考虑到它代表了 SRV 设计发展和成熟的初始条件。例如,基于初始假设如 SRV 外形、质量、再入过程中的稳定性考虑降落和负载环境开始设计。因此,利用早期评估的大小、重量和阻力系数估计弹道参数。弹道系数用来计算大气轨迹以及 SRV 再入飞行时的参数分析等。

7.2.1 需求和限制

在任意空间任务设计框架下,必须考虑需求和限制。约束 SRV 的例子是再入包线的曲线限制,如再入速度在海拔 200km 处固定为约 12km/s,最大减速低于 $100g$,最大热流低于 $15MW/m^2$,总热负荷约为 $300 \sim 350MJ/m^2$。

因此,一旦估计了热流,可以马上计算滞止压强,从而评估近似 TPS 布局和厚度。典型需求限制包括着陆、总容积最小的最大承载能力、在再入、降落和着陆时的稳定性、最大热流、最大热负荷、最大过荷、撞击速度和最大 TPS 比率。

另一方面,典型约束是再入地球的初始速度(任务分析提供,它等于)为海拔 120km 时的 12.3km/s,地球着陆应当为 SRV 完全被动再入的(即无降落伞)。后者约束代表再入飞行器设计的一个主要考虑:即是否应该包括降落伞系统。降落伞回收的优点是:更容易在高海拔跟踪再入飞行器;探测器或霰弹的地面冲击速度较小;回收操作简单(探测器容易找到)。缺点可能包括轻微质量增加、探测器和降落伞分离的机械复杂性增加,以及静稳定裕量的轻微下降。一个小降落伞可以充分减小再入飞行器的速度。即使冲击面漂移可能显著增加,但地面雷达应该能够跟踪到探测器和降落伞,以确保有效回收操作。

7.2.2 相似性和模型缩放

一般来说,任何空间任务的初步设计都是要对比此任务的需求和以往任务的需求。因此,个别任务具有与我们类似的特征,使用类似工具来获得工作线(如相似性)很有用。显然,一些数据(返回舱大小、再入速度等)将与我们的不同,我们可以通过尺寸缩比过程使之适应我们的任务。在表 7.1 中,对作为一个指导方针的再入返回舱一些案例进行了总结。

表 7.1 一些基本 SRV 参数概述

	Stardust	Genesis	Hayabusa	Marco Polo
R_{nose} m/锥角°	0.23/60	0.43/60	0.202/45	0.41/45
V_{entry}/(km/s)	12.6	11	11.3	11.8

（续）

	Stardust	Genesis	Hayabusa	Marco Polo
$\gamma_{\text{entry}}°$	-8.2	-8	-13.8	-12
M/kg	45.8	210	16.3	76
弹道系数 kg/m²	60	80	113.5	70
面积 m²	0.56	1.78	0.128	0.95
$\dot{Q}_{\text{max}}$ MW/m²	13	7	15	11
$\int_0^{(\text{end})} \dot{Q}\text{d}t$ MJ/m²	360	166	320	210
TPS 材料/质量分数	PICA – 15/22%	C – C/18 %	C phenol/43%	PICA？/38%

SRC 外形的案例如图 7.4 ~ 图 7.6 所示。

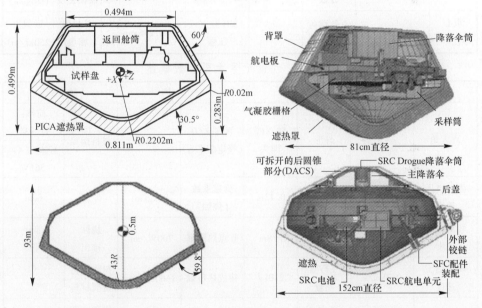

图 7.4　星尘号(上)和创世纪号(下)样本返回太空舱

图 7.4 显示了星尘号和创世纪号样本返回太空舱的内部和外部布局。表 7.2 和表 7.3 分别给出了星尘号和创世纪号的主要任务参数,如轨迹、飞行器几何、气动热环境以及 TPS。值得注意的是,SRV 布局是一个非常重要的设计问题。例如,它决定了飞行器重心的位置(CoG)。事实上,如果使用非球形外壳再入,外形的 CoG 必须充分地位于减速伞压心(CoP)之下,进而将航天器及其密集组件(电池、机构、传感器和电缆等)靠近再入外壳的前工作面。

表 7.2　星尘号主要参数概述

	轨道		几何		气动/热		TPS	
再入角	$-8.2° \pm 0.08°$m 位于125km	外形	钝头60° 半锥角	配平 L/D (指定配平 α)	0	材料指定	PICA-15
惯性再入 速度	12.8km/s 位于125km	头部半径	0.23m 初始	弹道系数 (烧蚀)	60.0kg/m² 60.4kg/m²	厚度	5.82cm
相对再入 速度	12.6km/s 位于125km	底部面积 (烧蚀)	0.52m², 0.50m²	驻点 热流率	(非烧蚀) 1200W/cm²	烧蚀 排出	是 否
峰值热流 速度	11.1km/s	飞行器 质量	45.8kg	集成热 负载	36000J/cm²	树脂材料 铸模材料	酚醛 碳纤维
控制方法	弹道式	TPS 质量 分数	22%	辐射热流	130W/cm²	树脂密度 铸模密度	109kg/m³ 160kg/m³
重心 X_{CG}/D	0.35	有效载荷 质量		PH 驻点 压强	0.275atm	总材料 密度	近似为 250kg/m³

表 7.3　创世纪号主要参数概述

	轨道		几何		气动/热		TPS	
再入角	$-8°$	外形	59.81° 钝头	配平 L/D (指定配平 α)	0	材料指定	前体: 碳-碳 后体:SLA-561V
惯性再入 速度	11.0km/s	头部半径	0.43m	弹道系数 (烧蚀)	80kg/m²	厚度	6cm
相对再入 速度	10.8km/s	底部面积 (烧蚀)	1.78m²	驻点热流率	700W/cm²	烧蚀 排出	部分 否
峰值热流 速度	9.2km/s	飞行器 质量	210kg	集成热负载	16600J/cm²	树脂材料 铸模材料	
控制方法	旋转稳定 气动弹道式	TPS 质量 分数	18%	辐射热流	30W/cm²	树脂密度 铸模密度	
重心 X_{CG}/D	0.33	有效载荷 质量		PH 驻点 压强		总材料 密度	

　　如果 CoG 和 CoP 之间的偏移量(即航天器静态裕度)太小,航天器可能受到扰动时变得不稳定,产生大俯仰运动,把无防护物部分暴露在高能空气流中。例如,航天器从超声速过渡到亚声速会造成尾迹流的变化,反过来可以耦合到工艺中,造成不稳定。一些再入航天器,如创世纪号样本返回任务的太空舱,以超声

速展开小的浮标降落伞来提供额外的稳定性通过跨声速区域。

图7.5~图7.7强调了SRV设计研究结果的例子。图7.5显示了欧洲迄今为止研究的典型SRV外形。这样的外形依赖于45°半锥角的球锥减速伞,1.1m前防护罩以及更小的封底。

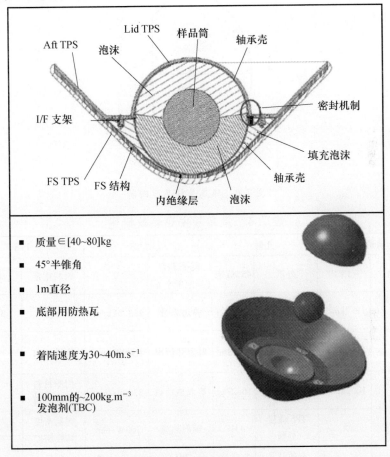

- 质量∈[40~80]kg
- 45°半锥角
- 1m直径
- 底部用防热瓦
- 着陆速度为30~40m.s⁻¹
- 100mm的~200kg.m⁻³ 发泡剂(TBC)

图 7.5　SRV 研究结果示例

图7.6显示了隼鸟号SRC的外形,其主要任务参数如表7.4所列。

就飞行力学而言,图7.7显示了飞行航道倾角(FPA)弹道系数图中SRV的一个典型再入包线。当然,绿色部分代表了下降阶段的适航条件。此再入包线是指−12°FPA时大气层速度为11.8km/s,样品上着陆负载为80g,热流峰值15MW/m²,热负荷220MJ/m²,再入持续时间为484s。

在降落的高超声速阶段再入包线下边界为热流限制(包括对流和辐射)。事实上,再入速度较高时,返回舱周围激波温度内升高,可能会对热等离子流动中的辐射加热很强烈,等价于对流传热率。当再入地球时,对于非线性形体,发生在速度大于 10km/s 时,如图 7.8 所示。

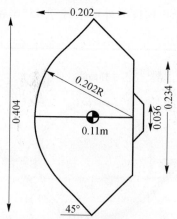

图 7.6 隼鸟号样品返回舱

表 7.4 隼鸟号主要参数概述

轨道		几何		气动/热		TPS	
再入角	−13.8°	外形	45°球锥	配平 L/D（指定配平 α）	0	材料指定	碳酚
惯性再入速度	11.7km/s	头部半径	0.202m	弹道系数	113.5kg/m²	厚度	3.0cm
相对再入速度	11.3km/s	底部面积	0.128m²	驻点热流率	1500W/cm²	烧蚀排出	是
							是
峰值热流处理度	10.2km/s	飞行器质量	16.27kg	集成热负载	32000J/cm²	树脂材料铸膜材料	
控制方法	无	TPS 质量分数	43%	辐射热流	300W/cm²	树脂密度铸模密度	
重心 X_{CD}/D	0.28	有效载荷质量	1.04kg	PH 驻点压强	0.61atm	总材料密度	1400kg/m²

特别地,图 7.8 显示了不同半径的两个球体再入地球大气层时的辐射和对流传热率对比。注意,加热过程的等效发生在更高的速度下的半径较小物体中,但对于这样的航天器,激波的温度会更高,潜在地对 TPS 的温度限制进行折中。

可能的内部和外部 TPS 布局如图 7.9 所示。

在此例子中,TPS 布局是指类 PICA（260kg/m³）前防护罩,Norcoat - Liege 后 TPS,45°半锥角,1.1m 底部直径,200mm 网状玻璃碳（RVC）泡沫和 76kg 返回舱。

图 7.10 与图 7.11 总结了几个空间任务的热防护系统。我们可以看到,有

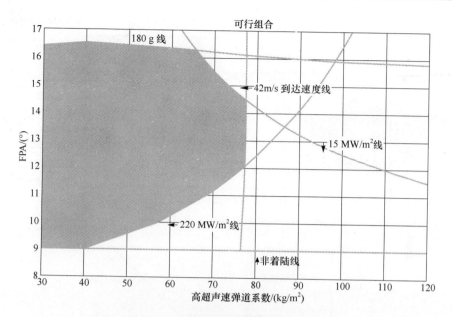

图 7.7　SRV 研究结果示例:再入包线

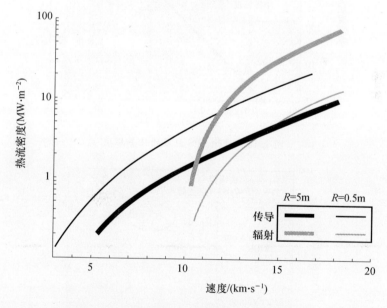

图 7.8　再入地球的辐射和对流传热率限制

两个回归曲线可用于 TPS 初步设计。

　　事实上,一旦知道了滞止压强和热流峰值,图 7.10 建议必须使用什么类型的 TPS,而图 7.11 给出了已知总热负荷下的 TPS 质量分数。马可波罗任务使用

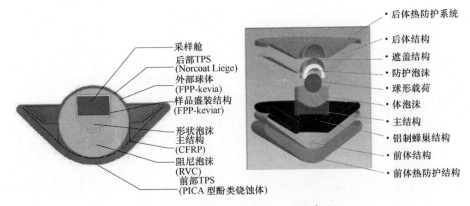

图 7.9 SRV 研究结果示例:TPS 布局

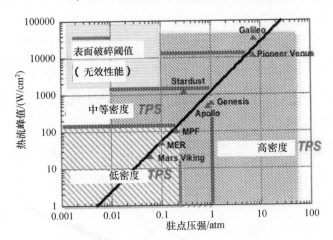

图 7.10 烧蚀 TPS 应用的任务环境

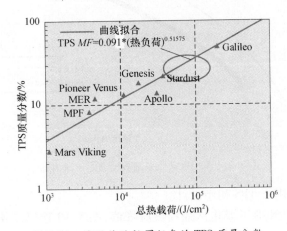

图 7.11 烧蚀热防护罩任务的 TPS 质量分数

的 SRV 热设计如图 7.12 所示[3]。如图所示,马可波罗 SRV 的 TPS 布局由 Saf-fil、RVC 以及 CFRP (碳纤维聚合物)组成。

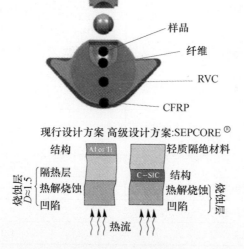

图 7.12　马可波罗 TPS 的内部和外部(下面)布局

一些 TPS 材料和相关属性归纳如表 7.5 所列。

表 7.5　一些 TPS 材料属性

材料	密度 kg/m³	导热性[a]W/m－K	发射率[a]	熔化温度/K
玻璃纤维增强酚醛复合材料(未碳化)	529	0.242	0.67	1920
玻璃纤维增强酚醛复合材料(碳化)	264	—	0.49	—
碳酚醛复合材料(Acusil I)	480	0.112	0.95	2000
质碳复合材料(RCC)	1580	5.05(标准) 7.88(平行)	0.54 到 0.9	2030[b]
聚四氟乙烯	2190	0.251	—	—
石英毡(L1－900)	144	0.047	0.88	1755[b]
金属铍	1840	170	—	810[b]
橡木	610	0.146	—	—

a 导热性和发射率是温度的函数
b 单次使用温度限制

就返回舱质量预算而言,表 7.6 和表 7.7 总结了每个返回舱子系统对飞行器总质量的影响例子。表 7.6 是指火星样本返回研究,而表 7.7 展示的是水星样品返回任务研究。

表 7.6 SRV 质量预算示例

部件	质量/kg
挡热板	11.19
尾部热防护系统	1.96
一级结构	4.71
二级结构	2.96
发射筒(2)	7.20
插座	1.36
能量吸收材料	2.52
信标(2)	0.60
机构	1.90
传感器和电缆	0.20
混杂	1.14
发射总质量	28.53
再入总质量	35.73
发射总质量(+25%)	35.66
再入总质量(+25%)	42.86

表 7.7 SRV 质量预算示例

子系统	基本质量/kg	设备余量		标准质量/kg	系统余量		总质量/kg
		%	kg		%	kg	
热防护	2.1	20.0	0.4	2.5			
安定装置	1.2	20.0	0.2	1.4			
降落伞系统	2.6	20.0	0.5	3.1			
减震器	0.4	20.0	0.1	0.5			
控制单元	1.7	20.0	0.3	2.0			
回收设备	1.1	20.0	0.2	1.3			
电源系统	0.5	20.0	0.1	0.6			
样本容器	2.5	20.0	0.5	3.0			
电缆网	0.5	20.0	0.1	0.6			
结构	1.3	20.0	0.3	1.6			
总质量	13.9		2.8	16.7	20.0	3.3	20.0

7.2.3 SRV 设计分析综述

在图 7.3 的每个设计循环中,涉及到了几项分科,从结构机构到电子、流体力学等。因此,SRV 是一个多学科设计优化结果(MDO)[5, 10, 11]。

设计过程通过"权衡"分析演化。例如,根据权衡分析考虑的如下因素,需求和约束影响设计:

(1)热流;

(2)热输入(总热负荷);

(3)阻力;

(4)稳定性;

(5)着陆精度;

(6)着陆条件;

(7)运载火箭整流罩调节;

(8)飞行器质量;

(9)再入角;

(10)再入速度,等等。

但要强调的是,火星样本返回地球需要空间飞行器执行非常高速的再入轨迹。因此,地球再入样本返回飞行器的空气动力学和气体热力学设计需要强大的技术基础,且必须了解超轨道地球再入时的负载环境。因此,需要再入飞行器的详细流场来解决一些设计问题的影响[8,9]。例如,CFD 分析对于决定对流和辐射热流是必要的,这些通量直接影响 TPS 材料的选择[11]。例如,热辐射产生于激波层中每个受激发组分的散射。因此,在机体表面,通过所有激波层气体散射和吸收活动计算热流,这可能包括任何烧蚀产物甚至壁面本身的吸收和再发射活动。

这将使得确定 TPS 厚度分布更准确。此外,流过再入飞行器的详细流场可以帮助设计师来评估 SRV 气动性能以及静态和动态稳定性,来提高飞行力学分析等等。

设计分析示例如图 7.13 所示,显示了流过飞行海拔高度为 55.11km 和 $M_\infty = 31.87$ 的球锥形减速伞(接近于图 7.5 中所示),从由碳酚材料组成的热防护罩吸走的 CO 组分云图。注意,CO 是主要烧蚀产物(对于碳基材料),并显著降低 SRV 壁焓[11-13]。

图 7.13 还强调,TPS 烧蚀要求特别注意流场 CFD 分析,因为考虑到热防护罩粗糙度会促进湍流转捩,它可能会影响 SRV 的气动热性能;TPS 烧蚀决定了对流和辐射气动热堵塞,因为烧蚀降低了表面温度梯度以及不同组分的质量分数梯度,减少对流和扩散热流;热防护罩烧蚀通过在边界层进入新组分影响了经

过 SRV 的流场,这反过来可能会增加流场电离[14,17]。

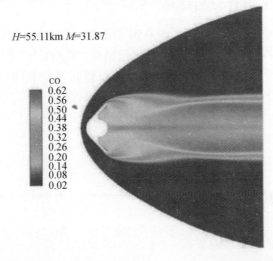

图 7.13　55.11km 高度下 $M_\infty = 31.87$ 的 CO 质量分数分布

图 7.14 是进一步设计分析示例,给出了烧蚀对高速地球再入流场和激波脱体距离的影响。特别地,图 7.14 上半部分代表了烧蚀条件下的非平衡预测。图

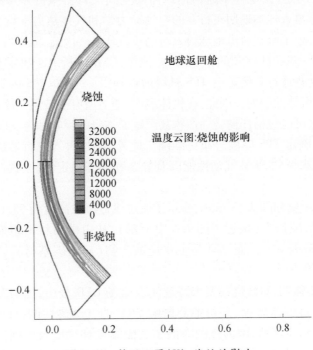

图 7.14　静温云图(K),烧蚀的影响

7.14 下半部分显示了无烧蚀条件下的非平衡。这种比较明显证实了烧蚀对非平衡态模拟结果的影响,因为烧蚀情况下的预测温度低于非烧蚀情况。而且,烧蚀条件下的仿真说明激波更加靠近返回舱。结果,烧蚀对于非平衡结果有很大的影响。因此,在设计 SRV 热防护罩时,必须仔细研究此过程。

一般来说,边界层的烧蚀产物主要包括 H_2、C_2H、C_2H_2、CO、C 和 H。例如,发生在飞行高度 71.86km,$M_\infty = 41.54$ 的直径为 1.1m 的球形钝化的 45°半角前体(即接近图 7.9 所示)激波层中的 H_2、H、CO 与 C 质量分数分别如图 7.15 和图 7.16 所示。

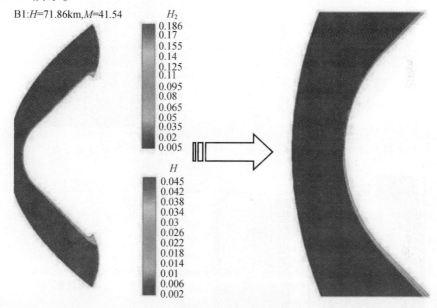

图 7.15　$H_\infty = 71.86$km 和 $M_\infty = 41.54$ 条件下的 H_2 与 H 质量分数

最后,值得注意的是,确定烧蚀产物在激波层中的分布是非常重要的,因为如 C_2、C_3、CO 组分有强大的辐射特性。特别地,C_2 和 C_3 具有吸收特性,而 CO 是一个很强的辐射体[13-16]。

而且,由于大多数的非平衡辐射分布,形成少量的 CN 会诱发更严重的热流分布(即 CN 分子是高度放射性产物)。这种辐射高度依赖于 CN 电子温度和流动的电离度。事实上,另一个在设计 SRV 返回舱时的重要问题是等离子体辐射效应与 CFD 计算的耦合。例如,图 7.17 的左侧显示了前防护罩激波层的温度场,右侧显示了有无辐射耦合效应时沿惠更斯号探测器滞止线的温度剖面。如图所示,可以观察到激波脱体距离的减少,以及耦合计算的温度迅速下降,这是由于辐射现象引起的能量从流场散失所致[17,18]。

B1:H=71.86km,M=41.54

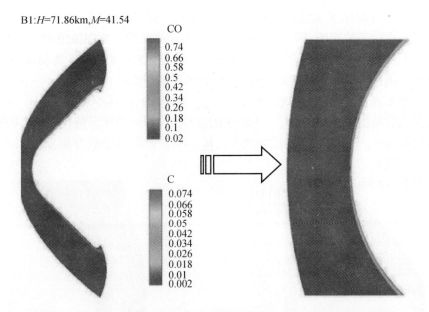

图 7.16　H_∞ =71.86km 和 M_∞ =41.54 条件下的 CO 与 C 质量分数

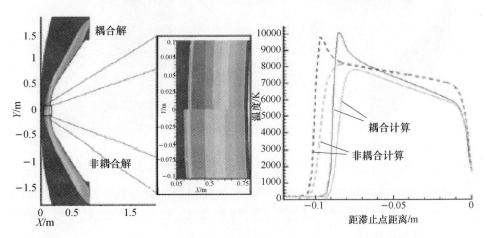

图 7.17　温度云图:辐射影响

下面给出一些相关任务示例。

（1）火星、月球或彗星任务的高速地球再入代表,速度 13～16km/s,混合平衡和非平衡化学,碳表面烧蚀和酚醛树脂热解气体产物进入边界层。对于这些再入,辐射是重要的,可以等于对流通量。数据可从阿波罗 4 和以 11km/s 的开火 1 和 2 任务中获得。阿波罗有烧蚀 TPS,对占总数约 30% 的辐射通量提供特殊的辐射测量和热量测定。PAET 以及以 3－5km/s 飞行的最近 UV 先驱为选取的地球大气激波层组分代码现象验证提供详细的辐射测量。

（2）金星再入。金星大气层组成与火星很相似，即二氧化碳的成分比例很高，但再入速度更高，11～12km/s，大气层非常密集。在此速度下，在激波层会产生相当大的辐射，所以烧蚀防热罩是必要的。先驱号已经使用了碳酚醛TPS，但另一个选择，如硅酚醛，吸引力更大，尤其是考虑到它的反射率。很多金星探测器已成功再入金星大气层。

（3）以超过40km/s速度再入木星或以25～30km/s速度再入土星/天王星。带碳酚醛TPS的木星伽利略号任务已开展了很多分析，如果数据在再入后可用，那么肯定会进行一些事后测试分析。氢/氦大气层和高烧蚀率（30%～50%的飞行器质量是TPS）提供了具有辐射主导的挑战性算例，其中目前仅有木星任务正在进行。

（4）土卫六再入。以适度速度6km/s再入，由于土卫六的特殊大气层，惠更斯号探测器将遇到高辐射热流。稀薄氮大气层中的低甲烷浓度会造成非平衡辐射环境，辐射和对流量近似相等。该项目研究小组目前感兴趣的工作是评估此环境。烧蚀TPS是低密度石英酚醛。

（5）火星再入。目前，辐射通量对于在约6km/s速度下直接再入火星而言微不足道。在更高的再入速度下，即利用高能量轨迹，辐射可能会变得重要。然而，任何火星再入任务需要确认低辐射环境，特别是低密度烧蚀体与大气反应产生的烧蚀产物，以增强辐射组分的数量密度或催化面的影响。

以上说明了辐射的重要性，但是它是从哪里来的呢？下面总结一些基本的现象。

7.2.4　激波层条件

在高再入速度下，弓形激波后面的温度可能会非常高，自由流化学组分会分离，在某些情况下会高度电离。激波层温度过高导致高温激波层气体产生巨大辐射。对于再入问题考虑的流场而言，辐射主要是由于电子跃迁所致，因而可见或UV。对于典型的低弹道系数再入，在热力学（即在旋转、振动和电子模态或状态以及过渡模态下的组分内能分布）和化学过程的激波层区域可能存在重大的非平衡态。热非平衡通常表示为每个模态下的不同温度，内部模态通过不同程度延迟过渡。前体再入环境的化学非平衡意味着离解反应延迟，激波后的分子组分和分子中间体的摩尔分数高于平衡情况。这导致了非平衡过度现象。

辐射能通过流场向四面八方传播，要么被激波层气体吸收，要么一直持续到它离开飞行器附近或到达飞行器表面。在弓形激波上游的辐射会导致激波先驱区域的加热以及自由流焓值的相应增加。更重要的是，一般是辐射指向飞行器表面,或辐射热流量。在一些再入方案中,辐射热流量是主导机制(例如,对于木星再入的再入速度是40km/s),对流贡献变得微不足道。这类飞行器的前体流场更加复杂,因为防热系统的唯一可行材料选择是一个碳化烧蚀体类型。裂解气体和升华或反应表面组分因此成为飞行器边界层的显著特点。一般来说,这些产物将对辐射热流量的减少产生一个有益的影响,因为它们能吸收入射辐射。从而通过辐射堵塞减少流量。

另一方面,辐射的吸收将增加边界层气体的温度,并且可能增加对流热流量。当烧蚀产物或它们与自由流组分相互作用引起组分自身是强辐射体,模拟可能会变得更复杂。一个例子是在高熵空气流中碳热防护罩边界层中的CN形成。

为了获取辐射通量的灵敏度表现,辐射发射强度是强烈依赖于激波层的气体压强和厚度(即鼻部几何形状)。在对流和辐射热通量的现有工程关系中,飞行器速度、鼻部半径和自由流密度对于一个给定的大气层是独立变量。速度指数对于辐射通量通常在 5~16 范围,而对对流通量,速度指数的相关性通常是3。

Rosetta 再入飞行器提供了一个神奇的例子来说明这些现象。在流场中耦合辐射传输的影响如图7.18和图7.19所示,它们分别显示了滞止流线温度剖面和表面热流量。

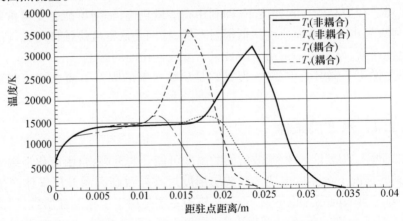

图 7.18　有和无辐射耦合的滞止流线温度

烧蚀产物流入边界层内提供了一个边界层方程解的边界条件,在这儿给出垂直于壁面的质量流。

对于一个单一完全气体,垂直于壁面的速度分量明显将减少切向速度的渐近梯度,以使得在壁面上的剪应力减小:

$$\tau_w = \left(\mu\,\frac{\partial V}{\partial y}\right)_w \tag{7.1}$$

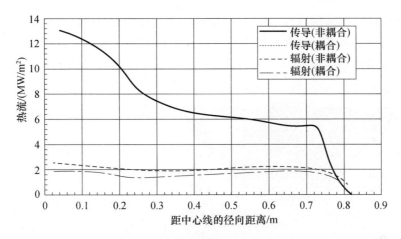

图 7.19 有无辐射耦合的表面热流量

我们也可以通过雷诺比拟期望热流也将减少(图 7.19)。

在烧蚀或蒸发冷却系统中,最有可能在边界层气体中注入不同化学成分的气体。将发生扩散和混合以及化学反应,能量将被转移。因此,过程将变得复杂。

7.3 航天器参考构型和再入飞行方案

在高超声速阻力(加热)、亚音速阻力(撞击速度)和亚音速稳定性(可用变形冲程)之间权衡设计分析中提出考虑,例如,一个有着 45°半锥角的球锥形太空舱气动外形、一个 1.1m 直径的前防护罩、等于 0.275m 的球头半径,一个 0.0275m 弯曲肩部半径和一个较小的后壳(见图 7.20)[14]。航天器,包括裕度,估计质量约为 50kg,重心(COG)相对 SRV 直径位于从头部开始的 26.9%。

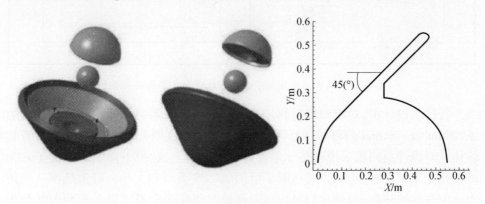

图 7.20 引用的返回舱几何

返回舱的布局和设计(图7.21)保证了样品罐的安全返回,这完全依赖于一个完全被动的方案。这种外形的稳定性需求($COG < 26.5\%$)是此 SRV 设计的主要关键参数。

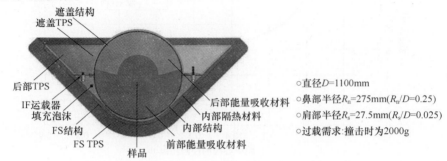

○直径$D=1100mm$
○鼻部半径$R_n=275mm(R_n/D=0.25)$
○肩部半径$R_s=27.5mm(R_s/D=0.025)$
○过载需求:撞击时为2000g

图 7.21　SRV 布局和设计

SRV 方案的飞行设计概要如图 7.22 所示。它的特征是,飞行航道倾角(FPA)为 $-12.5°$,在 120km 海拔高度时的再入速度(V_e)为 12.3km/s 的地球降落,因此,有一个相当高的热流峰值。热流(对流和辐射部分)与相应的总热负荷演变也如图 7.22 所示。

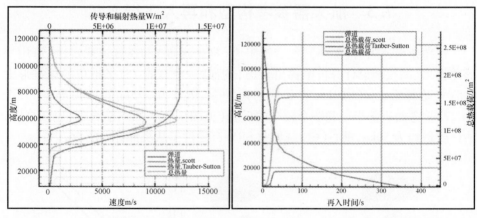

图 7.22　高度 - 速度图中的再入轨道和气动热负荷条件

在初步设计中,对流和辐射热流使用工程分析关系,如 Scott 的对流热流关系和 Tauber - Sutton 的辐射热流评估来估算[9,16]。在图 7.22 中所提供的所有初步估计对设计返回舱来说都是非常重要的。事实上,这个下降轨道提供了 CFD 解的初始条件,而气动热环境指明了可用的 TPS 类型和大小。峰值热率一般用于确定可能的热防护材料(TPM)范围,而总热负荷确定厚度以及返回舱热防护罩的质量。

热流量(对流和辐射部分)、马赫数、海拔高度和速度的时间历程如图 7.23 所示。

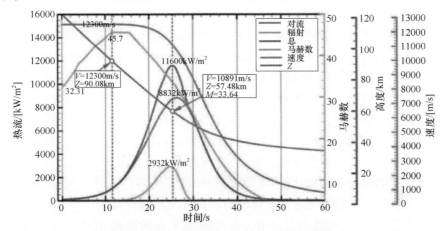

图 7.23 热流、马赫数、海拔高度、速度随时间变化

减速、动压、高度、海拔速度和 FPA 对时间的演变示于图 7.24。如图所示，动压的峰值约等于 44578Pa，而最大的气动减速不到 70g。

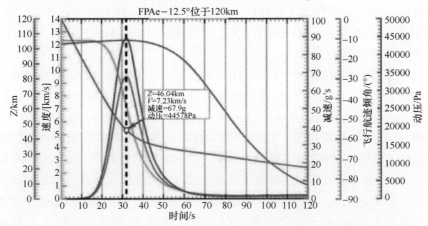

图 7.24 减速、动压、高度、速度和 FPA 随时间变化

热防护罩材料的选择(图 7.21)是，前防护罩为 ASTERM(低密度碳酚醛材料)和后防护罩为 Norcoat‐Liège(软木材料)[15]。ASTERM 和 Norcoat‐Liège 均显示出良好的气动热应力和机械应力。需要的最大 TPS 厚度尺寸在更严峻的热条件下为粘结材料针对最大容许准则 150℃通过一维计算得出。为了简化设计，并趋向于一个更坚固的外形，前防护罩和后防护罩的厚度被认为是恒定的。这导致了以下的厚度:前防护罩(FS TPS)56mm，后防护罩(AFT TPS)8mm[15]。

7.4 空气动力学和热力学性能分析

我们对 SRV 方案的空气动力学和气体热力学特性进行了评估。

这些评估的目的是提出以超轨道速度再入过程中飞行器必须承受的气动加热负载。为了这一目标,根据基于轨道的设计方法,沿着尺寸飞行轨迹集中于大量极端负载飞行条件[6]。热流分布,对流和辐射,也在每个选定的轨迹设计点上进行提出。事实上,行星再入,特别是样品返回任务,往往具有较强的辐射和烧蚀效果。例如,SRV 设计中一个最具挑战性的话题是评价由热流和激波层上裂解气的吸走引起的阻塞效应。因此,进行计算以便考虑 SRV 气动热性能上的辐射和烧蚀影响。尽管如此,值得注意的是,由于不容许的计算代价,在本工作中不能对热防护罩和流动等离子体辐射进行完全耦合计算。

在本分析中,只对连续统一体(在马赫数 3 和马赫数 41.54 间)进行了分析,其中空气作为几种气体的混合物(也包括那些来自热防护罩烧蚀的产物)来建模。

特别地,采用工程估算工具和热化学非平衡状态下 Navier – Stokes CFD 计算来对层流和湍流条件下飞行器的空气动力学和气体热力学进行评价。然后,把 CFD 模拟结果提供给 PARADE 代码,以估计返回舱在超轨道再入飞行期间必须承受的辐射热流。

基于工程的空气动力学分析采用三维面元法代码,即 HPM(高超声速面元法),来执行[6,12]。这个在超声速和高超声速上的工具可以通过使用简化方法,如局部表面倾斜法和近似边界层法来完成复杂再入飞行器外形的空气动力学和气动热力学分析,从而避免了 CFD 分析的耗时和复杂的网格生成和计算过程。

执行 CFD 分析的数值工具是 CIRA 代码 H3NS/CAST[7,12] 和商业代码 FLU-ENT。CAST 使用有限体积法解算了流场控制方程,包括化学和振动不平衡。流体被视为一个理想气体混合物,并且振动和平动模态(T_V)之间的能量交换可以使用经典的 Landau – Teller 非平衡方程来进行建模,平均弛豫时间来自 Park 修正的 Millikan – White 理论。至于传递系数,单一组元的粘度通过一个由 Yun 和 Mason 得出的碰撞积分来评估;导热系数通过 Eucken 律来计算;气体混合物的粘度和导热系数采用半经验威尔克公式来计算。多组分气体的扩散是通过每对组元二元扩散率的求和规则来计算(来自 Yun 和 Mason 的表格式碰撞积分)。

在理想气体的假设中,传递系数来源于 Sutherland 定律,考虑到低温条件,进行了适当修正。关于数值公式,采用一个有限体积、网格中心技术来对积分形式的守恒方程进行离散。对流通量使用一个通量差分裂解(FDS)迎风格式进行计算。二阶公式通过一个网格交界面值的类 ENO 重建来获取。黏性通量使用经典的中心方案来计算，即采用高斯定理计算网格交界面上流动变量梯度。

时间积分通过采用一个显示多级龙格 – 库塔算法与一个组分和振动能量源项的隐式评估相耦合来执行。另外一个并行版本的代码目前是可用的。

描述绕一个高速飞行器流场的控制方程处理一个多组份化学反应气体混合物的平衡方程。

7.4.1　流动控制方程

数学模型是由质量守恒、动量守恒、总能量（少振动的）守恒、单组份守恒和振动能量守恒方程组成。在热和化学非平衡态中的黏性可压缩连续流的完整方程组中，假设空气是 N_S 理想气体（混合组份）和 N_v 振动组份的混合物，可以写成如下形式的积分守恒形式：

$$\frac{\partial}{\partial t}\int_V \boldsymbol{W} \mathrm{d}V + \int_S (\boldsymbol{F}_{\mathrm{inv}} + \boldsymbol{F}_{\mathrm{vis}}) \cdot \boldsymbol{n}\mathrm{d}S + \frac{\Gamma}{r}\int_V (\boldsymbol{A}_{\mathrm{inv}}^* + \boldsymbol{A}_{\mathrm{vis}}^*)\mathrm{d}V = \int_V \boldsymbol{\Omega}\mathrm{d}V \quad (7.2)$$

式中：$\boldsymbol{W} = [\rho, \rho u, \rho v, \rho w, e_t, \rho_1, \cdots, \rho_{Ns-1}, \rho e_{v1}, \cdots, \rho e_{vNv}]^T$ 为守恒量的未知状态矢量，ρ 为流体密度；$\rho u, \rho v$ 和 ρw 是动量密度；e_t 是单位质量的总内能；ρ_i 和 e_{vi} 分别是第 i 个组份的密度和振动能；其中 ρe_{vi} 在振动能量守恒中考虑；$\boldsymbol{F}$ 是通量矢量（分裂成一个非黏性的和黏性部分）。矢量 $\boldsymbol{F}$ 的表达式在文献中是众所周知的，因此，为了简单起见，它没有写在这里。$\boldsymbol{A}^*$ 是轴对称项矩阵（分裂成一个非黏性的和黏性部分），并且对于轴对称流动 $\Gamma = 1$ 和对于二维和三维流动 $\Gamma = 0$。$\boldsymbol{\Omega} = [0, 0, 0, 0, 0, \Omega_1, \cdots, \Omega_{Ns-1}, \Omega_{v1}, \cdots \Omega_{vNv}]^T$ 是源项矢量，定义了组份间的质量和能量交换，这是由内能激发过程引起的能量转移和化学反应速率引起的。因此，$\boldsymbol{\Omega}$ 模拟了非平衡反应。

最后，V 是任意控制体单元，S 是它封闭的边界控制面，$\boldsymbol{n}$ 是指向外面的法向单位矢量。方程（7.1）可以用以下微分形式来表示：

连续性

$$\frac{\partial \rho}{\partial t} + \boldsymbol{\nabla} \cdot (\rho \boldsymbol{V}) = 0 \quad (7.3)$$

动量

$$\frac{\partial(\rho \boldsymbol{V})}{\partial t} + \boldsymbol{\nabla} \cdot (\rho \boldsymbol{V}\boldsymbol{V}) + \boldsymbol{\nabla} p = 2\boldsymbol{\nabla} \cdot [\mu(\boldsymbol{\nabla}\boldsymbol{V})_0^s] \quad (7.4)$$

其中

$$(\boldsymbol{\nabla}\boldsymbol{V})_0^s = \frac{1}{2}[(\boldsymbol{\nabla}\boldsymbol{V}) + (\boldsymbol{\nabla}\boldsymbol{V})^T] - \frac{1}{3}(\boldsymbol{\nabla} \cdot \boldsymbol{V})\underline{\underline{U}} \quad (7.5)$$

能量

$$\frac{\partial(\rho e_{\mathrm{t}})}{\partial t} + \boldsymbol{\nabla} \cdot \left[(\rho e_{\mathrm{t}} + p)\boldsymbol{V}\right]$$

$$= \boldsymbol{\nabla} \cdot \left[\lambda \boldsymbol{\nabla} T + 2\mu(\boldsymbol{\nabla}\boldsymbol{V})_0^{\mathrm{s}} \cdot \boldsymbol{V} + \sum_i h_i \boldsymbol{J}_i\right] - \sum_i h_i \dot{\omega}_i - \sum_j \dot{e}_{\mathrm{vj}} \qquad (7.6)$$

其中

$$\dot{e}_{\mathrm{vj}} = (e_{\mathrm{vj}}^{\mathrm{eq}} - e_{\mathrm{vj}})\tau_i \qquad (7.7)$$

组分

$$\frac{\partial(\rho Y_i)}{\partial t} + \boldsymbol{\nabla} \cdot (\rho \boldsymbol{V} Y_i) + \boldsymbol{\nabla} \cdot \boldsymbol{J}_i = \dot{\omega}_i \qquad (7.8)$$

其中

$$\dot{\omega}_i = m_i \sum_k \dot{\omega}_{ik} \qquad (7.9)$$

振动能

$$\frac{\partial(\rho e_{\mathrm{vj}})}{\partial t} + \boldsymbol{\nabla} \cdot (\rho \boldsymbol{V} e_{\mathrm{vj}}) = \dot{e}_{\mathrm{vj}} \qquad (7.10)$$

在这些方程中，$\boldsymbol{V}$ 是速度矢量，Y_i 为第 i 个组分的质量分数；$\dot{\omega}_i$ 是由化学反应引起的 ρ_i 变化率；$\boldsymbol{J}_i$ 为第 i 个组分的扩散通量，它的出现是由浓度梯度引起的；m_i 和 h_i 分别为第 i 个组分的分子量和热焓；p 为压强；$\underline{U}$ 为单位张量；μ 为粘度；λ 为热导率。

对于每个组元采用理想气体模型和道尔顿定律：

$$p = \sum_i p_i \qquad (7.11)$$

式中：p_i 为混合物中第 i 个组分的局部压强。

因此，密度有以下关系：

$$\rho = \frac{p}{R_0 T \sum_i Y_i/m_i} \qquad (7.12)$$

式中：$R_0 = 8314.5 \mathrm{JKmol}^{-1}\mathrm{K}^{-1}$ 是通用气体常数。

混合物的内能被定义为

$$e = \sum_i (Y_i e_i) \qquad (7.13)$$

式中：e_i 为单组元气体的内能，是代表不同自由度的分子的能量总和。最后，可

以计算出每个组分的比焓

$$h_i = e_i + R_i T \tag{7.14}$$

式中：R_i 为气体常数。

对于等离子体辐射建模而言，值得注意的是，SRV 壁面的流动辐射热流已经通过代码 PARADE 进行了计算，从流体动力学计算结果开始（在气体组分和温度方面）[17]。

此代码是能够计算激波层和探头表面之间流场的发散和吸收。光谱发散和吸收是跃迁高度（从上层到下层）和此层发射数量的函数。数量可以由准稳态（QSS）方法或通过 Boltzmann 方法确定下来，以便分别考虑非平衡或者平衡区域。辐射计算使用波尔兹曼假设来执行，以测定激发态分子态的数量。事实上，由于返回舱前强烈的弓形激波引起的激波层内非常高的温度，气体不仅离解和电离，也能发射出穿过整个流场并与气体本身相互作用的辐射能。在返回舱的可预见再入速度中，这方面的贡献，相对流场中的其他"能量"，一般是非常低的，不能被忽视因为它可以在壁面上形成需要考虑的热负载的一个额外来源[7]。一般来说，流场和辐射场是耦合的：辐射能穿过流场，与流体动力场相互作用，改变其外形，并导致辐射能量的变化等等。从数学的角度来看，这种相互作用通过能量守恒的典型 Navier – Stokes 方程中的一个源项表示，它代表了辐射能穿过流场的数量。

然而，在目前的情况下，我们考虑一个简化的、非耦合的方法：它假定激波区域后面散发的能量传播到壁面，被激波层中的气体部分吸收，不改变它的结构，并到达壁面增加了总热流量。文献中的不同结果指出如果用于壁面中的辐射热流量评估，那么该非耦合耦方法是保守的[7]。为了计算流场中由辐射过程引起的对壁面的贡献，所以必须要知道气体中的辐射特性，它能被 PARADE 从流体动力学计算结果开始计算出来（在气体组分和温度方面）。

辐射传热方程（RTE）采用一维切板近似法来求解（即假设辐射特性只在壁面法向变化）[17]。

给定波长的辐射强度满足以下辐射传输方程：

$$\frac{\partial I_\lambda}{\partial s} = j_\lambda - k_\lambda I_\lambda \tag{7.15}$$

式中：j_λ 和 k_λ 分别是通过 PARADE 计算出来的发散和吸收系数[17]。这些系数沿着指向壁面的直线积分，根据上面方程来计算 I_λ。

通过在立体角上积分 I_λ 得到一个给定波长的辐射热流，而总辐射热流通过在感兴趣的频谱中积分来获得。特别地，在 100nm 和 40000nm 的频谱区域计算时，考虑使用 50000 频谱网格位置。

7.4.2 载荷方案和空气混合物成分

SRV 气动热分析指的是在图 7.25 中总结的飞行方案中的几个离散点执行 CFD 仿真[14]，结果被用来处理飞行器 AEDB 和 ATDB。

而且，为了获得一个真实气体效应的想法，返回舱将经历下降过程，图 7.25 所示为添加在振动激发（VE）场（10%～90%）的再入轨迹，氧和氮离解（OD 和 ND）和流动组分的电离（I）[6,10]。

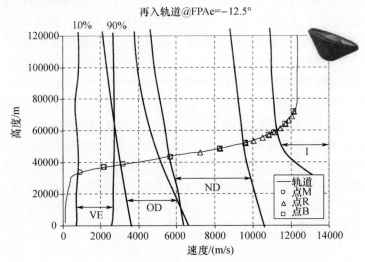

图 7.25 高度－速度图中的再入轨迹和 CFD 设计点

在空气动力学和气体热力学中的气动外形修正评估通过沿着再入路径六个给定点（即点 M）执行热化学非平衡态的十二个二维轴对称 NS 模拟来确定。通过检查下降过程中驻点发生的衰退程度，这些轨迹点被选择出来，如图 7.26 所示。

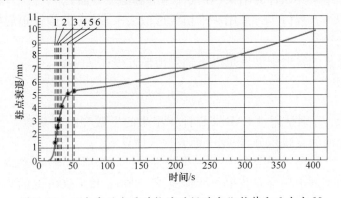

图 7.26 驻点衰退水平随轨迹时间的变化趋势和 6 个点 M

　　我们看到,根据衰退水平的增加,六个点 M 被选定。而且,在轨道前 50 s 中,衰退迅速增加,但是仍留下一半(约 5.5 mm),与最终衰退水平的 10 mm 相比较。在高度 – 速度图中绘制的点 M,如图 7.27 所示,而自由流条件归纳如表 7.8 所列。

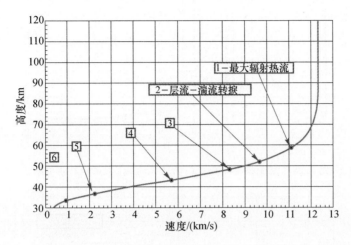

图 7.27　速度 – 高度图中的点 M—气动外形修正评估

表 7.8　点 M 的自由流条件(层流区域;湍流区域)

点	时间/s	高度/km	V_∞ /(m/s)	p_∞ /pa	ρ_∞ /(kg/m³)	T_∞ /K	马赫数	衰减水平 – 驻点/mm
M1@ M1a	24.8	58.73	11099	26.49	3.5732×10^{-4}	258.26	34.45	1.3
M2@ M2a	28.2	52.05	9604	61.84	7.9596×10^{-4}	270.65	29.12	2.6
M3@ M3a	30.4	48.36	8280	97.84	1.2594×10^{-3}	270.65	25.11	3.2
M4@ M4a	34.4	43.14	5681	189.53	2.5491×10^{-3}	259.02	17.61	4.0
M5@ M5a	43.2	36.93	2181	437.43	6.3007×10^{-3}	241.86	7.00	5.1
M6@ M6a	53.2	33.62	922	701.11	1.0497×10^{-2}	232.69	3.02	5.3

　　评估热防护罩烧蚀效果的八个轨迹点(即点 B)通过检验质量吸走率随时间的变化曲线来选择,如图 7.28 所示。如图所示,这些点主要分布在总质量吸走率最大值周围。

　　在高度 – 速度图中绘制的点 B,如图 7.29 所示,而自由流条件归纳见表 7.9。

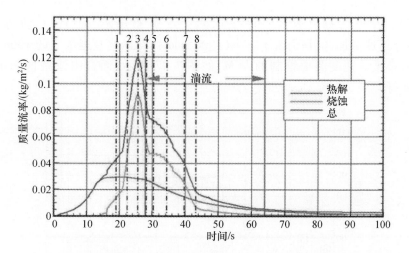

图 7.28 质量吸走率随时间的变化曲线(烧蚀和热解贡献)

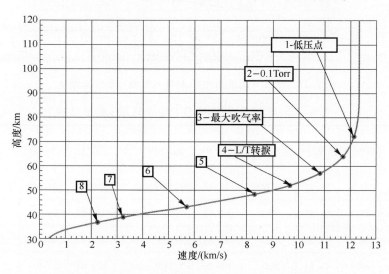

图 7.29 高度 - 速度图中的八个选定点 - 吸走评估

表 7.9 点 B 的自由流条件(层流区域;湍流区域)

点	时间/s	高度/km	V_∞ /(m/s)	p_∞ /Pa	ρ_∞ /(kg/m^3)	T_∞ /K	马赫数	驻点质量吸走 /(kg/m^2/s)
B1	19.0	71.86	12138	4.14	6.7859×10^{-5}	212.41	41.54	0.043
B2	22.4	63.98	11711	13.19	1.8888×10^{-4}	243.29	37.45	0.076
B3	25.6	57.07	10816	32.84	4.3738×10^{-4}	261.52	33.07	0.120
B4	28.2	52.05	9604	61.84	7.9596×10^{-4}	270.65	29.12	0.083

（续）

点	时间/s	高度/km	$V_\infty/(\mathrm{m/s})$	p_∞/Pa	$\rho_\infty/(\mathrm{kg/m^3})$	T_∞/K	马赫数	驻点质量吸走/$(\mathrm{kg/m^2/s})$
B5	30.4	48.36	8280	97.84	1.2594×10^{-3}	270.65	25.11	0.071
B6	34.4	43.14	5681	189.53	2.5491×10^{-3}	259.02	17.61	0.062
B7	39.6	38.85	3184	335.8	4.7331×10^{-3}	247.16	10.10	0.040
B8	43.2	36.93	2181	437.43	6.3007×10^{-3}	241.86	7.00	0.019

最后,评估等离子体辐射效应中的 SRV 空气动力学和气体热力学性能的设计点(即点 R)如图 7.30 所示。

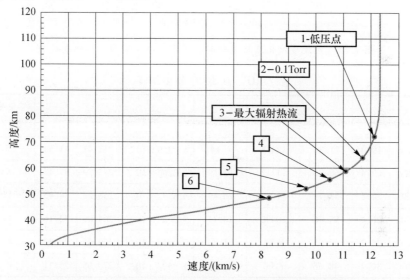

图 7.30　速度－高度图中的六个选定点－等离子体辐射效应

点 R 在接下来的对流、辐射和总热流量的进化中被选定,见图 7.31。自由流条件归纳见表 7.10。

大气由 $Y_{N2} = 0.75548$;$Y_{O2} = 0.23161$ 和 $Y_{Ar} = 0.01291$ 组成。因此,空气的比气体常数是 $R_{air} = R_0/M = 287.182\mathrm{J/Kg/K}$。空气混合物所提出的模型由 13 个组分组成:分子,N_2,O_2 和 NO;原子,N,O 和 Ar;离子,N_2^+,O_2^+,NO^+,N^+,O^+,Ar^+ 和 e^-;为了考虑热防护罩的吸走质量,空气混合物由 32 个组分组成—分子,N_2,O_2,NO,C_2,H_2,C_3,C_2H_2,C_2H,CO_2,H_2O,CN,CH,NH,HCN,OH 和 CO;原子,N,O,Ar,C 和 H;离子,N_2^+,O_2^+,NO^+,N^+,O^+,CN^+,CO^+,C^+,H^+,Ar^+ 和 e^-。化学模型基于 Park[18]。当质量吸走消失时,空气混合物由 13 个组分和 22 个也考虑第三体效率的化学反应组成。

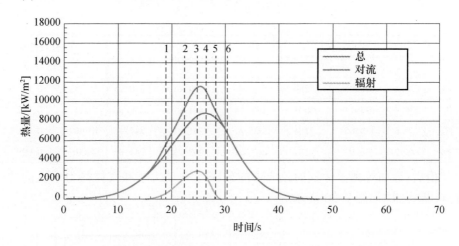

图 7.31　热流量演化随轨道时间的变化曲线 - 等离子体辐射效应

表 7.10　点 R 的自由流条件

点	时间/s	高度/km	$V_\infty/(m/s)$	P_∞/Pa	$\rho_\infty/(kg/m^3)$	T_∞/K	马赫数	总热流 $/(MW/m^2)$
R1&R1c	19.0	71.86	12138	4.14	6.7859×10^{-5}	212.41	41.54	5.5
R2&R2c	22.4	63.98	11711	13.19	1.8886×10^{-4}	243.29	37.45	9.5
R3&R3C	24.8	58.73	11099	26.49	3.5732×10^{-4}	258.26	34.45	11.5
R4&R4C	26.4	55.46	10490	40.33	5.3082×10^{-4}	264.69	32.16	11.1
R5&R5C	28.2	52.05	9604	61.84	7.9596×10^{-3}	270.65	29.12	8.98
R68. R6C	30.4	48.36	8280	97.84	1.2594×10^{-3}	270.65	25.11	6.77

表 7.11 总结了反应机理。

当热防护罩组元在激波层中扩散时,化学模型由 67 个化学反应组成,其也反映了碰撞部分的影响。对于热非平衡模型,值得注意的是,推荐一个三温度模型:(T, T_v, T_e) [8,11],T 是重组元的平移和旋转模态,T_v 是振动模态,T_e 是自由电子的平移模态。

尽管如此,在目前的 CFD 计算中,只有双温度模型(T 和 T_{vib} 是反应混合物的每个分子,即 T_{vN_2},T_{vO_2},T_{vNO},$T_{vN_2^+}$,$T_{vO_2^+}$,T_{vNO^+})被考虑。

振动弛豫使用 Landau - Teller 公式来建模,弛豫时间通过 Millikan - White 和 Park 的高温修正来获得[8]。

最后,进行飞行区域评估是为了确保所有轨迹设计点都位于连续流区域内,并且能够使用 CFD 进行分析,这些我们在下一章节中开展讨论。

7.4.3 飞行区域概述和流动仿真模型

一旦 SRV 飞行器开始下降,大气层密度足够低,分子平均自由程(δ)可以与机身规模本身一样大。因此,连续介质假设并不适用。

这种状态被称为自由分子流(FMF)区域,并且返回舱的空气动力学和气体热力学特性是由单个分散分子碰撞决定的,并且分析必须建立在分子运动论基础上。因此,SRV 方案,从一个非常稀薄的大气层(在再入分界面)移动到一个较稠密的大气层中,从单个分子碰撞很重要的 FMF 区域转移到滑移效应很重要的过渡区域,然后到连续流区域,如图 7.32 所示。

表 7.11 空气的反应机理和化学动力学模型

反应号		$k_f = AT^n(-T_a/T)$			
		$k_f(cm^3/mole/s)$	n	T_a/K	T_r(控制温度)/K
离解反应					
R1,1	$N_2 + 分子 \leftrightarrow$ $N + N + 分子$	$7.00 \cdot 10^{21}$	-1.60	113200	$T^{0.5}T_v^{0.5}$
R1,2	$N_2 + 原子 \leftrightarrow$ $N + N + 原子$	$3.00 \cdot 10^{22}$	-1.60	113200	$T^{0.5}T_v^{0.5}$
R1,3	$N_2 + e^- \leftrightarrow N + N + e^-$	$3.00 \cdot 10^{24}$	-1.60	113200	$T^{0.5}T_v^{0.5}$
R2,1	$O_2 + 分子 \leftrightarrow$ $O + O + 分子$	$2.00 \cdot 10^{21}$	-1.50	59500	$T^{0.5}T_v^{0.5}$
R2,2	$O_2 + 原子 \leftrightarrow$ $O + O + 原子$	$1.00 \cdot 10^{22}$	-1.50	59500	$T^{0.5}T_v^{0.5}$
R3,1	$NO + 分子 \leftrightarrow$ $O + N + 分子$	$9.64 \cdot 10^{14}$	0	74700	$T^{0.5}T_v^{0.5}$
R3,2	$NO + N_2 \leftrightarrow O + N + N_2$	$1.45 \cdot 10^{15}$	0	74700	$T^{0.5}T_v^{0.5}$
R3,3	$NO + 原子 \leftrightarrow$ $O + N + 原子$	$9.64 \cdot 10^{14}$	0	74700	$T^{0.5}T_v^{0.5}$
置换反应 中立					
R4	$NO + O \leftrightarrow O_2 + N$	$8.40 \cdot 10^{12}$	0	19400	T
R5	$N_2 + O \leftrightarrow NO + N$	$6.40 \cdot 10^{17}$	-1.00	38400	T

（续）

反应号		$k_f = AT^n(-T_a/T)$			
		$k_f(\text{cm}^3/\text{mole/s})$	n	T_a/K	$T_r(\text{控制温度})/\text{K}$
	联合电离反应				
R6	$N + N \leftrightarrow N_2^+ + e^-$	$2.00 \cdot 10^{13}$	0	67500	T
R7	$O + O \leftrightarrow O_2^+ + e^-$	$1.10 \cdot 10^{13}$	0	80600	T
R8	$N + O \leftrightarrow NO^+ + e^-$	$5.30 \cdot 10^{12}$	0	31900	T
	电子冲击 电离反应				
R9	$N + e^- \leftrightarrow N^+ + e^- + e^-$	$2.50 \cdot 10^{34}$	-3.82	168200	$T^{0.5}T_v^{0.5}$
R10	$O + e^- \leftrightarrow O^+ + e^- + e^-$	$3.90 \cdot 10^{33}$	-3.78	158500	$T^{0.5}T_v^{0.5}5$
R11	$Ar + e^- \leftrightarrow$ $O^+ + e^- + e^-$	$2.50 \cdot 10^{34}$	-3.82	181700	$T^{0.5}T_v^{0.5}$
	置换反应:离子				
R12	$NO^+ + O_2 \leftrightarrow O_2^+ + NO$	$2.40 \cdot 10^{13}$	0.41	32600	T
R13	$O_2^+ + N_2 \leftrightarrow N_2^+ + O_2$	$9.90 \cdot 10^{12}$	0	40700	T
R14	$O_2^+ + N \leftrightarrow N^+ + O_2$	$8.70 \cdot 10^{13}$	0.14	28600	T
R15	$O_2^+ + O \leftrightarrow O^+ + O_2$	$4.00 \cdot 10^{12}$	-0.09	18000	T
R16	$N^+ + N_2 \leftrightarrow N_2^+ + N$	$1.00 \cdot 10^{12}$	0.50	12200	T
R17	$O^+ + N_2 \leftrightarrow N_2^+ + O$	$9.10 \cdot 10^{11}$	0.36	22800	T
R18	$O^+ + N_2 \leftrightarrow N_2^+ + O$	$1.40 \cdot 10^5$	1.90	15300	T
R19	$NO^+ + N \leftrightarrow N_2^+ + O$	$7.20 \cdot 10^{13}$	0	35500	T
R20	$NO^+ + N \leftrightarrow O^+ + N_2$	$3.40 \cdot 10^{13}$	-1.08	12800	T
R21	$NO^+ + O \leftrightarrow O_2^+ + N$	$7.20 \cdot 10^{12}$	0.29	48600	T
R22	$NO^+ + O \leftrightarrow N^+ + O_2$	$1.00 \cdot 10^{12}$	0.50	77200	T

例如,控制这些不同流动区域的相似参数是克努森数(稀薄参数):

$$Kn_{\infty L_{ref}} = \frac{\delta}{L_{ref}} = 1.25\sqrt{\gamma}\frac{M_\infty}{Re_{\infty L_{ref}}} \tag{7.16}$$

式中:L_{ref}(即 1.1m – 返回舱直径)是机体的特征长度。如图 7.32 所示,最大马赫数(即,$M_\infty = 41.54$)通过连续流区域中的 SRV 飞行力学分析来进行评估。因此,所有 CFD 计算能够通过非滑移壁面条件的 Navier – Stokes 近似开展。

至于层流向湍流转捩,根据 ARD 事后数据标准,CFD 计算对低于 51.9km 高度的点在湍流条件下进行[12]。

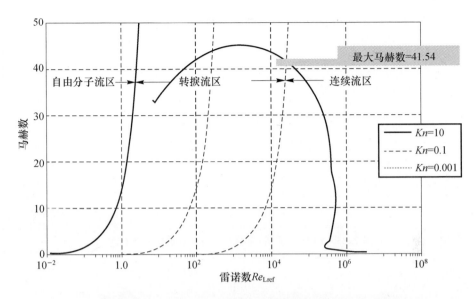

图 7.32 $Ma - Re$ 图中带定常克努森数的 SRV 再入轨道

$$Re_{\infty,D} = \left(\frac{\rho_\infty u_\infty D}{\mu_\infty}\right) \geqslant 5.0 \times 10^5 \qquad (7.17)$$

尽管如此,对比 ARD 的高马赫数和质量吸走影响也会影响从低海拔高度层流边界层条件下的离开,考虑到 SRV 轨道高马赫数的影响,这一标准仅代表第一个可行的选择。而且,由于热防护罩的烧蚀和/或裂口和台阶,转捩可以由粗糙度引起。

7.4.4 计算域、边界条件和求解收敛准则

CFD 计算已经在多块结构网格中开展。特别地,两种计算域,类似图 7.34 所示,被我们进行考虑。

如图所示,考虑整体和前防护罩的三维和二维轴对称计算域。流出边界、轴和外边界的有效尺寸在每次模拟中进行修改,是为了获得与流场条件适应的网格来进行仿真。它们使用基于工程的方法进行估计。例如,脱体距离通过 Seiff 和 Probstein 关系式进行评估(见第 1 章)[8]。

这意味着所有网格都是针对每一个轨迹点的自由流条件来进行仿真的(图 7.33)。

所采取的策略是建立足够大的体网格,以适应自由流马赫数,而在壁面法线方向上的网格点分布是由自由流雷诺数决定的。因此,表面网格点分布取决于根据计算范围,飞行器不同区域所需的解算水平,如滞止区和底部带状突起。例

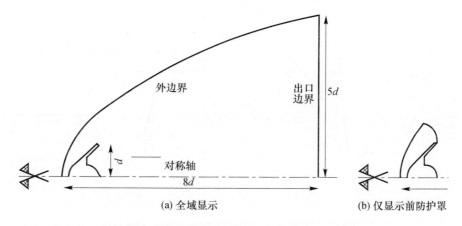

图 7.33 CFD 计算域:全域(a)和只有前防护罩(b)

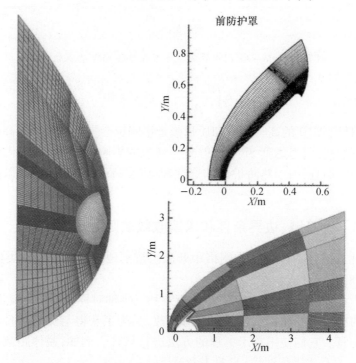

图 7.34 CFD 多块计算域

如,尾流对体网格构造的细节很敏感,网格在期望的流场特征上排列很重要。而且,网格在肩部区域有足够的点,能够捕捉快速膨胀和准确预测流动分离点和所得到的剪切层角度。在分离流区域也要有足够的点,以解算尾流开始时的涡结构。三维计算在约 800000 个网格单元的 48 块网格域中执行。整个域网格的一般二维由总数约 72000 个网格单元(半体)的约 30 块组成。网格(前防护罩情况)是由 124×160 个网格单元(纵向×壁面方向的法向)组成,并确保完全的空间收敛结果。局部细化在返回舱前端的激波区域中完成,以更好地解算陡峭的梯度,对准网格与弓形激波,并且将点聚集到边界层中。这减少了滞止区中的干扰振荡,它们往往在高超声速流动中观察到,特别是大钝头体流场的计算中。壁面的最小间距等于 10^{-6} m,能够准确预测飞行器表面的传热。当流动在湍流条件下时,黏性坐标 y^+ 的值均小于 1;y^+ 被定义为

$$y^+ = \frac{\eta \rho}{\mu} \sqrt{\frac{\tau_w}{\rho}} \tag{7.18}$$

式中:量 η 和 τ_w 分别是表面法向距离和剪切应力。

　　三维和二维轴对称网格的放大图(整体和前防护罩区域)如图 7.34 所示。在流场强梯度区域的网格加密通过一个解的自适应方法来进行。如图所示,整个计算域的网格利用了绕返回舱的 o 网格域分解技术,以便网格块能够包裹住 SRV,并且方向指出机体壁面,这是边界层拉伸所必需的。

　　图 7.35 总结了关于气动外形修正影响数值仿真中网格生成需要考虑的 SRV 气动外形。

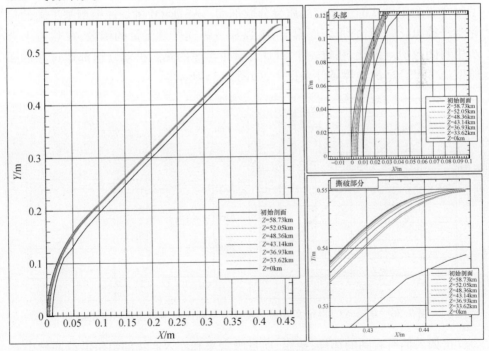

图 7.35　由 TPS 烧蚀引起的 SRV 气动外形修正

如图所示,在所选轨迹点上,与初始剖面相比,这里有轻微的气动外形修正。最重要的气动外形变化发生在鼻区和管环部分(不改变锥角)。因此,它对气动力系数和热流量的影响是有限的。

对于壁面边界条件而言,无热防护罩烧蚀的所有仿真(即点 M 和点 R)都在 $T_w = 1000K$ 的壁温(即等温壁面)和一个完全催化壁面(FCW),即壁面上化学平衡,的假设下进行。例如,当流动分离产生的原子撞击表面,壁面的催化特征通过边界层问题中的边界条件生产项(即 $\dot\omega_{wi} \neq 0$)来实现。事实上,壁面状态下稳态质量原子守恒,即由于催化重组率引起的第 i 个组分产物,必须与到表面的扩散率平衡:

$$(\dot\omega_a)_w = K_{wa}(\rho_w Y_{iw})^\delta = \left(\rho D_a \frac{\partial Y_a}{\partial y}\right)_w \tag{7.19}$$

式中:δ 是反应级数。当 TPS 表面为 FCW(即激活壁面的所有重组反应)$K_{wa} = \infty$。这意味着一个完整的重组,因为在壁面上的流动趋向于化学平衡。在这种情况下,根据当地的温度和压强,在壁面上的分子组元浓度必须设置成等于它们的平衡浓度。对于低于 2000K 的壁面温度(即冷壁),这对应于自由流组份。

当热防护罩在激波层中质量扩散时(即点 B),我们进行了数值模拟,考虑了每个吸走组份壁面上指定的质量分数剖面。ASTERM 的烧蚀模型基于碳的热化学平衡氧化效应,它是表面温度、压强和裂解气质量流量的函数,在热流上会产生封闭效应。因此,在每一个 CFD 计算中考虑的热防护罩衰退都通过在返回舱壁面考虑合适的边界条件来提供,如图 7.36 所示。

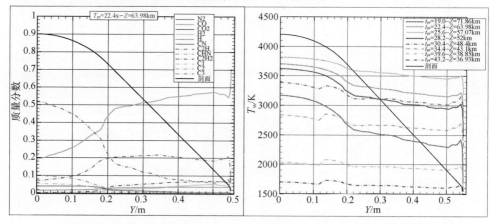

图 7.36　$H_\infty = 63.98km$ 高度时的质量分数剖面和不同高度的温度剖面

正如人们所看到的那样,壁温、质量吸走率和注入产物的组份沿返回舱中心线和再入轨迹是可变的。事实上,对于碳化烧蚀材料,如碳酚醛材料,在表面本身的反应分为表面温度低于3000K的氧化主导区域和更高温度的升华主导区域。在后者区域中,随着温度的升高,表面的衰退率迅速增加,并且除了裂解气以外,大量的烧蚀产物流动都必须加以考虑。

所有CFD结果参见收敛和网格独立性计算。为了评估数值解的收敛性,对迭代期间的方程残差和气动力系数(即C_D)以及驻点热流进行持续的监测。当方程残差下降超过三个数量级,气动力系数和驻点热流在足够的CFD迭代后保持不变时,假设计算收敛。例如,图7.37显示了R8点二维轴对称仿真的气动阻力和驻点热流收敛历程。

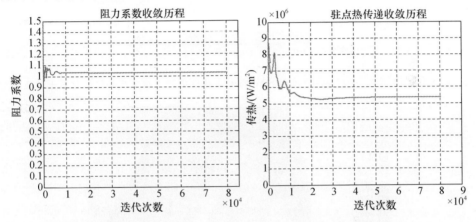

图7.37 R8二维轴对称模拟阻力系数和驻点热流随迭代次数的变化曲线

网格敏感性分析在三个层次的结构分块网格(L_1,L_2和L_3)中进行,并且应用了理查森外推法标准[19]。

7.5 数 值 结 果

三维数值分析的例子可以在图7.38和图7.39中找到。图7.38所示为$M_\infty = 3$和$\alpha = 10°$条件下流经返回舱的由马赫数染色三维流线和航天器前防护罩上的压强分布。

该图提供了非常有趣的流场特性,返回舱肩部处的流动膨胀和底部流动的复杂性。

图7.39显示了$M_\infty = 22.07$和$\alpha = 10°$条件下绕SRV的流场。特别地,该图显示了在返回舱俯仰面和两个流场横截面中的温度云图。

我们还提供了SRV前体的压强分布。如图所示,最大流场温度接近约7000K,由于高马赫数,弓形激波后发生热化学过程,以及组份的振动激励与离

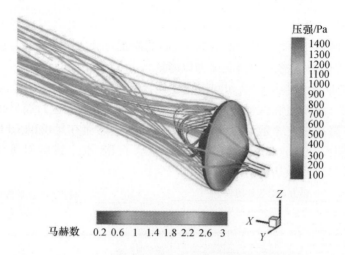

图 7.38 $M_\infty = 3$ 和 $\alpha = 10°$ 条件下流经 SRV 的由马赫数染色三维流线和热防护罩上的压强场

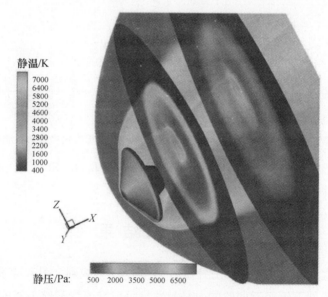

图 7.39 $M_\infty = 22.07$ 和 $\alpha = 10°$ 条件下 SRV 俯仰面和两个横截面上的静温场

解,如下文讨论。如图 7.39 所示,在高超声速中,流场由一个强大的弓形激波主导,具有所有典型的高超声速流场特点,如激波非常接近机体表面(即薄激波层)、厚边界层、高温和气动力系数可以作为攻角的非线性函数等[6-8,11]。

二维流场分析的例子在图 7.40 中可以发现,其中马赫数和静温云图位于 M5 设计点上。

图 7.40 右侧也显示了绕钝头体的高超声速流动特点,由文献提供以作为一

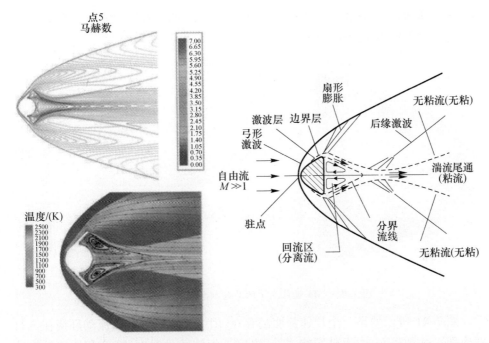

图 7.40　M5 设计点上的马赫数和静温云图,绕钝头体的高超声速流动特点(右侧)

个参考[12]。大家可以看到,目前的 CFD 结果具有所有典型的高超声速流场特征。正如人们所看到的那样,图中的数值结果强调了采用空间离散很好地获取到返回舱前面一道强大的弓形激波。这种强烈的激波在滞止点形成一个声速区。

事实上,经过弓形激波的流动突然减速,从而增加靠近滞止区激波层的压强和温度。圆形滞止区域后的高锥角(等于 45°)引起了激波的曲率,因此,存在一个影响结果的壁面熵层。

我们也发现了沿 SRV 锥形部分的光滑锥形流和肩部的强烈流动膨胀。

流线也显示在图 7.40 中,是为了鉴别 SRV 返回舱周围的流场结构,特别是尾流的复杂性。一道强烈的底部膨胀连同一个漩涡特征同样能够察觉。

特别地,在面对 SRV 底部的后面,流动分离并形成了一个由分界流线限制的回流区。事实上,它清楚地表明,从 SRV 肩部开始的剪切层分开了回流区,收敛到返回舱轴线上,在远场方向上,在流动颈部经历正激波从而改变方向。因此,通过颈部流动,它发展了一道后缘斜激波,最终形成一个黏性核心或内部尾流。当无粘尾流穿过后缘激波时,面临越来越大的压强、温度和密度,从而继续往下游,该外部尾流与内部尾流相融合。

M4 设计点上穿过 SRV 的马赫数和静温场如图 7.41 所示。它强调了一个再入 SRV 前面一道非常强大的激波。因此,穿过弓形激波的空气突然被加热,从而达到了 8000K 量级的温度。

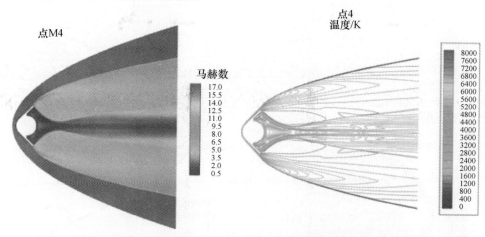

图 7.41　M4 设计点上的马赫数和静温[K]云图

图 7.41 所示的是一个快速膨胀的存在,因为高度压缩气体流动环绕在飞行器肩部。这种膨胀,由无粘影响主导,决定了气体转化温度、密度和压强的快速降低,以及代表内部模态能量的流动化学状态和温度倾向于保持冻结,并且气体仍然是分离和激发的(见图 7.42 所示设计点 O_2 和 N_2 的振动温度云图)。这一方面对返回舱气动热角度很重要。

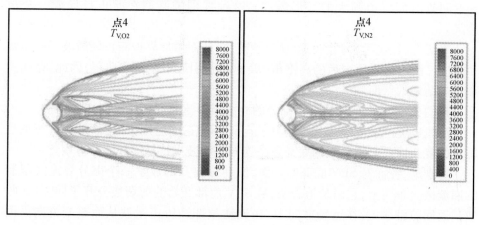

图 7.42　M4 设计点的 O_2 和 N_2 振动温度

事实上,当气体向下游流动时,因为重组过程是缓慢的,振动温度上升仍然更高,结果气体辐射明显位于后体区。

图 7.43 所示为在 M4 TP 上穿过 SRV 的 O_2 和 N_2 质量分数云图(例如,整个域的轴对称二维计算)。

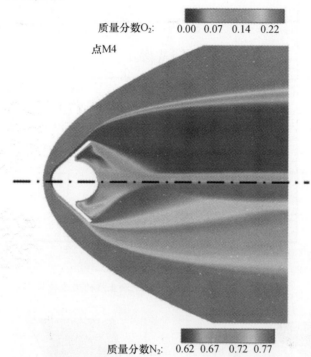

质量分数O_2: 0.00 0.07 0.14 0.22

点M4

质量分数N_2: 0.62 0.67 0.72 0.77

图 7.43 M4 设计点上的组份质量分数云图

在这个飞行条件下,自由流马赫数等于 17.61。因此,穿过弓形激波的空气被突然加热并且在一个反应混合物中交换。我们可以看到,在这些飞行条件下,氧气完全离解,而氮气开始分离。

图 7.44 所示为 CFD 设计点 M4 上的平移和振动温度对比。

如图所示,振动温度轮廓表明,热非平衡区域扩展只接近激波区域。事实上,即使 T_V 增长要缓慢得多,因为它依赖于密度,两个温度(T,T_V)几乎在整个激波层都是平衡的。

M3 设计点上的压强和马赫数云图如图 7.45 所示,对比了 M3 设计点上的烧蚀与非烧蚀气动外形。结果表明,激波层非常狭窄,正如预期的那样,在非烧蚀与烧蚀气动外形之间没有不同,也正如图 7.46 所建议。

图 7.46 表明,从非烧蚀到烧蚀气动外形,C_p 的中心线轮廓和对流热通量明显不改变。的确,在鼻部和沿着 SRV 锥形部分,热流轮廓对两个气动外形来说都是十分相同的。区别只在于烧蚀热防护罩条件下肩部热流减少(肩部较大的

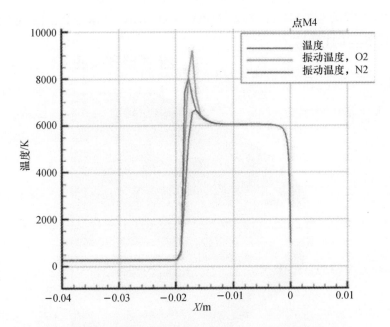

图 7.44　M4 设计点上沿 SRV 滞止线的温度轮廓

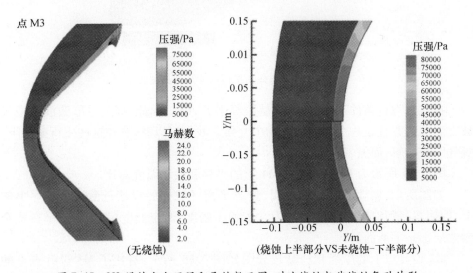

图 7.45　M3 设计点上压强和马赫数云图,对比烧蚀与非烧蚀气动外形

局部曲率半径)。

　　图 7.47 显示了 M1 飞行条件下前防护罩流场的静压和马赫数。

　　如图所示,由于很高马赫数(即 $M_\infty = 34.45$),在返回舱前面生成一道很强的激波。事实上,当返回舱直接双曲地球返回轨迹再入地球大气层,SRV 的大

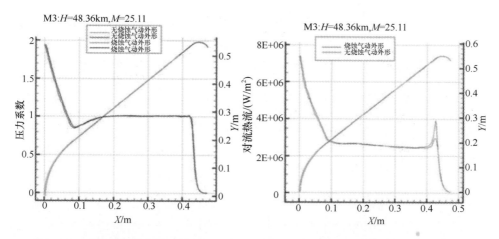

图 7.46 不带质量吸走效应的 M3 设计点上烧蚀与非烧蚀气动外形的 C_p 和热流对比

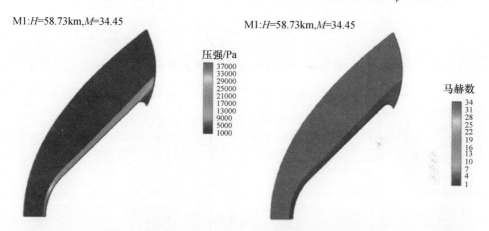

图 7.47 M1 设计点上流经 SRV 的静压和马赫数流场

气层再入速度超过 12km/s。

因此,飞行器气动热大部分来自激波层内等离子体流的辐射加热。这需要在 SRV TPS 设计中加以考虑。如此强烈的激波会导致大气层的分子被离解和电离,因此,激波层内的气体包含分子、原子、离子和电子。当 SRV 飞行在 M1 轨迹点时沿返回舱滞止线的压强和温度(即平动和振动温度)分布分别如图 7.48 和 7.49 所示。

可以看到,当流动从自由流条件下 26.49 Pa 到 SRV 驻点 40kPa 穿过弓形激波时,压强会突然增加。另一方面,弓形激波后的温度非常高,造成激波层内完全的氧和氮分离,如图 7.49 右侧所示。这里显示了沿滞止线的中性和电离组分质量分数分布。此图指出,N_2 和 O_2 分子迅速分离,接着,在热非平衡区域生成

657

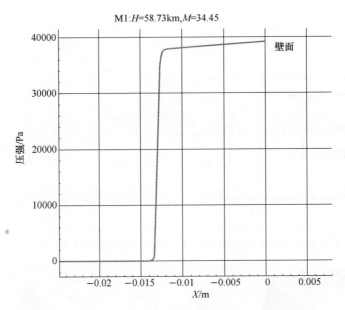

图 7.48 M1 设计点上沿滞止线的静压

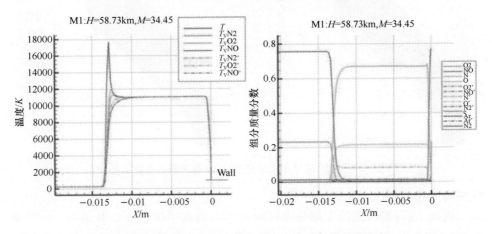

图 7.49 M1 设计点上沿滞止线的温度和组分质量分数

NO 分子,氮和氧原子,以及分子电离,如 N_2、O_2 和 NO。一般来说,每个形成组分的水平对于激波层的大部分达到接近化学平衡的一个状态。然后,在边界层边缘,组分水平再次随着温度下降开始迅速变化,密度通过边界层提高:N 和 O 重组成它们的分子形式导致 N_2 和 O_2 水平的增加,以及 N 和 O 水平下降。这是因为电离组分与电子重组形成中性组分 N、O、N_2 和 O_2、NO,如图 7.50 所示。

特别地,图 7.49 和图 7.50 也说明大部分激波层是在热化学平衡状态(即直到到达边界层,温度剖面相当平坦),只有在靠近激波和在边界层处偏离此状

658

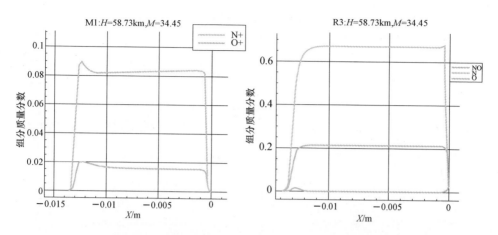

图 7.50 M1/R3 设计点上沿滞止线的组分质量分数

态:非平衡区域只在弓形激波下游,尺寸和激波厚度量级一样。事实上,即使 T_V 增加缓慢得多,因为它依赖于密度,两个温度(T、T_v)在激波层几乎是平衡的。

而且,温度趋势在激波处表现出突然不连续,由于有限速率化学反应引起的弓形激波后形成快速减少。例如,平动－转动温度,T,在约 $x = 14\text{mm}$ 处达到最大值,而振动电子温度,T_v,仍远小于 T。T_v 在约 $x = 10\text{mm}$ 处开始平衡,直到表面仍然是平衡的。相反,热非平衡能在邻近平衡态的区域观察到,即从 $x = 14\text{mm}$ 到 10mm。平衡温度约 11000K。有关离子组分,有大级别的 O^+ 和 N^+,而 N_2^+、O_2^+ 和 NO^+ 的质量分数非常小。事实上,穿过激波,O_2 是迅速和高度地分离形成 O 和 O^+。N_2 分离形成 N 和通过与 O 重组形成的 NO,但是一小部分 NO 被形成。很大一部分由 N_2 离解产生的氮原子电离形成 N^+。图 7.50 显示 N^+ 和 O^+ 的质量分数分别约为 0.085 和 0.015。注意,考虑到它对高速飞行条件下的辐射热流影响不可忽略,电离过程是非常重要的。

图 7.51 所示为每个 R 设计点上的前体压强分布预估,也显示了沿着返回舱滞止流线的平动温度(图 7.51(b))。

图 7.51(a)说明了压强分布(因此气动力)受激波层声速特性的影响。超声速时,锥形侧面的压强分布是平坦的,这是锥形流的特征;当整个前体激波层是亚声速的,流动的椭圆本性导致更高的、更圆的分布。

而且,局部熵值的影响也很清楚地显示出来。事实上,熵层吞咽,由于弓形激波的曲率,降低球锥接合处的压强。之后,压强增加直到在圆锥形裙体处达到相当恒定值。

图 7.51(b)也指出,温度剖面在弓形激波处具有突然不连续特性,由于有限速率分子的离解(即有限速率化学反应),激波后快速。而且,很大一部分的激

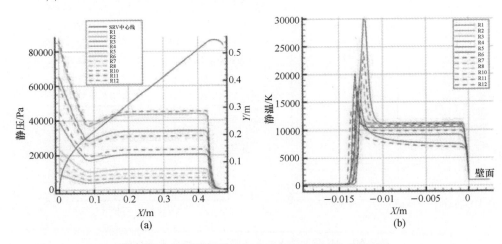

图 7.51　从 R1 到 R12 设计点的压强和温度结果对比

波层在热化学平衡状态,仅在靠近激波处偏离此状态。特别地,非平衡区域就在弓形激波下游。因此,如预期,由于真实气体现象,激波层沿着下降飞行弹道变化。注意,最高温度 30000K 在弓形激波的下游达到,当 SRV 以 $M_\infty = 41.54$ 飞行在 71.86km 海拔高度(即点 R1)时产生弓形激波。事实上,在此轨迹点,返回舱具有最大内能(即动能 + 势能)。当流动穿过弓形激波,此巨大机械能转化为热能。

至于 SRV 气动加热(不考虑热防护罩烧蚀),图 7.52 所示为从 R1 到 R6 飞行条件下在返回舱前防护罩中心线上的热流分布。

结果指的是壁面上的对流和辐射热流。后者采用 PARADE 计算,其中所有 R 设计点的密度、摩尔分数和两个温度(平动和振动)都来自 CFD 模拟。如图所示,图 7.52 强调了最大辐射热流等于约 $6MW/m^2$,它是在 R3/M1 飞行条件下达到(即 $H_\infty = 58.73km$ 海拔高度和 $M_\infty = 34.45$)。对流加热峰值达到 $8.5MW/m^2$,它在 R5/M2 设计点获得(即 $H_\infty = 52.05km$ 海拔高度和 $M_\infty = 29.12$)。总之,最大总热流等于约 $12.5MW/m^2$,当 SRV 以 $M_\infty = 34.45$ 飞行在海拔高度 $H_\infty = 58.73km$ 时(即 R3/M1 设计点),它会增大。因此,等离子体辐射对表面气动加热是一个额外的贡献,在 SRV 热防护系统设计时必须予以考虑。特别地,图 7.52 所示的一般对流热流量剖面强调在驻点的峰值后,热流量沿着表面减少直到边界层发展达到一个转折点,这对应于返回舱球形的结束。因此,它继续以不同外形沿着锥形部分减少,然后,它在靠近肩部处增加由于当地小曲率半径和膨胀引起的边界层厚度减少。

剩下 R7 到 R12 情况下的辐射热流剖面与图 7.52 中 R1 到 R6 的十分相同,因此为了简便起见,不再进行讨论。

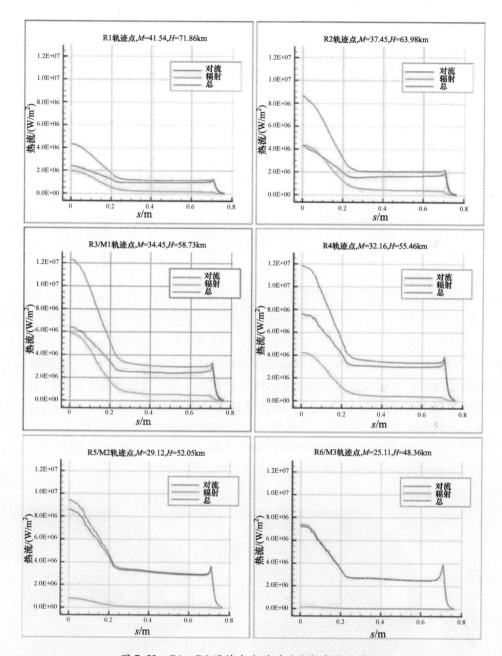

图 7.52　R1 – R6 设计点上的对流和辐射热流对比

图 7.53 所示为几个 TPS 在 SRV 中心线上的表面摩擦系数(C_f)。如图所示,C_f 的峰值证实在肩部处,此处的边界层极薄,这是因为周围流动的旋转。

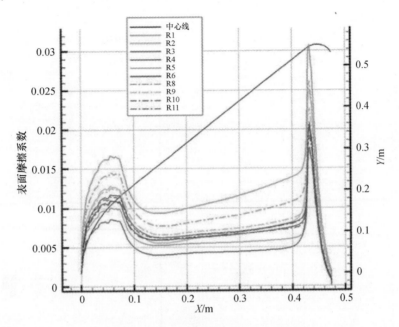

图 7.53　几个 R 轨迹点的表面摩擦系数

以前提供的非烧蚀情况下流场特性讨论也在很大程度上适用于带质量吸走的流场分析。此任务处理二维轴对称外形上的 8 个 NS，旨在研究来自于热防护罩衰退的 TPM 化学组分引起的流场污染对返回舱气动热性能的影响。空气中考虑的气体模型（32 种组分）是热化学非平衡条件的。例如，R10/B3 设计点上流过 SRV 前防护罩的马赫数和静压场（即 $H_\infty = 57.07$km 海拔高度和 $M_\infty = 33.07$，此时发生最大驻点总质量吸走率）如图 7.54 所示。

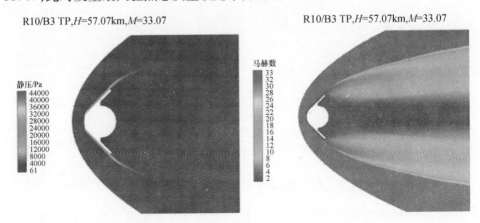

图 7.54　R10/B3 TP 下的马赫数和静压云图

尽管如此,边界层是明显不同于非烧蚀条件的[19]。事实上,图 7.55 所示为 R1/B1 和 R10/B3 设计点上沿着滞止流线由吸走产生的组分。

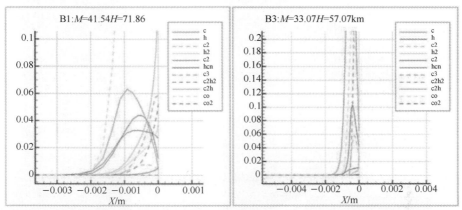

图 7.55　R1/B1 和 R10/B3 TP 滞止流线上烧蚀产物

当接近壁面时,所有空气组分水平下降,吸走气体的存在变得越来越占主导地位。而且,从剖面很明显地看到,一些烧蚀产物发生化学变化,而有趣的是,虽然大多数烧蚀产物局限于边界层,一些显著水平的产物,特别是 C,位置略超出边界层的边缘。边界层内的烧蚀产物主要由 H_2、C_2H、C_2H_2、CO、C 和 H 组成[19]。特别地,C_3 的水平随着离机体距离的增加而迅速下降,因为它离解形成 C_2 和 C,也间接导致了 CN 和 HCN 的形成。然而,边界层内 C 水平的上升主要是由于 CO 的离解。相对较慢的 H 水平随与壁面距离增加而下降表明,H_2 或另外一些在场的碳氢化合物在离解[19]。

图 7.56 和 7.57 显示了分别流过 SRV 的 C_2 和 C_3 和 C 和 CO 质量分数场。

R10/B3 TP H=57.07km,M=33.07

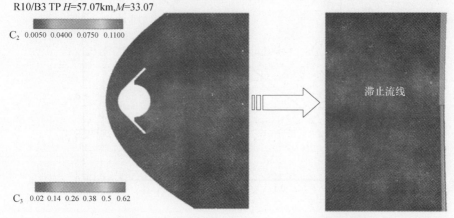

图 7.56　R10/B3 设计点上的 C_2 与 C_3 质量分数

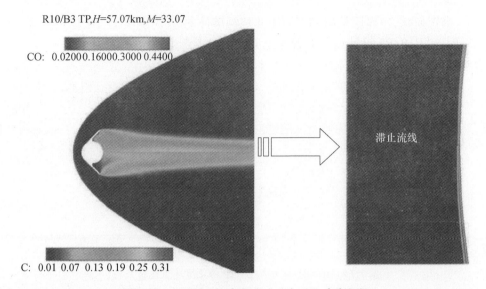

R10/B3 TP,H=57.07km,M=33.07

CO: 0.0200 0.1600 0.3000 0.4400

滞止流线

C: 0.01 0.07 0.13 0.19 0.25 0.31

图 7.57　R10/B3 设计点上的 C 与 CO 质量分数

注意,激波层中烧蚀过程产物分布的确定是非常重要的,因为组分如 C_2、C_3 和 CO 有强大的辐射特性。特别地,C_2 和 C_3 具有吸收特性,CO 是一个强大的辐射体。

最后,所有 B 轨迹点 SRV 中心线上的对流热流对比如图 7.58 所示。

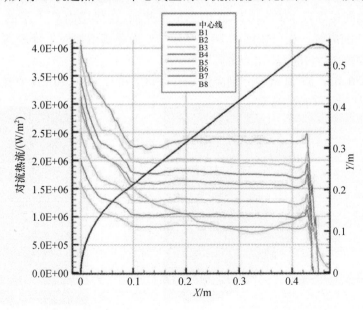

图 7.58　所有 B TPS 在 SRV 中心线上的对流热流量

可以看到,如预期,热防护罩烧蚀减轻了下降过程中返回舱必须承受的对流热流量。例如,当数值 CFD 计算中考虑烧蚀,最大对流热流量从 $8.5MW/m^2$ 降低至 $4MW/m^2$。热防护罩烧蚀减少了表面温度梯度和不同组分的质量分数梯度,从而导致了对流和扩散热流量的减少[14]。而且,CO,一个主要烧蚀产物(对碳基材料而言),显著降低壁面熵。

另一方面,来自热防护罩衰退的化学组分引起的流场污染预计也将提供一个阻塞效应在辐射热流上和增加电离(设计问题在目前的研究工作中不讨论)。

7.6 SRV 空气动力学

就返回舱空气动力学而言,分别总结回顾了基于工程和基于 CFD 方法获取的 SRV 升力(C_L)、阻力(C_D)和俯仰力矩系数(C_m)(CFD 中仅分析阻力)。

根据以下方程,气动力系数计算考虑 $S_{ref} = 0.95m^2$(即最大 SRV 横截面积),$L_{ref} = 1.1m$(即最大 SRV 直径)和在重心的极点:

$$C_L = \frac{L}{\frac{1}{2}\rho_\infty v_\infty^2 S_{ref}}$$

$$C_D = \frac{D}{\frac{1}{2}\rho_\infty v_\infty^2 S_{ref}}$$

$$C_m = \frac{M_y}{\frac{1}{2}\rho_\infty v_\infty^2 L_{ref} S_{ref}}$$

图 7.59 所示为一个用于工程等级计算的典型 SRV 网格表面。

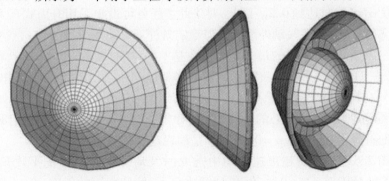

图 7.59 SRV 面网格

在 FMF 条件下也进行了分析。

7.6.1 SRV 的基于工程估算气动结果

分析完成了从再入到 $M_\infty = 3$ 的整个马赫数剖面。

在连续流条件下,SRV 气动依赖于普朗特 – 迈耶膨胀流和修正牛顿理论[10]。作为工程等级结果的一个算例,图 7.60 所示为 $M_\infty = 25$ 和三个不同攻角下,即 $0°,5°$ 和 $10°$,润湿飞行器表面的静压分布。

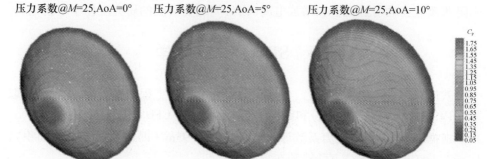

压力系数@M=25,AoA=0°   压力系数@M=25,AoA=5°   压力系数@M=25,AoA=10°

图 7.60 $M_\infty = 25$ 和 AoA $= 0°,5°$ 和 $10°$ 下的压强系数

如图所示,返回舱迎风侧表面压强分布随攻角增加而改变。同时,返回舱背风面的流动膨胀决定了局部低压云图。

图 7.61 和图 7.62 分别总结了自由分子($M_\infty = 10.3$)和超声速连续($M_\infty = 25$)流条件下攻角从 $0°$ 变化到 $180°$ 过程中的升力、阻力和俯仰力矩系数。可以看到,返回舱气动力具有非线性特征,这是典型的高速流动区域。特别地,像预期的那样,升力系数在零度攻角下为零,这是因为 SRV 是一个对称的气动外形。在稀薄流区域,$0° < \alpha < 180°$ 范围内,它本质上是可以忽略不计的,而在连续介质流,C_L 在 $\alpha = 60°$ 时达到 0.2。因此,对于此类任务可设想采用升力式再入,与经典弹道飞行相比,只要气动外形能在静稳定条件下以攻角飞行。

另一方面,两个区域的最大阻力系数是 1 的量级,在 $\alpha = 0°$ 和 $180°$ 下获得。当然,考虑 TPS 布局和此角度下返回舱的静不稳定性,后者攻角不能工作。

SRV 在自由分子流的配平分析强调返回舱具有四个配平攻角(例如,如图 7.61 的绿色曲线所示,重心的俯仰力矩等于零),即 $\alpha = 0°,65°,112°$ 和 $180°$。然而,$C_{m\alpha}$ 的符号指出,只有 $\alpha = 0°$ 和 $112°$ 是静稳定性俯仰配平攻角。

见图 7.62,连续高超声速流动中选取的气动外形有两个配平攻角(即当 AoA $= 0°$ 和 $180°$ 时 $C_m = 0$)。但在 $180°$ 攻角下,俯仰力矩的斜率($C_{m\alpha}$)是正的,因此,返回舱在 AoA $= 0°$ 下只有一个单一的静稳定位置。此配平攻角确保探测器在高超声速区域不翻转和偏离预期的再入轨迹。

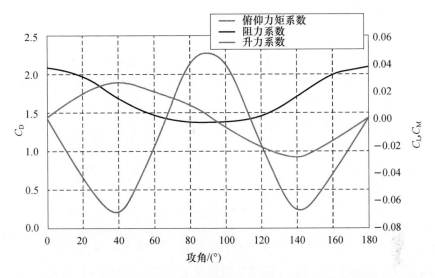

图 7.61　$M_\infty = 10.3$ 与 $H_\infty = 200\mathrm{km}$（FMF）下的 SRV 升力、阻力和俯仰力矩系数

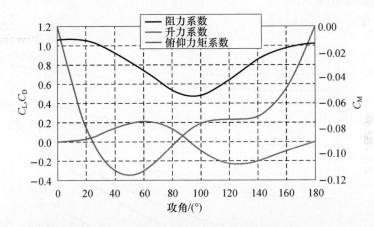

图 7.62　$M_\infty = 25$ 下的 SRV 升力、阻力和俯仰力矩系数

过渡流条件下的 SRV 阻力剖面如图 7.63 所示。

从中可以看出,阻力剖面随克努森数的变化曲线具有典型期望的 S 外形,从稀薄流到连续流条件指出 C_D 从大约 2 变到 1。

连续流条件下的气动阻力结果与高超声速条件下钝头锥可用分析结果一致。事实上,半顶角 θ_c、鼻部半径 R_N 和底部半径 R_B 的钝头锥阻力系数为[2]（见第一章）:

$$C_D = 2\sin^2\theta_c + \left(\frac{R_N}{R_B}\right)^2 \cos^4\theta_c \qquad (7.20)$$

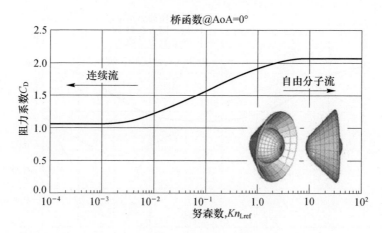

图 7.63　过渡流条件下 SRV 阻力系数

阻力系数 C_D 是钝率 R_N/R_B 和锥部半顶角 θ_c 的函数,如图 7.64 所示。

在目前的情况下,鼻部 - 底部半径比等于 0.5。因此,分析和基于工程的结果吻合得很好。

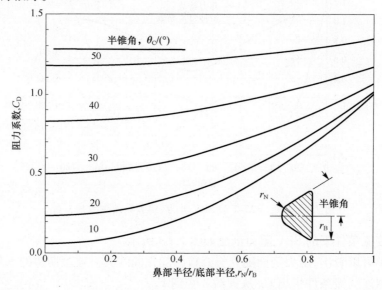

图 7.64　球锥体的高超声速阻力系数

7.6.2　SRV 的基于 CFD 气动结果

从航天器壁面的压强和剪切应力值开始,返回舱阻力系数对所有执行的 CFD 计算进行了评估。

图 7.65 所示为连续流条件下 C_D 的目前 CFD 结果和文献数据对比[5]。

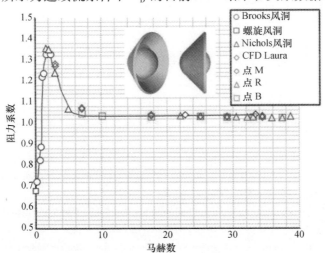

图 7.65　SRV 阻力系数随马赫数的变化曲线，对比现有结果与文献数据

它提出了半角为 45° 外形在马赫数范围内的一个近似阻力系数。利用兰利气体热力学迎风松弛算法（LAURA）计算出马赫数 31.8 和马赫数 21.5 条件下的高超声速值为 1.07[5]。

来自兰利 20 英尺垂直旋转风洞试验，亚声速值为 0.65。超声速和跨声速值来自于相似几何外形上的 Brooks 和 Nichols 风洞数据[5]。

根据可行性研究目的，重要的数据是高超声速值，它影响热脉冲，亚声速值决定冲击速度[5]。目前评估的阻力系数与文献数据吻合很好，特别是在高马赫数流动条件下的（即波阻）。低于马赫 7，仅前体的 CFD 不能准确预测气动力。

计算必须包括后体和尾流。因此，在非常低的马赫数差异很明显。在这些情况下，底部阻力的影响来自于 SRV 和文献数据考虑的返回舱底壳之间不同，如图 7.66 所示[5]。

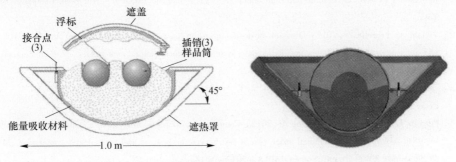

图 7.66　SRV 外型对比

参 考 文 献

［1］Preliminary Planning for an International Mars Sample Return Mission Report of the International Mars Architecture for the Return of Samples (iMARS) Working Group June 1, 2008.

［2］Notes on Earth Atmospheric Entry for Mars Sample Reture Missions. NASA/TP – 2006 – 213486. 2006.

［3］Adler M (2011) Marco Polo – R near earth asteroid sample reture mission. In: 8th international planetary probe workshop, 6 – 10 June 2011, Portsmouth, VA, USA.

［4］Howe J (1989) Hypervelocity atmospheric flight: real gas flow fields, NASA TM 101055.

［5］Mitcheltree RA, Kellas S, Dorsey JT, Desai PN, Martin CJ (1998) A passive earth – entry capsule for Mars sample reture. In: 51st international astronautics federation congress, Rio de Janeiro, IAF – 00 – Q. 3. 04.

［6］Viviani A, Pezzella G. Computational flowfield analysis of a planetary entry vehicle. In: Numerical simulations – examples and applications in computational fluid dynamics. Published by In – Tech. Kirchengasse 43/3, A – 1070 Vienna, Austria. Hosti 80b, 51000 Rijeka, Croatia. ISBN: 978 – 953 – 307 – 153 – 4.

［7］Viviani A, Pezzella G (2010) Computational flowfield analysis over a blunt – body reentry vehicle. J Spacecr Rocket 47(2): 258 – 270. doi: 10. 2514/1. 40876, ISSN 0022 – 4650.

［8］Bertin J (1994) Hypersonic aerothermodynamics, AIAA educational series. American Institute of Aeronautics and Astronautics, Washington, DC.

［9］Scott CD, Ried RC, Maraia RJ, Li CP, Derry SM (1985) An AOTV aeroheating and thermal protection study. In: Nelson HF (ed) Thermal design of aeroassisted orbital transfer vehicles, vol 96 of Progress in Astronautics and Aeronautics, AIAA, New York, pp 198 – 229.

［10］Viviani A, Pezzella G, Golia C (2010) Effects of thermochemical modeling and surface catalyticity on an earth re – entry vehicle. In: Proceedings of the Institution of Mechanical Engineers, Part G. J Aerosp Eng 225(5). doi: 10. 1177/2041302510392875, ISSN: 0954 – 4100 (Print) 2041 – 3025 (Online). Sage Publications, pp 1 – 18.

［11］Anderson J (1989) Hypersonic and high temperature gas dynamics. McGraw – Hill Book Company, New York.

［12］Viviani A, Pezzella G (2012) Overview of design approach for a sample reture capsure. In: 18th AIAA/ 3AF international space planes and hypersonic systems and technologies conference, 24 – 28 September 2012, Tours, France, AIAA – 2012 – 5858.

［13］Project Synthesis Report. RASTAS – AST – D1. 3 – 01, TEA21 no 052938/10, Ed. 1 – 15 December 2010.

［14］Pezzella G, Catalano P, Bourgoing A (2012) Computational flowfield analysis of a sample reture capsure. In: 18th AIAA/3AF international space planes and hypersonic systems and technologies conference, 24 – 28 September 2012, Tours, France, AIAA – 2012 – 5818.

［15］Generic Re – entry Capsule preliminary design, RASTAS – AST – D1. 2 – 01, TEA21 no 052937/10,

670

Ed. 1 – 15 December 2010.

[16] Tauber ME, Suttont K (1991) Stagnation – point radiative heating relations for earth and Mars entries. J Spacecr Rocket 28(1): 40 – 42.

[17] PLASMA RADIATION DATABASE PARADE V2. 2. Report TR28/96.

[18] Park C (1993) Review of chemical kinetic problems of future NASA missions: earth entries. J Thermophys Heat Transf 7(3): 385 – 398.

[19] Roberts TP (1995) Modelling gas/surface interaction processes of ablating wall boundaries associated with planetary entry. In: Proceedings of the 2nd European symposium aerothermodynamics for space vehicles, Noordwijk, The Netherlands, 21 – 25 November 1994, European Space Agency (ESA), Paris, p 311.

[20] Pezzella G, Bucchignani E, Marini M, Ferraris G, Chiarelli C (2009) Computational aeroheating analyses of a capsule in Martian atmosphere. In: 6th European workshop on thermal protection systems and hot structures, 31 March – 3 April 2009, University Stuttgart, Germany.

第八章　运载火箭:现状与未来

8.1　前　　言

一直以来,运载火箭对气动特性的需求通常通过风洞试验(WTT)和计算流体力学(CFD)相结合的方法来实现[1,2]。WTT 方法和 CFD 方法二者相结合功能非常强大,可提供高精度数据作为运载火箭控制、尺寸及性能评估的输入[1]。

运载火箭系统的气动工作集中在对快速机动与加速飞行器上载荷和大气测定的评估[2]。这些力通过压强和摩擦力作用于运载火箭的外表面,由此产生了全局气动力和气动力矩[3-5]。

运载火箭气动力评估是确定运载火箭性能和控制软件的基础[6]。确实,作用在运载火箭运动方向上的气动阻力降低了运载火箭的速度。

另一方面,全局气动力通常未能作用于飞行器重心(CoG)位置上,那么作用于重心之外的气动力矩将导致力矩矢量的稳定或不稳定,这点需在运载火箭的控制软件中加以考虑。

此外,运载火箭结构和突出部分应满足沿着弹道的气动载荷要求。在确定运载火箭尺寸的常规载荷研究中也应该考虑这一点。

8.2　运载火箭的气动分析

8.2.1　运载火箭的气动约定

运载火箭的气动数据定义如图 8.1 和图 8.2 给出的弹体参考坐标系(BRF)中[1]:

(1) $V(u,v,w)$:相对于空气的重心速度。

(2) O:坐标系参考点(区别于重心)。

(3) X:中心旋转体轴,方向由 O 指向运载火箭头部为正。

(4) Y:水平轴。

(5) Z:垂直轴,以获取正坐标系。φ 是绕 X 轴的滚转角。

(6) Z_φ:Z 轴绕 X 轴以角速度 φ 转动至发射方向 V 上。

（7）α_e:运载火箭的总攻角。

（8）α:攻角,即 X 与发射方向 V 在(X,Z)平面内投影之间的夹角。

（9）β:侧滑角,即发射方向 V 与 V 在(X,Z)平面内投影之间的夹角。

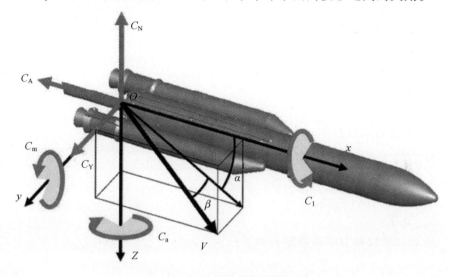

图 8.1　传统体坐标轴

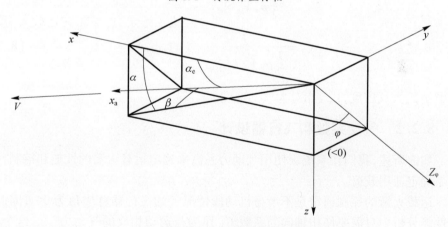

图 8.2　传统体坐标轴后视图

以上约定来自于1988 年的国际标准化文件1151,图8.1 给出了阿里安5 的示意图[1]。

需注意的是,当 $w>0$ 时,攻角的范围为 $-\pi < \alpha < \pi$ 且 $\alpha > 0$;当 $v > 0$ 时,侧滑角(有时也叫偏航角)的范围为 $-\pi/2 < \beta < \pi/2$ 且 $\beta > 0$。

作用在运载火箭上的总气动力 $\boldsymbol{F}$ 和气动力矩 $\boldsymbol{M}$ 在 BRF 中表述如下:

$$\boldsymbol{F} = S_{\text{ref}}q_\infty\, (\, -C_{\text{A}}\,\hat{i} + C_{\text{Y}}\,\hat{j} - C_{\text{N}}\,\hat{k}\,)$$

$$\boldsymbol{M} = S_{\text{ref}}L_{\text{ref}}q_\infty\, (\, C_{\text{l}}\,\hat{i} + C_{\text{m}}\,\hat{j} + C_{\text{n}}\,\hat{k}\,) \tag{8.1}$$

其中,

C_{A}:轴向力系数;

C_{Y}:横向力系数;

C_{N}:法向力系数;

C_{l}:滚转力矩系数;

C_{m}:俯仰力矩系数;

C_{n}:偏航力矩系数;

$(\hat{i},\hat{j},\hat{k})$ 为参考单位矢量;

S_{ref}:参考面积;

L_{ref}:参考长度;

q_∞:动压。

气动力系数和力矩系数定义如下:

$$C_{\text{i}} = \frac{F_{\text{i}}}{\dfrac{1}{2}\rho_\infty V_\infty^2 S_{\text{ref}}} \quad \text{i} = \text{L,D,Y} \tag{8.2}$$

$$C_{\text{J}} = \frac{J}{\dfrac{1}{2}\rho_\infty V_\infty^2 L_{\text{ref}}S_{\text{ref}}} \quad \text{j} = \text{l,m,n} \tag{8.3}$$

式中:ρ_∞:大气密度;V_∞:相对大气的速度。

8.2.2　气动系数和飞行器设计

如前所述,我们在系统级使用气动力系数来确定运载火箭的性能和控制,也用于确定通用载荷。

运载火箭的控制通常是不考虑机动段情况下的飞行器总攻角为 0°。因此,在性能分析中只需要使用轴向力系数 C_{A} 作为与运动相反的气动力[1]。这个系数可以表示为马赫数 M_∞ 的函数:

$$C_{\text{A}} = f(M_\infty) \tag{8.4}$$

对于通常指向某个方向喷管推力的控制软件来说,最主要的气动参数是飞行器 CoG 位置上气动力矩的计算。由于事实上在整个飞行过程中都在连续消耗推进剂,飞行器 CoG 位置也在不断变化中。因此,通常在某个常规位置来提供气动力矩。例如,对于阿里安 5 来说,这个位置就是主要级段的喷管摆动点。

在飞行过程中,给出 CoG 的计算位置,控制软件中用以下表达式来表述 CoG 上的气动力矩:

$$俯仰平面(XOZ):A_6 = \frac{qS_{ref}}{I} \frac{dC_N}{d\alpha}\left[X_G - \left(\frac{\frac{dC_m}{d\alpha}}{\frac{dC_N}{d\alpha}}L_{ref} + X_Q\right)\right]$$

$$偏航平面(XOY):A_6 = \frac{qS_{ref}}{I} \frac{dC_Y}{d\beta}\left[X_G - \left(\frac{\frac{dC_n}{d\beta}}{\frac{dC_Y}{d\beta}}L_{ref} + X_Q\right)\right]$$

$$(8.5)$$

全局气动力系数(非线性化系数)的演化可得到气动力系数导数,全局气动力系数由攻角或侧滑角函数来表述,如图 8.3 所示[1]。

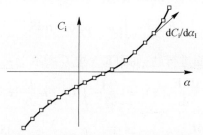

图 8.3　气动力系数导数建立示例

需注意,控制软件也使用线性化气动力系数来进行频率分析,这些线性化的气动力系数则由小攻角或侧滑角范围内的系数演化来确定,如图 8.4 所示。全局气动力系数的均值可用于风场环境下的临时分析。所有公式都应表述为马赫数的函数。

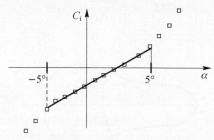

图 8.4　线性化气动力系数建立示例

对于一般的载荷研究,主要的输入参数为分布式气动力和气动力系数。分布式系数,指一般载荷研究中从整流罩前端到指定感兴趣机身横截面的表面压力和力矩的积分。由于在风洞试验中很容易获取表面压强测量值,而很难获得摩擦力的值,所以压强和摩擦力的贡献需分别考虑。此外,风洞流场条件不能真实反映实际飞行过程中的摩擦力。事实上,风洞中可以在运载火箭缩比模型上复现实际飞行过程中的马赫数,进而给出压强系数的表达式,但通常不能复现计算摩擦力作用所必须的飞行雷诺数。然而,气动力贡献中的主要部分是压强贡献,一般来说,如果不计算轴向力的话,可以忽略摩擦力的作用。因此,通常按下面的约定来进行压力评估:

对于密闭机身部分的外表面,使用以下参数(其中,n 为垂直于 S 的局部矢量):

$$\int_S p_\infty \cdot n \mathrm{d}S = 0 \tag{8.6}$$

作用于机身的压力可由方程(8.7)表示。

$$F_p = -\int_S (p - p_\infty) \cdot n \mathrm{d}S \tag{8.7}$$

实际上,积分是沿着截面进行的,如图 8.5 中 C 所示[1]:

$$\frac{\mathrm{d}CF_p}{\mathrm{d}x}(x) = -\frac{1}{S_{ref}} \int_{C(x)} C_p \cdot n \frac{\mathrm{d}S}{\mathrm{d}x} \mathrm{d}x \tag{8.8}$$

$$\frac{\mathrm{d}CM_p}{\mathrm{d}x}(x) = -\frac{1}{S_{ref}L_{ref}} \int_{C(x)} C_p \cdot p \times n \frac{\mathrm{d}S}{\mathrm{d}x} \mathrm{d}x \tag{8.9}$$

最后可推导出总气动力系数和力矩系数:

$$CF_p = \int_x \frac{\mathrm{d}CF_p}{\mathrm{d}x}(x) \mathrm{d}x \tag{8.10}$$

$$CM_p = \int_x \frac{\mathrm{d}CM_p}{\mathrm{d}x}(x) \mathrm{d}x \tag{8.11}$$

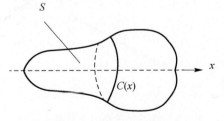

图 8.5　密闭机身表面

图 8.6 给出了沿阿里安 5 助推器计算所得的分布式轴向力系数示例[1]。风洞试验中获得的局部压强测量值的积分与 CFD 中计算所得结果二者吻合很好。

676

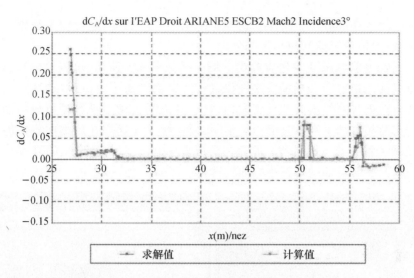

图 8.6　沿 A5 固体推进剂助推器右侧计算所得分布式轴向力系数导数（$M_\infty = 2$）

8.2.3　运载火箭的气动分析

经典气动力研究通常依靠风洞试验和 CFD 两种手段。对于运载火箭来说，其遇到的来流状态始于发射台上的没有速度，然后到高空大气中的高超声速状态。但如前所述，气动研究主要集中在运载火箭的尺寸和控制上。因此，当动压很高时，将会出现运载火箭全弹道中尺寸最大的情况，如图 8.7 所示。图 8.7 中

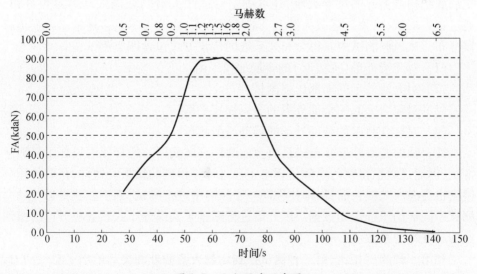

图 8.7　飞行区域示意图

所需特征的主要部分位于 $0.5 \leqslant M_\infty \leqslant 3$ 范围中[1]。然而,这保留了被覆盖的大部分区域,包括跨声速和超声速部分。

机翼的风洞测试通常包含两类。第一类如图8.8所示,可测量运载火箭模型的总气动力系数[3]。模型安装在探臂式六自由度天平上,可对前述定义的六个力和力矩进行测量。假如马赫数相似,计算出的气动力系数则可表示为全尺寸运载火箭的气动力系数。但由于不同的黏性作用(这点在后续中将会进行阐述),风洞试验中的条件通常不能完全模拟真实的飞行来流条件,CFD作为非常重要的补充手段可辅助得到更好的气动外形特征。

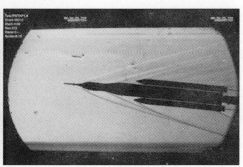

图8.8　密苏里州 St. Louis 波音 Polysonic 风洞(PSWT)中的
空间运载系统(SLS)Block I 飞行器外形

第二类测试专心于模型上局部压强的测量,测量所得的局部压强可用于确定局部结构或突起的尺寸大小,还可确定沿运载火箭的全局气动力系数分布。通过这类测试,可重建运载火箭上全部压强分布,由此可尽量多地给出压强传感器分布。从风洞测试中获得分布式系数的传统方式包含四类测试:

(1) 对光滑外形(无突起)的全局加权平衡。

(2) 对光滑外形的局部压强测量。

(3) 对包含突起的全部外形的全局加权平衡。

(4) 对包含突起的全部外形的局部压强测量。

沿 x 轴的光滑外形分布式系数由前两种测试获得。通常使用局部压强测量方法,但通过数据得到的离散值远小于通过计算得到的结果。这样,获取的积分精度也会有所欠缺。而且,即使在同一个风洞中进行测试,都不能获得总气动力测试中同样的压强运动数据。因此需进行调整来确保分布式系数积分可给出测量的总气动力系数值。

和第一种测试相比,第三种测试根据运载火箭额外的突起给出了总气动力。

一般情况下,在第四种测试中,只对主要突起进行了压强测量。而且,可测量点的数量远小于计算中壁面网格的数量。此外,只有突起物准备好了,才能忽略突起物对光滑几何体下载荷分布的影响。第四种测试情况用于确定由突起引起的局部载荷重新分配及量级。因此,需给出多种假设,例如围绕每种测试进行表面积分、在高梯度区域内缺少压强信息。显然,利用风洞试验数据拟合分布式载荷并不能直接得到总气动力系数,还需要考虑更多不确定因素。

8.2.4 外载荷特征的快速设计方法

在项目的 A 阶段,工作是基于性能、分离、推进、外形设计和方案、气动载荷、控制之间的快速方案循环。

当马赫数范围从 0.5 升至 10,运载火箭外形的气动力特性可由数据库(AEDB)给出:

$$C_A = f(M_\infty)$$

$$\left. \frac{C_N}{d\alpha} \right|_{\alpha=0°} = f(M_\infty)$$

$$\left. \frac{C_m}{d\alpha} \right|_{\alpha=0°} = f(M_\infty)$$

(8.12)

前述数量轴向上的空间导数

对于最开始设想的大量运载火箭变量都要给出预估值,因此需要快速建立 AEDB。由于要生成上万个数据点,一个数据库建立的时间为一周或两周。这些要求表明工作需按照高级别的自动链式工具来处理(画网格、计算及后处理)。可加入与几何外形相关的气动力灵敏度研究(使用 CFD 进行外形设计,例如尾平面)。如今,这些研究工作都在风洞试验之前进行,为方案的选择提供参考(即运载火箭权衡设计)。在每次计算中采用由百万单元组成的网格和并行处理多个计算算例,这种方法在高性能计算机中广泛使用。每个计算算例的网格自动生成是一个关键的必要特征,否则已分配的时间帧无法持续。

为获得合理结论,需根据不同马赫数适当修改网格,以此使每个区域与重要的梯度(如压缩、激波和膨胀)一致。精度和网格数量之间的最佳折衷通常是通过六面体单元来获得。

然而,对于这类复杂拓扑结构,建立多块结构或混合网格是非常重要的约束。使用 CHIMERA 方法可以获得一个重要的简化。实际上,每个简单外形的机身或者机身的重要组成部分(如尾平面)都需要单独画网格,自动生成这些网格非常简单。

然后,为了用所有给定细节描述整个运载火箭几何外形,所有这些网格都和相关优先的有重叠。这就导致使用有限体积方法(为保持结果的一致性,不在网格间进行内插)进行解算时,解算器视交叉网格为单一网格。而且,这一特征在激波区内还用于网格改进,例如,重叠网格以适应激波。而后对每个马赫数都使用适合的网格,数值计算在几台计算机上并行提交,每次计算都在几个处理器上采用并行模式。每次计算的后处理过程均具有标准化和自动化特点,可快速获得系统的 AEDB。

8.3　运载火箭快速气动设计分析实例

运载火箭气动性能的快速评估依赖于对运载火箭简化外形实施的超声速/高超声速面元法分析和欧拉 CFD 分析。举例来说,下文给出了 4 个不同运载火箭飞行器的设计研究算例,即 VSB – 30、Vega、NGLV 和 FLPP 方案[2]。

8.3.1　VSB – 30 运载火箭

VSB – 30 飞行器是一个两级、无制导、导轨发射的探空火箭,它包括含固体推进剂 S31 火箭助推器、助推器连接件、二级 S30、有效载荷和回收与维修系统。发动机和有效载荷通过连接段连接,中间隔着气动活塞。飞行器按照自旋稳定、无制导模式飞行。自旋稳定通过倾斜舵面来实现。为了减小冲击偏移,飞行器在助推器连接件上安装了三个加速旋转发动机。舵则按照标准三舵构型来排列,S31 和 S30 分别设置为标准的 18' 和 21',这样可以使飞行器从起飞直至燃料耗尽都在自旋。VSB – 30 的基本结构如图 8.9 所示,飞行时序如图 8.10 所示[7]。

图 8.9　VSB – 30 运载火箭

至于运载火箭气动性能,飞行器的参考长度(过渡气动评估采用)为级间段直径 $\phi = 0.557\mathrm{m}$,而参考面积为 $S_{ref} = 0.075\mathrm{m}^2$(即级间段横截面积)。

用于级间段气动评估的典型面元法如图 8.11 所示。

在 0 度攻角下,过渡流和连续流条件下的轴向力系数分别如图 8.12 和图 8.13 所示。其中图 8.12 给出了 C_A 随克努森数的变化趋势,而图 8.13 中,轴向力系数表示为马赫数的函数。

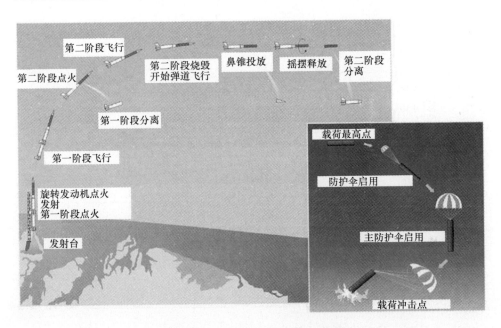

图 8.10 VSB－30 飞行过程示意图

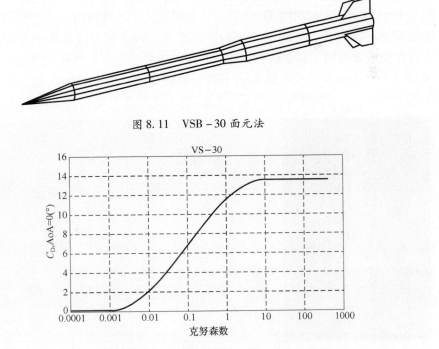

图 8.11 VSB－30 面元法

图 8.12 α＝0°时,过渡区 VSB－30 的轴向力系数

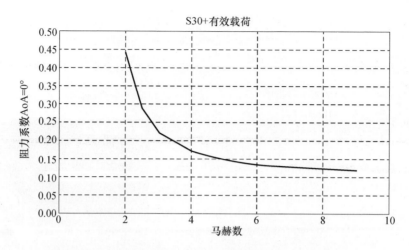

图 8.13 $\alpha = 0°$ 时, VSB - 30 在不同马赫数下的轴向力系数

8.3.2   Vega 运载火箭

Vega 是新一代欧洲运载火箭的简易版,它是阿里安航天公司使用的一次性运载火箭系统,由意大利航空局和欧空局联合开发,如图 8.14 所示[8,9]。研究始于 1998 年,于 2012 年 2 月 13 日在圭亚那航天中心进行第一次发射[5]。阿里安航天公司计划至少在 2018 年底前进行发射。Vega 运载火箭用于在极地轨道和近地轨道发射用于科学研究和地球观测任务的质量介于 300 ~ 2500kg 之间的卫星[11,12]。一项可供参考的 Vega 任务是在极地轨道携带 1500kg 重的航天器至海拔 700km 高空,如图 8.14 所示。Vega 意为天琴座中最亮的一颗星,它是含 3

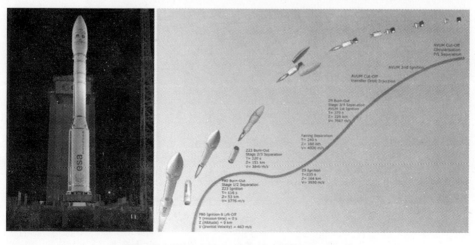

图 8.14   Vega 运载火箭及其任务剖面示意图

级固体火箭的单独机身(无捆绑助推器)运载器,P80 为一级,Zefiro 23 为二级,Zefiro 9 为三级,上面级是一个液体火箭舱称为 AVUM。P80 计划的开发技术将会用于未来阿里安火箭的开发。意大利是 Vega 计划的领导者(65%),接下来是法国(13%)。其余参与者包括西班牙、比利时、荷兰、瑞士和瑞典[4]。

图 8.15 给出了运载火箭气动评估中采用的面元网格示例。

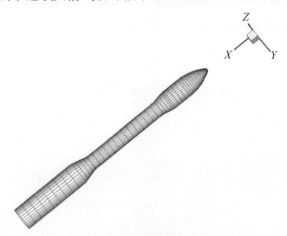

图 8.15　Vega 面元网格

图 8.16 给出了攻角分别为 2°和 5°两种情况下预估的运载火箭轴向力系数随马赫数变化示意图[5]。图中还给出了可信度更高的 CFD 计算结果。所以,面元法的精度也可推断出。

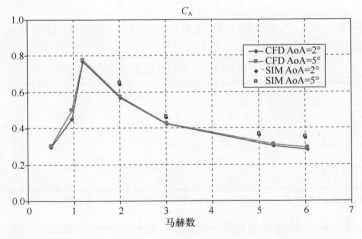

图 8.16　$\alpha = 2°$ 和 $\alpha = 5°$ 时,Vega 轴向力系数随马赫数变化示意图

8.3.3 下一代运载火箭飞行器(NGLV)

下面介绍使用 CFD 方法来进行下一代一次性使用运载火箭气动分析的算例。研究中的气动外形特征是有两个助推器和一个带锤头形整流罩的芯级,如图 8.17 所示。这个外形与所期望的阿里安 6 方案相仿。

图 8.17　NGLV 气动外形

取马赫数 0.5、1.1、2.5 和 5 四个,0°、5° 和 7° 三个攻角,对运载火箭气动力进行了分析,如表 8.1 所列。

表 8.1　CFD 测试矩阵

攻角/(°)	马赫数			
	0.5	1.1	2.5	5
0	E	E	E	E
5	E	E	E,NS	E,NS
7	E	E	E	E

E 表示欧拉 CFD,NS 表示 Navier – Stokes CFD。

所以,在几种非结构混合网格中使用欧拉和 Navier – Stokes 三维 CFD 方法来进行计算。图 8.18(a)给出了 $M_\infty = 0.5$ 时非结构网格区域的示意图,图中还给出了运载火箭对称面上的网格。

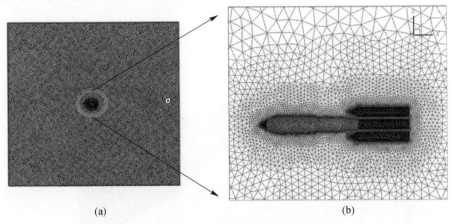

(a)　　　　　　　　　　(b)

图 8.18　$M_\infty = 0.5$ 和 $\alpha = 0°$ 时非结构网格区域示意图

从图 8.18 中可以看出,考虑具有方砖宽二十个机身长度逆流、顺流、向上和向下的运载火箭来确保远场未被干扰的流场条件。事实上,在亚声速(即流场移动速度小于声速)椭圆流场中,由机身引起的扰动将通过分子碰撞以接近声速的速度向上游传播,由此会对各处的流动产生影响,如图 8.19 所示[8,9]。因此,必须有足够宽的计算域来避免流场和远流场边界条件之间的相互影响[9]。

扰动通过分子碰撞以近拟声速沿着机体向上游传播。

图 8.19　亚声速流动中扰动传播示意图

靠近和在运载火箭上的网格放大图如图 8.18(b)中所示(也可见图 8.20)。

$M_\infty = 0.5$ 和 $\alpha = 5°$ 时预估的运载火箭表面压强分布如图 8.21 所示。图中清晰给出了运载火箭整流罩和助推器圆锥形前体滞止区的流动压缩。再压缩区域位于圆柱形主体部分的头部,整流罩后方,以及靠近助推器前体。

相对于图 8.18 所示的情况,在狭窄网格区域中对高马赫数,即 $M_\infty = 2.5$ 的情况开展数值研究。图 8.22 给出了运载火箭对称面和表面的表面网格概况。

事实上,在超声速情况下,激波通常出现在运载火箭前缘(即双曲线流场),因为当流动移动速度超过声速时,扰动将不会往上游运动。这样一来,扰动聚合

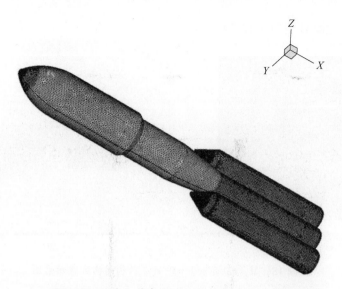

图 8.20 运载火箭表面非结构网格区域示意图

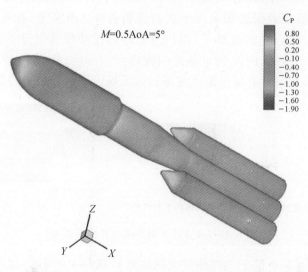

图 8.21 $M = 0.5$ 和 $\alpha = 5°$ 时压强系数示意图

形成驻波,也即弓形激波,如图 8.23 所示[10,11]。

当运载火箭在 $M_\infty = 2.5$ 和 $\alpha = 5°$ 条件下飞行时会产生弓形激波,如图 8.24 所示,其中在飞行器对称面给出了马赫数流场和运载火箭表面给出压强系数轮廓。

图 8.24 还重点突出了流经飞行器的复杂流场。例如,整流罩圆锥形群体压缩之后,流动经过扩张与整流罩恒定横截面部分成一条直线。因此,在整流罩尾

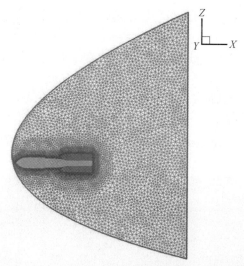

图 8.22　$M_\infty = 2.5$ 和 $\alpha = 5°$ 时非结构网格区域示意图

扰动通过分子碰撞以近似声速
沿着机体向上游传播，形成驻波。

图 8.23　超声速流场中扰动传播示意图

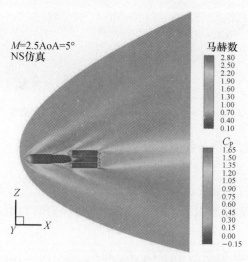

图 8.24　$M_\infty = 2.5$ 和 $\alpha = 5°$ 时对称面马赫数流场和运载火箭表面压强系数

687

部,产生了另一股强大的膨胀以适应运载火箭横截面(即由于整流罩尾锥部而形成的狭窄横截面)的流动变化。然后一道激波出现在圆柱形主体部分的头部、整流罩后方,使流场沿着运载火箭壁面改变了方向。靠近助推器区域的流场复杂性进一步增强。此处产生复杂的激波与激波、激波与边界层之间的相互作用。它们导致运载火箭壁面上产生更高的热力学载荷(即压强和热过调节),这点在飞行器设计过程中必须引起足够注意。

$M_\infty = 2.5$ 和 $\alpha = 5°$ 时运载火箭对称面和表面的压强系数分布以及流线如图 8.25 所示。

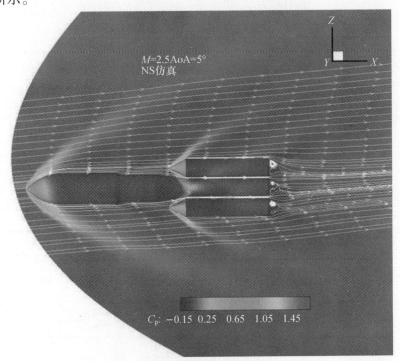

图 8.25　$M_\infty = 2.5$ 和 $\alpha = 5°$ 时对称面和运载火箭上的压强系数分布以及流线示意图

在更高马赫数和攻角条件下流经运载火箭的流场如图 8.26 所示,图中给出了 $M_\infty = 5$ 和 $\alpha = 7°$ 条件下对称面的马赫数流场和运载火箭表面压强系数。攻角对经过运载火箭的马赫数流场影响非常显著。

考虑到气动力系数,NGLV 的轴向力、法向力和俯仰力矩系数由图 8.27～图 8.32 给出。

图 8.27～图 8.29 分别给出了 C_A、C_N 和 C_m 随攻角变化曲线,而图 8.30～图 8.32 则给出了相同系数随马赫数变化曲线。

688

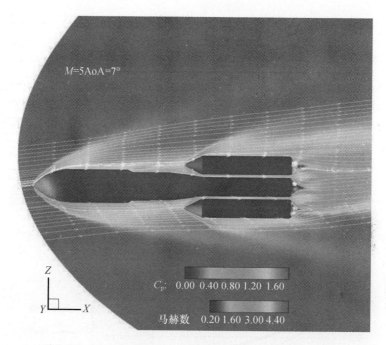

图 8.26　$M_\infty = 2.5$ 和 $\alpha = 5°$ 时对称面上的马赫数轮廓分布
及运载火箭上的压强和流线示意图

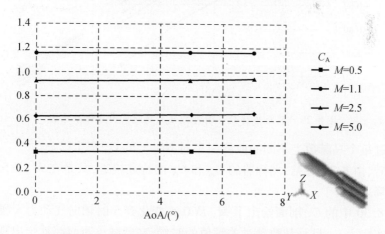

图 8.27　不同马赫数下轴向力系数随攻角变化示意图

由图 8.27 中轴向力系数分布趋势可以看出,当攻角由 0° 到 7° 变化时,C_A 在每个考虑的马赫数上的变化都不大,而由图 8.30 可见,流动压缩性的影响显著。关于法向力系数 C_N,图 8.28 中的数值结果强调,对于每个马赫数,当攻角增加至 7° 时,具有非常线性的梯度。同样在此条件下,由图 8.31 可见,压缩性

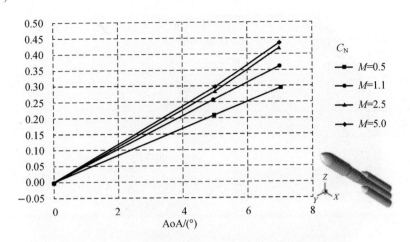

图 8.28　不同马赫数下法向力系数随攻角变化示意图

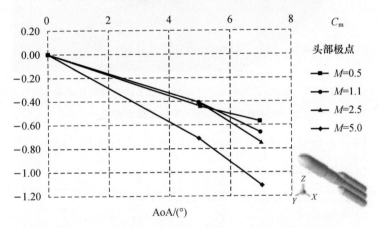

图 8.29　不同马赫数下俯仰力矩系数随攻角变化示意图

影响通过每个马赫数上不同的曲线斜率对 NGLV 的 C_N 产生影响。

最后,由 8.29 可见,飞行器的 C_m 和 C_N 的特点接近,只是在 $M_\infty = 5$ 时有较大的下降。

图 8.30 中的 C_A 剖面给出了 M_∞ 从 0.5 变化到 5 时轴向气动力大幅增加的情况。实际上,一旦马赫数越过关键值的时候,在运载火箭前部就会出现一道激波,如图 8.23 所示。因此,必须考虑对飞行器气动阻力新的影响因素,即波阻。当马赫数向高超声速条件变化时波阻趋向于较小的强度,考虑到这一点,流线型气动外形的飞行器激波将变弱(也即较大的斜激波可确保狭窄的激波层)。这决定了传统的 C_A 随 M_∞ 变化的峰值外形,如图 8.30 所示。特别地,所有曲线彼此都非常接近,如图 8.27 所示。

690

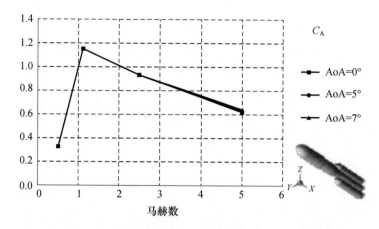

图 8.30 不同攻角下轴向力系数随马赫数变化示意图

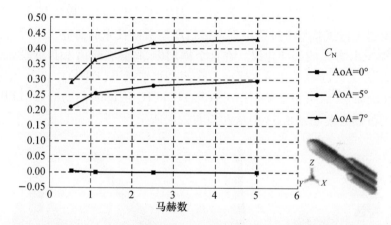

图 8.31 不同攻角下法向力系数随马赫数变化示意图

图 8.31 和图 8.32 中 C_N 和 C_m 的变化显示了流动压缩性的影响,尽管影响较弱。特别地,当攻角为 0° 时,由于运载火箭是对称的气动外形,C_N 和 C_m 均为 0。

8.3.4 未来运载火箭预备计划方案

未来运载火箭预备计划方案(FLPP)的框架由欧空局(ESA)实施,对几种可重复使用运载器(RLV)方案开展研究[13]。FLPP 计划目的是在接下来的 10 年内使欧洲发展出下一代运载器(NGL)[14]。对一次性使用和可重复使用方案展开研究以满足大范围任务的需求。FLPP 的规划是三个连续的同时进行的阶段。第 1 阶段的任务是向下挑选 RLV 系统方案、关键技术攻关、以及飞行演示相关的试验飞行器方案。第 2 阶段的任务首先是评估一次性使用运载火箭飞行器

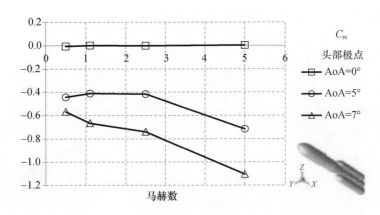

图 8.32 不同攻角下俯仰力矩系数随马赫数变化示意图

（ELV）方案，然后是巩固 RLV 方案，最后对 ELV/RLV 进行权衡折衷[14,15]。从地面试验到飞行试验整个过程中都会进行所需关键技术的研究。最后阶段的任务是提出 NGL 方案的最终建议。在这个框架中，将会在阶段 1 和阶段 2 分段对几种 RLV 方案候选者展开深入研究。它们是水平起飞（HTO）Hopper、垂直起飞（VTO）Hopper、一级可重复使用（RFS）和 LO_x/CH_4 液体回扫助推器（LFBB），以上四种飞行器方案如图 8.33 中从左至右依次所示[8,15,16]。

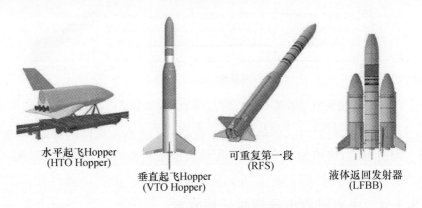

水平起飞Hopper
(HTO Hopper)

垂直起飞Hopper
(VTO Hopper)

可重复第一段
(RFS)

液体返回发射器
(LFBB)

图 8.33 FLPP RLV 方案飞行器示意图

每种运载火箭方案的特点都是有一个可重复使用的有翼助推器和一个一次性使用的上面级（EUS）来将有效载荷送到预定轨道。在运载火箭方案竞争阶段已对这些外形展开了深入研究和对比，以此来获得满足 FLPP 任务需求的最佳飞行器外形。例如，因为 FLPP 方案计划在 2020 年 – 2025 年获取运行能力，在所有任务目标中，运载火箭系统的高机动性能是最重要的要求[8,17]。最新商业分析和欧洲机构的需求导致给出发射单独载荷这样的推动性参考任务。例如,未来商业市场需要在地球静止转移轨道(GTO)或者大型通信卫星上有8000kg载荷,而欧洲机构需要在GTO或者气象通信卫星和军事通信卫星上有大到5000kg的载荷。总之,由于目前除了RLV参考任务以外,许多曾经规划为经济可行的RLV在实施过程中都需要高额发射费用,因此提出了一种可执行更大范围的任务即将在太阳同步轨道(SSO)发送有效载荷用于对地观测,低地球轨道(LEO)和中地球轨道(MEO)则为伽利略星座提供服务和用于机器人空间探测(如逃逸轨道)。

在这个框架中,此项研究成果给出了每个可重复使用助推器在再入段(VTO的上升段)中的初始空气动力学数据库(AEDB)和气体热力学数据库(ATDB)的定义,符合A阶段的设计准则。飞行力学分析和制导、导航和控制(GNC)研究中需要用到前者(AEDB),因需验证方案气动性能可确保在下降段中飞行器符合载荷的约束(即压强、惯量和热载荷)。需要后者(ATDB)进行热防护设计分析;事实上,当助推器降落到圭亚那航空中心(GSC)后,在接近飞行器表面的边界层内其势能和动能转换为热能,因此助推器必须有热防护层来承受热载荷。后面给出了不同的设计方法。例如,在一开始就使用基于工程的方法进行空气动力学和气体热力学分析,通过使用一个名叫SIM①的三维面元法代码,此方法是基于简化的牛顿方法和当地表面倾斜方法(SIM)。然后,增加复杂度,在下降段弹道出现临界飞行条件(也即弹道热流峰值)时,对于不同的马赫数和攻角,使用许多更细致的三维欧拉方程和Navier-Stokes计算流体力学(CFD)分析方法。下面给出了每个飞行器方案的简单描述。特别地,为适当突出FLPP飞行器的特点,把方案尺寸与美国航天飞机的尺寸进行了比较。

水平起飞Hopper是设计成从滑行装置架子上水平起飞(图8.33和图8.34),是传统的翼身外形。水平起飞Hopper是DLR Hopper/Phoenix外形的高级版本,其整个机身长为45.9m,翼展为26.6m[13]。

水平起飞Hopper气动外形特征是紧凑的机体,其边为导圆边,横截面像三角形,带后三角翼(后掠角为60°),有一个中心垂直安定面和一个可提高飞行器高超声速总体性能的平底表面。其机身横截面可容纳推进剂贮箱和EUS底板,位于机身中间后部,垂尾下方(见图8.34(a))[14]。

垂直起飞Hopper运载器方案设计为垂直起飞,两级空间运输系统方案,带有完全可重复使用的助推器(见图8.35(a)),与之配对的是一个位于顶部的可重复使用上面级(见图8.35(b))[16]。它的第一级设计为一个带机翼的再入机

---

① SIM是本书中用到的HPM代码的前一个版本。

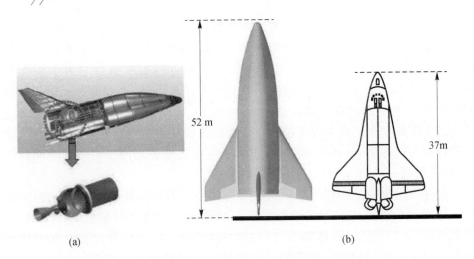

(a)

(b)

图 8.34　水平起飞 Hopper 及其 EUS. 与美国轨道飞行器对比

身,将沿发射航向水平着陆返回地球。其气动外形特征类似于常规细长体导弹,在后部有一个较小的三角翼(后掠角为 37.2°)和一个中心垂直安定面。从飞行器结构图上可看出其为圆形截面,在腹部有一个高倒角以容纳机翼(翼身融合体表面)和体襟翼(图 8.35(a)所示)[17]。

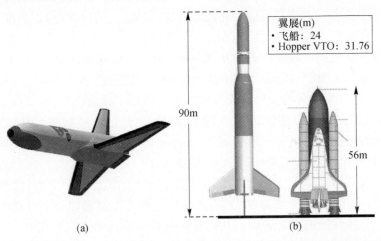

(a)

(b)

图 8.35　垂直起飞 Hopper 及其与美国轨道飞行器对比示意图,(a)为可重复使用助推器

　　翼型几何数据具体为:根弦比和端弦比分别为 11.7m 和 4.914m;半翼展 $b/2$ 为 11.63m;翼前缘角和后缘角分别为 37.23° 和 10°;顶点纵向位置为(从机身底部)11.70m;机翼倾角(设置)为 3°;以及下反角为 3°。利用以上数据可计算出机翼表面积为 193.23m² 。气动控制包括垂尾上的方向舵、升降舵和

机翼上的副翼,以及在大气下降段中可提供机动性和纵向稳定性的位于主发动机下的体襟翼。位于飞行器重心(CoG)后的表面用来在高超声速飞行时平衡此类典型飞行器的抬头俯仰力矩。用机身长度(L_{ref} = 58.8m)对飞行器的全部尺寸进行归一化处理,垂直起飞 Hopper 气动外形可用以下归一化参考数据来表示:

(1) B'(翼展) = 0.54;

(2) S'(参考面积) = 0.056;

(3) X'_{MRP} = 0.69; Y'_{MRP} = 0; Z'_{MRP} = 0。

如图 8.36 所示的 RFS 运载器是一个三级空间运输系统,其特点是可重复使用的助推器并于一前一后配备两个一次性使用级。RFS 在圭亚那航空中心垂直发射。飞行器上升段和下降段的外形如图 8.36 所示,分别位于上侧和下侧[13,14]。

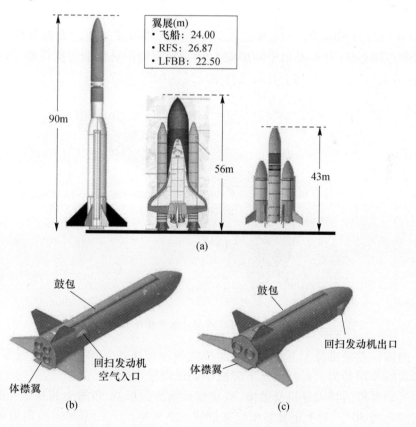

图 8.36　RFS 和 LFBB 方案示意图,航天飞机左侧为 RFS 飞行器,右侧为 LFBB 飞行器,图下部为用于 RFS 与 LFBB 的可重复使用助推器

助推级携带 EUS 和传统整流罩(阿里安 5 类型)主要携带 GTO 有效载荷。当在高马赫数(例如 $M_\infty = 9$)分离后,可重复使用助推器通过自身方式(舰载吸气式涡轮发动机)返回发射处并水平降落。飞行器外形特征是机身为圆截面,这适合将机翼放于较低位置和体襟翼上。机翼前缘和后缘处的后掠角分别为 45°和 0.07°,两片尾翼(也即 V 尾)装配在一起形成 55°角。

RFS 运载器结构特点与垂直起飞 Hopper 的相似。尽管如此,考虑这两个方案,仍然存在很明显的一些不同之处。首先,垂直起飞 Hopper 能力强于 RFS 运载器。例如,垂直起飞 Hopper 的起飞质量为 RFS 运载器的 1.3 倍。而且,垂直起飞 Hopper 上升段弹道顶点大约位于 130km 海拔高度处,其 EUS 和有效载荷在此处被抛出,而 RFS 的接近 60km 海拔高度,垂直起飞 Hopper 和 RFS 运载器级间分离马赫数分别为 19 和 9。因此,在下降段飞行过程中,垂直起飞 Hopper 遭遇的气动热载荷环境比 RFS 运载器更严酷,这点在后文也可得到进一步验证[17]。

LO_x/CH_4 LFBB(图 8.36 和图 8.37)是由两级可重复使用助推器和一次性使用中心核心级(外形类似于阿里安 5,由可重复使用液体助推器代替了固体助推器)组成。飞行器在其上升段飞行中的结构如图 8.37 所示[15,16]。

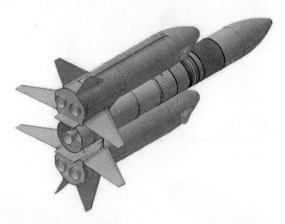

图 8.37　LFBB(LO_x/CH_4)上升段外形示意图

前体特点是机身上下表面均为简单的锥－球体几何和光滑的流线型表面。体襟翼的作用是为了提高飞行下降段中的纵向稳定性。

气动外形的特点是机身紧凑,机身横截面为圆形,三角翼为其基本外形。机翼后掠角为 30°。两个尾翼装配起来形成的夹角是 55°,而垂尾后掠角为 45°。

预知的每个 FLPP 典型飞行方案是按亚轨道弹道飞行,在级间分离高度分离,之后再入至 GSC,在这里可重复使用助推器在飞机跑道着陆。EUS 和有效载荷在上升段弹道顶点被抛出,弹道顶点高度对水平起飞和垂直起飞 Hopper 来说约为 130km(也即分离高度),对 RFS 和 LFBB(LO_x – CH_4)来说接近 50/60km。分离后,每个可重复使用助推器按弹道弧弹道飞行返回,沿试验航向着落,整个过程经历严酷气动热载荷环境考验。从分离高度开始,给出并分析了推荐飞行器方案设计阶段的再入方案及其相应的载荷环境。

水平起飞 Hopper 再入载荷环境如图 8.38 所示。由图可知,机身头部的对流热流通量约为 $50kW/m^2$[16]。

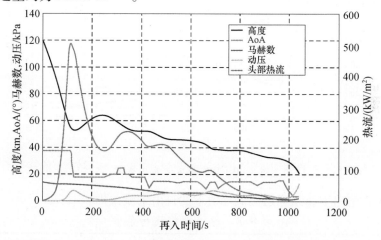

图 8.38　水平起飞 Hopper 再入方案示意图

垂直起飞 Hopper 的再入方案如图 8.39 所示[4,14]。由图可见,水平起飞和垂直起飞 Hopper 方案的特点是二者具有相似的下降段载荷环境。RFS 和 LFBB

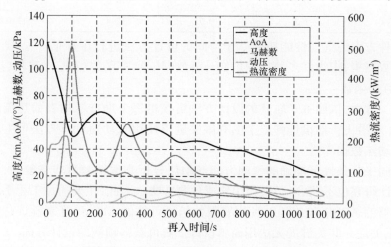

图 8.39　垂直起飞 Hopper 再入方案示意图

方案也可得到同样的结论(如图 8.40 所示)[5,14]。而 LFBB 在 $M_\infty=6$ 时分离,故其驻点热流通量预计小于 $40kW/m^2$[5,14,18]。因此,简化起见,此处略去 LFBB 飞行方案介绍与分析。

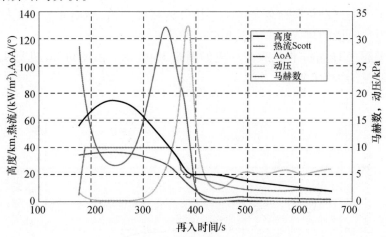

图 8.40　RFS 再入方案示意图

表 8.2 给出了每条弹道热流峰值下的自由来流条件。

表 8.2　热流峰值飞行条件

FLPP 方案	HTO Hopper	VTO Hoper	RFS	LFBB(LOx/CH_4)
高度/km	49.4	50.8	44.0	40.0
M_∞	14.3	13.4	7.0	4.7
AoA/(°)	38.0	29.7	40.0	40.0
q_∞/kPa	7.3	9.7	32.4	12.0

　　每种方案的气动性能按照基于空间的设计方法进行了评估[18]。要生成一组完整数据集,作为许多独立变量如马赫数(M_∞)、雷诺数(Re_∞)、攻角(α)和侧滑角(β)的函数[19]。

　　另一方面,依照基于轨迹的设计方法可获得每个助推器的表面热流通量分布,这样对沿飞行器设计弹道上的有限关键点使用气动热计算方法可生成一组完整气动热数据库[18]。

　　不同飞行条件下准确的气动力和气动热分析非常耗时且非常复杂,与阶段 A 的设计研究也不兼容,必须使用快速预测方法。因此,主要通过工程手段来评估飞行器的 AEDB 和 ATDB,使用有限数量更可靠的 CFD 计算来验证达到的精度,重点关注一些关键的无法用简单设计工具可获得预测的设计方面。

　　关于流场建模,只考虑连续区域(超声速和高超声速范围)中理想气体或化学平衡流的空气模型。

现有分析中,仅对连续区域(超声速和高超声速范围)进行分析。

尽管如此,值得强调的是,海拔较高时,飞行器以高马赫数飞行过程中需考虑稀薄气体和真实气体的影响,因为二者对 AEDB 和 ATDB 都有较大影响[9]。所以,在飞行器设计进行过程中(即阶段 B 和 C),更可靠的设计方法是必需的。

以下段落描述了分析中采用的工具。

基于工程分析方法的飞行器表面网格如图 8.41 所示[18]。

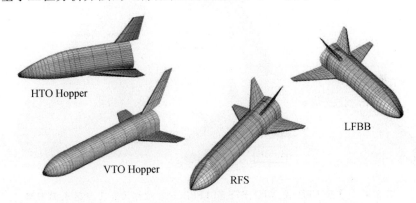

HTO Hopper

VTO Hopper

RFS

LFBB

图 8.41　基于工程设计分析的表面网格算例示意图

作用于每个面元上的压强由用户自定义的压缩 – 膨胀法来评估,而这些压缩 – 膨胀法来自于牛顿法、改进牛顿法、切锥法、切楔法和 Prandtl – Meyer 理论法[13,14]。

为预估黏性对气动力和气动力矩的贡献,在每个飞行器面元上来确定剪应力。在层流或湍流平板假设下按如下公式来估算表面摩擦力:

$$\Delta C_{D,friction} = C_f \frac{S_{wet}}{S_{ref}} \qquad (8.13)$$

式中:S_{wet} 为面元浸润面积;S_{ref} 为飞行器参考面积;使用参考温度和参考焓方法来估算表面摩擦力系数 C_f;对层流和湍流情况均适用[8]。若考虑底阻,则使用如下简化公式来计算[24,25]:

$$\Delta C_{Dbase} = -C_{Pbase} \frac{S_{base}}{S_{ref}} \cong \frac{S_{base}}{M_{\infty}^2 S_{ref}} \qquad (8.14)$$

式中:S_{base} 为飞行器底部面积。

无论层流还是湍流情况下,都可使用像参考温度和参考焓方法的近似一维边界层方法(1D BLM)估算得到面元气动热[14]。沿流线进行气动热分析,然后将其结果插入面元质心。在气动分析阶段,流线产生开始于之前生成的无粘表面速度。

对类似图 8.42 所示垂直发射 Hopper、RFS 和 LFBB 方案的多块(多达 62 个模块)结构网格进行 CFD 计算。所有网格区域包含约 3×10^6 个单元(半体)。

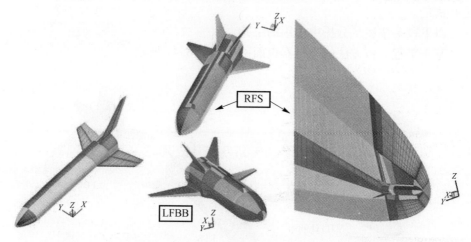

图 8.42　多块 CFD 域,VTO、RFS 和 LFBB 方案对称面和飞行器表面网格

纵观 FLPP 方案净形布局的气动力和气动热,通过工程方法和 CFD 结果来进行比较,也允许使用基于工程的设计分析来评估误差边界[26,27]。气动力分析用升力系数(C_L)、阻力系数(C_D)和俯仰力矩系数(C_m)表示。选择参考参数(图 8.43),可给出如表 8.3 所列的气动力和气动力矩无量纲系数。

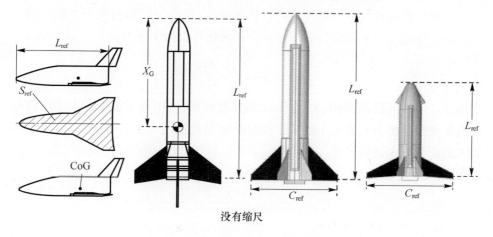

没有缩尺

图 8.43　飞行器气动参考参数

表 8.3 气动参考参数

FLPP 方案	水平起飞 Hopper	垂直起飞 Hopper	RFS	LFBB(LO$_x$/CH$_4$)
S_{ref}/m^2	602.78[a]	193.23[b]	118.20[b]	60.66[b]
L_{ref}/m(机身长度)	45.90	58.80	52.48	27.76

a:飞行器机翼平面形状面积;
b:润湿机翼平面形状面积,图 8.43 中黑色区域

基于如图 8.38、图 8.39 和图 8.40 所示的再入飞行方案,在如下范围内生成气动力数据集:$2 < M_\infty < 20$、$0° < \alpha < 50°$、$10^6 < Re < 70 \times 10^6$、$\beta = 0°$。

这些都适用于基于空间的设计方法,因为在许多飞行条件下都可进行飞行器气动性能评估,这些飞行条件足够宽可包含所有可能的飞行器再入弹道(即偏离设计轨迹包线)。

Hopper 方案中使用的的气动参考坐标系如图 8.44 所示。下标"b"表示机体参考坐标系(BRF),而下标"w"表示风向参考坐标系(WRF)。两个参考坐标系的原点均位于飞行器重心上[17,19]。

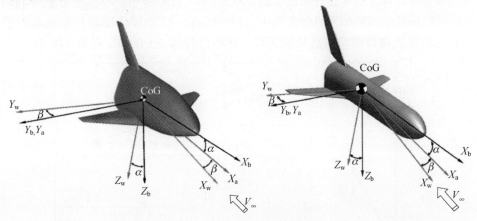

图 8.44 Hopper 气动参考坐标系

气动力系数按照通常飞行力学约定来进行评估。因此,飞行器的纵向静稳定条件为

$$C_{m\alpha} = \frac{\partial C_m}{\partial \alpha} < 0 \qquad (8.15)$$

$M_\infty = 7$ 时的水平起飞 Hopper 气动力计算结果如图 8.45 所示,图中给出了两个攻角(即攻角为 10° 和 30°)情况下飞行器表面的静压分布。如图所示,由压强系数云图可知,当 α 由 10° 变化到 30° 时,飞行器平坦下表面的流动压缩增强,而在

飞行器背风面,其压强可忽略不计[14]。

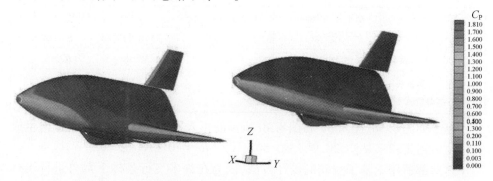

图 8.45　水平起飞 Hopper,飞行器表面的压强系数云图,
$M_\infty = 7$ 条件下,$\alpha = 10°$(左)和 $\alpha = 30°$(右)的结果比较

由如图 8.46 所示的基准评估可知 $M_\infty = 6$ 时的飞行器升阻比。此时,水平起飞 Hopper 气动效率与 DLR Hopper 初步气动数据库进行比较,该气动数据库由使用牛顿方法计算无粘理想气体流动的 ASTRIUM[8] 计算所得。一些搜集于 Hopper 气动评估试验的试验结果也包含其中,这些 Hopper 气动评估试验是在亚琛大学激波实验室的爆炸驱动激波风洞 TH2 – D 中进行的,如 D – III 和 D – IV[28]。

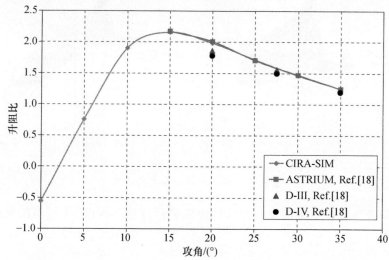

图 8.46　水平起飞 Hopper 在 $M_\infty = 6$ 时的升阻比,与 Glossner 数据对比

如图 8.46 所示,SIM 所得的 AEDB 结果和试验所得数据在所有攻角情况下尤其是 $\alpha = 35°$ 时吻合得好。

垂直起飞 Hopper 的上升飞行段的气动性能计算始于文献[29]总结的法国

RFS 方案结果。RFS 运载器外形和助推器、一次性使用上面级以及整流罩的结构布局如图 8.47 所示[29]。

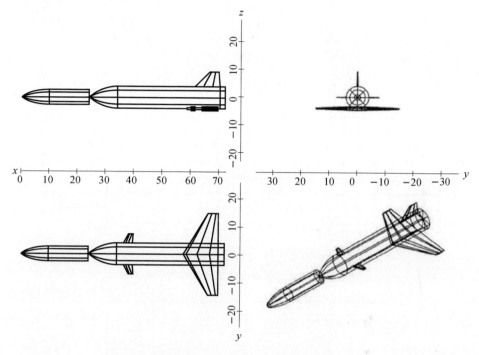

图 8.47　RFS 外形(尺寸单位:m。(Guédron 等[29])

由图可见,除了装配在运载器前段的鸭式飞行控制面,该飞行器方案的气动外形特征与垂直起飞 Hopper 很接近。因此,在垂直起飞 Hopper 气动外形特征基础上,通过适当缩比 RFS 的 AEDB 来构建垂直起飞 Hopper 初步上升段的 AEDB。

如图 8.47 所示 RFS 运载器的气动外形(区别于下文),它的气动系数总结如图 8.48 所示[29]。

从这些数据可以得到垂直起飞 Hopper 的初步 AEDB,系统整理于图 8.49 ~ 图 8.51 中。

垂直起飞 Hopper 运载器再入方案见图 8.52,其中飞行剖面指高度 – 速度曲线图。而且,为了描述助推器的气动飞行方案,还给出了马赫数和雷诺数网格。

给出了马赫数范围从 2 至 20,相对于参考长度 L_{ref} 的 5 个雷诺数(即[1,3,8,20,70] $\times 10^6$)示意图。需注意到,马赫数和雷诺数的选择范围覆盖了绝大部分再入飞行弹道,尤其是从气动热角度来看最为关键的点(也即 $M_{\infty} = 13.4$)[18, 21]。

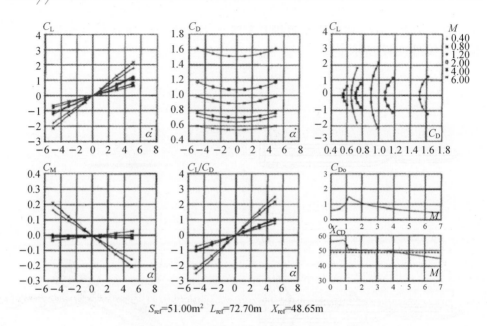

$S_{ref}=51.00m^2$ $L_{ref}=72.70m$ $X_{ref}=48.65m$

图 8.48   RFS 运载器上升飞行过程中气动系数

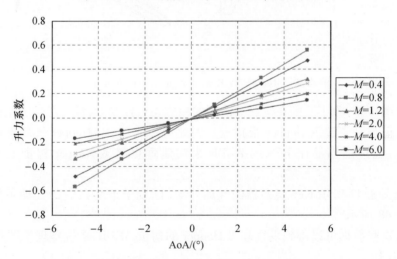

图 8.49   垂直起飞 Hopper 上升飞行段升力系数随攻角变化趋势

基于再入飞行方案的总结如图 8.52 所示,在如下范围内生成气动数据库。

$2 < M_\infty < 20$ [2, 3, 5, 7, 10, 15, 19]

$0° < \alpha < 50°$ [0, 5, 10, 15, 20, 25, 30, 35, 40, 45, 50]

$10^6 < Re_\infty < 70 \times 10^6$ [1, 3, 8, 20, 70] $\times 10^6$

$\beta = 0°$

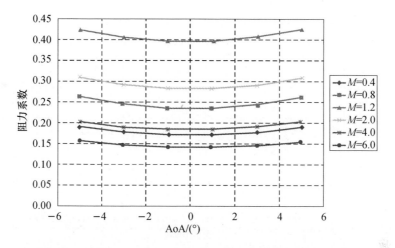

图 8.50 垂直起飞 Hopper 上升飞行段阻力系数随攻角变化趋势

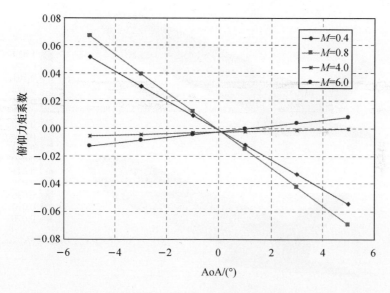

图 8.51 垂直起飞 Hopper 上升飞行段俯仰力矩系数随攻角变化趋势

分析中不考虑横向分析以及机翼和体襟翼的影响。

例如,图 8.53 总结了 $M_\infty = 5$ 时的结果,给出了两个攻角(即攻角为 10°和 30°)情况下浸润飞行器表面的静压分布[19,22]。

如压强系数云图所强调,攻角范围从 10°~30°,Hopper 外形会显示出截然不同的气动特征。例如,由图 8.54 可见,从攻角为 0°开始,助推器气动效率直线增加,在攻角 15°时达到最大值约为 1.6,然后在攻角 30°时降低至约 0.7。

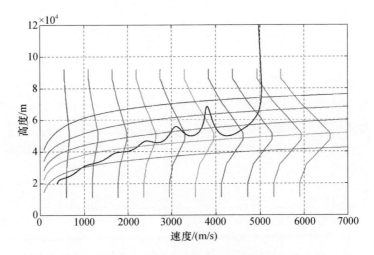

图 8.52　高度－速度图中垂直起飞 Hopper 再入弹道

图 8.53　$M_\infty = 5$、$\alpha = 10°$（上）及 $\alpha = 30°$（下）时飞行器表面压强系数云图

　　结论就是,通过图 8.55,我们可获知整个马赫数和攻角区域助推器的气动效率。

　　注意到,升阻比(L/D)是飞行器最重要的气动性能参数,直接影响到再入飞行器在空间任务结束阶段通过无动力飞行到达计划着陆地点(DLRS)的横向机动能力。

　　显而易见的是,从 $M_\infty = 7$ 开始都满足 Oswatich 原理(气动力系数独立于

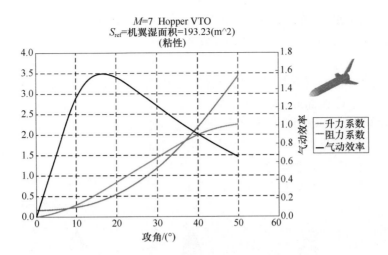

图 8.54　$M_\infty = 7$ 时助推器气动特性

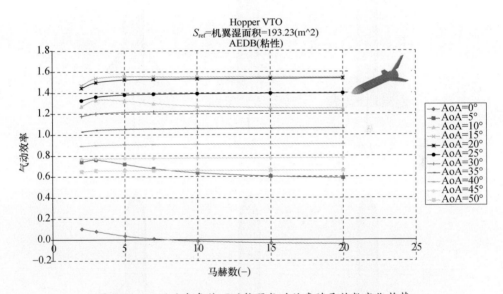

图 8.55　不同攻角条件下助推器气动效率随马赫数变化趋势

M_∞)[14]。此外,快速气动评估是方案气动外形权衡分析的基础。例如,这里给出的助推器气动性能中机翼俯仰图外形的初步评估。

一般来说,机翼外形可显著影响运载器的气动力和气动热性能[17]。

例如,在高超声速流动条件下,机翼后掠角(Λ)的存在对气动效率(E_ff)和机翼前缘气动热都有影响。

图 8.56 定性给出了机翼后掠角(Λ)越大则气动效率越高的结论。这一结

论直至 Λ 增加至 Λ^* 前都正确,当 Λ 增加至 Λ^* 后,将会出现相反的情况,E_{ff} 开始减小,典型的 Λ^* 值在 $65° \sim 75°$。

详细的机翼平面形状外形权衡分析已超出了本章的范围。尽管如此,在初步分析中,研究了五种不同机翼平面形状外形对整个运载器气动效率的影响。采用简化方法来构建机翼。每种情况都是在 x 和 y 方向上按基准外形不同因子等比例放大所得。机翼平面形状的总体情况如图 8.57 所示。

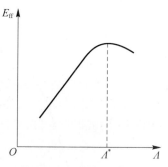

图 8.56　E_{ff} 相对机翼后掠角的定性特征

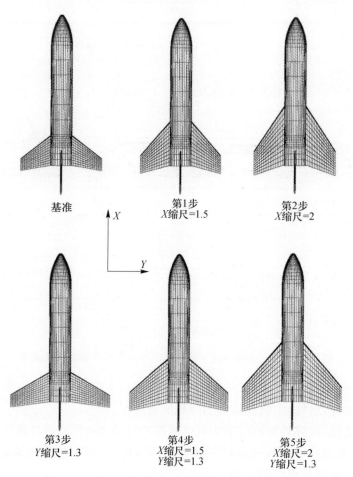

图 8.57　不同机翼平面外形外形的垂直起飞 Hopper 助推器

沿基准机翼 x 向按比例放大 1.5 倍、y 向取常值,可得到标识为 step#1 的第一个机翼;第二个机翼(step#2)沿 x 向放大 2 倍。第三个机翼(step#3)在基准外形基础上沿 y 向放大 1.3 倍。Step#4 沿 x 向放大 1.5 倍,同时沿 y 向放大 1.3 倍。

最后,机翼 step#5 沿 x 向放大 2 倍,同时沿 y 向放大 1.3 倍。

图 8.58 中助推器左边给出了基准外形,右边给出了改进机翼(如 step #i)。所以,可同时分辨机翼的不同。

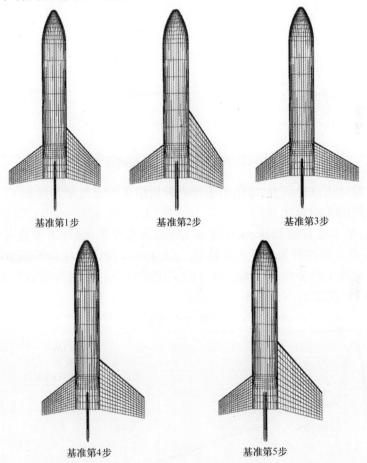

图 8.58 垂直起飞 Hopper 助推器机翼基准外形(左)与不同机翼平面外形(右)

每种机翼外形的影响如图 8.59 所示,该图给出了 $M_\infty = 7$ 时 ΔE_{ff}(即相同攻角条件下气动效率相对基准外形的差别)随攻角的变化趋势。值得注意的是,马赫数 7 这个值在基于 Oswatich 准则下可代表整个高超声速区域。由图可见,当攻角为 10° 左右时影响较为显著。因此,若飞行器以攻角大于 20° 进行再入飞行,不论机翼平面外形对气动性能影响有多大,都比不上垂直起飞 Hopper 气动外形对气动性能的影响。

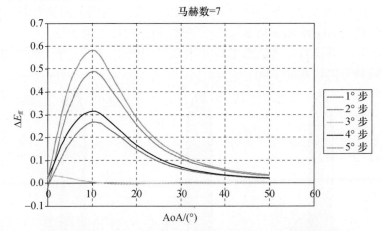

图 8.59　不同机翼平面外形条件下 ΔE_{ff} 随攻角的变化趋势

关于设计可靠性研究,才给出了现有分析结果与通过更为可靠 CFD 计算给出数据之间的几组对比。

例如,基于垂直起飞 Hopper(图 8.52)的再入方案,选择了大量飞行条件用于 CFD 计算。这些数值计算允许依靠工程分析以验证简化分析所获结果的精度和重点关注工程分析方法无法预计的关键设计点。这些控制点在图 8.60 中给出,而 CFD 测试矩阵在表 8.4 中总结。

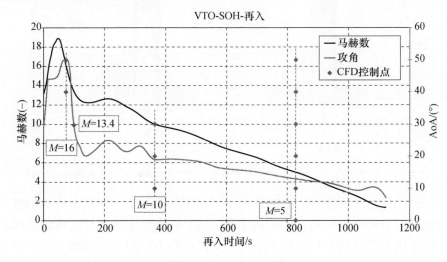

图 8.60　垂直起飞 Hopper 助推器再入方案以及 CFD 分析的控制点

表 8.4　CFD 测试矩阵

AoA/(°)	马赫数			
	5	10	13.4	16
0				
10				
20				
30				
40				
50				

由图和表可知,每个检测点都在可预知助推器典型任务剖面的飞行方案中。因此,在飞行器初步设计中考虑了 12 组 CFD 欧拉计算。

后续图中给出了助推器外形的一些主要 CFD 计算结果。

例如,图 8.61 给出了 $M_\infty = 5$、$\alpha = 20°$ 时无量纲压强云图流场。

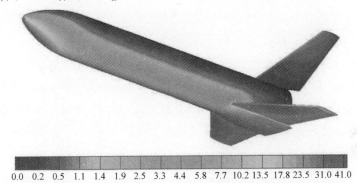

0.0　0.2　0.5　1.1　1.4　1.9　2.5　3.3　4.4　5.8　7.7　10.2　13.5　17.8　23.5　31.0　41.0

图 8.61　$M_\infty = 5$、$\alpha = 20°$ 时欧拉方法计算所得的飞行器表面无量纲压强云图

深层次的流场特征如图 8.62 所示。该图给出了助推器在 $M_\infty = 5$、$\alpha = 10°$ 条件下飞行时,飞行器对称面和助推器外表面的无量纲化温度云图流场。

在飞行器对称面的云图流场中,可明显看到在这些飞行条件下的下降过程中出现在飞行器头部的弓形激波。

这个激波面包围了飞行器,可能会撞击到机翼前缘(即激波 - 激波相互作用(SSI)),因此增加了在下降过程中飞行器不得不承受的局部热流(过热),如图 8.63 所示。图 8.63 给出了 $M_\infty = 10$、$\alpha = 20°$ 时弓形激波撞击在机翼上时横截面上的马赫云图流场。因此,可靠的飞行器设计必须进行撞击时的过载 SSI 分析(压强和热流)[20]。

图 8.64 给出了 $M_\infty = 10$、$\alpha = 20°$ 时,不同横截面(左)和飞行器表面(右)上的马赫云图以及三维流线追踪[9]。

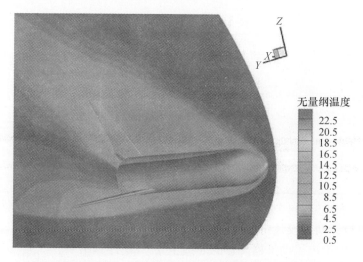

图 8.62　$M_\infty = 5$、$\alpha = 10°$ 时欧拉方法计算所得的对称面和
飞行器表面的无量纲化温度云图

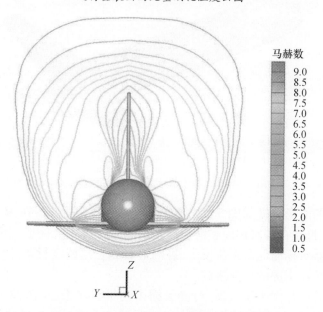

图 8.63　$M_\infty = 10$、$\alpha = 20°$ 时欧拉 CFD 计算所得的
弓形激波撞击机翼(SSI)时横截面上马赫数云图

　　图 8.63 和图 8.64 所示的云图形状给出了在这些飞行条件下,弓形激波包裹飞行器的外形。

　　图 8.65 ~ 图 8.70 关心的是气动力系数的比较,给出了升力、阻力和俯仰力

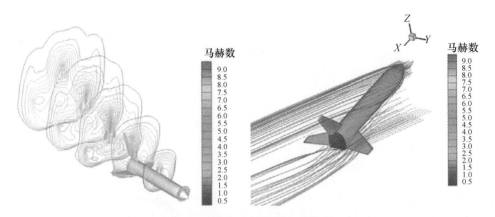

图 8.64　垂直起飞 Hopper 在 $M_\infty = 10$、$\alpha = 20°$ 时欧拉方法计算所得
不同横截面和飞行器表面的马赫数云图

矩的工程计算与数值计算结果。特别地，在图 8.65 ~ 图 8.67 中分别给出了 $M_\infty = 10$ 时的 C_L、C_D 和 C_m，图 8.68 ~ 图 8.70 分别给出了 $M_\infty = 16$ 时的 C_L、C_D 和 C_m。

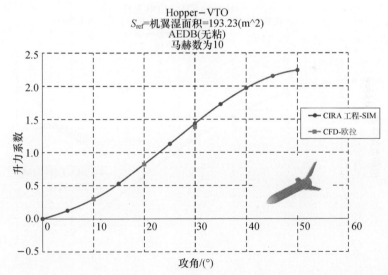

图 8.65　$M_\infty = 10$ 时工程计算与 CFD 欧拉方法计算的升力系数随攻角变化对比

显而易见的是，基于工程方法所得结果和 CFD 计算方法所得结果在每个马赫数和攻角条件下吻合得很好。差别最大的是在 $M_\infty = 16$、$\alpha = 50°$ 时，误差仅在 10% 以内。

$M_\infty = 5$、$\alpha = 10°$ 时，RFS 的 CFD 计算结果如图 8.71 所示，可明显看到弓形

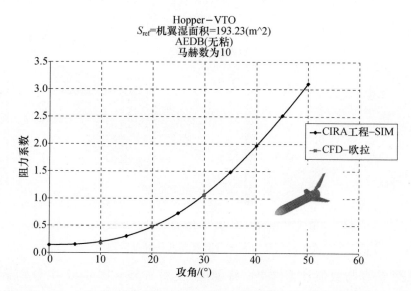

图 8.66　$M_\infty = 10$ 时工程计算与 CFD 欧拉方法计算的阻力系数随攻角变化对比

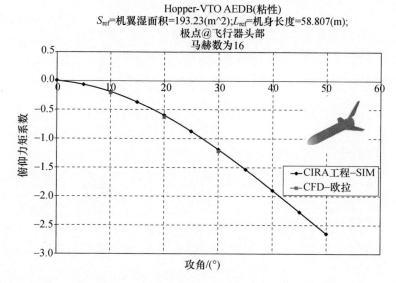

图 8.67　$M_\infty = 10$ 时工程计算与 CFD 欧拉计算的俯仰力矩系数随攻角变化对比

激波和飞行器背风面管道前端的激波[22]。

　　飞行器对称面上也给出了流动的流线追踪,可看出在尾流中产生了流动涡。图 8.72 给出了 $M_\infty = 8$、$\alpha = 15°$ 时的 CFD 计算结果。

　　从两种不同的视线可获得几种流场特征,RFS 表面上的体积流线追踪和静

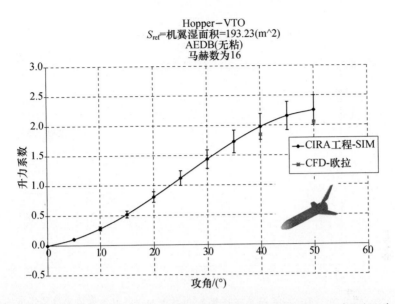

图 8.68 $M_\infty = 16$ 时工程计算与 CFD 欧拉计算的升力系数随攻角变化对比(误差 10%)

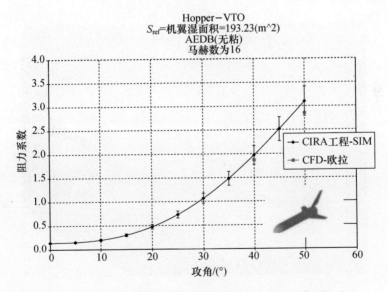

图 8.69 $M_\infty = 16$ 时工程计算与 CFD 欧拉方法计算的阻力

系数随攻角变化对比(误差 10%)

压云图流场。

　　流场流线可明显看到在飞行器背风面管路处产生的涡结构。值得注意的是,这些涡结构停留在 RFS 背风面,存在局部过热的危险,在助推器热防护系统

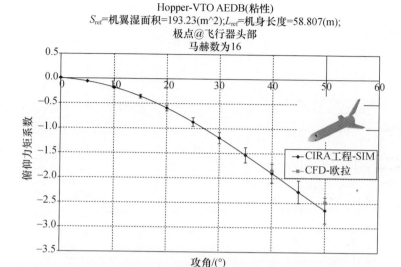

图8.70　$M_\infty = 16$ 时工程计算与 CFD 欧拉方法计算的俯仰力矩
系数随攻角变化对比(误差10%)

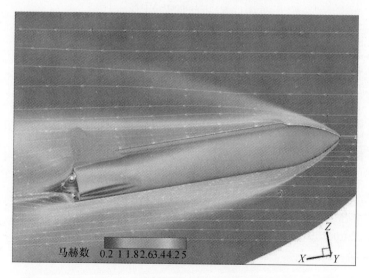

图8.71　$M_\infty = 5$、$\alpha = 10°$ 时 CFD 欧拉计算所得的 RFS 对称面和
飞行器表面的马赫数云图

的可靠性设计中需予以考虑。

图8.73 给出了 RFS 在分离马赫数(即 $M_\infty = 9$)时刻的升阻比及无粘流(误差
为10%)。图8.74 给出了 $M_\infty = 2$、$\alpha = 5°$ 时 LFBB(LO_x/CH_4)的压强系数流场。

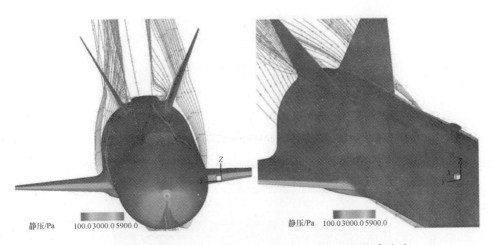

静压/Pa 100.0 3000.0 5900.0   静压/Pa 100.0 3000.0 5900.0

图 8.72 $M_\infty = 8$、$\alpha = 15°$ 时 RFS 表面静压云图和流场流线追踪

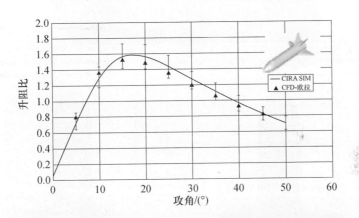

图 8.73 分离条件下 RFS 升阻比随攻角变化曲线,$M_\infty = 9$ 条件下 CIRA 仿真

及 CFD 欧拉计算结果对比(误差 10%)

压缩局限在飞行器表面、背风面管道前端、翼身连接处以及机身旁边后端的尾喷管保护套处,这表明这些地方将有局部过热情况。最后,图 8.75 给出了当流体在 $M_\infty = 5$、$\alpha = 10°$ 及侧滑角 AoS $= 8°$ 条件下碰撞助推器时,飞行器表面压强分布变化。

相应的 AoS 对 LFBB 升力、阻力及升阻比的影响如图 8.76 所示,图中分布给出了 $\beta = 0°$、$4°$ 和 $8°$ 的情况。如图可见,当 $\beta = 4°$ 时,飞行器 L/D 无显著变化;而当 $\beta = 8°$ 时,飞行器气动效率仅下降了约 7%。

现有的对每种 FLPP 方案进行的气动热分析(仅净外形情况),都可通过表面热流通量分布获得飞行器热载荷,通过计算冷壁面(即 $T_w = 300K$)和辐射平

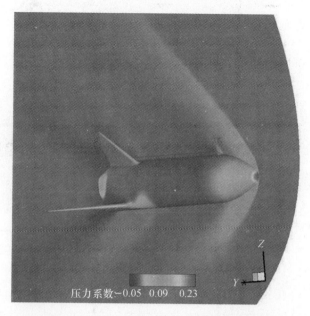

图 8.74　$M_\infty = 2$、$\alpha = 5°$ 时 LFBB 对称面和飞行器表面的压强系数云图

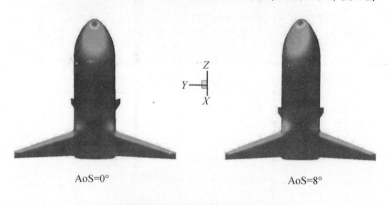

图 8.75　$M_\infty = 5$、$\alpha = 10°$、AoS$= 0°$ 和 AoS$= 8°$ 条件下 LFBB 飞行器表面压强系数云图对比

衡壁面边界条件(取壁面发射系数 $\varepsilon = 0.8$)所得。取决于弹道自由来流条件,对层流和湍流来说,大气模型可以是理想气体,也可以是化学平衡态下的反应气体混合物[30,31]。例如,图 8.77 给出了 SIM 计算所得的(表 8.2)水平起飞 Hopper 在弹道热流峰值处沿中心线的热流分布。这里,辐射冷却的影响可从机身驻点处热流减少约 100kW/m^2 看出。

　　湍流平衡流动和冷壁条件下,垂直起飞 Hopper 在弹道热流峰值处沿中心线

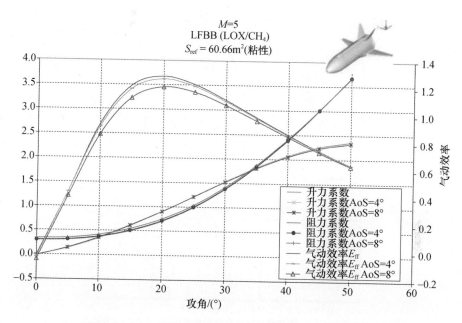

图 8.76　$M_\infty = 5$、AoS $= 0°$、$4°$、$8°$ 时 LFBB 气动力特性对比

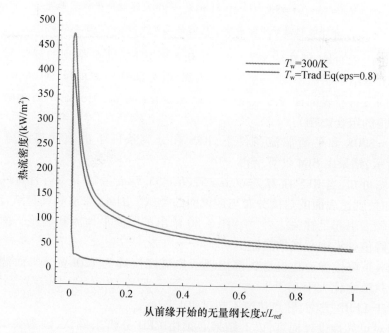

图 8.77　冷壁面和辐射平衡壁面边界条件下,热流峰值时(表 8.2)
沿 Hopper 中心线热流分布对比

的热流分布如图 8.78 所示[19]。

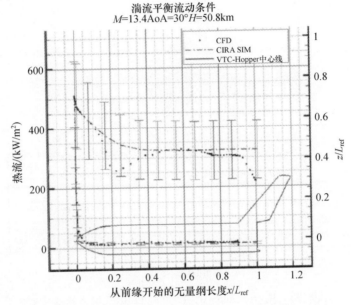

图 8.78　$M_\infty = 13.4$、$\alpha = 30°$、$H = 50.8\mathrm{km}$、$T_\mathrm{w} = 300\mathrm{K}$ 湍流平衡流下垂直起飞 Hopper
在弹道热流峰值处沿中心线的热流分布,误差带为 ±30%

值得注意的是,仅在约 $x/L_\mathrm{ref} = 0.2$、0.8 时,CFD 计算得到的热流与工程估算方法所得结果明显不同。这是由于头部、机翼部分与垂直起飞 Hopper 机身融合引起的飞行器表面曲率变化导致了压强变化(例如,钝头的下游影响引起熵层和攻角的组合影响)。

$T_\mathrm{w} = 300\mathrm{K}$ 和平衡湍流条件下,RFS 在分离条件下的表面热流分布如图 8.79 所示,结果由 SIM 计算所得。

由图可知,当 RFS 在 $M_\infty = 9$、$\alpha = 5°$、$H = 55.7\mathrm{km}$ 条件下飞行且背风面暴露于来流时,到达表面的热流分布与迎风面的类似。因此,管道和翼身结合处的热防护问题需引起足够关注[23,32]。图 8.80 给出了层流平衡流和湍流平衡流在弹道热流峰值处沿中心线的热流。

RFS 下降段弹道在机身头部出现了热流峰值约为 $120\mathrm{kW/m^2}$,而湍流热流与层流热流之比大于 4[33]。

对于 LFBB 方案,驻点热流不超过 $40\mathrm{kW/m^2}$。

但对可靠性设计而言,以上结果必须由 CFD 分析来确认,因为会出现复杂三维流场的交互影响现象,如机翼和尾翼前缘上的激波 – 激波交互作用(SSI)。

例如,由图 8.81 可清楚看出 RFS 在 $M_\infty = 8$、$\alpha = 15°$(左图)和 $\alpha = 30°$(右

图 8.79　$M_\infty = 9$、$\alpha = 5°$、$H = 55.7\text{km}$、$T_w = 300\text{K}$ 时
平衡湍流在级间分离条件下的表面热流分布

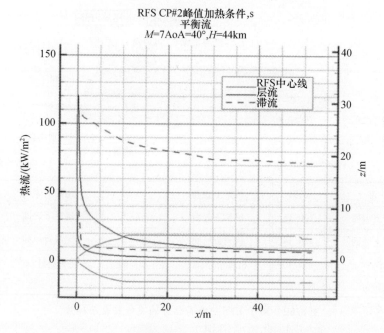

图 8.80　$T_w = 300\text{K}$ 时平衡气体条件下层流和湍流在
热流峰值处沿 RFS 中心线的热流对比

图)条件下飞行时,在机翼前缘由 SSI 引起的压力峰值。如图所示,SSI 发生的位置与飞行器的飞行姿态有关。

总之,以上结论提供了在 FLPP 方案中可靠热防护系统设计时需考虑的非

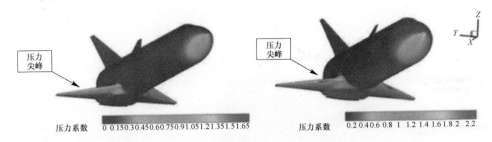

图 8.81 $M_\infty = 8$、$\alpha = 15°$（左）和 $\alpha = 30°$（右）时 RFS 表面的压强系数云图

常有趣特征。例如，湍流平衡流和冷壁条件将导致飞行器下降过程中不得不承受的气动热环境估计过于保守。

如果 RFS 外形分成许多如图 8.82 所示的大量表面碎片，也许可从工程层面来估算热载荷，从而推导出助推器在下降过程中经历的总热载荷。

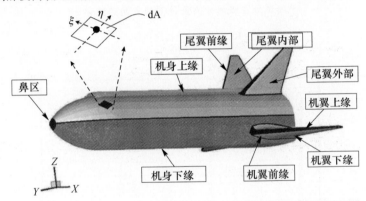

头部	0.81	机翼上表面	60.52	尾翼上表面	44.00
机身上表面	240.15	机翼下表面	57.21	尾翼下表面	42.67
机身下表面	434.14	机翼背风面	6.13	尾翼背风面	5.30
机身小计/m²	675.10	机翼小计/m²	123.86	尾翼小计/m²	91.97
总计/m²	890.93				

图 8.82 用于 RFS 热载荷估计的飞行器表面碎片

注意，在热防护罩设计中必须进行以上计算。事实上，热流峰值决定了热防护管理，和热防护罩布局取决于整个飞行器表面的热流分布，总热载荷决定了热防护罩的厚度。

首先，对一般的 RFS 表面碎片，下降段过程中时间段的热载荷 $\dot{Q}_{patch}$ 可由方程(8.16)获得

$$\dot{Q}_{\text{patch}}(\bar{t}) = \iint_{\text{patch}} \dot{q}_{\text{patch}}(\xi, \eta, \bar{t})\, \mathrm{d}\xi \mathrm{d}\eta \tag{8.16}$$

其中,$\dot{q}_{\text{patch}}(\xi, \eta, \bar{t})$ 为时间 $\bar{t}$(如每个弹道控制点)时 RFS 碎片上的表面热流分布,每个碎片点均由表面坐标 (ξ, η) 来确定(图 8.82)。简单起见,假设每个表面单元 $\mathrm{d}A$ 处的表面热流为常数,表面积分可由总和来近似,其方程为

$$\dot{Q}_{\text{patch}}(\bar{t}) = \iint_{\text{patch}} \dot{q}_{\text{patch}}(\xi, \eta, \bar{t})\, \mathrm{d}\xi \mathrm{d}\eta = \int_{A_{\text{patch}}} \dot{q}_{\text{patch}}(A, \bar{t})\, \mathrm{d}A \approx \sum_i q_{\dot{A}_i}(\bar{t})\, \mathrm{d}A_i$$

$$\tag{8.17}$$

若将方程(8.17)应用于每个弹道控制点和每个 RFS 碎片(如图 8.82 所示),就可得到如图 8.83 所示的结果。

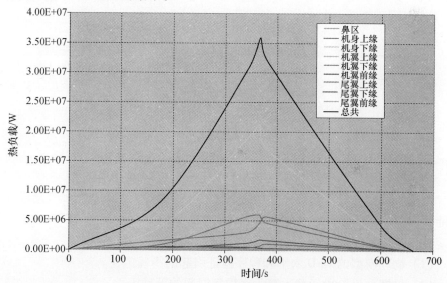

图 8.83　RFS 热载荷及其组成

由图可知,RFS 总热载荷中,机身下表面的热载荷占绝大部分,其余都是飞行器背风面和机翼迎风面的热载荷。此外,由机身下表面、机翼下表面和机身弯曲外形可以看出,我们也需对攻角影响引起重视,因为在热载荷峰值(如较大攻角)出现前,机身和机翼下表面碎片的热载荷增加比率大于机身上表面。显然,峰值后(如 α 下降),RFS 背风面热载荷对飞行器总热载荷的贡献增加。

一旦计算出每个表面碎片的热载荷时间历程,就可直接计算出总热载荷。

例如,一般飞行器碎片上的总热载荷 Q_{patch} 可由方程(8.18)来计算:

$$Q_{\text{patch}} = \int_{t_i}^{t_f} \dot{Q}_{\text{patch}}(t)\, \mathrm{d}t \tag{8.18}$$

图 8.84 给出了计算结果。

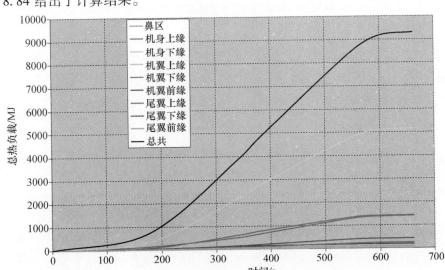

图 8.84　RFS 总热载荷及其组成

8.4　阶段前期:数据库不确定性

迄今所讨论的设计算例中强调使用计算流体力学可提高飞行器气动设计分析能力[1,34,35]。尽管如此,A 阶段项目中,需基于 CFD 方法识别 AEDB 中三类不确定性。具体如下:

(1) 物理模型的 CFD 水平和程序验证引起的不确定性。

(2) 早期项目阶段运载火箭代表构型引起的不确定性。

(3) 有限计算点引起的不确定性。

8.4.1　物理模型的 CFD 水平和程序检验引起的不确定性

随着精度级别和计算代价的增加,可使用 CFD 模型的不同级别[1,38]。

使用欧拉方法可以非常快速地获得计算结果,主要是由于和其他方法相比减少了网格单元数量的需求。在此级别中,没有考虑黏性影响。第一个结论是轴向力系数被低估,需使用边界层公式评估摩擦力贡献来补足。而且,在强烈膨胀区域(锤头形整流罩或不同级间的收缩段),压强水平和膨胀下的流场分离不便于确定,导致局部压强测绘的精度低。进而,壁面边界层中流场相互作用的黏性传播无法进行仿真,导致撞击在壁面上的压强太强烈太集中。然而,最后两个

724

不便之处范围小、具有实践性,表明在快速循环中欧拉方法可获得高价值的评估结果。关键是相似外形中的 WTT 参考数据信息,用来建立与 CFD 代码/物理模型精度相关的裕度措施[39,40]。

Navier – Stokes 方法可改善 CFD 结果,但计算量更大。实际上,与欧拉方法相比,边界层的离散化近似使对网格单元需求加倍。而且,由于靠近壁面网格单元尺寸的大量减少,迭代时间步长大小也受限,这使得达到收敛的时间步长数相应增加。运载火箭的 Navier – Stokes 计算通常使用湍流模型,这在飞行中遭遇的大雷诺数被证明是正确的。与欧拉结果相比较而获得的改进明显与壁面流动相互作用的黏性传播相关,这些改进之处提供了更为精确的压强测绘。根据压强水平的膨胀,分离区的确定也能更好地预知,这都得益于更多逼真的黏性模型和湍流模型。然而,研究者对湍流 RANS 建模方面的知识仍然未完全掌握。对这些分离构型来说,湍流模型的有效性和精度还需使用参考试验数据来逐个进行验证,验证结论并不适用于新构型评估。然后,为便于在多个 RANS 湍流模型间进行选择,将会有些解决问题的方向,比如,若某点没有固定在特定边缘,则使用 $k - \varepsilon$ 模型获取准确分离点会有难度。相反,一般通过 Spalart – Allmaras 模型可准确预估分离点,但这种模型不方便确定湍流尾流。如今,$k - \omega$ SST 模型使用较为广泛,在前述两类不便之处都更易于实施操作。尽管如此,即使是对平均流动拓扑来说,没有一个 RANS 模型可以预测每一种类型的分离区。

使用 Navier – Stokes 方法进行湍流仿真时所遇到的困难是因为这一现象不稳定的属性所致,不能在 RANS 模型中使用一个名为“湍流黏性”的平均值来表示湍流。这在分离流区域也是一个特殊情况。研究者通过表述不稳定属性来更新湍流仿真,为此进行了诸多努力,这是目前空气动力学中的深入研究方向。在这种情况下,建立的模型需能够复现湍流结构的产生、转化及分裂。这很可能会大幅增加计算量,这取决于是否需要对所有结构进行解算,或者(相反地),可能对较小结构尺度进行建模,但对其中感兴趣的尺度最大的结构进行解算。使用这些方法可以获得非常好的结果,然而,由于描述至少大湍流结构的需求和实施不稳定计算的需求,目前,这种方法的计算代价仍然非常大。

由于在 A 阶段有快速建立 AEDB 的需求,目前通常使用有限网格的欧拉计算方法。通过比较一些参考结果和现有风洞试验结果(如一些相似外形,或项目中一些特定测试),建立起相关的裕度措施。

8.4.2　早期运载火箭的代表构型引起的不确定性

早期研究阶段,在性能、分离、推进、结构设计、气动、一般载荷和控制之间实施快速循环[1,2,39]。然后,运载火箭气动输入的外型约束主要来自于分离和推进研究,此时外形细节尚未确定。而且,在整个运载火箭研制过程中(例如,上面级的 RCS 系统整流罩、液体推进级的反馈线、分离系统整流罩、电缆管道等),都会在一般外形中加入净表面上出现的许多突起物。根据它们相对重心的位置,这些特定设计有利于提高升力,而此升力可大幅提高力矩。这样一来,按照预期的设备尺寸与位置,制定特殊的裕度措施来分配一些评估出的可能贡献至所有这些设备中。

8.4.3　有限计算点引起的不确定性

没有对 AEDB 中所需的运载火箭海拔高度和马赫数进行计算,则需要通过在现有点之间的内插或者外插来获得。这将存在需考虑的特定不确定性[1]。

8.5　发展阶段:精确 CFD 的挑战

发展阶段早期(B1/B2)需要详细的参考气动数据库,集中在详细风洞试验中。期望的数据如下:

力系数为

$$C_A = f(M_\infty, \alpha_e, \Phi); C_Y = f(M_\infty, \alpha_e, \Phi); C_N = f(M_\infty, \alpha_e, \Phi); \quad (8.19)$$

(和衍生物)

力矩系数为

$$C_1 = f(M_\infty, \alpha_e, \Phi); C_m = f(M_\infty, \alpha_e, \Phi); C_n = f(M_\infty, \alpha_e, \Phi) \quad (8.20)$$

(和衍生物)

需要马赫数(M_∞)、全局倾角(α_e)和滚转角(Φ)的范围以及运载火箭的所有变量来绘制飞行区域。的确,运载火箭对不同任务、不同有效负载质量和不同飞行阶段拥有一个不同的外形。在这个阶段,开始时采用 CFD 对外形设计进行细化(如整流罩外形的权衡)和建立 AEDB 的第一个版本。它也用来对风洞试验需求进行准确定义(外形代表、安装于试验段的模型选择、主要流动特征的辨别、测压孔位置、其他测试技术的需求)[1]。在风洞试验之后,CFD 用于完善AEDB 在非试验姿态和马赫数下的数据。它也用来为外推到风洞数据的飞行试验提供参考数据,这一般是为太小雷诺数和具有有限几何代表性获取。尽可能多地对运载火箭精细几何定义采用 RANS 湍流模型进行计算,这是为了依照工业标准获取最好的可能准确度。的确,采用非稳态湍流仿真的更高级模型在非常宽广的使用上仍然太昂贵。然而,一些特殊的 VLES 计算能够被想象,这是为了评估新运载火箭上潜在的快餐问题(如锤头状的整流罩或底部流动)。

8.6 发展阶段的 NS 方程算例

8.6.1 Ariane5 液态反馈助推器气动设计

在运载火箭设计发展框架下,非结构欧拉计算和牛顿空气动力学给上升段和下降段飞行器气动力性能提供了许多有趣的工程见识。事实上,这些类型的计算可以避免耗时和复杂的网格生成过程,它们在壁面压强分布预估上是足够的,但是当然它们忽略了黏性的影响。然而,它们能够提供相当详细的气动力数据集来允许沿整个返回飞行轨道配平和平衡飞行器以及允许主要的可能用于可能热点定位的激波 – 激波干扰。关心的部分可重复使用空间运输系统(图8.85)由两个助推级组成,它们以一个加固未来技术水平附在可消耗的 Ariane5 中心级上[34,36 – 38]。

图 8.85 Ariane5 液体回扫助推器方案

飞行器长度 $l_{ref} = 42\mathrm{m}$,跨度 $b = 21\mathrm{m}$ 以及俯视图面积 $A_{ref} = 360\mathrm{m}^2$。针对下降轨迹的高超声速区域,此时飞行器的气动力系数由下表面决定,梯形翼拥有一个带平坦下表面的机翼。的确,所考虑上升状态点流场交互作用的详细分析到主级和助推器结构布局中需要更加详细考虑的一些区域,特别考虑由于 Ariane5 主级结构设计,关于主级的 LFBB 位置固定。助推级的特点需要在整个马赫数范围内加强,这是为了针对期望的气动不确定裕地提供充分的安全。例如,发射后,设计研究必须着眼于最大动压条件来从事运载火箭的结构设计问题,在助推分离后必须全面知道可重复使用助推器气动力来通过在跑道着陆安全回收飞行器。LFBB 第二个设计回路中采用的气动和飞行动力学仿真需要 $0.27 < M_\infty < 7$ 和 $5° < \alpha < 35°$ 整个飞行轨迹上的配平气动力数据集。在这些研究中,关于纵向稳

定性和配平的严厉裕地必须在隔离的 LFBB 和整个系统中加以考虑。针对翼和体的结构布局,$M_\infty \approx 1.6$ 时的最大动压飞行条件特别值得关注。为了从结构载荷中提取所有气动干扰,隔离的 LFBB 与未包含和包含火箭和 LFBB 接点的 Ariane5 + 2LFBB 组合进行了对比。图 8.86 所示为 LFBB 的面网格[34]。

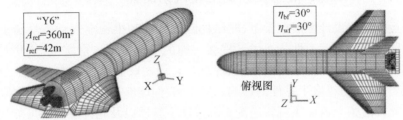

图 8.86　Y6 初始外形和面网格

图 8.87 所示为初步气动结果,当 $M_\infty > 2$ 时升降舵补助翼的偏转角 η 需要俯仰配平助推器。如图所示,飞行器只可能在 $M_\infty < 5.6$ 时,且假设一个实际上不可能实现的重心遥远的向后位置,即 $x_S/l = 0.75$ 配平。高超声速来流中必需的体襟翼偏转角仍然大约为 $\eta = 30°$,当 $M_\infty < 2$ 时 η 大于 $-10°$。这些结果是在非常大的机翼和同时偏转体襟翼的条件下获取的(图 8.86)[34]。加之此外形是高度不稳定的,如图 8.87 所示[34]。基于这些结果,决定研究带鸭式布局的 LFBB 外形。在鸭式外形的设计周期中,研究了大量的机翼平面图和鸭式布局。

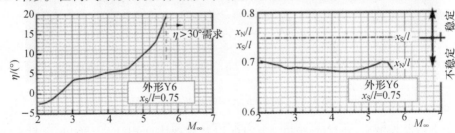

图 8.87　Y6 外形的配平结果

图 8.88 所示为此次研究中最开始外形(C60)和最后外形(Y7)的平面图[34]。

所有研究的 LFBB 衍生体都有带非后掠后缘和 $\varphi = 60°$ 后掠前缘的前置安定面。针对前置安定面在亚声速气流中的效率和控制能力,选择此后掠角是为了评估前缘漩涡直至前置安定面的攻角 $\alpha \approx 15°$。即使是后缘区域的破裂漩涡,前置安定面在 $\alpha < 55°$ 条件下的最大升力也是不期望的。应用控制面的策略是考虑一个干净的机翼、带定常偏转角的体襟翼和为配平的可变前置安定面偏转角。为了和不带前置安定面的 LFBB(Y6)进行直接对比,最开始的前置安定面外形

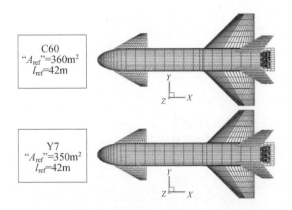

图 8.88　主要鸭式外形的几何构型

C60 拥有一个不变的俯视面积 $A_{ref} = 360 m^2$。所以,机翼载荷也是定常的。最终外形 Y7 拥有一个稍微减少的俯视面积($A_{ref} = 350 m^2$),它是通过对前置安定面和机翼尺寸小改获得。这是必需的,因为机翼和前置安定面的质量需要减轻。机身自己却不能改变,这是因为关于与 Ariane5 主级连接的严厉裕地。

图 8.89 总结了最重要的配平结果[34]。

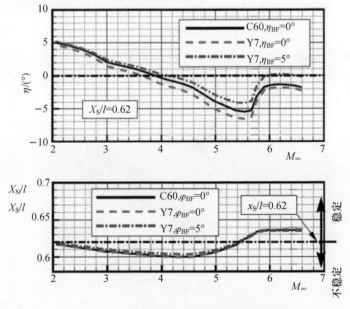

图 8.89　主要前置安定面外形的配平结果

结果表明外形 C60 和 Y7 即使在一个重心的真实位置 $x_S/l = 0.62$ 也是非常稳健的。获取的前置安定面偏转角通常比 $\eta = 5°$ 小。此外形在 $M_\infty > 5.5$ 条件下是稳定的,只在 $2 < M_\infty < 5.5$ 范围内是细微不稳定的。而且,其他设计评估指出亚声速条件下必需的前置安定面偏转角通常比 $\eta = 10°$ 小。带偏转体襟翼 ($\eta_{BF} = 5°$) 的外形 Y7 额外的评估又减少了体襟翼的偏转角,结果导致一个细微增加的纵向稳定性。

基于这些结果,选择外形 Y7 作为此次设计循环的最终 LFBB。加之,图 8.90 所示为此外形的风洞试验模型[34]。

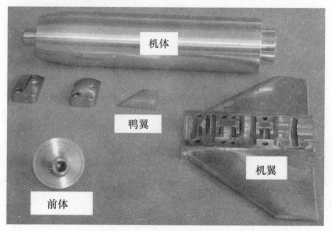

图 8.90　Y7 风洞试验模型的已加工部分零件

为了对亚声速、跨声速和超声速气流中的 Y7 外形进行分析,获取到带固定体襟翼偏转角 $\eta_{BF} = 5°$ 外形在前置安定面偏转角 $\eta = 0°$ 和 $\eta = 10°$ 时的欧拉网格(图 8.91)[34]。

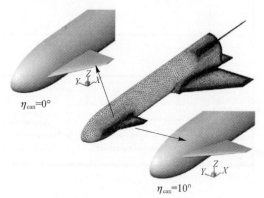

图 8.91　外形 Y7 的表面网格

为了能够仿真前缘漩涡对前置安定面效率的影响,也基于欧拉计算,最初的 NACA 0008 沿着前缘细微削尖。此方法不能确保获取真实的漩涡结构,但它给

730

漩涡强度提供了一个很好的近似,它也能预测一个可能的漩涡破裂。目的是为了在马赫数范围 $0.27 < M_\infty < 2$ 内插入一个配平的气动力数据集。此数据集的基础是 15 个马赫数、两个前置安定面偏转角以及每个组合 (M, η_{can}) 四个攻角下的计算(图 8.92)[34]。

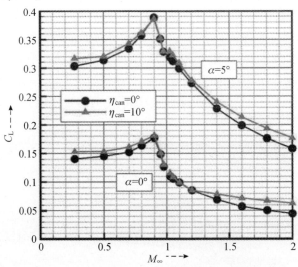

图 8.92　外形 Y7 的欧拉升力系数

对于配平计算和最终气动力数据集的定义,采用线性插值获取升力和俯仰力矩系数。对于压强阻力系数的插值,二次极线适合于欧拉结果。表面磨擦阻力的估计基于湍流平板假设,即

$$C_{D,f} = C_f \frac{A_{wet}}{A_{ref}} \tag{8.21}$$

图 8.93 总结了此方法的配平结果[34]。

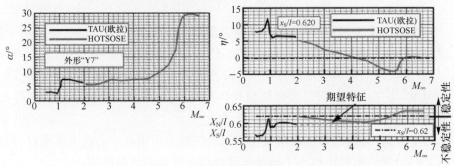

图 8.93　沿完全轨迹的配平结果

　　欧拉计算指出在 $M_\infty = 2$ 条件下存在细微不稳定特点。HOT - SOSE 结果更加乐观,展示一种不同的特点,所以,也是一种细微减少的前置安定面偏转角。由于事实上表面倾斜法在 $M_\infty > 4$ 时足够正确,$(x_N - x_S)/l = -0.02$ 的一个稳定裕地能在 $2 < M_\infty < 4$ 范围内期望(图 8.93 中的点线)[34]。考虑亚声速和跨声速飞行条件下的襟翼偏转角,结果是,除 $M_\infty = 0.95$ 之外,所有的前置安定面偏转角都小于 $\eta = 10°$。这就显示手册方法的谨慎使用在亚声速气流飞行器特点估计中证实了其本身。$M_\infty = 0.7$ 和 0.95 条件下的流场对比(图 8.94)解释了 $0.9 < M_\infty < 1$ 条件下的增长前置安定面偏转角[34]。当 $M_\infty = 0.7$ 时,一个漩涡沿前置安定面前缘建立。这是亚声速气流中形成小前置安定面偏转角的原因,因为它增加了前置安定面的效率。

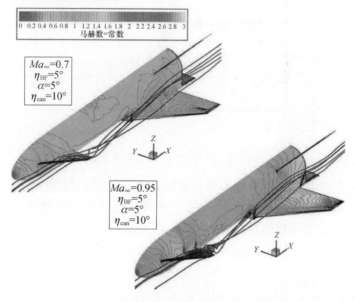

图 8.94　外形 Y7 的流场

　　对于跨声速条件,看得见的是漩涡破裂发生在前置安定面的后缘。这个特点导致跨声速气流中的升力系数几乎不依赖于前置安定面偏转角(图 8.92)。所以,需要较大的前置安定面偏转角。跨声速气流中另一个有趣影响是 $0.75 < M_\infty < 0.95$ 下中心点的突然尾向移动和 $0.95 < M_\infty < 1.025$ 下之后的前向移动。此特点可能通过图 8.95 的帮助来解释[34]。

　　为了解释,必须回想由攻角变化引起的气动力作用在中心点上。所以,两个攻角下的压强分布对比给出了马赫数对中心点位置影响的评估。

　　首先考虑 $M_\infty = 0.7$ 条件下的上表面压强分布。$\alpha = 0°$ 和 $\alpha = 5°$ 的对比表明

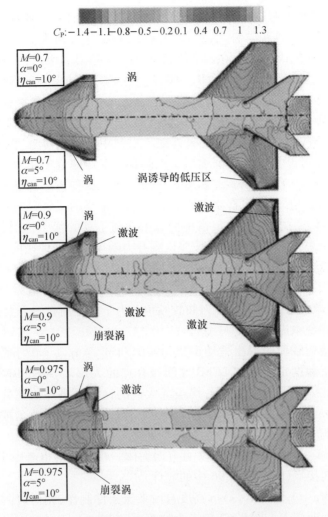

图 8.95　外形 Y7 的上表面压强分布

前置安定面的前缘漩涡是形成升力增加的原因。沿前置安定面前缘的漩涡强度增加,此漩涡也在主翼外部诱导了一个低压区。如果现在考虑 $M_\infty = 0.9$ 的结果,可看得见的是前置安定面的整个上表面压强水平在所示攻角下不会变化太大。沿着前缘内部,漩涡强度随攻角增大,但在后缘区域发生了漩涡破裂。

　　此影响部分宣告了前置安定面内部获取的升力无效。加之,前置安定面漩涡对主翼上表面的影响较大减弱。另一个升力增加的影响来自于后缘激波对机翼上表面的影响。在次临界的跨声速气流中,激波随着马赫数和攻角的增大向后移动。这是可见的如果再考虑 $M_\infty = 0.975$ 的结果。在这儿,激波已经到达后缘。当 $M_\infty < 0.975$ 时,激波位置的移动仍然是可能的,所以,攻角的增大引起上表面低压区向后的延长。总之,关于马赫数 $M_\infty = 0.7$ 和 $M_\infty = 0.9$ 的结果,在 $M_\infty = 0.9$ 下由攻角增大引起的额外升力主要产生于机翼区域,它不由前置安定面漩涡决定。这就解释了 $0.7 < M_\infty < 0.9$ 条件下突然的中心点移向一个更加向后的位置。当 $M_\infty = 0.975$ 时,除机翼上表面激波已经到达后缘外,同样情形出现了。此影响不依赖于攻角,所以,由此导致的升力慢慢更加向前作用。$0.9 < M_\infty < 1.025$ 条件下沿后缘的额外吸力缺乏引起中心点向鼻锥方向的跳跃。基于欧拉结果,关于中心点位置前述讨论也解释了亚声速巡航条件下纵向稳定性 $((x_N - x_S)/l = -0.05)$ 的缺乏(如图 8.93 所示)。这种情形会导致永久地改变前置安定面偏转角,所以更喜欢去获取一个无关紧要的或者具有稳定特征的飞行器。图 8.95 所示的压强分布指出前缘漩涡与主翼的强干扰引起了 Y7 的不稳定特性。结果指出如果机翼是按照机翼升力随攻角的增加比前置安定面大的方式来定义,这个问题就可以被解决。加之,这样会帮助重心沿着鼻锥方向移动。作为此问题的一个最后讨论,首先风洞试验需要关于沿主翼前缘存在的漩涡分析,这些漩涡会增大机翼升力曲线倾角。由于前缘拥有一个大钝度,欧拉计算不能对这些现象进行预测。

为了从结构载荷中取出气动干扰,$\alpha = 0°$ 和 $\eta_{BF} = \eta_{CAN} = 0°$ 下隔离 LFBB 压强分布与不带和携带主级和 LFBB 之间接合点的 Ariane5 + 2LFBB 外形压强分布进行了对比。在 $\alpha = 0°$ 条件下,绕运载火箭的计算网格评估充分利用了机体对称性,这就是说,仅考虑一半机体外形。尽管如此,由于小攻角或横向流动条件下外形可能不对称,不得不作为最差算例来考虑整个外形。所以,整个区域网格,接近如图 8.96 所示,需要 10.7 百万四面体。在网格中也考虑了 LFBB 和主级之间四个连接点(即如图 8.96 中的零件)[34]。

网格为 $M_\infty = 1.6$ 和 13.2km 高度自由来流条件制作,相对应的是沿上升飞行轨迹的最大动压点。图 8.97 所示为整个流场[34]。

一道分离激波形成于主级的尖顶拱鼻锥。在助推器椭圆形前体前面也形成了两道弓形激波。如图 8.98 所示的放大图片中,它们撞击在主级的壳体上[34]。

未形成反射激波是因为局部撞击角几乎垂直于主级。在主级的 $z = 0$ 平面,激波与激波之间的交互作用诱导一个高压点。此区域的最大压强系数为 $C_p = 0.8$。从结构角度,助推器前体与主级上零件之间区域应该被考虑得非常仔细。在这个区域,主级的壳体非常薄,这是因为它仅保护 Ariane5 第二级的发动机。

图 8.99 所示为零件的放大图[34]。由于再入飞行过程中零件上的热载荷很高,它有一对整流装置保护。这些整流装置在助推器分离后关闭。

剩下的连接位于主级的末端,直接位于主发动机前面。图 8.100 所示为其

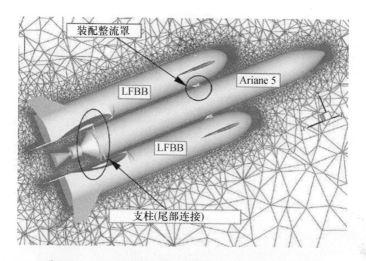

图 8.96 Ariane5 液体回扫助推器方案,CFD 欧拉网格

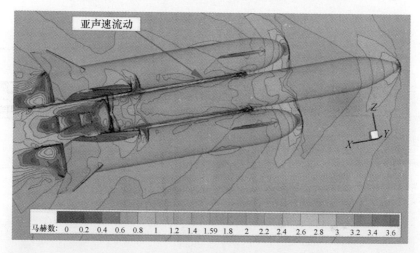

图 8.97 绕 Ariane5 + 2LFBB 外形的流场($M_\infty = 1.6, \alpha = 0°$)

放大图[34]。

为了主级与助推器六个支板之间的连接,它们每个直径约为 $d = 0.2$ m。支板传输非常强的径向力。特别地,两个较短的支板传递扭矩到主级。所有支板装配到助推器结构,接近翼根。由于零件(如图 8.99 所示)靠近主级与助推器之间间隙,一道分离激波形成于前面。此区域最大压强为 $C_p = 1.1$。直到向下10m 位置,零件间隙流是亚声速的(图 8.97)[34]。靠近朝前零件的 x 位置,朝前零件被装配在 Ariane5 的配属环上,也可见到前置安定面(如图 8.98 所示)。对于上升飞行阶段,它们在 $\alpha = 0°$ 时固定。所以,它们对主级压强分布影响可能被

735

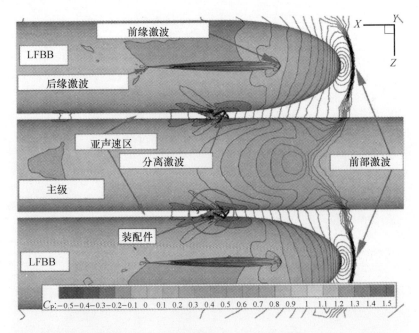

图 8.98　前置安定面和 LFBB 前体附近压强分布（$M_\infty = 1.6, \alpha = 0°$）

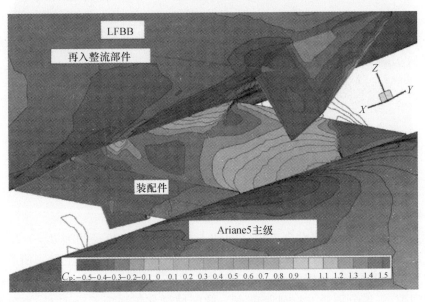

图 8.99　前置安定面和 LFBB 前体附近压强分布（$M_\infty = 1.6, \alpha = 0°$）

忽略。在 LFBB 表面，可以看见前置安定面的前面激波和后缘激波。在图 8.100 中考虑了机翼区域。LFBB 的机翼拥有一个亚声速前缘，它不产生激波。但在

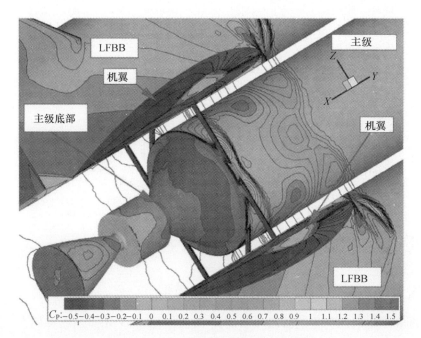

图 8.100　后面支板和机翼附近压强分布

上表面,可以看到超声速区域。如果考虑后缘,LFBB 侧面的后缘激波也可能被识别。在 LFBB 机身圆形部分与矩形部分之间的嵌条前面产生了分离激波。在 LFBB 表面,它们产生了一个增大的压强系数 $C_p = 1.3$。激波也撞击在主级表面上。$z = 0$ 平面上产生的激波 – 激波干扰诱导了一个高压点($C_p \approx 0.7$)。在支板前面(向后连接)也产生了分离激波。它们撞击在主级表面和机翼的下表面。在主级表面,它们之间的干扰也可以直接在底面看到。它们也会影响 LFBB 下表面的压强分布。图 8.101 所示为对称面压强分布[34]。

通过对比隔离 LFBB 和 Ariane5 + 2LFBB 外形,此外形显示出主级与 LFBB 之间的相互干扰。隔离 LFBB 拥有一个几乎不受干扰的下表面。压强系数为 $C_p \approx 0$。

仅有的压强顶点是由于机体圆形部分与矩形部分之间嵌条前面激波所引起。由主级引起的第一个压强顶点出现在 $x \approx 7\mathrm{m}$。它是由零件前面的激波引起的(如图 8.99 所示)。

由于存在主级,嵌条前面的激波强度被轻微增大($x \approx 24\mathrm{m}$),它的位置更靠前。$x \approx 28\mathrm{m}$ 处第三个压强顶点是由于支板前面的分离激波引起的。

重新对比不带和携带接合点的 Ariane5 + 2LFBB 外形与主级,结果发现支板和零件的取代引起了 6.8% 额外的压差阻力。

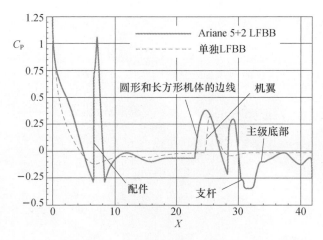

图 8.101　LFBB 下对称面表面压强系数($M_\infty = 1.6, \alpha = 0°$)

8.6.2　风洞测试的 Ariane5 几何模型

图 8.102 所示为发展阶段风洞试验中一个 Ariane5 几何外形算例[1]。此外形也被用于发展阶段 RANS Navier – Stokes 方法的调谐。对马赫数 2 和 3°攻角下 $Re = 1.38 \times 10^6$ 风洞来流条件和 $Re = 50 \times 10^6$ 飞行来流条件进行了计算。这也将阐明通过 CFD 外推到飞行条件的重要性。

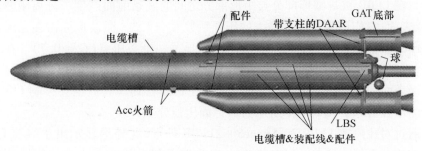

图 8.102　A5 ESCB2 1/40th 风洞试验模型

为了处理此复杂的拓扑结构,采用搭接网格方法。的确,每个外形组件在分开的网格框中生成网格,每个框通过计算所有网格交集的解算器来搭接。图 8.103 所示为表面网格的一些细节[1]。

即使这非常复杂底面能够简单明了地用此类方法来处理。在图 8.104 中,显示了助推器平面体网格全局图和两个更加详细视图。接近助推器鼻锥,可以看到一个特别的搭接框,这是为了提高网格中鼻锥激波装配[1]。

所有 Navier – Stokes 计算都是针对非常相似网格,仅有黏性影响不同。这

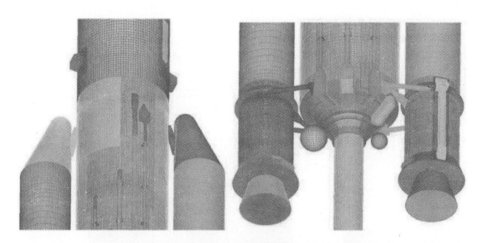

图 8.103　A5 模型的表面网格

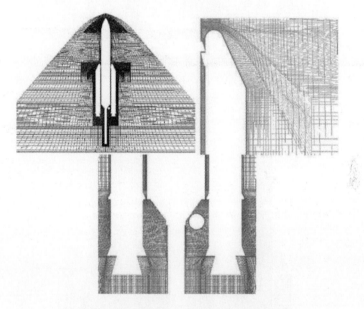

图 8.104　A5 模型在助推器平面的流场网格

些不同可以在下面这些展示计算结果的图中看到。如图 8.105 所示,两个算例中助推器平面的流动很相似[1]。的确,黏性影响主要在接近机体附近敏感;然而,尾流中的不同可以看到,这说明在飞行中存在一个更多的湍流区域。

在运载火箭表面的不同比较容易被看到,此处流场相互作用可通过压力场测绘来说明。我们可从图 8.106 中看到这些交互作用不具有相同强度,相同位置,或相同外形[1]。注意 K_p 代表 C_p。

风洞条件　　　　　　　　飞行条件

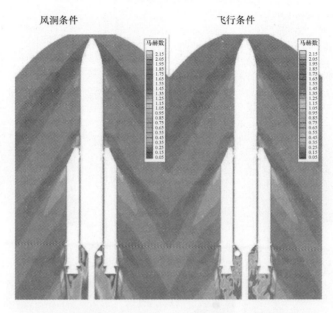

图 8.105　助推器平面的计算流场,风洞和飞行条件下的对比

风洞条件　　　　　　飞行条件

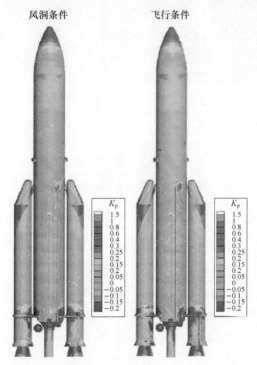

图 8.106　壁面压力场测绘,风洞和飞行条件下的对比 $-K_p$ 代表 C_p

事实上,这说明了较高的 Re 数在飞行过程中的影响,我们能得到如下结果:

(1)较高的湍流度导致壁面上较薄边界层和较低摩擦水平。

(2)在此薄边界层中,突出物很少被内部流动保护,它们的压强载荷较高。

以上两个影响的结果就是绕突出物的运载火箭主体载荷更强烈和更集中。这些结论更准确地在图 8.107 中阐明[1]。

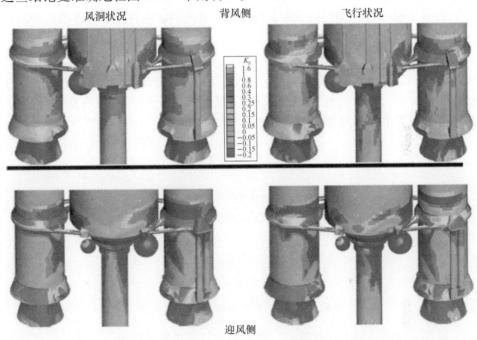

图 8.107　运载火箭底部压力场测绘对比

8.6.3　CFD 技术在 Vega 运载火箭气动评估中的贡献

CFD 代表一种基础设计工具来处理运载火箭的气动力当考虑关于风洞仿真联合或以补充方式。的确,CFD 在支持风洞试验(也就是更好地驱动地面试验活动)和为外推到飞行条件程序的决定提供数据(也就是一个校正测试气动力系数到真实飞行条件的程序)中起到一个关键角色[9-12]。在此框架中,本段介绍了发动机工作条件下绕 Vega 运载火箭四级外形的亚声速、跨声速和超声速气流 CFD 仿真工作。数值仿真,作为地面试验工作的补充,涵盖了马赫数 0.50~3.02、2 个攻角和三个雷诺数范围[11,12]。

特别地,发动机条件通过一个边界条件被复制,即在理想气体假设(即 $\gamma = 1.4$)下在喷管出口段设置密度、压强和动量。质量流量以及射流与自由来流静压比要准确复制,但是射流的马赫数和温度分别轻微低估和高估[9,10]。

此后提供的结果证实数值模拟与地面试验在一个很宽广的流动区域都吻合得很好,不管是局部还是全局特征,主要流动结构都被很好地捕获。所以,CFD能够为从亚声速到高超声速区域的改进设计努力提供流动特征和拓扑结构的非常重要和详细信息,以及获取详细的气动数据库。

对于 Vega 运载火箭,在一些设备里面开展风洞试验对比来覆盖模型经历的流动区域。

图 8.108 所示为飞行外形,它装配了一个推进喷管,在这儿设置 Vega 运载火箭 P80FW 发动机出口流动条件。风洞外形是 1:30 缩比,并装配一个装置来模拟环形发动机出口射流。RANS CFD 方法计算起来并不十分昂贵,它料想能为此计划的目的提供足够的准确性[9-12]。

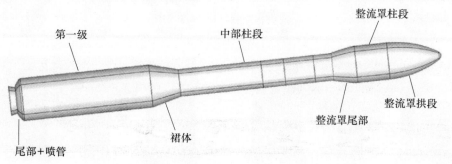

图 8.108　飞行外形中的 Vega 运载火箭

底部流动的预估中存在缺陷。此问题在气动系数外推至飞行条件的规则定义上的影响通过合理地分析试验和数值仿真数据来阐述。典型的可用的 CFD 见识是法向和轴向力系数以马赫数和雷诺数函数分布形式的数值仿真结果。地面试验的亚声速/跨声速流动条件($0.5 < M_\infty < 1.2$)和超声速区域条件($1.58 < M_\infty < 3.96$)分别在 FOI(瑞典国防研究部)T1500 风洞和 DNW(德国 – 荷兰风洞基金)SST 风洞中执行。采用压强测量、全局气动力和力矩以及流动显示试验手段。运载火箭 1:30 缩比模型装配一个带环形喷管的冷空气羽流模拟器来重现射流羽流对底部阻力和压强的影响。羽流模拟器设计基于部件法。全局气动力系数采用一个六分量天平来测量,所能测量的模型最大攻角 $\alpha = 10°$。沿模型母线布置 48 个测压孔。沿母线的 4 个测压孔加上其他 6 个测压孔形成半环状放置于底部。压强通过放置于载荷区域模型里面的两个电子压力扫描阀(ESP)来获取,并在每次运行之前校准。为了获取整个运载火箭的压强流场,沿 7 条不同母线获取压强,在背风和迎风面之间方位角方向 30° 等距布置。表 8.5 描述了测量 C_p 值的不确定性[10]。

表 8.5 $C_p = 0$ 下测量压强系数的不确定性

马赫数	C_p 不确定性	马赫数	C_p 不确定性
0.50	±0.008	1.58	±0.003
0.80	±0.003	1.72	±0.002
0.85	±0.003	2.01	±0.003
0.90	±0.003	2.50	±0.003
0.95	±0.003	3.00	±0.006
1.07	±0.002	3.96	±0.039
1.20	±0.002		

它是从风洞试验条件的不确定性和采用的压强测量仪器不确定性来评估的,接着是误差传递方法。采用带 TiO_2 的油流显示技术对 $\alpha = 2°$ 和 $\alpha = 5°$ 条件下的 $M_\infty = 0.90, 1.20, 1.58, 2.01$ 和 3.0 流场进行了测量。采用结构多块分区网格对飞行外形(如图 8.108 所示)和 Vega 运载火箭 1:30 缩比模型进行了 CFD 仿真。亚声速和跨声速流动区域全尺度外形网格采用 C-O 拓扑结构,并在大约 5 个体长上施加远场边界条件。总网格数大约为 2.81 百万,这是飞行雷诺数和网格细节指定的需求与合理 CPU 时间的一个折中结果。图 8.109 所示为网格分区以及底部和喷管区域网格的放大图[10]。

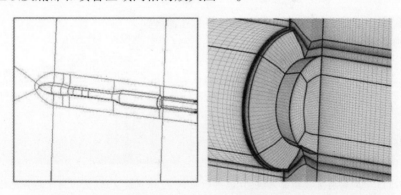

图 8.109 亚声速和跨声速流动区域飞行外形网格,左边为网格分区,
右边为底部和喷管区域放大网格

其他两个网格用于超声速条件下的数值模拟。在流动区域施加外部边界条件:通过考虑激波脱体距离和由 Billig 相关公式给出的合适激波外形来决定来流表面,但是 $M_\infty = 2.01$ 和 $M_\infty = 3.02$ 的出口平面分别置于大约 3 个体长和 1 个体长处[10]。$M_\infty = 2.01$ 和 $M_\infty = 3.02$ 条件下的总网格数分别降至 2.42 百万和 1.47 百万。

图 8.110 所示为网格分区以及底部和喷管区网格放大图[10]。

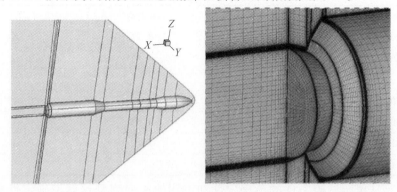

图 8.110 亚声速和跨声速流动区域飞行外形网格，左边卫网格分区，
右边为底部和喷管区域放大网格

风洞试验中采用的模型是关于飞行模型的 1:30 缩比，安装有一个装置来模拟发动机出口羽流。

图 8.111 所示为两种不同羽流模拟器系统外形，它们由 FOI 设计：一个外形用于亚声速和跨声速区域，以及另一个台阶式用于超声速条件下的试验[10]。

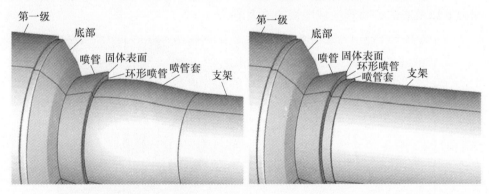

图 8.111 风洞羽流模拟器系统，左边用于亚声速/跨声速区域，右边用于超声速区域

值得注意的是，此计划的第一个阶段中获取的 CFD 结果对于分析两个外形的不同之处很有帮助。

羽流模拟器系统的工作条件，从马赫数、压强、温度和出口角度来说，以模型径向坐标函数提供。数值计算均值，经常从密度、动量和压强角度出发，作用在环孔尚代表喷管出口。通过合适地设置组分动量来考虑喷注角度。

风洞外形的网格通过对全尺寸运载火箭网格缩比和通过改变环形喷嘴支架区域的拓扑结构来获取。图 8.112 所示为用于重现地面试验的网格细节[10]。

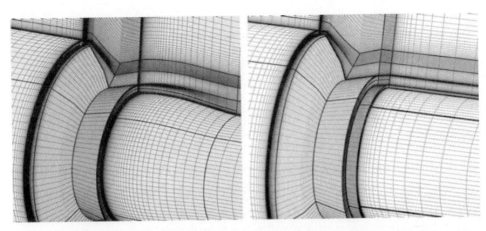

图 8.112　风洞外形的网格,左边卫亚声速/跨声速区域,右边为超声速区域

值得注意的是,羽流模拟器系统合适的几何定义需要额外的分块和壁面拉伸,所以一般情况下会增加总网格数(也就是,在 $M_\infty = 3.02$ 条件下从 1.47 百万增至 1.89 百万)[10]。

分析了网格壁面相邻层黏性湍流坐标数值。飞行条件下的跨声速模拟代表的是最高雷诺数,所以是最差情况。数值沿整个运载火箭除了第一级的后部在 4 和 6 之间,第一级后部的 y^+ 大约为 9。对于绕风洞外形的亚声速和跨声速模拟,沿整个外形的 y^+ 范围在 1 和 2 之间。最大数值(大约为 5)经常出现在第一级的最后面。这种情况对超声速区域非常好。运载火箭前部的 y^+ 小于 1,经常保持在 4 以下。尽管如此,所采用的湍流模型(Kok 提出的 $k-\omega$ 模型)在与远离固体壁面的涡流黏度不直接相关方面有优势,这就允许放宽对 y^+ 的需求。相同的湍流模型通过采用无滑移边界条件和一个壁面函数公式被用来模拟高雷诺数流动[10]。壁面积分结果显示,对压强、摩擦和全局气动力系数来说,一个令人满意的准确性保证 y^+ 不会超过 10。分析了发动机工作条件下跨声速区域($M_\infty = 0.95, \alpha = 2°$)和超声速区域($M_\infty = 3.02, \alpha = 2°$)飞行外形中网格分辨率对计算结果的影响。表 8.6 和表 8.7 给出了以网格分辨率函数为形式的气动力系数 C_N、C_A、C_m 和无量纲压心 $X_{CP} = D$,所有数值基于最佳网格等级(L_3)进行了无量纲化[10]。

表 8.6　跨声速区域网格分辨率影响($M_\infty = 0.95, \alpha = 2°$)

网格等级	网格数	C_N	C_A	C_m	X_{CP}/D
L_1	41376	1.2478	0.7314	1.5402	1.2349
L_2	331008	0.9884	1.0043	0.9410	0.9525
L_3	2648064	1.0000	1.0000	1.0000	1.0000

表8.7 超声速区域网格分辨率影响($M_\infty = 3.02, \alpha = 2°$)

网格等级	网格数	C_N	C_A	C_m	X_{CP}/D
L_2	160752	1.0260	0.9937	1.0426	1.0163
$L_{2.5}$	735392	1.0028	0.9997	1.0118	1.0090
L_3	1286016	1.0000	1.0000	1.0000	1.0000

跨声速条件下(表8.6)的粗糙网格(L_1)结果采用层流假设和发动机不工作状态(一个用来初始化复杂底部流动结构的策略)获取,它仅被考虑作为参考值。精细网格(L_3)等级结果与中等网格(L_2)结果之间的百分比变化对于法向力为1.17%,轴向力为 −0.43%,俯仰力矩系数为6.27%,以及压心位置为4.98%。关于超声速条件下的算例(表8.7),粗糙网格等级(L_1)不足以捕获运载火箭鼻锥处十分强烈的弓形激波。一个介于中等网格等级(L_2)和精细网格等级(L_3)之间的中间网格等级($L_{2.5}$)用来说明计算结果的网格无关性。对于每个基本边缘,相应地根据缩比间距准则选择 L_2 等级网格数与 L_3 等级网格数之间的一个中间网格数。图8.113 所示为以参数 $h = (1/N)^{1/3}$ 为函数的气动力系数,N 为一个网格等级的网格数,此数量代表了网格分辨率(网格准确性从右到左增长)。精细网格等级(L_3)结果与中间网格($L_{2.5}$)结果之间的百分比变化对于法向力系数为 −0.28%,轴向力系数为0.03%,俯仰力矩为 −1.17%,压心位置为 −0.90%。计算结果的收敛性等级可以通过采用理查森外推法应用到诸如全局气动力系数函数来评估[15,10]。

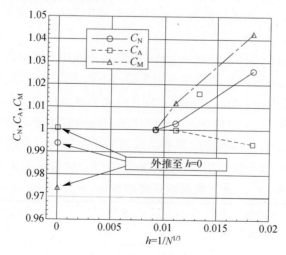

图8.113 超声速区域网格分辨率影响

C_N、C_A 和 C_m 数值在假设真实网格精细比和二阶准确性前提下外推至零维网格间距($h=0$)。CFD 数值的离散误差通过比较精细网格等级定量结果与在 $h=0$ 处外推值之间不同来评估(表 8.8)[10]。误差对于 C_N 和 C_A 均为 10^{-4} 量级,但对于 C_m 较大(俯仰力矩系数的计算是关于头锥顶点)[10]。

表 8.8 离散误差

流动区域	C_N	C_A	C_m
跨声速	0.0003	0.0005	0.0057
超声速	0.0007	0.0002	0.0099

这就可能断言,在目前分析中应用的物理和数值模型框架下,亚声速、跨声速和超声速区域数值仿真中采用的计算网格能提供从全局气动力系数来说的网格无关性结果。

数值仿真采用三等级策略来执行。计算网格中代表发动机的分块面在粗糙和中等网格等级中作为固体表面来考虑,但在精细网格中作为流体表面来考虑。接着,密度、压强和动量在一些迭代步中从自由来流变化到重现发动机出口流动条件的数值。考虑到真实发动机工作条件应用下的部分数值模拟,密度方程残差在亚声速条件下下降到大约 10^{-2} 量级,跨声速条件下在 10^{-2} 和 10^{-3} 量级之间,超声速条件下下降到 10^{-3} 以下。压强和摩擦系数在运载火箭侧面积分,与 πDL 成比例。用于缩比力和力矩系数的表面为 $\pi D^2/4$。所以积分表面与参考表面比与 $4L/D$ 成比例,对于 Vega 四级外形的数值大约为 40。基于这种考虑和事实上 CFD 仿真中期望的阻力百分比量级准确性,一个小于 10 个阻力百分比的变化认为对于数值计算收敛合适。此准则在亚声速区域不适用,此时阻力系数显示大约 2.5% 的震荡。此不稳定性是由于底部压强分布引起的,这已经由接下来章节中与地面试验结果对比证实。图 8.114 所示为跨声速流动区域最后 10000 迭代步中的升力、阻力和俯仰力矩系数收敛曲线[10]。

气动力系数参考数值仿真最后获取的数值。代表被采用标准的线采用黑体表述。C_L 的变化小于 10^{-3},C_m 小于 10^{-2}。$\alpha=5°$ 时的准则比 $\alpha=2°$ 时更加容易实现。此情景在超声速区域更好,此时 C_D 的变化为 0.05%,C_L 的变化为 0.1%,以及 C_m 的变化为 0.1%。这就意味着 C_D 收敛到超声速仿真时的阻力百分比[10]。

采用 RANS 仿真对两个攻角下的算例进行了模拟,风洞试验、真实飞行和由下式确定的中间雷诺数都被考虑。

$$\lg\left(\frac{1}{\sqrt{Re_{INT}}}\right) = \frac{1}{2}\left[\lg\left(\frac{1}{\sqrt{Re_{WT}}}\right) + \lg\left(\frac{1}{\sqrt{Re_{FL}}}\right)\right] \tag{8.22}$$

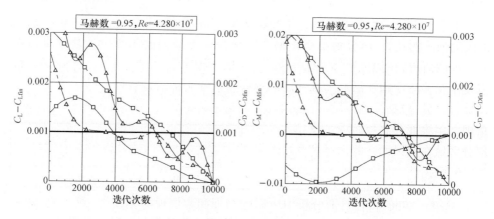

图 8.114　跨声速流动区域气动力系数收敛曲线：□α = 2°，▽α = 5°。
C_L(实线)C_D(点画线)。C_m(实线)，C_D(点画线)

表 8.9 所列为数值仿真过程中所有设置[10]。

表 8.9　CFD 计算矩阵

马赫数	雷诺数	$\alpha/(°)$	外形	推进特征
0.50	5.382×10^6	2	1:30	亚声速/跨声速羽流模拟器(PS) + 支架
0.50	5.382×10^6	5	1:30	亚声速/跨声速 PS + 支架
0.95	7.275×10^6	2	1:30	亚声速/跨声速 PS + 支架
0.95	1.765×10^7	2	1:1	发动机工作(MO)
0.95	4.280×10^7	2	1:1	MO
0.95	7.275×10^6	5	1:30	亚声速/跨声速 PS + 支架
0.95	1.765×10^7	5	1:1	MO
0.95	4.280×10^7	5	1:1	MO
1.20	7.108×10^6	2	1:30	亚声速/跨声速 PS + 支架
1.20	7.108×10^6	5	1:30	亚声速/跨声速 PS + 支架
2.01	7.275×10^6	2	1:30	超声速 PS + 支架
2.01	7.275×10^6	2	1:30	超声速 PS + 支架
3.02	8.846×10^6	2	1:30	超声速 PS + 支架
3.02	1.454×10^7	2	1:1	MO
3.02	2.388×10^7	2	1:1	MO
3.02	8.846×10^6	5	1:30	超声速 PS + 支架
3.02	1.454×10^7	5	1:1	MO
3.02	2.388×10^7	5	1:1	MO

图 8.115 所示为数值仿真(表面摩擦线)和地面试验(油流显示)获取的表面流动形式对比,同时显示了 $M_\infty = 0.95$ 和 $\alpha = 5.0°$ 条件下的压强云图分布[10]。

如图所示,在尖顶拱和整流罩之间存在一道很强的压缩,一个激波引起的分离发生在整流罩圆柱形与尾锥部之间的联结点处。一个鞍点在迎风面中间圆柱体处也可见,包括远离下游的分离线和分离涡。流场采用数值模拟令人满意地重现。尾锥部分离流区域强度随马赫数增大而下降,当 $M_\infty = 1.20$ 时仅有一小部分区域在背风面。跨声速和亚声速区域底部流动的仿真非常关键,具体如图 8.116 所示[10]。

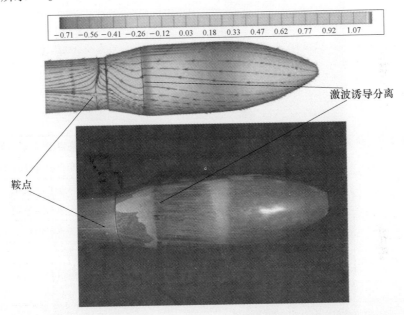

图 8.115　$M_\infty = 0.95$ 和 $\alpha = 5.0°$ 条件下数值计算(表面摩擦线)和地面试验
(油流显示)流场对比以及压强系数 C_P 云图

在底部和喷管之间区域存在回流泡,但在羽流模拟器环形喷嘴出口存在一个超声速区。一道很强的剪切层形成。马赫数从自由来流下降到回流区很小的数值,此后一道突然很强的膨胀波出现在超声速射流喷出环形喷嘴的位置。此情形被分离漩涡系统更加复杂化,这些分离漩涡的形成是由于流动的非定常引起的。外部流与射流羽流之间干扰区非常大,大约为喷管长度的两倍,产生了一个重要的抽吸影响和随之而来引起的阻力系数增大。

射流羽流与外部流动之间干扰区随马赫数增大而减小(图 8.117),底部流动的预估变得不再重要[10]。

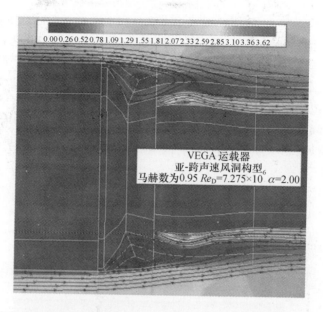

图 8.116　跨声速区域的底部流动：$M_\infty = 0.95$ 和 $\alpha = 2.0°$ 条件下的马赫数分布和流线

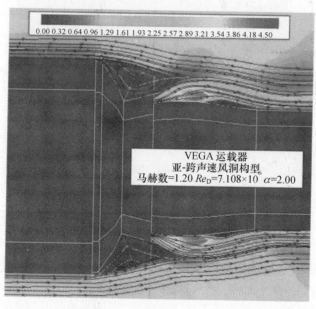

图 8.117　跨声速区域底部流动：$M_\infty = 1.20$ 和 $\alpha = 2.0°$ 条件下马赫数分布和流线

　　在超声速区域，流动拓扑结构信息也可从地面试验中获取到的油流显示图片中得到，具体如图 8.118 所示[10]。

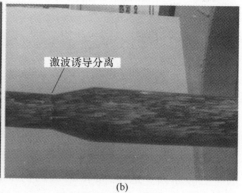

(a)　　　　　　　　　　　　(b)

图 8.118　$M_\infty = 1.58$ 和 $\alpha = 5.0°$(a)以及 $M_\infty = 2.01$ 和

$\alpha = 2.0°$(b)条件下超声速区域油流显示

　　带回流区的分离区域可在中间攻角下背风面整流罩上游看到(图 8.118
(a))。由中间圆柱体上形成的涡流与整流罩上游形成的激波之间干扰形成的
分离在中间攻角下超声速区域的圆柱体 – 整流罩外形中很典型[10]。回流区在
较小倾角下消失(图 8.118(b))。CFD 仿真返回了相同类型的流动。图 8.119
所示为马赫数 2.01 条件下的表面摩擦线[10]。$\alpha = 5.0°$ 条件下此类型分离存在
于整流罩上游背风面,但是一个简单的激波诱导分离产生于 $\alpha = 2.0°$(同样可说
成是马赫数 3.02 条件下)。

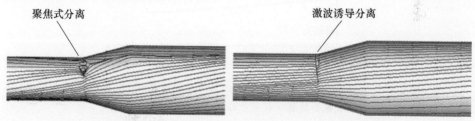

图 8.119　$M_\infty = 2.01$ 和 $\alpha = 5.0°$(左)以及 $\alpha = 2.0°$(右)条件下

超声速流动区域的表面摩擦线

　　采用如下形式得到全局气动力系数外推至飞行条件准则,即式中 a 和 b 是
α 和 M_∞ 的函数。

$$C_{N,A,m} = a[\lg(Re)]^b \tag{8.23}$$

CFD 在所采用的外推至飞行条件程序中扮演了一个重要角色[10]。不同雷诺数
下的结果和初步趋势都是通过数值仿真获取。为了与地面试验数据建立详细的
相互关系,通过沿运载火箭纵轴对压强和摩擦力系数积分计算分布式气动力系

数,即

$$C_{N,A}(x) = \int_0^x \frac{2\pi r(x)\,C_{n,a}(x)}{S_{ref}}\mathrm{d}x$$

(8.24)

$$C_m(x) = \int_0^x \frac{2\pi r(x)\,C_m(x)}{DS_{ref}}\mathrm{d}x$$

而且,在运载火箭细分的部件上也采用积分,如图 8.108 所示,这样就获取到集总系数。这就允许识别数值仿真结果和地面试验数据的差别,以及明白这些差别产生的原因。这样,带雷诺数的初步趋势就可以校正,式(8.23)中的函数也可以确定[10]。作为获取到结果的一个算例,图 8.120 所示为 $\alpha = 5.0°$ 下以雷诺数和马赫数为函数的法向力系数[10]。

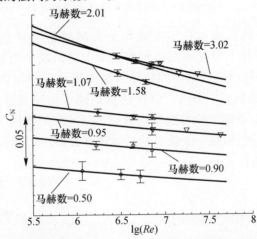

图 8.120　以雷诺数和马赫数为函数的法向力系数:实线,方程(8.23);
○试验数据 + 误差条线;▽校正 CFD 数据

8.7　发展阶段:数据库的不确定性

在发展中必须考虑前文描述的项目前期阶段的相同类型不确定性[1]。

关于 CFD 中模型的水平,考虑在这些阶段使用更多的 Navier – Stokes 方法来减少相关联的不确定性。这需要通过 CFD 程序准确性评估来定量化,这得感谢与风洞数据的对比。的确,在发展阶段,AEDB 的建立需要采用包含 CFD 和前文提及的风洞试验的一个综合性方法。风洞数据被作为定位点,代表着一个物理现实。然而:

（1）风洞测试的准确性需要考虑。

（2）需要采用 Navier – Stokes CFD 执行,外推到飞行试验数据,这是为了考虑就试验和飞行之间雷诺数而言的不同之处,就像前文叙述的一样。

（3）底部流动和底部压强在试验中不具有代表性,在试验中,没有推进流动来描绘。底部流动需要一些特定的试验设备来评估回流底部流动中热射流气体喷射压强的影响。的确,此区域一般受三维分离流支配,在跨声速区域以高度非稳态剪切层形式出现。此分离流要么与新兴马达(快餐现象)的一些零件要么与热推进射流相互作用。热推进射流也会给分离底部流动提供热还原气体,导致局部热流和复燃危害。由于这些方面没有完全掌握,迄今为止,飞行试验前运载火箭底部区域压强载荷评估准确性很差。这会影响预估轴向力系数的准确性,它一般会根据飞行测试数据,在第一次飞行后重新校准。

关于外形图像的正确性,我们可以注意到运载火箭的定义在这些阶段相当详细。然后通过评估决定气动载荷评价中多大尺寸外形可以被忽略。在发展中,运载火箭外形可能仍然会演变,在完整的风洞试验计划后外形演变的一些CFD 评估可能必须。而且,在 AEDB 中需要控制一些边缘部分来覆盖可预见的可能有限的演变。上文详细的 Ariane5 仿真是采用位于前端助推器的附属物（称为 DAAV）第一个版本开始计算的。由于风洞数据结果中的差异,采用试验中的准确几何构型重新进行计算。图 8.121 所示为局部压力场测绘对比,表8.10 提供了附属物对全局气动力系数的影响,可以看出这个影响在全局层面是非常敏感的[1]。

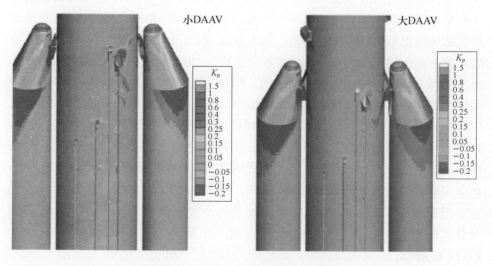

图 8.121　前端助推器附属物的局部影响

表 8.10 前端助推器附属物的全局影响

计算	C_A	C_N	C_m
小 DAAV	0.94	0.48	1.23
大 DAAV	0.944	0.513	1.27
差异 vs 大 DAAV%	0	6.5	3

对于项目前期而言,为测试或计算数据之间以内插值替换的或外推的 AEDB 数值一些不确定性也应该评估。

8.7.1 突出物和级间凹腔的局部载荷

运载火箭壁面的突出物结构和附着物必须能在不带来任何损害前提下承受气动载荷。这些局部外露的载荷对每个可能的飞行条件应该具体指定。因为突出物的数量、位置和形状都会随着运载火箭寿命进行演变,定义突出物的一般外形作为设计部门的方案准则和这些外形相关联的一般载荷很有用。这些载荷定义为可能飞行条件引起的所有可能努力包线。的确,在突出物尺寸上就应该留一些余地,这是为了避免特定的和周期性的分析。一般情况下,我们区分两种类型的突出物,一种是特定的以气动载荷为特征,它们的选取是因为它们的大尺寸或特殊位置,另一种是非特定研究,作为一般类型突出物考虑。

在这个尺寸范围,试验和 CFD 工具都可以互补形式来使用。风洞中获取的参考数据来自于突出物表面的局部压强测量。由于风洞中测量次数有限,单个突出物表面空间有限以及运载火箭上的突出物数量重要,一个特殊突出物表面上获取的试验数据数量是有限的。否则,低雷诺数下(相对飞行雷诺数)在风洞中获取的局部数据就不是主要的。如上所示,由于飞行中更薄的边界层,发生在突出物表面上的流动相互作用更加剧烈。而且,由于经费有限,系统地对突出物外形的每个演变进行试验是不可能的。CFD(可能对参考试验结果进行再校准)可以为突出物提供非常详细的压力场测绘,以及完整飞行条件下的结果。而且,CFD 能在外形方案和突出物定位上起到促进作用,以及确定它们在潜在的运载火箭表面和全局力系数上的影响方面。这种类型的学习此后通过一个特定的为阿里安 5 主整流罩分离的升级实现发展的盖包方案举例证明。图 8.122 所示为此突出物的位置[1]。图 8.123 所示为 $M_\infty = 1.5$ 和 $M_\infty = 3.7°$ 攻角下运载火箭整流罩附近流场计算示例[1]。为了给突出物每个表面建立可能载荷的包线,需要对此类构型执行一些计算。这样可以用一个简单形式建立载荷规范,如图 8.124 所示[1]。

值得注意的是外部突出物外形一般是一个整流罩。此外形也有一个内部压

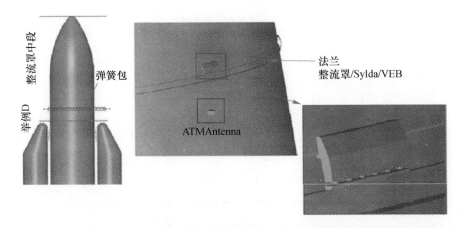

图 8.122 弹簧包整流罩位置和外部构型

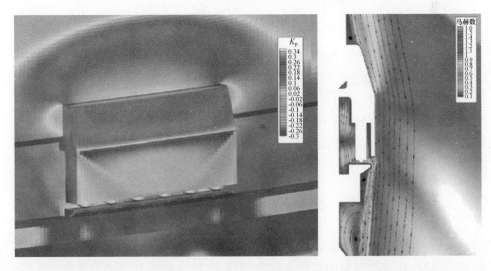

图 8.123 $M_\infty = 1.5$ 和 $\alpha = 3.7°$ 条件下局部压力场测绘和覆盖物上面的流动

强载荷需要计算。这种需求也适应于所有内部运载火箭凹腔,特别是在级间区域。依赖于溢流和不同凹腔之间的排气孔或外部大气层,内部压强来源于整个上升阶段的泄压过程,此泄压过程开始于发射时刻。这就需要使用特定软件来计算凹腔压强。这些算法很简单,执行速度也很快。然而,它们需要每个排气孔的流量系数值作为输入数据。当位于凹腔与外部流动之间时,这些系数依赖于很多参数:

(1) 整个外形

(2) 运载火箭上的定位

(3) 局部外部运载火箭外形

(4) 流动区域

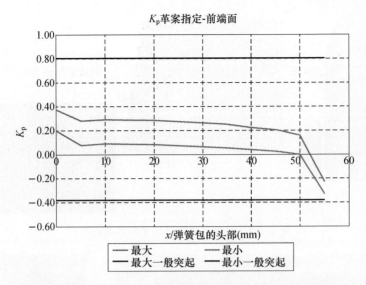

图 8.124　突出物前端面载荷的示例说明,通过 CFD 细化

（5）运载火箭姿态

（6）互邻突出物或其他洞穴之间可能的相互作用

所有这些可能的影响不能完全为每个状态特征化。然而,它们必须充足以保证合理的整流罩尺寸和能承受内部压强载荷的级间壁面。这些排气孔规格也需要一些参考试验和 CFD 分析。

8.8　数值解和网格收敛性分析

本章提供的所有 CFD 结果针对同时收敛和网格无关计算。为了评估计算结果收敛性,在迭代过程中监测密度方程残差、驻点热流和气动力系数（即 C_L、C_D 和 C_m）。当方程残差下降到大于三个数量级以及驻点热流和气动力系数不再变化时,假设结果收敛。例如,图 8.125 所示为 $M_\infty = 5$ 和 $\alpha = 0°$ 条件下 VTO Hopper 升力、阻力和俯仰力矩系数的收敛曲线。从图中可以看出,在进行大约 220000 步迭代后,数值计算停止,这是因为每条绘图曲线看起来是平坦的。

对上面提及的每个 CFD 结果,采用三套分区结构网格（L_1、L_2 和 L_3）开展了网格灵敏度分析。最细致网格（L_3）的网格单元数量分别是中等网格（L_2）和粗糙网格（L_1）的 8 倍和 64 倍。

作为一项数值计算策略,单独计算是从粗糙网格规模（L_1）开始的,一旦达到一个比较精确的程度,结果就被陆续插值到较细致的网格规模,然后重新开始。根据理查森外推准则对收敛性分析进行评估。的确,如果结果在渐进收敛

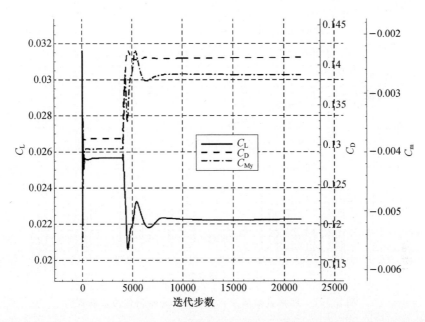

图 8.125 $M_\infty = 5$ 和 $\alpha = 0°$ 条件下 VTO Hopper 升力、阻力和俯仰力矩系数的收敛曲线

范围,采用理查森外推公式可能获取几乎零网格尺寸(即在无限网格数量中[15,19])的全局值(C_L、C_D 等)或局部变量(压强、热流等)。

例如,图 8.126 和图 8.127 所示为 $M_\infty = 5$ 和 AoA $= 0°$ 条件下 CFD 计算的网格灵敏度分析。

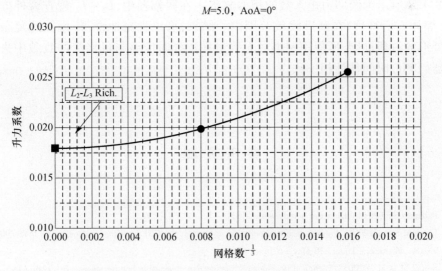

图 8.126 网格灵敏度分析:VTO Hopper 升力系数

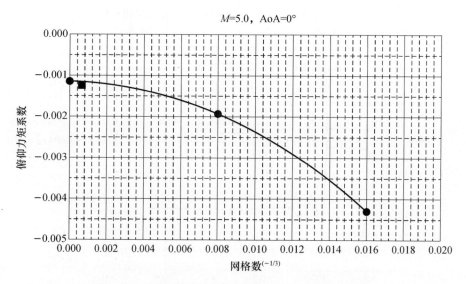

图 8.127 网格灵敏度分析:VTO Hopper 俯仰力矩系数

图 8.126 所示为升力系数 C_L 随网格数量立方根负数(代表网格尺寸的平均值)的变化趋势。这些数值是 L_2 和 L_3 数值,空间二阶策略假设和网格水平比为 2 条件下的外推数值(在零网格尺寸)可以由下式获得:

$$C_L(h=0) = \frac{4}{3} \cdot C_{L,\text{FINE}} - \frac{1}{3} \cdot C_{L,\text{MEDIUM}} \tag{8.25}$$

图 8.127 所示为俯仰力矩系数的相似趋势。在两幅图中,$L_2 - L_3$ 理查森外推数值(黑体方形符号)在渐进收敛范围内。结果,可以肯定地说,作为如此复杂几何外形的一般准则,所使用网格最大数量在选择时应该与可接受的收敛中央处理器(CPU)时间估计相一致。

参 考 文 献

[1] Pallegoix JF (2014) Launcher aerodynamics. STO – EN – AVT – 206.

[2] Guedron S et al(2004) Future space transportation in Europe: the CNES roadmap proposal. In: ISTS 2004 – 9 – 04, Miyazaki – Japan, 30 May – 6 June, 2004.

[3] Sippel M et al. (2003) Technical development perspective of reusable booster stages. In: 12th AIAA int. space planes & hypersonic systems, 15 – 19 December, 2003.

［4］Iranzo – Greus D et al (2004) Evolved European reusable space transport (EVEREST) – system design process and current status. In: IAC – 04 – V. 4. 07.

［5］Polti S Reusable first stage vehicle. In: IAC – 04 – W. 2. 07.

［6］Tomatis C, Bouaziz L, Franck T, Kauffmann J (2006) RLV candidates for European future launchers preparatory programme. In: 57th international astronautical congress, 2 – 6 October 2006, Valencia, Spain. IAC – 06 – D2. 2. 07.

［7］Garcia A, Yamanaka BNB, Bizarria JW, Scheuerpflug F (2011) VSB – 30 sounding rocket: history of flight performance, São José dos Campos, September – December 2011. J Aerosp Technol Manag 3(3): 325 – 330. doi: 10. 5028/jatm. 2011. 03032211.

［8］Kauffmann J (2006) Future European launch systems in the FLPP overview and objectives. In: 57th international astronautical congress, 2 – 6 Oct 2006, Valencia, Spain. IAC – 06 – D2. 4. 05.

［9］Pizzicaroli A, Paglia F, Lambiase E, Contini C, Barbagallo D (2007) Vega launcher aerodynamics at lift – off. In: 43rd AIAA/ASME/SAE/ASEE joint propulsion conference & exhibit 8 – 11 July 2007, Cincinnati, OH. AIAA 2007 – 5850.

［10］Catalano P, Marini M, Nicolì A, Pizzicaroli A (2007) CFD contribution to the aerodynamic data set of the vega launcher. J Spacecr Rocket 44(1): 42 – 51 January – February 2007.

［11］Nicolì A, Imperatore B, Fauci R, Pizzicaroli A (2006) Wind tunnel test campaigns of the VEGA launcher. In: AIAA Paper 2006 – 0257, Jan 2006.

［12］Catalano P, Marini M, Vitagliano PL, Pizzicaroli A (2005) CFD role in the extrapolation – to – flight procedure of the vega launcher aerodynamic data – base. In: Proceedings of XVIII Congresso Nazionale AIDAA [CD – ROM], AIDAA, Rome, 2005.

［13］Anderson JD (1989) Hypersonic and high temperature gas dynamics. McGraw – Hill, New York.

［14］Bertin JJ (1994) Hypersonic aerothermodynamics, AIAA education series. American Institute of Aeronautics and Astronautics, Washington, DC.

［15］Roache PJ (1998) Verification and validation in computational science and engineering. Hermosa Publishers, Albuquerque.

［16］Rom J (1992) High angle of attack aerodynamics, subsonic transonic and supersonic flow. Springer, New York.

［17］Pezzella G (2011) Preliminary aerodynamic and aerothermodynamic assessment of the VTO Hopper Booster. ISRN Mech Eng 2011: 15 pages. Article ID 215785, doi: 10. 5402/2011/215785.

［18］Pezzella G, Marini M, De Matteis P, Kauffmann J, Dapra A, Tomatis C (2010) Aerothermodynamic analyses of four reusable launchers in the framework of ESA future launchers preparatory programme. Aerotecnica Missili & Spazio (J Aerosp Sci Technol Syst) 89(1), January 2010.

［19］Pezzella G, Marini M, Roncioni P, Kauffmann J, Tomatis C (2009) Preliminary design of vertical takeoff hopper concept of future launchers preparatory program. J Spacecr Rock. 46 (4): 788 – 799 doi: 10. 2514/1. 39193. ISSN 0022 – 4650.

［20］Pezzella G, Marini M, Roncioni P, Kauffmann J, Tomatis C (2008) Aerodynamic and aerothermodynamic evaluation of the VTO Hopper Concept in the frame of ESA future launchers preparatory program. In: 15th AIAA international space planes and hypersonic systems and technologies conference, 28 April – 1 May 2008, Dayton, Ohio (USA), paper AIAA – 2008 – 2639.

[21] Pezzella G, Kauffmann J, Dapra A, Tomatis C (2009). An Italian contribution to the next generation launcher in the framework of ESA future launchers preparatory programme. In: XX AIDAA congress, Milan, Italy, 29 June – 3 July 2009.

[22] Pezzella G. et al. (2009) Appraisal of aerodynamics and aerothermodynamics of RFS and LFBB (Lox/CH4) ESA future launchers preparatory program concepts. In: 16th AIAA/DLR/DGLR international space planes and hypersonic systems and technologies conference, 19 – 22 Oct 2009, Bremen, Germany. AIAA 2009 – 7340.

[23] Viviani A, Pezzella G (2009) Heat transfer analysis for a winged reentry flight test bed. Int J Eng 3(3): 330 – 345. ISSN: 1985 – 2312.

[24] Prabhu DK (2004) System design constraints – trajectory aerothermal environments. In: RTO AVT/VKI lecture series in Critical Technologies for Hypersonic Vehicle Development, 10 – 14 May 2004.

[25] Moore FG, Hymer T, Wilcox F (1994) Base drag prediction on missile configurations. J Spacecr Rockets 31(5): 759 – 765.

[26] Kinney D (2004) Aero – thermodynamics for conceptual design. In: 42nd AIAA aerospace sciences meeting and exhibit, Reno, Nevada, 5 – 8 January 2004 AIAA – 2004 – 31.

[27] Kinney D (2007) Aerothermal anchoring of CBAERO using high fidelity CFD. In: 45th AIAA aerospace sciences meeting and exhibit, Reno, Nevada, 8 – 11 January 2007. AIAA – 2007 – 608.

[28] Glossner CO (2003) Force and moment coefficients of the hopper/phoenix configuration in hypersonic flow. In: 3rd Int. Symposium Atmospheric Reentry Vehicles and Systems, Arcachon, France, March 2003.

[29] Guédron S, Prel Y, Bonnal C, Rojo I (2003) RLV concepts and experimental vehicle system studies: current status. In: 54th international astronautical congress, 29 September – 3 October 2003, Bremen, Germany, IAC – 03 – V. 6. 05.

[30] Srinivasan S, Tannehill JC, Weilmuenster KJ (1987) Simplified curve fits for the thermodynamic properties of equilibrium air. NASA – RP – 1181.

[31] Srinivasan S, Tannehill JC (1987) Simplified curve fits for the transport properties of equilibrium air. NASA – CR – 178411.

[32] Lees L (1956) Laminar heat transfer over blunt – nosed bodies at hypersonic flight speeds. Jet Propuls 26: 259 – 269.

[33] Tauber ME (1989) A review of high – speed, convective, heat – transfer computation methods. NASA TP – 2914, July 1989.

[34] Eggers T, Bozic O (2002) Aerodynamic design and analysis of an Ariane 5 liquid fly – back booster. AIAA 2002 – 5197.

[35] Pezzella G. Aerodynamic and aerothermodynamic trade – off analysis of a small hypersonic flying test bed. Acta Astronaut 69(3 – 4): 209 – 222. doi: 10. 1016/j. actaastro. 2011. 03. 004. ISSN 0094 – 5765.

[36] Burkhardt H, Sippel M, Herbertz A, Klevanski J (2004) Kerosene vs. methane: a propellant tradeoff for reusable liquid booster stages. J Spacecr 41(5): 762 – 769.

[37] Eggers T (2003) Aerodynamic behavior of a liquid fly – back booster in transonic cruise flight, AIAA – 2003 – 3422. In: 21st applied aerodynamics conference, Orlando, Florida, 23 – 26 June 2003.

[38] Eggers T (2004) Aerodynamic design of an Ariane 5 reusable booster stage. In: Fifth European symposium on aerothermodynamics for space vehicles, Cologne, November 2004.

[39] Tarfeld F (2004) Comparison of two liquid fly – back booster configurations based on wind tunnel measurements. In: Fifth European symposium on aerothermodynamics for space vehicles, Cologne, November 2004.

[40] Boži O (2004) Flow field analysis of a future launcher configuration during start. In: Fifth European symposium on aerothermodynamics for space vehicles, Cologne, November 2004.

附录 A   飞向火星的载人航天计划

A.1   引   言

本附录对进入火星大气层的两种载人制动系统气动性能进行分析,主要是为了指导一种行星再入系统的设计。分析研究两种带圆形前缘和类三角横截面的独特升力体构型。初始气动分析主要针对载人进入火星大气层的飞行条件。尽管如此,不管是从地球或近地球空间到火星的任务结构还是表面探测都没有介绍。所有设计分析都从许多层面开展。采用简化设计方法大规模开展飞行器气动评估,如高超声速面元法(HPM),接着,采用完全三维计算流体动力学(CFD)仿真方法,包括欧拉和 Navier – Stokes 近似,来对绕再入飞行器的高超声速流场进行模拟。在这儿提供的结果是针对一个火星再入方案,与采用直接行星再入和气动制动后再入进入红色行星方法相符[1]。这些结果可能为人类火星探索提供数值仿真数据[2]。

A.2   往返火星的旅程

下面给出几种典型载人火星任务方案范例,阐述了任务需求对气动热环境抉择的影响。事实上,近来载人火星探测任务考虑四个不同的方案。它们包括一个 330 天的短距离疾跑任务,一个 500 天中等长度任务,一个 1000 天的长任务和一个周期循环任务。每项任务需要多个飞行器,包含火星往返和地球往返的再入和气动捕获机动。火星和地球的再入速度会根据任务的持续时间和气动捕获飞行器是载人或无人进行变化。图 A.1 所示为不同任务火星和地球再入速度包线[3]。

对于火星气动捕获,周期循环任务的再入速度最大,然后是短距离疾跑任务,1000 天任务的速度最小,速度会随着运输时间的减少而增大。对于地球返回,所有方案的速度都比地球月球之间任务的速度大。图 A.2 所示为短距离疾跑任务方案[3]。

在这里,一个初始质量为 2040t 的高级无人飞行器从 4.4km/s 的地球轨道

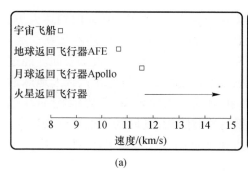
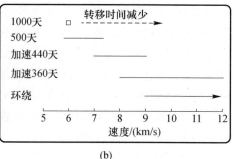

图 A.1 火星任务和返回地球的再入速度包线

(a)地球再入；(b)火星再入。

最优330日载人火星任务
NASA SP-35，1962

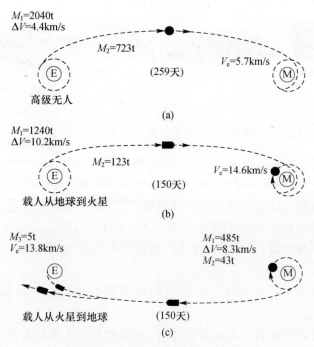

图 A.2 火星"短跑"任务示意图

(a)高级无人；(b)载人从地球到火星；(c)载人从火星到地球。

获取初始推力到一个低能量轨道,需要消耗 1317t 的燃料。这个 723t 的飞行器以 5.7km/s 的速度气动捕获到达一个绕火星的轨道需要 259 天。接着是一个较小的初始质量为 1240t 的载人飞行器从 10.2km/s 地球轨道获取推力。这将需要 1117t 燃料,剩下一个 123t 的飞行器以 14.6km/s 速度在 150 天内到达火星。这个飞行器将被气动捕获,和火星轨道上已有的较大无人飞行器停靠在一起。从这个停靠轨道,一个较小的载人再入飞行器将被发射着陆到火星表面。经过 30 天之后,火星着陆器将返回停靠轨道,准备机务人员返回地球。载人地球返回飞行器将以 485t 初始质量和 8.3km/s 推力离开火星轨道,需要消耗 442t 燃料。这个 43t 返回飞行器将在 150 天后抵达地球附近,此时为了地球气动捕获,一个 5t 的载人返回舱将以 13.8km/s 再入速度被向外投弃。剩下 38t 一次性无人返回飞行器将继续停留在太空。

A.3　飞行器构型选择

本部分工作所研究的飞行器方案是升力体构型(LB),具体如图 A.3 所示。左边为 LB – A 飞行器,右边为 LB – B 飞行器。

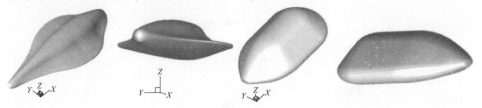

图 A.3　飞行器构型 LB – A 和 LB – B

它们代表着那不勒斯第二大学空间工程系(Dipartimento di Ingegneria Aerospaziale e Meccanica of Second University of Naples)在行星再入系统设计学习框架下通过最优化过程获取的最佳构型[3,4]。本研究的主要目的是在考虑飞行器热和操作约束后寻求的最小重量外形,就像在文献[3,4]中讨论的一样。在火星探测任务的设计中,最小化飞行器重量在优化过程中是一个非常重要的品质因素。

每个飞行器是一个实体的带圆边和类翼型横截面的气动构型,具体如图 A.4 所示[3,4]。

提出的方案代表着一类极常规外形,它们具有一个低的鼻拱形和一个平坦的底面,这样是为了提高整个飞行器的高超声速性能。飞行器前体具有简单圆锥 – 球体几何构型,其上下表面都是光滑流线形的,如图 A.5 所示。

图 A.5 所示为携带 3 位或 4 位宇航员的 LB – B 飞行器的一个非常初级的内部布置图。

两个飞行器的鼻锥半径为 0.3m。

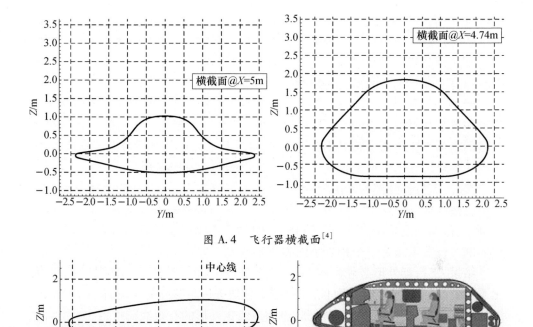

图 A.4   飞行器横截面[4]

图 A.5   飞行器中心线和 LB-B 飞行器内部布置图

  每个飞行器可认为是为少量机务人员从一个低轨道进入火星大气层,执行的是一个可变攻角再入轨道。

  例如,在再入机动过程中,飞行器经历高速高温流动。结果,为了安全和性能着想,集中考虑三个主要设计点,即飞行器的结构整体性,机务人员的可居住条件以及飞行器结构重量的最小化。考虑在高超声速飞行过程中达到结构应力和热应力峰值,假设采用降落伞系统进行低速飞行,仅分析高超声速飞行区域。

  为了得到一个可用的和可居住的最小重量外形,初步需要一个对两个飞行器气动外形适当的参数化模型和隔热材料的厚度分布。

  采用渐近动压和负载因子峰值来考虑结构应力,通过控制内部温度局部保持在一个适当值来满足机务人员的可居住条件。采用一套基于遗传算法(GA)的优化程序来获取最佳构型[3]。飞行器外形采用一个基于孔斯曲面的参数化模型来建模,参数化隔热材料分布给定。

  采用三自由度(3 dof)模型对无滚转角行星无动力滑翔再入轨道进行计算,

如图 A.7 所示。外形气动力采用 HPM 获取,外部表面的热态通过一维边界层模型和飞行器壁面辐射冷却假设确定。其他一些用于评估升力体再入轨迹和防护罩系统热分析工具也得到发展。初始轨道倾角在设计中作为一个优化参数考虑。而且实现了攻角的参数化控制。

对于 LB‑A 飞行器方案,我们考虑了两个机务人员。再入飞行器内部机务人员布置不是事先确定的,而是通过一个离散变量参数化和管理的。容纳机务人员的内部容积是通过布局参数设定的,在飞行器外形选择中考虑了容积率,因为热防护系统和结构重量首先是飞行器浸湿面积的直接函数。

接着,飞行器外部构型由大约 30 个参数详细定义,从一个球体仿射变换为一个合适的气动外形[3]。近来飞行器特征是一个重要的设计话题,在火星再入案例中,基本问题是使飞行器充分降速,使其适应大气层的稀薄环境。结果,最重要的飞行器需求是一个相当小的弹道系数 B_C。

结果,飞行器外形必须为钝头体,就像 LB‑B 飞行器外形,这样是为了最大化飞行器的气动阻力 C_D。而且,飞行器必须能提供足够高的气动升力来增加可用的 B_C,所以,就像 LB‑A 飞行器,更加流线化外形的有效载荷重量[4]。

最后,对于火星再入,热在飞行器外形设计中是一个决定性的因素。因为载人飞行器必须足够大,如果采用简单的钝头体,辐射加热对这些再入过程就变得很重要。为了避免这些加热,提出了如图 A.3 所示的构型,考虑辐射热流量与飞行器鼻锥几何半径呈线性关系[5]。

A.4 方法分析和使用工具

这部分工作总结了行星探测方案设计方面的贡献,用来解决 A 阶段设计层面载人再入火星大气层飞行器初始气动力和气动热数据库的建立[6]。前者(AEDB)用来开展飞行力学分析,这是因为飞行器气动性能必须确保飞行器满足下降段载荷约束(即压力、惯性和热载荷)。后者(ATDB)用来开展热防护系统设计分析。事实上,当飞行器下降到红色行星上时,它的内部能量(即潜在外加动能)会转化为靠近飞行器壁面边界层的热能,所以,为了承受热载荷,必须给载人制动系统提供热防护罩。

在这个框架中采用了不同的设计方法。根据基于空间的设计方法对每种方案的气动性能进行评估[7]。

另一方面,按照基于轨迹的设计方法提供每个载人制动系统的表面热流分布[7]。

许多飞行条件下的正确气动力和气动热分析是非常复杂和消耗时间的,这与 A 阶段的设计学习不匹配,在 A 阶段,快速预估方法是必需的。所以,主要采用工程估算方法来开展气动力和气动热分析,即采用 CIRA 发展的三维面元法程序[8]。增加复杂度,为了更加深入了解飞行器的高超声速气动热环境和致力于许多关键设计方面,这些都是采用简化工具不能办到的,我们开展了大量详细 CFD 仿真。采用三维欧拉和 Navier – Stokes 方法对不同马赫数和攻角下的流场进行了计算,主要针对下降段非常关键的飞行条件。

A.4.1　基于工程估算的设计分析

采用三维面元法程序,即 CIRA SIM,来开展大规模的工程估算气动力分析,面元法程序基于简化牛顿法和局部表面倾斜法(SIM)。这个工具采用简化方法,如局部表面倾斜法和近似边界层法,来对超声速和高超声速条件下的复杂再入飞行器构型进行气动力和气动热分析,可以避免复杂网格生成和 CFD 计算大的时间消耗[8]。图 A.6 所示为进行工程估算所采用的典型载人制动系统表面网格。如图所示,飞行器表面由平面和前缘面近似,分析中采用的几何最低层是四边形单元。

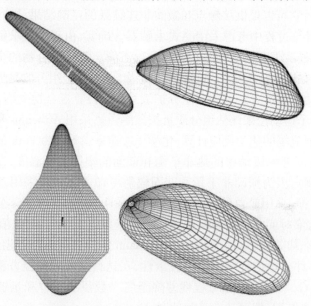

图 A.6　工程估算设计分析所用表面网格示例

采用用户指定的压缩 – 膨胀法来评估作用在撞击和阴影区每个面元的压强。典型高超声速条件下有许多方法,如源于牛顿理论、改进牛顿理论和 Prandtl – Meyer 理论的方法[5]。为了对气动力和力矩中的黏性贡献进行估计,采用层流或湍流平板假设来对作用在每个飞行器面元上的剪切力进行分析。

特别地,黏性计算顺着流线开展,然后计算结果被插入面元中心。流线从气动分析阶段获取的无黏表面速度开始。

最后,采用适当的一维边界层法(1D BLM),即参考温度和参考焓法,对面元气动热进行评估,这个方法对层流和湍流边界层假设都有效。事实上,一般的飞行器部件都可能通过选择合适的边界层方法来建模成一个平面或前缘面。采用 Mangler 因子把二维边界层结果转换成轴对称结果[9]。

A.4.2 基于 CFD 的设计分析

采用商业软件 FLUENT 来对飞行器进行 CFD 设计分析[10]。为了对火星大气层的热化学非平衡模型进行数值计算发展了许多用户自定义函数(UDF)[11,12]。这个代码采用有限体积方法来对混合网格的完全雷诺平均 Navier – Stokes (RANS)方程进行求解。采用通量差异分解(FDS)二次逆风格式对对流项进行空间重构,采用中心差分格式对扩散项进行求解。

在目前的 CFD 分析中,考虑采用另一种通量矢量分解策略来计算通量矢量,即 AUSM 格式。它可以提供接触点和激波非连续处的正确结果,同时它对红玉现象不敏感。在计算过程中考虑采用隐式求解器。确实,由于隐式求解器更宽阔的稳定性,它能比显式求解器更快地获取收敛稳态解。气体混合物的全局输运特征半经验公式,如黏性和热传导的 Wilke 混合定律[5],第 i 个组分的黏性和热传导采用气体分子运动论获取[5]。采用多组分扩散系数来计算混合物中第 i 个组分的扩散系数,采用分子运动论来评估组分质量扩散率[5]。采用 Arrhenius 形式中的正向反应速率来开展流场的化学反应计算,化学反应速率参数参考 Park 的工作[13]。

特别地,为了考虑流动中的热非平衡和壁面的辐射平衡温度,发展了许多内部程序(即 UDF),因为振动非平衡和壁面辐射冷却边界条件采用基本程序不能处理。在 UDF 中,采用简单的谐波发生器,并采用 Landau – Teller 公式对振动弛豫进行建模,弛豫时间从 Millikan 和 White 处获取[5]。为了在数值仿真过程中考虑壁面辐射冷却效应,采用 Stefan – Boltzmann 定律来计算壁面温度。

最后,为了评估数值计算结果的收敛性,在迭代过程中监控方程残差和气动力系数(即 C_L、C_D 和 C_m)。当方程残差降至三个数量级以下和足够迭代次数后气动力系数曲线平坦,即可认为计算收敛。

A.4.2.1 流场分析

采用 CFD 分析来估计载人制动系统下降过程中的气动热环境,进而评估表面载荷分布(如压力和热流)。最后,采用三维数值计算方法同时开展理想气体和化学反应气体近似计算。图 A.7 总结了迄今为止考虑的飞行方案。它是一个从椭圆轨道(如气动制动后的行星再入)和双曲线轨道(如直接行星再入)进入火星大气层的飞行器。

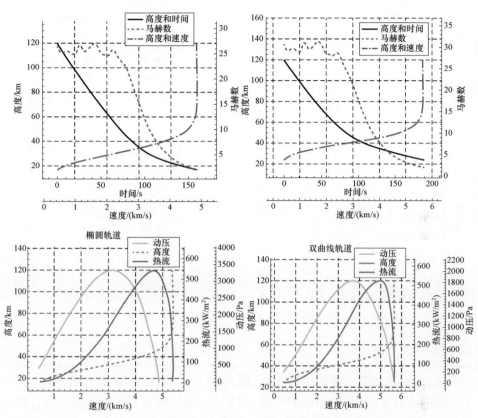

图 A.7 载人制动系统飞行方案(左边是椭圆轨道,右边是双曲线轨道)

特别地,表 A.1 总结了根据基于空间和基于轨迹设计方法进行 CFD 分析所需要的自由来流条件。

表 A.1 CFD 自由来流条件[14]

仿真	气体模型	马赫数	AoA/(°)	高度/km	压强/Pa	温度/K	密度/(kg/m³)
1	理想气体	10	10	10	284.19	227.55	6.50×10^{-3}
2		15	40	60	3.16	116.55	1.41×10^{-4}
3		20	10	60	3.16	116.55	1.41×10^{-4}
4		20	20	60	3.16	116.55	1.41×10^{-4}
5		20	30	60	3.16	116.55	1.41×10^{-4}
6		20	40	60	3.16	116.55	1.41×10^{-4}
7		22	40	60	3.16	116.55	1.41×10^{-4}
8	EO PH⁺	22	40	44.2	13.09	151.63	4.49×10^{-4}
9	HO PH	26	40	52.1	6.43	134.09	2.50×10^{-4}

（续）

仿真	气体模型		马赫数	AoA/(°)	高度/km	压强/Pa	温度/K	密度/(kg/m³)
10	反应气体		10	10	10	284.19	227.55	6.50×10^{-3}
11			10	20	10	284.19	227.55	6.50×10^{-3}
12			10	30	10	284.19	227.55	6.50×10^{-3}
13			10	40	10	284.19	227.55	6.50×10^{-3}
14			20	10	60	3.16	116.55	1.41×10^{-4}
15			20	20	60	3.16	116.55	1.41×10^{-4}
16			20	30	60	3.16	116.55	1.41×10^{-4}
17			20	40	60	3.16	116.55	1.41×10^{-4}
18	EO PH	NCW	22	40	44.2	13.09	151.63	4.49×10^{-4}
19		FCW	22	40	44.2	13.09	151.63	4.49×10^{-4}
20	HO PH	NCW	26	40	52.1	6.43	134.09	2.50×10^{-4}
21		FCW	26	40	52.1	6.43	134.09	2.50×10^{-4}

注:EO PH—椭圆轨道峰值加热条件;

　　HO PH—双曲线轨道峰值加热条件;

　　NCW—无催化壁面;

　　FCW—完全催化壁面

　　所以,采用基于轨迹的设计方法(即对 ID1~7 和 ID10~17 进行仿真)和基于空间的设计方法(即对 ID8、ID9 和 ID18~21 进行仿真)对 21 个算例进行数值计算(欧拉和 Navier – Stokes)[7,14]。特别地,后者仿真涉及椭圆轨道和双曲线轨道的轨迹峰值加热条件时,需要考虑飞行器的热防护系统设计(在本附录中没有进行说明)。飞行器气动热分析初步结果在文献[15,16]中。

　　所有的 CFD 计算都考虑了飞行器壁面的辐射冷却(即 $\dot{q}_{cw} = \sigma \varepsilon T_w^4$)。对于反应气体计算,火星大气层考虑由 95.7% 二氧化碳、1.6% 氩气和 2.7% 氮气组成。流动由 9 组分反应气体混合物建模(Air、CO_2、N_2、O_2、CO、NO、N、O、C)。在目前研究中考虑的反应机理和化学动力学参考 Park 的工作[6,13]。

　　因为在大气层再入飞行器的设计中会遇到一个非常具有挑战性的问题,即真实气体效应现象,所以会开展非平衡流计算。在高超声速来流条件下,飞行器前面的激波会突然提升激波层内气体温度。所以,气体热能可能与整个气体化学过程能量相当,例如分子的振动激励、大气分子离解成它们的原子形式、通过重组反应形成其他化学物种的分子和原子种类的电离[17]。所以,气体混合物需要从热化学非平衡方面考虑。

最后,在对载人制动系统进行 CFD 分析之前,基于可用的数值仿真和地面试验数据,对再入峰值加热条件下的火星探测器进行程序验证,这在文献[18 - 20]中进行了总结。

A.5　气 动 分 析

从升力系数(C_L)、阻力系数(C_D)和俯仰力矩系数(C_m)三方面来分析载人制动系统的气动性能。

参考量 L_{ref}(例如:纵向参考长度)和 S_{ref}(例如:参考面积)分别是飞行器长度(即对两种外形均为 8m)和俯视图面积(即 LB - A 为 $31.7m^2$ 和 LB - B 为 $32.0m^2$)。俯仰力矩从飞行器鼻锥(即(0,0,0))开始计算,同时考虑了飞行器重心位于飞行器长度的不同百分比,用来对重心进行灵敏度分析。

采用工程估算获得 $0 \leqslant \alpha \leqslant 50°$ 的载人制动系统气动结果。

另一方面,采用 CFD 方法对如图 A.8 所示的载人制动系统三维多块结构网格(多达 80 块)进行计算。特别地,图 A.8 对飞行器表面和俯仰面的三维网格进行详细描述(仅 LB - B 飞行器)。

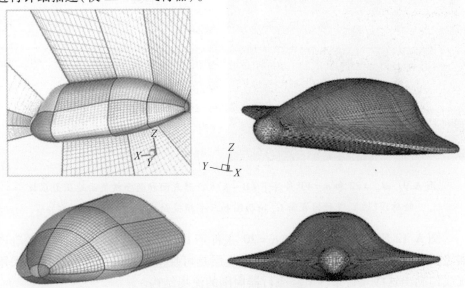

图 A.8　欧拉 CFD 仿真计算网格域

所有的网格都采用商业软件包 ANSYS ICEM - CFD 生成,总网格数为 1.2×10^6(半体)。

两个计算区都根据表 A.1 所示的自由来流条件进行调整。按照计算范围,根据飞行器不同区域计算水平要求指定表面网格点的分布,如驻点区和底部倒角区。在流场大梯度区域的网格加密采用自适应方法进行处理。

下文总结了迄今为止获取的 CFD 仿真初步结果。例如,图 A.9 给出了 $M_\infty = 22$ 和 $\alpha = 40°$ 条件下 LB – A 外形的 CFD 结果(理想气体)。左图所示为飞行器表面和两个横截面处压力系数轮廓图(C_p),右图所示为飞行器表面 C_p 轮廓图和三个横截面处马赫数轮廓图。

从图 A.9 的轮廓图中可以清晰地看到 $M_\infty = 22$ 和 $\alpha = 40°$ 条件下流经飞行器的激波层,这在图 A.10 和图 A.11 中同样可以看到。在这些图中显示了飞行器 $x = 3.28m$(从鼻锥开始)横截面和 $z = -0.1m$ 剖面处的马赫数云图,是为了识别载人制动系统俯仰面上的弓形激波。同时,从这些剖面上可以评估图 A.9 中飞行器侧风面过压现象产生的原因。事实上,图 A.10 和图 A.11 已显示这些过压取决于腹部外形,而不是激波/激波干扰现象,这是因为飞行器俯仰面上的激波没有打在飞行器表面上。

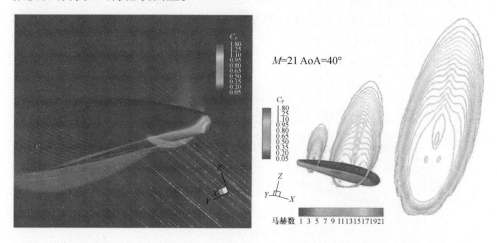

图 A.9　$M_\infty = 22$ 和 $\alpha = 40°$ 条件下 LB – A 飞行器表面和两个横截面处压力系数轮廓图(左)、飞行器表面 C_p 轮廓图和三个横截面处马赫数轮廓图(右)

图 A.12 所示为 $M_\infty = 20$ 和 $\alpha = 20°$ 条件下 LB – A 飞行器对称面静温轮廓图和飞行器表面静压轮廓图,考虑火星大气层是可反应的混合气体。在图中采用流线勾勒出这些飞行条件下绕飞行器周围的流场结构。

在相同自由来流条件下,图 A.13 和图 A.14 所示为 LB – A 飞行器俯仰面 N_2、CO_2、O 和 CO 质量分数轮廓图,考虑激波层内流动的化学离解。结果,相比无离解发生的相同气体流场,流动离解会引起弓形激波后一个较大的密度比 ε,这就导致再入飞行器周围形成更薄的激波层(例如:更小的激波脱体距离)。

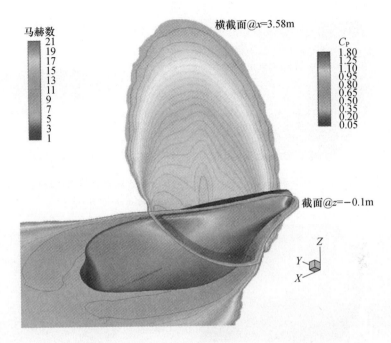

图 A. 10　$M_\infty = 22$ 和 $\alpha = 40°$ 条件下 LB – A 飞行器表面压力系数
轮廓图和两个流场截面马赫数云图（侧视图）

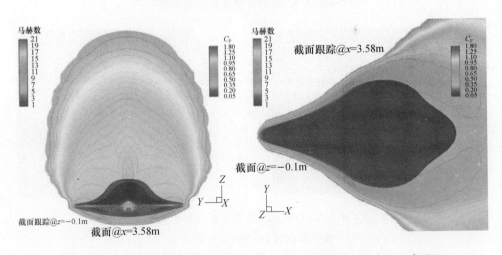

图 A. 11　$M_\infty = 22$ 和 $\alpha = 40°$ 条件下 LB – A 飞行器表面压力系数轮廓图和
两个流场截面马赫数云图（正视图和俯视图）

当离解存在时，飞行器的气动性能主要取决于激波密度比。事实上，气动特
征的改变是作用在飞行器前体表面压强改变的结果[5]。

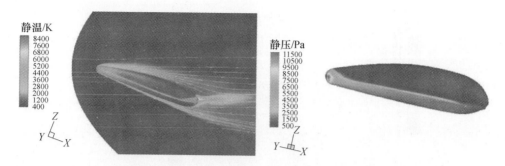

图 A.12　$M_\infty = 20$ 和 $\alpha = 20°$ 条件下 LB-A 飞行器对称面静温流场(左)和
非平衡反应气体条件下飞行器表面静压轮廓图(右)

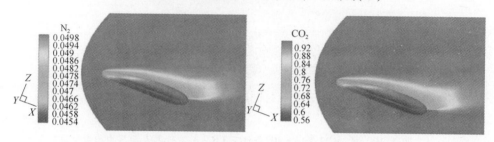

图 A.13　$M_\infty = 20$ 和 $\alpha = 20°$ 条件下载人制动系统(LB-A)
俯仰面 N_2 和 CO_2 质量分数轮廓图

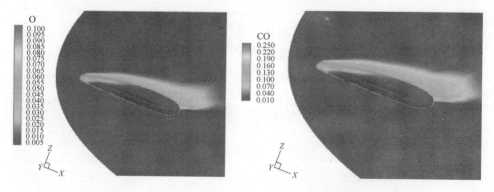

图 A.14　$M_\infty = 20$ 和 $\alpha = 20°$ 条件下载人制动系统(LB-A)
俯仰面 O 和 CO 质量分数轮廓图

　　图 A.15 所示为 $M_\infty = 20$ 和 $H_\infty = 60km$ 条件下升力系数和阻力系数曲线图。这些曲线收集了载人制动系统(LB-A)理想气体和反应气体近似条件下气动力系数与数值仿真结果对比,目的在于强调数值仿真结果和工程估算结果的正确性[16]。从图中可以看出,工程估算结果与数值仿真结果吻合得非常好,这就

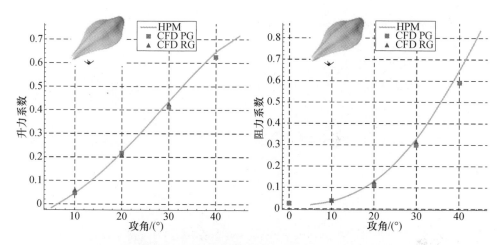

图 A.15 $M_\infty = 20$ 和 $H_\infty = 60km$ 条件下 C_L 和 C_D 随 α 的变化趋势

（理想和反应气体近似条件下面元法和 CFD 计算结果对比）

证明采用工程估算可以对火星再入飞行器进行可靠的初始气动力分析。进一步，通过对比发现，在这些飞行条件下，高熵效应对升力系数和阻力系数的提高作用细微，这是由于其高逼真度流线形气动外形[21]。

考虑第二个外形（即 LB‐B）的 CFD 结果，图 A.16 所示为椭圆轨道峰值加热飞行条件下（例如：$M_\infty = 22$，$\alpha = 40°$ 和 $H = 44.20km$）绕飞行器流场的马赫数轮廓图。特别地，图 A.16 左图所示为飞行器俯仰面马赫数轮廓图，右图所示为三个不同横截面处绕飞行器的弓形激波形状。从图中可以看出，一层薄激波层包裹再入飞行器，在飞行器尾部的侧风面有一道很强的膨胀波[21]。

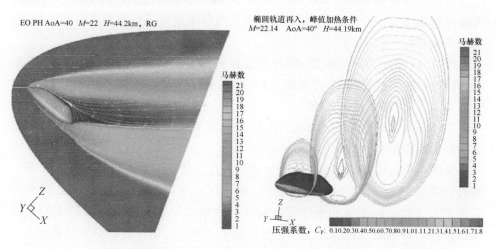

图 A.16 椭圆轨道峰值加热条件下飞行器俯仰面和三个横截面处马赫数轮廓图

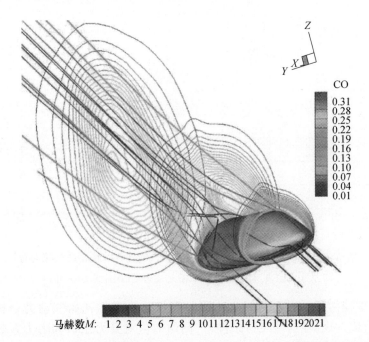

图 A.17　椭圆轨道峰值加热条件下三个横截面处 CO 增加质量分数
（流线根据马赫数分布描绘）

　　图 A.17 所示为相同来流条件下飞行器周围 CO 质量分数分布，图中流线根据马赫数分布描绘。

　　CO 浓度在靠近物面处达到最大，并通过飞行器的尾流发展[21]。图 A.18 所示为三个不同横截面处($x=1.5\text{m}$, 5.5m, 9.5m)非平衡流（右图）和理想气体计算温度轮廓图对比，可以很明显地看到真实气体效应对飞行器激波层的影响，就像上文分析的一样。

　　图 A.19 所示为升力系数、阻力系数和俯仰力矩系数曲线。从图中可以看出，高熵效果会轻微增加升力系数、阻力系数和俯仰力矩系数。在图 A.19 的表中也总结了飞行器的气动性能。

　　关于飞行器的气动性能对比，图 A.20 ～ 图 A.22 给出了两种载人制动系统的俯仰力矩系数和气动效率。

　　从图 A.20 可以看出，当攻角 $\alpha \geqslant 20°$，且重心所在位置不超过飞行器长度一半时，LB－A 飞行器是纵向静稳定的（例如：$Cm_{\alpha}<0$）。但是，如果重心所在位置位于 L_{ref} 的 55%（最大可承受重心偏移），攻角必须大于 $30°$，才能保证静稳定飞行条件。特别地，当重心位于 L_{ref} 的 50% 和 55% 时，相对重心的力矩系数为 0 时（即配平状态）的攻角分别为 $20°$ 和 $40°$。

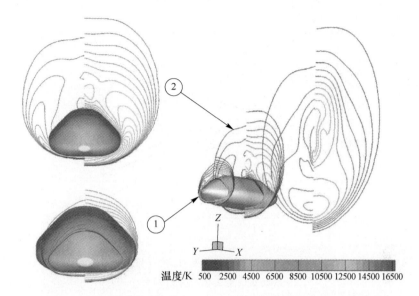

图 A.18　不同横截面处($x = 1.5\mathrm{m}, 5.5\mathrm{m}, 9.5\mathrm{m}$)非平衡流(右图)
和理想气体计算温度轮廓图对比

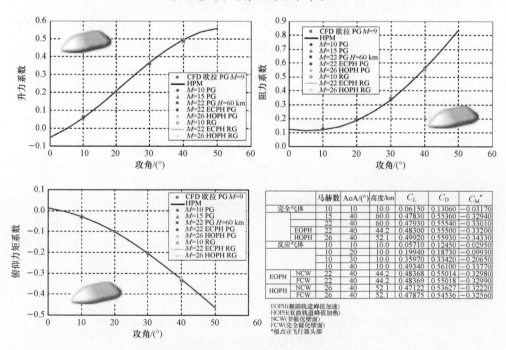

	马赫数	AoA/(°)	高度/km	C_L	C_D	C_M^*
完全气体	10	10	10.0	0.06150	0.13060	-0.03170
	15	40	60.0	0.47830	0.55360	-0.32940
	22	40	60.0	0.47930	0.55540	-0.33010
EOPH	22	40	44.2	0.48300	0.55500	-0.33200
HOPH	26	40	52.1	0.49920	0.55930	-0.34330
反应气体	10	10	10.0	0.05710	0.12450	-0.02950
	10	20	10.0	0.19940	0.18730	-0.09930
	10	30	10.0	0.35970	0.33420	-0.20650
	10	40	10.0	0.49340	0.56100	-0.33770
EOPH NCW	22	40	44.2	0.48368	0.55014	-0.32980
EOPH FCW	22	40	44.2	0.48369	0.55018	-0.32990
HOPH NCW	26	40	52.1	0.47122	0.53627	-0.32220
HOPH FCW	26	40	52.1	0.47875	0.54536	-0.32560

EOPH(椭圆轨道峰值加速)
HOPH(双曲轨道峰值加热)
NCW(非催化壁面)
FCW(完全催化壁面)
*极点@飞行器头部

图 A.19　理想气体和非平衡流状态下面元法和计算流体力学获取的升力系数、
阻力系数和俯仰力矩系数随攻角变化趋势对比

777

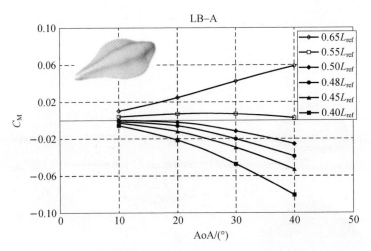

图 A.20　高超声速条件下重心位置对 LB - A 飞行器俯仰力矩
系数随攻角变化趋势的影响

　　另一方面,如图 A.21 所示,在高超声速条件下,当攻角 $\alpha \geqslant 20°$,且重心所在位置不超过飞行器长度 40% 时,LB - B 飞行器是纵向静稳定的。但是,如果重心所在位置位于 L_{ref} 的 50%(最大可承受重心偏移),攻角必须大于 40°。特别地,当重心位于 L_{ref} 的 40% 和 45% 时,配平攻角分别为 20° 和 40°。

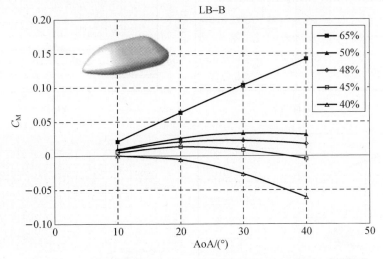

图 A.21　高超声速条件下重心位置对 LB - B 飞行器俯仰力矩
系数随攻角变化趋势的影响

　　最后,图 A.22 给出了 LB - A 和 LB - B 飞行器的升阻比对比。从中可以看出,LB - A 飞行器在小攻角下($10 \leqslant \alpha \leqslant 35°$)具有较好的气动性能,这是由于

LB－A飞行器具有较好的流线形构型和不同的气动外形。

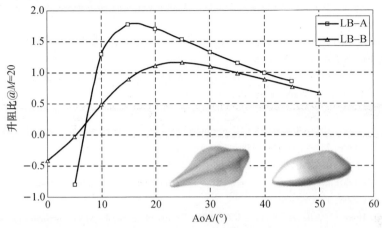

图 A. 22 LB－A 和 LB－B 飞行器升阻比随攻角变化趋势对比

参 考 文 献

[1] Polishchuka G, Pichkhadzea K, Vorontsovb V, Pavela K (2006) Proposal on application of Russian technical facilities for International Mars Research Program for 2009－2015. Acta Astronaut 59：113－118.

[2] Viviani A, Pezzella G (2009) Aerodynamic analysis of a capsule vehicle for a manned exploration mission to ars. In：Sixteenth AIAA/DLR/DGLR international space planes and hypersonic systems and technologies conference, Bremen, October 2009, AIAA－2009－7386.

[3] Capsule aerothermodynamics. AGARD－R－808. Published May 1997.

[4] Viviani A, Iuspa L, Lanzillo G, Pezzella G (2011) Preliminary design of minimum weight configurations for a re－entry vehicle. In：The international conference of the European Aerospace Societies, Venice, Italy, 24－28 October 2011, CEAS 2011.

[5] Hanley GM, Lyon FJ (1964) The feasibility of spacecraft deceleration by aerodynamic braking at the Planet Mars. In：Proceedings of the 1st AIAA annual meeting, Washington, DC, June 29－July 2, 1964, AIAA－64－479.

[6] Anderson JD (1989) Hypersonic and high temperature gas dynamics. McGraw－Hill Book Company, New York.

[7] Pezzella G, Viviani A (2011) Aerodynamic analysis of a Mars exploration manned capsule. Acta Astronaut 69：975－986.

［8］Prabhu D K（2004）System design constraints – trajectory aerothermal environments, RTO AVT/VKI lecture series in critical technologies for hypersonic vehicle development, Rhodest – genése, Belgium, 10 – 14 May 2004.

［9］Schettino A, Pezzella G et al（2005）USV_X Phase – A aerodynamic and aerothermodynamic analysis, Capua, Italy, CIRA – CF – 06 – 1393.

［10］Bertin J J（1994）Hypersonic aerothermodynamics, AIAA education series. American Institute of Aeronautics and Astronautics, Washington, DC.

［11］Fluent 12. 0 Theory Guide.

［12］Mack A（2008）CFD validation for CO2 re – entry applications. In: Second international ARA Days, Arcachon, France, 21 – 23 October 2008, AA – 3 – 2008 – 37.

［13］Hannemann V, Mack A（2009）Chemical non equilibrium model of the martian atmosphere. In: Proceedings of the 6th European symposium on aerothermodynamics for space vehicles, Versailles, France, 3 – 6 November 2008, ESA SP – 659.

［14］Park C, Howe JT, Jaffe RL, Candler GV（1994）Review of chemical – kinetic problems of future NASA missions, II: Mars entries. J Thermophys Heat Transf 8(1): 9 – 23.

［15］Mars Exploration Program, NASA – JPL, www. mars. jpl. nasa. gov.

［16］Viviani A, Pezzella G, Golia C（2010）Aerodynamic and thermal design of a space vehicle entering the Mars atmosphere. In: The fifth international conference on thermal engineering theory and applications, Marrakesh. Morocco, 10 – 14 May 2010.

［17］Viviani A, Pezzella G, Golia C（2010）Aerothermodynamic analysis of a space vehicle for manned exploration missions to Mars. In: Twenty seventh international congress of the aeronautical sciences, ICAS 2010, Nice, France, 19 – 24 September 2010.

［18］Kustova EV, Nagnibeda EA, Shevelev YD, Syzranova NG（2009）Comparison of non – equilibrium supersonic CO2 flows with real gas effects near a blunt body. In: Proceedings of the 6th European symposium on aerothermodynamics for space vehicles, Versailles, France, 3 – 6 November 2008, ESA SP – 659.

［19］Gnoffo P, Braun R, Weimuenster K, Mitcheltree R, Engelung W, Powell R（1998）Prediction and validation of Mars pathfinder hypersonic aerodynamic data base. In: Seventh AIAA/ASME Joint thermophysics and heat transfer conference, Albuquerque, NM, USA, 15 – 18 June 1998.

［20］Gnoffo P, Weilmuenster K, Braun R, Cruz C（1996）Influence of sonic – line location on mars pathfinder probe aerothermodynamics. J. Spacecr Rocket 33(2): 169 – 177.

［21］Gupta R, Lee K, Scott C（1996）Aerothermal study of Mars pathfinder aeroshell. J Spacecr Rocket 33(1): 61 – 69.

［22］Mitcheltree RA, Gnoffo PA（1995）Wake flow about the Mars pathfinder entry vehicle. J Spacecr Rocket 32(5): 771 – 776.